安徽省安装工程计价定额

（第十册）

给排水、采暖、燃气工程

主编部门：安徽省建设工程造价管理总站

批准部门：安徽省住房和城乡建设厅

施行日期：2018 年 1 月 1 日

U0283786

中国建材工业出版社

图书在版编目（CIP）数据

安徽省安装工程计价定额．第十册，给排水、采暖、燃气工程/安徽省建设工程造价管理总站编．—北京：中国建材工业出版社，2018.1

（2018版安徽省建设工程计价依据）

ISBN 978－7－5160－2075－3

Ⅰ.①安…　Ⅱ.①安…　Ⅲ.①建筑安装—工程造价—安徽②给排水系统—建筑安装—工程造价—安徽③采暖设备—建筑安装—工程造价—安徽④燃气设备—建筑安装—工程造价—安徽　Ⅳ.①TU723.34

中国版本图书馆 CIP 数据核字（2017）第 264859 号

安徽省安装工程计价定额（第十册）给排水、采暖、燃气工程
安徽省建设工程造价管理总站　编

出版发行：中国建材工业出版社

地　　址：北京市海淀区三里河路 1 号

邮　　编：100044

经　　销：全国各地新华书店

印　　刷：北京鑫正大印刷有限公司

开　　本：787mm×1092mm　1/16

印　　张：53

字　　数：1310 千字

版　　次：2018 年 1 月第 1 版

印　　次：2018 年 1 月第 1 次

定　　价：**230.00 元**

本社网址：www.jccbs.com　　微信公众号：zgjcgycbs

本书如出现印装质量问题，由我社市场营销部负责调换。联系电话：(010)88386906

安徽省住房和城乡建设厅发布

建标〔2017〕191 号

安徽省住房和城乡建设厅关于发布 2018 版安徽省
建设工程计价依据的通知

各市住房城乡建设委（城乡建设委、城乡规划建设委），广德、宿松县住房城乡建设委（局），省直有关单位：

为适应安徽省建筑市场发展需要，规范建设工程造价计价行为，合理确定工程造价，根据国家有关规范、标准，结合我省实际，我厅组织编制了 2018 版安徽省建设工程计价依据（以下简称 2018 版计价依据），现予以发布，并将有关事项通知如下：

一、2018 版计价依据包括：《安徽省建设工程工程量清单计价办法》《安徽省建设工程费用定额》《安徽省建设工程施工机械台班费用编制规则》《安徽省建设工程计价定额（共用册）》《安徽省建筑工程计价定额》《安徽省装饰装修工程计价定额》《安徽省安装工程计价定额》《安徽省市政工程计价定额》《安徽省园林绿化工程计价定额》《安徽省仿古建筑工程计价定额》。

二、2018 版计价依据自 2018 年 1 月 1 日起施行。凡 2018 年 1 月 1 日前已签订施工合同的工程，其计价依据仍按原合同执行。

三、原省建设厅建定〔2005〕101 号、建定〔2005〕102 号、建定〔2008〕259 号文件发布的计价依据，自 2018 年 1 月 1 日起同时废止。

四、2018 版计价依据由安徽省建设工程造价管理总站负责管理与解释。在执行过程中，如有问题和意见，请及时向安徽省建设工程造价管理总站反馈。

安徽省住房和城乡建设厅

2017 年 9 月 26 日

编制委员会

主　　任　宋直刚

成　　员　王晓魁　王胜波　王成球　杨　博
　　　　　江　冰　李　萍　史劲松

主　　审　王成球

主　　编　姜　峰

副 主 编　陈昭言

参　　编　(排名不分先后)

　　　　　王宪莉　刘安俊　许道合　秦合川
　　　　　李海洋　郑圣军　康永军　王金林
　　　　　袁玉海　陆　戎　何　钢　荣豫宁
　　　　　管必武　洪云生　赵兰利　苏鸿志
　　　　　张国栋　石秋霞　王　林　卢　冲
　　　　　严　艳

参　　审　朱　军　陆厚龙　宫　华　李志群

总　说　明

一、《安徽省安装工程计价定额》以下简称"本安装定额"，是依据国家现行有关工程建设标准、规范及相关定额，并结合近几年我省出现的新工艺、新技术、新材料的应用情况，及安装工程设计与施工特点编制的。

二、本安装定额共分为十一册，包括：

第一册　机械设备安装工程

第二册　热力设备安装工程

第三册　静置设备与工艺金属结构制作安装工程（上、下）

第四册　电气设备安装工程

第五册　建筑智能化工程

第六册　自动化控制仪表安装工程

第七册　通风空调工程

第八册　工业管道工程

第九册　消防工程

第十册　给排水、采暖、燃气工程

第十一册　刷油、防腐蚀、绝热工程

三、本安装定额适用于我省境内工业与民用建筑的新建、扩建、改建工程中的给排水、采暖、燃气、通风空调、消防、电气照明、通信、智能化系统等设备、管线的安装工程和一般机械设备工程。

四、本安装定额的作用

1. 是编审设计概算、最高投标限价、施工图预算的依据；

2. 是调解处理工程造价纠纷的依据；

3. 是工程成本评审，工程造价鉴定的依据；

4. 是施工企业编制企业定额、投标报价、拨付工程价款、竣工结算的参考依据。

五、本安装定额是按照正常的施工条件，大多数施工企业采用的施工方法、机械化装备程度、合理的施工工期、施工工艺、劳动组织编制的，反映当前社会平均消耗量水平。

六、本安装定额中人工工日以"综合工日"表示，不分工种、技术等级。内容包括：基本用工、辅助用工、超运距用工及人工幅度差。

七、本安装定额中的材料：

1. 本安装定额中的材料包括主要材料、辅助材料和其他材料。

2. 本安装定额中的材料消耗量包括净用量和损耗量。损耗量包括：从工地仓库、现场集中堆放地点或现场加工地点至操作或安装地点的现场运输损耗、施工操作损耗、施工现场堆放损耗。凡能计量的材料、成品、半成品均逐一列出消耗量，难以计量的材料以"其他材料费占材料费"百分比形式表示。

3．本安装定额中消耗量用括号"（ ）"表示的为该子目的未计价材料用量，基价中不包括其价格。

八、本安装定额中的机械及仪器仪表：

1．本安装定额的机械台班及仪器仪表消耗量是按正常合理的配备、施工工效测算确定的，已包括幅度差。

2．本安装定额中仅列主要施工机械及仪器仪表消耗量。凡单位价值 2000 元以内，使用年限在一年以内，不构成固定资产的施工机械及仪器仪表，定额中未列消耗量，企业管理费中考虑其使用费，其燃料动力消耗在材料费中计取。难以计量的机械台班是以"其他机械费占机械费"百分比形式表示。

九、本安装定额关于水平和垂直运输：

1．设备：包括自安装现场指定堆放地点运至安装地点的水平和垂直运输。

2．材料、成品、半成品：包括自施工单位现场仓库或现场指定堆放地点运至安装地点的水平和垂直运输。

3．垂直运输基准面：室内以室内地平面为基准面，室外以安装现场地平面为基准面。

十、本安装定额未考虑施工与生产同时进行、有害身体健康的环境中施工时降效增加费，实际发生时另行计算。

十一、本安装定额中凡注有"××以内"或"××以下"者，均包括"××"本身；凡注有"××以外"或"××以上"者，则不包括"××"本身。

十二、本安装定额授权安徽省建设工程造价总站负责解释和管理。

十三、著作权所有，未经授权，严禁使用本书内容及数据制作各类出版物和软件，违者必究。

册说明

一、第十册《给排水、采暖、燃气工程》以下简称"本册定额"，适用于工业与民用建筑的生活用给排水、采暖、空调水、燃气系统中的管道、附件、器具及附属设备等安装工程。

二、本册定额编制的主要依据有：

1.《室外给水设计规范》GB 50013-2006；

2.《室外排水设计规范》GB 50014-2006（2011修订）；

3.《建筑给水排水设计规范》GB 50015-2010；

4.《采暖通风与空气调节设计规范》GB 50019-2003；

5.《城镇燃气设计规范》GB 50028-2006；

6.《给水排水工程基本术语标准》GB/T 50125-2010；

7.《建筑给水排水及采暖工程施工质量验收规范》GB 50242-2002；

8.《通风与空调工程施工质量验收规范》GB 50243-2011；

9.《给水排水管道工程施工及验收规范》GB 50268-2008；

10.《建筑中水设计规范》GB 50336-2002；

11.《建筑给水聚丙烯管道工程技术规范》GB/T 50349-2005；

12.《民用建筑太阳能热水系统应用技术规范》GB 50364-2005；

13.《城镇燃气技术规范》GB 50494-2009；

14.《太阳能供热采暖工程技术规范》GB 50495-2009；

15.《民用建筑供暖通风与空气调节设计规范》GB 50736-2012；

16.《医用气体工程技术规范》GB 50751-2012；

17.《城镇给水排水技术规范》GB 50788-2012；

18.《城镇供热管网工程施工及验收规范》CJJ 28-2004；

19.《城镇燃气输配工程施工及验收规范》CJJ 33-2005；

20.《城镇供热管网设计规范》CJJ 34-2010；

21.《聚乙烯燃气管道工程技术规程》CJJ 63-2008；

22.《城镇供热直埋管道技术规程》CJJ/T 81-98；

23.《城镇燃气室内工程施工与质量验收规范》CJJ 94-2009；

24.《建筑给水排水薄壁不锈钢管连接技术规程》CECS 277-2010；

25.《通用安装工程工程量计算规范》GB 50856-2013；

26.《全国统一安装工程预算定额》GYD-2000；

27.《建设工程劳动定额安装工程》LD/T 74.1~4-2008；

28.《全国统一安装工程基础定额》GJD-2006；

29.现行国家建筑设计标准图集、协会标准、产品标准等其他资料。

三、本册定额不包括以下内容：

1.工业管道、生产生活共用的管道，锅炉房、泵房、站类管道以及建筑物内加压泵房、空调制冷机房、消防泵房的管道，管道焊缝热处理、无损探伤，医疗气体管道执行第八册《工业管道工程》相应项目。

2. 本册定额未包括的采暖、给排水设备安装执行第一册《机械设备安装工程》、第三册《静置设备与工艺金属结构制作安装工程》等相应项目。

3. 给排水、采暖设备、器具等电气检查、接线工作，执行第四册《电气设备安装工程》相应项目。

4. 刷油、防腐蚀、绝热工程执行第十二册《刷油、防腐蚀、绝热工程》相应项目。

5. 本册凡涉及管沟、工作坑及井类的土方开挖、回填、运输、垫层、基础、砌筑、地沟盖板预制安装、路面开挖及修复、管道混凝土支墩的项目，以及混凝土管道、水泥管道安装执行相关定额项目。

四、下列费用可按系数分别计取：

1. 脚手架搭拆费按定额人工费的5%计算，其费用中人工费占35%。单独承担的室外埋地管道工程，不计取该费用。

2. 操作高度增加费：定额中操作物高度以距楼地面3.6m为限，超过3.6m时，超过部分工程量按定额人工费乘以下表系数：

操作物高度(m)	≤10	≤30	≤50
系数	1.10	1.20	1.50

3. 建筑物超高增加费，指高度在6层或20m以上的工业与民用建筑物上进行安装时增加的费用，按下表计算，其费用中人工费占65%。

建筑物檐高(m)	≤40	≤60	≤80	≤100	≤120	≤140	≤160	≤180	≤200
建筑层数(层)	≤12	≤18	≤24	≤30	≤36	≤42	≤48	≤54	≤60
按人工费百分比(%)	2	5	9	14	20	26	32	38	44

4. 在洞库、暗室，在已封闭的管道间（井）、地沟、吊顶内安装的项目，人工、机械乘以系数1.20。

5. 采暖工程系统调整费按采暖系统工程人工费的10%计算，其费用中人工费占35%。

6. 空调水系统调整费按空调水系统工程（含冷凝水管）人工费的10%计算，其费用中人工费占35%。

五、本册与市政管网工程的界线划分：

1. 给水、采暖管道以与市政管道碰头点或以计量表、阀门（井）为界。

2. 室外排水管道以与市政管道碰头井为界。

3. 燃气管道，以与市政管道碰头点为界。

六、本册各定额项目中，均包括安装物的外观检查。

目 录

第一章 给排水管道

第二章　采暖、空调水管道

第三章 燃气管道

第四章 管道附件

第五章 卫生器具

第六章　供暖器具

第七章 燃气器具及其他

第八章 采暖、给排水设备

第九章 医疗气体设备及附件

第十章 其他

第一章 给排水管道

第一章 给排水管道

说　　明

一、本章适用于室内外生活用给排水管道的安装，包括镀锌钢管、钢管、不锈钢管、铜管、铸铁管、塑料管、复合管等不同材质的管道安装及室外管道碰头等项目。

二、管道的界限划分：

1.室内外给水管道以建筑物外墙皮 1.5m 为界，建筑物入口处设阀门者以阀门为界。

2.室内外排水管道以出户第一个排水检查井为界。

3.与工业管道界线以与工业管道碰头点为界。

4.与设在建筑物内的水泵房（间）管道以泵房（间）外墙皮为界。

三、室外管道安装不分地上与地下，均执行同一子目。

四、管道的适用范围：

1.给水管道适用于生活饮用水、热水、中水及压力排水等管道的安装。

2.塑料管安装适用于 UPVC、PVC、PP-C、PP-R、PE、PB 管等塑料管安装。

3.镀锌钢管（螺纹连接）项目适用于室内外焊接钢管的螺纹连接。

4.钢塑复合管安装适用于内涂塑、内外涂塑、内衬塑、外覆塑内衬塑复合管道安装。

5.钢管沟槽连接适用于镀锌钢管、焊接钢管及无缝钢管等沟槽连接的管道安装。不锈钢管、铜管、复合管的沟槽连接，可参照执行。

五、有关说明：

1.管道安装项目中，均包括相应管件安装、水压试验及水冲洗工作内容。各种管件数量系综合取定执行定额时，成品管件数量可依据设计文件及施工方案或参照本册附录"管道管件数量取定表"计算，定额中其他消耗量均不做调整。

本册定额管件含量中不含与螺纹阀门配套的活接、对丝，其用量含在螺纹阀门安装项目中。

2.钢管焊接安装项目中均综合考虑了成品管件和现场煨制弯管、摔制大小头、挖眼三通。

3.管道安装项目中，除室内直埋塑料给水管项目中已包括管卡安装外，均不包括管道支架、管卡、托钩等制作安装以及管道穿墙、楼板套管制作安装、预留孔洞、堵洞、打洞、凿槽等工作内容，发生时，应按本册其他章节相应项目另行计算。

4.管道安装定额中，包括水压试验及水冲洗内容，管道的消毒冲洗应按本册其他章节相应项目另行计算。排（雨）水管道包括灌水（闭水）及通球试验工作内容，排水管道不包括止水环、透气帽本体材料，发生时按实际数量另计材料费。

5.室内柔性铸铁排水管（机械接口）按带法兰承口的承插式管材考虑。

6.雨水管系统中的雨水斗安装执行第六章相应项目。

7.塑料管热熔连接公称外径 DN125 及以上管径按热熔对接连接考虑。

8.室内直埋塑料管道是指敷设于室内地坪下或墙内的塑料给水管段。包括充压隐蔽、水压试验、水冲洗以及地面划线标示等工作内容。

9.安装带保温层的管道时，可执行相应材质及连接形式的管道安装项目，其人工乘以系数1.10；管道接头保温执行第十二册《刷油、防腐蚀、绝热工程》，其人工、机械乘以系数2.0。

10.室外管道碰头项目适用于新建管道与已有水源管道的碰头连接，如已有水源管道已做预留接口则不执行相应安装项目。

工程量计算规则

一、各类管道安装按室内外材质、连接形式、规格分别列项，以"10m"为计量单位。定额中铜管、塑料管、复合管（除钢塑复合管外）按公称外径表示，其他管道均按公称直径表示。

二、各类管道安装工程量，均按设计管道中心线长度，以"10m"为计量单位，不扣除阀门、管件、附件（包括器具组成）及井类所占长度。

三、室内给排水管道与卫生器具连接的分界线：

1.给水管道工程量计算至卫生器具（含附件）前与管道系统连接的第一个连接件（角阀、三通、弯头、管箍等）止；

2.排水管道工程量自卫生器具出口处的地面或墙面的设计尺寸算起；与地漏连接的排水管道自地面设计尺寸算起，不扣除地漏所占长度。

一、镀锌钢管

1. 室外 镀锌钢管(螺纹连接)

工作内容：调直、切管、套丝、组对、连接、管道及管件安装、水压试验及水冲洗。　　　　　计量单位：10m

定　额　编　号			A10-1-1	A10-1-2	A10-1-3	A10-1-4
项　目　名　称			公称直径(mm以内)			
			15	20	25	32
基　　　价（元）			49.10	51.62	54.84	56.85
其中	人　工　费（元）		46.48	48.44	50.54	51.94
	材　料　费（元）		2.06	2.45	3.08	3.60
	机　械　费（元）		0.56	0.73	1.22	1.31
名　　　称	单位	单价(元)	消　　耗　　量			
人工	综合工日	工日	140.00	0.332	0.346	0.361	0.371
材料	镀锌钢管	m	—	(10.200)	(10.200)	(10.200)	(10.200)
	给水室外镀锌钢管螺纹管件	个	—	(2.800)	(2.960)	(2.830)	(2.140)
	弹簧压力表	个	23.08	0.002	0.002	0.002	0.002
	低碳钢焊条	kg	6.84	0.002	0.002	0.002	0.002
	镀锌铁丝 φ4.0～2.8	kg	3.57	0.040	0.045	0.068	0.075
	焊接钢管 DN20	m	4.46	0.013	0.014	0.015	0.016
	机油	kg	19.66	0.024	0.030	0.032	0.037
	锯条(各种规格)	根	0.62	0.113	0.142	0.080	0.083
	聚四氟乙烯生料带	m	0.13	2.240	2.930	3.180	3.570
	六角螺栓	kg	5.81	0.004	0.004	0.004	0.005
	螺纹阀门 DN20	个	22.00	0.004	0.004	0.004	0.005
	尼龙砂轮片 φ400	片	8.55	0.005	0.006	0.010	0.014
	破布	kg	6.32	0.080	0.090	0.150	0.167
	热轧厚钢板 δ8.0～15	kg	3.20	0.030	0.032	0.034	0.037
	水	m³	7.96	0.008	0.014	0.023	0.040
	橡胶板	kg	2.91	0.007	0.008	0.008	0.009
	橡胶软管 DN20	m	7.26	0.006	0.007	0.007	0.007
	压力表弯管 DN15	个	10.69	0.002	0.002	0.002	0.002
	氧气	m³	3.63	0.003	0.003	0.003	0.006
	乙炔气	kg	10.45	0.001	0.001	0.001	0.002
	其他材料费占材料费	%	—	2.000	2.000	2.000	2.000
机械	电动单级离心清水泵 100mm	台班	33.35	0.001	0.001	0.001	0.001
	电焊机(综合)	台班	118.28	0.001	0.001	0.001	0.001
	管子切断套丝机 159mm	台班	21.31	0.017	0.024	0.046	0.048
	砂轮切割机 400mm	台班	24.71	0.001	0.002	0.003	0.004
	试压泵 3MPa	台班	17.53	0.001	0.001	0.001	0.002

工作内容：调直、切管、套丝、组对、连接、管道及管件安装、水压试验及水冲洗。 计量单位：10m

定 额 编 号			A10-1-5	A10-1-6	A10-1-7	A10-1-8
项 目 名 称			公称直径(mm以内)			
			40	50	65	80
基 价（元）			58.78	69.35	78.07	89.29
其中	人 工 费（元）		53.20	58.66	64.12	71.82
	材 料 费（元）		4.00	4.97	6.46	7.25
	机 械 费（元）		1.58	5.72	7.49	10.22
名 称	单位	单价(元)	消 耗 量			
人工	综合工日	工日	140.00	0.380	0.419	0.458	0.513
材料	镀锌钢管	m	—	(10.200)	(10.200)	(10.130)	(10.130)
	给水室外镀锌钢管螺纹管件	个	—	(2.120)	(2.050)	(2.030)	(1.920)
	弹簧压力表	个	23.08	0.002	0.003	0.003	0.003
	低碳钢焊条	kg	6.84	0.002	0.002	0.002	0.003
	镀锌铁丝 φ4.0～2.8	kg	3.57	0.079	0.083	0.085	0.089
	焊接钢管 DN20	m	4.46	0.016	0.017	0.019	0.020
	机油	kg	19.66	0.041	0.057	0.076	0.078
	锯条(各种规格)	根	0.62	0.086	0.095	—	—
	聚四氟乙烯生料带	m	0.13	3.730	4.470	7.500	7.950
	六角螺栓	kg	5.81	0.005	0.005	0.006	0.006
	螺纹阀门 DN20	个	22.00	0.005	0.005	0.005	0.006
	尼龙砂轮片 φ400	片	8.55	0.017	0.021	0.033	0.038
	破布	kg	6.32	0.187	0.213	0.238	0.255
	热轧厚钢板 δ8.0～15	kg	3.20	0.039	0.042	0.044	0.047
	水	m³	7.96	0.053	0.088	0.145	0.204
	橡胶板	kg	2.91	0.010	0.010	0.011	0.011
	橡胶软管 DN20	m	7.26	0.008	0.008	0.008	0.008
	压力表弯管 DN15	个	10.69	0.002	0.003	0.003	0.003
	氧气	m³	3.63	0.006	0.006	0.006	0.006
	乙炔气	kg	10.45	0.002	0.002	0.002	0.002
	其他材料费占材料费	%	—	2.000	2.000	2.000	2.000
机械	电动单级离心清水泵 100mm	台班	33.35	0.001	0.001	0.001	0.002
	电焊机(综合)	台班	118.28	0.002	0.002	0.002	0.002
	管子切断套丝机 159mm	台班	21.31	0.054	0.080	0.105	0.118
	汽车式起重机 8t	台班	763.67	—	0.003	0.004	0.006
	砂轮切割机 400mm	台班	24.71	0.005	0.005	0.007	0.008
	试压泵 3MPa	台班	17.53	0.002	0.002	0.002	0.002
	载重汽车 5t	台班	430.70	—	0.003	0.004	0.006

工作内容：调直、切管、套丝、组对、连接、管道及管件安装、水压试验及水冲洗。　　　计量单位：10m

定　额　编　号			A10-1-9	A10-1-10	A10-1-11
项　目　名　称			公称直径(mm以内)		
			100	125	150
基　　　价（元）			162.26	184.64	210.51
其中	人　工　费（元）		84.84	98.28	105.84
	材　料　费（元）		9.41	11.47	14.12
	机　械　费（元）		68.01	74.89	90.55
名　　　称	单位	单价(元)	消　　耗　　量		
人工 综合工日	工日	140.00	0.606	0.702	0.756
材料 镀锌钢管	m	—	(10.130)	(10.130)	(10.130)
给水室外镀锌钢管螺纹管件	个	—	(1.820)	(1.820)	(1.820)
弹簧压力表	个	23.08	0.003	0.003	0.003
低碳钢焊条	kg	6.84	0.003	0.003	0.003
镀锌铁丝 φ4.0～2.8	kg	3.57	0.101	0.107	0.112
焊接钢管 DN20	m	4.46	0.021	0.022	0.023
机油	kg	19.66	0.091	0.106	0.121
聚四氟乙烯生料带	m	0.13	10.060	12.350	14.560
六角螺栓	kg	5.81	0.006	0.008	0.012
螺纹阀门 DN20	个	22.00	0.006	0.006	0.006
尼龙砂轮片 φ400	片	8.55	0.046	—	—
破布	kg	6.32	0.298	0.323	0.340
热轧厚钢板 δ8.0～15	kg	3.20	0.049	0.073	0.110
水	m³	7.96	0.353	0.547	0.764
橡胶板	kg	2.91	0.012	0.014	0.016
橡胶软管 DN20	m	7.26	0.009	0.009	0.010
压力表弯管 DN15	个	10.69	0.003	0.003	0.003
氧气	m³	3.63	0.006	0.006	0.006
乙炔气	kg	10.45	0.002	0.002	0.002
其他材料费占材料费	%	—	2.000	2.000	2.000
机械 电动单级离心清水泵 100mm	台班	33.35	0.002	0.003	0.005
电焊机(综合)	台班	118.28	0.002	0.002	0.002
管子切断机 150mm	台班	33.32	—	0.018	0.022
管子切断套丝机 159mm	台班	21.31	0.143	0.170	0.201
汽车式起重机 8t	台班	763.67	0.077	0.083	0.099
砂轮切割机 400mm	台班	24.71	0.009	—	—
试压泵 3MPa	台班	17.53	0.002	0.003	0.003
载重汽车 5t	台班	430.70	0.013	0.016	0.022

2. 室内 镀锌钢管(螺纹连接)

工作内容：调直、切管、套丝、组对、连接、管道及管件安装、水压试验及水冲洗。　　　　计量单位：10m

定 额 编 号			A10-1-12	A10-1-13	A10-1-14	A10-1-15
项 目 名 称			公称直径(mm以内)			
			15	20	25	32
基 价 （元）			129.02	135.62	166.40	181.42
其中	人 工 费（元）		119.42	125.02	150.36	162.54
	材 料 费（元）		6.57	7.26	9.29	10.01
	机 械 费（元）		3.03	3.34	6.75	8.87
名 称	单位	单价（元）	消 耗 量			
人工 综合工日	工日	140.00	0.853	0.893	1.074	1.161
材料 镀锌钢管	m	—	(9.910)	(9.910)	(9.910)	(9.910)
给水室内镀锌钢管螺纹管件	个	—	(14.490)	(12.100)	(11.400)	(9.830)
弹簧压力表	个	23.08	0.002	0.002	0.002	0.002
低碳钢焊条	kg	6.84	0.002	0.002	0.002	0.002
镀锌铁丝 φ4.0～2.8	kg	3.57	0.040	0.045	0.068	0.075
焊接钢管 DN20	m	4.46	0.013	0.014	0.015	0.016
机油	kg	19.66	0.158	0.170	0.203	0.206
锯条（各种规格）	根	0.62	0.778	0.792	0.815	0.821
聚四氟乙烯生料带	m	0.13	10.980	13.040	15.500	16.020
六角螺栓	kg	5.81	0.004	0.004	0.004	0.005
螺纹阀门 DN20	个	22.00	0.004	0.004	0.005	0.005
尼龙砂轮片 φ400	片	8.55	0.033	0.035	0.086	0.117
破布	kg	6.32	0.080	0.090	0.150	0.167
热轧厚钢板 δ8.0～15	kg	3.20	0.030	0.032	0.034	0.037
水	m³	7.96	0.008	0.014	0.023	0.040
橡胶板	kg	2.91	0.007	0.008	0.008	0.009
橡胶软管 DN20	m	7.26	0.006	0.006	0.007	0.007
压力表弯管 DN15	个	10.69	0.002	0.002	0.002	0.002
氧气	m³	3.63	0.003	0.003	0.003	0.006
乙炔气	kg	10.45	0.001	0.001	0.001	0.002
其他材料费占材料费	%	—	2.000	2.000	2.000	2.000
机械 电动单级离心清水泵 100mm	台班	33.35	0.001	0.001	0.001	0.001
电焊机(综合)	台班	118.28	0.001	0.001	0.001	0.001
吊装机械(综合)	台班	619.04	0.002	0.002	0.003	0.004
管子切断套丝机 159mm	台班	21.31	0.067	0.079	0.196	0.261
砂轮切割机 400mm	台班	24.71	0.008	0.010	0.022	0.026
试压泵 3MPa	台班	17.53	0.001	0.001	0.001	0.002

工作内容：调直、切管、套丝、组对、连接、管道及管件安装、水压试验及水冲洗。　　　计量单位：10m

定　额　编　号			A10-1-16	A10-1-17	A10-1-18	A10-1-19
项　目　名　称			公称直径(mm以内)			
			40	50	65	80
基　　价（元）			186.57	202.23	214.08	227.12
其中	人　工　费（元）		166.04	178.22	187.88	196.70
	材　料　费（元）		10.39	11.09	11.57	12.52
	机　械　费（元）		10.14	12.92	14.63	17.90
名　　称	单位	单价（元）	消　　耗　　量			
人工 综合工日	工日	140.00	1.186	1.273	1.342	1.405
材料 镀锌钢管	m	—	(10.020)	(10.020)	(10.020)	(10.020)
给水室内镀锌钢管螺纹管件	个	—	(7.860)	(6.610)	(5.260)	(4.630)
弹簧压力表	个	23.08	0.002	0.003	0.003	0.003
低碳钢焊条	kg	6.84	0.002	0.002	0.002	0.003
镀锌铁丝 φ4.0～2.8	kg	3.57	0.079	0.083	0.085	0.089
焊接钢管 DN20	m	4.46	0.016	0.017	0.019	0.020
机油	kg	19.66	0.209	0.213	0.215	0.219
锯条(各种规格)	根	0.62	0.834	0.839	—	—
聚四氟乙烯生料带	m	0.13	16.190	16.580	17.950	19.310
六角螺栓	kg	5.81	0.005	0.005	0.006	0.006
螺纹阀门 DN20	个	22.00	0.005	0.005	0.005	0.006
尼龙砂轮片 φ400	片	8.55	0.120	0.125	0.141	0.146
破布	kg	6.32	0.187	0.213	0.238	0.255
热轧厚钢板 δ8.0～15	kg	3.20	0.039	0.042	0.044	0.047
水	m³	7.96	0.053	0.088	0.145	0.204
橡胶板	kg	2.91	0.010	0.010	0.011	0.011
橡胶软管 DN20	m	7.26	0.007	0.008	0.008	0.008
压力表弯管 DN15	个	10.69	0.002	0.003	0.003	0.003
氧气	m³	3.63	0.006	0.006	0.006	0.006
乙炔气	kg	10.45	0.002	0.002	0.002	0.002
其他材料费占材料费	%	—	2.000	2.000	2.000	2.000
机械 电动单级离心清水泵 100mm	台班	33.35	0.001	0.001	0.001	0.002
电焊机(综合)	台班	118.28	0.002	0.002	0.002	0.002
吊装机械(综合)	台班	619.04	0.005	0.007	0.009	0.012
管子切断套丝机 159mm	台班	21.31	0.284	0.293	0.294	0.317
砂轮切割机 400mm	台班	24.71	0.028	0.030	0.031	0.032
试压泵 3MPa	台班	17.53	0.002	0.002	0.002	0.002
载重汽车 5t	台班	430.70	—	0.003	0.004	0.006

工作内容：调直、切管、套丝、组对、连接、管道及管件安装、水压试验及水冲洗。　　　　计量单位：10m

定　额　编　号			A10-1-20	A10-1-21	A10-1-22
项　目　名　称			公称直径(mm以内)		
			100	125	150
基　　价（元）			304.81	354.59	393.28
其中	人　工　费（元）		224.70	249.20	277.20
	材　料　费（元）		14.51	15.33	17.97
	机　械　费（元）		65.60	90.06	98.11
名　　　　称	单位	单价(元)	消　　耗　　量		
人工 综合工日	工日	140.00	1.605	1.780	1.980
材料 镀锌钢管	m	—	(10.020)	(10.020)	(10.020)
给水室内镀锌钢管螺纹管件	个	—	(4.150)	(3.520)	(3.410)
弹簧压力表	个	23.08	0.003	0.003	0.003
低碳钢焊条	kg	6.84	0.003	0.003	0.003
镀锌铁丝 φ4.0～2.8	kg	3.57	0.101	0.107	0.112
焊接钢管 DN20	m	4.46	0.021	0.022	0.023
机油	kg	19.66	0.225	0.241	0.269
聚四氟乙烯生料带	m	0.13	20.880	21.020	21.240
六角螺栓	kg	5.81	0.006	0.008	0.012
螺纹阀门 DN20	个	22.00	0.006	0.006	0.006
尼龙砂轮片 φ400	片	8.55	0.158	—	—
破布	kg	6.32	0.298	0.323	0.340
热轧厚钢板 δ8.0～15	kg	3.20	0.049	0.073	0.110
水	m³	7.96	0.353	0.547	0.764
橡胶板	kg	2.91	0.012	0.014	0.016
橡胶软管 DN20	m	7.26	0.009	0.009	0.010
压力表弯管 DN15	个	10.69	0.003	0.003	0.003
氧气	m³	3.63	0.006	0.006	0.006
乙炔气	kg	10.45	0.002	0.002	0.002
其他材料费占材料费	%	—	2.000	2.000	2.000
机械 电动单级离心清水泵 100mm	台班	33.35	0.002	0.003	0.005
电焊机(综合)	台班	118.28	0.002	0.002	0.002
吊装机械(综合)	台班	619.04	0.084	0.117	0.123
管子切断机 150mm	台班	33.32	—	0.065	0.074
管子切断套丝机 159mm	台班	21.31	0.320	0.384	0.449
砂轮切割机 400mm	台班	24.71	0.034	—	—
试压泵 3MPa	台班	17.53	0.002	0.003	0.003
载重汽车 5t	台班	430.70	0.013	0.016	0.022

二、钢管

1.室外 钢管(焊接)

工作内容:调直、切管、坡口、煨弯、挖眼接管、异径管制作、组对、焊接、管道及管件安装、水压试验及水冲洗。

计量单位:10m

定 额 编 号			A10-1-23	A10-1-24	A10-1-25	A10-1-26
项 目 名 称			公称直径(mm以内)			
			32	40	50	65
基 价 (元)			60.50	71.81	92.53	114.55
其中	人 工 费 (元)		47.88	54.60	62.16	75.74
	材 料 费 (元)		4.07	4.99	7.31	9.14
	机 械 费 (元)		8.55	12.22	23.06	29.67
名 称	单位	单价(元)	消 耗 量			
人工 综合工日	工日	140.00	0.342	0.390	0.444	0.541
材料 钢管	m	—	(10.180)	(10.180)	(10.180)	(10.150)
给水室外钢管焊接管件	个	—	(0.290)	(0.280)	(0.410)	(0.410)
焊接钢管 DN20	m	—	(0.016)	(0.016)	(0.017)	(0.019)
弹簧压力表	个	23.08	0.002	0.002	0.003	0.003
低碳钢焊条	kg	6.84	0.096	0.142	0.246	0.323
电	kW·h	0.68	0.038	0.048	0.335	0.379
镀锌铁丝 φ4.0~2.8	kg	3.57	0.075	0.079	0.083	0.085
机油	kg	19.66	0.040	0.050	0.060	0.080
锯条(各种规格)	根	0.62	0.126	0.158	0.160	—
六角螺栓	kg	5.81	0.005	0.005	0.005	0.006
螺纹阀门 DN20	个	22.00	0.005	0.005	0.005	0.005
尼龙砂轮片 φ100	片	2.05	0.011	0.018	0.324	0.328
尼龙砂轮片 φ400	片	8.55	0.024	0.028	0.029	0.030
破布	kg	6.32	0.167	0.187	0.213	0.238
热轧厚钢板 δ8.0~15	kg	3.20	0.037	0.039	0.042	0.044

13

定 额 编 号			A10-1-23	A10-1-24	A10-1-25	A10-1-26
项 目 名 称			公称直径(mm以内)			
			32	40	50	65
名 称	单位	单价(元)	消 耗 量			
材料 水	m³	7.96	0.040	0.053	0.088	0.145
橡胶板	kg	2.91	0.009	0.010	0.010	0.011
橡胶软管 DN20	m	7.26	0.007	0.007	0.008	0.008
压力表弯管 DN15	个	10.69	0.002	0.002	0.003	0.003
氧气	m³	3.63	0.024	0.033	0.036	0.078
乙炔气	kg	10.45	0.008	0.011	0.012	0.026
其他材料费占材料费	%	—	2.000	2.000	2.000	2.000
机械 电动单级离心清水泵 100mm	台班	33.35	0.001	0.001	0.001	0.001
电动弯管机 108mm	台班	76.93	0.012	0.013	0.014	0.014
电焊机(综合)	台班	118.28	0.060	0.089	0.147	0.191
电焊条恒温箱	台班	21.41	0.006	0.009	0.015	0.019
电焊条烘干箱 60×50×75cm³	台班	26.46	0.006	0.009	0.015	0.019
汽车式起重机 8t	台班	763.67	—	—	0.003	0.004
砂轮切割机 400mm	台班	24.71	0.007	0.008	0.009	0.010
试压泵 3MPa	台班	17.53	0.002	0.002	0.002	0.002
载重汽车 5t	台班	430.70	—	—	0.003	0.004

工作内容：调直、切管、坡口、煨弯、挖眼接管、异径管制作、组对、焊接、管道及管件安装、水压试验及水冲洗。

计量单位：10m

定 额 编 号				A10-1-27	A10-1-28	A10-1-29	A10-1-30
项 目 名 称				公称直径(mm以内)			
				80	100	125	150
基 价（元）				137.30	216.84	254.42	304.54
其中	人 工 费（元）			92.12	102.48	118.72	133.84
	材 料 费（元）			12.77	16.32	21.96	31.02
	机 械 费（元）			32.41	98.04	113.74	139.68
名 称		单位	单价（元）	消 耗 量			
人工	综合工日	工日	140.00	0.658	0.732	0.848	0.956
材料	钢管	m	—	(10.150)	(10.150)	(10.000)	(10.000)
	给水室外钢管焊接管件	个	—	(0.350)	(0.350)	(0.670)	(0.670)
	弹簧压力表	个	23.08	0.003	0.003	0.003	0.003
	低碳钢焊条	kg	6.84	0.335	0.445	0.763	1.213
	电	kW·h	0.68	0.432	0.564	0.850	1.100
	镀锌铁丝 φ4.0～2.8	kg	3.57	0.089	0.101	0.107	0.112
	焊接钢管 DN20	m	4.46	0.020	0.021	0.022	0.023
	机油	kg	19.66	0.090	0.090	0.110	0.150
	六角螺栓	kg	5.81	0.006	0.006	0.008	0.012
	螺纹阀门 DN20	个	22.00	0.006	0.006	0.006	0.006
	尼龙砂轮片 φ100	片	2.05	0.373	0.483	0.590	0.890
	尼龙砂轮片 φ400	片	8.55	0.031	0.032	—	—
	破布	kg	6.32	0.255	0.298	0.323	0.340
	热轧厚钢板 δ8.0～15	kg	3.20	0.047	0.049	0.073	0.110
	水	m³	7.96	0.204	0.353	0.547	0.764
	橡胶板	kg	2.91	0.011	0.012	0.014	0.016
	橡胶软管 DN20	m	7.26	0.008	0.009	0.009	0.010
	压力表弯管 DN15	个	10.69	0.003	0.003	0.003	0.003
	氧气	m³	3.63	0.420	0.543	0.684	0.996
	乙炔气	kg	10.45	0.140	0.181	0.228	0.332
	其他材料费占材料费	%	—	2.000	2.000	2.000	2.000
机械	电动单级离心清水泵 100mm	台班	33.35	0.002	0.002	0.003	0.005
	电动弯管机 108mm	台班	76.93	0.015	0.015	—	—
	电焊机（综合）	台班	118.28	0.193	0.261	0.352	0.442
	电焊条恒温箱	台班	21.41	0.019	0.026	0.035	0.044
	电焊条烘干箱 60×50×75cm³	台班	26.46	0.019	0.026	0.035	0.044
	汽车式起重机 8t	台班	763.67	0.006	0.077	0.083	0.099
	砂轮切割机 400mm	台班	24.71	0.010	0.011	—	—
	试压泵 3MPa	台班	17.53	0.002	0.002	0.003	0.003
	载重汽车 5t	台班	430.70	0.006	0.013	0.016	0.022

工作内容：调直、切管、坡口、煨弯、挖眼接管、异径管制作、组对、焊接、管道及管件安装、水压试验及水冲洗。

计量单位：10m

定 额 编 号				A10-1-31	A10-1-32	A10-1-33	A10-1-34
项 目 名 称				公称直径(mm以内)			
				200	250	300	350
基 价（元）				399.72	558.72	681.34	840.08
其中	人 工 费（元）			159.04	178.92	221.90	252.70
	材 料 费（元）			44.93	67.05	82.99	117.71
	机 械 费（元）			195.75	312.75	376.45	469.67
名 称		单位	单价（元）	消 耗 量			
人工	综合工日	工日	140.00	1.136	1.278	1.585	1.805
材料	钢管	m	—	(10.000)	(9.850)	(9.850)	(9.750)
	给水室外钢管焊接管件	个	—	(0.670)	(0.630)	(0.630)	(0.630)
	弹簧压力表	个	23.08	0.003	0.003	0.004	0.004
	低碳钢焊条	kg	6.84	1.763	3.044	3.594	5.794
	电	kW·h	0.68	1.690	2.110	2.450	3.210
	镀锌铁丝 φ4.0～2.8	kg	3.57	0.131	0.140	0.144	0.148
	焊接钢管 DN20	m	4.46	0.024	0.025	0.026	0.027
	机油	kg	19.66	0.200	0.200	0.200	0.200
	角钢(综合)	kg	3.61	0.192	0.197	0.232	0.238
	六角螺栓	kg	5.81	0.018	0.028	0.038	0.046
	螺纹阀门 DN20	个	22.00	0.007	0.007	0.007	0.008
	尼龙砂轮片 φ100	片	2.05	1.227	2.018	2.335	3.312
	破布	kg	6.32	0.408	0.451	0.468	0.493
	热轧厚钢板 δ8.0～15	kg	3.20	0.148	0.231	0.333	0.800
	水	m³	7.96	1.346	2.139	3.037	4.047
	橡胶板	kg	2.91	0.018	0.021	0.024	0.038
	橡胶软管 DN20	m	7.26	0.010	0.011	0.011	0.011
	压力表弯管 DN15	个	10.69	0.003	0.003	0.004	0.004
	氧气	m³	3.63	1.248	1.815	2.259	3.191
	乙炔气	kg	10.45	0.416	0.605	0.753	1.064
	其他材料费占材料费	%	—	2.000	2.000	2.000	2.000
机械	电动单级离心清水泵 100mm	台班	33.35	0.007	0.009	0.012	0.014
	电焊机(综合)	台班	118.28	0.592	0.902	1.052	1.472
	电焊条恒温箱	台班	21.41	0.059	0.090	0.105	0.147
	电焊条烘干箱 60×50×75cm³	台班	26.46	0.059	0.090	0.105	0.147
	汽车式起重机 16t	台班	958.70	—	0.184	0.223	0.255
	汽车式起重机 8t	台班	763.67	0.138	—	—	—
	试压泵 3MPa	台班	17.53	0.003	0.004	0.004	0.005
	载重汽车 5t	台班	430.70	0.040	0.058	0.076	0.101

工作内容：调直、切管、坡口、煨弯、挖眼接管、异径管制作、组对、焊接、管道及管件安装、水压试验及水冲洗。

计量单位：10m

定 额 编 号			A10-1-35	A10-1-36	A10-1-37
项 目 名 称			公称直径(mm以内)		
			400	450	500
基 价 （元）			912.75	1124.45	1227.18
其中	人 工 费（元）		271.74	406.56	459.20
	材 料 费（元）		137.28	178.22	203.26
	机 械 费（元）		503.73	539.67	564.72
名 称	单位	单价（元）	消 耗 量		
人工 综合工日	工日	140.00	1.941	2.904	3.280
材料 钢管	m	—	(9.750)	(9.750)	(9.750)
给水室外钢管焊接管件	个	—	(0.580)	(0.580)	(0.580)
弹簧压力表	个	23.08	0.004	0.004	0.004
低碳钢焊条	kg	6.84	6.764	8.284	9.155
电	kW·h	0.68	3.720	3.780	3.780
镀锌铁丝 φ4.0～2.8	kg	3.57	0.153	0.185	0.163
焊接钢管 DN20	m	4.46	0.028	0.029	0.030
机油	kg	19.66	0.200	0.200	0.200
角钢(综合)	kg	3.61	0.256	0.273	0.298
六角螺栓	kg	5.81	0.054	0.062	0.070
螺纹阀门 DN20	个	22.00	0.008	0.008	0.008
尼龙砂轮片 φ100	片	2.05	3.682	3.726	3.841
破布	kg	6.32	0.510	0.527	0.544
热轧厚钢板 δ8.0～15	kg	3.20	0.426	0.593	0.666
水	m³	7.96	5.227	6.359	7.850
橡胶板	kg	2.91	0.042	0.051	0.060
橡胶软管 DN20	m	7.26	0.012	0.012	0.012
压力表弯管 DN15	个	10.69	0.004	0.004	0.004
氧气	m³	3.63	3.612	6.381	7.233
乙炔气	kg	10.45	1.204	2.127	2.411
其他材料费占材料费	%	—	2.000	2.000	2.000
机械 电动单级离心清水泵 100mm	台班	33.35	0.016	0.018	0.020
电焊机(综合)	台班	118.28	1.632	1.862	1.992
电焊条恒温箱	台班	21.41	0.163	0.186	0.199
电焊条烘干箱 60×50×75cm³	台班	26.46	0.163	0.186	0.199
汽车式起重机 16t	台班	958.70	0.269	0.276	0.284
试压泵 3MPa	台班	17.53	0.006	0.006	0.007
载重汽车 5t	台班	430.70	0.103	0.105	0.108

2. 室内 钢管(焊接)

工作内容：调直、切管、坡口、煨弯、挖眼接管、异径管制作、组对、焊接、管道及管件安装、水压试验及水冲洗。

计量单位：10m

定　额　编　号			A10-1-38	A10-1-39	A10-1-40	A10-1-41
项　目　名　称			公称直径(mm以内)			
			32	40	50	65
基　　价（元）			146.88	173.98	222.29	258.63
其中	人　工　费（元）		116.62	133.84	157.64	177.52
	材　料　费（元）		7.19	9.36	13.66	17.57
	机　械　费（元）		23.07	30.78	50.99	63.54
名　　　称	单位	单价(元)	消　　耗　　量			
人工 综合工日	工日	140.00	0.833	0.956	1.126	1.268
材料 钢管	m	—	(10.250)	(10.250)	(10.120)	(10.120)
给水室内钢管焊接管件	个	—	(1.050)	(1.070)	(1.560)	(1.170)
弹簧压力表	个	23.08	0.002	0.002	0.003	0.003
低碳钢焊条	kg	6.84	0.238	0.319	0.568	0.727
电	kW·h	0.68	0.250	0.341	0.387	0.415
镀锌铁丝 φ4.0～2.8	kg	3.57	0.075	0.079	0.083	0.085
焊接钢管 DN20	m	4.46	0.016	0.016	0.017	0.019
机油	kg	19.66	0.040	0.050	0.060	0.080
锯条（各种规格）	根	0.62	0.348	0.396	0.405	—
六角螺栓	kg	5.81	0.005	0.005	0.005	0.006
螺纹阀门 DN20	个	22.00	0.005	0.005	0.005	0.005
尼龙砂轮片 φ100	片	2.05	0.176	0.234	0.643	0.766
尼龙砂轮片 φ400	片	8.55	0.065	0.079	0.082	0.089
破布	kg	6.32	0.167	0.187	0.213	0.238
热轧厚钢板 δ8.0～15	kg	3.20	0.037	0.039	0.042	0.044
水	m³	7.96	0.040	0.053	0.088	0.145
橡胶板	kg	2.91	0.009	0.010	0.010	0.011
橡胶软管 DN20	m	7.26	0.007	0.007	0.008	0.008
压力表弯管 DN15	个	10.69	0.002	0.002	0.003	0.003
氧气	m³	3.63	0.171	0.282	0.407	0.639
乙炔气	kg	10.45	0.057	0.094	0.137	0.213
其他材料费占材料费	%	—	2.000	2.000	2.000	2.000
机械 电动单级离心清水泵 100mm	台班	33.35	0.001	0.001	0.001	0.001
电动弯管机 108mm	台班	76.93	0.033	0.035	0.036	0.038
电焊机(综合)	台班	118.28	0.142	0.198	0.341	0.428
电焊条恒温箱	台班	21.41	0.014	0.020	0.034	0.043
电焊条烘干箱 60×50×75cm³	台班	26.46	0.014	0.020	0.034	0.043
吊装机械(综合)	台班	619.04	0.004	0.005	0.007	0.009
砂轮切割机 400mm	台班	24.71	0.021	0.022	0.023	0.023
试压泵 3MPa	台班	17.53	0.002	0.002	0.002	0.002
载重汽车 5t	台班	430.70	—	—	0.003	0.004

工作内容：调直、切管、坡口、煨弯、挖眼接管、异径管制作、组对、焊接、管道及管件安装、水压试验及水冲洗。

计量单位：10m

定　额　编　号			A10-1-42	A10-1-43	A10-1-44
项　目　名　称			公称直径(mm以内)		
			80	100	125
基　　　价（元）			288.58	376.78	412.67
其中	人　工　费（元）		195.30	225.40	233.52
	材　料　费（元）		20.74	24.80	28.77
	机　械　费（元）		72.54	126.58	150.38
名　　称	单位	单价（元）	消　　耗　　量		
人工 综合工日	工日	140.00	1.395	1.610	1.668
材料 钢管	m	—	(10.100)	(10.100)	(9.870)
给水室内钢管焊接管件	个	—	(1.110)	(1.020)	(1.410)
弹簧压力表	个	23.08	0.003	0.003	0.003
低碳钢焊条	kg	6.84	0.817	0.978	1.217
电	kW·h	0.68	0.520	0.529	0.537
镀锌铁丝 φ4.0～2.8	kg	3.57	0.089	0.101	0.107
焊接钢管 DN20	m	4.46	0.020	0.021	0.022
机油	kg	19.66	0.100	0.100	0.150
六角螺栓	kg	5.81	0.006	0.006	0.008
螺纹阀门 DN20	个	22.00	0.006	0.006	0.006
尼龙砂轮片 φ100	片	2.05	0.782	0.857	0.836
尼龙砂轮片 φ400	片	8.55	0.106	0.122	—
破布	kg	6.32	0.255	0.298	0.323
热轧厚钢板 δ8.0～15	kg	3.20	0.047	0.049	0.073
水	m³	7.96	0.204	0.353	0.547
橡胶板	kg	2.91	0.011	0.012	0.014
橡胶软管 DN20	m	7.26	0.008	0.009	0.009
压力表弯管 DN15	个	10.69	0.003	0.003	0.003
氧气	m³	3.63	0.810	0.960	1.035
乙炔气	kg	10.45	0.270	0.320	0.345
其他材料费占材料费	%	—	2.000	2.000	2.000
机械 电动单级离心清水泵 100mm	台班	33.35	0.002	0.002	0.003
电动弯管机 108mm	台班	76.93	0.039	0.041	—
电焊机(综合)	台班	118.28	0.478	0.529	0.576
电焊条恒温箱	台班	21.41	0.048	0.053	0.058
电焊条烘干箱 60×50×75cm³	台班	26.46	0.048	0.053	0.058
吊装机械(综合)	台班	619.04	0.012	0.084	0.117
砂轮切割机 400mm	台班	24.71	0.024	0.025	—
试压泵 3MPa	台班	17.53	0.002	0.002	0.003
载重汽车 5t	台班	430.70	0.006	0.013	0.016

工作内容：调直、切管、坡口、煨弯、挖眼接管、异径管制作、组对、焊接、管道及管件安装、水压试验及水冲洗。

计量单位：10m

定　额　编　号				A10-1-45	A10-1-46	A10-1-47
项　目　名　称				公称直径(mm以内)		
				150	200	250
基　　　价（元）				454.70	580.57	737.18
其中	人　工　费（元）			258.72	315.42	363.16
	材　料　费（元）			35.55	47.14	73.08
	机　械　费（元）			160.43	218.01	300.94
名　　　称		单位	单价(元)	消　　耗　　量		
人工	综合工日	工日	140.00	1.848	2.253	2.594
材料	钢管	m	—	(9.870)	(9.870)	(9.700)
	给水室内钢管焊接管件	个	—	(1.120)	(1.030)	(1.000)
	弹簧压力表	个	23.08	0.003	0.003	0.003
	低碳钢焊条	kg	6.84	1.573	2.005	3.734
	电	kW·h	0.68	0.591	0.748	1.003
	镀锌铁丝 φ4.0～2.8	kg	3.57	0.112	0.131	0.140
	焊接钢管 DN20	m	4.46	0.023	0.024	0.025
	机油	kg	19.66	0.150	0.170	0.200
	六角螺栓	kg	5.81	0.012	0.018	0.028
	螺纹阀门 DN20	个	22.00	0.006	0.007	0.007
	尼龙砂轮片 φ100	片	2.05	1.076	1.413	2.230
	破布	kg	6.32	0.340	0.408	0.451
	热轧厚钢板 δ8.0～15	kg	3.20	0.110	0.148	0.231
	水	m³	7.96	0.764	1.346	2.139
	橡胶板	kg	2.91	0.016	0.018	0.021
	橡胶软管 DN20	m	7.26	0.010	0.010	0.011
	压力表弯管 DN15	个	10.69	0.003	0.003	0.003
	氧气	m³	3.63	1.269	1.536	2.127
	乙炔气	kg	10.45	0.423	0.512	0.709
	其他材料费占材料费	%	—	2.000	2.000	2.000
机械	电动单级离心清水泵 100mm	台班	33.35	0.005	0.007	0.009
	电焊机(综合)	台班	118.28	0.606	0.779	1.037
	电焊条恒温箱	台班	21.41	0.061	0.078	0.104
	电焊条烘干箱 60×50×75cm³	台班	26.46	0.061	0.078	0.104
	吊装机械(综合)	台班	619.04	0.123	0.169	0.239
	试压泵 3MPa	台班	17.53	0.003	0.003	0.004
	载重汽车 5t	台班	430.70	0.022	0.040	0.058

工作内容：调直、切管、坡口、煨弯、挖眼接管、异径管制作、组对、焊接、管道及管件安装、水压试验及水冲洗。

计量单位：10m

定 额 编 号			A10-1-48	A10-1-49	A10-1-50
项 目 名 称			公称直径(mm以内)		
			300	350	400
基 价 （元）			879.07	995.65	1092.18
其中	人 工 费 （元）		432.18	462.98	494.34
	材 料 费 （元）		90.86	117.07	135.92
	机 械 费 （元）		356.03	415.60	461.92
名 称	单位	单价(元)	消 耗 量		
人工	综合工日	工日	140.00	3.087	3.307	3.531
材料	钢管	m	—	(9.700)	(9.500)	(9.500)
	给水室内钢管焊接管件	个	—	(1.000)	(0.970)	(0.970)
	弹簧压力表	个	23.08	0.004	0.004	0.004
	低碳钢焊条	kg	6.84	4.534	6.251	7.191
	电	kW·h	0.68	1.170	6.110	6.130
	镀锌铁丝 φ4.0～2.8	kg	3.57	0.144	0.148	0.153
	焊接钢管 DN20	m	4.46	0.026	0.027	0.028
	机油	kg	19.66	0.200	0.200	0.200
	六角螺栓	kg	5.81	0.038	0.046	0.054
	螺纹阀门 DN20	个	22.00	0.007	0.008	0.008
	尼龙砂轮片 φ100	片	2.05	2.889	3.307	3.778
	破布	kg	6.32	0.468	0.493	0.510
	热轧厚钢板 δ8.0～15	kg	3.20	0.333	0.380	0.426
	水	m³	7.96	3.037	4.047	5.227
	橡胶板	kg	2.91	0.024	0.038	0.042
	橡胶软管 DN20	m	7.26	0.011	0.011	0.012
	压力表弯管 DN15	个	10.69	0.004	0.004	0.004
	氧气	m³	3.63	2.520	2.697	2.886
	乙炔气	kg	10.45	0.840	0.899	0.962
	其他材料费占材料费	%	—	2.000	2.000	2.000
机械	电动单级离心清水泵 100mm	台班	33.35	0.012	0.014	0.016
	电焊机(综合)	台班	118.28	1.260	1.548	1.743
	电焊条恒温箱	台班	21.41	0.126	0.155	0.174
	电焊条烘干箱 60×50×75cm³	台班	26.46	0.126	0.155	0.174
	吊装机械(综合)	台班	619.04	0.271	0.298	0.327
	试压泵 3MPa	台班	17.53	0.004	0.005	0.006
	载重汽车 5t	台班	430.70	0.076	0.093	0.103

3. 室内 钢管(沟槽连接)

工作内容：调直、切管、压槽、对口、涂润滑剂、上胶圈、安装卡箍件、管道及管件安装、水压试验及水冲洗。

计量单位：10m

定 额 编 号			A10-1-51	A10-1-52	A10-1-53	A10-1-54
项 目 名 称			公称直径(mm以内)			
			65	80	100	125
基 价 （元）			175.26	197.02	267.49	331.58
其中	人 工 费 （元）		155.12	172.62	192.92	232.26
	材 料 费 （元）		4.05	4.73	6.31	8.21
	机 械 费 （元）		16.09	19.67	68.26	91.11
名 称	单位	单价(元)	消 耗 量			
人工 综合工日	工日	140.00	1.108	1.233	1.378	1.659
材料 钢管	m	—	(9.680)	(9.680)	(9.680)	(9.780)
给水室内钢管沟槽管件	个	—	(4.260)	(4.140)	(3.600)	(2.400)
卡箍连接件(含胶圈)	套	—	(10.038)	(9.810)	(8.656)	(6.056)
弹簧压力表	个	23.08	0.003	0.003	0.003	0.003
低碳钢焊条	kg	6.84	0.002	0.003	0.003	0.003
镀锌铁丝 φ4.0～2.8	kg	3.57	0.085	0.089	0.101	0.107
焊接钢管 DN20	m	4.46	0.019	0.020	0.021	0.022
合金钢钻头	个	7.80	0.016	0.018	0.020	0.021
六角螺栓	kg	5.81	0.006	0.006	0.006	0.008
螺纹阀门 DN20	个	22.00	0.005	0.006	0.006	0.006
破布	kg	6.32	0.238	0.255	0.298	0.323
热轧厚钢板 δ8.0～15	kg	3.20	0.044	0.047	0.049	0.073
润滑剂	kg	5.98	0.044	0.047	0.050	0.054
水	m³	7.96	0.145	0.204	0.353	0.547
橡胶板	kg	2.91	0.011	0.011	0.012	0.014
橡胶软管 DN20	m	7.26	0.008	0.008	0.009	0.009
压力表弯管 DN15	个	10.69	0.003	0.003	0.003	0.003
氧气	m³	3.63	0.006	0.006	0.006	0.006
乙炔气	kg	10.45	0.002	0.002	0.002	0.002
其他材料费占材料费	%	—	2.000	2.000	2.000	2.000
机械 电动单级离心清水泵 100mm	台班	33.35	0.001	0.002	0.002	0.003
电焊机(综合)	台班	118.28	0.002	0.002	0.002	0.002
吊装机械(综合)	台班	619.04	0.009	0.012	0.084	0.117
管子切断机 150mm	台班	33.32	0.036	0.040	0.046	0.052
滚槽机	台班	23.32	0.221	0.238	0.259	0.284
开孔机 200mm	台班	305.09	0.007	0.008	0.009	0.010
试压泵 3MPa	台班	17.53	0.002	0.002	0.002	0.003
载重汽车 5t	台班	430.70	0.004	0.006	0.013	0.016

工作内容：调直、切管、压槽、对口、涂润滑剂、上胶圈、安装卡箍件、管道及管件安装、水压试验及水冲洗。

计量单位：10m

定 额 编 号			A10-1-55	A10-1-56	A10-1-57
项 目 名 称			公称直径(mm以内)		
			150	200	250
基 价 （元）			346.83	418.50	564.45
其中	人 工 费 （元）		237.72	266.14	354.90
	材 料 费 （元）		10.29	15.73	22.96
	机 械 费 （元）		98.82	136.63	186.59
名 称	单位	单价（元）	消 耗 量		
人工 综合工日	工日	140.00	1.698	1.901	2.535
材料 钢管	m	—	(9.780)	(9.780)	(9.780)
给水室内钢管沟槽管件	个	—	(1.880)	(1.670)	(1.610)
卡箍连接件(含胶圈)	套	—	(4.904)	(4.438)	(4.258)
弹簧压力表	个	23.08	0.003	0.003	0.003
低碳钢焊条	kg	6.84	0.003	0.003	0.004
镀锌铁丝 φ4.0～2.8	kg	3.57	0.107	0.112	0.140
焊接钢管 DN20	m	4.46	0.023	0.024	0.025
合金钢钻头	个	7.80	0.023	0.025	0.028
六角螺栓	kg	5.81	0.012	0.018	0.028
螺纹阀门 DN20	个	22.00	0.006	0.007	0.007
破布	kg	6.32	0.340	0.408	0.451
热轧厚钢板 δ8.0～15	kg	3.20	0.110	0.148	0.232
润滑剂	kg	5.98	0.059	0.064	0.069
水	m³	7.96	0.764	1.346	2.139
橡胶板	kg	2.91	0.016	0.018	0.021
橡胶软管 DN20	m	7.26	0.010	0.010	0.011
压力表弯管 DN15	个	10.69	0.003	0.003	0.003
氧气	m³	3.63	0.006	0.009	0.009
乙炔气	kg	10.45	0.002	0.003	0.003
其他材料费占材料费	%	—	2.000	2.000	2.000
机械 电动单级离心清水泵 100mm	台班	33.35	0.005	0.007	0.009
电焊机(综合)	台班	118.28	0.002	0.002	0.002
吊装机械(综合)	台班	619.04	0.123	0.169	0.239
管子切断机 150mm	台班	33.32	0.060	—	—
管子切断机 250mm	台班	42.58	—	0.066	0.072
滚槽机	台班	23.32	0.317	0.334	0.349
开孔机 200mm	台班	305.09	0.011	0.012	—
开孔机 400mm	台班	308.08	—	—	0.006
试压泵 3MPa	台班	17.53	0.003	0.003	0.004
载重汽车 5t	台班	430.70	0.022	0.040	0.058

工作内容：调直、切管、压槽、对口、涂润滑剂、上胶圈、安装卡箍件、管道及管件安装、水压试验及水冲洗。

计量单位：10m

定额编号			A10-1-58	A10-1-59	A10-1-60
项目名称			公称直径(mm以内)		
			300	350	400
基价（元）			634.45	725.77	795.49
其中	人工费（元）		388.64	439.18	478.80
	材料费（元）		30.54	39.28	49.13
	机械费（元）		215.27	247.31	267.56
名称	单位	单价（元）	消 耗 量		
人工	综合工日	工日	140.00	2.776	3.137	3.420

	名称	单位	单价（元）			
材料	钢管	m	—	(9.780)	(9.450)	(9.450)
	给水室内钢管沟槽管件	个	—	(1.610)	(1.610)	(1.610)
	卡箍连接件(含胶圈)	套	—	(4.258)	(4.258)	(4.258)
	弹簧压力表	个	23.08	0.004	0.004	0.004
	低碳钢焊条	kg	6.84	0.004	0.004	0.004
	镀锌铁丝 φ4.0～2.8	kg	3.57	0.144	0.148	0.153
	焊接钢管 DN20	m	4.46	0.026	0.027	0.028
	合金钢钻头	个	7.80	0.031	0.035	0.039
	六角螺栓	kg	5.81	0.038	0.046	0.054
	螺纹阀门 DN20	个	22.00	0.007	0.008	0.008
	破布	kg	6.32	0.468	0.493	0.510
	热轧厚钢板 δ8.0～15	kg	3.20	0.232	0.284	0.284
	润滑剂	kg	5.98	0.074	0.079	0.085
	水	m³	7.96	3.037	4.047	5.227
	橡胶板	kg	2.91	0.024	0.038	0.042
	橡胶软管 DN20	m	7.26	0.011	0.011	0.012
	压力表弯管 DN15	个	10.69	0.004	0.004	0.004
	氧气	m³	3.63	0.009	0.012	0.012
	乙炔气	kg	10.45	0.003	0.004	0.004
	其他材料费占材料费	%	—	2.000	2.000	2.000
机械	电动单级离心清水泵 100mm	台班	33.35	0.012	0.014	0.016
	电焊机(综合)	台班	118.28	0.002	0.002	0.002
	吊装机械(综合)	台班	619.04	0.271	0.298	0.327
	管子切断机 250mm	台班	42.58	0.081	—	—
	管子切断机 325mm	台班	81.31	—	0.092	0.103
	滚槽机	台班	23.32	0.376	0.395	0.415
	开孔机 400mm	台班	308.08	0.006	0.006	0.006
	试压泵 3MPa	台班	17.53	0.004	0.005	0.006
	载重汽车 5t	台班	430.70	0.076	0.101	0.103

4. 室内 雨水钢管(焊接)

工作内容:调直、切管、坡口、挖眼接管、异径管制作、组对、焊接、管道及管件安装、灌水试验。

计量单位:10m

定 额 编 号			A10-1-61	A10-1-62	A10-1-63	A10-1-64
项 目 名 称			公称直径(mm以内)			
			80	100	125	150
基 价 (元)			243.56	342.90	373.84	402.25
其中	人 工 费 (元)		155.54	197.12	198.52	210.28
	材 料 费 (元)		21.41	24.85	28.81	35.80
	机 械 费 (元)		66.61	120.93	146.51	156.17
名 称	单位	单价(元)	消 耗 量			
人工	综合工日	工日	140.00	1.111	1.408	1.418	1.502
材料	钢管	m	—	(10.150)	(10.150)	(10.150)	(9.830)
	雨水室内钢管焊接管件	个	—	(0.740)	(0.950)	(1.380)	(2.050)
	低碳钢焊条	kg	6.84	0.772	0.922	1.149	1.487
	电	kW·h	0.68	0.516	0.524	0.531	0.588
	镀锌铁丝 φ4.0~2.8	kg	3.57	0.089	0.101	0.107	0.112
	机油	kg	19.66	0.100	0.100	0.150	0.150
	尼龙砂轮片 φ100	片	2.05	0.712	0.734	0.749	1.015
	尼龙砂轮片 φ400	片	8.55	0.093	0.108	—	—
	破布	kg	6.32	0.255	0.298	0.323	0.340
	水	m³	7.96	0.076	0.132	0.205	0.287
	氧气	m³	3.63	1.209	1.407	1.614	2.061
	乙炔气	kg	10.45	0.403	0.469	0.538	0.687
	其他材料费占材料费	%	—	2.000	2.000	2.000	2.000
机械	电动单级离心清水泵 100mm	台班	33.35	0.001	0.002	0.003	0.005
	电焊机(综合)	台班	118.28	0.455	0.509	0.545	0.572
	电焊条恒温箱	台班	21.41	0.045	0.051	0.055	0.057
	电焊条烘干箱 60×50×75cm³	台班	26.46	0.045	0.051	0.055	0.057
	吊装机械(综合)	台班	619.04	0.012	0.084	0.117	0.123
	砂轮切割机 400mm	台班	24.71	0.024	0.025	—	—
	载重汽车 5t	台班	430.70	0.006	0.013	0.016	0.022

工作内容：调直、切管、坡口、挖眼接管、异径管制作、组对、焊接、管道及管件安装、灌水试验。

计量单位：10m

定 额 编 号				A10-1-65	A10-1-66	A10-1-67
项 目 名 称				公称直径(mm以内)		
				200	250	300
基 价 （元）				560.31	714.45	840.17
其中	人 工 费（元）			304.08	352.80	411.32
	材 料 费（元）			39.19	60.78	73.16
	机 械 费（元）			217.04	300.87	355.69
名 称		单位	单价（元）	消 耗 量		
人工	综合工日	工日	140.00	2.172	2.520	2.938
材料	钢管	m	—	(9.830)	(9.830)	(9.830)
	雨水室内钢管焊接管件	个	—	(1.230)	(1.230)	(1.230)
	低碳钢焊条	kg	6.84	2.003	3.734	4.535
	电	kW·h	0.68	0.748	1.003	1.170
	镀锌铁丝 φ4.0～2.8	kg	3.57	0.131	0.140	0.144
	机油	kg	19.66	0.170	0.200	0.200
	尼龙砂轮片 φ100	片	2.05	1.413	2.228	2.689
	破布	kg	6.32	0.408	0.451	0.468
	水	m³	7.96	0.505	0.802	1.139
	氧气	m³	3.63	1.533	2.127	2.520
	乙炔气	kg	10.45	0.511	0.709	0.840
	其他材料费占材料费	%	—	2.000	2.000	2.000
机械	电动单级离心清水泵 100mm	台班	33.35	0.006	0.009	0.011
	电焊机(综合)	台班	118.28	0.772	1.037	1.258
	电焊条恒温箱	台班	21.41	0.077	0.104	0.126
	电焊条烘干箱 60×50×75cm³	台班	26.46	0.077	0.104	0.126
	吊装机械(综合)	台班	619.04	0.169	0.239	0.271
	载重汽车 5t	台班	430.70	0.040	0.058	0.076

5.室内 雨水钢管(沟槽连接)

工作内容:调直、切管、压槽、对口、涂润滑剂、上胶圈、安装卡箍件、管道及管件安装、灌水试验。

计量单位:10m

定 额 编 号			A10-1-68	A10-1-69	A10-1-70	A10-1-71
项 目 名 称			公称直径(mm以内)			
			80	100	125	150
基 价(元)			154.91	236.43	278.07	302.23
其中	人 工 费(元)		138.74	169.82	183.82	194.60
	材 料 费(元)		2.67	3.53	4.54	5.63
	机 械 费(元)		13.50	63.08	89.71	102.00
名 称	单位	单价(元)	消 耗 量			
人工	综合工日	工日	140.00	0.991	1.213	1.313	1.390
材料	钢管	m	—	(10.150)	(10.150)	(10.150)	(9.830)
	卡箍连接件(含胶圈)	套	—	(4.040)	(4.700)	(5.440)	(6.370)
	雨水室内钢管沟槽管件	个	—	(1.230)	(1.600)	(2.060)	(2.650)
	镀锌铁丝 φ4.0~2.8	kg	3.57	0.089	0.101	0.107	0.112
	合金钢钻头	个	7.80	—	0.004	0.015	0.024
	破布	kg	6.32	0.255	0.298	0.323	0.340
	润滑剂	kg	5.98	0.014	0.022	0.046	0.083
	水	m³	7.96	0.076	0.132	0.205	0.287
	其他材料费占材料费	%	—	2.000	2.000	2.000	2.000
机械	电动单级离心清水泵 100mm	台班	33.35	0.001	0.002	0.003	0.005
	吊装机械(综合)	台班	619.04	0.012	0.084	0.117	0.123
	管子切断机 150mm	台班	33.32	0.014	0.023	0.046	0.087
	滚槽机	台班	23.32	0.128	0.173	0.284	0.414
	开孔机 200mm	台班	305.09	—	0.002	0.007	0.012
	载重汽车 5t	台班	430.70	0.006	0.013	0.016	0.022

工作内容：调直、切管、压槽、对口、涂润滑剂、上胶圈、安装卡箍件、管道及管件安装、灌水试验。

计量单位：10m

定 额 编 号				A10-1-72	A10-1-73	A10-1-74
项 目 名 称				公称直径(mm以内)		
				200	250	300
基 价（元）				406.43	532.35	604.82
其中	人 工 费（元）			257.60	329.98	370.58
	材 料 费（元）			8.33	11.12	14.09
	机 械 费（元）			140.50	191.25	220.15
名 称		单位	单价（元）	消 耗 量		
人工	综合工日	工日	140.00	1.840	2.357	2.647
材料	钢管	m	—	(9.830)	(9.830)	(9.830)
	卡箍连接件(含胶圈)	套	—	(6.210)	(6.120)	(6.120)
	雨水室内钢管沟槽管件	个	—	(2.610)	(2.530)	(2.530)
	镀锌铁丝 φ4.0～2.8	kg	3.57	0.131	0.140	0.144
	合金钢钻头	个	7.80	0.064	0.067	0.074
	破布	kg	6.32	0.408	0.451	0.468
	润滑剂	kg	5.98	0.100	0.108	0.116
	水	m³	7.96	0.505	0.802	1.139
	其他材料费占材料费	%	—	2.000	2.000	2.000
机械	电动单级离心清水泵 100mm	台班	33.35	0.006	0.009	0.011
	吊装机械(综合)	台班	619.04	0.169	0.239	0.271
	管子切断机 250mm	台班	42.58	0.095	0.072	0.081
	滚槽机	台班	23.32	0.448	0.458	0.496
	开孔机 200mm	台班	305.09	0.013	0.014	0.014
	载重汽车 5t	台班	430.70	0.040	0.058	0.076

三、不锈钢管

1.室内 薄壁不锈钢管(卡压连接)

工作内容:调直、切管、管道及管件安装、水压试验及水冲洗。　　　　　　　　　　　　　计量单位:10m

定　额　编　号				A10-1-75	A10-1-76	A10-1-77
项　目　名　称				公称直径(mm以内)		
				15	20	25
基　　　　价　(元)				83.61	91.69	100.69
其中	人　工　费　(元)			80.22	88.06	95.48
	材　料　费　(元)			1.56	1.78	2.66
	机　械　费　(元)			1.83	1.85	2.55
名　　　称		单位	单价(元)	消　　耗　　量		
人工	综合工日	工日	140.00	0.573	0.629	0.682
材料	薄壁不锈钢管	m	—	(9.860)	(9.860)	(9.860)
	给水室内不锈钢管卡压管件	个	—	(13.410)	(11.160)	(10.750)
	弹簧压力表	个	23.08	0.002	0.002	0.002
	低碳钢焊条	kg	6.84	0.002	0.002	0.002
	镀锌铁丝 φ4.0~2.8	kg	3.57	0.040	0.045	0.068
	焊接钢管 DN20	m	4.46	0.013	0.014	0.015
	六角螺栓	kg	5.81	0.004	0.004	0.004
	螺纹阀门 DN20	个	22.00	0.004	0.004	0.004
	破布	kg	6.32	0.080	0.090	0.150
	热轧厚钢板 δ8.0~15	kg	3.20	0.030	0.032	0.034
	树脂砂轮切割片 φ400	片	10.26	0.038	0.045	0.075
	水	m³	7.96	0.008	0.014	0.023
	橡胶板	kg	2.91	0.007	0.008	0.008
	橡胶软管 DN20	m	7.26	0.006	0.006	0.007
	压力表弯管 DN15	个	10.69	0.002	0.002	0.002
	氧气	m³	3.63	0.003	0.003	0.003
	乙炔气	kg	10.45	0.001	0.001	0.001
	其他材料费占材料费	%	—	2.000	2.000	2.000
机械	电动单级离心清水泵 100mm	台班	33.35	0.001	0.001	0.001
	电焊机(综合)	台班	118.28	0.001	0.001	0.001
	吊装机械(综合)	台班	619.04	0.002	0.002	0.003
	砂轮切割机 400mm	台班	24.71	0.017	0.018	0.021
	试压泵 3MPa	台班	17.53	0.001	0.001	0.001

工作内容：调直、切管、管道及管件安装、水压试验及水冲洗。 计量单位：10m

定 额 编 号			A10-1-78	A10-1-79	A10-1-80
项 目 名 称			公称直径(mm以内)		
			32	40	50
基 价 （元）			106.09	115.93	127.40
其中	人 工 费 （元）		99.68	108.36	116.48
	材 料 费 （元）		3.15	3.53	4.25
	机 械 费 （元）		3.26	4.04	6.67
名 称	单位	单价(元)	消 耗 量		
人工 综合工日	工日	140.00	0.712	0.774	0.832
材料 薄壁不锈钢管	m	—	(9.860)	(9.940)	(9.870)
给水室内不锈钢管卡压管件	个	—	(9.370)	(7.520)	(6.330)
弹簧压力表	个	23.08	0.002	0.002	0.003
低碳钢焊条	kg	6.84	0.002	0.002	0.002
镀锌铁丝 φ4.0~2.8	kg	3.57	0.075	0.079	0.083
焊接钢管 DN20	m	4.46	0.016	0.016	0.017
六角螺栓	kg	5.81	0.005	0.005	0.005
螺纹阀门 DN20	个	22.00	0.005	0.005	0.005
破布	kg	6.32	0.167	0.187	0.213
热轧厚钢板 δ8.0~15	kg	3.20	0.037	0.039	0.042
树脂砂轮切割片 φ400	片	10.26	0.089	0.101	0.120
水	m³	7.96	0.040	0.053	0.088
橡胶板	kg	2.91	0.009	0.010	0.010
橡胶软管 DN20	m	7.26	0.007	0.007	0.008
压力表弯管 DN15	个	10.69	0.002	0.002	0.003
氧气	m³	3.63	0.006	0.006	0.006
乙炔气	kg	10.45	0.002	0.002	0.002
其他材料费占材料费	%	—	2.000	2.000	2.000
机械 电动单级离心清水泵 100mm	台班	33.35	0.001	0.001	0.001
电焊机(综合)	台班	118.28	0.001	0.002	0.002
吊装机械(综合)	台班	619.04	0.004	0.005	0.007
砂轮切割机 400mm	台班	24.71	0.024	0.026	0.030
试压泵 3MPa	台班	17.53	0.002	0.002	0.002
载重汽车 5t	台班	430.70	—	—	0.003

工作内容：调直、切管、管道及管件安装、水压试验及水冲洗。　　　　　　　　　　　　　　　　计量单位：10m

定 额 编 号			A10-1-81	A10-1-82	A10-1-83
项 目 名 称			公称直径(mm以内)		
			65	80	100
基 价 （元）			136.49	143.94	172.92
其中	人 工 费 （元）		123.06	126.98	147.98
	材 料 费 （元）		5.09	5.82	7.50
	机 械 费 （元）		8.34	11.14	17.44
名 称	单位	单价（元）	消 耗 量		
人工	综合工日	工日	140.00	0.879	0.907	1.057

	名 称	单位	单价（元）	消耗量		
人工	综合工日	工日	140.00	0.879	0.907	1.057
材料	薄壁不锈钢管	m	—	(9.870)	(9.870)	(9.870)
	给水室内不锈钢管卡压管件	个	—	(5.260)	(4.630)	(4.150)
	弹簧压力表	个	23.08	0.003	0.003	0.003
	低碳钢焊条	kg	6.84	0.002	0.003	0.003
	镀锌铁丝 φ4.0～2.8	kg	3.57	0.085	0.089	0.101
	焊接钢管 DN20	m	4.46	0.019	0.020	0.021
	六角螺栓	kg	5.81	0.006	0.006	0.006
	螺纹阀门 DN20	个	22.00	0.005	0.006	0.006
	破布	kg	6.32	0.238	0.255	0.298
	热轧厚钢板 δ8.0～15	kg	3.20	0.044	0.047	0.049
	树脂砂轮切割片 φ400	片	10.26	0.137	0.145	0.158
	水	m³	7.96	0.145	0.204	0.353
	橡胶板	kg	2.91	0.011	0.011	0.012
	橡胶软管 DN20	m	7.26	0.008	0.008	0.009
	压力表弯管 DN15	个	10.69	0.003	0.003	0.003
	氧气	m³	3.63	0.006	0.006	0.006
	乙炔气	kg	10.45	0.002	0.002	0.002
	其他材料费占材料费	%	—	2.000	2.000	2.000
机械	电动单级离心清水泵 100mm	台班	33.35	0.001	0.002	0.002
	电焊机(综合)	台班	118.28	0.002	0.002	0.002
	吊装机械(综合)	台班	619.04	0.009	0.012	0.020
	砂轮切割机 400mm	台班	24.71	0.030	0.032	0.034
	试压泵 3MPa	台班	17.53	0.002	0.002	0.002
	载重汽车 5t	台班	430.70	0.004	0.006	0.009

31

2.室内 薄壁不锈钢管(卡套连接)

工作内容:调直、切管、管道及管件安装、水压试验及水冲洗。　　　　　　　　　　计量单位:10m

定 额 编 号			A10-1-84	A10-1-85	A10-1-86
项 目 名 称			公称直径(mm以内)		
			15	20	25
基 价 (元)			79.41	83.29	92.15
其中	人 工 费 (元)		76.02	79.66	86.94
	材 料 费 (元)		1.56	1.78	2.66
	机 械 费 (元)		1.83	1.85	2.55
名 称	单位	单价(元)	消 耗 量		
人工 综合工日	工日	140.00	0.543	0.569	0.621
材料 薄壁不锈钢管	m	—	(9.860)	(9.860)	(9.860)
给水室内不锈钢管卡套管件	个	—	(13.410)	(11.160)	(10.750)
弹簧压力表	个	23.08	0.002	0.002	0.002
低碳钢焊条	kg	6.84	0.002	0.002	0.002
镀锌铁丝 φ4.0~2.8	kg	3.57	0.040	0.045	0.068
焊接钢管 DN20	m	4.46	0.013	0.014	0.015
六角螺栓	kg	5.81	0.004	0.004	0.004
螺纹阀门 DN20	个	22.00	0.004	0.004	0.004
破布	kg	6.32	0.080	0.090	0.150
热轧厚钢板 δ8.0~15	kg	3.20	0.030	0.032	0.034
树脂砂轮切割片 φ400	片	10.26	0.038	0.045	0.075
水	m³	7.96	0.008	0.014	0.023
橡胶板	kg	2.91	0.007	0.008	0.008
橡胶软管 DN20	m	7.26	0.006	0.006	0.007
压力表弯管 DN15	个	10.69	0.002	0.002	0.002
氧气	m³	3.63	0.003	0.003	0.003
乙炔气	kg	10.45	0.001	0.001	0.001
其他材料费占材料费	%	—	2.000	2.000	2.000
机械 电动单级离心清水泵 100mm	台班	33.35	0.001	0.001	0.001
电焊机(综合)	台班	118.28	0.001	0.001	0.001
吊装机械(综合)	台班	619.04	0.002	0.002	0.003
砂轮切割机 400mm	台班	24.71	0.017	0.018	0.021
试压泵 3MPa	台班	17.53	0.001	0.001	0.001

工作内容：调直、切管、管道及管件安装、水压试验及水冲洗。　　　　　　　　　　　　　　计量单位：10m

定　额　编　号			A10-1-87	A10-1-88	A10-1-89
项　目　名　称			公称直径(mm以内)		
			32	40	50
基　　　　价（元）			101.66	109.35	123.76
其中	人　工　费（元）		94.64	101.78	112.84
	材　料　费（元）		3.15	3.53	4.25
	机　械　费（元）		3.87	4.04	6.67
名　　　称	单位	单价（元）	消　　耗　　量		
人工 综合工日	工日	140.00	0.676	0.727	0.806
材料 薄壁不锈钢管	m	—	(9.860)	(9.940)	(9.870)
给水室内不锈钢管卡套管件	个	—	(9.370)	(7.520)	(6.330)
弹簧压力表	个	23.08	0.002	0.002	0.003
低碳钢焊条	kg	6.84	0.002	0.002	0.002
镀锌铁丝 φ4.0～2.8	kg	3.57	0.075	0.079	0.083
焊接钢管 DN20	m	4.46	0.016	0.016	0.017
六角螺栓	kg	5.81	0.005	0.005	0.005
螺纹阀门 DN20	个	22.00	0.005	0.005	0.005
破布	kg	6.32	0.167	0.187	0.213
热轧厚钢板 δ8.0～15	kg	3.20	0.037	0.039	0.042
树脂砂轮切割片 φ400	片	10.26	0.089	0.101	0.120
水	m³	7.96	0.040	0.053	0.088
橡胶板	kg	2.91	0.009	0.010	0.010
橡胶软管 DN20	m	7.26	0.007	0.007	0.008
压力表弯管 DN15	个	10.69	0.002	0.002	0.003
氧气	m³	3.63	0.006	0.006	0.006
乙炔气	kg	10.45	0.002	0.002	0.002
其他材料费占材料费	%	—	2.000	2.000	2.000
机械 电动单级离心清水泵 100mm	台班	33.35	0.001	0.001	0.001
电焊机（综合）	台班	118.28	0.001	0.002	0.002
吊装机械（综合）	台班	619.04	0.005	0.005	0.007
砂轮切割机 400mm	台班	24.71	0.024	0.026	0.030
试压泵 3MPa	台班	17.53	0.002	0.002	0.002
载重汽车 5t	台班	430.70	—	—	0.003

工作内容：调直、切管、管道及管件安装、水压试验及水冲洗。　　　　　　　　　　　计量单位：10m

定　额　编　号			A10-1-90	A10-1-91	A10-1-92
项　目　名　称			公称直径(mm以内)		
			65	80	100
基　　　价　（元）			129.77	136.52	164.52
其中	人　工　费（元）		116.34	119.56	139.58
	材　料　费（元）		5.09	5.82	7.50
	机　械　费（元）		8.34	11.14	17.44
名　　称	单位	单价(元)	消	耗	量
人工 综合工日	工日	140.00	0.831	0.854	0.997
材料 薄壁不锈钢管	m	—	(9.870)	(9.870)	(9.870)
给水室内不锈钢管卡套管件	个	—	(5.260)	(4.630)	(4.150)
弹簧压力表	个	23.08	0.003	0.003	0.003
低碳钢焊条	kg	6.84	0.002	0.003	0.003
镀锌铁丝 φ4.0～2.8	kg	3.57	0.085	0.089	0.101
焊接钢管 DN20	m	4.46	0.019	0.020	0.021
六角螺栓	kg	5.81	0.006	0.006	0.006
螺纹阀门 DN20	个	22.00	0.005	0.006	0.006
破布	kg	6.32	0.238	0.255	0.298
热轧厚钢板 δ8.0～15	kg	3.20	0.044	0.047	0.049
树脂砂轮切割片 φ400	片	10.26	0.137	0.145	0.158
水	m³	7.96	0.145	0.204	0.353
橡胶板	kg	2.91	0.011	0.011	0.012
橡胶软管 DN20	m	7.26	0.008	0.008	0.009
压力表弯管 DN15	个	10.69	0.003	0.003	0.003
氧气	m³	3.63	0.006	0.006	0.006
乙炔气	kg	10.45	0.002	0.002	0.002
其他材料费占材料费	%	—	2.000	2.000	2.000
机械 电动单级离心清水泵 100mm	台班	33.35	0.001	0.002	0.002
电焊机(综合)	台班	118.28	0.002	0.002	0.002
吊装机械(综合)	台班	619.04	0.009	0.012	0.020
砂轮切割机 400mm	台班	24.71	0.030	0.032	0.034
试压泵 3MPa	台班	17.53	0.002	0.002	0.002
载重汽车 5t	台班	430.70	0.004	0.006	0.009

3. 室内 薄壁不锈钢管(承插氩弧焊)

工作内容: 调直、切管、组对、焊接、管道及管件安装、水压试验及水冲洗。　　　　　　计量单位: 10m

定　额　编　号			A10-1-93	A10-1-94	A10-1-95
项　目　名　称			公称直径(mm以内)		
			15	20	25
基　　　价(元)			103.68	117.62	131.68
其中	人　工　费(元)		79.38	86.66	97.44
	材　料　费(元)		6.57	8.39	9.50
	机　械　费(元)		17.73	22.57	24.74
名　　　　称	单位	单价(元)	消　　耗　　量		
人工 综合工日	工日	140.00	0.567	0.619	0.696
材料 薄壁不锈钢管	m	—	(9.860)	(9.860)	(9.860)
给水室内薄壁不锈钢管承插氩弧焊管件	个	—	(13.410)	(11.160)	(10.750)
丙酮	kg	7.51	0.108	0.129	0.157
弹簧压力表	个	23.08	0.002	0.002	0.002
低碳钢焊条	kg	6.84	0.002	0.002	0.002
镀锌铁丝 φ4.0~2.8	kg	3.57	0.040	0.045	0.068
焊接钢管 DN20	m	4.46	0.013	0.014	0.015
六角螺栓	kg	5.81	0.004	0.004	0.004
螺纹阀门 DN20	个	22.00	0.004	0.004	0.004
尼龙砂轮片 φ100	片	2.05	0.188	0.263	0.283
破布	kg	6.32	0.080	0.090	0.150
热轧厚钢板 δ8.0~15	kg	3.20	0.030	0.032	0.034
铈钨棒	g	0.38	0.330	0.460	0.486
树脂砂轮切割片 φ400	片	10.26	0.072	0.073	0.075
水	m³	7.96	0.008	0.014	0.023
橡胶板	kg	2.91	0.007	0.008	0.008
橡胶软管 DN20	m	7.26	0.006	0.006	0.007
压力表弯管 DN15	个	10.69	0.002	0.002	0.002
氩气	m³	19.59	0.165	0.230	0.243
氧气	m³	3.63	0.003	0.003	0.003
乙炔气	kg	10.45	0.001	0.001	0.001
其他材料费占材料费	%	—	2.000	2.000	2.000
机械 电动单级离心清水泵 100mm	台班	33.35	0.001	0.001	0.001
电焊机(综合)	台班	118.28	0.011	0.011	0.011
吊装机械(综合)	台班	619.04	0.002	0.002	0.003
砂轮切割机 400mm	台班	24.71	0.017	0.018	0.021
试压泵 3MPa	台班	17.53	0.001	0.001	0.001
氩弧焊机 500A	台班	92.58	0.159	0.211	0.227

工作内容：调直、切管、组对、焊接、管道及管件安装、水压试验及水冲洗。　　　　　　计量单位：10m

定　额　编　号			A10-1-96	A10-1-97	A10-1-98
项　目　名　称			公称直径(mm以内)		
			32	40	50
基　　　　价（元）			139.82	158.77	171.13
其中	人　工　费（元）		103.18	119.98	126.70
	材　料　费（元）		10.45	11.25	12.32
	机　械　费（元）		26.19	27.54	32.11
名　　称		单位	单价（元）	消　　　耗　　　量	
人工	综合工日	工日	140.00	0.737	0.857	0.905
材料	薄壁不锈钢管	m	—	(9.860)	(9.940)	(9.870)
	给水室内薄壁不锈钢管承插氩弧焊管件	个	—	(9.370)	(7.520)	(6.330)
	丙酮	kg	7.51	0.188	0.218	0.241
	弹簧压力表	个	23.08	0.002	0.002	0.003
	低碳钢焊条	kg	6.84	0.002	0.002	0.002
	镀锌铁丝 φ4.0～2.8	kg	3.57	0.075	0.079	0.083
	焊接钢管 DN20	m	4.46	0.016	0.016	0.017
	六角螺栓	kg	5.81	0.005	0.005	0.005
	螺纹阀门 DN20	个	22.00	0.005	0.005	0.005
	尼龙砂轮片 φ100	片	2.05	0.315	0.334	0.375
	破布	kg	6.32	0.167	0.187	0.213
	热轧厚钢板 δ8.0～15	kg	3.20	0.037	0.039	0.042
	铈钨棒	g	0.38	0.502	0.516	0.524
	树脂砂轮切割片 φ400	片	10.26	0.089	0.101	0.120
	水	m³	7.96	0.040	0.053	0.088
	橡胶板	kg	2.91	0.009	0.010	0.010
	橡胶软管 DN20	m	7.26	0.007	0.007	0.008
	压力表弯管 DN15	个	10.69	0.002	0.002	0.003
	氩气	m³	19.59	0.251	0.258	0.262
	氧气	m³	3.63	0.006	0.006	0.006
	乙炔气	kg	10.45	0.002	0.002	0.002
	其他材料费占材料费	%	—	2.000	2.000	2.000
机械	电动单级离心清水泵 100mm	台班	33.35	0.001	0.001	0.001
	电焊机(综合)	台班	118.28	0.011	0.012	0.012
	吊装机械(综合)	台班	619.04	0.004	0.005	0.007
	砂轮切割机 400mm	台班	24.71	0.024	0.026	0.030
	试压泵 3MPa	台班	17.53	0.002	0.002	0.002
	氩弧焊机 500A	台班	92.58	0.235	0.241	0.262
	载重汽车 5t	台班	430.70	—	—	0.003

工作内容：调直、切管、组对、焊接、管道及管件安装、水压试验及水冲洗。　　　　　　　　　　　　计量单位：10m

定　额　编　号			A10-1-99	A10-1-100	A10-1-101
项　目　名　称			公称直径(mm以内)		
			65	80	100
基　　　　价（元）			182.09	200.03	227.78
其中	人　工　费（元）		131.32	141.82	157.64
	材　料　费（元）		14.01	15.68	18.30
	机　械　费（元）		36.76	42.53	51.84
名　　称	单位	单价（元）	消　　耗　　量		
人工	综合工日	工日	140.00	0.938	1.013	1.126
材料	薄壁不锈钢管	m	—	(9.870)	(9.870)	(9.870)
	给水室内薄壁不锈钢管承插氩弧焊管件	个	—	(5.260)	(4.630)	(4.150)
	丙酮	kg	7.51	0.285	0.318	0.377
	弹簧压力表	个	23.08	0.003	0.003	0.003
	低碳钢焊条	kg	6.84	0.002	0.003	0.003
	镀锌铁丝 φ4.0～2.8	kg	3.57	0.085	0.089	0.101
	焊接钢管 DN20	m	4.46	0.019	0.020	0.021
	六角螺栓	kg	5.81	0.006	0.006	0.006
	螺纹阀门 DN20	个	22.00	0.005	0.006	0.006
	尼龙砂轮片 φ100	片	2.05	0.437	0.462	0.495
	破布	kg	6.32	0.238	0.255	0.298
	热轧厚钢板 δ8.0～15	kg	3.20	0.044	0.047	0.049
	铈钨棒	g	0.38	0.568	0.630	0.676
	树脂砂轮切割片 φ400	片	10.26	0.131	0.138	0.144
	水	m³	7.96	0.145	0.204	0.353
	橡胶板	kg	2.91	0.011	0.011	0.012
	橡胶软管 DN20	m	7.26	0.008	0.008	0.009
	压力表弯管 DN15	个	10.69	0.003	0.003	0.003
	氩气	m³	19.59	0.284	0.315	0.338
	氧气	m³	3.63	0.006	0.006	0.006
	乙炔气	kg	10.45	0.002	0.002	0.002
	其他材料费占材料费	%	—	2.000	2.000	2.000
机械	电动单级离心清水泵 100mm	台班	33.35	0.001	0.002	0.002
	电焊机(综合)	台班	118.28	0.020	0.020	0.020
	吊装机械(综合)	台班	619.04	0.009	0.012	0.020
	砂轮切割机 400mm	台班	24.71	0.030	0.032	0.034
	试压泵 3MPa	台班	17.53	0.002	0.002	0.002
	氩弧焊机 500A	台班	92.58	0.284	0.316	0.330
	载重汽车 5t	台班	430.70	0.004	0.006	0.013

4. 室内 不锈钢管(螺纹连接)

工作内容：调直、切管、套丝、组对、连接、管道及管件安装、水压试验及水冲洗。　　　计量单位：10m

定　额　编　号			A10-1-102	A10-1-103	A10-1-104
项　目　名　称			公称直径(mm以内)		
			15	20	25
基　　价（元）			134.68	141.12	171.08
其中	人　工　费（元）		126.70	132.02	159.18
	材　料　费（元）		3.10	3.61	4.87
	机　械　费（元）		4.88	5.49	7.03
名　　称	单位	单价（元）	消　　耗　　量		
人工 综合工日	工日	140.00	0.905	0.943	1.137
材料 不锈钢管	m	—	(9.920)	(9.920)	(9.920)
给水室内不锈钢管螺纹管件	个	—	(14.490)	(12.100)	(11.400)
弹簧压力表	个	23.08	0.002	0.002	0.002
低碳钢焊条	kg	6.84	0.002	0.002	0.002
镀锌铁丝 φ4.0～2.8	kg	3.57	0.040	0.045	0.068
焊接钢管 DN20	m	4.46	0.013	0.014	0.015
聚四氟乙烯生料带	m	0.13	10.980	13.040	15.500
六角螺栓	kg	5.81	0.004	0.004	0.004
螺纹阀门 DN20	个	22.00	0.004	0.004	0.004
破布	kg	6.32	0.080	0.090	0.150
热轧厚钢板 δ8.0～15	kg	3.20	0.030	0.032	0.034
树脂砂轮切割片 φ400	片	10.26	0.046	0.054	0.090
水	m³	7.96	0.008	0.014	0.023
橡胶板	kg	2.91	0.007	0.008	0.008
橡胶软管 DN20	m	7.26	0.006	0.006	0.007
压力表弯管 DN15	个	10.69	0.002	0.002	0.002
氧气	m³	3.63	0.003	0.003	0.003
乙炔气	kg	10.45	0.001	0.001	0.001
其他材料费占材料费	%	—	2.000	2.000	2.000
机械 电动单级离心清水泵 100mm	台班	33.35	0.001	0.001	0.001
电焊机(综合)	台班	118.28	0.001	0.001	0.001
吊装机械(综合)	台班	619.04	0.002	0.002	0.003
管子切断套丝机 159mm	台班	21.31	0.140	0.166	0.206
砂轮切割机 400mm	台班	24.71	0.020	0.022	0.025
试压泵 3MPa	台班	17.53	0.001	0.001	0.001

工作内容：调直、切管、套丝、组对、连接、管道及管件安装、水压试验及水冲洗。　　　计量单位：10m

定　额　编　号			A10-1-105	A10-1-106	A10-1-107
项　目　名　称			公称直径(mm以内)		
			32	40	50
基　　　　价（元）			185.34	190.57	207.29
其中	人　工　费（元）		170.66	174.16	187.18
	材　料　费（元）		5.46	5.89	6.70
	机　械　费（元）		9.22	10.52	13.41
名　　　称	单位	单价（元）	消　　耗　　量		
人工 综合工日	工日	140.00	1.219	1.244	1.337
材料 不锈钢管	m	—	(9.920)	(10.020)	(10.020)
给水室内不锈钢管螺纹管件	个	—	(9.830)	(7.860)	(6.610)
弹簧压力表	个	23.08	0.002	0.002	0.003
低碳钢焊条	kg	6.84	0.002	0.002	0.002
镀锌铁丝 φ4.0～2.8	kg	3.57	0.075	0.079	0.083
焊接钢管 DN20	m	4.46	0.016	0.016	0.017
聚四氟乙烯生料带	m	0.13	16.020	16.190	16.580
六角螺栓	kg	5.81	0.005	0.005	0.005
螺纹阀门 DN20	个	22.00	0.005	0.005	0.005
破布	kg	6.32	0.167	0.187	0.213
热轧厚钢板 δ8.0～15	kg	3.20	0.037	0.039	0.042
树脂砂轮切割片 φ400	片	10.26	0.107	0.121	0.144
水	m³	7.96	0.040	0.053	0.088
橡胶板	kg	2.91	0.009	0.010	0.010
橡胶软管 DN20	m	7.26	0.007	0.007	0.008
压力表弯管 DN15	个	10.69	0.002	0.002	0.003
氧气	m³	3.63	0.006	0.006	0.006
乙炔气	kg	10.45	0.002	0.002	0.002
其他材料费占材料费	%	—	2.000	2.000	2.000
机械 电动单级离心清水泵 100mm	台班	33.35	0.001	0.001	0.001
电焊机(综合)	台班	118.28	0.001	0.002	0.002
吊装机械(综合)	台班	619.04	0.004	0.005	0.007
管子切断套丝机 159mm	台班	21.31	0.274	0.298	0.308
砂轮切割机 400mm	台班	24.71	0.029	0.031	0.037
试压泵 3MPa	台班	17.53	0.002	0.002	0.002
载重汽车 5t	台班	430.70	—	—	0.003

工作内容：调直、切管、套丝、组对、连接、管道及管件安装、水压试验及水冲洗。　　　　　计量单位：10m

定　额　编　号			A10-1-108	A10-1-109	A10-1-110
项　目　名　称			公称直径(mm以内)		
			65	80	100
基　　　价（元）			220.05	233.50	312.66
其中	人　工　费（元）		197.12	206.50	235.90
	材　料　费（元）		7.75	8.68	10.61
	机　械　费（元）		15.18	18.32	66.15
名　　　称	单位	单价（元）	消　　耗　　量		
人工 综合工日	工日	140.00	1.408	1.475	1.685
材料 不锈钢管	m	—	(10.020)	(10.020)	(10.020)
给水室内不锈钢管螺纹管件	个	—	(5.260)	(4.630)	(4.150)
弹簧压力表	个	23.08	0.003	0.003	0.003
低碳钢焊条	kg	6.84	0.002	0.003	0.003
镀锌铁丝 φ4.0～2.8	kg	3.57	0.085	0.089	0.101
焊接钢管 DN20	m	4.46	0.019	0.020	0.021
聚四氟乙烯生料带	m	0.13	17.950	19.310	20.880
六角螺栓	kg	5.81	0.006	0.006	0.006
螺纹阀门 DN20	个	22.00	0.005	0.006	0.006
破布	kg	6.32	0.238	0.255	0.298
热轧厚钢板 δ8.0～15	kg	3.20	0.044	0.047	0.049
树脂砂轮切割片 φ400	片	10.26	0.164	0.174	0.190
水	m³	7.96	0.145	0.204	0.353
橡胶板	kg	2.91	0.011	0.011	0.012
橡胶软管 DN20	m	7.26	0.008	0.008	0.009
压力表弯管 DN15	个	10.69	0.003	0.003	0.003
氧气	m³	3.63	0.006	0.006	0.006
乙炔气	kg	10.45	0.002	0.002	0.002
其他材料费占材料费	%	—	2.000	2.000	2.000
机械 电动单级离心清水泵 100mm	台班	33.35	0.001	0.002	0.002
电焊机(综合)	台班	118.28	0.002	0.002	0.002
吊装机械(综合)	台班	619.04	0.009	0.012	0.084
管子切断套丝机 159mm	台班	21.31	0.314	0.330	0.338
砂轮切割机 400mm	台班	24.71	0.036	0.038	0.041
试压泵 3MPa	台班	17.53	0.002	0.002	0.002
载重汽车 5t	台班	430.70	0.004	0.006	0.013

5. 室内 不锈钢管(对接电弧焊)

工作内容：调直、切管、坡口、组对、焊接、焊缝酸洗、钝化、管道及管件安装、水压试验及水冲洗。

计量单位：10m

定 额 编 号			A10-1-111	A10-1-112	A10-1-113
项 目 名 称			公称直径(mm以内)		
			15	20	25
基 价（元）			120.18	124.95	150.02
其中	人 工 费（元）		97.44	101.64	122.50
	材 料 费（元）		11.29	11.81	14.97
	机 械 费（元）		11.45	11.50	12.55
名 称	单位	单价(元)	消 耗 量		
人工 综合工日	工日	140.00	0.696	0.726	0.875
材料 不锈钢管	m	—	(9.500)	(9.500)	(9.500)
给水室内不锈钢管焊接管件	个	—	(12.340)	(10.070)	(9.730)
丙酮	kg	7.51	0.039	0.045	0.054
不锈钢焊条	kg	38.46	0.194	0.197	0.246
弹簧压力表	个	23.08	0.002	0.002	0.002
低碳钢焊条	kg	6.84	0.002	0.002	0.002
电	kW·h	0.68	0.155	0.157	0.184
镀锌铁丝 φ4.0～2.8	kg	3.57	0.040	0.045	0.068
焊接钢管 DN20	m	4.46	0.013	0.014	0.015
六角螺栓	kg	5.81	0.004	0.004	0.004
螺纹阀门 DN20	个	22.00	0.004	0.004	0.004
尼龙砂轮片 φ100	片	2.05	0.190	0.192	0.228
破布	kg	6.32	0.080	0.090	0.150
热轧厚钢板 δ8.0～15	kg	3.20	0.030	0.032	0.034
树脂砂轮切割片 φ400	片	10.26	0.046	0.054	0.090
水	m³	7.96	0.008	0.014	0.023

续表

定 额 编 号			A10-1-111	A10-1-112	A10-1-113
项 目 名 称			公称直径(mm以内)		
			15	20	25
名 称	单位	单价(元)	消	耗	量
材料 塑料布	m²	1.97	0.550	0.591	0.628
酸洗膏	kg	6.56	0.018	0.024	0.033
橡胶板	kg	2.91	0.007	0.008	0.008
橡胶软管 DN20	m	7.26	0.006	0.006	0.007
压力表弯管 DN15	个	10.69	0.002	0.002	0.002
氧气	m³	3.63	0.003	0.003	0.003
乙炔气	kg	10.45	0.001	0.001	0.001
其他材料费占材料费	%	—	2.000	2.000	2.000
机械 电动单级离心清水泵 100mm	台班	33.35	0.001	0.001	0.001
电动空气压缩机 6m³/min	台班	206.73	0.002	0.002	0.002
电焊机(综合)	台班	118.28	0.075	0.075	0.078
电焊条恒温箱	台班	21.41	0.008	0.008	0.008
电焊条烘干箱 60×50×75cm³	台班	26.46	0.008	0.008	0.008
吊装机械(综合)	台班	619.04	0.002	0.002	0.003
砂轮切割机 400mm	台班	24.71	0.020	0.022	0.025
试压泵 3MPa	台班	17.53	0.001	0.001	0.001

工作内容：调直、切管、坡口、组对、焊接、焊缝酸洗、钝化、管道及管件安装、水压试验及水冲洗。

计量单位：10m

定 额 编 号			A10-1-114	A10-1-115	A10-1-116
项 目 名 称			公称直径(mm以内)		
			32	40	50
基 价 （元）			159.07	174.18	228.18
其中	人 工 费 （元）		128.52	135.38	163.52
	材 料 费 （元）		16.56	21.80	25.64
	机 械 费 （元）		13.99	17.00	39.02
名 称	单位	单价(元)	消 耗 量		
人工	综合工日	工日	140.00	0.918	0.967	1.168
材料	不锈钢管	m	—	(9.500)	(9.650)	(9.650)
	给水室内不锈钢管焊接管件	个	—	(8.340)	(6.240)	(5.180)
	丙酮	kg	7.51	0.062	0.078	0.089
	不锈钢焊条	kg	38.46	0.267	0.382	0.440
	弹簧压力表	个	23.08	0.002	0.002	0.003
	低碳钢焊条	kg	6.84	0.002	0.002	0.002
	电	kW·h	0.68	0.201	0.260	0.295
	镀锌铁丝 φ4.0～2.8	kg	3.57	0.075	0.079	0.083
	焊接钢管 DN20	m	4.46	0.016	0.016	0.017
	六角螺栓	kg	5.81	0.005	0.005	0.005
	螺纹阀门 DN20	个	22.00	0.005	0.005	0.005
	尼龙砂轮片 φ100	片	2.05	0.252	0.294	0.574
	破布	kg	6.32	0.167	0.187	0.213
	热轧厚钢板 δ8.0～15	kg	3.20	0.037	0.039	0.042
	树脂砂轮切割片 φ400	片	10.26	0.107	0.121	0.144
	水	m³	7.96	0.040	0.053	0.088

续表

定　额　编　号			A10-1-114	A10-1-115	A10-1-116
项　目　名　称			公称直径(mm以内)		
			32	40	50
名　　称	单位	单价(元)	消　　耗　　量		
材料 塑料布	m²	1.97	0.673	0.692	0.702
酸洗膏	kg	6.56	0.038	0.044	0.056
橡胶板	kg	2.91	0.009	0.010	0.010
橡胶软管 DN20	m	7.26	0.007	0.007	0.008
压力表弯管 DN15	个	10.69	0.002	0.002	0.003
氧气	m³	3.63	0.006	0.006	0.006
乙炔气	kg	10.45	0.002	0.002	0.002
其他材料费占材料费	%	—	2.000	2.000	2.000
机械 电动单级离心清水泵 100mm	台班	33.35	0.001	0.001	0.001
电动空气压缩机 6m³/min	台班	206.73	0.002	0.002	0.002
电焊机(综合)	台班	118.28	0.084	0.103	0.260
电焊条恒温箱	台班	21.41	0.008	0.010	0.026
电焊条烘干箱 60×50×75cm³	台班	26.46	0.008	0.010	0.026
吊装机械(综合)	台班	619.04	0.004	0.005	0.007
砂轮切割机 400mm	台班	24.71	0.029	0.031	0.037
试压泵 3MPa	台班	17.53	0.002	0.002	0.002
载重汽车 5t	台班	430.70	—	—	0.003

工作内容：调直、切管、坡口、组对、焊接、焊缝酸洗、钝化、管道及管件安装、水压试验及水冲洗。

计量单位：10m

定　额　编　号			A10-1-117	A10-1-118	A10-1-119
项　目　名　称			公称直径(mm以内)		
			65	80	100
基　　价（元）			259.22	287.44	375.68
其中	人　工　费（元）		181.44	199.08	229.74
	材　料　费（元）		28.41	31.11	35.42
	机　械　费（元）		49.37	57.25	110.52
名　　称	单位	单价（元）	消　　耗　　量		
人工　综合工日	工日	140.00	1.296	1.422	1.641
材料　不锈钢管	m	—	(9.650)	(9.650)	(9.650)
给水室内不锈钢管焊接管件	个	—	(4.000)	(3.390)	(2.990)
丙酮	kg	7.51	0.112	0.134	0.165
不锈钢焊条	kg	38.46	0.480	0.520	0.576
弹簧压力表	个	23.08	0.003	0.003	0.003
低碳钢焊条	kg	6.84	0.002	0.003	0.003
电	kW•h	0.68	0.316	0.396	0.403
镀锌铁丝　φ4.0～2.8	kg	3.57	0.085	0.089	0.101
焊接钢管 DN20	m	4.46	0.019	0.020	0.021
六角螺栓	kg	5.81	0.006	0.006	0.006
螺纹阀门 DN20	个	22.00	0.005	0.006	0.006
尼龙砂轮片　φ100	片	2.05	0.607	0.613	0.624
破布	kg	6.32	0.238	0.255	0.298
热轧厚钢板　δ8.0～15	kg	3.20	0.044	0.047	0.049
树脂砂轮切割片　φ400	片	10.26	0.164	0.174	0.190
水	m³	7.96	0.145	0.204	0.353

续表

定 额 编 号			A10-1-117	A10-1-118	A10-1-119
项 目 名 称			公称直径(mm以内)		
			65	80	100
名 称	单位	单价(元)	消 耗 量		
材料 塑料布	m²	1.97	0.714	0.735	0.774
酸洗膏	kg	6.56	0.064	0.079	0.087
橡胶板	kg	2.91	0.011	0.011	0.012
橡胶软管 DN20	m	7.26	0.008	0.008	0.009
压力表弯管 DN15	个	10.69	0.003	0.003	0.003
氧气	m³	3.63	0.006	0.006	0.006
乙炔气	kg	10.45	0.002	0.002	0.002
其他材料费占材料费	%	—	2.000	2.000	2.000
机械 电动单级离心清水泵 100mm	台班	33.35	0.001	0.002	0.002
电动空气压缩机 6m³/min	台班	206.73	0.002	0.002	0.002
电焊机(综合)	台班	118.28	0.326	0.366	0.411
电焊条恒温箱	台班	21.41	0.033	0.037	0.041
电焊条烘干箱 60×50×75cm³	台班	26.46	0.033	0.037	0.041
吊装机械(综合)	台班	619.04	0.009	0.012	0.084
砂轮切割机 400mm	台班	24.71	0.059	0.067	0.074
试压泵 3MPa	台班	17.53	0.002	0.002	0.002
载重汽车 5t	台班	430.70	0.004	0.006	0.013

46

工作内容：调直、切管、坡口、组对、焊接、焊缝酸洗、钝化、管道及管件安装、水压试验及水冲洗。

计量单位：10m

定　额　编　号				A10-1-120	A10-1-121	A10-1-122
项　目　名　称				公称直径(mm以内)		
				125	150	200
基　　　价（元）				463.39	527.32	671.32
其中	人　工　费（元）			238.28	264.04	321.58
	材　料　费（元）			39.48	61.79	85.86
	机　械　费（元）			185.63	201.49	263.88
名　　　称		单位	单价（元）	消　　耗　　量		
人工	综合工日	工日	140.00	1.702	1.886	2.297
材料	不锈钢管	m	—	(9.650)	(9.650)	(9.650)
	给水室内不锈钢管焊接管件	个	—	(2.330)	(1.900)	(1.680)
	丙酮	kg	7.51	0.176	0.182	0.215
	不锈钢焊条	kg	38.46	0.674	1.180	1.631
	弹簧压力表	个	23.08	0.003	0.003	0.003
	低碳钢焊条	kg	6.84	0.003	0.003	0.003
	电	kW·h	0.68	0.430	0.508	0.712
	镀锌铁丝 φ4.0～2.8	kg	3.57	0.107	0.112	0.131
	焊接钢管 DN20	m	4.46	0.022	0.023	0.024
	六角螺栓	kg	5.81	0.008	0.012	0.018
	螺纹阀门 DN20	个	22.00	0.006	0.006	0.007
	尼龙砂轮片 φ100	片	2.05	0.683	0.746	0.831
	破布	kg	6.32	0.323	0.340	0.408
	热轧厚钢板 δ8.0～15	kg	3.20	0.073	0.110	0.148
	水	m³	7.96	0.547	0.764	1.346
	塑料布	m²	1.97	0.801	0.832	0.913

续表

定 额 编 号				A10-1-120	A10-1-121	A10-1-122
项 目 名 称				公称直径(mm以内)		
				125	150	200
名 称		单位	单价(元)	消 耗 量		
材料	酸洗膏	kg	6.56	0.096	0.113	0.146
	橡胶板	kg	2.91	0.014	0.016	0.018
	橡胶软管 DN20	m	7.26	0.009	0.010	0.010
	压力表弯管 DN15	个	10.69	0.003	0.003	0.003
	氧气	m³	3.63	0.006	0.006	0.006
	乙炔气	kg	10.45	0.002	0.002	0.002
	其他材料费占材料费	%	—	2.000	2.000	2.000
机械	等离子切割机 400A	台班	219.59	0.189	0.214	0.272
	电动单级离心清水泵 100mm	台班	33.35	0.003	0.005	0.007
	电动空气压缩机 1m³/min	台班	50.29	0.189	0.214	0.272
	电动空气压缩机 6m³/min	台班	206.73	0.002	0.002	0.002
	电焊机(综合)	台班	118.28	0.445	0.467	0.552
	电焊条恒温箱	台班	21.41	0.044	0.047	0.055
	电焊条烘干箱 60×50×75cm³	台班	26.46	0.044	0.047	0.055
	吊装机械(综合)	台班	619.04	0.117	0.123	0.169
	试压泵 3MPa	台班	17.53	0.003	0.003	0.003
	载重汽车 5t	台班	430.70	0.016	0.022	0.040

四、铜管

1. 室内 铜管(卡压连接)

工作内容:调直、切管、管道及管件安装、水压试验及水冲洗。 计量单位:10m

定 额 编 号			A10-1-123	A10-1-124	A10-1-125
项 目 名 称			外径(mm以内)		
			18	22	28
基 价 (元)			76.67	82.47	89.44
其中	人 工 费 (元)		73.22	78.96	84.84
	材 料 费 (元)		2.04	2.10	2.57
	机 械 费 (元)		1.41	1.41	2.03
名 称	单位	单价(元)	消 耗 量		
人工 综合工日	工日	140.00	0.523	0.564	0.606
材料 给水室内铜管卡压管件	个	—	(13.410)	(11.160)	(10.750)
铜管	m	—	(9.860)	(9.860)	(9.860)
弹簧压力表	个	23.08	0.002	0.002	0.002
低碳钢焊条	kg	6.84	0.002	0.002	0.002
镀锌铁丝 φ4.0~2.8	kg	3.57	0.040	0.045	0.068
割管刀片	片	1.71	0.500	0.450	0.400
焊接钢管 DN20	m	4.46	0.013	0.014	0.015
六角螺栓	kg	5.81	0.004	0.004	0.004
螺纹阀门 DN20	个	22.00	0.004	0.004	0.004
破布	kg	6.32	0.080	0.090	0.150
热轧厚钢板 δ8.0~15	kg	3.20	0.030	0.032	0.034
水	m³	7.96	0.008	0.014	0.023
橡胶板	kg	2.91	0.007	0.008	0.008
橡胶软管 DN20	m	7.26	0.006	0.006	0.007
压力表弯管 DN15	个	10.69	0.002	0.002	0.002
氧气	m³	3.63	0.003	0.003	0.003
乙炔气	kg	10.45	0.001	0.001	0.001
其他材料费占材料费	%	—	2.000	2.000	2.000
机械 电动单级离心清水泵 100mm	台班	33.35	0.001	0.001	0.001
电焊机(综合)	台班	118.28	0.001	0.001	0.001
吊装机械(综合)	台班	619.04	0.002	0.002	0.003
试压泵 3MPa	台班	17.53	0.001	0.001	0.001

工作内容：调直、切管、管道及管件安装、水压试验及水冲洗。 计量单位：10m

定　额　编　号			A10-1-126	A10-1-127	A10-1-128
项　目　名　称			外径(mm以内)		
			35	42	54
基　　　价（元）			93.69	98.04	105.07
其中	人　工　费（元）		88.20	91.56	95.62
	材　料　费（元）		2.83	3.08	3.52
	机　械　费（元）		2.66	3.40	5.93
名　　　称	单位	单价(元)	消　　耗　　量		
人工	综合工日	工日	140.00	0.630	0.654	0.683

	名　　　称	单位	单价(元)			
材料	给水室内铜管卡压管件	个	—	(9.370)	(7.520)	(6.330)
	铜管	m	—	(9.860)	(9.940)	(9.870)
	弹簧压力表	个	23.08	0.002	0.002	0.003
	低碳钢焊条	kg	6.84	0.002	0.002	0.002
	镀锌铁丝 φ4.0～2.8	kg	3.57	0.075	0.079	0.083
	割管刀片	片	1.71	0.350	0.350	0.300
	焊接钢管 DN20	m	4.46	0.016	0.016	0.017
	六角螺栓	kg	5.81	0.005	0.005	0.005
	螺纹阀门 DN20	个	22.00	0.005	0.005	0.005
	破布	kg	6.32	0.167	0.187	0.213
	热轧厚钢板 δ8.0～15	kg	3.20	0.037	0.039	0.042
	水	m³	7.96	0.040	0.053	0.088
	橡胶板	kg	2.91	0.009	0.010	0.010
	橡胶软管 DN20	m	7.26	0.007	0.007	0.008
	压力表弯管 DN15	个	10.69	0.002	0.002	0.003
	氧气	m³	3.63	0.006	0.006	0.006
	乙炔气	kg	10.45	0.002	0.002	0.002
	其他材料费占材料费	%	—	2.000	2.000	2.000
机械	电动单级离心清水泵 100mm	台班	33.35	0.001	0.001	0.001
	电焊机(综合)	台班	118.28	0.001	0.002	0.002
	吊装机械(综合)	台班	619.04	0.004	0.005	0.007
	试压泵 3MPa	台班	17.53	0.002	0.002	0.002
	载重汽车 5t	台班	430.70	—	—	0.003

工作内容：调直、切管、管道及管件安装、水压试验及水冲洗。 计量单位：10m

定 额 编 号				A10-1-129	A10-1-130	A10-1-131
项 目 名 称				外径(mm以内)		
				76	89	108
基 价 （元）				113.17	121.80	148.87
其中	人 工 费 （元）			101.36	106.54	124.04
	材 料 费 （元）			4.21	4.91	6.51
	机 械 费 （元）			7.60	10.35	18.32
名 称		单位	单价(元)	消 耗 量		
人工	综合工日	工日	140.00	0.724	0.761	0.886
材料	给水室内铜管卡压管件	个	—	(5.260)	(4.630)	(4.150)
	铜管	m	—	(9.870)	(9.870)	(9.870)
	弹簧压力表	个	23.08	0.003	0.003	0.003
	低碳钢焊条	kg	6.84	0.002	0.003	0.003
	镀锌铁丝 φ4.0～2.8	kg	3.57	0.085	0.089	0.101
	割管刀片	片	1.71	0.320	0.350	0.380
	焊接钢管 DN20	m	4.46	0.019	0.020	0.021
	六角螺栓	kg	5.81	0.006	0.006	0.006
	螺纹阀门 DN20	个	22.00	0.005	0.006	0.006
	破布	kg	6.32	0.238	0.255	0.298
	热轧厚钢板 δ8.0～15	kg	3.20	0.044	0.047	0.049
	水	m³	7.96	0.145	0.204	0.353
	橡胶板	kg	2.91	0.011	0.011	0.012
	橡胶软管 DN20	m	7.26	0.008	0.008	0.009
	压力表弯管 DN15	个	10.69	0.003	0.003	0.003
	氧气	m³	3.63	0.006	0.006	0.006
	乙炔气	kg	10.45	0.002	0.002	0.002
	其他材料费占材料费	%	—	2.000	2.000	2.000
机械	电动单级离心清水泵 100mm	台班	33.35	0.001	0.002	0.002
	电焊机(综合)	台班	118.28	0.002	0.002	0.002
	吊装机械(综合)	台班	619.04	0.009	0.012	0.020
	试压泵 3MPa	台班	17.53	0.002	0.002	0.002
	载重汽车 5t	台班	430.70	0.004	0.006	0.013

2.室内 铜管(氧乙炔焊)

工作内容：调直、切管、坡口、焊接、管道及管件安装、水压试验及水冲洗。　　　　计量单位：10m

定 额 编 号			A10-1-132	A10-1-133	A10-1-134
项 目 名 称			外径(mm以内)		
			18	22	28
基 价 （元）			130.93	141.59	151.15
其中	人 工 费 （元）		116.90	125.86	131.46
	材 料 费 （元）		12.52	14.22	17.47
	机 械 费 （元）		1.51	1.51	2.22
名 称	单位	单价(元)	消 耗 量		
人工 综合工日	工日	140.00	0.835	0.899	0.939
材料 给水室内铜管焊接管件	个	—	(12.340)	(10.070)	(9.730)
铜管	m	—	(9.500)	(9.500)	(9.500)
弹簧压力表	个	23.08	0.002	0.002	0.002
低碳钢焊条	kg	6.84	0.002	0.002	0.002
镀锌铁丝 φ4.0～2.8	kg	3.57	0.040	0.045	0.068
焊接钢管 DN20	m	4.46	0.013	0.014	0.015
锯条(各种规格)	根	0.62	0.082	0.126	0.145
六角螺栓	kg	5.81	0.004	0.004	0.004
螺纹阀门 DN20	个	22.00	0.004	0.004	0.004
尼龙砂轮片 φ100	片	2.05	0.019	0.024	0.024
尼龙砂轮片 φ400	片	8.55	0.020	0.023	0.023
破布	kg	6.32	0.080	0.090	0.150
热轧厚钢板 δ8.0～15	kg	3.20	0.030	0.032	0.034
水	m³	7.96	0.008	0.014	0.023
铜焊粉	kg	29.00	0.030	0.040	0.050
铜气焊丝	kg	37.61	0.174	0.192	0.226
橡胶板	kg	2.91	0.007	0.008	0.008
橡胶软管 DN20	m	7.26	0.006	0.006	0.007
压力表弯管 DN15	个	10.69	0.002	0.002	0.002
氧气	m³	3.63	0.464	0.544	0.684
乙炔气	kg	10.45	0.172	0.191	0.243
其他材料费占材料费	%	—	2.000	2.000	2.000
机械 电动单级离心清水泵 100mm	台班	33.35	0.001	0.001	0.001
电焊机(综合)	台班	118.28	0.001	0.001	0.001
吊装机械(综合)	台班	619.04	0.002	0.002	0.003
砂轮切割机 400mm	台班	24.71	0.004	0.004	0.008
试压泵 3MPa	台班	17.53	0.001	0.001	0.001

工作内容：调直、切管、坡口、焊接、管道及管件安装、水压试验及水冲洗。　　　　计量单位：10m

定　额　编　号			A10-1-135	A10-1-136	A10-1-137
项　目　名　称			外径(mm以内)		
			35	42	54
基　　　价（元）			179.31	206.60	232.48
其中	人　工　费（元）		155.40	176.68	194.74
	材　料　费（元）		21.00	26.22	31.41
	机　械　费（元）		2.91	3.70	6.33
名　　称	单位	单价（元）	消　　耗　　量		
人工	综合工日	工日	140.00	1.110	1.262	1.391
材料	给水室内铜管焊接管件	个	—	(8.340)	(6.240)	(5.180)
	铜管	m	—	(9.500)	(9.650)	(9.650)
	弹簧压力表	个	23.08	0.002	0.002	0.003
	低碳钢焊条	kg	6.84	0.002	0.002	0.002
	镀锌铁丝 φ4.0～2.8	kg	3.57	0.075	0.079	0.083
	焊接钢管 DN20	m	4.46	0.016	0.016	0.017
	锯条(各种规格)	根	0.62	0.164	0.192	0.198
	六角螺栓	kg	5.81	0.005	0.005	0.005
	螺纹阀门 DN20	个	22.00	0.005	0.005	0.005
	尼龙砂轮片 φ100	片	2.05	0.025	0.038	0.046
	尼龙砂轮片 φ400	片	8.55	0.035	0.040	0.048
	破布	kg	6.32	0.167	0.187	0.213
	热轧厚钢板 δ8.0～15	kg	3.20	0.037	0.039	0.042
	水	m³	7.96	0.040	0.053	0.088
	铜焊粉	kg	29.00	0.060	0.080	0.085
	铜气焊丝	kg	37.61	0.250	0.288	0.380
	橡胶板	kg	2.91	0.009	0.010	0.010
	橡胶软管 DN20	m	7.26	0.007	0.007	0.008
	压力表弯管 DN15	个	10.69	0.002	0.002	0.003
	氧气	m³	3.63	0.935	1.314	1.414
	乙炔气	kg	10.45	0.332	0.465	0.515
	其他材料费占材料费	%	—	2.000	2.000	2.000
机械	电动单级离心清水泵 100mm	台班	33.35	0.001	0.001	0.001
	电焊机(综合)	台班	118.28	0.001	0.002	0.002
	吊装机械(综合)	台班	619.04	0.004	0.005	0.007
	砂轮切割机 400mm	台班	24.71	0.010	0.012	0.016
	试压泵 3MPa	台班	17.53	0.002	0.002	0.002
	载重汽车 5t	台班	430.70	—	—	0.003

工作内容：调直、切管、坡口、焊接、管道及管件安装、水压试验及水冲洗。　　　　　　　　　　　计量单位：10m

定　额　编　号			A10-1-138	A10-1-139	A10-1-140
项　目　名　称			外径(mm以内)		
			76	89	108
基　　价（元）			266.60	301.81	333.09
其中	人　工　费（元）		216.86	238.28	250.74
	材　料　费（元）		41.45	52.46	63.27
	机　械　费（元）		8.29	11.07	19.08
名　　称	单位	单价（元）	消　　耗　　量		
人工 综合工日	工日	140.00	1.549	1.702	1.791
材料 给水室内铜管焊接管件	个	—	(4.000)	(3.390)	(2.990)
铜管	m	—	(9.650)	(9.650)	(9.650)
弹簧压力表	个	23.08	0.003	0.003	0.003
低碳钢焊条	kg	6.84	0.002	0.003	0.003
镀锌铁丝 φ4.0～2.8	kg	3.57	0.085	0.089	0.101
焊接钢管 DN20	m	4.46	0.019	0.020	0.021
六角螺栓	kg	5.81	0.006	0.006	0.006
螺纹阀门 DN20	个	22.00	0.005	0.006	0.006
尼龙砂轮片 φ100	片	2.05	0.096	0.102	0.115
尼龙砂轮片 φ400	片	8.55	0.123	0.128	0.140
破布	kg	6.32	0.238	0.255	0.298
热轧厚钢板 δ8.0～15	kg	3.20	0.044	0.047	0.049
水	m³	7.96	0.145	0.204	0.353
铜焊粉	kg	29.00	0.097	0.110	0.130
铜气焊丝	kg	37.61	0.520	0.680	0.840
橡胶板	kg	2.91	0.011	0.011	0.012
橡胶软管 DN20	m	7.26	0.008	0.008	0.009
压力表弯管 DN15	个	10.69	0.003	0.003	0.003
氧气	m³	3.63	1.763	2.317	2.620
乙炔气	kg	10.45	0.678	0.840	0.960
其他材料费占材料费	%	—	2.000	2.000	2.000
机械 电动单级离心清水泵 100mm	台班	33.35	0.001	0.002	0.002
电焊机(综合)	台班	118.28	0.002	0.002	0.002
吊装机械(综合)	台班	619.04	0.009	0.012	0.020
砂轮切割机 400mm	台班	24.71	0.028	0.029	0.031
试压泵 3MPa	台班	17.53	0.002	0.002	0.002
载重汽车 5t	台班	430.70	0.004	0.006	0.013

3. 室内 铜管(钎焊)

工作内容：调直、切管、焊接、管道及管件安装、水压试验及水冲洗。　　　　　　　　计量单位：10m

定 额 编 号				A10-1-141	A10-1-142	A10-1-143
项 目 名 称				外径(mm以内)		
				18	22	28
基 价 （元）				89.08	96.23	103.84
其中	人 工 费（元）			80.50	86.94	93.24
	材 料 费（元）			6.18	6.89	8.38
	机 械 费（元）			2.40	2.40	2.22
名 称		单位	单价（元）	消 耗 量		
人工	综合工日	工日	140.00	0.575	0.621	0.666
材料	给水室内铜管钎焊管件	个	—	(13.410)	(11.160)	(10.750)
	铜管	m	—	(9.860)	(9.860)	(9.860)
	弹簧压力表	个	23.08	0.002	0.002	0.002
	低碳钢焊条	kg	6.84	0.002	0.002	0.002
	低银铜磷钎料（BCu91PAg）	kg	60.00	0.024	0.026	0.039
	电	kW·h	0.68	0.072	0.077	0.080
	镀锌铁丝 φ4.0～2.8	kg	3.57	0.004	0.045	0.068
	焊接钢管 DN20	m	4.46	0.013	0.014	0.015
	锯条（各种规格）	根	0.62	0.082	0.126	0.145
	六角螺栓	kg	5.81	0.004	0.004	0.004
	螺纹阀门 DN20	个	22.00	0.004	0.004	0.004
	尼龙砂轮片 φ100	片	2.05	0.019	0.024	0.024
	尼龙砂轮片 φ400	片	8.55	0.020	0.023	0.023
	破布	kg	6.32	0.080	0.090	0.150
	热轧厚钢板 δ8.0～15	kg	3.20	0.030	0.032	0.034
	水	m³	7.96	0.008	0.014	0.023
	铁砂布	张	0.85	0.116	0.118	0.125
	橡胶板	kg	2.91	0.007	0.008	0.008
	橡胶软管 DN20	m	7.26	0.006	0.006	0.007
	压力表弯管 DN15	个	10.69	0.002	0.002	0.002
	氧气	m³	3.63	0.421	0.459	0.467
	乙炔气	kg	10.45	0.162	0.171	0.179
	其他材料费占材料费	%	—	2.000	2.000	2.000
机械	电动单级离心清水泵 100mm	台班	33.35	0.001	0.001	0.001
	电焊机（综合）	台班	118.28	0.001	0.001	0.001
	吊装机械（综合）	台班	619.04	0.002	0.002	0.003
	砂轮切割机 400mm	台班	24.71	0.040	0.040	0.008
	试压泵 3MPa	台班	17.53	0.001	0.001	0.001

工作内容：调直、切管、焊接、管道及管件安装、水压试验及水冲洗。 计量单位：10m

定　额　编　号			A10-1-144	A10-1-145	A10-1-146
项　目　名　称			外径(mm以内)		
			35	42	54
基　　　　　价（元）			110.20	117.45	127.50
其中	人　工　费（元）		97.02	100.80	105.28
	材　料　费（元）		10.27	12.95	15.89
	机　械　费（元）		2.91	3.70	6.33
名　　　称	单位	单价(元)	消　　耗　　量		
人工 综合工日	工日	140.00	0.693	0.720	0.752
材料 给水室内铜管钎焊管件	个	—	(9.370)	(7.520)	(6.330)
铜管	m	—	(9.860)	(9.940)	(9.870)
弹簧压力表	个	23.08	0.002	0.002	0.003
低碳钢焊条	kg	6.84	0.002	0.002	0.002
低银铜磷钎料（BCu91PAg）	kg	60.00	0.056	0.077	0.104
电	kW·h	0.68	0.094	0.143	0.146
镀锌铁丝 φ4.0～2.8	kg	3.57	0.075	0.079	0.083
焊接钢管 DN20	m	4.46	0.016	0.016	0.017
锯条(各种规格)	根	0.62	0.164	0.192	0.198
六角螺栓	kg	5.81	0.005	0.005	0.005
螺纹阀门 DN20	个	22.00	0.005	0.005	0.005
尼龙砂轮片 φ100	片	2.05	0.025	0.038	0.046
尼龙砂轮片 φ400	片	8.55	0.035	0.040	0.048
破布	kg	6.32	0.168	0.187	0.213
热轧厚钢板 δ8.0～15	kg	3.20	0.037	0.039	0.042
水	m³	7.96	0.040	0.053	0.088
铁砂布	张	0.85	0.143	0.236	0.274
橡胶板	kg	2.91	0.009	0.010	0.010
橡胶软管 DN20	m	7.26	0.007	0.007	0.008
压力表弯管 DN15	个	10.69	0.002	0.002	0.003
氧气	m³	3.63	0.515	0.635	0.723
乙炔气	kg	10.45	0.198	0.244	0.274
其他材料费占材料费	%	—	2.000	2.000	2.000
机械 电动单级离心清水泵 100mm	台班	33.35	0.001	0.001	0.001
电焊机(综合)	台班	118.28	0.001	0.002	0.002
吊装机械(综合)	台班	619.04	0.004	0.005	0.007
砂轮切割机 400mm	台班	24.71	0.010	0.012	0.016
试压泵 3MPa	台班	17.53	0.002	0.002	0.002
载重汽车 5t	台班	430.70	—	—	0.003

工作内容：调直、切管、焊接、管道及管件安装、水压试验及水冲洗。 计量单位：10m

定 额 编 号			A10-1-147	A10-1-148	A10-1-149
项 目 名 称			外径(mm以内)		
			76	89	108
基 价（元）			140.40	153.98	185.67
其中	人 工 费（元）		111.44	117.18	136.36
	材 料 费（元）		20.67	25.73	30.23
	机 械 费（元）		8.29	11.07	19.08
名 称	单位	单价（元）	消 耗 量		
人工 综合工日	工日	140.00	0.796	0.837	0.974
材料 给水室内铜管钎焊管件	个	—	(5.260)	(4.630)	(4.150)
铜管	m	—	(9.870)	(9.870)	(9.870)
弹簧压力表	个	23.08	0.003	0.003	0.003
低碳钢焊条	kg	6.84	0.002	0.003	0.003
低银铜磷钎料（BCu91PAg）	kg	60.00	0.131	0.185	0.212
电	kW·h	0.68	0.149	0.152	0.155
镀锌铁丝 φ4.0～2.8	kg	3.57	0.085	0.089	0.101
焊接钢管 DN20	m	4.46	0.019	0.020	0.021
六角螺栓	kg	5.81	0.006	0.006	0.006
螺纹阀门 DN20	个	22.00	0.005	0.006	0.006
尼龙砂轮片 φ100	片	2.05	0.096	0.102	0.115
尼龙砂轮片 φ400	片	8.55	0.123	0.128	0.140
破布	kg	6.32	0.238	0.255	0.298
热轧厚钢板 δ8.0～15	kg	3.20	0.044	0.047	0.049
水	m³	7.96	0.145	0.204	0.353
铁砂布	张	0.85	0.312	0.350	0.388
橡胶板	kg	2.91	0.011	0.011	0.012
橡胶软管 DN20	m	7.26	0.008	0.008	0.009
压力表弯管 DN15	个	10.69	0.003	0.003	0.003
氧气	m³	3.63	1.019	1.156	1.313
乙炔气	kg	10.45	0.340	0.388	0.439
其他材料费占材料费	%	—	2.000	2.000	2.000
机械 电动单级离心清水泵 100mm	台班	33.35	0.001	0.002	0.002
电焊机(综合)	台班	118.28	0.002	0.002	0.002
吊装机械(综合)	台班	619.04	0.009	0.012	0.020
砂轮切割机 400mm	台班	24.71	0.028	0.029	0.031
试压泵 3MPa	台班	17.53	0.002	0.002	0.002
载重汽车 5t	台班	430.70	0.004	0.006	0.013

五、铸铁管

1. 室外 铸铁给水管(膨胀水泥接口)

工作内容:管口除沥青、切管、管道及管件安装、调制接口材料、接口养护、水压试验及水冲洗。

计量单位:10m

定 额 编 号				A10-1-150	A10-1-151	A10-1-152
项 目 名 称				公称直径(mm以内)		
				75	100	150
基 价 (元)				99.25	175.16	223.89
其中	人 工 费 (元)			77.84	101.92	125.44
	材 料 费 (元)			8.93	11.77	17.34
	机 械 费 (元)			12.48	61.47	81.11
名 称		单位	单价(元)	消 耗 量		
人工	综合工日	工日	140.00	0.556	0.728	0.896
材料	承插铸铁给水管	m	—	(10.100)	(10.100)	(10.050)
	室外承插铸铁给水管件	个	—	(1.070)	(1.070)	(1.010)
	草绳	kg	2.14	0.020	0.040	0.150
	弹簧压力表	个	23.08	0.003	0.003	0.003
	低碳钢焊条	kg	6.84	0.003	0.003	0.003
	镀锌铁丝 φ4.0～2.8	kg	3.57	0.089	0.101	0.112
	硅酸盐膨胀水泥	kg	0.48	3.170	3.940	4.730
	焊接钢管 DN20	m	4.46	0.020	0.021	0.023
	六角螺栓	kg	5.81	0.006	0.006	0.012
	螺纹阀门 DN20	个	22.00	0.006	0.006	0.006
	破布	kg	6.32	0.255	0.298	0.340
	热轧厚钢板 δ8.0～15	kg	3.20	0.047	0.049	0.110
	水	m³	7.96	0.204	0.353	0.764
	铁砂布	张	0.85	0.200	0.400	0.700
	橡胶板	kg	2.91	0.011	0.012	0.016
	橡胶软管 DN20	m	7.26	0.008	0.009	0.010
	压力表弯管 DN15	个	10.69	0.003	0.003	0.003
	氧气	m³	3.63	0.006	0.006	0.006
	乙炔气	kg	10.45	0.002	0.002	0.002
	油麻	kg	6.84	0.410	0.510	0.620
	其他材料费占材料费	%	—	2.000	2.000	2.000
机械	电动单级离心清水泵 100mm	台班	33.35	0.002	0.002	0.005
	电焊机(综合)	台班	118.28	0.002	0.002	0.002
	汽车式起重机 8t	台班	763.67	0.010	0.073	0.094
	试压泵 3MPa	台班	17.53	0.002	0.002	0.003
	液压断管机 500mm	台班	19.91	0.010	0.011	0.013
	载重汽车 5t	台班	430.70	0.010	0.012	0.020

工作内容：管口除沥青、切管、管道及管件安装、调制接口材料、接口养护、水压试验及水冲洗。

计量单位：10m

定 额 编 号			A10-1-153	A10-1-154	A10-1-155
项 目 名 称			公称直径(mm以内)		
			200	250	300
基 价（元）			289.27	407.85	472.24
其中	人 工 费（元）		146.16	159.74	166.04
	材 料 费（元）		24.94	37.04	47.87
	机 械 费（元）		118.17	211.07	258.33
名 称	单位	单价（元）	消 耗 量		
人工 综合工日	工日	140.00	1.044	1.141	1.186
材料 承插铸铁给水管	m	—	(10.050)	(9.900)	(9.900)
室外承插铸铁给水管件	个	—	(0.980)	(0.920)	(0.880)
草绳	kg	2.14	0.180	0.210	0.350
弹簧压力表	个	23.08	0.003	0.003	0.004
低碳钢焊条	kg	6.84	0.003	0.004	0.004
镀锌铁丝 φ4.0～2.8	kg	3.57	0.131	0.140	0.144
硅酸盐膨胀水泥	kg	0.48	6.080	9.550	11.280
焊接钢管 DN20	m	4.46	0.024	0.025	0.026
六角螺栓	kg	5.81	0.018	0.028	0.038
螺纹阀门 DN20	个	22.00	0.007	0.007	0.007
破布	kg	6.32	0.408	0.451	0.468
热轧厚钢板 δ8.0～15	kg	3.20	0.148	0.231	0.333
水	m³	7.96	1.346	2.139	3.037
铁砂布	张	0.85	0.900	1.000	1.250
橡胶板	kg	2.91	0.018	0.021	0.024
橡胶软管 DN20	m	7.26	0.010	0.011	0.011
压力表弯管 DN15	个	10.69	0.003	0.003	0.004
氧气	m³	3.63	0.009	0.009	0.009
乙炔气	kg	10.45	0.003	0.003	0.003
油麻	kg	6.84	0.800	1.250	1.480
其他材料费占材料费	%	—	2.000	2.000	2.000
机械 电动单级离心清水泵 100mm	台班	33.35	0.007	0.009	0.012
电焊机(综合)	台班	118.28	0.002	0.002	0.002
汽车式起重机 16t	台班	958.70	—	0.193	0.234
汽车式起重机 8t	台班	763.67	0.131	—	—
试压泵 3MPa	台班	17.53	0.003	0.004	0.004
液压断管机 500mm	台班	19.91	0.019	0.023	0.028
载重汽车 5t	台班	430.70	0.040	0.058	0.076

工作内容：管口除沥青、切管、管道及管件安装、调制接口材料、接口养护、水压试验及水冲洗。

计量单位：10m

定 额 编 号			A10-1-156	A10-1-157
项 目 名 称			公称直径（mm以内）	
			350	400
基 价（元）			538.14	584.00
其中	人 工 费（元）		178.22	197.96
	材 料 费（元）		58.12	69.81
	机 械 费（元）		301.80	316.23
名 称	单位	单价（元）	消 耗 量	
人工 综合工日	工日	140.00	1.273	1.414
材料 承插铸铁给水管	m	—	(9.900)	(9.900)
室外承插铸铁给水管件	个	—	(0.830)	(0.810)
草绳	kg	2.14	0.650	0.950
弹簧压力表	个	23.08	0.004	0.004
低碳钢焊条	kg	6.84	0.004	0.004
镀锌铁丝 φ4.0～2.8	kg	3.57	0.148	0.153
硅酸盐膨胀水泥	kg	0.48	11.810	12.340
焊接钢管 DN20	m	4.46	0.027	0.028
六角螺栓	kg	5.81	0.046	0.054
螺纹阀门 DN20	个	22.00	0.008	0.008
破布	kg	6.32	0.493	0.510
热轧厚钢板 δ8.0～15	kg	3.20	0.380	0.426
水	m³	7.96	4.047	5.227
铁砂布	张	0.85	1.500	1.960
橡胶板	kg	2.91	0.038	0.042
橡胶软管 DN20	m	7.26	0.011	0.012
压力表弯管 DN15	个	10.69	0.004	0.004
氧气	m³	3.63	0.012	0.012
乙炔气	kg	10.45	0.004	0.004
油麻	kg	6.84	1.545	1.610
其他材料费占材料费	%	—	2.000	2.000
机械 电动单级离心清水泵 100mm	台班	33.35	0.014	0.016
电焊机（综合）	台班	118.28	0.002	0.002
汽车式起重机 16t	台班	958.70	0.268	0.282
试压泵 3MPa	台班	17.53	0.005	0.006
液压断管机 500mm	台班	19.91	0.029	0.032
载重汽车 5t	台班	430.70	0.101	0.103

工作内容：管口除沥青、切管、管道及管件安装、调制接口材料、接口养护、水压试验及水冲洗。

计量单位：10m

定　额　编　号			A10-1-158	A10-1-159
项　目　名　称			公称直径(mm以内)	
			450	500
基　　价（元）			641.96	692.77
其中	人　工　费（元）		233.52	255.50
	材　料　费（元）		83.49	103.12
	机　械　费（元）		324.95	334.15
名　　称		单位	单价（元）	消　耗　量	
人工	综合工日	工日	140.00	1.668	1.825
材料	承插铸铁给水管	m	—	(9.850)	(9.850)
	室外承插铸铁给水管件	个	—	(0.770)	(0.760)
	草绳	kg	2.14	1.500	2.500
	弹簧压力表	个	23.08	0.004	0.004
	低碳钢焊条	kg	6.84	0.004	0.004
	镀锌铁丝 φ4.0～2.8	kg	3.57	0.158	0.163
	硅酸盐膨胀水泥	kg	0.48	14.400	17.410
	焊接钢管 DN20	m	4.46	0.029	0.030
	六角螺栓	kg	5.81	0.062	0.070
	螺纹阀门 DN20	个	22.00	0.008	0.008
	破布	kg	6.32	0.527	0.544
	热轧厚钢板 δ8.0～15	kg	3.20	0.472	0.472
	水	m³	7.96	6.359	7.850
	铁砂布	张	0.85	2.000	3.000
	橡胶板	kg	2.91	0.051	0.060
	橡胶软管 DN20	m	7.26	0.012	0.012
	压力表弯管 DN15	个	10.69	0.004	0.004
	氧气	m³	3.63	0.012	0.012
	乙炔气	kg	10.45	0.004	0.004
	油麻	kg	6.84	1.880	2.280
	其他材料费占材料费	%	—	2.000	2.000
机械	电动单级离心清水泵 100mm	台班	33.35	0.018	0.020
	电焊机(综合)	台班	118.28	0.002	0.002
	汽车式起重机 16t	台班	958.70	0.290	0.298
	试压泵 3MPa	台班	17.53	0.006	0.007
	液压断管机 500mm	台班	19.91	0.038	0.046
	载重汽车 5t	台班	430.70	0.105	0.108

2. 室外 铸铁给水管(胶圈接口)

工作内容：切管、上胶圈、接口、管道及管件安装、水压试验及水冲洗。 计量单位：10m

定 额 编 号			A10-1-160	A10-1-161	A10-1-162
项 目 名 称			公称直径(mm以内)		
			100	150	200
基 价 （元）			173.54	238.39	320.72
其中	人 工 费 （元）		93.80	115.36	134.54
	材 料 费 （元）		18.27	41.92	68.01
	机 械 费 （元）		61.47	81.11	118.17
名 称	单位	单价(元)	消 耗 量		
人工	综合工日	工日	140.00	0.670	0.824	0.961
材料	承插铸铁给水管	m	—	(10.100)	(10.050)	(10.050)
	室外承插铸铁给水管件	个	—	(1.070)	(1.010)	(0.980)
	弹簧压力表	个	23.08	0.003	0.003	0.003
	低碳钢焊条	kg	6.84	0.003	0.003	0.003
	镀锌铁丝 φ4.0～2.8	kg	3.57	0.101	0.112	0.131
	焊接钢管 DN20	m	4.46	0.021	0.023	0.024
	六角螺栓	kg	5.81	0.006	0.012	0.018
	螺纹阀门 DN20	个	22.00	0.006	0.006	0.007
	破布	kg	6.32	0.298	0.340	0.408
	热轧厚钢板 δ8.0～15	kg	3.20	0.049	0.110	0.148
	水	m³	7.96	0.353	0.764	1.346
	橡胶板	kg	2.91	0.012	0.016	0.018
	橡胶圈(给水) DN100	个	4.98	2.445	—	—
	橡胶圈(给水) DN150	个	13.68	—	2.305	—
	橡胶圈(给水) DN200	个	23.06	—	—	2.245
	橡胶软管 DN20	m	7.26	0.009	0.010	0.010
	压力表弯管 DN15	个	10.69	0.003	0.003	0.003
	氧气	m³	3.63	0.006	0.006	0.009
	乙炔气	kg	10.45	0.002	0.002	0.003
	其他材料费占材料费	%	—	2.000	2.000	2.000
机械	电动单级离心清水泵 100mm	台班	33.35	0.002	0.005	0.007
	电焊机(综合)	台班	118.28	0.002	0.002	0.002
	汽车式起重机 8t	台班	763.67	0.073	0.094	0.131
	试压泵 3MPa	台班	17.53	0.002	0.003	0.003
	液压断管机 500mm	台班	19.91	0.011	0.013	0.019
	载重汽车 5t	台班	430.70	0.012	0.020	0.040

工作内容：切管、上胶圈、接口、管道及管件安装、水压试验及水冲洗。　　　　　　　　　　　　计量单位：10m

定 额 编 号			A10-1-163	A10-1-164	A10-1-165
项 目 名 称			公称直径(mm以内)		
			250	300	350
基 价（元）			468.76	547.09	626.34
其中	人 工 费（元）		147.00	152.60	163.94
	材 料 费（元）		110.69	136.16	160.60
	机 械 费（元）		211.07	258.33	301.80
名 称	单位	单价（元）	消 耗 量		
人工 综合工日	工日	140.00	1.050	1.090	1.171
承插铸铁给水管	m	—	(9.900)	(9.900)	(9.900)
室外承插铸铁给水管件	个	—	(0.920)	(0.880)	(0.830)
弹簧压力表	个	23.08	0.003	0.004	0.004
低碳钢焊条	kg	6.84	0.004	0.004	0.004
镀锌铁丝 φ4.0～2.8	kg	3.57	0.140	0.144	0.148
焊接钢管 DN20	m	4.46	0.025	0.026	0.027
六角螺栓	kg	5.81	0.028	0.038	0.046
材料 螺纹阀门 DN20	个	22.00	0.007	0.007	0.008
破布	kg	6.32	0.451	0.468	0.493
热轧厚钢板 δ8.0～15	kg	3.20	0.231	0.333	0.380
水	m³	7.96	2.139	3.037	4.047
橡胶板	kg	2.91	0.021	0.024	0.038
橡胶圈(给水) DN250	个	40.83	2.122	—	—
橡胶圈(给水) DN300	个	51.11	—	2.033	—
橡胶圈(给水) DN350	个	62.11	—	—	1.922
橡胶软管 DN20	m	7.26	0.011	0.011	0.011
压力表弯管 DN15	个	10.69	0.003	0.004	0.004
氧气	m³	3.63	0.009	0.009	0.012
乙炔气	kg	10.45	0.003	0.003	0.004
其他材料费占材料费	%	—	2.000	2.000	2.000
电动单级离心清水泵 100mm	台班	33.35	0.009	0.012	0.014
电焊机(综合)	台班	118.28	0.002	0.002	0.002
机械 汽车式起重机 16t	台班	958.70	0.193	0.234	0.268
试压泵 3MPa	台班	17.53	0.004	0.004	0.005
液压断管机 500mm	台班	19.91	0.023	0.028	0.029
载重汽车 5t	台班	430.70	0.058	0.076	0.101

工作内容：切管、上胶圈、接口、管道及管件安装、水压试验及水冲洗。 计量单位：10m

定 额 编 号				A10-1-166	A10-1-167	A10-1-168
项 目 名 称				公称直径(mm以内)		
				400	450	500
基 价 （元）				661.93	750.95	809.47
其中	人 工 费（元）			182.14	214.90	235.20
	材 料 费（元）			163.56	211.10	240.12
	机 械 费（元）			316.23	324.95	334.15
名 称		单位	单价(元)	消 耗 量		
人工	综合工日	工日	140.00	1.301	1.535	1.680
材料	承插铸铁给水管	m	—	(9.900)	(9.850)	(9.850)
	室外承插铸铁给水管件	个	—	(0.810)	(0.770)	(0.760)
	弹簧压力表	个	23.08	0.004	0.004	0.004
	低碳钢焊条	kg	6.84	0.004	0.004	0.004
	镀锌铁丝 φ4.0～2.8	kg	3.57	0.153	0.158	0.163
	焊接钢管 DN20	m	4.46	0.028	0.029	0.030
	六角螺栓	kg	5.81	0.054	0.062	0.070
	螺纹阀门 DN20	个	22.00	0.008	0.008	0.008
	破布	kg	6.32	0.510	0.527	0.544
	热轧厚钢板 δ8.0～15	kg	3.20	0.426	0.472	0.472
	水	m³	7.96	5.227	6.359	7.850
	橡胶板	kg	2.91	0.042	0.051	0.060
	橡胶圈(给水) DN400	个	59.83	1.881	—	—
	橡胶圈(给水) DN450	个	83.31	—	1.798	—
	橡胶圈(给水) DN500	个	93.88	—	—	1.770
	橡胶软管 DN20	m	7.26	0.012	0.012	0.012
	压力表弯管 DN15	个	10.69	0.004	0.004	0.004
	氧气	m³	3.63	0.012	0.012	0.012
	乙炔气	kg	10.45	0.004	0.004	0.004
	其他材料费占材料费	%	—	2.000	2.000	2.000
机械	电动单级离心清水泵 100mm	台班	33.35	0.016	0.018	0.020
	电焊机(综合)	台班	118.28	0.002	0.002	0.002
	汽车式起重机 16t	台班	958.70	0.282	0.290	0.298
	试压泵 3MPa	台班	17.53	0.006	0.006	0.007
	液压断管机 500mm	台班	19.91	0.032	0.038	0.046
	载重汽车 5t	台班	430.70	0.103	0.105	0.108

3. 室外 铸铁排水管(水泥接口)

工作内容：切管、管道及管件安装、调直接口材料、接口养护、灌水试验。

计量单位：10m

定 额 编 号			A10-1-169	A10-1-170	A10-1-171
项 目 名 称			公称直径(mm以内)		
			50	75	100
基 价（元）			83.48	107.93	160.02
其中	人 工 费（元）		73.22	89.60	97.02
	材 料 费（元）		5.37	7.47	10.77
	机 械 费（元）		4.89	10.86	52.23
名 称	单位	单价（元）	消 耗 量		
人工 综合工日	工日	140.00	0.523	0.640	0.693
材料 承插铸铁排水管	m	—	(9.930)	(9.930)	(9.930)
排水铸铁接轮	个	—	(0.400)	(0.400)	(0.400)
镀锌铁丝 φ4.0～2.8	kg	3.57	0.083	0.089	0.101
破布	kg	6.32	0.213	0.255	0.298
水	m³	7.96	0.033	0.054	0.132
水泥 42.5级	kg	0.33	1.890	2.800	3.780
油麻	kg	6.84	0.400	0.590	0.880
其他材料费占材料费	%	—	2.000	2.000	2.000
机械 电动单级离心清水泵 100mm	台班	33.35	0.001	0.001	0.002
汽车式起重机 8t	台班	763.67	0.004	0.009	0.062
液压断管机 500mm	台班	19.91	0.004	0.004	0.004
载重汽车 5t	台班	430.70	0.004	0.009	0.011

工作内容：切管、管道及管件安装、调直接口材料、接口养护、灌水试验。 计量单位：10m

定 额 编 号				A10-1-172	A10-1-173
项 目 名 称				公称直径(mm以内)	
				150	200
基 价（元）				208.65	272.14
其中	人 工 费（元）			124.60	148.26
	材 料 费（元）			15.70	22.31
	机 械 费（元）			68.35	101.57
名 称		单位	单价（元）	消 耗 量	
人工	综合工日	工日	140.00	0.890	1.059
材料	承插铸铁排水管	m	—	(9.930)	(9.930)
	排水铸铁接轮	个	—	(0.400)	(0.400)
	镀锌铁丝 φ4.0~2.8	kg	3.57	0.112	0.131
	破布	kg	6.32	0.340	0.408
	水	m³	7.96	0.287	0.505
	水泥 42.5级	kg	0.33	5.880	8.190
	油麻	kg	6.84	1.260	1.770
	其他材料费占材料费	%	—	2.000	2.000
机械	电动单级离心清水泵 100mm	台班	33.35	0.005	0.006
	汽车式起重机 8t	台班	763.67	0.079	0.110
	液压断管机 500mm	台班	19.91	0.005	0.007
	载重汽车 5t	台班	430.70	0.018	0.040

4.室外 铸铁排水管(胶圈接口)

工作内容：切管、上胶圈、接口、管道及管件安装、灌水试验。　　　　　计量单位：10m

定　额　编　号			A10-1-174	A10-1-175	A10-1-176
项　目　名　称			公称直径(mm以内)		
			50	75	100
基　　价（元）			124.07	163.23	246.76
其中	人　工　费（元）		67.62	82.88	89.46
	材　料　费（元）		51.56	69.49	105.07
	机　械　费（元）		4.89	10.86	52.23
名　　称	单位	单价（元）	消　　耗　　量		
人工 综合工日	工日	140.00	0.483	0.592	0.639
材料 承插铸铁排水管	m	—	(9.930)	(9.930)	(9.930)
排水铸铁接轮	个	—	(0.400)	(0.400)	(0.400)
镀锌铁丝 φ4.0～2.8	kg	3.57	0.083	0.089	0.101
破布	kg	6.32	0.213	0.255	0.298
水	m³	7.96	0.033	0.054	0.132
橡胶密封圈（排水）DN100	个	12.73	—	—	7.360
橡胶密封圈（排水）DN50	个	6.42	7.150	—	—
橡胶密封圈（排水）DN75	个	8.55	—	7.220	—
油麻	kg	6.84	0.400	0.590	0.880
其他材料费占材料费	%	—	2.000	2.000	2.000
机械 电动单级离心清水泵 100mm	台班	33.35	0.001	0.001	0.002
汽车式起重机 8t	台班	763.67	0.004	0.009	0.062
液压断管机 500mm	台班	19.91	0.004	0.004	0.004
载重汽车 5t	台班	430.70	0.004	0.009	0.011

工作内容：切管、上胶圈、接口、管道及管件安装、灌水试验。 计量单位：10m

定　额　编　号				A10-1-177	A10-1-178
项　目　名　称				公称直径(mm以内)	
				150	200
基　　　价（元）				311.21	406.77
其中	人　工　费（元）			115.08	137.20
	材　料　费（元）			127.78	168.00
	机　械　费（元）			68.35	101.57
名　　　称		单位	单价（元）	消　　耗　　量	
人工	综合工日	工日	140.00	0.822	0.980
材料	承插铸铁排水管	m	—	(9.930)	(9.930)
	排水铸铁接轮	个	—	(0.400)	(0.400)
	镀锌铁丝 φ4.0～2.8	kg	3.57	0.112	0.131
	破布	kg	6.32	0.340	0.408
	水	m³	7.96	0.287	0.505
	橡胶密封圈(排水) DN150	个	14.93	7.490	—
	橡胶密封圈(排水) DN200	个	19.20	—	7.580
	油麻	kg	6.84	1.260	1.770
	其他材料费占材料费	%	—	2.000	2.000
机械	电动单级离心清水泵 100mm	台班	33.35	0.005	0.006
	汽车式起重机 8t	台班	763.67	0.079	0.110
	液压断管机 500mm	台班	19.91	0.005	0.007
	载重汽车 5t	台班	430.70	0.018	0.040

5. 室内 铸铁给水管(膨胀水泥接口)

工作内容：管口除沥青、切管、管道及管件安装、调直接口材料、接口养护、水压试验及水冲洗。

计量单位：10m

定 额 编 号			A10-1-179	A10-1-180	A10-1-181
项 目 名 称			公称直径(mm以内)		
			75	100	150
基 价（元）			107.43	209.22	267.70
其中	人 工 费（元）		84.84	130.20	156.10
	材 料 费（元）		11.17	15.84	25.33
	机 械 费（元）		11.42	63.18	86.27
名 称	单位	单价(元)	消 耗 量		
人工 综合工日	工日	140.00	0.606	0.930	1.115
材料 承插铸铁给水管	m	—	(9.900)	(9.900)	(9.300)
室内承插铸铁给水管件	个	—	(3.100)	(3.600)	(4.100)
弹簧压力表	个	23.08	0.003	0.003	0.003
低碳钢焊条	kg	6.84	0.002	0.003	0.003
镀锌铁丝 φ4.0～2.8	kg	3.57	0.089	0.101	0.112
硅酸盐膨胀水泥	kg	0.48	5.270	7.160	11.130
焊接钢管 DN20	m	4.46	0.019	0.021	0.023
六角螺栓	kg	5.81	0.006	0.006	0.012
螺纹阀门 DN20	个	22.00	0.005	0.006	0.006
破布	kg	6.32	0.255	0.298	0.340
热轧厚钢板 δ8.0～15	kg	3.20	0.044	0.049	0.110
水	m³	7.96	0.145	0.353	0.764
橡胶板	kg	2.91	0.011	0.012	0.016
橡胶软管 DN20	m	7.26	0.008	0.009	0.010
压力表弯管 DN15	个	10.69	0.003	0.003	0.003
氧气	m³	3.63	0.006	0.006	0.006
乙炔气	kg	10.45	0.002	0.002	0.002
油麻	kg	6.84	0.690	0.930	1.450
其他材料费占材料费	%	—	2.000	2.000	2.000
机械 电动单级离心清水泵 100mm	台班	33.35	0.001	0.002	0.005
电焊机(综合)	台班	118.28	0.002	0.002	0.002
吊装机械(综合)	台班	619.04	0.010	0.092	0.123
试压泵 3MPa	台班	17.53	0.002	0.002	0.003
液压断管机 500mm	台班	19.91	0.031	0.036	0.053
载重汽车 5t	台班	430.70	0.010	0.012	0.020

工作内容：管口除沥青、切管、管道及管件安装、调直接口材料、接口养护、水压试验及水冲洗。

计量单位：10m

定　额　编　号				A10-1-182	A10-1-183
项　目　名　称				公称直径(mm以内)	
				200	250
基　　　　价（元）				341.04	429.07
其中	人　工　费（元）			181.86	202.72
	材　料　费（元）			35.26	50.72
	机　械　费（元）			123.92	175.63
名　　　称		单位	单价（元）	消　耗　　量	
人工	综合工日	工日	140.00	1.299	1.448
材料	承插铸铁给水管	m	—	(9.300)	(8.900)
	室内承插铸铁给水管件	个	—	(4.100)	(4.030)
	弹簧压力表	个	23.08	0.003	0.003
	低碳钢焊条	kg	6.84	0.003	0.004
	镀锌铁丝 φ4.0～2.8	kg	3.57	0.131	0.140
	硅酸盐膨胀水泥	kg	0.48	14.300	20.260
	焊接钢管 DN20	m	4.46	0.024	0.025
	六角螺栓	kg	5.81	0.018	0.028
	螺纹阀门 DN20	个	22.00	0.007	0.007
	破布	kg	6.32	0.408	0.451
	热轧厚钢板 δ8.0～15	kg	3.20	0.148	0.231
	水	m³	7.96	1.346	2.139
	橡胶板	kg	2.91	0.018	0.021
	橡胶软管 DN20	m	7.26	0.010	0.011
	压力表弯管 DN15	个	10.69	0.003	0.003
	氧气	m³	3.63	0.009	0.009
	乙炔气	kg	10.45	0.003	0.003
	油麻	kg	6.84	1.870	2.650
	其他材料费占材料费	%	—	2.000	2.000
机械	电动单级离心清水泵 100mm	台班	33.35	0.007	0.009
	电焊机(综合)	台班	118.28	0.002	0.002
	吊装机械(综合)	台班	619.04	0.169	0.239
	试压泵 3MPa	台班	17.53	0.003	0.004
	液压断管机 500mm	台班	19.91	0.078	0.105
	载重汽车 5t	台班	430.70	0.040	0.058

工作内容：管口除沥青、切管、管道及管件安装、调直接口材料、接口养护、水压试验及水冲洗。

计量单位：10m

定　额　编　号			A10-1-184	A10-1-185
项　目　名　称			公称直径(mm以内)	
			300	400
基　　价（元）			488.78	608.38
其中	人　工　费（元）		221.34	255.08
	材　料　费（元）		63.73	102.67
	机　械　费（元）		203.71	250.63
名　　　　称	单位	单价（元）	消　耗　量	
人工	综合工日	工日	140.00	1.581	1.822
材料	承插铸铁给水管	m	—	(8.900)	(8.550)
	室内承插铸铁给水管件	个	—	(3.930)	(3.810)
	弹簧压力表	个	23.08	0.004	0.004
	低碳钢焊条	kg	6.84	0.004	0.004
	镀锌铁丝 φ4.0～2.8	kg	3.57	0.144	0.153
	硅酸盐膨胀水泥	kg	0.48	23.940	38.485
	焊接钢管 DN20	m	4.46	0.026	0.028
	六角螺栓	kg	5.81	0.038	0.054
	螺纹阀门 DN20	个	22.00	0.007	0.008
	破布	kg	6.32	0.468	0.510
	热轧厚钢板 δ8.0～15	kg	3.20	0.333	0.426
	水	m³	7.96	3.037	5.227
	橡胶板	kg	2.91	0.024	0.042
	橡胶软管 DN20	m	7.26	0.011	0.012
	压力表弯管 DN15	个	10.69	0.004	0.004
	氧气	m³	3.63	0.009	0.012
	乙炔气	kg	10.45	0.003	0.004
	油麻	kg	6.84	3.130	5.025
	其他材料费占材料费	%	—	2.000	2.000
机械	电动单级离心清水泵 100mm	台班	33.35	0.012	0.016
	电焊机(综合)	台班	118.28	0.002	0.002
	吊装机械(综合)	台班	619.04	0.271	0.327
	试压泵 3MPa	台班	17.53	0.004	0.006
	液压断管机 500mm	台班	19.91	0.126	0.149
	载重汽车 5t	台班	430.70	0.076	0.103

6. 室内 铸铁给水管(胶圈接口)

工作内容：切管、上胶圈、管道及管件安装、水压试验及水冲洗。　　　　　　　　计量单位：10m

定　额　编　号			A10-1-186	A10-1-187	A10-1-188
项　目　名　称			公称直径(mm以内)		
			100	150	200
基　　价（元）			230.68	361.07	511.06
其中	人　工　费（元）		119.84	143.64	167.30
	材　料　费（元）		47.66	131.16	219.84
	机　械　费（元）		63.18	86.27	123.92
名　　称	单位	单价（元）	消　　耗　　量		
人工	综合工日	工日	140.00	0.856	1.026	1.195
材料	承插铸铁给水管	m	—	(9.900)	(9.300)	(9.300)
	室内承插铸铁给水管件	个	—	(3.600)	(4.100)	(4.100)
	弹簧压力表	个	23.08	0.003	0.003	0.003
	低碳钢焊条	kg	6.84	0.003	0.003	0.003
	镀锌铁丝 φ4.0~2.8	kg	3.57	0.101	0.112	0.131
	焊接钢管 DN20	m	4.46	0.021	0.023	0.024
	六角螺栓	kg	5.81	0.006	0.012	0.018
	螺纹阀门 DN20	个	22.00	0.006	0.006	0.007
	破布	kg	6.32	0.298	0.340	0.408
	热轧厚钢板 δ8.0~15	kg	3.20	0.049	0.110	0.148
	水	m³	7.96	0.353	0.764	1.346
	橡胶板	kg	2.91	0.012	0.016	0.018
	橡胶圈(给水) DN100	个	4.98	8.230	—	—
	橡胶圈(给水) DN150	个	13.68	—	8.700	—
	橡胶圈(给水) DN200	个	23.06	—	—	8.700
	橡胶软管 DN20	m	7.26	0.009	0.010	0.010
	压力表弯管 DN15	个	10.69	0.003	0.003	0.003
	氧气	m³	3.63	0.006	0.006	0.009
	乙炔气	kg	10.45	0.002	0.002	0.003
	其他材料费占材料费	%	—	2.000	2.000	2.000
机械	电动单级离心清水泵 100mm	台班	33.35	0.002	0.005	0.007
	电焊机(综合)	台班	118.28	0.002	0.002	0.002
	吊装机械(综合)	台班	619.04	0.092	0.123	0.169
	试压泵 3MPa	台班	17.53	0.002	0.003	0.003
	液压断管机 500mm	台班	19.91	0.036	0.053	0.078
	载重汽车 5t	台班	430.70	0.012	0.020	0.040

工作内容：切管、上胶圈、管道及管件安装、水压试验及水冲洗。 计量单位：10m

定　额　编　号			A10-1-189	A10-1-190
项　目　名　称			公称直径(mm以内)	
			250	300
基　　　价（元）			746.75	890.85
其中	人　工　费（元）		186.48	203.42
	材　料　费（元）		384.64	483.72
	机　械　费（元）		175.63	203.71
名　　称		单位	单价（元）	消　耗　量	
人工	综合工日	工日	140.00	1.332	1.453
材料	承插铸铁给水管	m	—	(8.900)	(8.900)
	室内承插铸铁给水管件	个	—	(4.030)	(3.930)
	弹簧压力表	个	23.08	0.003	0.004
	低碳钢焊条	kg	6.84	0.004	0.004
	镀锌铁丝 φ4.0～2.8	kg	3.57	0.140	0.144
	焊接钢管 DN20	m	4.46	0.025	0.026
	六角螺栓	kg	5.81	0.028	0.038
	螺纹阀门 DN20	个	22.00	0.007	0.007
	破布	kg	6.32	0.451	0.468
	热轧厚钢板 δ8.0～15	kg	3.20	0.231	0.333
	水	m³	7.96	2.139	3.037
	橡胶板	kg	2.91	0.021	0.024
	橡胶圈(给水) DN250	个	40.83	8.700	—
	橡胶圈(给水) DN300	个	51.11	—	8.700
	橡胶软管 DN20	m	7.26	0.011	0.011
	压力表弯管 DN15	个	10.69	0.003	0.004
	氧气	m³	3.63	0.009	0.009
	乙炔气	kg	10.45	0.003	0.003
	其他材料费占材料费	%	—	2.000	2.000
机械	电动单级离心清水泵 100mm	台班	33.35	0.009	0.012
	电焊机(综合)	台班	118.28	0.002	0.002
	吊装机械(综合)	台班	619.04	0.239	0.271
	试压泵 3MPa	台班	17.53	0.004	0.004
	液压断管机 500mm	台班	19.91	0.105	0.126
	载重汽车 5t	台班	430.70	0.058	0.076

工作内容：切管、上胶圈、管道及管件安装、水压试验及水冲洗。 计量单位：10m

定 额 编 号			A10-1-191	A10-1-192
项 目 名 称			公称直径(mm以内)	
			350	400
基 价 （元）			1040.59	1064.97
其中	人 工 费 （元）		219.10	234.64
	材 料 费 （元）		590.00	579.70
	机 械 费 （元）		231.49	250.63
名 称	单位	单价(元)	消 耗 量	
人工 综合工日	工日	140.00	1.565	1.676
材料 承插铸铁给水管	m	—	(8.550)	(8.550)
室内承插铸铁给水管件	个	—	(3.850)	(3.810)
弹簧压力表	个	23.08	0.004	0.004
低碳钢焊条	kg	6.84	0.004	0.004
镀锌铁丝 φ4.0～2.8	kg	3.57	0.148	0.153
焊接钢管 DN20	m	4.46	0.027	0.028
六角螺栓	kg	5.81	0.046	0.054
螺纹阀门 DN20	个	22.00	0.008	0.008
破布	kg	6.32	0.493	0.510
热轧厚钢板 δ8.0～15	kg	3.20	0.380	0.426
水	m³	7.96	4.047	5.227
橡胶板	kg	2.91	0.038	0.042
橡胶圈(给水) DN350	个	62.11	8.700	—
橡胶圈(给水) DN400	个	59.83	—	8.700
橡胶软管 DN20	m	7.26	0.011	0.012
压力表弯管 DN15	个	10.69	0.004	0.004
氧气	m³	3.63	0.012	0.012
乙炔气	kg	10.45	0.004	0.004
其他材料费占材料费	%	—	2.000	2.000
机械 电动单级离心清水泵 100mm	台班	33.35	0.014	0.016
电焊机(综合)	台班	118.28	0.002	0.002
吊装机械(综合)	台班	619.04	0.298	0.327
试压泵 3MPa	台班	17.53	0.005	0.006
液压断管机 500mm	台班	19.91	0.137	0.149
载重汽车 5t	台班	430.70	0.101	0.103

7. 室内 铸铁排水管(水泥接口)

工作内容：切管、管道及管件安装、调制接口材料、接口养护、灌水试验。　　　　　计量单位：10m

定　额　编　号			A10-1-193	A10-1-194	A10-1-195
项　目　名　称			公称直径(mm以内)		
			50	75	100
基　　　价（元）			158.00	199.86	299.62
其中	人　工　费（元）		140.70	168.42	217.28
	材　料　费（元）		12.41	21.02	28.58
	机　械　费（元）		4.89	10.42	53.76
名　　称	单位	单价（元）	消　　耗　　量		
人工 综合工日	工日	140.00	1.005	1.203	1.552
材料 承插铸铁排水管	m	—	(9.780)	(9.550)	(9.050)
室内承插铸铁排水管件	个	—	(6.640)	(6.780)	(9.640)
镀锌铁丝 φ4.0～2.8	kg	3.57	0.083	0.089	0.101
破布	kg	6.32	0.213	0.255	0.298
水	m³	7.96	0.033	0.054	0.132
水泥 42.5级	kg	0.33	3.520	7.820	11.920
油麻	kg	6.84	1.330	2.290	3.040
其他材料费占材料费	%	—	2.000	2.000	2.000
机械 电动单级离心清水泵 100mm	台班	33.35	0.001	0.001	0.002
吊装机械(综合)	台班	619.04	0.004	0.009	0.076
液压断管机 500mm	台班	19.91	0.033	0.047	0.096
载重汽车 5t	台班	430.70	0.004	0.009	0.011

工作内容：切管、管道及管件安装、调制接口材料、接口养护、灌水试验。　　　　　　　　　计量单位：10m

定　额　编　号			A10-1-196	A10-1-197	A10-1-198
项　目　名　称			公称直径(mm以内)		
			150	200	250
基　　　价（元）			345.74	402.51	476.99
其中	人　工　费（元）		230.58	244.30	267.54
	材　料　费（元）		29.94	34.59	35.04
	机　械　费（元）		85.22	123.62	174.41
名　　称	单位	单价（元）	消　　耗　　量		
人工	综合工日	工日	140.00	1.647	1.745	1.911
材料	承插铸铁排水管	m	—	(9.450)	(9.450)	(9.790)
	室内承插铸铁排水管件	个	—	(4.460)	(4.190)	(2.350)
	镀锌铁丝 φ4.0~2.8	kg	3.57	0.112	0.131	0.140
	破布	kg	6.32	0.340	0.408	0.451
	水	m³	7.96	0.287	0.505	0.802
	水泥 42.5级	kg	0.33	11.920	14.000	19.480
	油麻	kg	6.84	3.010	3.250	2.660
	其他材料费占材料费	%	—	2.000	2.000	2.000
机械	电动单级离心清水泵 100mm	台班	33.35	0.005	0.006	0.009
	吊装机械(综合)	台班	619.04	0.123	0.169	0.239
	液压断管机 500mm	台班	19.91	0.058	0.079	0.059
	载重汽车 5t	台班	430.70	0.018	0.040	0.058

8.室内 柔性铸铁排水管(机械接口)

工作内容：切管、上胶圈、管道及管件安装、紧固螺栓、灌水试验。　　　　　　　　　计量单位：10m

定　额　编　号				A10-1-199	A10-1-200	A10-1-201
项　目　名　称				公称直径(mm以内)		
				50	75	100
基　　额　　价　（元）				148.67	184.86	580.53
其中	人　工　费（元）			130.06	155.68	200.76
	材　料　费（元）			13.72	18.76	326.01
	机　械　费（元）			4.89	10.42	53.76
名　　称		单位	单价(元)	消　　耗　　量		
人工	综合工日	工日	140.00	0.929	1.112	1.434
材料	法兰压盖	个	—	(14.370)	(15.260)	(21.690)
	柔性铸铁排水管	m	—	(9.780)	(9.550)	(9.050)
	室内柔性排水铸铁管管件(机械接口)	个	—	(6.640)	(6.780)	(9.640)
	橡胶密封圈(排水)	个	—	(14.370)	(15.260)	—
	镀锌铁丝　φ4.0～2.8	kg	3.57	0.083	0.089	0.101
	六角螺栓带螺母、垫圈 M10×30～75	套	0.34	—	47.150	—
	六角螺栓带螺母、垫圈 M12×14～75	套	0.60	—	—	67.020
	六角螺栓带螺母、垫圈 M8×14～75	套	0.26	44.400	—	—
	破布	kg	6.32	0.213	0.255	0.298
	水	m³	7.96	0.033	0.054	0.132
	橡胶密封圈(排水) DN100	个	12.73	—	—	21.690
	其他材料费占材料费	%	—	2.000	2.000	2.000
机械	电动单级离心清水泵 100mm	台班	33.35	0.001	0.001	0.002
	吊装机械(综合)	台班	619.04	0.004	0.009	0.076
	液压断管机 500mm	台班	19.91	0.033	0.047	0.096
	载重汽车 5t	台班	430.70	0.004	0.009	0.011

工作内容：切管、上胶圈、管道及管件安装、紧固螺栓、灌水试验。 计量单位：10m

定 额 编 号				A10-1-202	A10-1-203	A10-1-204
项 目 名 称				公称直径(mm以内)		
				150	200	250
基 价（元）				331.67	382.70	444.76
其中	人 工 费（元）			212.94	225.54	247.24
	材 料 费（元）			33.51	33.54	23.11
	机 械 费（元）			85.22	123.62	174.41
名 称		单位	单价（元）	消 耗 量		
人工	综合工日	工日	140.00	1.521	1.611	1.766
材料	法兰压盖	个	—	(10.670)	(9.830)	(4.920)
	柔性铸铁排水管	m	—	(9.450)	(9.450)	(9.790)
	室内柔性排水铸铁管管件(机械接口)	个	—	(4.460)	(4.190)	(2.350)
	橡胶密封圈(排水)	个	—	(10.670)	(9.830)	(4.920)
	镀锌铁丝 φ4.0～2.8	kg	3.57	0.112	0.131	0.140
	六角螺栓带螺母、垫圈 M14×90	套	0.85	32.970	30.370	15.200
	破布	kg	6.32	0.340	0.408	0.451
	水	m³	7.96	0.287	0.505	0.802
	其他材料费占材料费	%	—	2.000	2.000	2.000
机械	电动单级离心清水泵 100mm	台班	33.35	0.005	0.006	0.009
	吊装机械(综合)	台班	619.04	0.123	0.169	0.239
	液压断管机 500mm	台班	19.91	0.058	0.079	0.059
	载重汽车 5t	台班	430.70	0.018	0.040	0.058

9. 室内 无承口柔性铸铁排水管(卡箍链接)

工作内容：切管、管道及管件安装、紧卡箍、灌水试验。　　　　　　　　　　　计量单位：10m

定　额　编　号			A10-1-205	A10-1-206	A10-1-207
项　目　名　称			公称直径(mm以内)		
			50	75	100
基　　　价（元）			131.96	163.99	252.13
其中	人　工　费（元）		124.88	150.92	194.74
	材　料　费（元）		2.19	2.65	3.63
	机　械　费（元）		4.89	10.42	53.76
名　　　称	单位	单价(元)	消　　耗　　量		
人工 综合工日	工日	140.00	0.892	1.078	1.391
材料 不锈钢卡箍(含胶圈)	个	—	(14.300)	(15.100)	(21.690)
室内无承口柔性排水铸铁管管件(卡箍连接)	个	—	(6.570)	(6.620)	(9.510)
无承口柔性排水铸铁管	m	—	(9.780)	(9.550)	(9.050)
镀锌铁丝 φ4.0～2.8	kg	3.57	0.083	0.089	0.101
破布	kg	6.32	0.213	0.255	0.298
水	m³	7.96	0.033	0.054	0.132
铁砂布	张	0.85	0.280	0.280	0.310
其他材料费占材料费	%	—	2.000	2.000	2.000
机械 电动单级离心清水泵 100mm	台班	33.35	0.001	0.001	0.002
吊装机械(综合)	台班	619.04	0.004	0.009	0.076
液压断管机 500mm	台班	19.91	0.033	0.047	0.096
载重汽车 5t	台班	430.70	0.004	0.009	0.011

工作内容：切管、管道及管件安装、紧卡箍、灌水试验。 计量单位：10m

定 额 编 号				A10-1-208	A10-1-209	A10-1-210
项 目 名 称				公称直径(mm以内)		
				150	200	250
基 价 （元）				296.84	350.33	424.51
其中	人 工 费 （元）			206.36	219.10	239.68
	材 料 费 （元）			5.26	7.61	10.42
	机 械 费 （元）			85.22	123.62	174.41
名 称		单位	单价(元)	消 耗 量		
人工	综合工日	工日	140.00	1.474	1.565	1.712
材料	不锈钢卡箍(含胶圈)	个	—	(10.560)	(9.750)	(4.870)
	室内无承口柔性排水铸铁管管件（卡箍连接）	个	—	(4.350)	(4.110)	(2.300)
	无承口柔性排水铸铁管	m	—	(9.450)	(9.450)	(9.790)
	镀锌铁丝 φ4.0～2.8	kg	3.57	0.112	0.131	0.140
	破布	kg	6.32	0.340	0.408	0.451
	水	m³	7.96	0.287	0.505	0.802
	铁砂布	张	0.85	0.380	0.470	0.570
	其他材料费占材料费	%	—	2.000	2.000	2.000
机械	电动单级离心清水泵 100mm	台班	33.35	0.005	0.006	0.009
	吊装机械(综合)	台班	619.04	0.123	0.169	0.239
	液压断管机 500mm	台班	19.91	0.058	0.079	0.059
	载重汽车 5t	台班	430.70	0.018	0.040	0.058

10. 室内 铸铁雨水管(水泥接口)

工作内容：切管、管道及管件安装、调制接口材料、接口养护、灌水试验。　　　　　　　　　　计量单位：10m

定　额　编　号			A10-1-211	A10-1-212	A10-1-213
项　目　名　称			公称直径(mm以内)		
			75	100	150
基　　价（元）			93.25	175.05	234.90
其中	人　工　费（元）		74.48	107.24	127.12
	材　料　费（元）		9.03	15.62	23.02
	机　械　费（元）		9.74	52.19	84.76
名　　称		单位	单价（元）	消　耗　量	
人工	综合工日	工日	140.00	0.532	0.766	0.908
材料	承插铸铁雨水管	m	—	(10.130)	(10.030)	(9.850)
	室内承插铸铁雨水管件	个	—	(1.300)	(1.670)	(2.730)
	镀锌铁丝 φ4.0～2.8	kg	3.57	0.089	0.101	0.112
	破布	kg	6.32	0.255	0.298	0.340
	水	m³	7.96	0.054	0.132	0.287
	水泥 42.5级	kg	0.33	4.560	7.210	10.430
	油麻	kg	6.84	0.730	1.410	2.090
	其他材料费占材料费	%	—	2.000	2.000	2.000
机械	电动单级离心清水泵 100mm	台班	33.35	0.001	0.002	0.005
	吊装机械(综合)	台班	619.04	0.009	0.076	0.123
	液压断管机 500mm	台班	19.91	0.013	0.017	0.035
	载重汽车 5t	台班	430.70	0.009	0.011	0.018

工作内容：切管、管道及管件安装、调制接口材料、接口养护、灌水试验。　　　　　　计量单位：10m

定　额　编　号				A10-1-214	A10-1-215	A10-1-216
项　目　名　称				公称直径(mm以内)		
				200	250	300
基　　　　　　价（元）				308.76	400.26	455.47
其中	人　工　费（元）			155.68	184.38	206.22
	材　料　费（元）			30.02	41.35	46.72
	机　械　费（元）			123.06	174.53	202.53
名　　称		单位	单价（元）	消　　耗　　量		
人工	综合工日	工日	140.00	1.112	1.317	1.473
材料	承插铸铁雨水管	m	—	(9.750)	(9.750)	(9.630)
	室内承插铸铁雨水管件	个	—	(2.690)	(2.610)	(2.610)
	镀锌铁丝 φ4.0～2.8	kg	3.57	0.131	0.140	0.144
	破布	kg	6.32	0.408	0.451	0.468
	水	m³	7.96	0.505	0.802	1.139
	水泥 42.5级	kg	0.33	14.090	18.310	19.560
	油麻	kg	6.84	2.590	3.620	3.920
	其他材料费占材料费	%	—	2.000	2.000	2.000
机械	电动单级离心清水泵 100mm	台班	33.35	0.006	0.009	0.011
	吊装机械(综合)	台班	619.04	0.169	0.239	0.271
	液压断管机 500mm	台班	19.91	0.051	0.065	0.084
	载重汽车 5t	台班	430.70	0.040	0.058	0.076

11. 室内 柔性铸铁雨水管(机械接口)

工作内容：切管、上胶圈、管道及管件安装、紧固螺栓、灌水试验。　　　　　　　　　计量单位：10m

定　额　编　号			A10-1-217	A10-1-218	A10-1-219
项　目　名　称			公称直径(mm以内)		
			75	100	150
基　　　价（元）			84.08	162.71	224.88
其中	人　工　费（元）		68.88	99.12	118.02
	材　料　费（元）		5.46	10.11	22.10
	机　械　费（元）		9.74	53.48	84.76
名　　　称	单位	单价（元）	消　　耗　　量		
人工	综合工日	工日	140.00	0.492	0.708	0.843
材料	法兰压盖	个	—	(2.850)	(3.568)	(6.408)
	柔性铸铁雨水管	m	—	(10.130)	(10.030)	(9.850)
	室内柔性铸铁雨水管管件(机械接口)	个	—	(1.300)	(1.670)	(2.730)
	橡胶密封圈(排水)	个	—	(2.850)	(3.568)	(6.408)
	镀锌铁丝 φ4.0~2.8	kg	3.57	0.089	0.101	0.112
	六角螺栓带螺母、垫圈 M10×30~75	套	0.34	8.807	—	—
	六角螺栓带螺母、垫圈 M12×14~75	套	0.60	—	11.025	—
	六角螺栓带螺母、垫圈 M14×90	套	0.85	—	—	19.801
	破布	kg	6.32	0.255	0.298	0.340
	水	m³	7.96	0.054	0.132	0.287
	其他材料费占材料费	%	—	2.000	2.000	2.000
机械	电动单级离心清水泵 100mm	台班	33.35	0.001	0.002	0.005
	吊装机械(综合)	台班	619.04	0.009	0.076	0.123
	液压断管机 500mm	台班	19.91	0.013	0.017	0.035
	载重汽车 5t	台班	430.70	0.009	0.014	0.018

工作内容：切管、上胶圈、管道及管件安装、紧固螺栓、灌水试验。 计量单位：10m

定 额 编 号				A10-1-220	A10-1-221	A10-1-222
项 目 名 称				公称直径(mm以内)		
				200	250	300
基 价 （元）				291.70	373.85	423.19
其中	人 工 费 （元）			143.50	172.06	190.54
	材 料 费 （元）			25.14	27.26	30.12
	机 械 费 （元）			123.06	174.53	202.53
名 称		单位	单价(元)	消 耗 量		
人工	综合工日	工日	140.00	1.025	1.229	1.361
材料	法兰压盖	个	—	(6.692)	(6.468)	(6.468)
	柔性铸铁雨水管	m	—	(9.750)	(9.750)	(9.630)
	室内柔性铸铁雨水管管件(机械接口)	个	—	(2.690)	(2.610)	(2.610)
	橡胶密封圈(排水)	个	—	(6.692)	(6.468)	(6.468)
	镀锌铁丝 φ4.0～2.8	kg	3.57	0.131	0.140	0.144
	六角螺栓带螺母、垫圈 M14×90	套	0.85	20.678	19.986	19.986
	破布	kg	6.32	0.408	0.451	0.468
	水	m³	7.96	0.505	0.802	1.139
	其他材料费占材料费	%	—	2.000	2.000	2.000
机械	电动单级离心清水泵 100mm	台班	33.35	0.006	0.009	0.011
	吊装机械(综合)	台班	619.04	0.169	0.239	0.271
	液压断管机 500mm	台班	19.91	0.051	0.065	0.084
	载重汽车 5t	台班	430.70	0.040	0.058	0.076

六、塑料管

1. 室外 塑料给水管（热熔连接）

工作内容：切管、组对、预热、熔接、管道及管件安装、水压试验及水冲洗。　　　　　　　　计量单位：10m

定　额　编　号			A10-1-223	A10-1-224	A10-1-225
项　目　名　称			外径（mm以内）		
			32	40	50
基　　　　价（元）			40.77	45.16	49.27
其中	人　工　费（元）		39.48	43.54	47.32
	材　料　费（元）		1.12	1.43	1.65
	机　械　费（元）		0.17	0.19	0.30
名　　称	单位	单价（元）	消　　耗　　量		
人工	综合工日	工日	140.00	0.282	0.311	0.338
材料	室外塑料给水管热熔管件	个	—	(2.830)	(2.960)	(2.860)
	塑料给水管	m	—	(10.200)	(10.200)	(10.200)
	弹簧压力表	个	23.08	0.002	0.002	0.002
	低碳钢焊条	kg	6.84	0.002	0.002	0.002
	电	kW·h	0.68	0.563	0.675	0.788
	焊接钢管 DN20	m	4.46	0.015	0.016	0.016
	锯条（各种规格）	根	0.62	0.078	0.093	0.127
	六角螺栓	kg	5.81	0.004	0.005	0.005
	螺纹阀门 DN20	个	22.00	0.004	0.005	0.005
	热轧厚钢板 δ8.0～15	kg	3.20	0.034	0.037	0.039
	水	m³	7.96	0.023	0.040	0.053
	铁砂布	张	0.85	0.027	0.038	0.050
	橡胶板	kg	2.91	0.008	0.009	0.010
	橡胶软管 DN20	m	7.26	0.007	0.007	0.007
	压力表弯管 DN15	个	10.69	0.002	0.002	0.002
	氧气	m³	3.63	0.003	0.006	0.006
	乙炔气	kg	10.45	0.001	0.002	0.002
	其他材料费占材料费	%	—	2.000	2.000	2.000
机械	电动单级离心清水泵 100mm	台班	33.35	0.001	0.001	0.001
	电焊机（综合）	台班	118.28	0.001	0.001	0.002
	试压泵 3MPa	台班	17.53	0.001	0.002	0.002

工作内容：切管、组对、预热、熔接、管道及管件安装、水压试验及水冲洗。 计量单位：10m

定 额 编 号			A10-1-226	A10-1-227	A10-1-228
项 目 名 称			外径(mm以内)		
			63	75	90
基 价 （元）			54.48	57.27	61.91
其中	人 工 费（元）		51.94	54.04	57.82
	材 料 费（元）		2.24	2.89	3.75
	机 械 费（元）		0.30	0.34	0.34
名 称		单位	单价(元)	消 耗 量	
人工	综合工日	工日	140.00	0.371	0.386	0.413
材料	室外塑料给水管热熔管件	个	—	(2.810)	(2.810)	(2.730)
	塑料给水管	m	—	(10.200)	(10.150)	(10.150)
	弹簧压力表	个	23.08	0.003	0.003	0.003
	低碳钢焊条	kg	6.84	0.002	0.002	0.003
	电	kW·h	0.68	1.122	1.254	1.670
	焊接钢管 DN20	m	4.46	0.017	0.019	0.020
	锯条(各种规格)	根	0.62	0.146	0.241	0.306
	六角螺栓	kg	5.81	0.005	0.006	0.006
	螺纹阀门 DN20	个	22.00	0.005	0.005	0.006
	热轧厚钢板 δ8.0～15	kg	3.20	0.042	0.044	0.047
	水	m³	7.96	0.088	0.145	0.204
	铁砂布	张	0.85	0.057	0.070	0.075
	橡胶板	kg	2.91	0.010	0.011	0.011
	橡胶软管 DN20	m	7.26	0.008	0.008	0.008
	压力表弯管 DN15	个	10.69	0.003	0.003	0.003
	氧气	m³	3.63	0.006	0.006	0.006
	乙炔气	kg	10.45	0.002	0.002	0.002
	其他材料费占材料费	%	—	2.000	2.000	2.000
机械	电动单级离心清水泵 100mm	台班	33.35	0.001	0.002	0.002
	电焊机(综合)	台班	118.28	0.002	0.002	0.002
	试压泵 3MPa	台班	17.53	0.002	0.002	0.002

工作内容：切管、组对、预热、熔接、管道及管件安装、水压试验及水冲洗。 计量单位：10m

定 额 编 号			A10-1-229	A10-1-230	A10-1-231
项 目 名 称			外径(mm以内)		
			110	125	160
基 价（元）			70.76	119.86	126.03
其中	人 工 费（元）		65.10	72.66	74.34
	材 料 费（元）		5.32	5.31	7.23
	机 械 费（元）		0.34	41.89	44.46
名 称	单位	单价(元)	消 耗 量		
人工	综合工日	工日	140.00	0.465	0.519	0.531
材料	室外塑料给水管热熔管件	个	—	(2.730)	(0.810)	(0.790)
	塑料给水管	m	—	(10.150)	(10.150)	(10.150)
	弹簧压力表	个	23.08	0.003	0.003	0.003
	低碳钢焊条	kg	6.84	0.003	0.003	0.003
	电	kW·h	0.68	1.902	—	—
	焊接钢管 DN20	m	4.46	0.021	0.022	0.023
	锯条（各种规格）	根	0.62	0.583	—	—
	六角螺栓	kg	5.81	0.006	0.008	0.012
	螺纹阀门 DN20	个	22.00	0.006	0.006	0.006
	热轧厚钢板 δ8.0～15	kg	3.20	0.049	0.073	0.110
	水	m³	7.96	0.353	0.547	0.764
	铁砂布	张	0.85	0.076	0.079	0.081
	橡胶板	kg	2.91	0.012	0.014	0.016
	橡胶软管 DN20	m	7.26	0.009	0.009	0.010
	压力表弯管 DN15	个	10.69	0.003	0.003	0.003
	氧气	m³	3.63	0.006	0.006	0.006
	乙炔气	kg	10.45	0.002	0.002	0.002
	其他材料费占材料费	%	—	2.000	2.000	2.000
机械	电动单级离心清水泵 100mm	台班	33.35	0.002	0.003	0.005
	电焊机（综合）	台班	118.28	0.002	0.002	0.002
	木工圆锯机 500mm	台班	25.33	—	0.010	0.011
	汽车式起重机 8t	台班	763.67	—	0.049	0.051
	热熔对接焊机 160mm	台班	17.51	—	0.120	0.150
	试压泵 3MPa	台班	17.53	0.002	0.003	0.003
	载重汽车 5t	台班	430.70	—	0.004	0.005

2. 室外 塑料给水管(电熔连接)

工作内容：切管、组对、熔接、管道及管件安装、水压试验及水冲洗。　　　　　　　　　　　　计量单位：10m

定 额 编 号				A10-1-232	A10-1-233	A10-1-234
项 目 名 称				外径(mm以内)		
				32	40	50
基 价 （元）				43.70	48.77	53.11
其中	人 工 费 （元）			41.30	45.64	49.56
	材 料 费 （元）			0.73	0.96	1.10
	机 械 费 （元）			1.67	2.17	2.45
名 称		单位	单价（元）	消 耗 量		
人工	综合工日	工日	140.00	0.295	0.326	0.354
材料	室外塑料给水管电熔管件	个	—	(2.830)	(2.960)	(2.860)
	塑料给水管	m	—	(10.200)	(10.200)	(10.200)
	弹簧压力表	个	23.08	0.002	0.002	0.002
	低碳钢焊条	kg	6.84	0.002	0.002	0.002
	焊接钢管 DN20	m	4.46	0.015	0.016	0.016
	锯条(各种规格)	根	0.62	0.078	0.093	0.127
	六角螺栓	kg	5.81	0.004	0.005	0.005
	螺纹阀门 DN20	个	22.00	0.004	0.005	0.005
	热轧厚钢板 δ8.0～15	kg	3.20	0.034	0.037	0.039
	水	m³	7.96	0.023	0.040	0.053
	铁砂布	张	0.85	0.027	0.038	0.050
	橡胶板	kg	2.91	0.008	0.009	0.010
	橡胶软管 DN20	m	7.26	0.007	0.007	0.007
	压力表弯管 DN15	个	10.69	0.002	0.002	0.002
	氧气	m³	3.63	0.003	0.006	0.006
	乙炔气	kg	10.45	0.001	0.002	0.002
	其他材料费占材料费	%		2.000	2.000	2.000
机械	电动单级离心清水泵 100mm	台班	33.35	0.001	0.001	0.001
	电焊机(综合)	台班	118.28	0.001	0.001	0.002
	电熔焊接机 3.5kW	台班	26.81	0.056	0.074	0.080
	试压泵 3MPa	台班	17.53	0.001	0.002	0.002

工作内容：切管、组对、熔接、管道及管件安装、水压试验及水冲洗。　　　　　　　　　计量单位：10m

定 额 编 号				A10-1-235	A10-1-236	A10-1-237
项 目 名 称				外径(mm以内)		
				63	75	90
基 价（元）				58.56	61.09	66.25
其中	人 工 费（元）			54.46	56.14	60.48
	材 料 费（元）			1.46	2.02	2.59
	机 械 费（元）			2.64	2.93	3.18
名 称		单位	单价（元）	消　　耗　　量		
人工	综合工日	工日	140.00	0.389	0.401	0.432
材料	室外塑料给水管电熔管件	个	—	(2.810)	(2.810)	(2.730)
	塑料给水管	m	—	(10.200)	(10.150)	(10.150)
	弹簧压力表	个	23.08	0.003	0.003	0.003
	低碳钢焊条	kg	6.84	0.002	0.002	0.003
	焊接钢管 DN20	m	4.46	0.017	0.019	0.020
	锯条(各种规格)	根	0.62	0.146	0.241	0.306
	六角螺栓	kg	5.81	0.005	0.006	0.006
	螺纹阀门 DN20	个	22.00	0.005	0.005	0.006
	热轧厚钢板 δ8.0～15	kg	3.20	0.042	0.044	0.047
	水	m³	7.96	0.088	0.145	0.204
	铁砂布	张	0.85	0.057	0.070	0.075
	橡胶板	kg	2.91	0.010	0.011	0.011
	橡胶软管 DN20	m	7.26	0.008	0.008	0.008
	压力表弯管 DN15	个	10.69	0.003	0.003	0.003
	氧气	m³	3.63	0.006	0.006	0.006
	乙炔气	kg	10.45	0.002	0.002	0.002
	其他材料费占材料费	%	—	2.000	2.000	2.000
机械	电动单级离心清水泵 100mm	台班	33.35	0.001	0.001	0.002
	电焊机(综合)	台班	118.28	0.002	0.002	0.002
	电熔焊接机 3.5kW	台班	26.81	0.087	0.098	0.106
	试压泵 3MPa	台班	17.53	0.002	0.002	0.002

工作内容：切管、组对、熔接、管道及管件安装、水压试验及水冲洗。　　　　　　计量单位：10m

定 额 编 号			A10-1-238	A10-1-239	A10-1-240
项 目 名 称			外径(mm以内)		
			110	125	160
基 价（元）			74.49	124.19	130.93
其中	人 工 费（元）		67.20	75.88	77.84
	材 料 费（元）		4.00	5.31	7.23
	机 械 费（元）		3.29	43.00	45.86
名 称	单位	单价（元）	消 耗 量		
人工 综合工日	工日	140.00	0.480	0.542	0.556
材料 室外塑料给水管电熔管件	个	—	(2.730)	(1.860)	(1.740)
塑料给水管	m	—	(10.150)	(10.150)	(10.150)
弹簧压力表	个	23.08	0.003	0.003	0.003
低碳钢焊条	kg	6.84	0.003	0.003	0.003
焊接钢管 DN20	m	4.46	0.021	0.022	0.023
锯条（各种规格）	根	0.62	0.583	—	—
六角螺栓	kg	5.81	0.006	0.008	0.012
螺纹阀门 DN20	个	22.00	0.006	0.006	0.006
热轧厚钢板 δ8.0～15	kg	3.20	0.049	0.073	0.110
水	m³	7.96	0.353	0.547	0.764
铁砂布	张	0.85	0.075	0.079	0.081
橡胶板	kg	2.91	0.012	0.014	0.016
橡胶软管 DN20	m	7.26	0.009	0.009	0.010
压力表弯管 DN15	个	10.69	0.003	0.003	0.003
氧气	m³	3.63	0.006	0.006	0.006
乙炔气	kg	10.45	0.002	0.002	0.002
其他材料费占材料费	%	—	2.000	2.000	2.000
机械 电动单级离心清水泵 100mm	台班	33.35	0.002	0.003	0.005
电焊机（综合）	台班	118.28	0.002	0.002	0.002
电熔焊接机 3.5kW	台班	26.81	0.110	0.120	0.150
木工圆锯机 500mm	台班	25.33	—	0.010	0.011
汽车式起重机 8t	台班	763.67	—	0.049	0.051
试压泵 3MPa	台班	17.53	0.002	0.003	0.003
载重汽车 5t	台班	430.70	—	0.004	0.005

3. 室外 塑料给水管(粘接)

工作内容：切管、组对、粘接、管道及管件安装、水压试验及水冲洗。　　　　　　　计量单位：10m

定　额　编　号				A10-1-241	A10-1-242	A10-1-243
项　目　名　称				外径(mm以内)		
				32	40	50
基　　　　　价　（元）				37.98	41.89	49.31
其中	人　工　费　（元）			36.68	40.32	47.46
	材　料　费　（元）			1.13	1.38	1.55
	机　械　费　（元）			0.17	0.19	0.30
名　　　称		单位	单价(元)	消　　耗　　量		
人工	综合工日	工日	140.00	0.262	0.288	0.339
材料	室外塑料给水管粘接管件	个	—	(2.830)	(2.960)	(2.860)
	塑料给水管	m	—	(10.200)	(10.200)	(10.200)
	丙酮	kg	7.51	0.026	0.029	0.030
	弹簧压力表	个	23.08	0.002	0.002	0.002
	低碳钢焊条	kg	6.84	0.002	0.002	0.002
	焊接钢管 DN20	m	4.46	0.015	0.016	0.016
	锯条(各种规格)	根	0.62	0.078	0.093	0.127
	六角螺栓	kg	5.81	0.004	0.005	0.005
	螺纹阀门 DN20	个	22.00	0.004	0.005	0.005
	热轧厚钢板 δ8.0～15	kg	3.20	0.034	0.037	0.039
	水	m³	7.96	0.023	0.040	0.053
	铁砂布	张	0.85	0.027	0.038	0.050
	橡胶板	kg	2.91	0.008	0.009	0.010
	橡胶软管 DN20	m	7.26	0.007	0.007	0.007
	压力表弯管 DN15	个	10.69	0.002	0.002	0.002
	氧气	m³	3.63	0.003	0.006	0.006
	乙炔气	kg	10.45	0.001	0.002	0.002
	粘结剂	kg	2.88	0.067	0.070	0.075
	其他材料费占材料费	%	—	2.000	2.000	2.000
机械	电动单级离心清水泵 100mm	台班	33.35	0.001	0.001	0.001
	电焊机(综合)	台班	118.28	0.001	0.001	0.002
	试压泵 3MPa	台班	17.53	0.001	0.002	0.002

工作内容：切管、组对、粘接、管道及管件安装、水压试验及水冲洗。 计量单位：10m

定 额 编 号				A10-1-244	A10-1-245	A10-1-246
项 目 名 称				外径(mm以内)		
				63	75	90
基 价（元）				50.26	53.24	57.26
其中	人 工 费（元）			48.02	50.40	53.76
	材 料 费（元）			1.94	2.54	3.16
	机 械 费（元）			0.30	0.30	0.34
名 称		单位	单价（元）	消 耗 量		
人工	综合工日	工日	140.00	0.343	0.360	0.384
材料	室外塑料给水管粘接管件	个	—	(2.810)	(2.810)	(2.730)
	塑料给水管	m	—	(10.200)	(10.150)	(10.150)
	丙酮	kg	7.51	0.033	0.036	0.039
	弹簧压力表	个	23.08	0.003	0.003	0.003
	低碳钢焊条	kg	6.84	0.002	0.003	0.002
	焊接钢管 DN20	m	4.46	0.017	0.019	0.020
	锯条（各种规格）	根	0.62	0.146	0.241	0.306
	六角螺栓	kg	5.81	0.005	0.006	0.006
	螺纹阀门 DN20	个	22.00	0.005	0.005	0.006
	热轧厚钢板 δ8.0～15	kg	3.20	0.042	0.044	0.047
	水	m³	7.96	0.088	0.145	0.207
	铁砂布	张	0.85	0.057	0.070	0.075
	橡胶板	kg	2.91	0.010	0.011	0.011
	橡胶软管 DN20	m	7.26	0.008	0.008	0.008
	压力表弯管 DN15	个	10.69	0.003	0.003	0.003
	氧气	m³	3.63	0.006	0.006	0.006
	乙炔气	kg	10.45	0.002	0.002	0.002
	粘结剂	kg	2.88	0.077	0.079	0.086
	其他材料费占材料费	%	—	2.000	2.000	2.000
机械	电动单级离心清水泵 100mm	台班	33.35	0.001	0.001	0.002
	电焊机(综合)	台班	118.28	0.002	0.002	0.002
	试压泵 3MPa	台班	17.53	0.002	0.002	0.002

工作内容：切管、组对、粘接、管道及管件安装、水压试验及水冲洗。 计量单位：10m

定 额 编 号				A10-1-247	A10-1-248	A10-1-249
项 目 名 称				外径(mm以内)		
				110	125	160
基 价（元）				65.22	112.95	119.41
其中	人 工 费（元）			60.20	67.06	69.44
	材 料 费（元）			4.68	6.10	8.13
	机 械 费（元）			0.34	39.79	41.84
名 称		单位	单价（元）	消 耗 量		
人工	综合工日	工日	140.00	0.430	0.479	0.496
材料	室外塑料给水管粘接管件	个	—	(2.730)	(1.860)	(1.740)
	塑料给水管	m	—	(10.150)	(10.150)	(10.150)
	丙酮	kg	7.51	0.045	0.051	0.056
	弹簧压力表	个	23.08	0.003	0.003	0.003
	低碳钢焊条	kg	6.84	0.003	0.003	0.003
	焊接钢管 DN20	m	4.46	0.021	0.022	0.023
	锯条（各种规格）	根	0.62	0.583	—	—
	六角螺栓	kg	5.81	0.006	0.008	0.012
	螺纹阀门 DN20	个	22.00	0.006	0.006	0.006
	热轧厚钢板 δ8.0～15	kg	3.20	0.049	0.073	0.110
	水	m³	7.96	0.353	0.547	0.764
	铁砂布	张	0.85	0.076	0.078	0.081
	橡胶板	kg	2.91	0.012	0.014	0.016
	橡胶软管 DN20	m	7.26	0.009	0.009	0.010
	压力表弯管 DN15	个	10.69	0.003	0.003	0.003
	氧气	m³	3.63	0.006	0.006	0.006
	乙炔气	kg	10.45	0.002	0.002	0.002
	粘结剂	kg	2.88	0.115	0.137	0.158
	其他材料费占材料费	%	—	2.000	2.000	2.000
机械	电动单级离心清水泵 100mm	台班	33.35	0.002	0.003	0.005
	电焊机(综合)	台班	118.28	0.002	0.002	0.002
	木工圆锯机 500mm	台班	25.33	—	0.010	0.011
	汽车式起重机 8t	台班	763.67	—	0.049	0.051
	试压泵 3MPa	台班	17.53	0.002	0.003	0.003
	载重汽车 5t	台班	430.70	—	0.004	0.005

4.室外 塑料排水管(热熔连接)

工作内容:切管、组对、预热、熔接、管道及管件安装、灌水试验。　　　　　　　　计量单位:10m

定　额　编　号				A10-1-250	A10-1-251
项　目　名　称				外径(mm以内)	
				50	75
基　　　价（元）				44.60	51.46
其中	人　工　费（元）			43.68	49.98
	材　料　费（元）			0.89	1.45
	机　械　费（元）			0.03	0.03
名　　称		单位	单价(元)	消　耗　量	
人工	综合工日	工日	140.00	0.312	0.357
材料	塑料排水管	m	—	(9.930)	(9.930)
	塑料排水管热熔直接	个	—	(2.680)	(2.650)
	电	kW·h	0.68	0.725	1.163
	锯条(各种规格)	根	0.62	0.113	0.216
	水	m³	7.96	0.033	0.054
	铁砂布	张	0.85	0.050	0.075
	其他材料费占材料费	%	—	2.000	2.000
机械	电动单级离心清水泵 100mm	台班	33.35	0.001	0.001

工作内容：切管、组对、预热、熔接、管道及管件安装、灌水试验。　　　　　　　　计量单位：10m

定　额　编　号			A10-1-252	A10-1-253
项　目　名　称			外径(mm以内)	
			110	160
基　　价（元）			60.88	119.51
其中	人　工　费（元）		58.10	72.94
	材　料　费（元）		2.71	2.40
	机　械　费（元）		0.07	44.17
名　　　称	单位	单价（元）	消　　耗　　量	
人工	综合工日	工日	140.00	0.415	0.521
材料	塑料排水管	m	—	(9.930)	(9.930)
	塑料排水管热熔直接	个	—	(2.580)	—
	电	kW·h	0.68	1.762	—
	锯条（各种规格）	根	0.62	0.548	—
	水	m³	7.96	0.132	0.287
	铁砂布	张	0.85	0.076	0.081
	其他材料费占材料费	%	—	2.000	2.000
机械	电动单级离心清水泵 100mm	台班	33.35	0.002	0.005
	木工圆锯机 500mm	台班	25.33	—	0.011
	汽车式起重机 8t	台班	763.67	—	0.051
	热熔对接焊机 160mm	台班	17.51	—	0.150
	载重汽车 5t	台班	430.70	—	0.005

5. 室外 塑料排水管（电熔连接）

工作内容：切管、组对、熔接、管道及管件安装、灌水试验。　　　　　　　　　　　计量单位：10m

定　额　编　号				A10-1-254	A10-1-255
项　目　名　称				外径(mm以内)	
				50	75
基　　　价（元）				49.04	56.16
其中	人　工　费（元）			46.48	52.64
	材　料　费（元）			0.38	0.64
	机　械　费（元）			2.18	2.88
名　　　称		单位	单价(元)	消　　耗　　量	
人工	综合工日	工日	140.00	0.332	0.376
材料	塑料排水管	m	—	(9.930)	(9.930)
	塑料排水管电熔直接	个	—	(2.680)	(2.650)
	锯条(各种规格)	根	0.62	0.113	0.216
	水	m³	7.96	0.033	0.054
	铁砂布	张	0.85	0.050	0.075
	其他材料费占材料费	%	—	2.000	2.000
机械	电动单级离心清水泵 100mm	台班	33.35	0.001	0.001
	电熔焊接机 3.5kW	台班	26.81	0.080	0.106

工作内容：切管、组对、熔接、管道及管件安装、灌水试验。 计量单位：10m

定 额 编 号				A10-1-256	A10-1-257
项 目 名 称				外径(mm以内)	
				110	160
基 价 （元）				65.54	124.55
其中	人 工 费（元）			61.04	76.58
	材 料 费（元）			1.48	2.40
	机 械 费（元）			3.02	45.57
名 称		单位	单价（元）	消 耗 量	
人工	综合工日	工日	140.00	0.436	0.547
材料	塑料排水管	m	—	(9.930)	(9.930)
	塑料排水管电熔直接	个	—	(2.580)	(1.730)
	锯条(各种规格)	根	0.62	0.548	—
	水	m³	7.96	0.132	0.287
	铁砂布	张	0.85	0.076	0.081
	其他材料费占材料费	%	—	2.000	2.000
机械	电动单级离心清水泵 100mm	台班	33.35	0.002	0.005
	电熔焊接机 3.5kW	台班	26.81	0.110	0.150
	木工圆锯机 500mm	台班	25.33	—	0.011
	汽车式起重机 8t	台班	763.67	—	0.051
	载重汽车 5t	台班	430.70	—	0.005

6.室外 塑料排水管(粘接)

工作内容:切管、组对、粘接、管道及管件安装、灌水试验。

计量单位:10m

定 额 编 号				A10-1-258	A10-1-259
项 目 名 称				外径(mm以内)	
				50	75
基 价 (元)				42.84	48.05
其中	人 工 费 (元)			41.72	46.48
	材 料 费 (元)			1.09	1.54
	机 械 费 (元)			0.03	0.03
名 称		单位	单价(元)	消 耗 量	
人工	综合工日	工日	140.00	0.298	0.332
材料	塑料排水管	m	—	(9.930)	(9.930)
	硬聚氯乙烯塑料管箍	个	—	(0.680)	(0.650)
	丙酮	kg	7.51	0.068	0.089
	锯条(各种规格)	根	0.62	0.113	0.216
	水	m³	7.96	0.033	0.054
	铁砂布	张	0.85	0.113	0.135
	粘结剂	kg	2.88	0.045	0.057
	其他材料费占材料费	%	—	2.000	2.000
机械	电动单级离心清水泵 100mm	台班	33.35	0.001	0.001

工作内容：切管、组对、粘接、管道及管件安装、灌水试验。 计量单位：10m

定 额 编 号			A10-1-260	A10-1-261
项 目 名 称			外径(mm以内)	
			110	160
基 价 （元）			58.68	115.88
其中	人 工 费（元）		56.00	70.42
	材 料 费（元）		2.61	3.91
	机 械 费（元）		0.07	41.55
名 称	单位	单价(元)	消 耗 量	
人工	综合工日	工日	140.00	0.400	0.503
材料	塑料排水管	m	—	(9.930)	(9.930)
	硬聚氯乙烯塑料管箍	个	—	(0.580)	(0.530)
	丙酮	kg	7.51	0.110	0.149
	锯条(各种规格)	根	0.62	0.548	—
	水	m³	7.96	0.132	0.287
	铁砂布	张	0.85	0.157	0.174
	粘结剂	kg	2.88	0.073	0.099
	其他材料费占材料费	%	—	2.000	2.000
机械	电动单级离心清水泵 100mm	台班	33.35	0.002	0.005
	木工圆锯机 500mm	台班	25.33	—	0.011
	汽车式起重机 8t	台班	763.67	—	0.051
	载重汽车 5t	台班	430.70	—	0.005

7. 室内 塑料给水管(热熔连接)

工作内容：切管、组对、预热、熔接、管道及管件安装、水压试验及水冲洗。　　　　计量单位：10m

定　额　编　号			A10-1-262	A10-1-263	A10-1-264
项　目　名　称			外径(mm以内)		
			20	25	32
基　　　价　（元）			74.44	82.74	89.48
其中	人　工　费（元）		72.94	81.06	87.50
	材　料　费（元）		1.33	1.51	1.81
	机　械　费（元）		0.17	0.17	0.17
名　　称	单位	单价（元）	消　　耗　　量		
人工　综合工日	工日	140.00	0.521	0.579	0.625
材料　室内塑料给水管热熔管件	个	—	(15.200)	(12.250)	(10.810)
塑料给水管	m	—	(10.160)	(10.160)	(10.160)
弹簧压力表	个	23.08	0.002	0.002	0.002
低碳钢焊条	kg	6.84	0.002	0.002	0.002
电	kW·h	0.68	1.017	1.146	1.405
焊接钢管 DN20	m	4.46	0.013	0.014	0.015
锯条（各种规格）	根	0.62	0.120	0.144	0.183
六角螺栓	kg	5.81	0.004	0.004	0.004
螺纹阀门 DN20	个	22.00	0.004	0.004	0.004
热轧厚钢板 δ8.0～15	kg	3.20	0.030	0.032	0.034
水	m³	7.96	0.008	0.014	0.023
铁砂布	张	0.85	0.053	0.066	0.070
橡胶板	kg	2.91	0.007	0.008	0.008
橡胶软管 DN20	m	7.26	0.006	0.006	0.007
压力表弯管 DN15	个	10.69	0.002	0.002	0.002
氧气	m³	3.63	0.003	0.003	0.003
乙炔气	kg	10.45	0.001	0.001	0.001
其他材料费占材料费	%	—	2.000	2.000	2.000
机械　电动单级离心清水泵 100mm	台班	33.35	0.001	0.001	0.001
电焊机(综合)	台班	118.28	0.001	0.001	0.001
试压泵 3MPa	台班	17.53	0.001	0.001	0.001

工作内容：切管、组对、预热、熔接、管道及管件安装、水压试验及水冲洗。　　　　　计量单位：10m

定 额 编 号			A10-1-265	A10-1-266	A10-1-267
项 目 名 称			外径(mm以内)		
			40	50	63
基 价 （元）			100.69	117.25	128.30
其中	人 工 费（元）		98.28	114.52	125.02
	材 料 费（元）		2.22	2.43	2.98
	机 械 费（元）		0.19	0.30	0.30
名 称		单位	单价(元)	消 耗 量	
人工	综合工日	工日	140.00	0.702	0.818	0.893
材料	室内塑料给水管热熔管件	个	—	(8.870)	(7.420)	(6.590)
	塑料给水管	m	—	(10.160)	(10.160)	(10.160)
	弹簧压力表	个	23.08	0.002	0.002	0.003
	低碳钢焊条	kg	6.84	0.002	0.002	0.002
	电	kW·h	0.68	1.598	1.637	1.843
	焊接钢管 DN20	m	4.46	0.016	0.016	0.017
	锯条(各种规格)	根	0.62	0.225	0.268	0.326
	六角螺栓	kg	5.81	0.005	0.005	0.005
	螺纹阀门 DN20	个	22.00	0.005	0.005	0.005
	热轧厚钢板 δ8.0～15	kg	3.20	0.037	0.039	0.042
	水	m³	7.96	0.040	0.053	0.088
	铁砂布	张	0.85	0.116	0.151	0.203
	橡胶板	kg	2.91	0.010	0.010	0.010
	橡胶软管 DN20	m	7.26	0.007	0.007	0.008
	压力表弯管 DN15	个	10.69	0.002	0.003	0.003
	氧气	m³	3.63	0.006	0.006	0.006
	乙炔气	kg	10.45	0.002	0.002	0.002
	其他材料费占材料费	%	—	2.000	2.000	2.000
机械	电动单级离心清水泵 100mm	台班	33.35	0.001	0.001	0.001
	电焊机(综合)	台班	118.28	0.001	0.002	0.002
	试压泵 3MPa	台班	17.53	0.002	0.002	0.002

工作内容：切管、组对、预热、熔接、管道及管件安装、水压试验及水冲洗。　　　　　　　　计量单位：10m

定 额 编 号			A10-1-268	A10-1-269	A10-1-270
项 目 名 称			外径(mm以内)		
			75	90	110
基 价（元）			132.59	145.03	152.36
其中	人 工 费（元）		128.52	140.28	146.30
	材 料 费（元）		3.77	4.41	5.72
	机 械 费（元）		0.30	0.34	0.34
名 称	单位	单价（元）	消 耗 量		
人工	综合工日	工日	140.00	0.918	1.002	1.045
材料	室内塑料给水管热熔管件	个	—	(6.030)	(3.950)	(3.080)
	塑料给水管	m	—	(10.160)	(10.160)	(10.160)
	弹簧压力表	个	23.08	0.003	0.003	0.003
	低碳钢焊条	kg	6.84	0.002	0.003	0.003
	电	kW·h	0.68	2.117	2.231	2.259
	焊接钢管 DN20	m	4.46	0.019	0.020	0.021
	锯条(各种规格)	根	0.62	0.497	0.533	0.627
	六角螺栓	kg	5.81	0.006	0.006	0.006
	螺纹阀门 DN20	个	22.00	0.005	0.006	0.006
	热轧厚钢板 δ8.0～15	kg	3.20	0.044	0.047	0.049
	水	m³	7.96	0.145	0.204	0.353
	铁砂布	张	0.85	0.210	0.226	0.229
	橡胶板	kg	2.91	0.011	0.011	0.012
	橡胶软管 DN20	m	7.26	0.008	0.008	0.009
	压力表弯管 DN15	个	10.69	0.003	0.003	0.003
	氧气	m³	3.63	0.006	0.006	0.006
	乙炔气	kg	10.45	0.002	0.002	0.002
	其他材料费占材料费	%	—	2.000	2.000	2.000
机械	电动单级离心清水泵 100mm	台班	33.35	0.001	0.002	0.002
	电焊机(综合)	台班	118.28	0.002	0.002	0.002
	试压泵 3MPa	台班	17.53	0.002	0.002	0.002

工作内容：切管、组对、预热、熔接、管道及管件安装、水压试验及水冲洗。 计量单位：10m

定 额 编 号			A10-1-271	A10-1-272
项 目 名 称			外径(mm以内)	
			125	160
基 价 （元）			183.08	197.12
其中	人 工 费 （元）		155.12	163.38
	材 料 费 （元）		5.45	7.38
	机 械 费 （元）		22.51	26.36
名 称		单位	单价(元)	消 耗 量
人工	综合工日	工日	140.00	1.108	1.167
材料	室内塑料给水管热熔管件	个	—	(1.580)	(1.340)
	塑料给水管	m	—	(10.160)	(10.160)
	弹簧压力表	个	23.08	0.003	0.003
	低碳钢焊条	kg	6.84	0.003	0.003
	焊接钢管 DN20	m	4.46	0.022	0.023
	六角螺栓	kg	5.81	0.008	0.012
	螺纹阀门 DN20	个	22.00	0.006	0.006
	热轧厚钢板 δ8.0～15	kg	3.20	0.073	0.110
	水	m³	7.96	0.547	0.764
	铁砂布	张	0.85	0.240	0.254
	橡胶板	kg	2.91	0.014	0.016
	橡胶软管 DN20	m	7.26	0.009	0.010
	压力表弯管 DN15	个	10.69	0.003	0.003
	氧气	m³	3.63	0.006	0.006
	乙炔气	kg	10.45	0.002	0.002
	其他材料费占材料费	%	—	2.000	2.000
机械	电动单级离心清水泵 100mm	台班	33.35	0.003	0.005
	电焊机(综合)	台班	118.28	0.002	0.002
	吊装机械(综合)	台班	619.04	0.012	0.017
	木工圆锯机 500mm	台班	25.33	0.028	0.031
	热熔对接焊机 630mm	台班	43.95	0.279	0.283
	试压泵 3MPa	台班	17.53	0.003	0.003
	载重汽车 5t	台班	430.70	0.004	0.005

8.室内 直埋塑料给水管(热熔连接)

工作内容:切管、组对、预热、熔接、管道及管件安装、管卡固定、临时封堵、配合隐蔽、水压试验及水冲洗、划线标示。

计量单位:10m

定 额 编 号			A10-1-273	A10-1-274	A10-1-275
项 目 名 称			外径(mm以内)		
			20	25	32
基 价 (元)			94.55	104.35	108.85
其中	人 工 费 (元)		88.62	97.16	101.92
	材 料 费 (元)		5.76	7.02	6.76
	机 械 费 (元)		0.17	0.17	0.17
名 称	单位	单价(元)	消 耗 量		
人工 综合工日	工日	140.00	0.633	0.694	0.728
材料 室内直埋塑料给水管热熔管件	个	—	(10.890)	(11.760)	(9.820)
塑料给水管	m	—	(10.160)	(10.160)	(10.160)
冲击钻头 φ12	个	6.75	0.167	0.143	0.125
弹簧压力表	个	23.08	0.002	0.002	0.002
低碳钢焊条	kg	6.84	0.002	0.002	0.002
电	kW·h	0.68	0.835	1.143	1.212
焊接钢管 DN20	m	4.46	0.013	0.014	0.015
锯条(各种规格)	根	0.62	0.141	0.205	0.237
六角螺栓	kg	5.81	0.004	0.004	0.004
螺纹阀门 DN20	个	22.00	0.004	0.004	0.004
热熔标线涂料	kg	17.09	0.079	0.079	0.079
热轧厚钢板 δ8.0~15	kg	3.20	0.030	0.032	0.034
水	m³	7.96	0.008	0.014	0.023
塑料布	m²	1.97	0.010	0.010	0.010
塑料管卡子 20	个	0.11	16.837	—	—
塑料管卡子 25	个	0.20	—	14.433	—
塑料管卡子 32	个	0.20	—	—	12.625
塑料丝堵 DN15	个	0.94	0.100	—	—
塑料丝堵 DN20	个	1.32	—	0.100	—
塑料丝堵 DN25	个	1.96	—	—	0.100
铁砂布	张	0.85	0.068	0.085	0.088
橡胶板	kg	2.91	0.007	0.008	0.008
橡胶软管 DN20	m	7.26	0.006	0.006	0.007
压力表弯管 DN15	个	10.69	0.002	0.002	0.002
氧气	m³	3.63	0.003	0.003	0.003
乙炔气	kg	10.45	0.001	0.001	0.001
其他材料费占材料费	%	—	2.000	2.000	2.000
机械 电动单级离心清水泵 100mm	台班	33.35	0.001	0.001	0.001
电焊机(综合)	台班	118.28	0.001	0.001	0.001
试压泵 3MPa	台班	17.53	0.001	0.001	0.001

9. 室内 塑料给水管（电熔连接）

工作内容：切管、组对、熔接、管道及管件安装、水压试验及水冲洗。 计量单位：10m

定 额 编 号			A10-1-276	A10-1-277	A10-1-278
项 目 名 称			外径(mm以内)		
			20	25	32
基 价（元）			81.36	90.97	99.05
其中	人 工 费（元）		77.00	85.12	91.98
	材 料 费（元）		0.63	0.72	0.90
	机 械 费（元）		3.73	5.13	6.17
名 称	单位	单价（元）	消 耗 量		
人工 综合工日	工日	140.00	0.550	0.608	0.657
材料 室内塑料给水管电熔管件	个	—	(15.200)	(12.250)	(10.810)
塑料给水管	m	—	(10.160)	(10.160)	(10.160)
弹簧压力表	个	23.08	0.002	0.002	0.002
低碳钢焊条	kg	6.84	0.002	0.002	0.002
焊接钢管 DN20	m	4.46	0.013	0.014	0.015
锯条(各种规格)	根	0.62	0.120	0.144	0.283
六角螺栓	kg	5.81	0.004	0.004	0.004
螺纹阀门 DN20	个	22.00	0.004	0.004	0.004
热轧厚钢板 δ8.0～15	kg	3.20	0.030	0.032	0.034
水	m³	7.96	0.008	0.014	0.023
铁砂布	张	0.85	0.053	0.066	0.070
橡胶板	kg	2.91	0.007	0.008	0.008
橡胶软管 DN20	m	7.26	0.006	0.006	0.007
压力表弯管 DN15	个	10.69	0.002	0.002	0.002
氧气	m³	3.63	0.003	0.003	0.003
乙炔气	kg	10.45	0.001	0.001	0.001
其他材料费占材料费	%	—	2.000	2.000	2.000
机械 电动单级离心清水泵 100mm	台班	33.35	0.001	0.001	0.001
电焊机(综合)	台班	118.28	0.001	0.001	0.001
电熔焊接机 3.5kW	台班	26.81	0.133	0.185	0.224
试压泵 3MPa	台班	17.53	0.001	0.001	0.001

工作内容：切管、组对、熔接、管道及管件安装、水压试验及水冲洗。 计量单位：10m

定　额　编　号			A10-1-279	A10-1-280	A10-1-281
项　目　名　称			外径(mm以内)		
			40	50	63
基　　　价（元）			115.21	127.62	141.44
其中	人　工　费（元）		107.24	119.14	132.44
	材　料　费（元）		1.11	1.28	1.70
	机　械　费（元）		6.86	7.20	7.30
名　　　称	单位	单价（元）	消　　耗　　量		
人工 综合工日	工日	140.00	0.766	0.851	0.946
材料 室内塑料给水管电熔管件	个	—	(8.870)	(7.420)	(6.590)
塑料给水管	m	—	(10.160)	(10.160)	(10.160)
弹簧压力表	个	23.08	0.002	0.002	0.003
低碳钢焊条	kg	6.84	0.002	0.002	0.002
焊接钢管 DN20	m	4.46	0.016	0.016	0.017
锯条(各种规格)	根	0.62	0.225	0.268	0.326
六角螺栓	kg	5.81	0.005	0.005	0.005
螺纹阀门 DN20	个	22.00	0.005	0.005	0.005
热轧厚钢板 δ8.0～15	kg	3.20	0.037	0.039	0.042
水	m³	7.96	0.040	0.053	0.088
铁砂布	张	0.85	0.116	0.151	0.203
橡胶板	kg	2.91	0.009	0.010	0.010
橡胶软管 DN20	m	7.26	0.007	0.007	0.008
压力表弯管 DN15	个	10.69	0.002	0.002	0.003
氧气	m³	3.63	0.006	0.006	0.006
乙炔气	kg	10.45	0.002	0.002	0.002
其他材料费占材料费	%	—	2.000	2.000	2.000
机械 电动单级离心清水泵 100mm	台班	33.35	0.001	0.001	0.001
电焊机(综合)	台班	118.28	0.001	0.002	0.002
电熔焊接机 3.5kW	台班	26.81	0.249	0.257	0.261
试压泵 3MPa	台班	17.53	0.002	0.002	0.002

工作内容：切管、组对、熔接、管道及管件安装、水压试验及水冲洗。　　　　　　　计量单位：10m

定　额　编　号			A10-1-282	A10-1-283	A10-1-284
项　目　名　称			外径(mm以内)		
			75	90	110
基　　价（元）			145.79	158.58	166.82
其中	人　工　费（元）		136.08	148.12	154.98
	材　料　费（元）		2.30	2.86	4.16
	机　械　费（元）		7.41	7.60	7.68
名　　称	单位	单价（元）	消	耗	量
人工 综合工日	工日	140.00	0.972	1.058	1.107
材料 室内塑料给水管电熔管件	个	—	(6.030)	(3.950)	(3.080)
塑料给水管	m	—	(10.160)	(10.160)	(10.160)
弹簧压力表	个	23.08	0.003	0.003	0.003
低碳钢焊条	kg	6.84	0.002	0.003	0.003
焊接钢管 DN20	m	4.46	0.019	0.020	0.021
锯条(各种规格)	根	0.62	0.497	0.533	0.627
六角螺栓	kg	5.81	0.006	0.006	0.006
螺纹阀门 DN20	个	22.00	0.005	0.006	0.006
热轧厚钢板 δ8.0～15	kg	3.20	0.044	0.047	0.049
水	m³	7.96	0.145	0.204	0.353
铁砂布	张	0.85	0.210	0.226	0.229
橡胶板	kg	2.91	0.011	0.011	0.012
橡胶软管 DN20	m	7.26	0.008	0.008	0.009
压力表弯管 DN15	个	10.69	0.003	0.003	0.003
氧气	m³	3.63	0.006	0.006	0.006
乙炔气	kg	10.45	0.002	0.002	0.002
其他材料费占材料费	%	—	2.000	2.000	2.000
机械 电动单级离心清水泵 100mm	台班	33.35	0.001	0.002	0.002
电焊机(综合)	台班	118.28	0.002	0.002	0.002
电熔焊接机 3.5kW	台班	26.81	0.265	0.271	0.274
试压泵 3MPa	台班	17.53	0.002	0.002	0.002

工作内容：切管、组对、熔接、管道及管件安装、水压试验及水冲洗。　　　　　　计量单位：10m

定 额 编 号				A10-1-285	A10-1-286
项 目 名 称				外径（mm以内）	
				125	160
基 价（元）				187.82	202.21
其中	人 工 费（元）			164.64	173.32
	材 料 费（元）			5.45	7.38
	机 械 费（元）			17.73	21.51
名 称		单位	单价（元）	消 耗 量	
人工	综合工日	工日	140.00	1.176	1.238
材料	室内塑料给水管电熔管件	个	—	(2.680)	(2.320)
	塑料给水管	m	—	(10.160)	(10.160)
	弹簧压力表	个	23.08	0.003	0.003
	低碳钢焊条	kg	6.84	0.003	0.003
	焊接钢管 DN20	m	4.46	0.022	0.023
	六角螺栓	kg	5.81	0.008	0.012
	螺纹阀门 DN20	个	22.00	0.006	0.006
	热轧厚钢板 δ8.0～15	kg	3.20	0.073	0.110
	水	m³	7.96	0.547	0.764
	铁砂布	张	0.85	0.240	0.254
	橡胶板	kg	2.91	0.014	0.016
	橡胶软管 DN20	m	7.26	0.009	0.010
	压力表弯管 DN15	个	10.69	0.003	0.003
	氧气	m³	3.63	0.006	0.006
	乙炔气	kg	10.45	0.002	0.002
	其他材料费占材料费	%	—	2.000	2.000
机械	电动单级离心清水泵 100mm	台班	33.35	0.003	0.005
	电焊机(综合)	台班	118.28	0.002	0.002
	电熔焊接机 3.5kW	台班	26.81	0.279	0.283
	吊装机械(综合)	台班	619.04	0.012	0.017
	木工圆锯机 500mm	台班	25.33	0.028	0.031
	试压泵 3MPa	台班	17.53	0.003	0.003
	载重汽车 5t	台班	430.70	0.004	0.005

10. 室内 塑料给水管(粘接)

工作内容：切管、组对、粘接、管道及管件安装、水压试验及水冲洗。

计量单位：10m

定 额 编 号				A10-1-287	A10-1-288	A10-1-289
项 目 名 称				外径(mm以内)		
				20	25	32
基 价 （元）				66.94	71.27	76.20
其中	人 工 费 （元）			65.52	69.72	74.48
	材 料 费 （元）			1.25	1.38	1.55
	机 械 费 （元）			0.17	0.17	0.17
名 称		单位	单价（元）	消 耗 量		
人工	综合工日	工日	140.00	0.468	0.498	0.532
材料	室内塑料给水管粘接管件	个	—	(15.200)	(12.250)	(10.810)
	塑料给水管	m	—	(10.160)	(10.160)	(10.160)
	丙酮	kg	7.51	0.065	0.069	0.074
	弹簧压力表	个	23.08	0.002	0.002	0.002
	低碳钢焊条	kg	6.84	0.002	0.002	0.002
	焊接钢管 DN20	m	4.46	0.013	0.014	0.015
	锯条（各种规格）	根	0.62	0.120	0.144	0.183
	六角螺栓	kg	5.81	0.004	0.004	0.004
	螺纹阀门 DN20	个	22.00	0.004	0.004	0.004
	热轧厚钢板 δ8.0~15	kg	3.20	0.030	0.032	0.034
	水	m³	7.96	0.008	0.014	0.023
	铁砂布	张	0.85	0.053	0.066	0.070
	橡胶板	kg	2.91	0.007	0.008	0.008
	橡胶软管 DN20	m	7.26	0.006	0.006	0.007
	压力表弯管 DN15	个	10.69	0.002	0.002	0.002
	氧气	m³	3.63	0.003	0.003	0.003
	乙炔气	kg	10.45	0.001	0.001	0.001
	粘结剂	kg	2.88	0.043	0.046	0.049
	其他材料费占材料费	%	—	2.000	2.000	2.000
机械	电动单级离心清水泵 100mm	台班	33.35	0.001	0.001	0.001
	电焊机(综合)	台班	118.28	0.001	0.001	0.001
	试压泵 3MPa	台班	17.53	0.001	0.001	0.001

工作内容：切管、组对、粘接、管道及管件安装、水压试验及水冲洗。 计量单位：10m

定 额 编 号			A10-1-290	A10-1-291	A10-1-292
项 目 名 称			外径(mm以内)		
			40	50	63
基 价 （元）			80.64	91.39	99.97
其中	人 工 费 （元）		78.54	88.90	97.02
	材 料 费 （元）		1.91	2.19	2.65
	机 械 费 （元）		0.19	0.30	0.30
名 称	单位	单价(元)	消 耗 量		
人工 综合工日	工日	140.00	0.561	0.635	0.693
材料 室内塑料给水管粘接管件	个	—	(8.870)	(7.420)	(6.590)
塑料给水管	m	—	(10.160)	(10.160)	(10.160)
丙酮	kg	7.51	0.083	0.095	0.099
弹簧压力表	个	23.08	0.002	0.002	0.003
低碳钢焊条	kg	6.84	0.002	0.002	0.002
焊接钢管 DN20	m	4.46	0.016	0.016	0.017
锯条(各种规格)	根	0.62	0.225	0.268	0.326
六角螺栓	kg	5.81	0.005	0.005	0.005
螺纹阀门 DN20	个	22.00	0.005	0.005	0.005
热轧厚钢板 δ8.0~15	kg	3.20	0.037	0.039	0.042
水	m³	7.96	0.040	0.053	0.088
铁砂布	张	0.85	0.116	0.151	0.203
橡胶板	kg	2.91	0.009	0.010	0.010
橡胶软管 DN20	m	7.26	0.007	0.007	0.008
压力表弯管 DN15	个	10.69	0.002	0.002	0.003
氧气	m³	3.63	0.006	0.006	0.006
乙炔气	kg	10.45	0.002	0.002	0.002
粘结剂	kg	2.88	0.055	0.063	0.066
其他材料费占材料费	%	—	2.000	2.000	2.000
机械 电动单级离心清水泵 100mm	台班	33.35	0.001	0.001	0.001
电焊机(综合)	台班	118.28	0.001	0.002	0.002
试压泵 3MPa	台班	17.53	0.002	0.002	0.002

工作内容：切管、组对、粘接、管道及管件安装、水压试验及水冲洗。 计量单位：10m

定 额 编 号			A10-1-293	A10-1-294	A10-1-295
项 目 名 称			外径(mm以内)		
			75	90	110
基 价 （元）			111.54	123.46	136.28
其中	人 工 费 （元）		107.94	119.14	130.34
	材 料 费 （元）		3.30	3.98	5.60
	机 械 费 （元）		0.30	0.34	0.34
名 称	单位	单价（元）	消 耗 量		
人工 综合工日	工日	140.00	0.771	0.851	0.931
材料 室内塑料给水管粘接管件	个	—	(6.030)	(3.950)	(3.080)
塑料给水管	m	—	(10.160)	(10.160)	(10.160)
丙酮	kg	7.51	0.104	0.116	0.150
弹簧压力表	个	23.08	0.003	0.003	0.003
低碳钢焊条	kg	6.84	0.002	0.003	0.003
焊接钢管 DN20	m	4.46	0.019	0.020	0.021
锯条（各种规格）	根	0.62	0.497	0.533	0.627
六角螺栓	kg	5.81	0.006	0.006	0.006
螺纹阀门 DN20	个	22.00	0.005	0.006	0.006
热轧厚钢板 δ8.0～15	kg	3.20	0.044	0.047	0.049
水	m³	7.96	0.145	0.204	0.353
铁砂布	张	0.85	0.210	0.226	0.229
橡胶板	kg	2.91	0.011	0.011	0.012
橡胶软管 DN20	m	7.26	0.008	0.008	0.009
压力表弯管 DN15	个	10.69	0.003	0.003	0.003
氧气	m³	3.63	0.006	0.006	0.006
乙炔气	kg	10.45	0.002	0.002	0.002
粘结剂	kg	2.88	0.069	0.077	0.100
其他材料费占材料费	%	—	2.000	2.000	2.000
机械 电动单级离心清水泵 100mm	台班	33.35	0.001	0.002	0.002
电焊机(综合)	台班	118.28	0.002	0.002	0.002
试压泵 3MPa	台班	17.53	0.002	0.002	0.002

工作内容：切管、组对、粘接、管道及管件安装、水压试验及水冲洗。　　　　　　　　计量单位：10m

定　额　编　号			A10-1-296	A10-1-297
项　目　名　称			外径(mm以内)	
			125	160
基　　　价（元）			152.99	165.02
其中	人　工　费（元）		135.66	141.96
	材　料　费（元）		7.01	9.14
	机　械　费（元）		10.32	13.92
名　　　称	单位	单价（元）	消　耗　量	
人工 综合工日	工日	140.00	0.969	1.014
材料 室内塑料给水管粘接管件	个	—	(2.680)	(2.320)
塑料给水管	m	—	(10.160)	(10.160)
丙酮	kg	7.51	0.162	0.183
弹簧压力表	个	23.08	0.003	0.003
低碳钢焊条	kg	6.84	0.003	0.003
焊接钢管 DN20	m	4.46	0.022	0.023
六角螺栓	kg	5.81	0.008	0.012
螺纹阀门 DN20	个	22.00	0.006	0.006
热轧厚钢板 δ8.0～15	kg	3.20	0.073	0.110
水	m³	7.96	0.547	0.764
铁砂布	张	0.85	0.240	0.254
橡胶板	kg	2.91	0.014	0.016
橡胶软管 DN20	m	7.26	0.009	0.010
压力表弯管 DN15	个	10.69	0.003	0.003
氧气	m³	3.63	0.006	0.006
乙炔气	kg	10.45	0.002	0.002
粘结剂	kg	2.88	0.109	0.122
其他材料费占材料费	%	—	2.000	2.000
机械 电动单级离心清水泵 100mm	台班	33.35	0.005	0.005
电焊机(综合)	台班	118.28	0.002	0.002
吊装机械(综合)	台班	619.04	0.012	0.017
木工圆锯机 500mm	台班	25.33	0.028	0.031
试压泵 3MPa	台班	17.53	0.003	0.003
载重汽车 5t	台班	430.70	0.004	0.005

11. 室内 塑料排水管(热熔连接)

工作内容：切管、组对、预热、熔接、管道及管件安装、灌水试验。　　　　　　　　　　　　计量单位：10m

定　额　编　号			A10-1-298	A10-1-299	A10-1-300
项　目　名　称			外径(mm以内)		
			50	75	110
基　　　　　价（元）			100.44	136.09	155.40
其中	人　工　费（元）		98.84	132.30	148.54
	材　料　费（元）		1.57	3.76	6.79
	机　械　费（元）		0.03	0.03	0.07
名　　　　称	单位	单价(元)	消　　耗　　量		
人工	综合工日	工日	140.00	0.706	0.945	1.061
材料	室内塑料排水管热熔管件	个	—	(6.900)	(8.850)	(11.560)
	塑料排水管	m	—	(10.120)	(9.800)	(9.500)
	电	kW·h	0.68	1.457	3.741	5.992
	锯条(各种规格)	根	0.62	0.268	0.863	2.161
	水	m³	7.96	0.033	0.054	0.132
	铁砂布	张	0.85	0.145	0.208	0.227
	其他材料费占材料费	%	—	2.000	2.000	2.000
机械	电动单级离心清水泵 100mm	台班	33.35	0.001	0.001	0.002

工作内容：切管、组对、预热、熔接、管道及管件安装、灌水试验。 计量单位：10m

定　额　编　号				A10-1-301	A10-1-302	A10-1-303
项　目　名　称				外径(mm以内)		
				160	200	250
基　　　价（元）				231.80	318.56	365.58
其中	人　工　费（元）			207.48	284.62	313.88
	材　料　费（元）			4.98	4.33	6.76
	机　械　费（元）			19.34	29.61	44.94
名　　　称		单位	单价(元)	消　　耗　　量		
人工	综合工日	工日	140.00	1.482	2.033	2.242
材料	室内塑料排水管热熔管件	个	—	(5.950)	(5.110)	(2.350)
	塑料排水管	m	—	(9.500)	(9.500)	(10.050)
	水	m³	7.96	0.587	0.505	0.802
	铁砂布	张	0.85	0.242	0.267	0.288
	其他材料费占材料费	%	—	2.000	2.000	2.000
机械	电动单级离心清水泵 100mm	台班	33.35	0.005	0.006	0.009
	吊装机械(综合)	台班	619.04	0.017	0.026	0.044
	木工圆锯机 500mm	台班	25.33	0.040	0.047	0.052
	热熔对接焊机 160mm	台班	17.51	0.313	—	—
	热熔对接焊机 250mm	台班	20.64	—	0.337	0.341
	载重汽车 5t	台班	430.70	0.005	0.012	0.021

12. 室内 塑料排水管(粘接)

工作内容：切管、组对、粘接、管道及管件安装、灌水试验。

计量单位：10m

定 额 编 号			A10-1-304	A10-1-305
项 目 名 称			外径(mm以内)	
			50	75
基 价 （元）			91.83	123.89
其中	人 工 费 （元）		90.02	120.54
	材 料 费 （元）		1.78	3.32
	机 械 费 （元）		0.03	0.03
名 称	单位	单价(元)	消 耗 量	
人工	综合工日	工日	140.00	0.643	0.861
材料	室内塑料排水管粘接管件	个	—	(6.900)	(8.850)
	塑料排水管	m	—	(10.120)	(9.800)
	丙酮	kg	7.51	0.126	0.224
	锯条(各种规格)	根	0.62	0.268	0.863
	水	m³	7.96	0.033	0.054
	铁砂布	张	0.85	0.145	0.208
	粘结剂	kg	2.88	0.084	0.149
	其他材料费占材料费	%	—	2.000	2.000
机械	电动单级离心清水泵 100mm	台班	33.35	0.001	0.001

工作内容：切管、组对、粘接、管道及管件安装、灌水试验。 计量单位：10m

定　额　编　号				A10-1-306	A10-1-307
项　目　名　称				外径(mm以内)	
				110	160
基　　　价（元）				140.16	211.78
其中	人　工　费（元）			134.40	189.56
	材　料　费（元）			5.69	8.36
	机　械　费（元）			0.07	13.86
名　　称		单位	单价(元)	消　耗　量	
人工	综合工日	工日	140.00	0.960	1.354
材料	室内塑料排水管粘接管件	个	—	(11.560)	(5.950)
	塑料排水管	m	—	(9.500)	(9.500)
	丙酮	kg	7.51	0.318	0.352
	锯条(各种规格)	根	0.62	2.161	—
	水	m³	7.96	0.132	0.587
	铁砂布	张	0.85	0.227	0.242
	粘结剂	kg	2.88	0.209	0.233
	其他材料费占材料费	%	—	2.000	2.000
机械	电动单级离心清水泵 100mm	台班	33.35	0.002	0.005
	吊装机械(综合)	台班	619.04	—	0.017
	木工圆锯机 500mm	台班	25.33	—	0.040
	载重汽车 5t	台班	430.70	—	0.005

116

13. 室内 塑料排水管(螺母密封圈连接)

工作内容:切管、组对、紧密封圈、管道及管件安装、灌水试验。　　　　　计量单位:10m

定 额 编 号				A10-1-308	A10-1-309
项 目 名 称				外径(mm以内)	
				50	75
基 价 (元)				85.99	115.57
其中	人 工 费(元)			85.40	114.38
	材 料 费(元)			0.56	1.16
	机 械 费(元)			0.03	0.03
名 称		单位	单价(元)	消 耗 量	
人工	综合工日	工日	140.00	0.610	0.817
材料	室内塑料排水管(螺母密封圈连接)管件	个	—	(6.900)	(8.850)
	橡胶密封圈(排水)	个	—	(14.370)	(15.260)
	硬聚氯乙烯螺旋排水管	m	—	(10.120)	(9.800)
	锯条(各种规格)	根	0.62	0.268	0.863
	水	m³	7.96	0.033	0.054
	铁砂布	张	0.85	0.145	0.208
	其他材料费占材料费	%	—	2.000	2.000
机械	电动单级离心清水泵 100mm	台班	33.35	0.001	0.001

工作内容：切管、组对、紧密封圈、管道及管件安装、灌水试验。 计量单位：10m

定 额 编 号					A10-1-310	A10-1-311
项 目 名 称					外径(mm以内)	
					110	160
基 价（元）					130.67	196.16
其中	人 工 费（元）				127.96	179.76
	材 料 费（元）				2.64	2.54
	机 械 费（元）				0.07	13.86
	名 称	单位	单价(元)		消 耗 量	
人工	综合工日	工日	140.00		0.914	1.284
材料	室内塑料排水管(螺母密封圈连接)管件	个	—		(11.560)	(5.950)
	橡胶密封圈(排水)	个	—		(21.690)	(10.670)
	硬聚氯乙烯螺旋排水管	m	—		(9.500)	(9.500)
	锯条(各种规格)	根	0.62		2.161	—
	水	m³	7.96		0.132	0.287
	铁砂布	张	0.85		0.227	0.242
	其他材料费占材料费	%	—		2.000	2.000
机械	电动单级离心清水泵 100mm	台班	33.35		0.002	0.005
	吊装机械(综合)	台班	619.04		—	0.017
	木工圆锯机 500mm	台班	25.33		—	0.040
	载重汽车 5t	台班	430.70		—	0.005

14. 室内 塑料雨水管(螺纹连接)

工作内容：切管、组对、粘接、管道及管件安装、灌水试验。 计量单位：10m

定 额 编 号			A10-1-312	A10-1-313	A10-1-314
项 目 名 称			外径(mm以内)		
			75	110	160
基 价 （元）			114.02	129.36	203.12
其中	人 工 费 （元）		111.30	124.74	183.68
	材 料 费 （元）		2.69	4.55	5.79
	机 械 费 （元）		0.03	0.07	13.65
名 称	单位	单价（元）	消 耗 量		
人工 综合工日	工日	140.00	0.795	0.891	1.312
材料 室内塑料雨水管粘接管件	个	—	(3.790)	(4.160)	(4.850)
塑料排水管	m	—	(10.070)	(9.940)	(9.760)
丙酮	kg	7.51	0.172	0.260	0.338
锯条(各种规格)	根	0.62	0.760	1.240	—
水	m³	7.96	0.054	0.132	0.287
铁砂布	张	0.85	0.160	0.223	0.235
粘结剂	kg	2.88	0.108	0.173	0.226
其他材料费占材料费	%	—	2.000	2.000	2.000
机械 电动单级离心清水泵 100mm	台班	33.35	0.001	0.002	0.005
吊装机械(综合)	台班	619.04	—	—	0.017
木工圆锯机 500mm	台班	25.33	—	—	0.032
载重汽车 5t	台班	430.70	—	—	0.005

15.室内 塑料雨水管(热熔连接)

工作内容：切管、对口、熔接、冷却、管道及管件安装、灌水试验。 计量单位：10m

定 额 编 号				A10-1-315	A10-1-316	A10-1-317
项 目 名 称				外径(mm以内)		
				75	110	160
基 价 (元)				119.85	135.40	215.98
其中	人 工 费 (元)			117.46	131.60	195.16
	材 料 费 (元)			2.36	3.73	2.53
	机 械 费 (元)			0.03	0.07	18.29
名 称		单位	单价(元)	消 耗 量		
人工	综合工日	工日	140.00	0.839	0.940	1.394
材料	室内塑料雨水管热熔管件	个	—	(3.790)	(4.160)	(4.020)
	塑料排水管	m	—	(10.070)	(9.940)	(9.760)
	电	kW·h	0.68	1.871	2.426	—
	锯条(各种规格)	根	0.62	0.760	1.240	—
	水	m³	7.96	0.054	0.132	0.287
	铁砂布	张	0.85	0.160	0.223	0.235
	其他材料费占材料费	%	—	2.000	2.000	2.000
机械	电动单级离心清水泵 100mm	台班	33.35	0.001	0.002	0.005
	吊装机械(综合)	台班	619.04	—	—	0.017
	木工圆锯机 500mm	台班	25.33	—	—	0.032
	热熔对接焊机 160mm	台班	17.51	—	—	0.265
	载重汽车 5t	台班	430.70	—	—	0.005

七、复合管

1. 室外 塑铝稳态管(热熔连接)

工作内容：切管、卷削、组对、预热、熔接、管道及管件安装、水压试验及水冲洗。　　计量单位：10m

定　额　编　号			A10-1-318	A10-1-319	A10-1-320
项　目　名　称			外径(mm以内)		
			32	40	50
基　　　价　(元)			46.91	51.01	56.47
其中	人　工　费　(元)		45.50	49.28	54.46
	材　料　费　(元)		1.24	1.54	1.71
	机　械　费　(元)		0.17	0.19	0.30
名　　　称	单位	单价(元)	消　　耗　　量		
人工 综合工日	工日	140.00	0.325	0.352	0.389
材料 复合管	m	—	(10.200)	(10.200)	(10.200)
给水室外塑铝稳态管热熔管件	个	—	(2.830)	(2.960)	(2.860)
弹簧压力表	个	23.08	0.002	0.002	0.002
低碳钢焊条	kg	6.84	0.002	0.002	0.002
电	kW·h	0.68	0.724	0.833	0.858
焊接钢管 DN20	m	4.46	0.015	0.016	0.016
锯条(各种规格)	根	0.62	0.086	0.102	0.140
六角螺栓	kg	5.81	0.004	0.005	0.005
螺纹阀门 DN20	个	22.00	0.004	0.005	0.005
热轧厚钢板 δ8.0～15	kg	3.20	0.034	0.037	0.039
水	m³	7.96	0.023	0.040	0.053
铁砂布	张	0.85	0.027	0.038	0.050
橡胶板	kg	2.91	0.008	0.009	0.010
橡胶软管 DN20	m	7.26	0.007	0.007	0.007
压力表弯管 DN15	个	10.69	0.002	0.002	0.002
氧气	m³	3.63	0.003	0.006	0.006
乙炔气	kg	10.45	0.001	0.002	0.002
其他材料费占材料费	%	—	2.000	2.000	2.000
机械 电动单级离心清水泵 100mm	台班	33.35	0.001	0.001	0.001
电焊机(综合)	台班	118.28	0.001	0.001	0.002
试压泵 3MPa	台班	17.53	0.001	0.002	0.002

工作内容：切管、卷削、组对、预热、熔接、管道及管件安装、水压试验及水冲洗。　　计量单位：10m

定　额　编　号			A10-1-321	A10-1-322	A10-1-323
项　目　名　称			外径(mm以内)		
			63	75	90
基　　　价（元）			62.27	65.28	70.05
其中	人　工　费（元）		59.64	62.02	65.80
	材　料　费（元）		2.33	2.96	3.91
	机　械　费（元）		0.30	0.30	0.34
名　　　称		单位	单价（元）	消　　耗　　量	
人工	综合工日	工日	140.00	0.426	0.443	0.470
材料	复合管	m	—	(10.200)	(10.150)	(10.150)
	给水室外塑铝稳态管热熔管件	个	—	(2.810)	(2.810)	(2.730)
	弹簧压力表	个	23.08	0.003	0.003	0.003
	低碳钢焊条	kg	6.84	0.002	0.002	0.003
	电	kW·h	0.68	1.242	1.338	1.873
	焊接钢管 DN20	m	4.46	0.017	0.019	0.020
	锯条（各种规格）	根	0.62	0.161	0.265	0.337
	六角螺栓	kg	5.81	0.005	0.006	0.006
	螺纹阀门 DN20	个	22.00	0.005	0.005	0.006
	热轧厚钢板 δ8.0～15	kg	3.20	0.042	0.044	0.047
	水	m³	7.96	0.088	0.145	0.204
	铁砂布	张	0.85	0.057	0.070	0.075
	橡胶板	kg	2.91	0.010	0.011	0.011
	橡胶软管 DN20	m	7.26	0.008	0.008	0.008
	压力表弯管 DN15	个	10.69	0.003	0.003	0.003
	氧气	m³	3.63	0.006	0.006	0.006
	乙炔气	kg	10.45	0.002	0.002	0.002
	其他材料费占材料费	%	—	2.000	2.000	2.000
机械	电动单级离心清水泵 100mm	台班	33.35	0.001	0.001	0.002
	电焊机(综合)	台班	118.28	0.002	0.002	0.002
	试压泵 3MPa	台班	17.53	0.002	0.002	0.002

工作内容：切管、卷削、组对、预热、熔接、管道及管件安装、水压试验及水冲洗。　　计量单位：10m

定 额 编 号				A10-1-324	A10-1-325	A10-1-326
项 目 名 称				外径（mm以内）		
				110	125	160
基 价（元）				80.04	123.94	132.49
其中	人 工 费（元）			74.20	83.44	87.64
	材 料 费（元）			5.50	5.53	7.57
	机 械 费（元）			0.34	34.97	37.28
名 称		单位	单价（元）	消 耗 量		
人工	综合工日	工日	140.00	0.530	0.596	0.626
材料	复合管	m	—	(10.150)	(10.150)	(10.150)
	给水室外塑铝稳态管热熔管件	个	—	(2.730)	(0.810)	(0.790)
	弹簧压力表	个	23.08	0.003	0.003	0.003
	低碳钢焊条	kg	6.84	0.003	0.003	0.003
	电	kW·h	0.68	2.110	0.324	0.488
	焊接钢管 DN20	m	4.46	0.021	0.022	0.023
	锯条(各种规格)	根	0.62	0.641	—	—
	六角螺栓	kg	5.81	0.006	0.008	0.012
	螺纹阀门 DN20	个	22.00	0.006	0.006	0.006
	热轧厚钢板 δ8.0～15	kg	3.20	0.049	0.073	0.110
	水	m³	7.96	0.353	0.547	0.764
	铁砂布	张	0.85	0.076	0.079	0.081
	橡胶板	kg	2.91	0.012	0.014	0.016
	橡胶软管 DN20	m	7.26	0.009	0.009	0.010
	压力表弯管 DN15	个	10.69	0.003	0.003	0.003
	氧气	m³	3.63	0.006	0.006	0.006
	乙炔气	kg	10.45	0.002	0.002	0.002
	其他材料费占材料费	%	—	2.000	2.000	2.000
机械	电动单级离心清水泵 100mm	台班	33.35	0.002	0.003	0.005
	电焊机(综合)	台班	118.28	0.002	0.002	0.002
	吊装机械(综合)	台班	619.04	—	0.049	0.051
	管子切断机 250mm	台班	42.58	—	0.010	0.011
	热熔对接焊机 160mm	台班	17.51	—	0.120	0.150
	试压泵 3MPa	台班	17.53	0.002	0.003	0.003
	载重汽车 5t	台班	430.70	—	0.004	0.005

2.室外 钢骨架塑料复合管(电熔连接)

工作内容：切管、打磨、组对、熔接、管道及管件安装、水压试验及水冲洗。　　　　　　计量单位：10m

定　额　编　号			A10-1-327	A10-1-328	A10-1-329
项　目　名　称			外径(mm以内)		
			32	40	50
基　　　　价（元）			49.96	54.79	60.62
其中	人　工　费（元）		47.32	51.38	56.70
	材　料　费（元）		0.81	1.06	1.24
	机　械　费（元）		1.83	2.35	2.68
名　　　称	单位	单价（元）	消　　耗　　量		
人工 综合工日	工日	140.00	0.338	0.367	0.405
材料 复合管	m	—	(10.200)	(10.200)	(10.200)
给水室外钢骨架塑料复合管电熔管件	个	—	(2.830)	(2.960)	(2.860)
弹簧压力表	个	23.08	0.002	0.002	0.002
低碳钢焊条	kg	6.84	0.002	0.002	0.002
焊接钢管 DN20	m	4.46	0.015	0.016	0.016
锯条(各种规格)	根	0.62	0.094	0.112	0.152
六角螺栓	kg	5.81	0.004	0.005	0.005
螺纹阀门 DN20	个	22.00	0.004	0.005	0.005
尼龙砂轮片 φ400	片	8.55	0.008	0.011	0.014
热轧厚钢板 δ8.0～15	kg	3.20	0.034	0.037	0.039
水	m³	7.96	0.023	0.040	0.053
铁砂布	张	0.85	0.027	0.038	0.050
橡胶板	kg	2.91	0.008	0.009	0.010
橡胶软管 DN20	m	7.26	0.007	0.007	0.007
压力表弯管 DN15	个	10.69	0.002	0.002	0.002
氧气	m³	3.63	0.003	0.006	0.006
乙炔气	kg	10.45	0.001	0.002	0.002
其他材料费占材料费	%	—	2.000	2.000	2.000
机械 电动单级离心清水泵 100mm	台班	33.35	0.001	0.001	0.001
电焊机(综合)	台班	118.28	0.001	0.001	0.002
电熔焊接机 3.5kW	台班	26.81	0.059	0.077	0.084
砂轮切割机 400mm	台班	24.71	0.003	0.004	0.005
试压泵 3MPa	台班	17.53	0.001	0.002	0.002

工作内容：切管、打磨、组对、熔接、管道及管件安装、水压试验及水冲洗。　　　　　　　　计量单位：10m

定　额　编　号			A10-1-330	A10-1-331	A10-1-332
项　目　名　称			外径(mm以内)		
			63	75	90
基　　价（元）			66.66	69.64	78.79
其中	人　工　费（元）		62.16	64.12	72.38
	材　料　费（元）		1.63	2.28	2.90
	机　械　费（元）		2.87	3.24	3.51
名　　称	单位	单价(元)	消　耗　量		
人工	综合工日	工日	140.00	0.444	0.458	0.517
材料	复合管	m	—	(10.200)	(10.150)	(10.150)
	给水室外钢骨架塑料复合管电熔管件	个	—	(2.810)	(2.810)	(2.730)
	弹簧压力表	个	23.08	0.003	0.003	0.003
	低碳钢焊条	kg	6.84	0.002	0.002	0.003
	焊接钢管 DN20	m	4.46	0.017	0.019	0.020
	锯条(各种规格)	根	0.62	0.175	0.289	0.367
	六角螺栓	kg	5.81	0.005	0.006	0.006
	螺纹阀门 DN20	个	22.00	0.005	0.005	0.006
	尼龙砂轮片 φ400	片	8.55	0.017	0.026	0.031
	热轧厚钢板 δ8.0～15	kg	3.20	0.042	0.044	0.047
	水	m³	7.96	0.088	0.145	0.204
	铁砂布	张	0.85	0.057	0.070	0.075
	橡胶板	kg	2.91	0.010	0.011	0.011
	橡胶软管 DN20	m	7.26	0.008	0.008	0.008
	压力表弯管 DN15	个	10.69	0.003	0.003	0.003
	氧气	m³	3.63	0.006	0.006	0.006
	乙炔气	kg	10.45	0.002	0.002	0.002
	其他材料费占材料费	%	—	2.000	2.000	2.000
机械	电动单级离心清水泵 100mm	台班	33.35	0.001	0.001	0.002
	电焊机(综合)	台班	118.28	0.002	0.002	0.002
	电熔焊接机 3.5kW	台班	26.81	0.091	0.103	0.111
	砂轮切割机 400mm	台班	24.71	0.005	0.007	0.008
	试压泵 3MPa	台班	17.53	0.002	0.002	0.002

工作内容：切管、打磨、组对、熔接、管道及管件安装、水压试验及水冲洗。 计量单位：10m

定 额 编 号				A10-1-333	A10-1-334	A10-1-335
项 目 名 称				外径(mm以内)		
				110	125	160
基 价 （元）				84.59	128.08	134.99
其中	人 工 费 （元）			76.58	86.52	88.90
	材 料 费 （元）			4.37	5.31	7.23
	机 械 费 （元）			3.64	36.25	38.86
名 称		单位	单价(元)	消 耗 量		
人工	综合工日	工日	140.00	0.547	0.618	0.635
材料	复合管	m	—	(10.150)	(10.150)	(10.150)
	给水室外钢骨架塑料复合管电熔管件	个	—	(2.730)	(1.860)	(1.740)
	弹簧压力表	个	23.08	0.003	0.003	0.003
	低碳钢焊条	kg	6.84	0.003	0.003	0.003
	焊接钢管 DN20	m	4.46	0.021	0.022	0.023
	锯条(各种规格)	根	0.62	0.700	—	—
	六角螺栓	kg	5.81	0.006	0.008	0.012
	螺纹阀门 DN20	个	22.00	0.006	0.006	0.006
	尼龙砂轮片 φ400	片	8.55	0.034	—	—
	热轧厚钢板 δ8.0～15	kg	3.20	0.049	0.073	0.110
	水	m³	7.96	0.353	0.547	0.764
	铁砂布	张	0.85	0.076	0.079	0.081
	橡胶板	kg	2.91	0.012	0.014	0.016
	橡胶软管 DN20	m	7.26	0.009	0.009	0.010
	压力表弯管 DN15	个	10.69	0.003	0.003	0.003
	氧气	m³	3.63	0.006	0.006	0.006
	乙炔气	kg	10.45	0.002	0.002	0.002
	其他材料费占材料费	%	—	2.000	2.000	2.000
机械	电动单级离心清水泵 100mm	台班	33.35	0.002	0.003	0.005
	电焊机(综合)	台班	118.28	0.002	0.002	0.002
	电熔焊接机 3.5kW	台班	26.81	0.115	0.126	0.157
	吊装机械(综合)	台班	619.04	—	0.049	0.051
	管子切断机 250mm	台班	42.58	—	0.010	0.011
	砂轮切割机 400mm	台班	24.71	0.009	—	—
	试压泵 3MPa	台班	17.53	0.002	0.003	0.003
	载重汽车 5t	台班	430.70	—	0.004	0.005

3.室内 塑铝稳态管(热熔连接)

工作内容：切管、卷削、组对、预热、熔接、管道及管件安装、水压试验及水冲洗。　　计量单位：10m

定　额　编　号			A10-1-336	A10-1-337	A10-1-338
项　目　名　称			外径(mm以内)		
			20	25	32
基　　　　价（元）			85.39	94.33	102.41
其中	人　工　费（元）		83.72	92.54	100.24
	材　料　费（元）		1.50	1.62	2.00
	机　械　费（元）		0.17	0.17	0.17
名　　　称	单位	单价（元）	消　　耗　　量		
人工	综合工日	工日	140.00	0.598	0.661	0.716
材料	复合管	m	—	(10.160)	(10.160)	(10.160)
	给水室内塑铝稳态管热熔管件	个	—	(15.200)	(12.250)	(10.810)
	弹簧压力表	个	23.08	0.002	0.002	0.002
	低碳钢焊条	kg	6.84	0.002	0.002	0.002
	电	kW·h	0.68	1.245	1.289	1.663
	焊接钢管 DN20	m	4.46	0.013	0.014	0.015
	锯条(各种规格)	根	0.62	0.132	0.158	0.201
	六角螺栓	kg	5.81	0.004	0.004	0.004
	螺纹阀门 DN20	个	22.00	0.004	0.004	0.004
	热轧厚钢板 δ8.0~15	kg	3.20	0.030	0.032	0.034
	水	m³	7.96	0.008	0.014	0.023
	铁砂布	张	0.85	0.053	0.066	0.070
	橡胶板	kg	2.91	0.007	0.008	0.008
	橡胶软管 DN20	m	7.26	0.006	0.006	0.007
	压力表弯管 DN15	个	10.69	0.002	0.002	0.002
	氧气	m³	3.63	0.003	0.003	0.003
	乙炔气	kg	10.45	0.001	0.001	0.001
	其他材料费占材料费	%	—	2.000	2.000	2.000
机械	电动单级离心清水泵 100mm	台班	33.35	0.001	0.001	0.001
	电焊机(综合)	台班	118.28	0.001	0.001	0.001
	试压泵 3MPa	台班	17.53	0.001	0.001	0.001

工作内容：切管、卷削、组对、预热、熔接、管道及管件安装、水压试验及水冲洗。　　　计量单位：10m

定　额　编　号			A10-1-339	A10-1-340	A10-1-341
项　目　名　称			外径(mm以内)		
			40	50	63
基　　　　价　（元）			117.32	135.76	146.63
其中	人　工　费（元）		114.80	132.86	143.22
	材　料　费（元）		2.33	2.60	3.11
	机　械　费（元）		0.19	0.30	0.30
名　　　称		单位	单价(元)	消　　耗　　量		
人工	综合工日	工日	140.00	0.820	0.949	1.023
材料	复合管	m	—	(10.160)	(10.160)	(10.160)
	给水室内塑铝稳态管热熔管件	个	—	(8.870)	(7.420)	(6.590)
	弹簧压力表	个	23.08	0.002	0.002	0.003
	低碳钢焊条	kg	6.84	0.002	0.002	0.002
	电	kW·h	0.68	1.738	1.877	1.996
	焊接钢管 DN20	m	4.46	0.016	0.016	0.017
	锯条（各种规格）	根	0.62	0.248	0.295	0.359
	六角螺栓	kg	5.81	0.005	0.005	0.005
	螺纹阀门 DN20	个	22.00	0.005	0.005	0.005
	热轧厚钢板 δ8.0～15	kg	3.20	0.037	0.039	0.042
	水	m³	7.96	0.040	0.053	0.088
	铁砂布	张	0.85	0.116	0.151	0.203
	橡胶板	kg	2.91	0.009	0.010	0.010
	橡胶软管 DN20	m	7.26	0.007	0.007	0.008
	压力表弯管 DN15	个	10.69	0.002	0.002	0.003
	氧气	m³	3.63	0.006	0.006	0.006
	乙炔气	kg	10.45	0.002	0.002	0.002
	其他材料费占材料费	%	—	2.000	2.000	2.000
机械	电动单级离心清水泵 100mm	台班	33.35	0.001	0.001	0.001
	电焊机(综合)	台班	118.28	0.001	0.002	0.002
	试压泵 3MPa	台班	17.53	0.002	0.002	0.002

工作内容：切管、卷削、组对、预热、熔接、管道及管件安装、水压试验及水冲洗。　　计量单位：10m

定　额　编　号			A10-1-342	A10-1-343	A10-1-344
项　目　名　称			外径（mm以内）		
			75	90	110
基　　　价（元）			150.27	163.75	173.10
其中	人　工　费（元）		146.02	158.76	166.74
	材　料　费（元）		3.95	4.65	6.02
	机　械　费（元）		0.30	0.34	0.34
名　　　称	单位	单价（元）	消　　耗　　量		
人工 综合工日	工日	140.00	1.043	1.134	1.191
材料 复合管	m	—	(10.160)	(10.160)	(10.160)
给水室内塑铝稳态管热熔管件	个	—	(6.030)	(3.950)	(3.080)
弹簧压力表	个	23.08	0.003	0.003	0.003
低碳钢焊条	kg	6.84	0.002	0.003	0.003
电	kW·h	0.68	2.333	2.511	2.635
焊接钢管 DN20	m	4.46	0.019	0.020	0.021
锯条(各种规格)	根	0.62	0.547	0.608	0.690
六角螺栓	kg	5.81	0.006	0.006	0.006
螺纹阀门 DN20	个	22.00	0.005	0.006	0.006
热轧厚钢板 δ8.0～15	kg	3.20	0.044	0.047	0.049
水	m³	7.96	0.145	0.204	0.353
铁砂布	张	0.85	0.210	0.226	0.229
橡胶板	kg	2.91	0.011	0.011	0.012
橡胶软管 DN20	m	7.26	0.008	0.008	0.009
压力表弯管 DN15	个	10.69	0.003	0.003	0.003
氧气	m³	3.63	0.006	0.006	0.006
乙炔气	kg	10.45	0.002	0.002	0.002
其他材料费占材料费	%	—	2.000	2.000	2.000
机械 电动单级离心清水泵 100mm	台班	33.35	0.001	0.002	0.002
电焊机(综合)	台班	118.28	0.002	0.002	0.002
试压泵 3MPa	台班	17.53	0.002	0.002	0.002

工作内容：切管、卷削、组对、预热、熔接、管道及管件安装、水压试验及水冲洗。　　　计量单位：10m

定　额　编　号			A10-1-345	A10-1-346
项　目　名　称			外径(mm以内)	
			125	160
基　　价（元）			197.30	211.84
其中	人　工　费（元）		175.84	184.52
	材　料　费（元）		5.76	7.83
	机　械　费（元）		15.70	19.49
名　　称		单位	单价（元）	消　耗　量	
人工	综合工日	工日	140.00	1.256	1.318
材料	复合管	m	—	(10.160)	(10.160)
	给水室内塑铝稳态管热熔管件	个	—	(1.580)	(1.340)
	弹簧压力表	个	23.08	0.003	0.003
	低碳钢焊条	kg	6.84	0.003	0.003
	电	kW·h	0.68	0.454	0.612
	焊接钢管 DN20	m	4.46	0.022	0.023
	六角螺栓	kg	5.81	0.008	0.012
	螺纹阀门 DN20	个	22.00	0.006	0.007
	热轧厚钢板 δ8.0～15	kg	3.20	0.073	0.110
	水	m³	7.96	0.547	0.764
	铁砂布	张	0.85	0.240	0.254
	橡胶板	kg	2.91	0.014	0.016
	橡胶软管 DN20	m	7.26	0.009	0.010
	压力表弯管 DN15	个	10.69	0.003	0.003
	氧气	m³	3.63	0.006	0.006
	乙炔气	kg	10.45	0.002	0.002
	其他材料费占材料费	%	—	2.000	2.000
机械	电动单级离心清水泵 100mm	台班	33.35	0.003	0.005
	电焊机(综合)	台班	118.28	0.002	0.002
	吊装机械(综合)	台班	619.04	0.012	0.017
	管子切断机 250mm	台班	42.58	0.030	0.033
	热熔对接焊机 160mm	台班	17.51	0.279	0.283
	试压泵 3MPa	台班	17.53	0.003	0.003
	载重汽车 5t	台班	430.70	0.004	0.005

4.室内 钢骨架塑料复合管(电熔连接)

工作内容：切管、打磨、组对、熔接、管道及管件安装、水压试验及水冲洗。　　　　　计量单位：10m

定　额　编　号			A10-1-347	A10-1-348	A10-1-349
项　目　名　称			外径(mm以内)		
			20	25	32
基　　　　价（元）			94.14	103.30	113.76
其中	人　工　费（元）		89.46	97.02	105.84
	材　料　费（元）		0.82	0.95	1.35
	机　械　费（元）		3.86	5.33	6.57
名　　　称		单位	单价(元)	消　　耗　　量	
人工	综合工日	工日	140.00	0.639	0.693	0.756
材料	复合管	m	—	(10.160)	(10.160)	(10.160)
	给水室内钢骨架塑料复合管电熔管件	个	—	(15.200)	(12.250)	(10.810)
	弹簧压力表	个	23.08	0.002	0.002	0.002
	低碳钢焊条	kg	6.84	0.002	0.002	0.002
	焊接钢管 DN20	m	4.46	0.013	0.014	0.015
	锯条(各种规格)	根	0.62	0.144	0.173	0.220
	六角螺栓	kg	5.81	0.004	0.004	0.004
	螺纹阀门 DN20	个	22.00	0.004	0.004	0.004
	尼龙砂轮片 φ400	片	8.55	0.020	0.025	0.056
	热轧厚钢板 δ8.0～15	kg	3.20	0.030	0.032	0.034
	水	m³	7.96	0.008	0.014	0.023
	铁砂布	张	0.85	0.053	0.066	0.070
	橡胶板	kg	2.91	0.007	0.008	0.008
	橡胶软管 DN20	m	7.26	0.006	0.006	0.007
	压力表弯管 DN15	个	10.69	0.002	0.002	0.002
	氧气	m³	3.63	0.003	0.003	0.003
	乙炔气	kg	10.45	0.001	0.001	0.001
	其他材料费占材料费	%	—	2.000	2.000	2.000
机械	电动单级离心清水泵 100mm	台班	33.35	0.001	0.001	0.001
	电焊机(综合)	台班	118.28	0.001	0.001	0.001
	电熔焊接机 3.5kW	台班	26.81	0.133	0.185	0.224
	砂轮切割机 400mm	台班	24.71	0.005	0.008	0.016
	试压泵 3MPa	台班	17.53	0.001	0.001	0.001

工作内容：切管、打磨、组对、熔接、管道及管件安装、水压试验及水冲洗。 计量单位：10m

定 额 编 号				A10-1-350	A10-1-351	A10-1-352
项 目 名 称				外径(mm以内)		
				40	50	63
基 价 （元）				132.72	147.76	162.45
其中	人 工 费 （元）			123.48	137.90	151.76
	材 料 费 （元）			1.76	1.97	2.65
	机 械 费 （元）			7.48	7.89	8.04
名 称		单位	单价（元）	消 耗 量		
人工	综合工日	工日	140.00	0.882	0.985	1.084
材料	复合管	m	—	(10.160)	(10.160)	(10.160)
	给水室内钢骨架塑料复合管电熔管件	个	—	(8.870)	(7.420)	(6.590)
	弹簧压力表	个	23.08	0.002	0.002	0.003
	低碳钢焊条	kg	6.84	0.002	0.002	0.002
	焊接钢管 DN20	m	4.46	0.016	0.016	0.017
	锯条（各种规格）	根	0.62	0.270	0.322	0.391
	六角螺栓	kg	5.81	0.005	0.005	0.005
	螺纹阀门 DN20	个	22.00	0.005	0.005	0.005
	尼龙砂轮片 φ400	片	8.55	0.072	0.075	0.104
	热轧厚钢板 δ8.0～15	kg	3.20	0.037	0.039	0.042
	水	m³	7.96	0.040	0.053	0.088
	铁砂布	张	0.85	0.116	0.151	0.203
	橡胶板	kg	2.91	0.009	0.010	0.010
	橡胶软管 DN20	m	7.26	0.007	0.007	0.008
	压力表弯管 DN15	个	10.69	0.002	0.002	0.003
	氧气	m³	3.63	0.006	0.006	0.006
	乙炔气	kg	10.45	0.002	0.002	0.002
	其他材料费占材料费	%	—	2.000	2.000	2.000
机械	电动单级离心清水泵 100mm	台班	33.35	0.001	0.001	0.001
	电焊机(综合)	台班	118.28	0.001	0.001	0.002
	电熔焊接机 3.5kW	台班	26.81	0.249	0.257	0.261
	砂轮切割机 400mm	台班	24.71	0.025	0.028	0.030
	试压泵 3MPa	台班	17.53	0.002	0.002	0.002

工作内容：切管、打磨、组对、熔接、管道及管件安装、水压试验及水冲洗。 计量单位：10m

定 额 编 号			A10-1-353	A10-1-354	A10-1-355
项 目 名 称			外径(mm以内)		
			75	90	110
基 价 （元）			167.72	182.60	191.71
其中	人 工 费 （元）		156.10	170.10	177.66
	材 料 费 （元）		3.39	4.01	5.38
	机 械 费 （元）		8.23	8.49	8.67
名 称	单位	单价（元）	消 耗 量		
人工	综合工日	工日	140.00	1.115	1.215	1.269

	名 称	单位	单价（元）	消 耗 量		
人工	综合工日	工日	140.00	1.115	1.215	1.269
材料	复合管	m	—	(10.160)	(10.160)	(10.160)
	给水室内钢骨架塑料复合管电熔管件	个	—	(6.030)	(3.950)	(3.080)
	弹簧压力表	个	23.08	0.003	0.003	0.003
	低碳钢焊条	kg	6.84	0.002	0.003	0.003
	焊接钢管 DN20	m	4.46	0.019	0.020	0.021
	锯条（各种规格）	根	0.62	0.602	0.669	0.759
	六角螺栓	kg	5.81	0.006	0.006	0.006
	螺纹阀门 DN20	个	22.00	0.005	0.006	0.006
	尼龙砂轮片 φ400	片	8.55	0.117	0.122	0.131
	热轧厚钢板 δ8.0～15	kg	3.20	0.044	0.047	0.049
	水	m³	7.96	0.145	0.204	0.353
	铁砂布	张	0.85	0.210	0.226	0.229
	橡胶板	kg	2.91	0.011	0.011	0.012
	橡胶软管 DN20	m	7.26	0.008	0.008	0.009
	压力表弯管 DN15	个	10.69	0.003	0.003	0.003
	氧气	m³	3.63	0.006	0.006	0.006
	乙炔气	kg	10.45	0.002	0.002	0.002
	其他材料费占材料费	%	—	2.000	2.000	2.000
机械	电动单级离心清水泵 100mm	台班	33.35	0.001	0.002	0.002
	电焊机(综合)	台班	118.28	0.002	0.002	0.002
	电熔焊接机 3.5kW	台班	26.81	0.265	0.271	0.274
	砂轮切割机 400mm	台班	24.71	0.033	0.036	0.040
	试压泵 3MPa	台班	17.53	0.002	0.002	0.002

工作内容：切管、打磨、组对、熔接、管道及管件安装、水压试验及水冲洗。　　　　　　　　计量单位：10m

定　额　编　号				A10-1-356	A10-1-357
项　目　名　称				外径(mm以内)	
				125	160
基　　　价（元）				212.19	229.71
其中	人　工　费（元）			188.44	200.20
	材　料　费（元）			5.45	7.38
	机　械　费（元）			18.30	22.13
名　　　称		单位	单价(元)	消　耗　量	
人工	综合工日	工日	140.00	1.346	1.430
材料	复合管	m	—	(10.160)	(10.160)
	给水室内钢骨架塑料复合管电熔管件	个	—	(2.680)	(2.320)
	弹簧压力表	个	23.08	0.003	0.003
	低碳钢焊条	kg	6.84	0.003	0.003
	焊接钢管 DN20	m	4.46	0.022	0.023
	六角螺栓	kg	5.81	0.008	0.012
	螺纹阀门 DN20	个	22.00	0.006	0.006
	热轧厚钢板 δ8.0～15	kg	3.20	0.073	0.110
	水	m³	7.96	0.547	0.764
	铁砂布	张	0.85	0.240	0.254
	橡胶板	kg	2.91	0.014	0.016
	橡胶软管 DN20	m	7.26	0.009	0.010
	压力表弯管 DN15	个	10.69	0.003	0.003
	氧气	m³	3.63	0.006	0.006
	乙炔气	kg	10.45	0.002	0.002
	其他材料费占材料费	%	—	2.000	2.000
机械	电动单级离心清水泵 100mm	台班	33.35	0.003	0.005
	电焊机(综合)	台班	118.28	0.002	0.002
	电熔焊接机 3.5kW	台班	26.81	0.279	0.283
	吊装机械(综合)	台班	619.04	0.012	0.017
	管子切断机 250mm	台班	42.58	0.030	0.033
	试压泵 3MPa	台班	17.53	0.003	0.003
	载重汽车 5t	台班	430.70	0.004	0.005

5. 室内 钢塑复合管(螺纹连接)

工作内容：调直、切管、套丝、组对、连接、管道及管件安装、水压试验及水冲洗。　　计量单位：10m

定　额　编　号			A10-1-358	A10-1-359	A10-1-360
项　目　名　称			公称直径(mm以内)		
			15	20	25
基　　　价（元）			130.46	136.97	168.24
其中	人　工　费（元）		121.52	127.12	153.44
	材　料　费（元）		5.91	6.51	8.05
	机　械　费（元）		3.03	3.34	6.75
名　　　称	单位	单价（元）	消　　耗　　量		
人工 综合工日	工日	140.00	0.868	0.908	1.096
材料 复合管	m	—	(9.910)	(9.910)	(9.910)
给水室内钢塑复合管螺纹管件	个	—	(14.490)	(12.100)	(11.400)
弹簧压力表	个	23.08	0.002	0.002	0.002
低碳钢焊条	kg	6.84	0.002	0.002	0.002
焊接钢管 DN20	m	4.46	0.013	0.014	0.015
机油	kg	19.66	0.158	0.170	0.203
锯条（各种规格）	根	0.62	0.778	0.792	0.815
聚四氟乙烯生料带	m	0.13	10.980	13.040	15.500
六角螺栓	kg	5.81	0.004	0.004	0.004
螺纹阀门 DN20	个	22.00	0.004	0.004	0.004
尼龙砂轮片 φ400	片	8.55	0.033	0.035	0.086
热轧厚钢板 δ8.0～15	kg	3.20	0.030	0.032	0.034
水	m³	7.96	0.008	0.014	0.023
橡胶板	kg	2.91	0.007	0.008	0.008
橡胶软管 DN20	m	7.26	0.006	0.006	0.007
压力表弯管 DN15	个	10.69	0.002	0.002	0.002
氧气	m³	3.63	0.003	0.003	0.003
乙炔气	kg	10.45	0.001	0.001	0.001
其他材料费占材料费	%	—	2.000	2.000	2.000
机械 电动单级离心清水泵 100mm	台班	33.35	0.001	0.001	0.001
电焊机（综合）	台班	118.28	0.001	0.001	0.001
吊装机械（综合）	台班	619.04	0.002	0.002	0.003
管子切断套丝机 159mm	台班	21.31	0.067	0.079	0.196
砂轮切割机 400mm	台班	24.71	0.008	0.010	0.022
试压泵 3MPa	台班	17.53	0.001	0.001	0.001

工作内容：调直、切管、套丝、组对、连接、管道及管件安装、水压试验及水冲洗。　　计量单位：10m

定　额　编　号				A10-1-361	A10-1-362	A10-1-363
项　目　名　称				公称直径(mm以内)		
				32	40	50
基　　　　　价（元）				183.71	187.17	203.63
其中	人　工　费（元）			166.18	168.14	181.30
	材　料　费（元）			8.66	8.89	9.41
	机　械　费（元）			8.87	10.14	12.92
名　　　称		单位	单价（元）	消　　耗　　量		
人工	综合工日	工日	140.00	1.187	1.201	1.295
材料	复合管	m	—	(9.910)	(10.020)	(10.020)
	给水室内钢塑复合管螺纹管件	个	—	(9.830)	(7.860)	(6.610)
	弹簧压力表	个	23.08	0.002	0.002	0.003
	低碳钢焊条	kg	6.84	0.002	0.002	0.002
	焊接钢管 DN20	m	4.46	0.016	0.016	0.017
	机油	kg	19.66	0.206	0.209	0.213
	锯条(各种规格)	根	0.62	0.821	0.834	0.839
	聚四氟乙烯生料带	m	0.13	16.020	16.190	16.580
	六角螺栓	kg	5.81	0.005	0.005	0.005
	螺纹阀门 DN20	个	22.00	0.005	0.005	0.005
	尼龙砂轮片 φ400	片	8.55	0.117	0.120	0.125
	热轧厚钢板 δ8.0～15	kg	3.20	0.037	0.039	0.042
	水	m³	7.96	0.040	0.053	0.088
	橡胶板	kg	2.91	0.009	0.010	0.010
	橡胶软管 DN20	m	7.26	0.007	0.007	0.008
	压力表弯管 DN15	个	10.69	0.002	0.002	0.003
	氧气	m³	3.63	0.006	0.006	0.006
	乙炔气	kg	10.45	0.002	0.002	0.002
	其他材料费占材料费	%	—	2.000	2.000	2.000
机械	电动单级离心清水泵 100mm	台班	33.35	0.001	0.001	0.001
	电焊机(综合)	台班	118.28	0.001	0.002	0.002
	吊装机械(综合)	台班	619.04	0.004	0.005	0.007
	管子切断套丝机 159mm	台班	21.31	0.261	0.284	0.293
	砂轮切割机 400mm	台班	24.71	0.026	0.028	0.030
	试压泵 3MPa	台班	17.53	0.002	0.002	0.002
	载重汽车 5t	台班	430.70	—	—	0.003

工作内容：调直、切管、套丝、组对、连接、管道及管件安装、水压试验及水冲洗。　　计量单位：10m

定 额 编 号			A10-1-364	A10-1-365	A10-1-366
项 目 名 称			公称直径(mm以内)		
			65	80	100
基 价（元）			215.29	226.89	302.03
其中	人 工 费（元）		192.64	200.62	227.92
	材 料 费（元）		8.02	8.37	8.51
	机 械 费（元）		14.63	17.90	65.60
名 称	单位	单价（元）	消 耗 量		
人工 综合工日	工日	140.00	1.376	1.433	1.628
材料 复合管	m	—	(10.020)	(10.020)	(10.020)
给水室内钢塑复合管螺纹管件	个	—	(5.260)	(4.630)	(4.150)
弹簧压力表	个	23.08	0.003	0.003	0.003
低碳钢焊条	kg	6.84	0.002	0.003	0.003
焊接钢管 DN20	m	4.46	0.019	0.020	0.021
机油	kg	19.66	0.130	0.110	0.040
聚四氟乙烯生料带	m	0.13	17.950	19.310	20.880
六角螺栓	kg	5.81	0.006	0.006	0.006
螺纹阀门 DN20	个	22.00	0.005	0.006	0.006
尼龙砂轮片 φ400	片	8.55	0.141	0.146	0.158
热轧厚钢板 δ8.0～15	kg	3.20	0.044	0.047	0.049
水	m³	7.96	0.145	0.204	0.353
橡胶板	kg	2.91	0.011	0.011	0.012
橡胶软管 DN20	m	7.26	0.008	0.008	0.009
压力表弯管 DN15	个	10.69	0.003	0.003	0.003
氧气	m³	3.63	0.006	0.006	0.006
乙炔气	kg	10.45	0.002	0.002	0.002
其他材料费占材料费	%	—	2.000	2.000	2.000
机械 电动单级离心清水泵 100mm	台班	33.35	0.001	0.002	0.002
电焊机(综合)	台班	118.28	0.002	0.002	0.002
吊装机械(综合)	台班	619.04	0.009	0.012	0.084
管子切断套丝机 159mm	台班	21.31	0.294	0.317	0.320
砂轮切割机 400mm	台班	24.71	0.031	0.032	0.034
试压泵 3MPa	台班	17.53	0.002	0.002	0.002
载重汽车 5t	台班	430.70	0.004	0.006	0.013

工作内容：调直、切管、套丝、组对、连接、管道及管件安装、水压试验及水冲洗。　　　　计量单位：10m

定　额　编　号				A10-1-367	A10-1-368
项　目　名　称				公称直径(mm以内)	
				125	150
基　　　价（元）				350.81	388.43
其中	人　工　费（元）			253.12	280.98
	材　料　费（元）			8.63	10.58
	机　械　费（元）			89.06	96.87
名　　称		单位	单价（元）	消　　耗　　量	
人工	综合工日	工日	140.00	1.808	2.007
材料	复合管	m	—	(10.020)	(10.020)
	给水室内钢塑复合管螺纹管件	个	—	(3.520)	(3.410)
	弹簧压力表	个	23.08	0.003	0.003
	低碳钢焊条	kg	6.84	0.003	0.003
	焊接钢管 DN20	m	4.46	0.022	0.023
	机油	kg	19.66	0.030	0.030
	聚四氟乙烯生料带	m	0.13	21.020	21.240
	六角螺栓	kg	5.81	0.008	0.012
	螺纹阀门 DN20	个	22.00	0.006	0.006
	热轧厚钢板 δ8.0～15	kg	3.20	0.073	0.110
	水	m³	7.96	0.547	0.764
	橡胶板	kg	2.91	0.014	0.016
	橡胶软管 DN20	m	7.26	0.009	0.010
	压力表弯管 DN15	个	10.69	0.003	0.003
	氧气	m³	3.63	0.006	0.006
	乙炔气	kg	10.45	0.002	0.002
	其他材料费占材料费	%	—	2.000	2.000
机械	电动单级离心清水泵 100mm	台班	33.35	0.003	0.005
	电焊机(综合)	台班	118.28	0.002	0.002
	吊装机械(综合)	台班	619.04	0.117	0.123
	管子切断机 150mm	台班	33.32	0.035	0.037
	管子切断套丝机 159mm	台班	21.31	0.384	0.449
	试压泵 3MPa	台班	17.53	0.003	0.003
	载重汽车 5t	台班	430.70	0.016	0.022

6. 室内 铝塑复合管（卡套连接）

工作内容：调直、切管、对口、紧丝口、管道及管件安装、水压试验及水冲洗。　　　　　　　计量单位：10m

定　额　编　号			A10-1-369	A10-1-370	A10-1-371
项　目　名　称			外径（mm以内）		
			20	25	32
基　　　　价（元）			56.76	64.12	72.36
其中	人　工　费（元）		56.00	63.28	71.40
	材　料　费（元）		0.59	0.67	0.79
	机　械　费（元）		0.17	0.17	0.17
名　　　称	单位	单价（元）	消　　耗　　量		
人工 综合工日	工日	140.00	0.400	0.452	0.510
材料 复合管	m	—	(9.960)	(9.960)	(9.960)
给水室内铝塑复合管卡套管件	个	—	(14.710)	(12.250)	(10.810)
弹簧压力表	个	23.08	0.002	0.002	0.002
低碳钢焊条	kg	6.84	0.002	0.002	0.002
焊接钢管 DN20	m	4.46	0.013	0.014	0.015
锯条（各种规格）	根	0.62	0.132	0.158	0.201
六角螺栓	kg	5.81	0.004	0.004	0.004
螺纹阀门 DN20	个	22.00	0.004	0.004	0.004
热轧厚钢板 $\delta 8.0\sim15$	kg	3.20	0.030	0.032	0.034
水	m³	7.96	0.008	0.014	0.023
橡胶板	kg	2.91	0.007	0.008	0.008
橡胶软管 DN20	m	7.26	0.006	0.006	0.007
压力表弯管 DN15	个	10.69	0.002	0.002	0.002
氧气	m³	3.63	0.003	0.003	0.003
乙炔气	kg	10.45	0.001	0.001	0.001
其他材料费占材料费	%	—	2.000	2.000	2.000
机械 电动单级离心清水泵 100mm	台班	33.35	0.001	0.001	0.001
电焊机（综合）	台班	118.28	0.001	0.001	0.001
试压泵 3MPa	台班	17.53	0.001	0.001	0.001

工作内容：调直、切管、对口、紧丝口、管道及管件安装、水压试验及水冲洗。　　　　　　计量单位：10m

定　额　编　号				A10-1-372	A10-1-373	A10-1-374
项　目　名　称				外径（mm以内）		
				40	50	63
基　　　　价（元）				80.17	87.57	100.69
其中	人　工　费（元）			78.96	86.10	98.84
	材　料　费（元）			1.02	1.17	1.55
	机　械　费（元）			0.19	0.30	0.30
名　　　称		单位	单价（元）	消　　耗　　量		
人工	综合工日	工日	140.00	0.564	0.615	0.706
材料	复合管	m	—	（9.960）	（9.960）	（9.960）
	给水室内铝塑复合管卡套管件	个	—	（8.870）	（7.420）	（6.590）
	弹簧压力表	个	23.08	0.002	0.002	0.003
	低碳钢焊条	kg	6.84	0.002	0.002	0.002
	焊接钢管 DN20	m	4.46	0.016	0.016	0.017
	锯条（各种规格）	根	0.62	0.248	0.295	0.359
	六角螺栓	kg	5.81	0.005	0.005	0.005
	螺纹阀门 DN20	个	22.00	0.005	0.005	0.005
	热轧厚钢板 δ8.0～15	kg	3.20	0.037	0.039	0.042
	水	m³	7.96	0.040	0.053	0.088
	橡胶板	kg	2.91	0.009	0.010	0.010
	橡胶软管 DN20	m	7.26	0.007	0.007	0.008
	压力表弯管 DN15	个	10.69	0.002	0.002	0.003
	氧气	m³	3.63	0.006	0.006	0.006
	乙炔气	kg	10.45	0.002	0.002	0.002
	其他材料费占材料费	%	—	2.000	2.000	2.000
机械	电动单级离心清水泵 100mm	台班	33.35	0.001	0.001	0.001
	电焊机（综合）	台班	118.28	0.001	0.002	0.002
	试压泵 3MPa	台班	17.53	0.002	0.002	0.002

八、室外管道碰头

1.钢管碰头(焊接)

工作内容：定位、排水、挖眼、接管、通水检查。

计量单位：处

定　额　编　号			A10-1-375	A10-1-376	A10-1-377
项　目　名　称			支管公称直径(mm以内)		
			50	65	80
基　　价（元）			102.15	114.00	126.88
其中	人　工　费（元）		89.74	97.44	105.42
	材　料　费（元）		2.28	3.01	5.02
	机　械　费（元）		10.13	13.55	16.44
名　　称	单位	单价(元)	消　　耗　　量		
人工 综合工日	工日	140.00	0.641	0.696	0.753
材料 低碳钢焊条	kg	6.84	0.107	0.138	0.161
电	kW·h	0.68	0.203	0.227	0.144
钢丝刷	把	2.56	0.002	0.003	0.004
尼龙砂轮片 φ100	片	2.05	0.205	0.274	0.189
氧气	m³	3.63	0.132	0.180	0.468
乙炔气	kg	10.45	0.044	0.060	0.156
其他材料费占材料费	%	—	2.000	2.000	2.000
机械 电焊机(综合)	台班	118.28	0.063	0.081	0.095
电焊条恒温箱	台班	21.41	0.006	0.008	0.009
电焊条烘干箱 60×50×75cm³	台班	26.46	0.006	0.008	0.009
汽车式起重机 8t	台班	763.67	0.002	0.003	0.004
载重汽车 5t	台班	430.70	0.002	0.003	0.004

工作内容：定位、排水、挖眼、接管、通水检查。　　　　　　　　　　　　　　　　　　计量单位：处

定　额　编　号			A10-1-378	A10-1-379	A10-1-380
项　目　名　称			支管公称直径(mm以内)		
			100	125	150
基　　　　价（元）			152.39	182.23	212.09
其中	人　工　费（元）		114.80	136.78	150.92
	材　料　费（元）		8.87	10.32	12.63
	机　械　费（元）		28.72	35.13	48.54
名　　　称	单位	单价（元）	消　　耗　　量		
人工 综合工日	工日	140.00	0.820	0.977	1.078
材料 低碳钢焊条	kg	6.84	0.361	0.398	0.547
电	kW·h	0.68	0.203	0.244	0.271
钢丝刷	把	2.56	0.005	0.006	0.007
尼龙砂轮片 φ100	片	2.05	0.475	0.512	0.681
氧气	m³	3.63	0.717	0.867	0.989
乙炔气	kg	10.45	0.239	0.289	0.330
其他材料费占材料费	%	—	2.000	2.000	2.000
机械 电焊机(综合)	台班	118.28	0.160	0.190	0.210
电焊条恒温箱	台班	21.41	0.016	0.019	0.021
电焊条烘干箱 60×50×75cm³	台班	26.46	0.016	0.019	0.021
汽车式起重机 8t	台班	763.67	0.009	0.012	0.019
载重汽车 5t	台班	430.70	0.005	0.006	0.019

工作内容：定位、排水、挖眼、接管、通水检查。 计量单位：处

定 额 编 号				A10-1-381	A10-1-382	A10-1-383
项 目 名 称				支管公称直径(mm以内)		
				200	250	300
基 价（元）				297.11	378.81	451.48
其中	人 工 费 （元）			168.00	188.86	217.00
	材 料 费 （元）			19.58	26.34	31.93
	机 械 费 （元）			109.53	163.61	202.55
名 称		单位	单价（元）	消 耗 量		
人工	综合工日	工日	140.00	1.200	1.349	1.550
材料	低碳钢焊条	kg	6.84	0.757	1.238	1.587
	电	kW·h	0.68	0.399	0.544	0.627
	钢丝刷	把	2.56	0.007	0.008	0.008
	角钢(综合)	kg	3.61	0.037	0.053	0.066
	尼龙砂轮片 φ100	片	2.05	1.219	1.711	2.074
	氧气	m³	3.63	1.560	1.865	2.181
	乙炔气	kg	10.45	0.520	0.622	0.727
	其他材料费占材料费	%	—	2.000	2.000	2.000
机械	电焊机(综合)	台班	118.28	0.291	0.344	0.441
	电焊条恒温箱	台班	21.41	0.029	0.034	0.044
	电焊条烘干箱 60×50×75cm³	台班	26.46	0.029	0.034	0.044
	汽车式起重机 16t	台班	958.70	—	0.109	0.134
	汽车式起重机 8t	台班	763.67	0.083	—	—
	载重汽车 5t	台班	430.70	0.024	0.039	0.046

143

工作内容：定位、排水、挖眼、接管、通水检查。 计量单位：处

定 额 编 号				A10-1-384	A10-1-385
项 目 名 称				支管公称直径(mm以内)	
				350	400
基 价（元）				522.58	563.01
其中	人 工 费（元）			238.28	248.92
	材 料 费（元）			41.18	45.71
	机 械 费（元）			243.12	268.38
名 称		单位	单价（元）	消 耗 量	
人工	综合工日	工日	140.00	1.702	1.778
材料	低碳钢焊条	kg	6.84	2.061	2.333
	电	kW·h	0.68	0.759	0.853
	钢丝刷	把	2.56	0.009	0.009
	角钢(综合)	kg	3.61	0.100	0.100
	尼龙砂轮片 φ100	片	2.05	2.845	3.092
	氧气	m³	3.63	2.748	3.029
	乙炔气	kg	10.45	0.916	1.010
	其他材料费占材料费	%	—	2.000	2.000
机械	电焊机(综合)	台班	118.28	0.573	0.648
	电焊条恒温箱	台班	21.41	0.057	0.065
	电焊条烘干箱 60×50×75cm³	台班	26.46	0.057	0.065
	汽车式起重机 16t	台班	958.70	0.154	0.168
	载重汽车 5t	台班	430.70	0.058	0.064

工作内容：定位、排水、挖眼、接管、通水检查。

计量单位：处

定 额 编 号				A10-1-386	A10-1-387
项 目 名 称				支管公称直径(mm以内)	
				450	500
基 价（元）				643.82	731.71
其中	人 工 费（元）			267.26	286.16
	材 料 费（元）			58.73	76.87
	机 械 费（元）			317.83	368.68
名 称		单位	单价（元）	消 耗 量	
人工	综合工日	工日	140.00	1.909	2.044
材料	低碳钢焊条	kg	6.84	3.606	5.243
	电	kW·h	0.68	0.993	1.179
	钢丝刷	把	2.56	0.010	0.010
	角钢(综合)	kg	3.61	0.100	0.100
	尼龙砂轮片 φ100	片	2.05	3.624	4.616
	氧气	m³	3.63	3.433	4.056
	乙炔气	kg	10.45	1.145	1.352
	其他材料费占材料费	%	—	2.000	2.000
机械	电焊机(综合)	台班	118.28	0.784	0.904
	电焊条恒温箱	台班	21.41	0.078	0.090
	电焊条烘干箱 60×50×75cm³	台班	26.46	0.078	0.090
	汽车式起重机 16t	台班	958.70	0.199	0.229
	载重汽车 5t	台班	430.70	0.071	0.088

2.铸铁管碰头(膨胀水泥接口)

工作内容:刷管口、断管、调制接口材料、管道及管件安装、接口养护、通水检查。　　计量单位:处

定　额　编　号			A10-1-388	A10-1-389	A10-1-390
项　目　名　称			公称直径(mm以内)		
			100	150	200
基　　价（元）			148.23	221.97	252.63
其中	人　工　费（元）		129.50	191.80	208.74
	材　料　费（元）		6.41	9.45	12.88
	机　械　费（元）		12.32	20.72	31.01
名　　称	单位	单价(元)	消　　耗　　量		
人工	综合工日	工日	140.00	0.925	1.370	1.491
材料	承插铸铁给水管	m	—	(0.500)	(0.500)	(0.500)
	铸铁三通	个	—	(1.000)	(1.000)	(1.000)
	铸铁套管	个	—	(1.000)	(1.000)	(1.000)
	钢丝刷	把	2.56	0.010	0.012	0.030
	石棉绒	kg	0.85	0.590	0.874	1.123
	水泥 32.5级	kg	0.29	2.203	3.264	4.195
	氧气	m³	3.63	0.165	0.276	0.444
	乙炔气	kg	10.45	0.055	0.092	0.148
	油麻	kg	6.84	0.576	0.816	1.056
	其他材料费占材料费	%	—	2.000	2.000	2.000
机械	汽车式起重机 16t	台班	958.70	—	—	0.031
	汽车式起重机 8t	台班	763.67	0.015	0.026	—
	载重汽车 5t	台班	430.70	0.002	0.002	0.003

工作内容：刷管口、断管、调制接口材料、管道及管件安装、接口养护、通水检查。　　　　　计量单位：处

定　额　编　号			A10-1-391	A10-1-392	A10-1-393
项　目　名　称			公称直径(mm以内)		
			250	300	350
基　　　　价（元）			310.84	348.57	392.19
其中	人　工　费（元）		231.28	265.16	290.22
	材　料　费（元）		17.44	20.86	27.05
	机　械　费（元）		62.12	62.55	74.92
名　　　称	单位	单价(元)	消　　耗　　量		
人工 综合工日	工日	140.00	1.652	1.894	2.073
材料 承插铸铁给水管	m	—	(0.500)	(0.500)	(0.500)
铸铁三通	个	—	(1.000)	(1.000)	(1.000)
铸铁套管	个	—	(1.000)	(1.000)	(1.000)
钢丝刷	把	2.56	0.080	0.090	0.110
石棉绒	kg	0.85	1.603	1.896	2.501
水泥 32.5级	kg	0.29	5.986	7.070	9.339
氧气	m³	3.63	0.555	0.666	0.978
乙炔气	kg	10.45	0.185	0.222	0.326
油麻	kg	6.84	1.440	1.728	2.112
其他材料费占材料费	%	—	2.000	2.000	2.000
机械 汽车式起重机 16t	台班	958.70	0.063	0.063	0.075
载重汽车 5t	台班	430.70	0.004	0.005	0.007

工作内容：刷管口、断管、调制接口材料、管道及管件安装、接口养护、通水检查。　　　计量单位：处

定　额　编　号				A10-1-394	A10-1-395	A10-1-396
项　目　名　称				公称直径(mm以内)		
				400	450	500
基　　　　价（元）				491.01	543.57	575.85
其中	人　工　费（元）			384.58	416.36	441.14
	材　料　费（元）			31.08	36.19	42.40
	机　械　费（元）			75.35	91.02	92.31
	名　　　称	单位	单价（元）	消　　耗　　量		
人工	综合工日	工日	140.00	2.747	2.974	3.151
材料	承插铸铁给水管	m	—	(0.500)	(0.500)	(0.500)
	铸铁三通	个	—	(1.000)	(1.000)	(1.000)
	铸铁套管	个	—	(1.000)	(1.000)	(1.000)
	钢丝刷	把	2.56	0.120	0.140	0.160
	石棉绒	kg	0.85	2.563	3.058	3.696
	水泥 32.5级	kg	0.29	9.734	11.174	13.790
	氧气	m³	3.63	1.275	1.440	1.551
	乙炔气	kg	10.45	0.425	0.480	0.517
	油麻	kg	6.84	2.352	2.784	3.360
	其他材料费占材料费	%	—	2.000	2.000	2.000
机械	汽车式起重机 16t	台班	958.70	0.075	0.090	0.090
	载重汽车 5t	台班	430.70	0.008	0.011	0.014

148

3.铸铁管碰头(胶圈接口)

工作内容:刷管口、断管、上胶圈、管道及管件安装、通水检查。　　　　　计量单位:处

定　额　编　号			A10-1-397	A10-1-398	A10-1-399
项　目　名　称			公称直径(mm以内)		
			100	150	200
基　　　　价(元)			147.29	232.47	321.39
其中	人　工　费(元)		120.96	162.26	174.44
	材　料　费(元)		25.14	69.02	116.37
	机　械　费(元)		1.19	1.19	30.58
名　　称	单位	单价(元)	消　耗　量		
人工	综合工日	工日	140.00	0.864	1.159	1.246
材料	承插铸铁给水管	m	—	(0.500)	(0.500)	(0.500)
	铸铁三通	个	—	(1.000)	(1.000)	(1.000)
	铸铁套管	个	—	(1.000)	(1.000)	(1.000)
	钢丝刷	把	2.56	0.010	0.012	0.030
	橡胶圈(给水) DN100	个	4.98	4.944	—	—
	橡胶圈(给水) DN150	个	13.68	—	4.944	—
	橡胶圈(给水) DN200	个	23.06	—	—	4.944
	其他材料费占材料费	%	—	2.000	2.000	2.000
机械	汽车式起重机 16t	台班	958.70	—	—	0.031
	汽车式起重机 8t	台班	763.67	0.001	0.001	—
	载重汽车 5t	台班	430.70	0.001	0.001	0.002

工作内容：刷管口、断管、上胶圈、管道及管件安装、通水检查。　　　　　　　　　　　　计量单位：处

定　额　编　号				A10-1-400	A10-1-401	A10-1-402
项　目　名　称				公称直径(mm以内)		
				250	300	350
基　　　　　价（元）				470.09	550.55	636.50
其中	人　工　费（元）			202.72	230.02	248.08
	材　料　费（元）			206.11	257.98	313.50
	机　械　费（元）			61.26	62.55	74.92
名　　称		单位	单价(元)	消　　耗　　量		
人工	综合工日	工日	140.00	1.448	1.643	1.772
材料	承插铸铁给水管	m	—	(0.500)	(0.500)	(0.500)
	铸铁三通	个	—	(1.000)	(1.000)	(1.000)
	铸铁套管	个	—	(1.000)	(1.000)	(1.000)
	钢丝刷	把	2.56	0.080	0.090	0.110
	橡胶圈(给水) DN250	个	40.83	4.944	—	—
	橡胶圈(给水) DN300	个	51.11	—	4.944	—
	橡胶圈(给水) DN350	个	62.11	—	—	4.944
	其他材料费占材料费	%	—	2.000	2.000	2.000
机械	汽车式起重机 16t	台班	958.70	0.063	0.063	0.075
	载重汽车 5t	台班	430.70	0.002	0.005	0.007

工作内容：刷管口、断管、上胶圈、管道及管件安装、通水检查。 计量单位：处

定 额 编 号			A10-1-403	A10-1-404	A10-1-405
项 目 名 称			公称直径(mm以内)		
			400	450	500
基 价（元）			643.38	821.33	928.61
其中	人 工 费 （元）		266.00	309.82	362.46
	材 料 费 （元）		302.03	420.49	473.84
	机 械 费 （元）		75.35	91.02	92.31
名 称	单位	单价(元)	消 耗 量		
人工	综合工日	工日	140.00	1.900	2.213	2.589
材料	承插铸铁给水管	m	—	(0.500)	(0.500)	(0.500)
	铸铁三通	个	—	(1.000)	(1.000)	(1.000)
	铸铁套管	个	—	(1.000)	(1.000)	(1.000)
	钢丝刷	把	2.56	0.120	0.140	0.160
	橡胶圈(给水) DN400	个	59.83	4.944	—	—
	橡胶圈(给水) DN450	个	83.31	—	4.944	—
	橡胶圈(给水) DN500	个	93.88	—	—	4.944
	其他材料费占材料费	%	—	2.000	2.000	2.000
机械	汽车式起重机 16t	台班	958.70	0.075	0.090	0.090
	载重汽车 5t	台班	430.70	0.008	0.011	0.014

第二章 采暖、空调水管道

说　　明

一、本章适用于室内外采暖、空调管道的安装，包括镀锌钢管、钢管、塑料管、直埋式预制保温管以及室外管道碰头等项目。

二、管道的界限划分：

1.室内外管道以建筑物外墙皮 1.5m 为界，建筑物入口处设阀门者以阀门为界，室外设有采暖入口装置者以入口装置循环管三通为界，建筑物内的空调机房管道以机房外墙皮为界。

2.与工业管道界限以锅炉房或热力站外墙皮 1.5m 为界。

3.与设在建筑物内的换热站管道以站房外墙皮为界。

三、室外管道安装不分地上与地下，均执行同一子目。

四、有关说明：

1.管道安装项目中，均包括相应管件安装、水压试验及水冲洗工作内容。各种管件数量系综合取定，执行定额时，成品管件数量可依据设计文件及施工方案或参照本册附录"管道管件数量取定表"计算，定额中其他消耗量均不做调整。

本册定额管件含量中不含与螺纹阀门配套的活接、对丝，其用量含在螺纹阀门安装项目中。

2.钢管焊接安装项目中均综合考虑了成品管件和现场煨制弯管、摔制大小头、挖眼三通。

3.管道安装项目中，除室内直埋塑料管道中已包括管卡安装外，其他管道项目均不包括管道支架、管卡、托钩等制作安装以及管道穿墙、楼板套管制作安装、预留孔洞、堵洞、打洞、凿槽等工作内容，发生时，应按本册其他章节相应项目另行计算。

4.镀锌钢管（螺纹连接）项目适用于室内外采暖、空调焊接钢管的螺纹连接和钢塑复合管的安装项目。

5.采暖室内直埋塑料管道是指敷设于室内地坪下或墙内的由采暖分集水器连接散热器及管井内立管的塑料采暖管段。直埋塑料管分别设置了热熔管件连接和无接口敷设两项定额项目，不适用于地板辐射采暖系统管道。地板辐射采暖系统管道执行第七章相应项目。

6.室内直埋塑料管包括充压隐蔽、水压试验、水冲洗以及地面划线标示工作内容。

7.室内外采暖、空调管道在过路口或跨绕梁、柱等障碍时，如发生类似于方形补偿器的管道安装形式，执行方形补偿器制作安装项目。

8.采暖塑铝稳态复合管道安装按相应塑料管道安装项目人工乘以系数 1.1，其他不变。

9.空调冷热水镀锌钢管（沟槽连接）安装项目适用于空调冷热水系统中采用沟槽连接的 DN150 以下焊接钢管的安装。

10.室内空调机房与空调冷却塔之间的冷却水管执行采暖、空调水管道。

11. 空调凝结水管道安装项目是按集中空调系统编制的，并适用于户用单体空调设备的凝结水管道系统的安装。

12. 塑套钢预制直埋保温管安装项目是按照行业标准《高密度聚乙烯外护管聚氨酯预制直埋保温管》(CJ114-2000)要求供应的成品保温管道、管件编制的，如实际材质规格与该标准规定不同时，定额不做调整。

13. 塑套钢预制直埋保温管安装项目中已包括管件安装，但不包括接口保温，发生时应另行套用接口保温安装项目。

14. 安装带保温层的管道时，可执行相应材质及连接形式的管道安装项目，其人工乘以系数 1.1；管道接头保温执行第十一册《刷油、防腐蚀、绝热工程》，其人工、机械乘以系数 2.0。

工程量计算规则

一、各类管道安装按室内外、材质、连接形式、规格分别列项，以"10m"为计量单位。定额中塑料管按公称外径表示，其他管道均按公称直径表示。

二、各类管道安装工程量，均按设计管道中心线长度，以"10m"为计量单位，不扣除阀门、管件、附件所占长度。

三、方形补偿器所占长度计入管道安装工程量。方形补偿器制作安装应执行第五章相应项目。

四、与分集水器进出口连接的管道工程量，应计算至分集水器中心线位置。

五、直埋保温管保温层补口分管径，以"个"为计量单位。

六、与原有采暖热源钢管碰头，区分带介质、不带介质两种情况，按新接支管公称管径列项，以"处"为计量单位。每处含有供水、回水两条管道碰头连接。

说　　明

一、本章适用于室内空调水管道安装，包括镀锌钢管、钢管、塑料管等项目。

二、管道的界限划分：

1. 室内外管道以建筑物外墙皮 1.5m 为界；建筑物入口处设阀门者以阀门为界。

2. 与设在建筑物内的空调机房管道以机房外墙皮为界。

三、室外管道执行第二章采暖室外管道安装相应项目。

四、有关说明：

1. 管道安装项目中，均包括相应管件安装、水压试验及水冲洗工作内容。各种管件数量系综合取定，执行定额时，成品关键数量可依据设计文件及施工方案或参照本册附录"管道关键数量取定表"计算，定额中其他消耗量均不做调整。

本册定额管件含量中不含与螺纹阀门配套的活接、对丝，其用量含在螺纹阀门安装项目中。

2. 钢管焊接安装项目中均综合考虑了成品管件和现场煨制弯管、摔制大小头、挖眼三通。

3. 管道安装项目中，均不包括管道支架、管卡、托钩等制作安装以及管道穿墙、楼板套管制作安装、预留孔洞、堵洞、打洞、凿槽等工作内容，发生时，应按本册第十章相应项目另行计算。

4. 镀锌钢管（螺纹连接）安装项目适用于空调水系统中采用螺纹连接的焊接钢管、钢塑复合管的安装项目。

5. 空调冷热水镀锌钢管（沟槽连接）安装项目适用于空调冷热水系统中采用沟槽连接的 DN150 以下焊接钢管的安装。

6. 室内空调机房与空调冷却塔之间的冷却水管道执行空调冷热水管道。

7. 空调凝结水管道安装项目是按集中空调系统编制的，并适用于户用单体空调设备的凝结水管道系统的安装。

8. 室内空调水管道在过路口或跨绕梁、柱等障碍时，如发生类似于方形补偿器的管道安装形式，执行方形补偿器制作安装项目。

9. 安装带保温层的管道时，可执行相应材质及连接形式的管道安装项目，其人工乘以系数 1.1；管道接头保温执行第十一册《刷油、防腐蚀、绝热工程》，其人工、机械乘以系数 2.0。

工程量计算规则

一、各类管道安装按室内外、材质、连接形式、规格分别列项，以"10m"为计量单位。定额中除塑料管按公称外径表示，其他管道均按公称直径表示。

二、各类管道安装工程量，均按设计管道中心线长度，以"10m"为计量单位，不扣除阀门管件、附件所占长度。

三、方形补偿器所占长度计入管道安装工程量。方形补偿器制作安装应执行第五章相应项目。

一、镀锌钢管

1. 室外镀锌钢管(螺纹连接)

工作内容:调直、切管、套丝、组对、连接、管道及管件安装、水压试验及水冲洗。　　　计量单位:10m

定　额　编　号			A10-2-1	A10-2-2	A10-2-3	A10-2-4
项　目　名　称			公称直径(mm)			
			15	20	25	32
基　　　价（元）			46.25	47.35	48.95	50.32
其中	人　工　费（元）		43.54	44.10	44.52	45.36
	材　料　费（元）		2.15	2.52	3.21	3.65
	机　械　费（元）		0.56	0.73	1.22	1.31
名　　称	单位	单价(元)	消　　耗　　量			
人工	综合工日	工日	140.00	0.311	0.315	0.318	0.324
材料	采暖室外镀锌钢管螺纹管件	个	—	(2.790)	(2.900)	(2.780)	(2.010)
	镀锌钢管	m	—	(10.060)	(10.060)	(10.060)	(10.180)
	弹簧压力表	个	23.08	0.002	0.002	0.002	0.002
	低碳钢焊条	kg	6.84	0.002	0.002	0.002	0.002
	镀锌铁丝 φ4.0～2.8	kg	3.57	0.040	0.045	0.068	0.075
	焊接钢管 DN20	m	4.46	0.013	0.014	0.015	0.016
	机油	kg	19.66	0.035	0.042	0.046	0.049
	锯条(各种规格)	根	0.62	0.113	0.141	0.082	0.084
	六角螺栓	kg	5.81	0.004	0.004	0.004	0.005
	螺纹阀门 DN20	个	22.00	0.004	0.004	0.004	0.005
	尼龙砂轮片 φ400	片	8.55	0.005	0.006	0.012	0.014
	破布	kg	6.32	0.080	0.090	0.150	0.167
	铅油(厚漆)	kg	6.45	0.022	0.029	0.034	0.038
	热轧厚钢板 δ8.0～15	kg	3.20	0.030	0.032	0.034	0.037
	水	m³	7.96	0.008	0.014	0.023	0.040
	线麻	kg	10.26	0.002	0.003	0.003	0.003
	橡胶板	kg	2.91	0.007	0.008	0.008	0.009
	橡胶软管 DN20	m	7.26	0.006	0.006	0.007	0.007
	压力表弯管 DN15	个	10.69	0.002	0.002	0.002	0.002
	氧气	m³	3.63	0.003	0.003	0.003	0.006
	乙炔气	kg	10.45	0.001	0.001	0.001	0.002
	其他材料费占材料费	%	—	2.000	2.000	2.000	2.000
机械	电动单级离心清水泵 100mm	台班	33.35	0.001	0.001	0.001	0.001
	电焊机(综合)	台班	118.28	0.001	0.001	0.001	0.001
	管子切断套丝机 159mm	台班	21.31	0.017	0.024	0.046	0.048
	砂轮切割机 400mm	台班	24.71	0.001	0.002	0.003	0.004
	试压泵 3MPa	台班	17.53	0.001	0.001	0.001	0.002

工作内容：调直、切管、套丝、组对、连接、管道及管件安装、水压试验及水冲洗。　　　　计量单位：10m

定　额　编　号			A10-2-5	A10-2-6	A10-2-7	A10-2-8
项　目　名　称			公称直径(mm)			
			40	50	65	80
基　　　价（元）			54.71	64.91	73.37	82.79
其中	人　工　费（元）		49.14	54.46	60.06	66.08
	材　料　费（元）		3.99	4.71	5.84	6.60
	机　械　费（元）		1.58	5.74	7.47	10.11
名　　　称	单位	单价（元）	消　　耗　　量			
人工	综合工日	工日	140.00	0.351	0.389	0.429	0.472
材料	采暖室外镀锌钢管螺纹管件	个	—	(2.080)	(1.980)	(1.970)	(1.780)
	镀锌钢管	m	—	(10.180)	(10.180)	(10.120)	(10.120)
	弹簧压力表	个	23.08	0.002	0.003	0.003	0.003
	低碳钢焊条	kg	6.84	0.002	0.002	0.002	0.003
	镀锌铁丝 φ4.0～2.8	kg	3.57	0.079	0.083	0.085	0.089
	焊接钢管 DN20	m	4.46	0.016	0.017	0.019	0.020
	机油	kg	19.66	0.051	0.057	0.076	0.078
	锯条(各种规格)	根	0.62	0.085	0.095	—	—
	六角螺栓	kg	5.81	0.005	0.005	0.006	0.006
	螺纹阀门 DN20	个	22.00	0.005	0.005	0.005	0.006
	尼龙砂轮片 φ400	片	8.55	0.016	0.022	0.033	0.038
	破布	kg	6.32	0.187	0.213	0.238	0.255
	铅油(厚漆)	kg	6.45	0.040	0.040	0.048	0.050
	热轧厚钢板 δ8.0～15	kg	3.20	0.039	0.042	0.044	0.047
	水	m³	7.96	0.053	0.088	0.145	0.204
	线麻	kg	10.26	0.004	0.005	0.006	0.007
	橡胶板	kg	2.91	0.010	0.010	0.011	0.011
	橡胶软管 DN20	m	7.26	0.007	0.008	0.008	0.008
	压力表弯管 DN15	个	10.69	0.002	0.003	0.003	0.003
	氧气	m³	3.63	0.006	0.006	0.006	0.006
	乙炔气	kg	10.45	0.002	0.002	0.002	0.002
	其他材料费占材料费	%	—	2.000	2.000	2.000	2.000
机械	电动单级离心清水泵 100mm	台班	33.35	0.001	0.001	0.001	0.002
	电焊机(综合)	台班	118.28	0.002	0.002	0.002	0.002
	管子切断套丝机 159mm	台班	21.31	0.054	0.080	0.104	0.114
	汽车式起重机 8t	台班	763.67	—	0.003	0.004	0.006
	砂轮切割机 400mm	台班	24.71	0.005	0.006	0.007	0.007
	试压泵 3MPa	台班	17.53	0.002	0.002	0.002	0.002
	载重汽车 5t	台班	430.70	—	0.003	0.004	0.006

工作内容：调直、切管、套丝、组对、连接、管道及管件安装、水压试验及水冲洗。　　　计量单位：10m

定 额 编 号			A10-2-9	A10-2-10	A10-2-11
项 目 名 称			公称直径(mm)		
			100	125	150
基 价（元）			152.97	177.25	200.04
其中	人 工 费（元）		76.44	92.12	96.74
	材 料 费（元）		8.61	10.53	13.12
	机 械 费（元）		67.92	74.60	90.18
名 称	单位	单价（元）	消 耗 量		
人工	综合工日	工日	140.00	0.546	0.658	0.691

	名 称	单位	单价（元）	消 耗 量		
人工	综合工日	工日	140.00	0.546	0.658	0.691
材料	采暖室外镀锌钢管螺纹管件	个	—	(1.750)	(1.700)	(1.700)
	镀锌钢管	m	—	(10.120)	(10.120)	(10.120)
	弹簧压力表	个	23.08	0.003	0.003	0.003
	低碳钢焊条	kg	6.84	0.003	0.003	0.003
	镀锌铁丝 φ4.0～2.8	kg	3.57	0.101	0.107	0.112
	焊接钢管 DN20	m	4.46	0.021	0.022	0.023
	机油	kg	19.66	0.091	0.106	0.121
	六角螺栓	kg	5.81	0.006	0.008	0.012
	螺纹阀门 DN20	个	22.00	0.006	0.006	0.006
	尼龙砂轮片 φ400	片	8.55	0.046	—	—
	破布	kg	6.32	0.298	0.323	0.340
	铅油(厚漆)	kg	6.45	0.064	0.083	0.114
	热轧厚钢板 δ8.0～15	kg	3.20	0.049	0.073	0.110
	水	m³	7.96	0.353	0.547	0.764
	线麻	kg	10.26	0.011	0.014	0.017
	橡胶板	kg	2.91	0.012	0.014	0.016
	橡胶软管 DN20	m	7.26	0.009	0.009	0.010
	压力表弯管 DN15	个	10.69	0.003	0.003	0.003
	氧气	m³	3.63	0.006	0.006	0.006
	乙炔气	kg	10.45	0.002	0.002	0.002
	其他材料费占材料费	%	—	2.000	2.000	2.000
机械	电动单级离心清水泵 100mm	台班	33.35	0.002	0.003	0.005
	电焊机(综合)	台班	118.28	0.002	0.002	0.002
	管子切断机 150mm	台班	33.32	—	0.010	0.011
	管子切断套丝机 159mm	台班	21.31	0.139	0.169	0.201
	汽车式起重机 8t	台班	763.67	0.077	0.083	0.099
	砂轮切割机 400mm	台班	24.71	0.009	—	—
	试压泵 3MPa	台班	17.53	0.002	0.003	0.003
	载重汽车 5t	台班	430.70	0.013	0.016	0.022

2.室内镀锌钢管(螺纹连接)

工作内容：调直、切管、套丝、组对、连接、管道及管件安装、水压试验及水冲洗。　　　计量单位：10m

定 额 编 号			A10-2-12	A10-2-13	A10-2-14	A10-2-15
项 目 名 称			公称直径(mm)			
			15	20	25	32
基 价（元）			131.91	133.64	163.68	175.85
其中	人 工 费（元）		123.62	124.18	148.82	157.64
	材 料 费（元）		5.30	6.24	8.11	8.96
	机 械 费（元）		2.99	3.22	6.75	9.25
名 称	单位	单价（元）	消 耗 量			
人工 综合工日	工日	140.00	0.883	0.887	1.063	1.126
材料 采暖室内镀锌钢管螺纹管件	个	—	(12.880)	(12.540)	(12.310)	(10.930)
镀锌钢管	m	—	(9.700)	(9.700)	(9.700)	(9.970)
弹簧压力表	个	23.08	0.002	0.002	0.002	0.002
低碳钢焊条	kg	6.84	0.002	0.002	0.002	0.002
镀锌铁丝 φ4.0～2.8	kg	3.57	0.040	0.045	0.068	0.075
焊接钢管 DN20	m	4.46	0.013	0.014	0.015	0.016
机油	kg	19.66	0.137	0.163	0.201	0.204
锯条(各种规格)	根	0.62	0.676	0.689	0.512	0.624
六角螺栓	kg	5.81	0.004	0.004	0.004	0.005
螺纹阀门 DN20	个	22.00	0.004	0.004	0.004	0.005
尼龙砂轮片 φ400	片	8.55	0.031	0.033	0.084	0.114
破布	kg	6.32	0.080	0.090	0.150	0.167
铅油(厚漆)	kg	6.45	0.091	0.125	0.151	0.162
热轧厚钢板 δ8.0～15	kg	3.20	0.030	0.032	0.034	0.037
水	m³	7.96	0.008	0.014	0.023	0.040
线麻	kg	10.26	0.009	0.011	0.015	0.019
橡胶板	kg	2.91	0.007	0.008	0.008	0.009
橡胶软管 DN20	m	7.26	0.006	0.006	0.007	0.007
压力表弯管 DN15	个	10.69	0.002	0.002	0.002	0.002
氧气	m³	3.63	0.003	0.003	0.003	0.006
乙炔气	kg	10.45	0.001	0.001	0.001	0.002
其他材料费占材料费	%	—	2.000	2.000	2.000	2.000
机械 电动单级离心清水泵 100mm	台班	33.35	0.001	0.001	0.001	0.001
电焊机(综合)	台班	118.28	0.001	0.001	0.001	0.001
吊装机械(综合)	台班	619.04	0.002	0.002	0.003	0.004
管子切断套丝机 159mm	台班	21.31	0.065	0.076	0.196	0.279
砂轮切割机 400mm	台班	24.71	0.008	0.008	0.022	0.026
试压泵 3MPa	台班	17.53	0.001	0.001	0.001	0.002

工作内容：调直、切管、套丝、组对、连接、管道及管件安装、水压试验及水冲洗。　　　计量单位：10m

定　额　编　号			A10-2-16	A10-2-17	A10-2-18	A10-2-19
项　目　名　称			公称直径(mm)			
			40	50	65	80
基　　　　　价（元）			182.39	187.76	202.25	219.96
其中	人　工　费（元）		163.24	165.34	177.52	191.10
	材　料　费（元）		9.05	9.68	10.12	11.03
	机　械　费（元）		10.10	12.74	14.61	17.83
名　　　称	单位	单价（元）	消　　耗　　量			
人工 综合工日	工日	140.00	1.166	1.181	1.268	1.365
材料 采暖室内镀锌钢管螺纹管件	个	—	(6.670)	(5.680)	(4.930)	(4.370)
镀锌钢管	m	—	(9.970)	(9.970)	(10.020)	(10.020)
弹簧压力表	个	23.08	0.002	0.003	0.003	0.003
低碳钢焊条	kg	6.84	0.002	0.002	0.002	0.003
镀锌铁丝 φ4.0～2.8	kg	3.57	0.079	0.083	0.085	0.089
焊接钢管 DN20	m	4.46	0.016	0.017	0.019	0.020
机油	kg	19.66	0.206	0.209	0.211	0.218
锯条(各种规格)	根	0.62	0.707	0.715	—	—
六角螺栓	kg	5.81	0.005	0.005	0.006	0.006
螺纹阀门 DN20	个	22.00	0.005	0.005	0.005	0.006
尼龙砂轮片 φ400	片	8.55	0.116	0.121	0.137	0.142
破布	kg	6.32	0.187	0.213	0.238	0.255
铅油(厚漆)	kg	6.45	0.130	0.131	0.132	0.139
热轧厚钢板 δ8.0～15	kg	3.20	0.039	0.042	0.044	0.047
水	m³	7.96	0.053	0.088	0.145	0.204
线麻	kg	10.26	0.013	0.012	0.017	0.020
橡胶板	kg	2.91	0.010	0.010	0.011	0.011
橡胶软管 DN20	m	7.26	0.007	0.008	0.008	0.008
压力表弯管 DN15	个	10.69	0.002	0.003	0.003	0.003
氧气	m³	3.63	0.006	0.006	0.006	0.006
乙炔气	kg	10.45	0.002	0.002	0.002	0.002
其他材料费占材料费	%	—	2.000	2.000	2.000	2.000
机械 电动单级离心清水泵 100mm	台班	33.35	0.001	0.001	0.001	0.002
电焊机(综合)	台班	118.28	0.002	0.002	0.002	0.002
吊装机械(综合)	台班	619.04	0.005	0.007	0.009	0.012
管子切断套丝机 159mm	台班	21.31	0.282	0.286	0.293	0.314
砂轮切割机 400mm	台班	24.71	0.028	0.029	0.031	0.032
试压泵 3MPa	台班	17.53	0.002	0.002	0.002	0.002
载重汽车 5t	台班	430.70	—	0.003	0.004	0.006

工作内容：调直、切管、套丝、组对、连接、管道及管件安装、水压试验及水冲洗。　　计量单位：10m

定　额　编　号			A10-2-20	A10-2-21	A10-2-22
项　目　名　称			公称直径(mm)		
			100	125	150
基　　　　价（元）			300.32	333.09	375.26
其中	人　工　费（元）		221.90	230.02	261.24
	材　料　费（元）		12.91	14.06	17.21
	机　械　费（元）		65.51	89.01	96.81
名　　　称	单位	单价（元）	消　　耗　　量		
人工 综合工日	工日	140.00	1.585	1.643	1.866
材料 采暖室内镀锌钢管螺纹管件	个	—	(3.570)	(3.510)	(3.440)
镀锌钢管	m	—	(10.020)	(10.020)	(10.020)
弹簧压力表	个	23.08	0.003	0.003	0.003
低碳钢焊条	kg	6.84	0.003	0.003	0.003
镀锌铁丝 φ4.0～2.8	kg	3.57	0.101	0.107	0.112
焊接钢管 DN20	m	4.46	0.021	0.022	0.023
机油	kg	19.66	0.225	0.239	0.269
六角螺栓	kg	5.81	0.006	0.008	0.012
螺纹阀门 DN20	个	22.00	0.006	0.006	0.006
尼龙砂轮片 φ400	片	8.55	0.155	—	—
破布	kg	6.32	0.298	0.323	0.340
铅油(厚漆)	kg	6.45	0.143	0.187	0.252
热轧厚钢板 δ8.0～15	kg	3.20	0.049	0.073	0.110
水	m³	7.96	0.353	0.547	0.764
线麻	kg	10.26	0.024	0.031	0.038
橡胶板	kg	2.91	0.012	0.014	0.016
橡胶软管 DN20	m	7.26	0.009	0.009	0.010
压力表弯管 DN15	个	10.69	0.003	0.003	0.003
氧气	m³	3.63	0.006	0.006	0.006
乙炔气	kg	10.45	0.002	0.002	0.002
其他材料费占材料费	%	—	2.000	2.000	2.000
机械 电动单级离心清水泵 100mm	台班	33.35	0.002	0.003	0.005
电焊机(综合)	台班	118.28	0.002	0.002	0.002
吊装机械(综合)	台班	619.04	0.084	0.117	0.123
管子切断机 150mm	台班	33.32	—	0.035	0.037
管子切断套丝机 159mm	台班	21.31	0.316	0.382	0.446
砂轮切割机 400mm	台班	24.71	0.034	—	—
试压泵 3MPa	台班	17.53	0.002	0.003	0.003
载重汽车 5t	台班	430.70	0.013	0.016	0.022

3.镀锌钢管(沟槽连接)

工作内容:调直、切管、压槽、组对、连接、管道及管件安装、水压试验及水冲洗。　　　计量单位:10m

定　额　编　号			A10-2-23	A10-2-24	A10-2-25	A10-2-26
项　目　名　称			公称直径(mm)			
			20	25	32	40
基　　　价（元）			86.13	98.49	105.46	112.37
其中	人　工　费（元）		81.34	91.56	96.32	100.94
	材　料　费（元）		1.52	2.17	2.54	2.81
	机　械　费（元）		3.27	4.76	6.60	8.62
名　　　称	单位	单价(元)	消　　耗　　量			
人工 综合工日	工日	140.00	0.581	0.654	0.688	0.721
镀锌钢管	m	—	(10.000)	(9.950)	(9.950)	(9.970)
卡箍连接件(含胶圈)	套	—	(14.160)	(15.390)	(14.340)	(11.920)
空调冷热水室内镀锌钢管沟槽管件	个	—	(5.560)	(6.650)	(6.210)	(5.330)
弹簧压力表	个	23.08	0.002	0.002	0.002	0.002
低碳钢焊条	kg	6.84	0.002	0.002	0.002	0.002
镀锌铁丝 φ4.0～2.8	kg	3.57	0.045	0.068	0.075	0.079
焊接钢管 DN20	m	4.46	0.014	0.015	0.016	0.016
合金钢钻头	个	7.80	0.008	0.010	0.012	0.013
六角螺栓	kg	5.81	0.004	0.004	0.005	0.005
螺纹阀门 DN20	个	22.00	0.004	0.004	0.005	0.005
破布	kg	6.32	0.080	0.150	0.167	0.187
热轧厚钢板 δ8.0～15	kg	3.20	0.032	0.034	0.037	0.039
润滑剂	kg	5.98	0.034	0.035	0.037	0.039
水	m³	7.96	0.014	0.023	0.040	0.053
橡胶板	kg	2.91	0.008	0.008	0.009	0.010
橡胶软管 DN20	m	7.26	0.006	0.007	0.007	0.007
压力表表弯 DN15	个	10.69	0.002	0.002	0.002	0.002
氧气	m³	3.63	0.003	0.003	0.006	0.006
乙炔气	kg	10.45	0.001	0.001	0.002	0.002
其他材料费占材料费	%	—	2.000	2.000	2.000	2.000
电动单级离心清水泵 100mm	台班	33.35	0.001	0.001	0.001	0.001
电焊机(综合)	台班	118.28	0.001	0.001	0.001	0.002
吊装机械(综合)	台班	619.04	0.002	0.003	0.004	0.005
管子切断机 60mm	台班	16.63	0.012	0.017	0.022	0.027
滚槽机	台班	23.32	0.045	0.066	0.101	0.139
开孔机 200mm	台班	305.09	0.002	0.003	0.004	0.005
试压泵 3MPa	台班	17.53	0.001	0.001	0.002	0.002

工作内容：调直、切管、压槽、组对、连接、管道及管件安装、水压试验及水冲洗。　　计量单位：10m

定　额　编　号			A10-2-27	A10-2-28	A10-2-29
项　目　名　称			公称直径(mm)		
			50	65	80
基　　　价（元）			133.37	154.28	173.62
其中	人　工　费（元）		117.32	134.26	149.38
	材　料　费（元）		3.37	4.05	4.73
	机　械　费（元）		12.68	15.97	19.51
名　　　称	单位	单价(元)	消　　耗　　量		
人工 综合工日	工日	140.00	0.838	0.959	1.067
材料 镀锌钢管	m	—	(9.970)	(9.970)	(9.970)
卡箍连接件(含胶圈)	套	—	(11.070)	(10.020)	(9.630)
空调冷热水室内镀锌钢管沟槽管件	个	—	(4.890)	(4.370)	(4.200)
弹簧压力表	个	23.08	0.003	0.003	0.003
低碳钢焊条	kg	6.84	0.002	0.002	0.003
镀锌铁丝 φ4.0～2.8	kg	3.57	0.083	0.085	0.089
焊接钢管 DN20	m	4.46	0.017	0.019	0.020
合金钢钻头	个	7.80	0.015	0.016	0.018
六角螺栓	kg	5.81	0.005	0.006	0.006
螺纹阀门 DN20	个	22.00	0.005	0.005	0.006
破布	kg	6.32	0.213	0.238	0.255
热轧厚钢板 δ8.0～15	kg	3.20	0.042	0.044	0.047
润滑剂	kg	5.98	0.041	0.044	0.047
水	m³	7.96	0.088	0.145	0.204
橡胶板	kg	2.91	0.010	0.011	0.011
橡胶软管 DN20	m	7.26	0.008	0.008	0.008
压力表表弯 DN15	个	10.69	0.003	0.003	0.003
氧气	m³	3.63	0.006	0.006	0.006
乙炔气	kg	10.45	0.002	0.002	0.002
其他材料费占材料费	%	—	2.000	2.000	2.000
机械 电动单级离心清水泵 100mm	台班	33.35	0.001	0.001	0.002
电焊机(综合)	台班	118.28	0.002	0.002	0.002
吊装机械(综合)	台班	619.04	0.007	0.009	0.012
管子切断机 150mm	台班	33.32	—	0.036	0.040
管子切断机 60mm	台班	16.63	0.032	—	—
滚槽机	台班	23.32	0.188	0.216	0.231
开孔机 200mm	台班	305.09	0.006	0.007	0.008
试压泵 3MPa	台班	17.53	0.002	0.002	0.002
载重汽车 5t	台班	430.70	0.003	0.004	0.006

工作内容：调直、切管、压槽、组对、连接、管道及管件安装、水压试验及水冲洗。　　计量单位：10m

定　额　编　号			A10-2-30	A10-2-31	A10-2-32
项　目　名　称			公称直径(mm)		
			100	125	150
基　　　　价（元）			241.56	300.32	314.71
其中	人　工　费（元）		167.16	201.18	205.80
	材　料　费（元）		6.31	8.21	10.30
	机　械　费（元）		68.09	90.93	98.61
名　　称	单位	单价（元）	消　　耗　　量		
人工 综合工日	工日	140.00	1.194	1.437	1.470
材料 镀锌钢管	m	—	(9.970)	(9.780)	(9.780)
卡箍连接件(含胶圈)	套	—	(9.010)	(5.800)	(4.950)
空调冷热水室内镀锌钢管沟槽管件	个	—	(3.910)	(2.420)	(2.050)
弹簧压力表	个	23.08	0.003	0.003	0.003
低碳钢焊条	kg	6.84	0.003	0.003	0.003
镀锌铁丝 φ4.0~2.8	kg	3.57	0.101	0.107	0.112
焊接钢管 DN20	m	4.46	0.021	0.022	0.023
合金钢钻头	个	7.80	0.020	0.021	0.023
六角螺栓	kg	5.81	0.006	0.008	0.012
螺纹阀门 DN20	个	22.00	0.006	0.006	0.006
破布	kg	6.32	0.298	0.323	0.340
热轧厚钢板 δ8.0~15	kg	3.20	0.049	0.073	0.110
润滑剂	kg	5.98	0.050	0.054	0.059
水	m³	7.96	0.353	0.547	0.764
橡胶板	kg	2.91	0.012	0.014	0.016
橡胶软管 DN20	m	7.26	0.009	0.009	0.010
压力表表弯 DN15	个	10.69	0.003	0.003	0.003
氧气	m³	3.63	0.006	0.006	0.006
乙炔气	kg	10.45	0.002	0.002	0.002
其他材料费占材料费	%	—	2.000	2.000	2.000
机械 电动单级离心清水泵 100mm	台班	33.35	0.002	0.003	0.005
电焊机(综合)	台班	118.28	0.002	0.002	0.002
吊装机械(综合)	台班	619.04	0.084	0.117	0.123
管子切断机 150mm	台班	33.32	0.046	0.052	0.060
滚槽机	台班	23.32	0.252	0.276	0.308
开孔机 200mm	台班	305.09	0.009	0.010	0.011
试压泵 3MPa	台班	17.53	0.002	0.003	0.003
载重汽车 5t	台班	430.70	0.013	0.016	0.022

二、钢管

1. 室外钢管(电弧焊)

工作内容：调直、切管、坡口、煨弯、挖眼接管、异径管制作、组对、焊接、管道及管件安装、水压试验及水冲洗。

计量单位：10m

定 额 编 号			A10-2-33	A10-2-34	A10-2-35	A10-2-36
项 目 名 称			公称直径(mm以内)			
			32	40	50	65
基 价（元）			59.36	66.41	85.43	103.83
其中	人 工 费（元）		46.48	49.14	55.44	65.52
	材 料 费（元）		4.33	5.05	7.34	9.14
	机 械 费（元）		8.55	12.22	22.65	29.17
名 称	单位	单价(元)	消 耗 量			
人工	综合工日	工日	140.00	0.332	0.351	0.396	0.468
材料	采暖室外钢管焊接管件	个	—	(0.270)	(0.300)	(0.400)	(0.400)
	钢管	m	—	(10.200)	(10.200)	(10.200)	(10.140)
	弹簧压力表	个	23.08	0.002	0.002	0.003	0.003
	低碳钢焊条	kg	6.84	0.096	0.142	0.242	0.317
	电	kW·h	0.68	0.037	0.049	0.331	0.372
	镀锌铁丝 φ4.0～2.8	kg	3.57	0.075	0.079	0.083	0.085
	焊接钢管 DN20	m	4.46	0.016	0.016	0.017	0.019
	机油	kg	19.66	0.050	0.050	0.060	0.080
	锯条(各种规格)	根	0.62	0.125	0.156	0.158	—
	六角螺栓	kg	5.81	0.005	0.005	0.005	0.006
	螺纹阀门 DN20	个	22.00	0.005	0.005	0.005	0.005
	尼龙砂轮片 φ100	片	2.05	0.010	0.016	0.321	0.324
	尼龙砂轮片 φ400	片	8.55	0.023	0.027	0.028	0.029
	破布	kg	6.32	0.167	0.187	0.213	0.238
	热轧厚钢板 δ8.0～15	kg	3.20	0.037	0.039	0.042	0.044

续表

定　额　编　号				A10-2-33	A10-2-34	A10-2-35	A10-2-36
项　目　名　称				公称直径(mm以内)			
				32	40	50	65
名　　称		单位	单价(元)	消　　耗　　量			
材料	水	m³	7.96	0.040	0.053	0.088	0.145
	橡胶板	kg	2.91	0.009	0.010	0.010	0.011
	橡胶软管 DN20	m	7.26	0.007	0.007	0.008	0.008
	压力表弯管 DN15	个	10.69	0.002	0.002	0.003	0.003
	氧气	m³	3.63	0.024	0.033	0.036	0.075
	乙炔气	kg	10.45	0.008	0.011	0.012	0.025
	其他材料费占材料费	%	—	2.000	2.000	2.000	2.000
机械	电动单级离心清水泵 100mm	台班	33.35	0.001	0.001	0.001	0.001
	电动弯管机 108mm	台班	76.93	0.012	0.013	0.014	0.014
	电焊机(综合)	台班	118.28	0.060	0.089	0.144	0.187
	电焊条恒温箱	台班	21.41	0.006	0.009	0.014	0.019
	电焊条烘干箱 60×50×75cm³	台班	26.46	0.006	0.009	0.014	0.019
	汽车式起重机 8t	台班	763.67	—	—	0.003	0.004
	砂轮切割机 400mm	台班	24.71	0.007	0.008	0.009	0.009
	试压泵 3MPa	台班	17.53	0.002	0.002	0.002	0.002
	载重汽车 5t	台班	430.70	—	—	0.003	0.004

工作内容：调直、切管、坡口、煨弯、挖眼接管、异径管制作、组对、焊接、管道及管件安装、水压试验及水冲洗。

计量单位：10m

定　额　编　号			A10-2-37	A10-2-38	A10-2-39
项　目　名　称			公称直径(mm以内)		
			80	100	125
基　　　　　价　（元）			127.38	201.96	239.61
其中	人　工　费（元）		82.60	88.90	106.40
	材　料　费（元）		12.49	16.01	20.82
	机　械　费（元）		32.29	97.05	112.39
名　　　　称		单位	单价(元)	消　　耗　　量	
人工	综合工日	工日	140.00	0.590	0.635	0.760
材料	采暖室外钢管焊接管件	个	—	(0.300)	(0.340)	(0.610)
	钢管	m	—	(10.140)	(10.140)	(10.000)
	弹簧压力表	个	23.08	0.003	0.003	0.003
	低碳钢焊条	kg	6.84	0.325	0.436	0.715
	电	kW·h	0.68	0.204	0.261	0.320
	镀锌铁丝 φ4.0～2.8	kg	3.57	0.089	0.101	0.107
	焊接钢管 DN20	m	4.46	0.020	0.021	0.022
	机油	kg	19.66	0.090	0.090	0.110
	六角螺栓	kg	5.81	0.006	0.006	0.008
	螺纹阀门 DN20	个	22.00	0.006	0.006	0.006
	尼龙砂轮片 φ100	片	2.05	0.368	0.483	0.587
	尼龙砂轮片 φ400	片	8.55	0.031	0.041	—
	破布	kg	6.32	0.255	0.298	0.323
	热轧厚钢板 δ8.0～15	kg	3.20	0.047	0.049	0.073
	水	m³	7.96	0.204	0.353	0.547
	橡胶板	kg	2.91	0.011	0.012	0.014
	橡胶软管 DN20	m	7.26	0.008	0.009	0.009
	压力表弯管 DN15	个	10.69	0.003	0.003	0.003
	氧气	m³	3.63	0.414	0.528	0.624
	乙炔气	kg	10.45	0.138	0.176	0.208
	其他材料费占材料费	%	—	2.000	2.000	2.000
机械	电动单级离心清水泵 100mm	台班	33.35	0.002	0.002	0.003
	电动弯管机 108mm	台班	76.93	0.015	0.015	—
	电焊机(综合)	台班	118.28	0.192	0.253	0.341
	电焊条恒温箱	台班	21.41	0.019	0.025	0.034
	电焊条烘干箱 60×50×75cm³	台班	26.46	0.019	0.025	0.034
	汽车式起重机 8t	台班	763.67	0.006	0.077	0.083
	砂轮切割机 400mm	台班	24.71	0.010	0.011	—
	试压泵 3MPa	台班	17.53	0.002	0.002	0.003
	载重汽车 5t	台班	430.70	0.006	0.013	0.016

工作内容：调直、切管、坡口、煨弯、挖眼接管、异径管制作、组对、焊接、管道及管件安装、水压试验及水冲洗。

计量单位：10m

定　额　编　号			A10-2-40	A10-2-41	A10-2-42
项　目　名　称			公称直径(mm以内)		
			150	200	250
基　　　价（元）			285.83	372.89	538.30
其中	人　工　费（元）		118.72	135.80	170.80
	材　料　费（元）		29.01	41.70	64.36
	机　械　费（元）		138.10	195.39	303.14
名　　　称	单位	单价（元）	消　　耗　　量		
人工 综合工日	工日	140.00	0.848	0.970	1.220
材料 采暖室外钢管焊接管件	个	—	(0.600)	(0.580)	(0.570)
钢管	m	—	(10.000)	(10.000)	(9.850)
弹簧压力表	个	23.08	0.003	0.003	0.003
低碳钢焊条	kg	6.84	1.112	1.530	2.965
电	kW·h	0.68	0.417	0.567	0.796
镀锌铁丝 φ4.0～2.8	kg	3.57	0.112	0.131	0.140
焊接钢管 DN20	m	4.46	0.023	0.024	0.025
机油	kg	19.66	0.150	0.200	0.200
角钢(综合)	kg	3.61	—	0.180	0.185
六角螺栓	kg	5.81	0.012	0.018	0.028
螺纹阀门 DN20	个	22.00	0.006	0.007	0.007
尼龙砂轮片 φ100	片	2.05	0.870	1.225	2.014
破布	kg	6.32	0.340	0.408	0.451
热轧厚钢板 δ8.0～15	kg	3.20	0.110	0.148	0.231
水	m³	7.96	0.764	1.346	2.139
橡胶板	kg	2.91	0.016	0.018	0.021
橡胶软管 DN20	m	7.26	0.010	0.010	0.011
压力表弯管 DN15	个	10.69	0.003	0.003	0.003
氧气	m³	3.63	0.888	1.140	1.653
乙炔气	kg	10.45	0.296	0.380	0.551
其他材料费占材料费	%	—	2.000	2.000	2.000
机械 电动单级离心清水泵 100mm	台班	33.35	0.005	0.007	0.009
电焊机(综合)	台班	118.28	0.429	0.589	0.824
电焊条恒温箱	台班	21.41	0.043	0.059	0.082
电焊条烘干箱 60×50×75cm³	台班	26.46	0.043	0.059	0.082
汽车式起重机 16t	台班	958.70	—	—	0.184
汽车式起重机 8t	台班	763.67	0.099	0.138	—
试压泵 3MPa	台班	17.53	0.003	0.003	0.004
载重汽车 5t	台班	430.70	0.022	0.040	0.058

工作内容：调直、切管、坡口、煨弯、挖眼接管、异径管制作、组对、焊接、管道及管件安装、水压试验
及水冲洗。

计量单位：10m

定　额　编　号			A10-2-43	A10-2-44	A10-2-45
项　目　名　称			公称直径(mm以内)		
			300	350	400
基　　价（元）			637.77	750.65	822.26
其中	人　工　费（元）		193.20	227.36	252.70
	材　料　费（元）		78.56	97.29	113.31
	机　械　费（元）		366.01	426.00	456.25
名　　称	单位	单价（元）	消　　耗　　量		
人工 综合工日	工日	140.00	1.380	1.624	1.805
材料 采暖室外钢管焊接管件	个	—	(0.510)	(0.490)	(0.470)
钢管	m	—	(9.850)	(9.780)	(9.780)
弹簧压力表	个	23.08	0.004	0.004	0.004
低碳钢焊条	kg	6.84	3.477	4.017	4.481
电	kW·h	0.68	0.882	1.028	1.145
镀锌铁丝 φ4.0～2.8	kg	3.57	0.144	0.148	0.153
焊接钢管 DN20	m	4.46	0.026	0.027	0.028
机油	kg	19.66	0.200	0.200	0.200
角钢（综合）	kg	3.61	0.212	0.228	0.244
六角螺栓	kg	5.81	0.038	0.046	0.054
螺纹阀门 DN20	个	22.00	0.007	0.008	0.008
尼龙砂轮片 φ100	片	2.05	2.327	3.293	3.678
破布	kg	6.32	0.468	0.493	0.510
热轧厚钢板 δ8.0～15	kg	3.20	0.333	0.380	0.426
水	m³	7.96	3.037	4.047	5.227
橡胶板	kg	2.91	0.024	0.033	0.042
橡胶软管 DN20	m	7.26	0.011	0.011	0.012
压力表弯管 DN15	个	10.69	0.004	0.004	0.004
氧气	m³	3.63	1.923	2.496	2.757
乙炔气	kg	10.45	0.641	0.832	0.919
其他材料费占材料费	%	—	2.000	2.000	2.000
机械 电动单级离心清水泵 100mm	台班	33.35	0.012	0.014	0.016
电焊机（综合）	台班	118.28	0.967	1.117	1.246
电焊条恒温箱	台班	21.41	0.097	0.112	0.125
电焊条烘干箱 60×50×75cm³	台班	26.46	0.097	0.112	0.125
汽车式起重机 16t	台班	958.70	0.223	0.255	0.269
试压泵 3MPa	台班	17.53	0.004	0.005	0.006
载重汽车 5t	台班	430.70	0.076	0.101	0.103

2. 室内钢管（电弧焊）

工作内容：调直、切管、煨弯、挖眼接管、异径管制作、管道及管件安装、水压试验及水冲洗。

计量单位：10m

定 额 编 号			A10-2-46	A10-2-47	A10-2-48	A10-2-49
项 目 名 称			公称直径(mm以内)			
			32	40	50	65
基 价（元）			148.76	167.33	218.39	248.07
其中	人 工 费（元）		107.66	120.96	149.38	164.78
	材 料 费（元）		8.79	10.24	17.64	20.17
	机 械 费（元）		32.31	36.13	51.37	63.12
名 称	单位	单价（元）	消 耗 量			
人工 综合工日	工日	140.00	0.769	0.864	1.067	1.177
钢管	m	—	(10.270)	(10.270)	(10.150)	(10.150)
空调冷热水室内钢管焊接管件	个	—	(1.130)	(0.890)	(1.240)	(1.000)
弹簧压力表	个	23.08	0.002	0.002	0.003	0.003
低碳钢焊条	kg	6.84	0.343	0.383	0.568	0.711
电	kW·h	0.68	0.376	0.428	0.455	0.481
镀锌铁丝 φ4.0～2.8	kg	3.57	0.075	0.079	0.083	0.085
焊接钢管 DN20	m	4.46	0.016	0.016	0.017	0.019
机油	kg	19.66	0.050	0.050	0.060	0.080
锯条（各种规格）	根	0.62	0.414	0.433	0.463	—
六角螺栓	kg	5.81	0.005	0.005	0.005	0.006
螺纹阀门 DN20	个	22.00	0.005	0.005	0.005	0.005
尼龙砂轮片 φ100	片	2.05	0.244	0.308	0.701	0.820
尼龙砂轮片 φ400	片	8.55	0.080	0.082	0.084	0.087
破布	kg	6.32	0.167	0.187	0.213	0.238
热轧厚钢板 δ8.0～15	kg	3.20	0.037	0.039	0.042	0.044
水	m³	7.96	0.040	0.053	0.088	0.145
橡胶板	kg	2.91	0.009	0.010	0.010	0.011
橡胶软管 DN20	m	7.26	0.007	0.007	0.008	0.008
压力表表弯 DN15	个	10.69	0.002	0.002	0.003	0.003
氧气	m³	3.63	0.207	0.306	0.927	0.993
乙炔气	kg	10.45	0.069	0.102	0.309	0.331
其他材料费占材料费	%	—	2.000	2.000	2.000	2.000
电动单级离心清水泵 100mm	台班	33.35	0.001	0.001	0.001	0.001
电动弯管机 108mm	台班	76.93	0.037	0.039	0.042	0.043
电焊机（综合）	台班	118.28	0.214	0.238	0.339	0.420
电焊条恒温箱	台班	21.41	0.021	0.024	0.034	0.042
电焊条烘干箱 60×50×75cm³	台班	26.46	0.021	0.024	0.034	0.042
吊装机械（综合）	台班	619.04	0.004	0.005	0.007	0.009
砂轮切割机 400mm	台班	24.71	0.025	0.027	0.029	0.031
试压泵 3MPa	台班	17.53	0.001	0.002	0.002	0.002
载重汽车 5t	台班	430.70	—	—	0.003	0.004

工作内容：调直、切管、煨弯、挖眼接管、异径管制作、管道及管件安装、水压试验及水冲洗。

计量单位：10m

定　额　编　号			A10-2-50	A10-2-51	A10-2-52
项　目　名　称			公称直径(mm以内)		
			80	100	125
基　　　　　价（元）			275.78	357.20	398.55
其中	人　工　费（元）		180.32	195.72	217.28
	材　料　费（元）		22.78	27.45	29.54
	机　械　费（元）		72.68	134.03	151.73
名　　称	单位	单价(元)	消	耗	量
人工	综合工日	工日	140.00	1.288	1.398	1.552

	名　　称	单位	单价(元)			
材料	钢管	m	—	(10.100)	(10.100)	(9.800)
	空调冷热水室内钢管焊接管件	个	—	(0.930)	(0.840)	(1.360)
	弹簧压力表	个	23.08	0.003	0.003	0.003
	低碳钢焊条	kg	6.84	0.803	1.092	1.239
	电	kW·h	0.68	0.530	0.619	0.602
	镀锌铁丝 φ4.0～2.8	kg	3.57	0.089	0.101	0.107
	焊接钢管 DN20	m	4.46	0.020	0.021	0.022
	机油	kg	19.66	0.090	0.090	0.110
	六角螺栓	kg	5.81	0.006	0.006	0.008
	螺纹阀门 DN20	个	22.00	0.006	0.006	0.006
	尼龙砂轮片 φ100	片	2.05	0.825	0.936	0.971
	尼龙砂轮片 φ400	片	8.55	0.091	0.102	—
	破布	kg	6.32	0.255	0.298	0.323
	热轧厚钢板 δ8.0～15	kg	3.20	0.047	0.049	0.073
	水	m³	7.96	0.204	0.353	0.547
	橡胶板	kg	2.91	0.011	0.012	0.014
	橡胶软管 DN20	m	7.26	0.008	0.009	0.009
	压力表表弯 DN15	个	10.69	0.003	0.003	0.003
	氧气	m³	3.63	1.138	1.235	1.185
	乙炔气	kg	10.45	0.379	0.412	0.395
	其他材料费占材料费	%	—	2.000	2.000	2.000
机械	电动单级离心清水泵 100mm	台班	33.35	0.002	0.002	0.003
	电动弯管机 108mm	台班	76.93	0.045	0.049	—
	电焊机(综合)	台班	118.28	0.474	0.585	0.587
	电焊条恒温箱	台班	21.41	0.047	0.059	0.059
	电焊条烘干箱 60×50×75cm³	台班	26.46	0.047	0.059	0.059
	吊装机械(综合)	台班	619.04	0.012	0.084	0.117
	砂轮切割机 400mm	台班	24.71	0.032	0.022	—
	试压泵 3MPa	台班	17.53	0.002	0.002	0.003
	载重汽车 5t	台班	430.70	0.006	0.013	0.016

工作内容：调直、切管、煨弯、挖眼接管、异径管制作、管道及管件安装、水压试验及水冲洗。

计量单位：10m

定 额 编 号			A10-2-53	A10-2-54	A10-2-55
项 目 名 称			公称直径(mm以内)		
			150	200	250
基 价（元）			442.95	557.97	717.49
其中	人 工 费（元）		235.62	277.34	325.64
	材 料 费（元）		39.04	53.13	80.48
	机 械 费（元）		168.29	227.50	311.37
名 称	单位	单价（元）	消 耗 量		
人工	综合工日	工日	140.00	1.683	1.981	2.326
材料	钢管	m	—	(9.800)	(9.800)	(10.360)
	空调冷热水室内钢管焊接管件	个	—	(1.300)	(1.180)	(1.120)
	弹簧压力表	个	23.08	0.003	0.003	0.003
	低碳钢焊条	kg	6.84	1.743	2.228	3.529
	电	kW·h	0.68	0.726	0.934	1.238
	镀锌铁丝 φ4.0～2.8	kg	3.57	0.112	0.131	0.140
	焊接钢管 DN20	m	4.46	0.023	0.024	0.025
	机油	kg	19.66	0.150	0.200	0.200
	角钢(综合)	kg	3.61	—	0.335	0.314
	六角螺栓	kg	5.81	0.012	0.018	0.028
	螺纹阀门 DN20	个	22.00	0.006	0.007	0.007
	尼龙砂轮片 φ100	片	2.05	1.354	1.827	2.130
	尼龙砂轮片 φ400	片	8.55	—	—	0.743
	破布	kg	6.32	0.340	0.408	0.451
	热轧厚钢板 δ8.0～15	kg	3.20	0.110	0.148	0.231
	水	m³	7.96	0.764	1.346	2.139
	橡胶板	kg	2.91	0.016	0.018	0.021
	橡胶软管 DN20	m	7.26	0.010	0.010	0.011
	压力表表弯 DN15	个	10.69	0.003	0.003	0.003
	氧气	m³	3.63	1.494	1.758	2.298
	乙炔气	kg	10.45	0.498	0.586	0.766
	其他材料费占材料费	%	—	2.000	2.000	2.000
机械	电动单级离心清水泵 100mm	台班	33.35	0.005	0.007	0.009
	电焊机(综合)	台班	118.28	0.670	0.856	1.122
	电焊条恒温箱	台班	21.41	0.067	0.086	0.112
	电焊条烘干箱 60×50×75cm³	台班	26.46	0.067	0.086	0.112
	吊装机械(综合)	台班	619.04	0.123	0.169	0.239
	试压泵 3MPa	台班	17.53	0.003	0.003	0.004
	载重汽车 5t	台班	430.70	0.022	0.040	0.058

工作内容：调直、切管、煨弯、挖眼接管、异径管制作、管道及管件安装、水压试验及水冲洗。

计量单位：10m

定 额 编 号			A10-2-56	A10-2-57	A10-2-58
项 目 名 称			公称直径(mm以内)		
			300	350	400
基 价 （元）			815.19	927.74	1012.20
其中	人 工 费 （元）		356.02	406.98	446.46
	材 料 费 （元）		95.99	118.11	133.12
	机 械 费 （元）		363.18	402.65	432.62
名 称	单位	单价（元）	消 耗 量		
人工 综合工日	工日	140.00	2.543	2.907	3.189
材料 钢管	m	—	(10.360)	(10.360)	(10.360)
空调冷热水室内钢管焊接管件	个	—	(1.000)	(1.000)	(0.890)
弹簧压力表	个	23.08	0.004	0.004	0.004
低碳钢焊条	kg	6.84	4.382	5.090	5.414
电	kW·h	0.68	1.311	1.543	1.648
镀锌铁丝 φ4.0～2.8	kg	3.57	0.144	0.148	0.153
焊接钢管 DN20	m	4.46	0.026	0.027	0.028
机油	kg	19.66	0.200	0.200	0.200
角钢(综合)	kg	3.61	0.340	0.370	0.378
六角螺栓	kg	5.81	0.038	0.046	0.054
螺纹阀门 DN20	个	22.00	0.007	0.008	0.008
尼龙砂轮片 φ100	片	2.05	2.433	3.642	3.913
尼龙砂轮片 φ400	片	8.55	0.782	0.915	0.975
破布	kg	6.32	0.468	0.493	0.510
热轧厚钢板 δ8.0～15	kg	3.20	0.333	0.380	0.426
水	m³	7.96	3.037	4.047	5.227
橡胶板	kg	2.91	0.024	0.033	0.042
橡胶软管 DN20	m	7.26	0.011	0.011	0.012
压力表表弯 DN15	个	10.69	0.004	0.004	0.004
氧气	m³	3.63	2.379	3.012	3.234
乙炔气	kg	10.45	0.793	1.004	1.078
其他材料费占材料费	%	—	2.000	2.000	2.000
机械 电动单级离心清水泵 100mm	台班	33.35	0.012	0.014	0.016
电焊机(综合)	台班	118.28	1.318	1.415	1.505
电焊条恒温箱	台班	21.41	0.132	0.141	0.150
电焊条烘干箱 60×50×75cm³	台班	26.46	0.132	0.141	0.150
吊装机械(综合)	台班	619.04	0.271	0.298	0.327
试压泵 3MPa	台班	17.53	0.004	0.005	0.006
载重汽车 5t	台班	430.70	0.076	0.101	0.103

3.钢管(沟槽连接)

工作内容：调直、切管、压槽、组对、连接、管道及管件安装、水压试验及水冲洗。　　　　计量单位：10m

定 额 编 号			A10-2-59	A10-2-60	A10-2-61
项 目 名 称			公称直径(mm以内)		
			200	250	300
基 价 (元)			380.91	516.39	581.86
其 中	人 工 费 (元)		230.44	307.30	336.56
	材 料 费 (元)		15.79	22.96	30.87
	机 械 费 (元)		134.68	186.13	214.43
名 称	单位	单价(元)	消 耗 量		
人工 综合工日	工日	140.00	1.646	2.195	2.404
材 料	钢管	m	—	(9.780)	(9.700)	(9.700)
	卡箍连接件(含胶圈)	套	—	(4.430)	(3.960)	(3.330)
	空调冷热水室内钢管沟槽管件	个	—	(1.820)	(1.620)	(1.340)
	弹簧压力表	个	23.08	0.003	0.003	0.004
	低碳钢焊条	kg	6.84	0.003	0.004	0.004
	镀锌铁丝 φ4.0～2.8	kg	3.57	0.131	0.140	0.144
	焊接钢管 DN20	m	4.46	0.024	0.025	0.026
	合金钢钻头	个	7.80	0.025	0.028	0.031
	六角螺栓	kg	5.81	0.018	0.028	0.038
	螺纹阀门 DN20	个	22.00	0.007	0.007	0.007
	破布	kg	6.32	0.408	0.451	0.468
	热轧厚钢板 δ8.0～15	kg	3.20	0.148	0.231	0.333
	润滑剂	kg	5.98	0.064	0.069	0.074
	水	m³	7.96	1.345	2.139	3.037
	橡胶板	kg	2.91	0.018	0.021	0.024
	橡胶软管 DN20	m	7.26	0.010	0.011	0.011
	压力表表弯 DN15	个	10.69	0.003	0.003	0.004
	氧气	m³	3.63	0.009	0.009	0.009
	乙炔气	kg	10.45	0.003	0.003	0.003
	其他材料费占材料费	%	—	2.000	2.000	2.000
机 械	电动单级离心清水泵 100mm	台班	33.35	0.007	0.009	0.012
	电焊机(综合)	台班	118.28	0.003	0.002	0.002
	吊装机械(综合)	台班	619.04	0.169	0.239	0.271
	管子切断机 250mm	台班	42.58	0.066	0.072	0.081
	滚槽机	台班	23.32	0.324	0.343	0.367
	开孔机 200mm	台班	305.09	0.006	0.005	0.004
	试压泵 3MPa	台班	17.53	0.003	0.004	0.004
	载重汽车 5t	台班	430.70	0.040	0.058	0.076

三、塑料管

1.室内塑料管(热熔连接)

工作内容:切管、预热、组对、熔接、管道及管件安装、水压试验及水冲洗。

计量单位:10m

定 额 编 号				A10-2-62	A10-2-63	A10-2-64
项 目 名 称				外径(mm以内)		
				20	25	32
基 价 (元)				71.10	79.04	85.83
其中	人 工 费 (元)			69.86	77.56	84.14
	材 料 费 (元)			1.07	1.31	1.52
	机 械 费 (元)			0.17	0.17	0.17
名 称		单位	单价(元)	消 耗 量		
人工	综合工日	工日	140.00	0.499	0.554	0.601
材料	采暖室内塑料管热熔管件	个	—	(8.170)	(8.350)	(7.730)
	塑料管	m	—	(9.860)	(9.860)	(9.860)
	弹簧压力表	个	23.08	0.002	0.002	0.002
	低碳钢焊条	kg	6.84	0.002	0.002	0.002
	电	kW·h	0.68	0.650	0.853	1.001
	焊接钢管 DN20	m	4.46	0.013	0.014	0.015
	锯条(各种规格)	根	0.62	0.106	0.149	0.161
	六角螺栓	kg	5.81	0.004	0.004	0.004
	螺纹阀门 DN20	个	22.00	0.004	0.004	0.004
	热轧厚钢板 δ8.0~15	kg	3.20	0.030	0.032	0.034
	水	m³	7.96	0.008	0.014	0.023
	铁砂布	张	0.85	0.053	0.066	0.070
	橡胶板	kg	2.91	0.007	0.008	0.008
	橡胶软管 DN20	m	7.26	0.006	0.006	0.007
	压力表弯管 DN15	个	10.69	0.002	0.002	0.002
	氧气	m³	3.63	0.003	0.003	0.003
	乙炔气	kg	10.45	0.001	0.001	0.001
	其他材料费占材料费	%	—	2.000	2.000	2.000
机械	电动单级离心清水泵 100mm	台班	33.35	0.001	0.001	0.001
	电焊机(综合)	台班	118.28	0.001	0.001	0.001
	试压泵 3MPa	台班	17.53	0.001	0.001	0.001

工作内容：切管、预热、组对、熔接、管道及管件安装、水压试验及水冲洗。　　　　　　计量单位：10m

定　额　编　号			A10-2-65	A10-2-66	A10-2-67
项　目　名　称			外径(mm以内)		
			40	50	63
基　　价（元）			95.71	112.15	122.81
其中	人　工　费（元）		93.52	109.48	119.56
	材　料　费（元）		2.00	2.37	2.95
	机　械　费（元）		0.19	0.30	0.30
名　　称	单位	单价（元）	消　耗　量		
人工	综合工日	工日	140.00	0.668	0.782	0.854
材料	采暖室内塑料管热熔管件	个	—	(7.070)	(7.050)	(6.840)
	塑料管	m	—	(10.120)	(10.120)	(10.120)
	弹簧压力表	个	23.08	0.002	0.002	0.003
	低碳钢焊条	kg	6.84	0.002	0.002	0.002
	电	kW·h	0.68	1.334	1.627	1.755
	焊接钢管 DN20	m	4.46	0.016	0.016	0.017
	锯条(各种规格)	根	0.62	0.175	0.207	0.425
	六角螺栓	kg	5.81	0.005	0.005	0.005
	螺纹阀门 DN20	个	22.00	0.005	0.005	0.005
	热轧厚钢板 δ8.0～15	kg	3.20	0.037	0.039	0.042
	水	m³	7.96	0.040	0.053	0.088
	铁砂布	张	0.85	0.116	0.151	0.170
	橡胶板	kg	2.91	0.009	0.010	0.010
	橡胶软管 DN20	m	7.26	0.007	0.007	0.008
	压力表弯管 DN15	个	10.69	0.002	0.002	0.003
	氧气	m³	3.63	0.006	0.006	0.006
	乙炔气	kg	10.45	0.002	0.002	0.002
	其他材料费占材料费	%	—	2.000	2.000	2.000
机械	电动单级离心清水泵 100mm	台班	33.35	0.001	0.001	0.001
	电焊机(综合)	台班	118.28	0.001	0.002	0.002
	试压泵 3MPa	台班	17.53	0.002	0.002	0.002

工作内容：切管、预热、组对、熔接、管道及管件安装、水压试验及水冲洗。 计量单位：10m

定 额 编 号			A10-2-68	A10-2-69	A10-2-70
项 目 名 称			外径(mm以内)		
			75	90	110
基 价（元）			126.80	140.40	148.45
其中	人 工 费（元）		122.92	135.80	142.52
	材 料 费（元）		3.58	4.26	5.59
	机 械 费（元）		0.30	0.34	0.34
名 称	单位	单价（元）	消 耗 量		
人工	综合工日	工日	140.00	0.878	0.970	1.018
材料	采暖室内塑料管热熔管件	个	—	(5.370)	(4.840)	(3.570)
	塑料管	m	—	(10.080)	(10.080)	(10.080)
	弹簧压力表	个	23.08	0.003	0.003	0.003
	低碳钢焊条	kg	6.84	0.002	0.003	0.003
	电	kW·h	0.68	1.827	1.942	2.075
	焊接钢管 DN20	m	4.46	0.019	0.020	0.021
	锯条(各种规格)	根	0.62	0.510	0.618	0.621
	六角螺栓	kg	5.81	0.006	0.006	0.006
	螺纹阀门 DN20	个	22.00	0.005	0.006	0.006
	热轧厚钢板 δ8.0～15	kg	3.20	0.044	0.047	0.049
	水	m³	7.96	0.145	0.204	0.353
	铁砂布	张	0.85	0.210	0.226	0.229
	橡胶板	kg	2.91	0.011	0.011	0.012
	橡胶软管 DN20	m	7.26	0.008	0.008	0.009
	压力表弯管 DN15	个	10.69	0.003	0.003	0.003
	氧气	m³	3.63	0.006	0.006	0.006
	乙炔气	kg	10.45	0.002	0.002	0.002
	其他材料费占材料费	%	—	2.000	2.000	2.000
机械	电动单级离心清水泵 100mm	台班	33.35	0.001	0.002	0.002
	电焊机(综合)	台班	118.28	0.002	0.002	0.002
	试压泵 3MPa	台班	17.53	0.002	0.002	0.002

2．室内塑料管（电熔连接）

工作内容：切管、组对、熔接、管道及管件安装、水压试验及水冲洗。　　　　　　计量单位：10m

定　额　编　号			A10-2-71	A10-2-72	A10-2-73
项　目　名　称			外径(mm以内)		
			20	25	32
基　　　价（元）			77.18	86.20	93.97
其中	人　工　费（元）		73.50	81.48	88.48
	材　料　费（元）		0.62	0.72	0.82
	机　械　费（元）		3.06	4.00	4.67
名　　　称	单位	单价(元)	消　　耗　　量		
人工	综合工日	工日	140.00	0.525	0.582	0.632
材料	采暖室内塑料管电熔管件	个	—	(8.170)	(8.350)	(7.730)
	塑料管	m	—	(9.860)	(9.860)	(9.860)
	弹簧压力表	个	23.08	0.002	0.002	0.002
	低碳钢焊条	kg	6.84	0.002	0.002	0.002
	焊接钢管 DN20	m	4.46	0.013	0.014	0.015
	锯条(各种规格)	根	0.62	0.106	0.149	0.161
	六角螺栓	kg	5.81	0.004	0.004	0.004
	螺纹阀门 DN20	个	22.00	0.004	0.004	0.004
	热轧厚钢板 δ8.0～15	kg	3.20	0.030	0.032	0.034
	水	m³	7.96	0.008	0.014	0.023
	铁砂布	张	0.85	0.053	0.066	0.070
	橡胶板	kg	2.91	0.007	0.008	0.008
	橡胶软管 DN20	m	7.26	0.006	0.006	0.007
	压力表弯管 DN15	个	10.69	0.002	0.002	0.002
	氧气	m³	3.63	0.003	0.003	0.003
	乙炔气	kg	10.45	0.001	0.001	0.001
	其他材料费占材料费	%	—	2.000	2.000	2.000
机械	电动单级离心清水泵 100mm	台班	33.35	0.001	0.001	0.001
	电焊机(综合)	台班	118.28	0.001	0.001	0.001
	电熔焊接机 3.5kW	台班	26.81	0.108	0.143	0.168
	试压泵 3MPa	台班	17.53	0.001	0.001	0.001

工作内容：切管、组对、熔接、管道及管件安装、水压试验及水冲洗。 计量单位：10m

定　额　编　号			A10-2-74	A10-2-75	A10-2-76
项　目　名　称			外径(mm以内)		
			40	50	63
基　　　　价（元）			105.53	123.78	135.56
其中	人　工　费（元）		98.28	114.94	125.58
	材　料　费（元）		1.08	1.24	1.77
	机　械　费（元）		6.17	7.60	8.21
名　　　称		单位	单价（元）	消　耗　量		
人工	综合工日	工日	140.00	0.702	0.821	0.897
材料	采暖室内塑料管电熔管件	个	—	(7.070)	(7.050)	(6.840)
	塑料管	m	—	(10.120)	(10.120)	(10.120)
	弹簧压力表	个	23.08	0.002	0.002	0.003
	低碳钢焊条	kg	6.84	0.002	0.002	0.002
	焊接钢管 DN20	m	4.46	0.016	0.016	0.017
	锯条（各种规格）	根	0.62	0.175	0.207	0.425
	六角螺栓	kg	5.81	0.005	0.005	0.005
	螺纹阀门 DN20	个	22.00	0.005	0.005	0.005
	热轧厚钢板 δ8.0～15	kg	3.20	0.037	0.039	0.042
	水	m³	7.96	0.040	0.053	0.088
	铁砂布	张	0.85	0.116	0.151	0.203
	橡胶板	kg	2.91	0.009	0.010	0.010
	橡胶软管 DN20	m	7.26	0.007	0.007	0.008
	压力表弯管 DN15	个	10.69	0.002	0.002	0.003
	氧气	m³	3.63	0.006	0.006	0.006
	乙炔气	kg	10.45	0.002	0.002	0.002
	其他材料费占材料费	%	—	2.000	2.000	2.000
机械	电动单级离心清水泵 100mm	台班	33.35	0.001	0.001	0.001
	电焊机（综合）	台班	118.28	0.001	0.002	0.002
	电熔焊接机 3.5kW	台班	26.81	0.223	0.272	0.295
	试压泵 3MPa	台班	17.53	0.002	0.002	0.002

工作内容：切管、组对、熔接、管道及管件安装、水压试验及水冲洗。　　　　　　　　　　　　计量单位：10m

定 额 编 号			A10-2-77	A10-2-78	A10-2-79
项 目 名 称			外径(mm以内)		
			75	90	110
基 价（元）			139.03	154.30	160.98
其中	人 工 费（元）		129.22	142.52	149.52
	材 料 费（元）		2.31	2.92	4.15
	机 械 费（元）		7.50	8.86	7.31
名 称	单位	单价（元）	消 耗 量		
人工	综合工日	工日	140.00	0.923	1.018	1.068
材料	采暖室内塑料管电熔管件	个	—	(5.370)	(4.840)	(3.570)
	塑料管	m	—	(10.080)	(10.080)	(10.080)
	弹簧压力表	个	23.08	0.003	0.003	0.003
	低碳钢焊条	kg	6.84	0.002	0.003	0.003
	焊接钢管 DN20	m	4.46	0.019	0.020	0.021
	锯条(各种规格)	根	0.62	0.510	0.618	0.621
	六角螺栓	kg	5.81	0.006	0.006	0.006
	螺纹阀门 DN20	个	22.00	0.005	0.006	0.006
	热轧厚钢板 δ8.0～15	kg	3.20	0.044	0.047	0.049
	水	m³	7.96	0.145	0.204	0.353
	铁砂布	张	0.85	0.210	0.226	0.229
	橡胶板	kg	2.91	0.011	0.011	0.012
	橡胶软管 DN20	m	7.26	0.008	0.008	0.009
	压力表弯管 DN15	个	10.69	0.003	0.003	0.003
	氧气	m³	3.63	0.006	0.006	0.006
	乙炔气	kg	10.45	0.002	0.002	0.002
	其他材料费占材料费	%	—	2.000	2.000	2.000
机械	电动单级离心清水泵 100mm	台班	33.35	0.002	0.002	0.002
	电焊机(综合)	台班	118.28	0.002	0.002	0.002
	电熔焊接机 3.5kW	台班	26.81	0.267	0.318	0.260
	试压泵 3MPa	台班	17.53	0.002	0.002	0.002

3. 室内直埋塑料管(热熔管件连接)

工作内容:切管、预热、熔接、管道敷设、管件及固定件安装、临时封堵、配合隐蔽、水压试验及水冲洗、划线标示。

计量单位:10m

定 额 编 号			A10-2-80	A10-2-81	A10-2-82
项 目 名 称			外径(mm以内)		
			20	25	32
基 价 (元)			90.11	99.87	105.69
其中	人 工 费 (元)		84.28	92.82	98.84
	材 料 费 (元)		5.66	6.88	6.68
	机 械 费 (元)		0.17	0.17	0.17
名 称	单位	单价(元)	消 耗 量		
人工 综合工日	工日	140.00	0.602	0.663	0.706
材料 采暖室内直埋塑料管热熔管件	个	—	(9.120)	(9.780)	(9.290)
塑料管	m	—	(10.140)	(10.140)	(10.140)
冲击钻头 φ12	个	6.75	0.167	0.143	0.125
弹簧压力表	个	23.08	0.002	0.002	0.002
低碳钢焊条	kg	6.84	0.002	0.002	0.002
电	kW·h	0.68	0.711	0.970	1.142
焊接钢管 DN20	m	4.46	0.013	0.014	0.015
锯条(各种规格)	根	0.62	0.120	0.175	0.203
六角螺栓	kg	5.81	0.004	0.004	0.004
螺纹阀门 DN20	个	22.00	0.004	0.004	0.004
热熔标线涂料	kg	17.09	0.079	0.079	0.079
热轧厚钢板 δ8.0～15	kg	3.20	0.030	0.032	0.034
水	m³	7.96	0.008	0.014	0.023
塑料布	m²	1.97	0.010	0.010	0.010
塑料管卡子 20	个	0.11	16.837	—	—
塑料管卡子 25	个	0.20	—	14.433	—
塑料管卡子 32	个	0.20	—	—	12.625
塑料丝堵 DN15	个	0.94	0.100	—	—
塑料丝堵 DN20	个	1.32	—	0.100	—
塑料丝堵 DN25	个	1.96	—	—	0.100
铁砂布	张	0.85	0.058	0.075	0.080
橡胶板	kg	2.91	0.007	0.008	0.008
橡胶软管 DN20	m	7.26	0.006	0.006	0.007
压力表弯管 DN15	个	10.69	0.002	0.002	0.002
氧气	m³	3.63	0.003	0.003	0.003
乙炔气	kg	10.45	0.001	0.001	0.001
其他材料费占材料费	%	—	2.000	2.000	2.000
机械 电动单级离心清水泵 100mm	台班	33.35	0.001	0.001	0.001
电焊机(综合)	台班	118.28	0.001	0.001	0.001
试压泵 3MPa	台班	17.53	0.001	0.001	0.001

4.室内直埋塑料管(无接口敷设)

工作内容:切管、管道敷设、转换管件及固定件安装、临时封堵、配合隐蔽、水压试验及水冲洗、划线标示。

计量单位:10m

定 额 编 号			A10-2-83	A10-2-84	A10-2-85
项 目 名 称			外径(mm以内)		
			20	25	32
基 价 (元)			71.73	76.36	80.42
其中	人 工 费 (元)		66.08	69.72	74.06
	材 料 费 (元)		5.48	6.47	6.19
	机 械 费 (元)		0.17	0.17	0.17
名 称	单位	单价(元)	消 耗 量		
人工 综合工日	工日	140.00	0.472	0.498	0.529
材料 过渡转换管件	个	—	(2.560)	(2.670)	(2.780)
塑料管	m	—	(10.360)	(10.360)	(10.360)
丙酮	kg	7.51	0.018	0.021	0.031
冲击钻头 φ12	个	6.75	0.167	0.143	0.125
弹簧压力表	个	23.08	0.002	0.002	0.002
低碳钢焊条	kg	6.84	0.002	0.002	0.002
电	kW·h	0.68	0.400	0.342	0.300
焊接钢管 DN20	m	4.46	0.013	0.014	0.015
锯条(各种规格)	根	0.62	0.038	0.050	0.066
六角螺栓	kg	5.81	0.004	0.004	0.004
螺纹阀门 DN20	个	22.00	0.004	0.004	0.004
热熔标线涂料	kg	17.09	0.079	0.079	0.079
热轧厚钢板 δ8.0~15	kg	3.20	0.030	0.032	0.034
水	m³	7.96	0.008	0.014	0.023
塑料布	m²	1.97	0.010	0.010	0.010
塑料管卡子 20	个	0.11	16.837	—	—
塑料管卡子 25	个	0.20	—	14.433	—
塑料管卡子 32	个	0.20	—	—	12.625
塑料丝堵 DN15	个	0.94	0.100	—	—
塑料丝堵 DN20	个	1.32	—	0.100	—
塑料丝堵 DN25	个	1.96	—	—	0.100
铁砂布	张	0.85	0.009	0.011	0.013
橡胶板	kg	2.91	0.007	0.008	0.008
橡胶软管 DN20	m	7.26	0.006	0.006	0.007
压力表弯管 DN15	个	10.69	0.002	0.002	80.002
氧气	m³	3.63	0.003	0.003	0.003
乙炔气	kg	10.45	0.001	0.001	0.001
其他材料费占材料费	%	—	2.000	2.000	2.000
机械 电动单级离心清水泵 100mm	台班	33.35	0.001	0.001	0.001
电焊机(综合)	台班	118.28	0.001	0.001	0.001
试压泵 3MPa	台班	17.53	0.001	0.001	0.001

5.凝结水塑料管(热熔连接)

工作内容：切管、组对、预热、熔接、管道及管件安装、注水试验。　　　　　　　　计量单位：10m

定　额　编　号				A10-2-86	A10-2-87	A10-2-88
项　目　名　称				外径(mm以内)		
				20	25	32
基　　　价　（元）				49.57	52.15	62.38
其中	人　工　费（元）			49.00	51.52	61.46
	材　料　费（元）			0.54	0.60	0.89
	机　械　费（元）			0.03	0.03	0.03
名　　称		单位	单价(元)	消　　耗　　量		
人工	综合工日	工日	140.00	0.350	0.368	0.439
材料	空调凝结水室内塑料管热熔管件	个	—	(6.520)	(5.800)	(6.800)
	塑料管	m	—	(10.220)	(10.220)	(10.200)
	电	kW·h	0.68	0.605	0.656	0.998
	锯条(各种规格)	根	0.62	0.084	0.091	0.107
	水	m³	7.96	0.003	0.005	0.009
	铁砂布	张	0.85	0.049	0.051	0.070
	其他材料费占材料费	%	—	2.000	2.000	2.000
机械	电动单级离心清水泵 100mm	台班	33.35	0.001	0.001	0.001

工作内容：切管、组对、预热、熔接、管道及管件安装、注水试验。 计量单位：10m

定　额　编　号				A10-2-89	A10-2-90	A10-2-91
项　目　名　称				外径(mm以内)		
				40	50	63
基　　　价（元）				68.29	76.20	88.84
其中	人　工　费（元）			67.20	75.04	87.22
	材　料　费（元）			1.06	1.13	1.59
	机　械　费（元）			0.03	0.03	0.03
名　　　称		单位	单价(元)	消　　耗　　量		
人工	综合工日	工日	140.00	0.480	0.536	0.623
材料	空调凝结水室内塑料管热熔管件	个	—	(5.530)	(4.520)	(4.020)
	塑料管	m	—	(10.200)	(10.200)	(10.200)
	电	kW•h	0.68	1.125	1.140	1.538
	锯条(各种规格)	根	0.62	0.113	0.136	0.197
	水	m³	7.96	0.015	0.020	0.033
	铁砂布	张	0.85	0.098	0.106	0.152
	其他材料费占材料费	%	—	2.000	2.000	2.000
机械	电动单级离心清水泵 100mm	台班	33.35	0.001	0.001	0.001

6. 凝结水塑料管(粘接)

工作内容：切管、组对、粘接、管道及管件安装、注水实验。　　　　　　　　计量单位：10m

定 额 编 号				A10-2-92	A10-2-93	A10-2-94
项 目 名 称				外径(mm以内)		
				20	25	32
基 价（元）				47.86	50.29	59.64
其中	人 工 费（元）			47.32	49.70	58.80
	材 料 费（元）			0.51	0.56	0.81
	机 械 费（元）			0.03	0.03	0.03
名 称		单位	单价(元)	消 耗 量		
人工	综合工日	工日	140.00	0.338	0.355	0.420
材料	空调凝结水室内塑料管粘接管件	个	—	(6.520)	(5.800)	(6.800)
	塑料管	m	—	(10.220)	(10.220)	(10.200)
	丙酮	kg	7.51	0.043	0.046	0.066
	锯条(各种规格)	根	0.62	0.084	0.091	0.107
	水	m³	7.96	0.003	0.005	0.009
	铁砂布	张	0.85	0.049	0.051	0.070
	粘结剂	kg	2.88	0.020	0.022	0.034
	其他材料费占材料费	%	—	2.000	2.000	2.000
机械	电动单级离心清水泵 100mm	台班	33.35	0.001	0.001	0.001

工作内容：切管、组对、粘接、管道及管件安装、注水实验。 计量单位：10m

定 额 编 号				A10-2-95	A10-2-96	A10-2-97
项 目 名 称				外径(mm以内)		
				40	50	63
基 价 （元）				65.12	73.03	83.18
其中	人 工 费（元）			64.12	71.96	81.90
	材 料 费（元）			0.97	1.04	1.25
	机 械 费（元）			0.03	0.03	0.03
名 称		单位	单价(元)	消 耗 量		
人工	综合工日	工日	140.00	0.458	0.514	0.585
材料	空调凝结水室内塑料管粘接管件	个	—	(5.530)	(4.520)	(4.020)
	塑料管	m	—	(10.200)	(10.200)	(10.200)
	丙酮	kg	7.51	0.076	0.077	0.082
	锯条(各种规格)	根	0.62	0.113	0.136	0.197
	水	m³	7.96	0.015	0.020	0.033
	铁砂布	张	0.85	0.098	0.106	0.120
	粘结剂	kg	2.88	0.037	0.039	0.041
	其他材料费占材料费	%	—	2.000	2.000	2.000
机械	电动单级离心清水泵 100mm	台班	33.35	0.001	0.001	0.001

四、直埋式预制保温管

1. 室外预制直埋保温管(电弧焊)

工作内容：切割外护管及拆除保温材料、介质管切割、坡口、管道及管件安装、管口组对、焊接、水压试验及水冲洗。

计量单位：10m

定 额 编 号				A10-2-98	A10-2-99	A10-2-100
项 目 名 称				介质管道		
				公称直径(mm以内)		
				32	40	50
基 价（元）				62.58	73.27	98.96
其中	人 工 费（元）			50.26	56.28	65.38
	材 料 费（元）			4.65	5.33	8.08
	机 械 费（元）			7.67	11.66	25.50
名 称		单位	单价(元)	消 耗 量		
人工	综合工日	工日	140.00	0.359	0.402	0.467
材料	采暖室外预制直埋保温焊接管件	个	—	(0.890)	(0.980)	(0.960)
	预制直埋保温管	m	—	(10.180)	(10.180)	(10.180)
	弹簧压力表	个	23.08	0.002	0.002	0.003
	低碳钢焊条	kg	6.84	0.098	0.148	0.266
	电	kW·h	0.68	0.039	0.052	0.329
	镀锌铁丝 φ4.0～2.8	kg	3.57	0.075	0.079	0.083
	焊接钢管 DN20	m	4.46	0.016	0.016	0.017
	机油	kg	19.66	0.050	0.050	0.060
	锯条(各种规格)	根	0.62	0.070	0.089	0.101
	六角螺栓	kg	5.81	0.005	0.005	0.005
	螺纹阀门 DN20	个	22.00	0.005	0.005	0.005
	尼龙砂轮片 φ100	片	2.05	0.011	0.017	0.315
	尼龙砂轮片 φ400	片	8.55	0.013	0.016	0.020
	破布	kg	6.32	0.205	0.209	0.237
	热轧厚钢板 δ8.0～15	kg	3.20	0.037	0.039	0.042

续表

定　额　编　号				A10-2-98	A10-2-99	A10-2-100
项　目　名　称				介质管道		
				公称直径(mm以内)		
				32	40	50
名　　称		单位	单价(元)	消 耗 量		
材料	柔性吊装带	kg	8.55	0.003	0.004	0.005
	水	m³	7.96	0.040	0.053	0.088
	橡胶板	kg	2.91	0.009	0.010	0.010
	橡胶软管 DN20	m	7.26	0.007	0.007	0.008
	压力表弯管 DN15	个	10.69	0.002	0.002	0.003
	氧气	m³	3.63	0.045	0.060	0.105
	乙炔气	kg	10.45	0.015	0.020	0.035
	其他材料费占材料费	%	—	2.000	2.000	2.000
机械	电动单级离心清水泵 100mm	台班	33.35	0.001	0.002	0.001
	电焊机(综合)	台班	118.28	0.061	0.093	0.157
	电焊条恒温箱	台班	21.41	0.006	0.009	0.016
	电焊条烘干箱 60×50×75cm³	台班	26.46	0.006	0.009	0.016
	汽车式起重机 8t	台班	763.67	—	—	0.005
	砂轮切割机 400mm	台班	24.71	0.004	0.005	0.005
	试压泵 3MPa	台班	17.53	0.002	0.002	0.002
	载重汽车 5t	台班	430.70	—	—	0.005

工作内容：切割外护管及拆除保温材料、介质管切割、坡口、管道及管件安装、管口组对、焊接、水压试验及水冲洗。

计量单位：10m

定　额　编　号				A10-2-101	A10-2-102	A10-2-103
项　目　名　称				介质管道		
				公称直径(mm以内)		
				65	80	100
基　　价（元）				118.04	127.37	209.18
其中	人　工　费（元）			74.48	78.96	88.20
	材　料　费（元）			10.85	12.72	15.79
	机　械　费（元）			32.71	35.69	105.19
名　　称		单位	单价(元)	消　　耗　　量		
人工	综合工日	工日	140.00	0.532	0.564	0.630
材料	采暖室外预制直埋保温焊接管件	个	—	(0.990)	(0.740)	(0.820)
	预制直埋保温管	m	—	(10.120)	(10.120)	(10.120)
	弹簧压力表	个	23.08	0.003	0.003	0.003
	低碳钢焊条	kg	6.84	0.350	0.352	0.460
	电	kW·h	0.68	0.380	0.219	0.278
	镀锌铁丝 φ4.0～2.8	kg	3.57	0.085	0.089	0.101
	焊接钢管 DN20	m	4.46	0.019	0.020	0.021
	机油	kg	19.66	0.080	0.090	0.090
	六角螺栓	kg	5.81	0.006	0.006	0.006
	螺纹阀门 DN20	个	22.00	0.005	0.006	0.006
	尼龙砂轮片 φ100	片	2.05	0.426	0.471	0.482
	尼龙砂轮片 φ400	片	8.55	0.023	0.026	0.030
	破布	kg	6.32	0.266	0.282	0.327
	热轧厚钢板 δ8.0～15	kg	3.20	0.044	0.047	0.049
	柔性吊装带	kg	8.55	0.007	0.011	0.016
	水	m³	7.96	0.145	0.204	0.353
	橡胶板	kg	2.91	0.011	0.011	0.012
	橡胶软管 DN20	m	7.26	0.008	0.008	0.009
	压力表弯管 DN15	个	10.69	0.003	0.003	0.003
	氧气	m³	3.63	0.222	0.357	0.441
	乙炔气	kg	10.45	0.074	0.119	0.147
	其他材料费占材料费	%	—	2.000	2.000	2.000
机械	电动单级离心清水泵 100mm	台班	33.35	0.001	0.002	0.002
	电焊机(综合)	台班	118.28	0.206	0.220	0.271
	电焊条恒温箱	台班	21.41	0.020	0.022	0.027
	电焊条烘干箱 60×50×75cm³	台班	26.46	0.020	0.022	0.027
	汽车式起重机 8t	台班	763.67	0.006	0.007	0.083
	砂轮切割机 400mm	台班	24.71	0.006	0.006	0.007
	试压泵 3MPa	台班	17.53	0.002	0.002	0.002
	载重汽车 5t	台班	430.70	0.006	0.007	0.019

工作内容：切割外护管及拆除保温材料、介质管切割、坡口、管道及管件安装、管口组对、焊接、水压试验及水冲洗。

计量单位：10m

定 额 编 号				A10-2-104	A10-2-105	A10-2-106
项 目 名 称				介质管道		
				公称直径(mm以内)		
				125	150	200
基 价 （元）				268.43	325.10	404.10
其中	人 工 费（元）			100.80	119.56	144.76
	材 料 费（元）			23.65	30.32	43.83
	机 械 费（元）			143.98	175.22	215.51
名 称		单位	单价(元)	消 耗 量		
人工	综合工日	工日	140.00	0.720	0.854	1.034
材料	采暖室外预制直埋保温焊接管件	个	—	(0.770)	(0.760)	(0.760)
	预制直埋保温管	m	—	(9.980)	(9.980)	(9.980)
	弹簧压力表	个	23.08	0.003	0.003	0.003
	低碳钢焊条	kg	6.84	0.773	1.207	1.678
	电	kW·h	0.68	0.360	0.470	0.652
	镀锌铁丝 φ4.0~2.8	kg	3.57	0.107	0.112	0.131
	焊接钢管 DN20	m	4.46	0.022	0.023	0.024
	机油	kg	19.66	0.110	0.150	0.200
	角钢(综合)	kg	3.61	—	—	0.220
	六角螺栓	kg	5.81	0.008	0.012	0.018
	螺纹阀门 DN20	个	22.00	0.006	0.006	0.007
	尼龙砂轮片 φ100	片	2.05	0.647	0.959	1.376
	破布	kg	6.32	0.352	0.370	0.445
	热轧厚钢板 δ8.0~15	kg	3.20	0.073	0.110	0.148
	柔性吊装带	kg	8.55	0.032	0.043	0.062
	水	m³	7.96	0.547	0.764	1.346
	橡胶板	kg	2.91	0.014	0.016	0.018
	橡胶软管 DN20	m	7.26	0.009	0.010	0.010
	压力表弯管 DN15	个	10.69	0.003	0.003	0.003
	氧气	m³	3.63	0.873	0.867	1.113
	乙炔气	kg	10.45	0.291	0.289	0.371
	其他材料费占材料费	%	—	2.000	2.000	2.000
机械	电动单级离心清水泵 100mm	台班	33.35	0.003	0.005	0.007
	电焊机(综合)	台班	118.28	0.369	0.465	0.646
	电焊条恒温箱	台班	21.41	0.037	0.046	0.064
	电焊条烘干箱 60×50×75cm³	台班	26.46	0.037	0.046	0.064
	汽车式起重机 8t	台班	763.67	0.110	0.130	0.149
	砂轮切割机 400mm	台班	24.71	0.008	—	—
	试压泵 3MPa	台班	17.53	0.003	0.003	0.003
	载重汽车 5t	台班	430.70	0.033	0.043	0.051

工作内容：切割外护管及拆除保温材料、介质管切割、坡口、管道及管件安装、管口组对、焊接、水压试验及水冲洗。

计量单位：10m

定　额　编　号			A10-2-107	A10-2-108
项　目　名　称			介质管道	
			公称直径(mm以内)	
			250	300
基　　价（元）			598.36	698.99
其中	人　工　费（元）		186.76	212.52
	材　料　费（元）		67.84	83.72
	机　械　费（元）		343.76	402.75
名　　称	单位	单价（元）	消　耗　　量	
人工	综合工日	工日	140.00	1.334	1.518
材料	采暖室外预制直埋保温焊接管件	个	—	(0.750)	(0.730)
	预制直埋保温管	m	—	(9.850)	(9.850)
	弹簧压力表	个	23.08	0.003	0.004
	低碳钢焊条	kg	6.84	3.269	3.899
	电	kW·h	0.68	0.913	1.056
	镀锌铁丝　φ4.0～2.8	kg	3.57	0.140	0.144
	焊接钢管 DN20	m	4.46	0.025	0.026
	机油	kg	19.66	0.200	0.200
	角钢(综合)	kg	3.61	0.237	0.256
	六角螺栓	kg	5.81	0.028	0.038
	螺纹阀门 DN20	个	22.00	0.007	0.007
	尼龙砂轮片 φ100	片	2.05	2.254	2.950
	破布	kg	6.32	0.490	0.508
	热轧厚钢板 δ8.0～15	kg	3.20	0.231	0.333
	柔性吊装带	kg	8.55	0.073	0.088
	水	m³	7.96	2.139	3.037
	橡胶板	kg	2.91	0.021	0.024
	橡胶软管 DN20	m	7.26	0.011	0.011
	压力表弯管 DN15	个	10.69	0.003	0.004
	氧气	m³	3.63	1.611	1.869
	乙炔气	kg	10.45	0.537	0.623
	其他材料费占材料费	%	—	2.000	2.000
机械	电动单级离心清水泵 100mm	台班	33.35	0.009	0.012
	电焊机(综合)	台班	118.28	0.909	1.084
	电焊条恒温箱	台班	21.41	0.091	0.108
	电焊条烘干箱 60×50×75cm³	台班	26.46	0.091	0.108
	汽车式起重机 16t	台班	958.70	0.206	0.236
	试压泵 3MPa	台班	17.53	0.004	0.004
	载重汽车 5t	台班	430.70	0.079	0.099

工作内容：切割外护管及拆除保温材料、介质管切割、坡口、管道及管件安装、管口组对、焊接、水压试验及水冲洗。

计量单位：10m

定　额　编　号				A10-2-109	A10-2-110
项　目　名　称				介质管道	
				公称直径(mm以内)	
				350	400
基　　价（元）				828.16	911.90
其中	人　工　费（元）			246.54	274.40
	材　料　费（元）			103.39	118.81
	机　械　费（元）			478.23	518.69
名　　称		单位	单价（元）	消　耗　　量	
人工	综合工日	工日	140.00	1.761	1.960
材料	采暖室外预制直埋保温焊接管件	个	—	(0.730)	(0.710)
	预制直埋保温管	m	—	(9.780)	(9.780)
	弹簧压力表	个	23.08	0.004	0.004
	低碳钢焊条	kg	6.84	4.556	5.090
	电	kW·h	0.68	1.255	1.355
	镀锌铁丝 φ4.0～2.8	kg	3.57	0.148	0.153
	焊接钢管 DN20	m	4.46	0.027	0.028
	机油	kg	19.66	0.200	0.200
	角钢(综合)	kg	3.61	0.288	0.292
	六角螺栓	kg	5.81	0.046	0.054
	螺纹阀门 DN20	个	22.00	0.008	0.008
	尼龙砂轮片 φ100	片	2.05	3.887	3.919
	破布	kg	6.32	0.535	0.553
	热轧厚钢板 δ8.0～15	kg	3.20	0.380	0.426
	柔性吊装带	kg	8.55	0.093	0.104
	水	m³	7.96	4.047	5.227
	橡胶板	kg	2.91	0.033	0.042
	橡胶软管 DN20	m	7.26	0.011	0.012
	压力表弯管 DN15	个	10.69	0.004	0.004
	氧气	m³	3.63	2.445	2.652
	乙炔气	kg	10.45	0.815	0.884
	其他材料费占材料费	%	—	2.000	2.000
机械	电动单级离心清水泵 100mm	台班	33.35	0.014	0.016
	电焊机(综合)	台班	118.28	1.266	1.415
	电焊条恒温箱	台班	21.41	0.126	0.141
	电焊条烘干箱 60×50×75cm³	台班	26.46	0.126	0.141
	汽车式起重机 16t	台班	958.70	0.285	0.299
	试压泵 3MPa	台班	17.53	0.005	0.006
	载重汽车 5t	台班	430.70	0.113	0.133

2.室外预制直埋保温管热缩套袖补口

工作内容：管端除锈、清理、烘干、连接套管就位、固定、塑料焊接、钻孔、气密试验、收缩带热熔粘贴、注料发泡、封堵标识。

计量单位：个

定 额 编 号			A10-2-111	A10-2-112	A10-2-113
项 目 名 称			介质管道		
			公称直径(mm)		
			32	40	50
基 价（元）			26.66	31.23	34.54
其中	人 工 费（元）		17.50	19.88	20.58
	材 料 费（元）		9.09	11.28	13.89
	机 械 费（元）		0.07	0.07	0.07
名 称	单位	单价(元)	消 耗 量		
人工	综合工日	工日	140.00	0.125	0.142	0.147
材料	高密度聚乙烯连接套管	m	—	(0.653)	(0.653)	(0.653)
	PE封堵塞	个	0.30	2.000	2.000	2.000
	丙酮	kg	7.51	0.028	0.039	0.046
	电	kW•h	0.68	0.314	0.376	0.386
	肥皂	块	3.56	0.021	0.021	0.021
	钢丝刷	把	2.56	0.001	0.001	0.001
	聚氯乙烯焊条	kg	20.77	0.009	0.010	0.011
	汽油	kg	6.77	0.890	1.070	1.210
	收缩带	m²	0.56	0.136	0.167	0.206
	异氰酸酯(黑料)	kg	20.27	0.068	0.102	0.170
	组合聚醚(白料)	kg	2.19	0.062	0.093	0.154
	钻头 φ6~13	个	2.14	0.006	0.006	0.006
	其他材料费占材料费	%	—	2.000	2.000	2.000
机械	电动空气压缩机 0.6m³/min	台班	37.30	0.002	0.002	0.002

工作内容：管端除锈、清理、烘干、连接套管就位、固定、塑料焊接、钻孔、气密试验、收缩带热熔粘贴、注料发泡、封堵标识。

计量单位：个

定 额 编 号			A10-2-114	A10-2-115	A10-2-116
项 目 名 称			介质管道		
			公称直径(mm)		
			65	80	100
基 价 （元）			42.93	51.00	56.76
其中	人 工 费（元）		21.98	27.16	27.86
	材 料 费（元）		20.84	23.73	28.75
	机 械 费（元）		0.11	0.11	0.15
名 称	单位	单价（元）	消 耗 量		
人工 综合工日	工日	140.00	0.157	0.194	0.199
材料 高密度聚乙烯连接套管	m	—	(0.653)	(0.653)	(0.653)
PE封堵塞	个	0.30	2.000	2.000	2.000
丙酮	kg	7.51	0.056	0.072	0.082
电	kW•h	0.68	0.469	0.500	0.542
肥皂	块	3.56	0.021	0.032	0.032
钢丝刷	把	2.56	0.001	0.001	0.001
聚氯乙烯焊条	kg	20.77	0.012	0.014	0.016
汽油	kg	6.77	2.080	2.240	2.720
收缩带	m²	0.56	0.229	0.261	0.322
异氰酸酯(黑料)	kg	20.27	0.204	0.272	0.339
组合聚醚(白料)	kg	2.19	0.185	0.247	0.309
钻头 φ6～13	个	2.14	0.006	0.006	0.006
其他材料费占材料费	%	—	2.000	2.000	2.000
机械 电动空气压缩机 0.6m³/min	台班	37.30	0.003	0.003	0.004

工作内容：管端除锈、清理、烘干、连接套管就位、固定、塑料焊接、钻孔、气密试验、收缩带热熔粘
贴、注料发泡、封堵标识。

计量单位：个

定 额 编 号				A10-2-117	A10-2-118	A10-2-119
项 目 名 称				介质管道		
				公称直径(mm)		
				125	150	200
基 价（元）				63.86	79.51	94.15
其中	人 工 费（元）			30.80	32.90	35.98
	材 料 费（元）			32.76	36.22	45.62
	机 械 费（元）			0.30	10.39	12.55
名 称		单位	单价(元)	消 耗 量		
人工	综合工日	工日	140.00	0.220	0.235	0.257
材料	高密度聚乙烯连接套管	m	—	(0.653)	(0.653)	(0.653)
	PE封堵塞	个	0.30	2.000	2.000	2.000
	丙酮	kg	7.51	0.140	0.158	0.201
	电	kW•h	0.68	0.614	0.698	0.834
	肥皂	块	3.56	0.033	0.033	0.041
	钢丝刷	把	2.56	0.001	0.001	0.002
	聚氯乙烯焊条	kg	20.77	0.027	0.032	0.045
	汽油	kg	6.77	2.970	3.200	4.000
	收缩带	m²	0.56	0.341	0.379	0.478
	异氰酸酯(黑料)	kg	20.27	0.407	0.475	0.611
	组合聚醚(白料)	kg	2.19	0.370	0.432	0.555
	钻头 φ6~13	个	2.14	0.006	0.006	0.006
	其他材料费占材料费	%	—	2.000	2.000	2.000
机械	电动空气压缩机 0.6m³/min	台班	37.30	0.008	0.009	0.011
	载重汽车 2t	台班	346.86	—	0.029	0.035

工作内容：管端除锈、清理、烘干、连接套管就位、固定、塑料焊接、钻孔、气密试验、收缩带热熔粘
贴、注料发泡、封堵标识。

计量单位：个

定 额 编 号			A10-2-120	A10-2-121
项 目 名 称			介质管道	
			公称直径(mm)	
			250	300
基 价 （元）			133.54	156.73
其中	人 工 费（元）		46.62	51.52
	材 料 费（元）		70.79	86.92
	机 械 费（元）		16.13	18.29
名 称	单位	单价(元)	消 耗 量	
人工 综合工日	工日	140.00	0.333	0.368
材料 高密度聚乙烯连接套管	m	—	(0.653)	(0.653)
PE封堵塞	个	0.30	2.000	2.000
丙酮	kg	7.51	0.241	0.275
电	kW·h	0.68	1.010	1.172
肥皂	块	3.56	0.042	0.042
钢丝刷	把	2.56	0.002	0.002
汽油	kg	6.77	6.200	7.920
收缩带	m²	0.56	0.607	0.682
塑料焊条 φ6	kg	17.09	0.068	0.111
异氰酸酯(黑料)	kg	20.27	1.018	1.154
组合聚醚(白料)	kg	2.19	0.926	1.049
钻头 φ6～13	个	2.14	0.006	0.006
其他材料费占材料费	%	—	2.000	2.000
机械 电动空气压缩机 0.6m³/min	台班	37.30	0.014	0.016
载重汽车 2t	台班	346.86	0.045	0.051

工作内容：管端除锈、清理、烘干、连接套管就位、固定、塑料焊接、钻孔、气密试验、收缩带热熔粘贴、注料发泡、封堵标识。

计量单位：个

定 额 编 号				A10-2-122	A10-2-123
项 目 名 称				介质管道	
				公称直径(mm)	
				350	400
基 价 （元）				169.23	197.11
其中	人 工 费（元）			55.02	59.64
	材 料 费（元）			93.42	114.52
	机 械 费（元）			20.79	22.95
名 称		单位	单价(元)	消 耗 量	
人工	综合工日	工日	140.00	0.393	0.426
材料	高密度聚乙烯连接套管	m	—	(0.653)	(0.653)
	PE封堵塞	个	0.30	2.000	2.000
	丙酮	kg	7.51	0.313	0.356
	电	kW·h	0.68	1.262	1.347
	肥皂	块	3.56	0.062	0.063
	钢丝刷	把	2.56	0.003	0.003
	汽油	kg	6.77	8.400	9.840
	收缩带	m²	0.56	0.758	0.889
	塑料焊条 φ6	kg	17.09	0.134	0.149
	异氰酸酯(黑料)	kg	20.27	1.256	1.697
	组合聚醚(白料)	kg	2.19	1.141	1.728
	钻头 φ6～13	个	2.14	0.006	0.006
	其他材料费占材料费	%	—	2.000	2.000
机械	电动空气压缩机 0.6m³/min	台班	37.30	0.018	0.020
	载重汽车 2t	台班	346.86	0.058	0.064

202

3.室外预制直埋保温管电热熔套补口

工作内容：管端除锈、清理、烘干、电热熔套就位、固定、钻孔、气密试验、卡紧热熔接缝、通电焊接、注料发泡、封堵标识。 计量单位：个

定 额 编 号				A10-2-124	A10-2-125	A10-2-126
项 目 名 称				介质管道		
				公称直径(mm)		
				150	200	250
基 价 （元）				79.48	92.43	127.16
其中	人 工 费 （元）			32.90	35.98	51.24
	材 料 费 （元）			15.95	19.68	30.34
	机 械 费 （元）			30.63	36.77	45.58
名 称		单位	单价(元)	消 耗 量		
人工	综合工日	工日	140.00	0.235	0.257	0.366
材料	电热熔套	个	—	(1.000)	(1.000)	(1.000)
	PE封堵塞	个	0.30	2.000	2.000	2.000
	丙酮	kg	7.51	0.158	0.201	0.241
	电	kW·h	0.68	0.018	0.024	0.030
	电热熔套卡具	套	102.56	0.020	0.020	0.020
	肥皂	块	3.56	0.033	0.041	0.042
	钢丝刷	把	2.56	0.001	0.002	0.002
	汽油	kg	6.77	0.160	0.200	0.360
	异氰酸酯(黑料)	kg	20.27	0.475	0.611	1.018
	组合聚醚(白料)	kg	2.19	0.432	0.555	0.926
	钻头 φ6～13	个	2.14	0.006	0.006	0.006
	其他材料费占材料费	%	—	2.000	2.000	2.000
机械	电动空气压缩机 6m³/min	台班	206.73	0.009	0.011	0.014
	电熔焊接机 3.5kW	台班	26.81	0.698	0.834	1.010
	载重汽车 2t	台班	346.86	0.029	0.035	0.045

工作内容：管端除锈、清理、烘干、电热熔套就位、固定、钻孔、气密试验、卡紧热熔接缝、通电焊接、
注料发泡、封堵标识。

计量单位：个

定 额 编 号				A10-2-127	A10-2-128	A10-2-129
项 目 名 称				介质管道		
				公称直径(mm)		
				300	350	400
基 价 （元）				144.18	156.06	177.29
其中	人 工 费 （元）			57.82	61.60	66.78
	材 料 费 （元）			33.94	36.79	48.06
	机 械 费 （元）			52.42	57.67	62.45
名 称		单位	单价(元)	消 耗 量		
人工	综合工日	工日	140.00	0.413	0.440	0.477
材料	电热熔套	个	—	(1.000)	(1.000)	(1.000)
	PE封堵塞	个	0.30	2.000	2.000	2.000
	丙酮	kg	7.51	0.275	0.313	0.356
	电	kW·h	0.68	0.036	0.042	0.047
	电热熔套卡具	套	102.56	0.020	0.020	0.020
	肥皂	块	3.56	0.042	0.062	0.063
	钢丝刷	把	2.56	0.002	0.003	0.003
	汽油	kg	6.77	0.396	0.420	0.492
	异氰酸酯(黑料)	kg	20.27	1.154	1.256	1.697
	组合聚醚(白料)	kg	2.19	1.049	1.141	1.728
	钻头 φ6～13	个	2.14	0.006	0.006	0.006
	其他材料费占材料费	%	—	2.000	2.000	2.000
机械	电动空气压缩机 6m³/min	台班	206.73	0.016	0.018	0.020
	电熔焊接机 3.5kW	台班	26.81	1.172	1.262	1.347
	载重汽车 2t	台班	346.86	0.051	0.058	0.064

第三章 燃气管道

说　　明

一、本章适用于室内外燃气管道的安装，包括镀锌钢管、钢管、不锈钢管、铜管、铸铁管、塑料管、复合管等管道安装、室外管道碰头、氮气置换及警示带、示踪线、地面警示标志桩安装等项目。

二、管道的界限划分：

1. 地下引入室内的管道以室内第一个阀门为界。

2. 地上引入室内的管道以墙外三通为界。

三、燃气管道安装项目适用于工作压力小于或等于 0.4MPa（中压 A）的燃气系统。如铸铁管道工作压力大于 0.2MPa 时，安装人工乘以系数 1.3。

四、室外管道安装不分地上与地下，均执行同一子目。

五、有关说明

1. 管道安装项目中，均包括管道及管件安装、强度试验、严密性试验、空气吹扫等内容。各种管件均按成品管件安装考虑，其数量系综合取定，执行定额时，管件数量可依据设计文件及施工方案或参照本册附录"管道管件数量取定表"计算，定额中其他消耗量均不做调整。

本册定额管件含量中不含与螺纹阀门配套的活接、对丝，其用量含在螺纹阀门安装项目中。

2. 管道安装项目中，均不包括管道支架、管卡、托钩等制作安装以及管道穿墙、楼板套管制作安装、预留孔洞、堵洞、打洞、凿槽等工作内容，发生时，应按相应项目另行计算。

3. 已验收合格未及时投入使用的管道，使用前需做强度试验、严密性试验、空气吹扫试验，执行第八册《工业管道工程》相应项目。

4. 燃气检漏管安装执行相应材质的管道安装项目。

5. 成品防腐管道需做电火花检测的，可另行计算。

6. 室外管道碰头项目适用于新建管道与已有气源管道的碰头连接，如已有气源管道已做预留接口则不执行相应安装项目。

与已有管道碰头项目中，不包含氮气置换、连接后的单独试压以及带气施工措施费 应根据施工方案另行计算。

工程量计算规则

一、各类管道安装按室内外、材质、连接形式、规格分别列项，以"10m"为计量单位。定额中铜管、塑料管、复合管按公称外径表示，其他管道均按公称直径表示。

二、各类管道安装工程量，均按设计管道中心线长度，以"10m"为计量单位，不扣除阀门、管件、附件及井类所占长度。

三、与已有管道碰头项目除钢管带介质碰头、塑料管带介质碰头以支管管径外，其他项目均按主管管径，以"处"为计量单位。

四、氮气置换区分管径，以"100m"为计量单位。

五、警示带、示踪线安装，以"100m"为计量单位。

六、地面警示标志桩安装，以"10个"为计量单位。

一、镀锌钢管

1.室外镀锌钢管(螺纹连接)

工作内容：调直、切管、套丝、组对连接、管道及管件安装、气压试验、空气吹扫。　　计量单位：10m

定　额　编　号			A10-3-1	A10-3-2	A10-3-3	A10-3-4
项　目　名　称			公称直径(mm以内)			
			25	32	40	50
基　　价（元）			73.95	80.78	86.81	96.96
其中	人　工　费（元）		64.12	70.42	75.74	81.20
	材　料　费（元）		4.73	4.91	5.35	5.65
	机　械　费（元）		5.10	5.45	5.72	10.11
名　　称	单位	单价（元）	消　耗　量			
人工	综合工日	工日	140.00	0.458	0.503	0.541	0.580
材料	镀锌钢管	m	—	(10.080)	(10.080)	(10.120)	(10.120)
	燃气室外镀锌钢管螺纹管件	个	—	(5.340)	(4.890)	(3.500)	(3.180)
	弹簧压力表	个	23.08	0.005	0.005	0.007	0.007
	低碳钢焊条	kg	6.84	0.005	0.005	0.007	0.007
	镀锌铁丝 φ4.0～2.8	kg	3.57	0.048	0.050	0.069	0.075
	焊接钢管 DN20	m	4.46	0.033	0.033	0.041	0.041
	机油	kg	19.66	0.090	0.091	0.093	0.096
	锯条(各种规格)	根	0.62	0.227	0.239	0.251	0.267
	聚四氟乙烯生料带	m	0.13	2.423	2.551	2.659	2.779
	六角螺栓	kg	5.81	0.011	0.012	0.013	0.013
	螺纹阀门 DN20	个	22.00	0.005	0.005	0.007	0.007
	尼龙砂轮片 φ400	片	8.55	0.040	0.044	0.045	0.045
	破布	kg	6.32	0.100	0.110	0.120	0.140
	热轧厚钢板 δ8.0～15	kg	3.20	0.086	0.092	0.099	0.104
	石棉橡胶板	kg	9.40	0.023	0.023	0.024	0.026
	洗衣粉	kg	4.27	0.013	0.014	0.015	0.016
	橡胶软管 DN20	m	7.26	0.015	0.015	0.019	0.019
	压力表弯管 DN15	个	10.69	0.005	0.005	0.007	0.007
	氧气	m³	3.63	0.012	0.012	0.012	0.015
	乙炔气	kg	10.45	0.004	0.004	0.004	0.005
	其他材料费占材料费	%	—	2.000	2.000	2.000	2.000
机械	电动空气压缩机 6m³/min	台班	206.73	0.012	0.012	0.013	0.014
	电焊机(综合)	台班	118.28	0.004	0.004	0.004	0.004
	管子切断套丝机 159mm	台班	21.31	0.088	0.103	0.105	0.133
	汽车式起重机 8t	台班	763.67	—	—	—	0.003
	砂轮切割机 400mm	台班	24.71	0.011	0.012	0.013	0.013
	载重汽车 5t	台班	430.70	—	—	—	0.003

2.室内镀锌钢管

工作内容：调直、切管、套丝、组对连接、管道及管件安装、气压试验、空气吹扫。　　　　计量单位：10m

定　额　编　号				A10-3-5	A10-3-6	A10-3-7
项　目　名　称				公称直径(mm以内)		
				15	20	25
基　　价（元）				131.80	137.63	160.09
其中	人　工　费（元）			120.12	125.58	144.76
	材　料　费（元）			6.00	6.26	6.92
	机　械　费（元）			5.68	5.79	8.41
名　　称		单位	单价（元）	消　　耗　　量		
人工	综合工日	工日	140.00	0.858	0.897	1.034
材料	镀锌钢管	m	—	(9.950)	(9.950)	(10.000)
	燃气室内镀锌钢管螺纹管件	个	—	(12.990)	(10.060)	(9.460)
	弹簧压力表	个	23.08	0.005	0.005	0.005
	低碳钢焊条	kg	6.84	0.005	0.005	0.005
	镀锌铁丝 φ4.0～2.8	kg	3.57	0.040	0.045	0.048
	焊接钢管 DN20	m	4.46	0.033	0.033	0.033
	机油	kg	19.66	0.143	0.144	0.152
	锯条(各种规格)	根	0.62	0.866	0.898	0.991
	聚四氟乙烯生料带	m	0.13	3.218	3.242	4.135
	六角螺栓	kg	5.81	0.010	0.010	0.011
	螺纹阀门 DN20	个	22.00	0.005	0.005	0.005
	尼龙砂轮片 φ400	片	8.55	0.038	0.046	0.069
	破布	kg	6.32	0.080	0.090	0.100
	热轧厚钢板 δ8.0～15	kg	3.20	0.074	0.080	0.086
	石棉橡胶板	kg	9.40	0.018	0.020	0.021
	洗衣粉	kg	4.27	0.011	0.012	0.013
	橡胶软管 DN20	m	7.26	0.015	0.015	0.015
	压力表弯管 DN15	个	10.69	0.005	0.005	0.005
	氧气	m³	3.63	0.009	0.012	0.012
	乙炔气	kg	10.45	0.003	0.004	0.004
	其他材料费占材料费	%	—	2.000	2.000	2.000
机械	电动空气压缩机 6m³/min	台班	206.73	0.011	0.011	0.012
	电焊机(综合)	台班	118.28	0.004	0.004	0.004
	吊装机械(综合)	台班	619.04	0.002	0.002	0.003
	管子切断套丝机 159mm	台班	21.31	0.068	0.073	0.148
	砂轮切割机 400mm	台班	24.71	0.010	0.010	0.018

工作内容：调直、切管、套丝、组对连接、管道及管件安装、气压试验、空气吹扫。　　计量单位：10m

定　额　编　号				A10-3-8	A10-3-9	A10-3-10
项　目　名　称				公称直径(mm以内)		
				32	40	50
基　　　价（元）				166.59	196.55	211.07
其中	人　工　费（元）			148.82	175.42	182.98
	材　料　费（元）			7.73	9.31	10.73
	机　械　费（元）			10.04	11.82	17.36
名　　　称		单位	单价（元）	消　　耗　　量		
人工	综合工日	工日	140.00	1.063	1.253	1.307
材料	镀锌钢管	m	—	(10.000)	(10.000)	(10.000)
	燃气室内镀锌钢管螺纹管件	个	—	(9.370)	(8.980)	(8.370)
	弹簧压力表	个	23.08	0.005	0.007	0.007
	低碳钢焊条	kg	6.84	0.005	0.007	0.007
	镀锌铁丝 φ4.0～2.8	kg	3.57	0.050	0.069	0.075
	焊接钢管 DN20	m	4.46	0.033	0.041	0.041
	机油	kg	19.66	0.176	0.219	0.253
	锯条(各种规格)	根	0.62	1.019	1.134	1.276
	聚四氟乙烯生料带	m	0.13	5.011	5.560	6.783
	六角螺栓	kg	5.81	0.012	0.013	0.013
	螺纹阀门 DN20	个	22.00	0.005	0.007	0.007
	尼龙砂轮片 φ400	片	8.55	0.078	0.101	0.133
	破布	kg	6.32	0.110	0.120	0.140
	热轧厚钢板 δ8.0～15	kg	3.20	0.092	0.099	0.104
	石棉橡胶板	kg	9.40	0.023	0.024	0.026
	洗衣粉	kg	4.27	0.014	0.015	0.016
	橡胶软管 DN20	m	7.26	0.015	0.019	0.019
	压力表弯管 DN15	个	10.69	0.005	0.007	0.007
	氧气	m³	3.63	0.012	0.012	0.015
	乙炔气	kg	10.45	0.004	0.004	0.005
	其他材料费占材料费	%	—	2.000	2.000	2.000
机械	电动空气压缩机 6m³/min	台班	206.73	0.012	0.013	0.014
	电焊机(综合)	台班	118.28	0.004	0.004	0.004
	吊装机械(综合)	台班	619.04	0.004	0.005	0.007
	管子切断套丝机 159mm	台班	21.31	0.186	0.225	0.353
	砂轮切割机 400mm	台班	24.71	0.026	0.031	0.034
	载重汽车 5t	台班	430.70	—	—	0.003

工作内容：调直、切管、套丝、组对连接、管道及管件安装、气压试验、空气吹扫。　　　计量单位：10m

定　额　编　号			A10-3-11	A10-3-12	A10-3-13
项　目　名　称			公称直径(mm以内)		
			65	80	100
基　　价（元）			240.03	275.10	366.57
其中	人　工　费（元）		209.72	240.94	284.06
	材　料　费（元）		10.83	11.48	11.88
	机　械　费（元）		19.48	22.68	70.63
名　　称		单位	单价(元)	消　　耗　　量	
人工	综合工日	工日	140.00	1.498	1.721	2.029
材料	镀锌钢管	m	—	(9.960)	(9.960)	(9.960)
	燃气室内镀锌钢管螺纹管件	个	—	(6.340)	(5.400)	(4.540)
	弹簧压力表	个	23.08	0.007	0.008	0.008
	低碳钢焊条	kg	6.84	0.007	0.008	0.008
	镀锌铁丝 φ4.0～2.8	kg	3.57	0.078	0.080	0.083
	焊接钢管 DN20	m	4.46	0.041	0.049	0.049
	机油	kg	19.66	0.270	0.277	0.280
	聚四氟乙烯生料带	m	0.13	6.816	7.074	7.551
	六角螺栓	kg	5.81	0.014	0.015	0.016
	螺纹阀门 DN20	个	22.00	0.007	0.008	0.008
	尼龙砂轮片 φ400	片	8.55	0.176	0.194	0.197
	破布	kg	6.32	0.160	0.180	0.210
	热轧厚钢板 δ8.0～15	kg	3.20	0.111	0.117	0.123
	石棉橡胶板	kg	9.40	0.027	0.029	0.030
	洗衣粉	kg	4.27	0.018	0.019	0.021
	橡胶软管 DN20	m	7.26	0.019	0.023	0.023
	压力表弯管 DN15	个	10.69	0.007	0.008	0.008
	氧气	m³	3.63	0.015	0.015	0.015
	乙炔气	kg	10.45	0.005	0.005	0.005
	其他材料费占材料费	%	—	2.000	2.000	2.000
机械	电动空气压缩机 6m³/min	台班	206.73	0.015	0.016	0.017
	电焊机(综合)	台班	118.28	0.004	0.005	0.005
	吊装机械(综合)	台班	619.04	0.009	0.012	0.084
	管子切断套丝机 159mm	台班	21.31	0.359	0.364	0.369
	砂轮切割机 400mm	台班	24.71	0.039	0.041	0.043
	载重汽车 5t	台班	430.70	0.004	0.006	0.013

二、钢管

1.室外钢管（电弧焊）

工作内容：调直、切管、坡口、磨口、组对连接、管道及管件安装、焊接、气压试验、空气吹扫。

计量单位：10m

定 额 编 号			A10-3-14	A10-3-15	A10-3-16	A10-3-17
项 目 名 称			公称直径(mm以内)			
			25	32	40	50
基 价（元）			76.77	80.98	90.29	101.54
其中	人 工 费（元）		52.50	56.00	64.12	70.42
	材 料 费（元）		4.24	4.57	5.13	5.91
	机 械 费（元）		20.03	20.41	21.04	25.21
名 称	单位	单价（元）	消 耗 量			
人工 综合工日	工日	140.00	0.375	0.400	0.458	0.503
材料 钢管	m	—	(9.970)	(9.970)	(10.060)	(10.060)
燃气室外碳钢焊接管件	个	—	(3.100)	(2.650)	(2.020)	(1.700)
弹簧压力表	个	23.08	0.005	0.005	0.007	0.007
低碳钢焊条	kg	6.84	0.197	0.213	0.230	0.247
电	kW·h	0.68	0.257	0.287	0.333	0.416
镀锌铁丝 φ4.0～2.8	kg	3.57	0.048	0.050	0.069	0.075
焊接钢管 DN20	m	4.46	0.033	0.033	0.041	0.041
锯条（各种规格）	根	0.62	0.176	0.178	0.179	0.180
六角螺栓	kg	5.81	0.011	0.012	0.013	0.013
螺纹阀门 DN20	个	22.00	0.005	0.005	0.007	0.007
尼龙砂轮片 φ100	片	2.05	0.120	0.147	0.169	0.350
尼龙砂轮片 φ400	片	8.55	0.031	0.033	0.034	0.035
破布	kg	6.32	0.100	0.110	0.120	0.140
热轧厚钢板 δ8.0～15	kg	3.20	0.086	0.092	0.099	0.104
石棉橡胶板	kg	9.40	0.021	0.023	0.024	0.026
洗衣粉	kg	4.27	0.013	0.014	0.015	0.016
橡胶软管 DN20	m	7.26	0.015	0.015	0.019	0.019
压力表弯管 DN15	个	10.69	0.005	0.005	0.007	0.007
氧气	m³	3.63	0.012	0.012	0.012	0.015
乙炔气	kg	10.45	0.004	0.004	0.004	0.005
其他材料费占材料费	%	—	2.000	2.000	2.000	2.000
机械 电动空气压缩机 6m³/min	台班	206.73	0.012	0.012	0.013	0.014
电焊机（综合）	台班	118.28	0.141	0.144	0.147	0.150
电焊条恒温箱	台班	21.41	0.014	0.014	0.015	0.015
电焊条烘干箱 60×50×75cm³	台班	26.46	0.014	0.014	0.015	0.015
汽车式起重机 8t	台班	763.67	—	—	—	0.003
砂轮切割机 400mm	台班	24.71	0.008	0.009	0.010	0.011
载重汽车 5t	台班	430.70	—	—	—	0.003

工作内容：调直、切管、坡口、磨口、组对连接、管道及管件安装、焊接、气压试验、空气吹扫。

计量单位：10m

定　额　编　号			A10-3-18	A10-3-19	A10-3-20	A10-3-21
项　目　名　称			公称直径(mm以内)			
			65	80	100	125
基　　价（元）			128.78	151.28	237.61	267.80
其中	人　工　费（元）		84.00	97.02	107.94	125.02
	材　料　费（元）		7.66	11.11	15.97	17.93
	机　械　费（元）		37.12	43.15	113.70	124.85
名　　　　称	单位	单价（元）	消　　耗　　量			
人工 综合工日	工日	140.00	0.600	0.693	0.771	0.893
材料 钢管	m	—	(10.060)	(9.980)	(9.980)	(9.980)
燃气室外碳钢焊接管件	个	—	(1.620)	(1.530)	(1.470)	(1.270)
弹簧压力表	个	23.08	0.007	0.008	0.008	0.008
低碳钢焊条	kg	6.84	0.405	0.453	0.801	0.888
电	kW•h	0.68	0.470	0.495	0.499	0.576
镀锌铁丝 φ4.0～2.8	kg	3.57	0.078	0.080	0.083	0.085
焊接钢管 DN20	m	4.46	0.041	0.049	0.049	0.049
六角螺栓	kg	5.81	0.014	0.015	0.016	0.020
螺纹阀门 DN20	个	22.00	0.007	0.008	0.008	0.008
尼龙砂轮片 φ100	片	2.05	0.493	0.616	0.760	0.852
尼龙砂轮片 φ400	片	8.55	0.043	0.048	0.069	0.073
破布	kg	6.32	0.160	0.180	0.210	0.240
热轧厚钢板 δ8.0～15	kg	3.20	0.111	0.117	0.123	0.182
石棉橡胶板	kg	9.40	0.027	0.029	0.030	0.035
洗衣粉	kg	4.27	0.018	0.019	0.021	0.022
橡胶软管 DN20	m	7.26	0.019	0.023	0.023	0.023
压力表弯管 DN15	个	10.69	0.007	0.008	0.008	0.008
氧气	m³	3.63	0.039	0.381	0.615	0.699
乙炔气	kg	10.45	0.013	0.127	0.205	0.233
其他材料费占材料费	%	—	2.000	2.000	2.000	2.000
机械 电动空气压缩机 6m³/min	台班	206.73	0.015	0.016	0.017	0.018
电焊机(综合)	台班	118.28	0.235	0.263	0.369	0.410
电焊条恒温箱	台班	21.41	0.024	0.026	0.037	0.041
电焊条烘干箱 60×50×75cm³	台班	26.46	0.024	0.026	0.037	0.041
汽车式起重机 8t	台班	763.67	0.004	0.006	0.077	0.083
砂轮切割机 400mm	台班	24.71	0.012	0.013	0.015	0.016
载重汽车 5t	台班	430.70	0.004	0.006	0.013	0.016

工作内容：调直、切管、坡口、磨口、组对连接、管道及管件安装、焊接、气压试验、空气吹扫。

计量单位：10m

定　额　编　号			A10-3-22	A10-3-23	A10-3-24
项　目　名　称			公称直径(mm以内)		
			150	200	250
基　　　价（元）			313.18	393.02	518.63
其中	人　工　费（元）		139.30	164.64	183.82
	材　料　费（元）		22.75	27.15	38.89
	机　械　费（元）		151.13	201.23	295.92
名　　称	单位	单价（元）	消　　耗　　量		
人工 综合工日	工日	140.00	0.995	1.176	1.313
材料	钢管	m	—	(9.800)	(9.800)	(9.800)
	燃气室外碳钢焊接管件	个	—	(1.270)	(1.040)	(0.810)
	弹簧压力表	个	23.08	0.009	0.009	0.009
	低碳钢焊条	kg	6.84	1.322	1.583	2.649
	电	kW·h	0.68	0.606	0.727	0.883
	镀锌铁丝 φ4.0～2.8	kg	3.57	0.089	0.096	0.109
	焊接钢管 DN20	m	4.46	0.057	0.057	0.057
	角钢(综合)	kg	3.61	—	0.237	0.246
	六角螺栓	kg	5.81	0.070	0.045	0.070
	螺纹阀门 DN20	个	22.00	0.009	0.009	0.009
	尼龙砂轮片 φ100	片	2.05	0.976	1.214	1.695
	破布	kg	6.32	0.270	0.300	0.350
	热轧厚钢板 δ8.0～15	kg	3.20	0.276	0.369	0.577
	石棉橡胶板	kg	9.40	0.040	0.045	0.053
	洗衣粉	kg	4.27	0.024	0.026	0.028
	橡胶软管 DN20	m	7.26	0.027	0.027	0.027
	压力表弯管 DN15	个	10.69	0.009	0.009	0.009
	氧气	m³	3.63	0.858	0.954	1.212
	乙炔气	kg	10.45	0.286	0.318	0.404
	其他材料费占材料费	%	—	2.000	2.000	2.000
机械	电动空气压缩机 6m³/min	台班	206.73	0.019	0.020	0.021
	电焊机(综合)	台班	118.28	0.505	0.605	0.733
	电焊条恒温箱	台班	21.41	0.050	0.061	0.073
	电焊条烘干箱 60×50×75cm³	台班	26.46	0.050	0.061	0.073
	汽车式起重机 16t	台班	958.70	—	—	0.184
	汽车式起重机 8t	台班	763.67	0.099	0.138	—
	载重汽车 5t	台班	430.70	0.022	0.040	0.058

工作内容：调直、切管、坡口、磨口、组对连接、管道及管件安装、焊接、气压试验、空气吹扫。

计量单位：10m

定 额 编 号			A10-3-25	A10-3-26	A10-3-27
项 目 名 称			公称直径(mm以内)		
			300	350	400
基 价 （元）			621.01	705.05	764.70
其中	人 工 费 （元）		219.24	243.04	265.72
	材 料 费 （元）		45.45	52.73	59.64
	机 械 费 （元）		356.32	409.28	439.34
名 称	单位	单价（元）	消 耗 量		
人工 综合工日	工日	140.00	1.566	1.736	1.898
钢管	m	—	(9.800)	(9.700)	(9.700)
燃气室外碳钢焊接管件	个	—	(0.790)	(0.740)	(0.740)
弹簧压力表	个	23.08	0.010	0.010	0.010
低碳钢焊条	kg	6.84	3.088	3.421	3.868
电	kW•h	0.68	1.001	1.117	1.265
镀锌铁丝 φ4.0～2.8	kg	3.57	0.135	0.144	0.153
焊接钢管 DN20	m	4.46	0.065	0.065	0.065
角钢(综合)	kg	3.61	0.260	0.268	0.275
六角螺栓	kg	5.81	0.094	0.115	0.235
螺纹阀门 DN20	个	22.00	0.010	0.010	0.010
尼龙砂轮片 φ100	片	2.05	1.994	2.666	3.016
破布	kg	6.32	0.400	0.450	0.510
热轧厚钢板 δ8.0～15	kg	3.20	0.832	0.949	1.066
石棉橡胶板	kg	9.40	0.060	0.083	0.105
洗衣粉	kg	4.27	0.030	0.033	0.035
橡胶软管 DN20	m	7.26	0.030	0.030	0.030
压力表弯管 DN15	个	10.69	0.010	0.010	0.010
氧气	m³	3.63	1.371	1.695	1.860
乙炔气	kg	10.45	0.457	0.565	0.620
其他材料费占材料费	%	—	2.000	2.000	2.000
电动空气压缩机 6m³/min	台班	206.73	0.022	0.023	0.025
电焊机(综合)	台班	118.28	0.855	0.947	1.072
电焊条恒温箱	台班	21.41	0.086	0.095	0.107
电焊条烘干箱 60×50×75cm³	台班	26.46	0.086	0.095	0.107
汽车式起重机 16t	台班	958.70	0.223	0.255	0.269
载重汽车 5t	台班	430.70	0.076	0.101	0.103

2.室外钢管（氩电联焊）

工作内容：调直、切管、坡口、磨口、组对连接、管道及管件安装、焊接、气压试验、空气吹扫。

计量单位：10m

定　额　编　号				A10-3-28	A10-3-29	A10-3-30	A10-3-31
项　目　名　称				公称直径(mm以内)			
				25	32	40	50
基　　　价（元）				101.13	106.22	115.74	127.04
其中	人　工　费（元）			54.60	58.66	66.92	73.08
	材　料　费（元）			13.73	14.22	14.99	15.89
	机　械　费（元）			32.80	33.34	33.83	38.07
名　　称		单位	单价（元）	消　　耗　　量			
人工	综合工日	工日	140.00	0.390	0.419	0.478	0.522
材料	钢管	m	—	(9.970)	(9.970)	(10.060)	(10.060)
	燃气室外碳钢焊接管件	个	—	(3.100)	(2.650)	(2.020)	(1.700)
	弹簧压力表	个	23.08	0.005	0.005	0.007	0.007
	低碳钢焊条	kg	6.84	0.216	0.228	0.235	0.240
	电	kW·h	0.68	0.257	0.287	0.333	0.416
	镀锌铁丝 φ4.0~2.8	kg	3.57	0.048	0.065	0.069	0.075
	焊接钢管 DN20	m	4.46	0.033	0.033	0.041	0.041
	锯条（各种规格）	根	0.62	0.176	0.178	0.179	0.180
	六角螺栓	kg	5.81	0.011	0.012	0.013	0.013
	螺纹阀门 DN20	个	22.00	0.005	0.005	0.007	0.007
	尼龙砂轮片 φ100	片	2.05	0.120	0.147	0.169	0.350
	尼龙砂轮片 φ400	片	8.55	0.031	0.033	0.034	0.035
	破布	kg	6.32	0.100	0.110	0.120	0.140
	热轧厚钢板 δ8.0~15	kg	3.20	0.086	0.092	0.099	0.104
	石棉橡胶板	kg	9.40	0.021	0.023	0.024	0.026
	铈钨棒	g	0.38	0.794	0.806	0.834	0.852

续表

定额编号				A10-3-28	A10-3-29	A10-3-30	A10-3-31
项目名称				公称直径(mm以内)			
				25	32	40	50
名称		单位	单价(元)	消耗量			
材料	碳钢氩弧焊丝	kg	7.69	0.142	0.144	0.149	0.152
	洗衣粉	kg	4.27	0.013	0.014	0.015	0.016
	橡胶软管 DN20	m	7.26	0.015	0.015	0.019	0.019
	压力表弯管 DN15	个	10.69	0.005	0.005	0.007	0.007
	氩气	m³	19.59	0.397	0.403	0.417	0.426
	氧气	m³	3.63	0.012	0.012	0.012	0.015
	乙炔气	kg	10.45	0.004	0.004	0.004	0.005
	其他材料费占材料费	%	—	2.000	2.000	2.000	2.000
机械	电动空气压缩机 6m³/min	台班	206.73	0.012	0.012	0.013	0.014
	电焊机(综合)	台班	118.28	0.132	0.134	0.135	0.137
	电焊条恒温箱	台班	21.41	0.013	0.013	0.014	0.014
	电焊条烘干箱 60×50×75cm³	台班	26.46	0.013	0.013	0.014	0.014
	汽车式起重机 8t	台班	763.67	—	—	—	0.003
	砂轮切割机 400mm	台班	24.71	0.008	0.009	0.010	0.011
	氩弧焊机 500A	台班	92.58	0.150	0.153	0.154	0.156
	载重汽车 5t	台班	430.70	—	—	—	0.003

工作内容：调直、切管、坡口、磨口、组对连接、管道及管件安装、焊接、气压试验、空气吹扫。

计量单位：10m

定 额 编 号				A10-3-32	A10-3-33	A10-3-34	A10-3-35
项 目 名 称				公称直径(mm以内)			
				65	80	100	125
基 价 （元）				148.72	171.11	254.73	293.45
其中	人 工 费 （元）			87.36	101.78	112.56	132.44
	材 料 费 （元）			17.58	21.49	25.54	28.65
	机 械 费 （元）			43.78	47.84	116.63	132.36
名 称		单位	单价（元）	消 耗 量			
人工	综合工日	工日	140.00	0.624	0.727	0.804	0.946
材料	钢管	m	—	(10.060)	(9.980)	(9.980)	(9.980)
	燃气室外碳钢焊接管件	个	—	(1.620)	(1.530)	(1.470)	(1.270)
	弹簧压力表	个	23.08	0.007	0.008	0.008	0.008
	低碳钢焊条	kg	6.84	0.344	0.439	0.663	0.837
	电	kW·h	0.68	0.471	0.495	0.499	0.576
	镀锌铁丝 φ4.0～2.8	kg	3.57	0.078	0.080	0.083	0.085
	焊接钢管 DN20	m	4.46	0.041	0.049	0.049	0.049
	六角螺栓	kg	5.81	0.014	0.015	0.016	0.020
	螺纹阀门 DN20	个	22.00	0.007	0.008	0.008	0.008
	尼龙砂轮片 φ100	片	2.05	0.493	0.616	0.660	0.852
	尼龙砂轮片 φ400	片	8.55	0.043	0.048	0.069	0.073
	破布	kg	6.32	0.160	0.180	0.210	0.240
	热轧厚钢板 δ8.0～15	kg	3.20	0.111	0.117	0.123	0.182
	石棉橡胶板	kg	9.40	0.027	0.029	0.030	0.035
	铈钨棒	g	0.38	0.878	0.890	0.912	0.940
	碳钢氩弧焊丝	kg	7.69	0.157	0.159	0.163	0.168
	洗衣粉	kg	4.27	0.018	0.019	0.021	0.022
	橡胶软管 DN20	m	7.26	0.019	0.023	0.023	0.023
	压力表弯管 DN15	个	10.69	0.007	0.008	0.008	0.008
	氩气	m³	19.59	0.439	0.445	0.456	0.470
	氧气	m³	3.63	0.039	0.381	0.615	0.699
	乙炔气	kg	10.45	0.013	0.127	0.205	0.233
	其他材料费占材料费	%	—	2.000	2.000	2.000	2.000
机械	电动空气压缩机 6m³/min	台班	206.73	0.015	0.016	0.017	0.018
	电焊机(综合)	台班	118.28	0.156	0.167	0.253	0.319
	电焊条恒温箱	台班	21.41	0.016	0.017	0.025	0.032
	电焊条烘干箱 60×50×75cm³	台班	26.46	0.016	0.017	0.025	0.032
	汽车式起重机 8t	台班	763.67	0.004	0.006	0.077	0.083
	砂轮切割机 400mm	台班	24.71	0.012	0.013	0.015	0.016
	氩弧焊机 500A	台班	92.58	0.177	0.178	0.186	0.202
	载重汽车 5t	台班	430.70	0.004	0.006	0.013	0.016

工作内容：调直、切管、坡口、磨口、组对连接、管道及管件安装、焊接、气压试验、空气吹扫。

计量单位：10m

定　额　编　号			A10-3-36	A10-3-37	A10-3-38
项　目　名　称			公称直径(mm以内)		
			150	200	250
基　　价（元）			338.21	422.73	555.07
其中	人　工　费（元）		147.42	174.16	194.04
	材　料　费（元）		31.98	37.83	50.05
	机　械　费（元）		158.81	210.74	310.98
名　　称		单位	单价（元）	消　耗　量	
人工	综合工日	工日	140.00	1.053	1.244	1.386
材料	钢管	m	—	(9.800)	(9.800)	(9.800)
	燃气室外碳钢焊接管件	个	—	(1.270)	(1.040)	(0.810)
	弹簧压力表	个	23.08	0.009	0.009	0.009
	低碳钢焊条	kg	6.84	1.004	1.202	2.236
	电	kW·h	0.68	0.606	0.727	0.883
	镀锌铁丝 φ4.0～2.8	kg	3.57	0.089	0.096	0.109
	焊接钢管 DN20	m	4.46	0.057	0.057	0.057
	角钢(综合)	kg	3.61	—	0.237	0.246
	六角螺栓	kg	5.81	0.030	0.045	0.070
	螺纹阀门 DN20	个	22.00	0.009	0.009	0.009
	尼龙砂轮片 φ100	片	2.05	0.976	1.214	1.695
	破布	kg	6.32	0.270	0.300	0.350
	热轧厚钢板 δ8.0～15	kg	3.20	0.276	0.369	0.577
	石棉橡胶板	kg	9.40	0.040	0.045	0.053
	铈钨棒	g	0.38	0.992	1.132	1.192
	碳钢氩弧焊丝	kg	7.69	0.177	0.202	0.213
	洗衣粉	kg	4.27	0.024	0.026	0.028
	橡胶软管 DN20	m	7.26	0.027	0.027	0.027
	压力表弯管 DN15	个	10.69	0.009	0.009	0.009
	氩气	m³	19.59	0.496	0.566	0.596
	氧气	m³	3.63	0.858	0.954	1.212
	乙炔气	kg	10.45	0.286	0.318	0.404
	其他材料费占材料费	%		2.000	2.000	2.000
机械	电动空气压缩机 6m³/min	台班	206.73	0.019	0.020	0.021
	电焊机(综合)	台班	118.28	0.383	0.459	0.619
	电焊条恒温箱	台班	21.41	0.038	0.046	0.062
	电焊条烘干箱 60×50×75cm³	台班	26.46	0.038	0.046	0.062
	汽车式起重机 16t	台班	958.70	—	—	0.184
	汽车式起重机 8t	台班	763.67	0.099	0.138	—
	氩弧焊机 500A	台班	92.58	0.245	0.297	0.314
	载重汽车 5t	台班	430.70	0.022	0.040	0.058

工作内容：调直、切管、坡口、磨口、组对连接、管道及管件安装、焊接、气压试验、空气吹扫。

计量单位：10m

定 额 编 号			A10-3-39	A10-3-40	A10-3-41
项 目 名 称			公称直径(mm以内)		
			300	350	400
基 价 （元）			662.02	754.98	820.03
其中	人 工 费 （元）		229.46	258.72	282.52
	材 料 费 （元）		58.57	67.34	75.69
	机 械 费 （元）		373.99	428.92	461.82
名 称	单位	单价(元)	消 耗 量		
人工	综合工日	工日	140.00	1.639	1.848	2.018
材料	钢管	m	—	(9.800)	(9.700)	(9.700)
	燃气室外碳钢焊接管件	个	—	(0.790)	(0.740)	(0.740)
	弹簧压力表	个	23.08	0.010	0.010	0.010
	低碳钢焊条	kg	6.84	2.607	2.888	3.265
	电	kW·h	0.68	1.001	1.118	1.265
	镀锌铁丝 φ4.0～2.8	kg	3.57	0.135	0.144	0.153
	焊接钢管 DN20	m	4.46	0.065	0.065	0.065
	角钢(综合)	kg	3.61	0.260	0.268	0.275
	六角螺栓	kg	5.81	0.094	0.115	0.135
	螺纹阀门 DN20	个	22.00	0.010	0.010	0.010
	尼龙砂轮片 φ100	片	2.05	1.994	2.666	3.016
	破布	kg	6.32	0.400	0.450	0.510
	热轧厚钢板 δ8.0～15	kg	3.20	0.852	0.949	1.066
	石棉橡胶板	kg	9.40	0.060	0.083	0.105
	铈钨棒	g	0.38	1.400	1.556	1.770
	碳钢氩弧焊丝	kg	7.69	0.250	0.278	0.316
	洗衣粉	kg	4.27	0.030	0.033	0.035
	橡胶软管 DN20	m	7.26	0.030	0.030	0.030
	压力表弯管 DN15	个	10.69	0.010	0.010	0.010
	氩气	m³	19.59	0.700	0.778	0.885
	氧气	m³	3.63	1.351	1.695	1.860
	乙炔气	kg	10.45	0.457	0.565	0.620
	其他材料费占材料费	%	—	2.000	2.000	2.000
机械	电动空气压缩机 6m³/min	台班	206.73	0.022	0.023	0.025
	电焊机(综合)	台班	118.28	0.722	0.799	0.905
	电焊条恒温箱	台班	21.41	0.072	0.080	0.090
	电焊条烘干箱 60×50×75cm³	台班	26.46	0.072	0.080	0.090
	汽车式起重机 16t	台班	958.70	0.223	0.255	0.269
	氩弧焊机 500A	台班	92.58	0.368	0.409	0.465
	载重汽车 5t	台班	430.70	0.076	0.101	0.103

3. 室内钢管(电弧焊)

工作内容：调直、切管、坡口、磨口、组对连接、管道及管件安装、焊接、气压试验、空气吹扫。

计量单位：10m

定 额 编 号			A10-3-42	A10-3-43	A10-3-44	A10-3-45
项 目 名 称			公称直径(mm以内)			
			25	32	40	50
基 价（元）			154.87	173.49	197.82	230.50
其中	人 工 费（元）		109.90	122.92	142.80	162.54
	材 料 费（元）		5.40	6.24	8.03	10.80
	机 械 费（元）		39.57	44.33	46.99	57.16
名 称	单位	单价（元）	消 耗 量			
人工	综合工日	工日	140.00	0.785	0.878	1.020	1.161
材料	钢管	m	—	(9.970)	(9.920)	(9.920)	(9.920)
	燃气室内碳钢焊接管件	个	—	(4.610)	(4.540)	(4.660)	(4.860)
	弹簧压力表	个	23.08	0.005	0.005	0.007	0.007
	低碳钢焊条	kg	6.84	0.318	0.383	0.518	0.631
	电	kW·h	0.68	0.121	0.142	0.181	0.894
	镀锌铁丝 φ4.0～2.8	kg	3.57	0.048	0.050	0.069	0.075
	焊接钢管 DN20	m	4.46	0.033	0.033	0.041	0.041
	锯条（各种规格）	根	0.62	0.261	0.305	0.395	0.514
	六角螺栓	kg	5.81	0.011	0.012	0.013	0.013
	螺纹阀门 DN20	个	22.00	0.005	0.005	0.007	0.007
	尼龙砂轮片 φ100	片	2.05	0.229	0.286	0.397	0.821
	尼龙砂轮片 φ400	片	8.55	0.046	0.057	0.078	0.101
	破布	kg	6.32	0.100	0.110	0.120	0.140
	热轧厚钢板 δ8.0～15	kg	3.20	0.086	0.092	0.099	0.104
	石棉橡胶板	kg	9.40	0.021	0.023	0.024	0.026
	洗衣粉	kg	4.27	0.013	0.014	0.015	0.016
	橡胶软管 DN20	m	7.26	0.015	0.015	0.019	0.019
	压力表弯管 DN15	个	10.69	0.005	0.005	0.007	0.007
	氧气	m³	3.63	0.012	0.012	0.012	0.030
	乙炔气	kg	10.45	0.004	0.004	0.004	0.010
	其他材料费占材料费	%	—	2.000	2.000	2.000	2.000
机械	电动空气压缩机 6m³/min	台班	206.73	0.012	0.012	0.013	0.014
	电焊机(综合)	台班	118.28	0.284	0.316	0.330	0.390
	电焊条恒温箱	台班	21.41	0.028	0.032	0.033	0.039
	电焊条烘干箱 60×50×75cm³	台班	26.46	0.028	0.032	0.033	0.039
	吊装机械(综合)	台班	619.04	0.003	0.004	0.005	0.007
	砂轮切割机 400mm	台班	24.71	0.012	0.019	0.024	0.026
	载重汽车 5t	台班	430.70	—	—	—	0.003

工作内容：调直、切管、坡口、磨口、组对连接、管道及管件安装、焊接、气压试验、空气吹扫。

计量单位：10m

定 额 编 号				A10-3-46	A10-3-47	A10-3-48	A10-3-49
项 目 名 称				公称直径(mm以内)			
				65	80	100	125
基 价 （元）				260.45	326.81	384.01	432.87
其中	人 工 费 （元）			178.92	199.36	225.96	245.84
	材 料 费 （元）			14.71	21.09	23.66	25.43
	机 械 费 （元）			66.82	106.36	134.39	161.60
名 称		单位	单价（元）	消 耗 量			
人工	综合工日	工日	140.00	1.278	1.424	1.614	1.756
材料	钢管	m	—	(9.920)	(9.920)	(9.920)	(9.920)
	燃气室内碳钢焊接管件	个	—	(4.670)	(3.560)	(2.500)	(2.130)
	弹簧压力表	个	23.08	0.007	0.008	0.008	0.008
	低碳钢焊条	kg	6.84	1.050	1.192	1.273	1.363
	电	kW•h	0.68	1.124	1.130	1.228	1.240
	镀锌铁丝 φ4.0～2.8	kg	3.57	0.078	0.080	0.083	0.085
	焊接钢管 DN20	m	4.46	0.041	0.049	0.049	0.049
	六角螺栓	kg	5.81	0.014	0.015	0.016	0.020
	螺纹阀门 DN20	个	22.00	0.007	0.008	0.008	0.008
	尼龙砂轮片 φ100	片	2.05	1.008	1.136	1.235	1.285
	尼龙砂轮片 φ400	片	8.55	0.124	0.132	0.134	0.136
	破布	kg	6.32	0.160	0.180	0.210	0.240
	热轧厚钢板 δ8.0～15	kg	3.20	0.111	0.117	0.123	0.182
	石棉橡胶板	kg	9.40	0.027	0.029	0.030	0.035
	洗衣粉	kg	4.27	0.018	0.019	0.021	0.022
	橡胶软管 DN20	m	7.26	0.019	0.023	0.023	0.023
	压力表弯管 DN15	个	10.69	0.007	0.008	0.008	0.008
	氧气	m³	3.63	0.081	0.735	0.936	1.011
	乙炔气	kg	10.45	0.027	0.245	0.312	0.337
	其他材料费占材料费	%	—	2.000	2.000	2.000	2.000
机械	电动空气压缩机 6m³/min	台班	206.73	0.015	0.016	0.017	0.018
	电焊机(综合)	台班	118.28	0.453	0.561	0.589	0.631
	电焊条恒温箱	台班	21.41	0.045	0.056	0.059	0.063
	电焊条烘干箱 60×50×75cm³	台班	26.46	0.045	0.056	0.059	0.063
	吊装机械(综合)	台班	619.04	0.009	0.012	0.084	0.117
	砂轮切割机 400mm	台班	24.71	0.028	0.030	0.032	0.037
	载重汽车 5t	台班	430.70	0.004	0.060	0.013	0.016

工作内容：调直、切管、坡口、磨口、组对连接、管道及管件安装、焊接、气压试验、空气吹扫。

计量单位：10m

定 额 编 号				A10-3-50	A10-3-51	A10-3-52	A10-3-53
项 目 名 称				公称直径(mm以内)			
				150	200	250	300
基 价（元）				466.84	582.72	721.78	826.03
其中	人 工 费（元）			269.78	318.22	370.72	413.84
	材 料 费（元）			27.17	35.38	50.32	59.82
	机 械 费（元）			169.89	229.12	300.74	352.37
名 称		单位	单价（元）	消 耗 量			
人工	综合工日	工日	140.00	1.927	2.273	2.648	2.956
材料	钢管	m	—	(9.660)	(9.660)	(9.660)	(9.660)
	燃气室内碳钢焊接管件	个	—	(1.660)	(1.600)	(1.300)	(1.300)
	弹簧压力表	个	23.08	0.009	0.009	0.009	0.010
	低碳钢焊条	kg	6.84	1.625	2.189	3.621	4.319
	电	kW•h	0.68	1.361	1.490	1.557	1.719
	镀锌铁丝 φ4.0～2.8	kg	3.57	0.089	0.096	0.109	0.144
	焊接钢管 DN20	m	4.46	0.057	0.057	0.057	0.065
	角钢(综合)	kg	3.61	—	0.328	0.337	0.364
	六角螺栓	kg	5.81	0.030	0.045	0.070	0.094
	螺纹阀门 DN20	个	22.00	0.009	0.009	0.009	0.010
	尼龙砂轮片 φ100	片	2.05	1.379	1.651	2.287	2.753
	破布	kg	6.32	0.270	0.300	0.350	0.400
	热轧厚钢板 δ8.0～15	kg	3.20	0.276	0.369	0.577	0.832
	石棉橡胶板	kg	9.40	0.040	0.045	0.053	0.060
	洗衣粉	kg	4.27	0.024	0.026	0.028	0.030
	橡胶软管 DN20	m	7.26	0.027	0.027	0.027	0.030
	压力表弯管 DN15	个	10.69	0.009	0.009	0.009	0.010
	氧气	m³	3.63	1.020	1.260	1.572	1.824
	乙炔气	kg	10.45	0.340	0.420	0.524	0.608
	其他材料费占材料费	%	—	2.000	2.000	2.000	2.000
机械	电动空气压缩机 6m³/min	台班	206.73	0.019	0.020	0.021	0.022
	电焊机(综合)	台班	118.28	0.653	0.838	1.003	1.197
	电焊条恒温箱	台班	21.41	0.065	0.084	0.101	0.120
	电焊条烘干箱 60×50×75cm³	台班	26.46	0.065	0.084	0.101	0.120
	吊装机械(综合)	台班	619.04	0.123	0.169	0.239	0.271
	载重汽车 5t	台班	430.70	0.022	0.040	0.058	0.076

4. 室内钢管(氩电联焊)

工作内容:调直、切管、坡口、磨口、组对连接、管道及管件安装、焊接、气压试验、空气吹扫。

计量单位:10m

定　额　编　号				A10-3-54	A10-3-55	A10-3-56	A10-3-57
项　目　名　称				公称直径(mm以内)			
				25	32	40	50
基　　　　　　价（元）				202.35	220.04	247.26	280.27
其中	人　工　费（元）			120.68	134.68	153.72	177.10
	材　料　费（元）			20.42	21.54	25.36	25.32
	机　械　费（元）			61.25	63.82	68.18	77.85
名　　　　称		单位	单价(元)	消　　耗　　量			
人工	综合工日	工日	140.00	0.862	0.962	1.098	1.265
材　　　　　　　　　　料	钢管	m	—	(9.970)	(9.920)	(9.920)	(9.920)
	燃气室内碳钢焊接管件	个	—	(4.610)	(4.540)	(4.660)	(4.860)
	弹簧压力表	个	23.08	0.005	0.005	0.007	0.007
	低碳钢焊条	kg	6.84	0.499	0.538	0.584	0.609
	电	kW•h	0.68	0.460	0.473	0.516	1.028
	镀锌铁丝 φ4.0～2.8	kg	3.57	0.048	0.050	0.690	0.075
	焊接钢管 DN20	m	4.46	0.033	0.033	0.041	0.041
	锯条(各种规格)	根	0.62	0.261	0.305	0.395	0.514
	六角螺栓	kg	5.81	0.011	0.012	0.013	0.013
	螺纹阀门 DN20	个	22.00	0.005	0.005	0.007	0.007
	尼龙砂轮片 φ100	片	2.05	0.229	0.286	0.397	0.821
	尼龙砂轮片 φ400	片	8.55	0.046	0.057	0.078	0.101
	破布	kg	6.32	0.100	0.110	0.120	0.140
	热轧厚钢板 δ8.0～15	kg	3.20	0.086	0.092	0.099	0.104
	石棉橡胶板	kg	9.40	0.021	0.023	0.024	0.026
	铈钨棒	g	0.38	1.148	1.188	1.220	1.238

续表

定额编号			A10-3-54	A10-3-55	A10-3-56	A10-3-57
项目名称			公称直径(mm以内)			
			25	32	40	50
名称	单位	单价(元)	消耗量			
材料	碳钢氩弧焊丝	kg	7.69	0.205	0.212	0.218	0.221
	洗衣粉	kg	4.27	0.013	0.014	0.015	0.016
	橡胶软管 DN20	m	7.26	0.015	0.015	0.019	0.019
	压力表弯管 DN15	个	10.69	0.005	0.005	0.007	0.007
	氩气	m³	19.59	0.574	0.594	0.610	0.619
	氧气	m³	3.63	0.012	0.012	0.012	0.030
	乙炔气	kg	10.45	0.004	0.004	0.004	0.010
	其他材料费占材料费	%	—	2.000	2.000	2.000	2.000
机械	电动空气压缩机 6m³/min	台班	206.73	0.012	0.012	0.013	0.014
	电焊机(综合)	台班	118.28	0.233	0.239	0.260	0.306
	电焊条恒温箱	台班	21.41	0.023	0.024	0.026	0.031
	电焊条烘干箱 60×50×75cm³	台班	26.46	0.023	0.024	0.026	0.031
	吊装机械(综合)	台班	619.04	0.003	0.004	0.005	0.007
	砂轮切割机 400mm	台班	24.71	0.012	0.019	0.024	0.026
	氩弧焊机 500A	台班	92.58	0.302	0.313	0.322	0.335
	载重汽车 5t	台班	430.70	—	—	—	0.003

工作内容：调直、切管、坡口、磨口、组对连接、管道及管件安装、焊接、气压试验、空气吹扫。

计量单位：10m

定 额 编 号				A10-3-58	A10-3-59	A10-3-60	A10-3-61
项 目 名 称				公称直径(mm以内)			
				65	80	100	125
基 价（元）				304.57	336.34	416.17	477.85
其中	人 工 费（元）			194.74	215.32	240.94	258.58
	材 料 费（元）			26.84	33.02	35.61	40.55
	机 械 费（元）			82.99	88.00	139.62	178.72
名 称		单位	单价（元）	消 耗 量			
人工	综合工日	工日	140.00	1.391	1.538	1.721	1.847
材料	钢管	m	—	(9.920)	(9.920)	(9.920)	(9.920)
	燃气室内碳钢焊接管件	个	—	(4.670)	(3.560)	(2.500)	(2.130)
	弹簧压力表	个	23.08	0.007	0.008	0.008	0.008
	低碳钢焊条	kg	6.84	0.651	0.703	0.755	1.185
	电	kW•h	0.68	1.167	1.271	1.325	1.336
	镀锌铁丝 φ4.0～2.8	kg	3.57	0.078	0.080	0.083	0.085
	焊接钢管 DN20	m	4.46	0.041	0.049	0.049	0.049
	六角螺栓	kg	5.81	0.014	0.015	0.016	0.020
	螺纹阀门 DN20	个	22.00	0.007	0.008	0.008	0.008
	尼龙砂轮片 φ100	片	2.05	1.008	1.136	1.235	1.285
	尼龙砂轮片 φ400	片	8.55	0.124	0.132	0.134	0.136
	破布	kg	6.32	0.160	0.180	0.210	0.240
	热轧厚钢板 δ8.0～15	kg	3.20	0.111	0.117	0.123	0.182
	石棉橡胶板	kg	9.40	0.027	0.029	0.030	0.035
	铈钨棒	g	0.38	1.266	1.294	1.316	1.384
	碳钢氩弧焊丝	kg	7.69	0.226	0.231	0.235	0.247
	洗衣粉	kg	4.27	0.018	0.019	0.021	0.022
	橡胶软管 DN20	m	7.26	0.019	0.023	0.023	0.023
	压力表弯管 DN15	个	10.69	0.007	0.008	0.008	0.008
	氩气	m³	19.59	0.632	0.647	0.658	0.692
	氧气	m³	3.63	0.081	0.735	0.936	1.011
	乙炔气	kg	10.45	0.027	0.245	0.312	0.337
	其他材料费占材料费	%	—	2.000	2.000	2.000	2.000
机械	电动空气压缩机 6m³/min	台班	206.73	0.015	0.016	0.017	0.018
	电焊机(综合)	台班	118.28	0.321	0.332	0.356	0.491
	电焊条恒温箱	台班	21.41	0.032	0.033	0.036	0.049
	电焊条烘干箱 60×50×75cm³	台班	26.46	0.032	0.033	0.036	0.049
	吊装机械(综合)	台班	619.04	0.009	0.012	0.084	0.117
	砂轮切割机 400mm	台班	24.71	0.028	0.028	0.032	0.037
	氩弧焊机 500A	台班	92.58	0.350	0.358	0.366	0.371
	载重汽车 5t	台班	430.70	0.004	0.006	0.013	0.016

工作内容：调直、切管、坡口、磨口、组对连接、管道及管件安装、焊接、气压试验、空气吹扫。

计量单位：10m

定 额 编 号				A10-3-62	A10-3-63	A10-3-64	A10-3-65
项 目 名 称				公称直径(mm以内)			
				150	200	250	300
基　　　价（元）				513.52	623.54	773.47	886.88
其中	人 工 费（元）			280.98	330.96	386.54	431.62
	材 料 费（元）			42.29	50.17	65.69	78.24
	机 械 费（元）			190.25	242.41	321.24	377.02
名 称		单位	单价（元）	消 耗 量			
人工	综合工日	工日	140.00	2.007	2.364	2.761	3.083
材料	钢管	m	—	(9.660)	(9.660)	(9.660)	(9.660)
	燃气室内碳钢焊接管件	个	—	(1.660)	(1.600)	(1.300)	(1.300)
	弹簧压力表	个	23.08	0.009	0.009	0.009	0.010
	低碳钢焊条	kg	6.84	1.325	1.661	3.057	3.645
	电	kW·h	0.68	1.349	1.497	1.602	1.723
	镀锌铁丝 φ4.0~2.8	kg	3.57	0.089	0.096	0.109	0.144
	焊接钢管 DN20	m	4.46	0.057	0.057	0.057	0.065
	角钢(综合)	kg	3.61	—	0.328	0.337	0.364
	六角螺栓	kg	5.81	0.030	0.045	0.070	0.094
	螺纹阀门 DN20	个	22.00	0.009	0.009	0.009	0.010
	尼龙砂轮片 φ100	片	2.05	1.379	1.651	2.287	2.753
	破布	kg	6.32	0.270	0.300	0.350	0.400
	热轧厚钢板 δ8.0~15	kg	3.20	0.276	0.369	0.577	0.832
	石棉橡胶板	kg	9.40	0.040	0.045	0.053	0.060
	铈钨棒	g	0.38	1.462	1.568	1.636	1.964
	碳钢氩弧焊丝	kg	7.69	0.261	0.280	0.292	0.351
	洗衣粉	kg	4.27	0.024	0.026	0.028	0.030
	橡胶软管 DN20	m	7.26	0.027	0.027	0.027	0.030
	压力表弯管 DN15	个	10.69	0.009	0.009	0.009	0.010
	氩气	m³	19.59	0.731	0.784	0.818	0.981
	氧气	m³	3.63	1.020	1.260	1.572	1.824
	乙炔气	kg	10.45	0.340	0.420	0.524	0.608
	其他材料费占材料费	%	—	2.000	2.000	2.000	2.000
机械	电动空气压缩机 6m³/min	台班	206.73	0.019	0.020	0.021	0.022
	电焊机(综合)	台班	118.28	0.531	0.636	0.847	1.010
	电焊条恒温箱	台班	21.41	0.053	0.064	0.085	0.101
	电焊条烘干箱 60×50×75cm³	台班	26.46	0.053	0.064	0.085	0.101
	吊装机械(综合)	台班	619.04	0.123	0.169	0.239	0.271
	氩弧焊机 500A	台班	92.58	0.382	0.412	0.429	0.515
	载重汽车 5t	台班	430.70	0.022	0.040	0.058	0.076

三、不锈钢管

1.室内不锈钢管(承插氩弧焊)

工作内容：调直、切管、组对连接、管道及管件安装、气压试验、空气吹扫。　　　　　计量单位：10m

定　额　编　号			A10-3-66	A10-3-67	A10-3-68	A10-3-69
项　目　名　称			公称直径(mm以内)			
			25	32	40	50
基　　　　价（元）			130.85	148.53	170.62	190.82
其中	人　工　费（元）		102.90	113.54	130.76	143.22
	材　料　费（元）		7.72	9.55	10.95	12.64
	机　械　费（元）		20.23	25.44	28.91	34.96
名　　称	单位	单价(元)	消　　耗　　量			
人工	综合工日	工日	140.00	0.735	0.811	0.934	1.023
材料	薄壁不锈钢管	m	—	(10.010)	(10.010)	(10.010)	(9.920)
	燃气室内薄壁不锈钢管承插氩弧焊管件	个	—	(5.760)	(5.390)	(5.340)	(5.160)
	丙酮	kg	7.51	0.132	0.175	0.205	0.260
	弹簧压力表	个	23.08	0.005	0.005	0.007	0.007
	低碳钢焊条	kg	6.84	0.005	0.005	0.007	0.007
	电	kW·h	0.68	0.230	0.280	0.309	0.394
	镀锌铁丝 φ4.0～2.8	kg	3.57	0.048	0.050	0.069	0.075
	焊接钢管 DN20	m	4.46	0.033	0.033	0.041	0.041
	六角螺栓	kg	5.81	0.011	0.012	0.013	0.013
	螺纹阀门 DN20	个	22.00	0.005	0.005	0.007	0.007
	尼龙砂轮片 φ100	片	2.05	0.229	0.292	0.332	0.405
	破布	kg	6.32	0.100	0.110	0.120	0.140
	热轧厚钢板 δ8.0～15	kg	3.20	0.086	0.092	0.099	0.104
	石棉橡胶板	kg	9.40	0.021	0.023	0.024	0.026
	铈钨棒	g	0.38	0.336	0.436	0.494	0.566
	树脂砂轮切割片 φ400	片	10.26	0.047	0.064	0.073	0.082
	洗衣粉	kg	4.27	0.013	0.014	0.015	0.016
	橡胶软管 DN20	m	7.26	0.015	0.015	0.019	0.019
	压力表弯管 DN15	个	10.69	0.005	0.005	0.007	0.007
	氩气	m³	19.59	0.168	0.218	0.247	0.283
	氧气	m³	3.63	0.012	0.012	0.012	0.015
	乙炔气	kg	10.45	0.004	0.004	0.004	0.005
	其他材料费占材料费	%		2.000	2.000	2.000	2.000
机械	电动空气压缩机 6m³/min	台班	206.73	0.012	0.012	0.013	0.014
	电焊机(综合)	台班	118.28	0.004	0.004	0.004	0.004
	吊装机械(综合)	台班	619.04	0.003	0.004	0.005	0.007
	砂轮切割机 400mm	台班	24.71	0.017	0.023	0.025	0.028
	氩弧焊机 500A	台班	92.58	0.162	0.210	0.238	0.273
	载重汽车 5t	台班	430.70	—	—	—	0.003

工作内容：调直、切管、组对连接、管道及管件安装、气压试验、空气吹扫。 计量单位：10m

定　额　编　号			A10-3-70	A10-3-71	A10-3-72
项　目　名　称			公称直径(mm以内)		
			65	80	100
基　　　　价（元）			217.19	238.36	268.86
其中	人　工　费（元）		156.80	173.18	193.48
	材　料　费（元）		15.46	16.49	17.58
	机　械　费（元）		44.93	48.69	57.80
名　　　称	单位	单价(元)	消　耗　量		
人工 综合工日	工日	140.00	1.120	1.237	1.382
材料 薄壁不锈钢管	m	—	(9.920)	(9.920)	(9.920)
燃气室内薄壁不锈钢管承插氩弧焊管件	个	—	(4.760)	(3.650)	(2.590)
丙酮	kg	7.51	0.337	0.377	0.409
弹簧压力表	个	23.08	0.007	0.008	0.008
低碳钢焊条	kg	6.84	0.007	0.008	0.008
电	kW·h	0.68	0.453	0.499	0.606
镀锌铁丝 φ4.0～2.8	kg	3.57	0.078	0.080	0.083
焊接钢管 DN20	m	4.46	0.041	0.049	0.049
六角螺栓	kg	5.81	0.014	0.015	0.016
螺纹阀门 DN20	个	22.00	0.007	0.008	0.008
尼龙砂轮片 φ100	片	2.05	0.517	0.523	0.529
破布	kg	6.32	0.160	0.180	0.210
热轧厚钢板 δ8.0～15	kg	3.20	0.111	0.117	0.123
石棉橡胶板	kg	9.40	0.027	0.029	0.030
铈钨棒	g	0.38	0.720	0.748	0.786
树脂砂轮切割片 φ400	片	10.26	0.098	0.105	0.116
洗衣粉	kg	4.27	0.018	0.019	0.021
橡胶软管 DN20	m	7.26	0.019	0.023	0.023
压力表弯管 DN15	个	10.69	0.007	0.008	0.008
氩气	m³	19.59	0.360	0.374	0.393
氧气	m³	3.63	0.015	0.015	0.015
乙炔气	kg	10.45	0.005	0.005	0.005
其他材料费占材料费	%	—	2.000	2.000	2.000
机械 电动空气压缩机 6m³/min	台班	206.73	0.015	0.016	0.017
电焊机(综合)	台班	118.28	0.004	0.005	0.005
吊装机械(综合)	台班	619.04	0.009	0.012	0.020
砂轮切割机 400mm	台班	24.71	0.041	0.051	0.059
氩弧焊机 500A	台班	92.58	0.357	0.362	0.370
载重汽车 5t	台班	430.70	0.004	0.006	0.013

2.室内不锈钢管(卡套连接)

工作内容：调直、切管、管端处理、组对连接、管道及管件安装、气压试验、空气吹扫。　计量单位：10m

定　额　编　号				A10-3-73	A10-3-74	A10-3-75
项　目　名　称				公称直径(mm以内)		
				15	20	25
基　　　价（元）				91.40	95.67	104.57
其中	人　工　费（元）			84.56	88.62	96.46
	材　料　费（元）			2.58	2.74	2.88
	机　械　费（元）			4.26	4.31	5.23
名　　　称		单位	单价(元)	消　　耗　　量		
人工	综合工日	工日	140.00	0.604	0.633	0.689
材料	薄壁不锈钢管	m	—	(9.940)	(9.940)	(9.980)
	燃气室内薄壁不锈钢管卡套式管件	个	—	(11.730)	(9.260)	(8.410)
	弹簧压力表	个	23.08	0.005	0.005	0.005
	低碳钢焊条	kg	6.84	0.005	0.005	0.005
	镀锌铁丝 φ4.0～2.8	kg	3.57	0.040	0.045	0.048
	焊接钢管 DN20	m	4.46	0.033	0.033	0.033
	六角螺栓	kg	5.81	0.010	0.010	0.011
	螺纹阀门 DN20	个	22.00	0.005	0.005	0.005
	破布	kg	6.32	0.080	0.090	0.100
	热轧厚钢板 δ8.0～15	kg	3.20	0.074	0.080	0.086
	石棉橡胶板	kg	9.40	0.018	0.020	0.021
	树脂砂轮切割片 φ400	片	10.26	0.072	0.073	0.075
	洗衣粉	kg	4.27	0.011	0.012	0.013
	橡胶软管 DN20	m	7.26	0.015	0.015	0.015
	压力表弯管 DN15	个	10.69	0.005	0.005	0.005
	氧气	m³	3.63	0.009	0.012	0.012
	乙炔气	kg	10.45	0.003	0.004	0.004
	其他材料费占材料费	%	—	2.000	2.000	2.000
机械	电动空气压缩机 6m³/min	台班	206.73	0.011	0.011	0.012
	电焊机(综合)	台班	118.28	0.004	0.004	0.004
	吊装机械(综合)	台班	619.04	0.002	0.002	0.003
	砂轮切割机 400mm	台班	24.71	0.011	0.013	0.017

工作内容：调直、切管、管端处理、组对连接、管道及管件安装、气压试验、空气吹扫。 计量单位：10m

定 额 编 号				A10-3-76	A10-3-77	A10-3-78
项 目 名 称				公称直径(mm以内)		
				32	40	50
基 价（元）				114.28	123.49	139.17
其中	人 工 费（元）			105.14	112.98	125.44
	材 料 费（元）			3.14	3.64	4.05
	机 械 费（元）			6.00	6.87	9.68
名 称		单位	单价（元）	消 耗		量
人工	综合工日	工日	140.00	0.751	0.807	0.896
材料	薄壁不锈钢管	m	—	(9.980)	(9.980)	(9.980)
	燃气室内薄壁不锈钢管卡套式管件	个	—	(7.740)	(7.300)	(7.170)
	弹簧压力表	个	23.08	0.005	0.007	0.007
	低碳钢焊条	kg	6.84	0.005	0.007	0.007
	镀锌铁丝 φ4.0～2.8	kg	3.57	0.050	0.069	0.075
	焊接钢管 DN20	m	4.46	0.033	0.041	0.041
	六角螺栓	kg	5.81	0.012	0.013	0.013
	螺纹阀门 DN20	个	22.00	0.005	0.007	0.007
	破布	kg	6.32	0.110	0.120	0.140
	热轧厚钢板 δ8.0～15	kg	3.20	0.092	0.099	0.104
	石棉橡胶板	kg	9.40	0.023	0.024	0.026
	树脂砂轮切割片 φ400	片	10.26	0.089	0.101	0.120
	洗衣粉	kg	4.27	0.014	0.015	0.016
	橡胶软管 DN20	m	7.26	0.015	0.019	0.019
	压力表弯管 DN15	个	10.69	0.005	0.007	0.007
	氧气	m³	3.63	0.012	0.012	0.015
	乙炔气	kg	10.45	0.004	0.004	0.005
	其他材料费占材料费	%	—	2.000	2.000	2.000
机械	电动空气压缩机 6m³/min	台班	206.73	0.012	0.013	0.014
	电焊机(综合)	台班	118.28	0.004	0.004	0.004
	吊装机械(综合)	台班	619.04	0.004	0.005	0.007
	砂轮切割机 400mm	台班	24.71	0.023	0.025	0.028
	载重汽车 5t	台班	430.70	—	—	0.003

3.室内不锈钢管(卡压连接)

工作内容：调直、切管、管端处理、组对连接、管道及管件安装、气压试验、空气吹扫。　　计量单位：10m

定　额　编　号			A10-3-79	A10-3-80	A10-3-81
项　目　名　称			公称直径(mm以内)		
			15	20	25
基　　　价（元）			96.02	104.77	114.09
其中	人　工　费（元）		89.18	97.72	105.98
	材　料　费（元）		2.58	2.74	2.88
	机　械　费（元）		4.26	4.31	5.23
名　　称	单位	单价(元)	消　　耗　　量		
人工 综合工日	工日	140.00	0.637	0.698	0.757
材料 薄壁不锈钢管	m	—	(9.940)	(9.940)	(9.980)
燃气室内薄壁不锈钢管卡压式管件	个	—	(11.730)	(9.260)	(8.410)
弹簧压力表	个	23.08	0.005	0.005	0.005
低碳钢焊条	kg	6.84	0.005	0.005	0.005
镀锌铁丝 φ4.0~2.8	kg	3.57	0.040	0.045	0.048
焊接钢管 DN20	m	4.46	0.033	0.033	0.033
六角螺栓	kg	5.81	0.010	0.010	0.011
螺纹阀门 DN20	个	22.00	0.005	0.005	0.005
破布	kg	6.32	0.080	0.090	0.100
热轧厚钢板 δ8.0~15	kg	3.20	0.074	0.080	0.086
石棉橡胶板	kg	9.40	0.018	0.020	0.021
树脂砂轮切割片 φ400	片	10.26	0.072	0.073	0.075
洗衣粉	kg	4.27	0.011	0.012	0.013
橡胶软管 DN20	m	7.26	0.015	0.015	0.015
压力表弯管 DN15	个	10.69	0.005	0.005	0.005
氧气	m³	3.63	0.009	0.012	0.012
乙炔气	kg	10.45	0.003	0.004	0.004
其他材料费占材料费	%	—	2.000	2.000	2.000
机械 电动空气压缩机 6m³/min	台班	206.73	0.011	0.011	0.012
电焊机(综合)	台班	118.28	0.004	0.004	0.004
吊装机械(综合)	台班	619.04	0.002	0.002	0.003
砂轮切割机 400mm	台班	24.71	0.011	0.013	0.017

工作内容：调直、切管、管端处理、组对连接、管道及管件安装、气压试验、空气吹扫。 计量单位：10m

定　额　编　号				A10-3-82	A10-3-83	A10-3-84
项　目　名　称				公称直径(mm以内)		
				32	40	50
基　　价（元）				119.74	130.91	143.23
其中	人　工　费（元）			110.60	120.40	129.50
	材　料　费（元）			3.14	3.64	4.05
	机　械　费（元）			6.00	6.87	9.68
名　　称		单位	单价(元)	消　　耗　　量		
人工	综合工日	工日	140.00	0.790	0.860	0.925
材料	薄壁不锈钢管	m	—	(9.980)	(9.980)	(9.980)
	燃气室内薄壁不锈钢管卡压式管件	个	—	(7.740)	(7.300)	(7.170)
	弹簧压力表	个	23.08	0.005	0.007	0.007
	低碳钢焊条	kg	6.84	0.005	0.007	0.007
	镀锌铁丝 φ4.0～2.8	kg	3.57	0.050	0.069	0.075
	焊接钢管 DN20	m	4.46	0.033	0.041	0.041
	六角螺栓	kg	5.81	0.012	0.013	0.013
	螺纹阀门 DN20	个	22.00	0.005	0.007	0.007
	破布	kg	6.32	0.110	0.120	0.140
	热轧厚钢板 δ8.0～15	kg	3.20	0.092	0.099	0.104
	石棉橡胶板	kg	9.40	0.023	0.024	0.026
	树脂砂轮切割片 φ400	片	10.26	0.089	0.101	0.120
	洗衣粉	kg	4.27	0.014	0.015	0.016
	橡胶软管 DN20	m	7.26	0.015	0.019	0.019
	压力表弯管 DN15	个	10.69	0.005	0.007	0.007
	氧气	m³	3.63	0.012	0.012	0.015
	乙炔气	kg	10.45	0.004	0.004	0.005
	其他材料费占材料费	%	—	2.000	2.000	2.000
机械	电动空气压缩机 6m³/min	台班	206.73	0.012	0.013	0.014
	电焊机(综合)	台班	118.28	0.004	0.004	0.004
	吊装机械(综合)	台班	619.04	0.004	0.005	0.007
	砂轮切割机 400mm	台班	24.71	0.023	0.025	0.028
	载重汽车 5t	台班	430.70	—	—	0.003

四、铜管

工作内容：调直、切管、组对连接、管道及管件安装、气压试验、空气吹扫。　　　　计量单位：10m

定　额　编　号			A10-3-85	A10-3-86	A10-3-87
项　目　名　称			室内铜管（钎焊）		
			公称外径（mm以内）		
			18	22	28
基　　价（元）			94.09	101.08	109.77
其中	人　工　费（元）		83.02	89.60	96.18
	材　料　费（元）		6.99	7.40	8.58
	机　械　费（元）		4.08	4.08	5.01
名　　称	单位	单价（元）	消　　耗　　量		
人工	综合工日	工日	140.00	0.593	0.640	0.687
材料	燃气室内铜管钎焊式管件	个	—	(11.610)	(8.560)	(5.760)
	无缝紫铜管	m	—	(9.940)	(9.940)	(9.980)
	弹簧压力表	个	23.08	0.005	0.005	0.005
	低碳钢焊条	kg	6.84	0.005	0.005	0.005
	低银铜磷钎料（BCu91PAg）	kg	60.00	0.024	0.026	0.039
	电	kW·h	0.68	0.072	0.076	0.084
	镀锌铁丝 φ4.0～2.8	kg	3.57	0.040	0.045	0.048
	焊接钢管 DN20	m	4.46	0.033	0.033	0.033
	锯条(各种规格)	根	0.62	0.078	0.128	0.140
	六角螺栓	kg	5.81	0.010	0.010	0.011
	螺纹阀门 DN20	个	22.00	0.005	0.005	0.005
	尼龙砂轮片 φ100	片	2.05	0.019	0.024	0.024
	尼龙砂轮片 φ400	片	8.55	0.020	0.023	0.023
	破布	kg	6.32	0.080	0.090	0.100
	热轧厚钢板 δ8.0～15	kg	3.20	0.074	0.080	0.086
	石棉橡胶板	kg	9.40	0.018	0.020	0.021
	铁砂布	张	0.85	0.136	0.148	0.157
	洗衣粉	kg	4.27	0.011	0.012	0.013
	橡胶软管 DN20	m	7.26	0.015	0.015	0.015
	压力表弯管 DN15	个	10.69	0.005	0.005	0.005
	氧气	m³	3.63	0.426	0.443	0.470
	乙炔气	kg	10.45	0.164	0.166	0.180
	其他材料费占材料费	%	—	2.000	2.000	2.000
机械	电动空气压缩机 6m³/min	台班	206.73	0.011	0.011	0.012
	电焊机(综合)	台班	118.28	0.004	0.004	0.004
	吊装机械(综合)	台班	619.04	0.002	0.002	0.003
	砂轮切割机 400mm	台班	24.71	0.004	0.004	0.008

工作内容：调直、切管、组对连接、管道及管件安装、气压试验、空气吹扫。　　　　　　　计量单位：10m

定　额　编　号			A10-3-88	A10-3-89	A10-3-90
项　目　名　称			室内铜管(钎焊)		
			公称外径(mm以内)		
			35	42	54
基　　　价（元）			116.45	124.41	134.96
其中	人　工　费（元）		100.52	104.86	109.90
	材　料　费（元）		10.25	13.00	15.67
	机　械　费（元）		5.68	6.55	9.39
名　　　称		单位	单价（元）	消　　耗　　量	
人工	综合工日	工日	140.00	0.718	0.749	0.785
材料	燃气室内铜管钎焊式管件	个	—	(5.390)	(5.340)	(5.160)
	无缝紫铜管	m	—	(9.980)	(9.980)	(9.980)
	弹簧压力表	个	23.08	0.005	0.007	0.007
	低碳钢焊条	kg	6.84	0.005	0.007	0.007
	低银铜磷钎料（BCu91PAg）	kg	60.00	0.056	0.077	0.104
	电	kW·h	0.68	0.094	0.143	0.156
	镀锌铁丝 φ4.0～2.8	kg	3.57	0.050	0.069	0.075
	焊接钢管 DN20	m	4.46	0.033	0.041	0.041
	锯条(各种规格)	根	0.62	0.166	0.185	0.196
	六角螺栓	kg	5.81	0.012	0.013	0.013
	螺纹阀门 DN20	个	22.00	0.005	0.007	0.007
	尼龙砂轮片 φ100	片	2.05	0.025	0.038	0.046
	尼龙砂轮片 φ400	片	8.55	0.035	0.040	0.048
	破布	kg	6.32	0.110	0.120	0.140
	热轧厚钢板 δ8.0～15	kg	3.20	0.092	0.099	0.104
	石棉橡胶板	kg	9.40	0.023	0.024	0.026
	铁砂布	张	0.85	0.173	0.236	0.274
	洗衣粉	kg	4.27	0.014	0.015	0.016
	橡胶软管 DN20	m	7.26	0.015	0.019	0.019
	压力表弯管 DN15	个	10.69	0.005	0.007	0.007
	氧气	m³	3.63	0.515	0.634	0.723
	乙炔气	kg	10.45	0.198	0.244	0.278
	其他材料费占材料费	%	—	2.000	2.000	2.000
机械	电动空气压缩机 6m³/min	台班	206.73	0.012	0.013	0.014
	电焊机(综合)	台班	118.28	0.004	0.004	0.004
	吊装机械(综合)	台班	619.04	0.004	0.005	0.007
	砂轮切割机 400mm	台班	24.71	0.010	0.012	0.016
	载重汽车 5t	台班	430.70	—	—	0.003

五、铸铁管

工作内容：切管、管道及管件安装、组对接口、气压试验、空气吹扫。　　　　　　　　计量单位：10m

定　额　编　号				A10-3-91	A10-3-92	A10-3-93
项　目　名　称				室外铸铁管(柔性机械接口)		
				公称直径(mm以内)		
				100	150	200
基　　　　　价（元）				238.78	291.13	347.85
其中	人　工　费（元）			97.02	107.24	127.12
	材　料　费（元）			76.32	97.51	98.02
	机　械　费（元）			65.44	86.38	122.71
名　　称		单位	单价(元)	消　　耗　　量		
人工	综合工日	工日	140.00	0.693	0.766	0.908
材料	活动法兰铸铁管	m	—	(9.900)	(9.880)	(9.880)
	燃气室外铸铁管柔性机械接口管件	个	—	(1.670)	(1.470)	(1.240)
	压兰	片	—	(3.940)	(3.720)	(3.470)
	带帽螺栓 玛钢 M20×100	套	2.28	16.233	22.990	21.445
	弹簧压力表	个	23.08	0.008	0.009	0.009
	低碳钢焊条	kg	6.84	0.008	0.009	0.009
	镀锌铁丝 φ4.0～2.8	kg	3.57	0.083	0.089	0.096
	焊接钢管 DN20	m	4.46	0.049	0.057	0.057
	黄油	kg	16.58	0.221	0.268	0.319
	六角螺栓	kg	5.81	0.016	0.030	0.045
	螺纹阀门 DN20	个	22.00	0.008	0.009	0.009
	破布	kg	6.32	0.210	0.270	0.300
	热轧厚钢板 δ8.0～15	kg	3.20	0.123	0.276	0.369
	石棉橡胶板	kg	9.40	0.030	0.040	0.045
	塑料布	m²	1.97	0.240	0.328	0.424
	洗衣粉	kg	4.27	0.021	0.021	0.028

续表

定　额　编　号			A10-3-91	A10-3-92	A10-3-93
项　目　名　称			室外铸铁管(柔性机械接口)		
			公称直径(mm以内)		
			100	150	200
名　称	单位	单价(元)	消　　耗　　量		
材 料	橡胶圈 DN100	个	4.79	3.979	—	—
	橡胶圈 DN150	个	4.79	—	3.757	—
	橡胶圈 DN200	个	4.79	—	—	3.505
	橡胶软管 DN20	m	7.26	0.023	0.027	0.027
	压力表弯管 DN15	个	10.69	0.008	0.009	0.009
	氧气	m³	3.63	0.015	0.018	0.018
	乙炔气	kg	10.45	0.005	0.006	0.006
	支撑圈 DN100	套	2.80	3.979	—	—
	支撑圈 DN150	套	4.10	—	3.757	—
	支撑圈 DN200	套	5.40	—	—	3.505
	其他材料费占材料费	%	—	2.000	2.000	2.000
机 械	电动空气压缩机 6m³/min	台班	206.73	0.017	0.019	0.020
	电焊机(综合)	台班	118.28	0.005	0.006	0.006
	汽车式起重机 8t	台班	763.67	0.073	0.094	0.131
	液压断管机 500mm	台班	19.91	0.021	0.024	0.030
	载重汽车 5t	台班	430.70	0.012	0.022	0.040

工作内容：切管、管道及管件安装、组对接口、气压试验、空气吹扫。 计量单位：10m

定 额 编 号			A10-3-94	A10-3-95
项 目 名 称			室外铸铁管(柔性机械接口)	
			公称直径(mm以内)	
			300	400
基 价 （元）			543.47	696.89
其中	人 工 费（元）		163.10	235.62
	材 料 费（元）		117.15	139.64
	机 械 费（元）		263.22	321.63
名 称	单位	单价（元）	消 耗 量	
人工	综合工日	工日	140.00	1.165	1.683
材料	活动法兰铸铁管	m	—	(9.880)	(9.830)
	燃气室外铸铁管柔性机械接口管件	个	—	(0.990)	(0.940)
	压兰	片	—	(3.190)	(3.110)
	带帽螺栓 玛钢 M20×100	套	2.28	26.286	32.033
	弹簧压力表	个	23.08	0.010	0.010
	低碳钢焊条	kg	6.84	0.010	0.010
	镀锌铁丝 φ4.0～2.8	kg	3.57	0.144	0.153
	焊接钢管 DN20	m	4.46	0.065	0.065
	黄油	kg	16.58	0.424	0.560
	六角螺栓	kg	5.81	0.094	0.135
	螺纹阀门 DN20	个	22.00	0.010	0.010
	破布	kg	6.32	0.400	0.510
	热轧厚钢板 δ8.0～15	kg	3.20	0.832	1.066
	石棉橡胶板	kg	9.40	0.060	0.105
	塑料布	m²	1.97	0.664	0.944
	洗衣粉	kg	4.27	0.035	0.035
	橡胶圈 DN300	个	4.79	3.222	—
	橡胶圈 DN400	个	4.79	—	3.141
	橡胶软管 DN20	m	7.26	0.030	0.030
	压力表弯管 DN15	个	10.69	0.010	0.010
	氧气	m³	3.63	0.024	0.030
	乙炔气	kg	10.45	0.008	0.010
	支撑圈 DN300	套	7.10	3.222	—
	支撑圈 DN400	套	8.67	—	3.141
	其他材料费占材料费	%	—	2.000	2.000
机械	电动空气压缩机 6m³/min	台班	206.73	0.022	0.025
	电焊机(综合)	台班	118.28	0.007	0.007
	汽车式起重机 16t	台班	958.70	0.234	0.282
	液压断管机 500mm	台班	19.91	0.039	0.046
	载重汽车 5t	台班	430.70	0.076	0.103

六、塑料管

1.室外塑料管(热熔连接)

工作内容:切管、组对、熔接、管道及管件安装、气压试验、空气吹扫。　　　　　计量单位:10m

定　额　编　号			A10-3-96	A10-3-97	A10-3-98	A10-3-99
项　目　名　称			外径(mm内)			
			50	63	75	90
基　　　价（元）			65.94	71.74	81.49	91.82
其中	人　工　费（元）		58.10	63.28	72.38	81.20
	材　料　费（元）		1.56	1.62	1.67	1.81
	机　械　费（元）		6.28	6.84	7.44	8.81
名　　　称	单位	单价（元）	消　　耗　　量			
人工	综合工日	工日	140.00	0.415	0.452	0.517	0.580
材料	聚乙烯管	m	—	(10.130)	(10.130)	(10.120)	(10.120)
	燃气室外聚乙烯塑料管热熔管件	个	—	(3.920)	(3.300)	(2.930)	(2.720)
	弹簧压力表	个	23.08	0.007	0.007	0.007	0.008
	低碳钢焊条	kg	6.84	0.007	0.007	0.007	0.008
	焊接钢管 DN20	m	4.46	0.041	0.041	0.041	0.041
	六角螺栓	kg	5.81	0.013	0.013	0.014	0.015
	螺纹阀门 DN20	个	22.00	0.007	0.007	0.007	0.008
	热轧厚钢板 δ8.0～15	kg	3.20	0.099	0.104	0.111	0.117
	石棉橡胶板	kg	9.40	0.024	0.026	0.027	0.029
	洗衣粉	kg	4.27	0.015	0.016	0.018	0.019
	橡胶软管 DN20	m	7.26	0.019	0.019	0.019	0.023
	压力表弯管 DN15	个	10.69	0.007	0.007	0.007	0.008
	氧气	m³	3.63	0.012	0.015	0.015	0.015
	乙炔气	kg	10.45	0.004	0.005	0.005	0.005
	其他材料费占材料费	%	—	2.000	2.000	2.000	2.000
机械	电动空气压缩机 6m³/min	台班	206.73	0.013	0.014	0.015	0.016
	电焊机(综合)	台班	118.28	0.004	0.004	0.004	0.005
	木工圆锯机 500mm	台班	25.33	0.012	0.017	0.018	0.024
	热熔对接焊机 160mm	台班	17.51	0.161	0.174	0.195	0.246

工作内容：切管、组对、熔接、管道及管件安装、气压试验、空气吹扫。　　　　　　　　计量单位：10m

定　额　编　号				A10-3-100	A10-3-101	A10-3-102
项　目　名　称				外径(mm内)		
				110	160	200
基　　　价　（元）				**101.99**	**166.02**	**192.28**
其中	人　工　费（元）			90.16	110.74	125.72
	材　料　费（元）			1.89	2.73	3.18
	机　械　费（元）			9.94	52.55	63.38
名　　　称		单位	单价(元)	消　　耗　　量		
人工	综合工日	工日	140.00	0.644	0.791	0.898
材料	聚乙烯管	m	—	(10.120)	(10.120)	(10.150)
	燃气室外聚乙烯塑料管热熔管件	个	—	(2.450)	(2.030)	(1.670)
	弹簧压力表	个	23.08	0.008	0.009	0.009
	低碳钢焊条	kg	6.84	0.008	0.009	0.009
	焊接钢管 DN20	m	4.46	0.049	0.057	0.057
	六角螺栓	kg	5.81	0.016	0.030	0.045
	螺纹阀门 DN20	个	22.00	0.008	0.009	0.009
	热轧厚钢板 δ8.0～15	kg	3.20	0.123	0.276	0.369
	石棉橡胶板	kg	9.40	0.030	0.040	0.045
	洗衣粉	kg	4.27	0.021	0.024	0.026
	橡胶软管 DN20	m	7.26	0.023	0.027	0.027
	压力表弯管 DN15	个	10.69	0.008	0.009	0.009
	氧气	m³	3.63	0.015	0.018	0.018
	乙炔气	kg	10.45	0.005	0.006	0.006
	其他材料费占材料费	%	—	2.000	2.000	2.000
机械	电动空气压缩机 6m³/min	台班	206.73	0.017	0.019	0.020
	电焊机(综合)	台班	118.28	0.005	0.006	0.006
	木工圆锯机 500mm	台班	25.33	0.030	0.040	0.047
	汽车式起重机 8t	台班	763.67	—	0.051	0.057
	热熔对接焊机 160mm	台班	17.51	0.290	0.331	—
	热熔对接焊机 250mm	台班	20.64	—	—	0.419
	载重汽车 5t	台班	430.70	—	0.005	0.012

工作内容：切管、组对、熔接、管道及管件安装、气压试验、空气吹扫。　　　　　　计量单位：10m

定　额　编　号			A10-3-103	A10-3-104	A10-3-105
项　目　名　称			外径(mm内)		
			250	315	400
基　　　　价（元）			238.33	300.43	357.47
其中	人　工　费（元）		143.22	169.54	203.14
	材　料　费（元）		4.11	5.31	6.81
	机　械　费（元）		91.00	125.58	147.52
名　　　称	单位	单价(元)	消　　耗　　量		
人工 综合工日	工日	140.00	1.023	1.211	1.451
材料 聚乙烯管	m	—	(10.150)	(10.150)	(10.150)
燃气室外聚乙烯塑料管热熔管件	个	—	(1.390)	(1.260)	(1.100)
弹簧压力表	个	23.08	0.009	0.010	0.010
低碳钢焊条	kg	6.84	0.009	0.010	0.010
焊接钢管 DN20	m	4.46	0.057	0.065	0.065
六角螺栓	kg	5.81	0.070	0.094	0.135
螺纹阀门 DN20	个	22.00	0.009	0.010	0.010
热轧厚钢板 δ8.0～15	kg	3.20	0.577	0.832	1.066
石棉橡胶板	kg	9.40	0.053	0.060	0.105
洗衣粉	kg	4.27	0.028	0.030	0.035
橡胶软管 DN20	m	7.26	0.027	0.030	0.030
压力表弯管 DN15	个	10.69	0.009	0.010	0.010
氧气	m³	3.63	0.021	0.024	0.030
乙炔气	kg	10.45	0.007	0.008	0.010
其他材料费占材料费	%	—	2.000	2.000	2.000
机械 电动空气压缩机 6m³/min	台班	206.73	0.021	0.022	0.025
电焊机(综合)	台班	118.28	0.006	0.007	0.007
木工圆锯机 500mm	台班	25.33	0.052	0.059	0.072
汽车式起重机 8t	台班	763.67	0.085	0.102	0.114
热熔对接焊机 250mm	台班	20.64	0.517	—	—
热熔对接焊机 630mm	台班	43.95	—	0.664	0.845
载重汽车 5t	台班	430.70	0.021	0.027	0.036

2. 室外塑料管(电熔连接)

工作内容：切管、组对、熔接、管道及管件安装、气压试验、空气吹扫。　　　　　　　计量单位：10m

定　额　编　号			A10-3-106	A10-3-107	A10-3-108
项　目　名　称			外径(mm内)		
			32	40	50
基　　　价（元）			53.98	57.08	64.14
其中	人　工　费（元）		45.50	48.44	54.88
	材　料　费（元）		1.28	1.33	1.56
	机　械　费（元）		7.20	7.31	7.70
名　　　称	单位	单价(元)	消　　耗　　量		
人工	综合工日	工日	140.00	0.325	0.346	0.392
材料	聚乙烯管	m	—	(10.100)	(10.100)	(10.130)
	燃气室外聚乙烯塑料管电熔管件	个	—	(5.980)	(5.390)	(3.880)
	弹簧压力表	个	23.08	0.005	0.005	0.007
	低碳钢焊条	kg	6.84	0.005	0.005	0.007
	焊接钢管 DN20	m	4.46	0.033	0.033	0.041
	六角螺栓	kg	5.81	0.011	0.012	0.013
	螺纹阀门 DN20	个	22.00	0.005	0.005	0.007
	热轧厚钢板 δ8.0~15	kg	3.20	0.086	0.092	0.099
	三氯乙烯	kg	7.11	0.001	0.001	0.001
	石棉橡胶板	kg	9.40	0.021	0.023	0.024
	洗衣粉	kg	4.27	0.013	0.014	0.015
	橡胶软管 DN20	m	7.26	0.015	0.015	0.019
	压力表弯管 DN15	个	10.69	0.005	0.005	0.007
	氧气	m³	3.63	0.012	0.012	0.012
	乙炔气	kg	10.45	0.004	0.004	0.004
	其他材料费占材料费	%	—	2.000	2.000	2.000
机械	电动空气压缩机 6m³/min	台班	206.73	0.012	0.012	0.013
	电焊机(综合)	台班	118.28	0.004	0.004	0.004
	电熔焊接机 3.5kW	台班	26.81	0.149	0.152	0.158
	木工圆锯机 500mm	台班	25.33	0.010	0.011	0.012

工作内容：切管、组对、熔接、管道及管件安装、气压试验、空气吹扫。 计量单位：10m

定　额　编　号				A10-3-109	A10-3-110
项　目　名　称				外径（mm内）	
				63	75
基　　　　价（元）				69.71	77.43
其中	人　工　费（元）			59.78	66.92
	材　料　费（元）			1.63	1.68
	机　械　费（元）			8.30	8.83
	名　　　称	单位	单价（元）	消　　耗　　量	
人工	综合工日	工日	140.00	0.427	0.478
材料	聚乙烯管	m	—	(10.130)	(10.120)
	燃气室外聚乙烯塑料管电熔管件	个	—	(3.340)	(3.070)
	弹簧压力表	个	23.08	0.007	0.007
	低碳钢焊条	kg	6.84	0.007	0.007
	焊接钢管 DN20	m	4.46	0.041	0.041
	六角螺栓	kg	5.81	0.013	0.014
	螺纹阀门 DN20	个	22.00	0.007	0.007
	热轧厚钢板 δ8.0～15	kg	3.20	0.104	0.111
	三氯乙烯	kg	7.11	0.002	0.002
	石棉橡胶板	kg	9.40	0.026	0.027
	洗衣粉	kg	4.27	0.016	0.017
	橡胶软管 DN20	m	7.26	0.019	0.019
	压力表弯管 DN15	个	10.69	0.007	0.007
	氧气	m³	3.63	0.015	0.015
	乙炔气	kg	10.45	0.005	0.005
	其他材料费占材料费	%	—	2.000	2.000
机械	电动空气压缩机 6m³/min	台班	206.73	0.014	0.015
	电焊机（综合）	台班	118.28	0.004	0.004
	电熔焊接机 3.5kW	台班	26.81	0.168	0.179
	木工圆锯机 500mm	台班	25.33	0.017	0.018

工作内容：切管、组对、熔接、管道及管件安装、气压试验、空气吹扫。 计量单位：10m

定　额　编　号			A10-3-111	A10-3-112
项　目　名　称			外径(mm内)	
			90	110
基　　　　价（元）			85.46	96.85
其中	人　工　费（元）		73.92	83.86
	材　料　费（元）		1.86	1.90
	机　械　费（元）		9.68	11.09
名　　称	单位	单价（元）	消　耗　量	
人工	综合工日	工日	140.00	0.528	0.599
材料	聚乙烯管	m	—	(10.120)	(10.120)
	燃气室外聚乙烯塑料管电熔管件	个	—	(2.740)	(2.680)
	弹簧压力表	个	23.08	0.008	0.008
	低碳钢焊条	kg	6.84	0.008	0.008
	焊接钢管 DN20	m	4.46	0.049	0.049
	六角螺栓	kg	5.81	0.015	0.016
	螺纹阀门 DN20	个	22.00	0.008	0.008
	热轧厚钢板 δ8.0～15	kg	3.20	0.117	0.123
	三氯乙烯	kg	7.11	0.002	0.002
	石棉橡胶板	kg	9.40	0.029	0.030
	洗衣粉	kg	4.27	0.019	0.021
	橡胶软管 DN20	m	7.26	0.023	0.023
	压力表弯管 DN15	个	10.69	0.008	0.008
	氧气	m³	3.63	0.015	0.015
	乙炔气	kg	10.45	0.005	0.005
	其他材料费占材料费	%	—	2.000	2.000
机械	电动空气压缩机 6m³/min	台班	206.73	0.016	0.017
	电焊机(综合)	台班	118.28	0.005	0.005
	电熔焊接机 3.5kW	台班	26.81	0.193	0.232
	木工圆锯机 500mm	台班	25.33	0.024	0.030

七、复合管

工作内容：调直、切管、组对连接、管道及管件安装、气压试验、空气吹扫。　　　　　　计量单位：10m

定　额　编　号			A10-3-113	A10-3-114	A10-3-115
项　目　名　称			室内铝塑复合管(卡套连接)		
			外径(mm内)		
			16	20	25
基　　　价　（元）			61.79	76.84	95.70
其中	人　工　费（元）		57.82	72.80	91.42
	材　料　费（元）		1.22	1.29	1.33
	机　械　费（元）		2.75	2.75	2.95
名　　　称	单位	单价(元)	消　　耗　　量		
人工 综合工日	工日	140.00	0.413	0.520	0.653
材料 铝塑复合管	m	—	(9.960)	(9.960)	(9.960)
燃气室内铝塑复合管卡套式管件	个	—	(11.610)	(8.560)	(7.050)
弹簧压力表	个	23.08	0.005	0.005	0.005
低碳钢焊条	kg	6.84	0.005	0.005	0.005
钢锯条	条	0.34	0.165	0.167	0.175
焊接钢管 DN20	m	4.46	0.033	0.033	0.033
六角螺栓	kg	5.81	0.010	0.010	0.011
螺纹阀门 DN20	个	22.00	0.005	0.005	0.005
热轧厚钢板 δ8.0～15	kg	3.20	0.074	0.080	0.086
石棉橡胶板	kg	9.40	0.018	0.020	0.021
洗衣粉	kg	4.27	0.011	0.012	0.013
橡胶软管 DN20	m	7.26	0.015	0.015	0.015
压力表弯管 DN15	个	10.69	0.005	0.005	0.005
氧气	m³	3.63	0.009	0.012	0.012
乙炔气	kg	10.45	0.003	0.004	0.004
其他材料费占材料费	%	—	2.000	2.000	2.000
机械 电动空气压缩机 6m³/min	台班	206.73	0.011	0.011	0.012
电焊机(综合)	台班	118.28	0.004	0.004	0.004

工作内容：调直、切管、组对连接、管道及管件安装、气压试验、空气吹扫。　　　　　　　　　　计量单位：10m

定　额　编　号				A10-3-116	A10-3-117	A10-3-118
项　目　名　称				室内铝塑复合管(卡套连接)		
				外径(mm内)		
				32	40	50
基　　　价　（元）				100.65	116.08	129.11
其中	人　工　费（元）			96.32	111.30	124.04
	材　料　费（元）			1.38	1.62	1.70
	机　械　费（元）			2.95	3.16	3.37
	名　　　称	单位	单价（元）	消　　耗　　量		
人工	综合工日	工日	140.00	0.688	0.795	0.886
材料	铝塑复合管	m	—	(9.960)	(9.960)	(9.960)
	燃气室内铝塑复合管卡套式管件	个	—	(6.960)	(6.810)	(7.400)
	弹簧压力表	个	23.08	0.005	0.007	0.007
	低碳钢焊条	kg	6.84	0.005	0.007	0.007
	钢锯条	条	0.34	0.186	0.207	0.226
	焊接钢管 DN20	m	4.46	0.033	0.041	0.041
	六角螺栓	kg	5.81	0.012	0.012	0.013
	螺纹阀门 DN20	个	22.00	0.005	0.007	0.007
	热轧厚钢板 δ8.0～15	kg	3.20	0.092	0.099	0.104
	石棉橡胶板	kg	9.40	0.023	0.024	0.026
	洗衣粉	kg	4.27	0.014	0.015	0.016
	橡胶软管 DN20	m	7.26	0.015	0.019	0.019
	压力表弯管 DN15	个	10.69	0.005	0.007	0.007
	氧气	m³	3.63	0.012	0.012	0.015
	乙炔气	kg	10.45	0.004	0.004	0.005
	其他材料费占材料费	%	—	2.000	2.000	2.000
机械	电动空气压缩机 6m³/min	台班	206.73	0.012	0.013	0.014
	电焊机(综合)	台班	118.28	0.004	0.004	0.004

八、室外管道碰头

1. 钢管碰头 不带介质

工作内容：关阀门、停气、原管道切割、三通安装、组对、焊接、检查、清理现场。　　　　计量单位：处

定 额 编 号			A10-3-119	A10-3-120	A10-3-121
项 目 名 称			公称直径(mm以内)		
			50	65	80
基 价 （元）			360.67	412.02	460.34
其中	人 工 费 （元）		188.58	199.22	209.86
	材 料 费 （元）		3.53	4.80	5.55
	机 械 费 （元）		168.56	208.00	244.93
名 称	单位	单价（元）	消 耗 量		
人工	综合工日	工日	140.00	1.347	1.423	1.499
材料	碳钢三通	个	—	(1.000)	(1.000)	(1.000)
	低碳钢焊条	kg	6.84	0.160	0.275	0.323
	电	kW·h	0.68	0.266	0.283	0.316
	钢丝 φ4.0	kg	4.02	0.019	0.019	0.019
	尼龙砂轮片 φ100	片	2.05	0.240	0.324	0.389
	尼龙砂轮片 φ400	片	8.55	0.062	0.080	0.095
	破布	kg	6.32	0.077	0.086	0.092
	氧气	m³	3.63	0.084	0.093	0.105
	乙炔气	kg	10.45	0.028	0.031	0.035
	其他材料费占材料费	%	—	2.000	2.000	2.000
机械	电焊机(综合)	台班	118.28	0.100	0.162	0.190
	电焊条恒温箱	台班	21.41	0.010	0.016	0.019
	电焊条烘干箱 60×50×75cm³	台班	26.46	0.010	0.016	0.019
	汽车式起重机 8t	台班	763.67	0.005	0.006	0.008
	砂轮切割机 400mm	台班	24.71	0.016	0.018	0.021
	载重汽车 5t	台班	430.70	0.353	0.425	0.499

工作内容：关阀门、停气、原管道切割、三通安装、组对、焊接、检查、清理现场。　　　　　计量单位：处

定　额　编　号			A10-3-122	A10-3-123	A10-3-124
项　目　名　称			公称直径(mm以内)		
			100	125	150
基　　　　价（元）			549.61	647.62	750.07
其中	人　工　费（元）		224.14	277.62	331.10
	材　料　费（元）		8.76	10.51	15.96
	机　械　费（元）		316.71	359.49	403.01
名　　　称	单位	单价(元)	消　　耗　　量		
人工	综合工日	工日	140.00	1.601	1.983	2.365
材料	碳钢三通	个	—	(1.000)	(1.000)	(1.000)
	低碳钢焊条	kg	6.84	0.595	0.734	1.094
	电	kW·h	0.68	0.435	0.476	0.538
	钢丝 φ4.0	kg	4.02	0.019	0.019	0.019
	尼龙砂轮片 φ100	片	2.05	0.544	0.683	0.976
	尼龙砂轮片 φ400	片	8.55	0.148	0.164	—
	破布	kg	6.32	0.107	0.116	0.122
	氧气	m³	3.63	0.153	0.189	0.696
	乙炔气	kg	10.45	0.051	0.063	0.232
	其他材料费占材料费	%	—	2.000	2.000	2.000
机械	电焊机(综合)	台班	118.28	0.277	0.342	0.421
	电焊条恒温箱	台班	21.41	0.028	0.034	0.042
	电焊条烘干箱 60×50×75cm³	台班	26.46	0.028	0.034	0.042
	汽车式起重机 8t	台班	763.67	0.038	0.045	0.051
	砂轮切割机 400mm	台班	24.71	0.031	0.038	—
	载重汽车 5t	台班	430.70	0.587	0.655	0.725

工作内容：关阀门、停气、原管道切割、三通安装、组对、焊接、检查、清理现场。　　　计量单位：处

定　额　编　号				A10-3-125	A10-3-126	A10-3-127
项　目　名　称				公称直径(mm以内)		
				200	250	300
基　　价　(元)				949.93	1114.99	1270.80
其中	人　工　费（元）			396.06	424.90	492.80
	材　料　费（元）			21.45	36.65	43.43
	机　械　费（元）			532.42	653.44	734.57
名　　称		单位	单价(元)	消　　耗　　量		
人工	综合工日	工日	140.00	2.829	3.035	3.520
材料	碳钢三通	个	—	(1.000)	(1.000)	(1.000)
	低碳钢焊条	kg	6.84	1.514	2.977	3.550
	电	kW·h	0.68	0.742	1.045	1.206
	钢丝 φ4.0	kg	4.02	0.019	0.019	0.019
	尼龙砂轮片 φ100	片	2.05	1.400	2.294	2.761
	破布	kg	6.32	0.147	0.163	0.169
	氧气	m³	3.63	0.885	1.272	1.500
	乙炔气	kg	10.45	0.295	0.424	0.500
	其他材料费占材料费	%	—	2.000	2.000	2.000
机械	电焊机(综合)	台班	118.28	0.582	0.827	0.986
	电焊条恒温箱	台班	21.41	0.058	0.083	0.099
	电焊条烘干箱 60×50×75cm³	台班	26.46	0.058	0.083	0.099
	汽车式起重机 16t	台班	958.70	—	0.101	0.114
	汽车式起重机 8t	台班	763.67	0.071	—	—
	载重汽车 5t	台班	430.70	0.944	1.056	1.170

工作内容：关阀门、停气、原管道切割、三通安装、组对、焊接、检查、清理现场。　　　　　　　　　计量单位：处

定　额　编　号				A10-3-128	A10-3-129
项　目　名　称				公称直径(mm以内)	
				350	400
基　　　价（元）				1403.02	1524.79
其中	人　工　费（元）			560.70	628.74
	材　料　费（元）			52.56	58.93
	机　械　费（元）			789.76	837.12
名　　　称		单位	单价（元）	消　耗　量	
人工	综合工日	工日	140.00	4.005	4.491
材料	碳钢三通	个	—	(1.000)	(1.000)
	低碳钢焊条	kg	6.84	4.126	4.667
	电	kW·h	0.68	1.412	1.597
	钢丝 φ4.0	kg	4.02	0.019	0.019
	尼龙砂轮片 φ100	片	2.05	3.870	4.378
	破布	kg	6.32	0.178	0.184
	氧气	m³	3.63	1.857	2.046
	乙炔气	kg	10.45	0.619	0.682
	其他材料费占材料费	%	—	2.000	2.000
机械	电焊机(综合)	台班	118.28	1.146	1.297
	电焊条恒温箱	台班	21.41	0.115	0.130
	电焊条烘干箱 60×50×75cm³	台班	26.46	0.115	0.130
	汽车式起重机 16t	台班	958.70	0.138	0.146
	载重汽车 5t	台班	430.70	1.199	1.248

2. 钢管碰头 带介质

工作内容：原管道清理除锈、焊接式连接器安装、焊接、开孔、检查、清理现场。　　　计量单位：处

定　额　编　号			A10-3-130	A10-3-131	A10-3-132
项　目　名　称			支管		
			公称直径(mm以内)		
			50	80	100
基　　价（元）			389.56	486.39	570.32
其中	人　工　费（元）		171.36	190.82	203.70
	材　料　费（元）		1.56	2.63	4.34
	机　械　费（元）		216.64	292.94	362.28
名　　称	单位	单价（元）	消　　耗　　量		
人工 综合工日	工日	140.00	1.224	1.363	1.455
材料 焊接式连接器	个	—	(1.000)	(1.000)	(1.000)
低碳钢焊条	kg	6.84	0.112	0.226	0.416
电	kW·h	0.68	0.186	0.221	0.305
钢丝刷	把	2.56	0.009	0.013	0.016
尼龙砂轮片 φ100	片	2.05	0.046	0.070	0.092
破布	kg	6.32	0.009	0.013	0.016
铁砂布	张	0.85	0.065	0.101	0.122
氧气	m³	3.63	0.057	0.075	0.108
乙炔气	kg	10.45	0.019	0.025	0.036
其他材料费占材料费	%	—	2.000	2.000	2.000
机械 电焊机(综合)	台班	118.28	0.070	0.133	0.194
电焊条恒温箱	台班	21.41	0.007	0.013	0.019
电焊条烘干箱 60×50×75cm³	台班	26.46	0.007	0.013	0.019
开孔机 200mm	台班	305.09	0.195	0.216	0.230
汽车式起重机 8t	台班	763.67	0.005	0.008	0.036
载重汽车 5t	台班	430.70	0.336	0.475	0.559

工作内容：原管道清理除锈、焊接式连接器安装、焊接、开孔、检查、清理现场。 计量单位：处

定 额 编 号			A10-3-133	A10-3-134	A10-3-135
项 目 名 称			支管		
			公称直径(mm以内)		
			150	200	250
基 价（元）			785.58	994.31	1142.91
其中	人 工 费（元）		301.14	358.54	386.26
	材 料 费（元）		9.78	13.21	22.79
	机 械 费（元）		474.66	622.56	733.86
名 称	单位	单价（元）	消 耗 量		
人工	综合工日	工日	140.00	2.151	2.561	2.759
材料	焊接式连接器	个	—	(1.000)	(1.000)	(1.000)
	低碳钢焊条	kg	6.84	0.766	1.060	2.084
	电	kW·h	0.68	0.376	0.520	0.732
	钢丝刷	把	2.56	0.024	0.033	0.041
	尼龙砂轮片 φ100	片	2.05	0.130	0.218	0.305
	破布	kg	6.32	0.024	0.033	0.041
	铁砂布	张	0.85	0.180	0.248	0.309
	氧气	m³	3.63	0.486	0.618	0.891
	乙炔气	kg	10.45	0.162	0.206	0.297
	其他材料费占材料费	%	—	2.000	2.000	2.000
机械	电焊机(综合)	台班	118.28	0.295	0.407	0.579
	电焊条恒温箱	台班	21.41	0.030	0.041	0.058
	电焊条烘干箱 60×50×75cm³	台班	26.46	0.030	0.041	0.058
	开孔机 200mm	台班	305.09	0.340	0.437	—
	开孔机 400mm	台班	308.08	—	—	0.447
	汽车式起重机 16t	台班	958.70	—	—	0.096
	汽车式起重机 8t	台班	763.67	0.049	0.068	—
	载重汽车 5t	台班	430.70	0.690	0.899	1.005

工作内容：原管道清理除锈、焊接式连接器安装、焊接、开孔、检查、清理现场。　　　　　计量单位：处

定　额　编　号			A10-3-136	A10-3-137	A10-3-138
项　目　名　称			支管		
			公称直径(mm以内)		
			300	350	400
基　　　　　价（元）			1285.70	1402.72	1512.79
其中	人　工　费（元）		448.00	509.74	571.48
	材　料　费（元）		27.08	32.04	36.01
	机　械　费（元）		810.62	860.94	905.30
名　　　称	单位	单价(元)	消　　耗　　量		
人工 综合工日	工日	140.00	3.200	3.641	4.082
材料 焊接式连接器	个	—	(1.000)	(1.000)	(1.000)
低碳钢焊条	kg	6.84	2.485	2.888	3.267
电	kW·h	0.68	0.844	0.988	1.118
钢丝刷	把	2.56	0.049	0.056	0.064
尼龙砂轮片 φ100	片	2.05	0.370	0.434	0.495
破布	kg	6.32	0.049	0.056	0.064
铁砂布	张	0.85	0.367	0.426	0.482
氧气	m³	3.63	1.050	1.299	1.434
乙炔气	kg	10.45	0.350	0.433	0.478
其他材料费占材料费	%	—	2.000	2.000	2.000
机械 电焊机(综合)	台班	118.28	0.690	0.802	0.908
电焊条恒温箱	台班	21.41	0.069	0.080	0.091
电焊条烘干箱 60×50×75cm³	台班	26.46	0.069	0.080	0.091
开孔机 400mm	台班	308.08	0.459	0.470	0.481
汽车式起重机 16t	台班	958.70	0.109	0.131	0.139
载重汽车 5t	台班	430.70	1.114	1.142	1.189

3.铸铁管碰头 不带介质

工作内容：关阀门、停气、原管道切割、短管与管件安装、检查、清理现场。　　　　　计量单位：处

定　额　编　号				A10-3-139	A10-3-140	A10-3-141
项　目　名　称				公称直径(mm以内)		
				100	150	200
基　　　价（元）				741.18	996.79	1221.85
其中	人　工　费（元）			256.62	379.26	451.92
	材　料　费（元）			129.90	174.94	187.05
	机　械　费（元）			354.66	442.59	582.88
名　　　称		单位	单价(元)	消　　耗　　量		
人工	综合工日	工日	140.00	1.833	2.709	3.228
材　料	压兰	片	—	(7.070)	(7.070)	(7.070)
	铸铁管	m	—	(3.090)	(3.090)	(3.090)
	铸铁三通	个	—	(1.000)	(1.000)	(1.000)
	铸铁套筒	个	—	(2.000)	(2.000)	(2.000)
	带帽螺栓 玛钢 M20×100	套	2.28	28.840	43.260	43.260
	镀锌铁丝 φ4.0～2.8	kg	3.57	0.057	0.061	0.066
	黄油	kg	16.58	0.392	0.504	0.644
	破布	kg	6.32	0.150	0.168	0.204
	塑料布	m²	1.97	0.144	0.197	0.254
	橡胶圈 DN100	个	4.79	7.070	—	—
	橡胶圈 DN150	个	4.79	—	7.070	—
	橡胶圈 DN200	个	4.79	—	—	7.070
	支撑圈 DN100	套	2.80	7.070	—	—
	支撑圈 DN150	套	4.10	—	7.070	—
	支撑圈 DN200	套	5.40	—	—	7.070
	其他材料费占材料费	%		2.000	2.000	2.000
机械	汽车式起重机 8t	台班	763.67	0.059	0.078	0.110
	液压断管机 500mm	台班	19.91	0.040	0.050	0.071
	载重汽车 5t	台班	430.70	0.717	0.887	1.155

工作内容：关阀门、停气、原管道切割、短管与管件安装、检查、清理现场。　　　　　计量单位：处

定　额　编　号				A10-3-142	A10-3-143
项　目　名　称				公称直径(mm以内)	
				300	400
基　　　价（元）				1589.91	1883.80
其中	人　工　费（元）			564.48	720.02
	材　料　费（元）			238.22	289.15
	机　械　费（元）			787.21	874.63
	名　　　称	单位	单价（元）	消　耗　量	
人工	综合工日	工日	140.00	4.032	5.143
材料	压兰	片	—	(7.070)	(7.070)
	铸铁管	m	—	(3.090)	(3.090)
	铸铁三通	个	—	(1.000)	(1.000)
	铸铁套筒	个	—	(2.000)	(2.000)
	带帽螺栓 玛钢 M20×100	套	2.28	57.680	72.100
	镀锌铁丝 φ4.0～2.8	kg	3.57	0.079	0.092
	黄油	kg	16.58	0.931	1.260
	破布	kg	6.32	0.234	0.252
	塑料布	m²	1.97	0.398	0.566
	橡胶圈 DN300	个	4.79	7.070	—
	橡胶圈 DN400	个	4.79	—	7.070
	支撑圈 DN300	套	7.10	7.070	—
	支撑圈 DN400	套	8.67	—	7.070
	其他材料费占材料费	%	—	2.000	2.000
机械	汽车式起重机 16t	台班	958.70	0.176	0.224
	液压断管机 500mm	台班	19.91	0.108	0.132
	载重汽车 5t	台班	430.70	1.431	1.526

4.铸铁管碰头 带介质

工作内容：原管道清理、机械式连接器安装、连接、开孔、检查、清理现场。　　　　　　计量单位：处

定　额　编　号				A10-3-144	A10-3-145	A10-3-146
项　目　名　称				公称直径(mm以内)		
				100	150	200
基　　　价（元）				619.04	826.81	1044.11
其中	人　工　费（元）			213.78	316.26	376.60
	材　料　费（元）			45.61	45.77	60.14
	机　械　费（元）			359.65	464.78	607.37
名　　　称		单位	单价（元）	消　　耗　　量		
人工	综合工日	工日	140.00	1.527	2.259	2.690
材料	机械式连接器	个	—	(1.000)	(1.000)	(1.000)
	氟丁腈橡胶垫片	片	16.07	1.010	1.010	1.010
	钢丝刷	把	2.56	0.016	0.024	0.033
	黄干油	kg	5.15	0.155	0.163	0.208
	六角螺栓带螺母、垫圈 M20×85～100	套	3.33	8.240	8.240	12.360
	破布	kg	6.32	0.016	0.024	0.033
	铁砂布	张	0.85	0.122	0.180	0.248
	其他材料费占材料费	%	—	2.000	2.000	2.000
机械	开孔机 200mm	台班	305.09	0.237	0.350	0.450
	汽车式起重机 8t	台班	763.67	0.039	0.052	0.073
	载重汽车 5t	台班	430.70	0.598	0.739	0.962

工作内容：原管道清理、机械式连接器安装、连接、开孔、检查、清理现场。　　　　　　　　　　　　计量单位：处

定　额　编　号				A10-3-147	A10-3-148
项　目　名　称				公称直径(mm以内)	
				300	400
基　　　价（元）				1303.30	1518.66
其中	人　工　费（元）			470.54	600.04
	材　料　费（元）			61.05	75.42
	机　械　费（元）			771.71	843.20
名　　称		单位	单价(元)	消　耗　　量	
人工	综合工日	工日	140.00	3.361	4.286
材料	机械式连接器	个	—	(1.000)	(1.000)
	氟丁腈橡胶垫片	片	16.07	1.010	1.010
	钢丝刷	把	2.56	0.049	0.064
	黄干油	kg	5.15	0.333	0.360
	六角螺栓带螺母、垫圈 M20×85～100	套	3.33	12.360	16.480
	破布	kg	6.32	0.049	0.064
	铁砂布	张	0.85	0.367	0.482
	其他材料费占材料费	%	—	2.000	2.000
机械	开孔机 400mm	台班	308.08	0.473	0.495
	汽车式起重机 16t	台班	958.70	0.117	0.149
	载重汽车 5t	台班	430.70	1.193	1.272

5. 塑料管碰头 不带介质

工作内容：关阀门、停气、原管道切割、短管、三通安装、组对、焊接、检查、清理现场。

计量单位：处

定 额 编 号				A10-3-149	A10-3-150	A10-3-151
项 目 名 称				外径(mm以内)		
				90	110	160
基 价（元）				361.56	409.16	546.50
其中	人 工 费（元）			148.82	158.76	234.78
	材 料 费（元）			0.01	0.01	0.01
	机 械 费（元）			212.73	250.39	311.71
名 称		单位	单价（元）	消 耗 量		
人工	综合工日	工日	140.00	1.063	1.134	1.677
材料	电熔套筒	个	—	(2.000)	(2.000)	(2.000)
	热熔三通	个	—	(1.000)	(1.000)	(1.000)
	三氯乙烯	kg	7.11	0.002	0.002	0.002
	其他材料费占材料费	%	—	2.000	2.000	2.000
机械	电熔焊接机 3.5kW	台班	26.81	0.254	0.308	0.428
	木工圆锯机 500mm	台班	25.33	0.038	0.046	0.081
	热熔对接焊机 160mm	台班	17.51	0.120	0.135	0.180
	载重汽车 5t	台班	430.70	0.471	0.554	0.685

工作内容：关阀门、停气、原管道切割、短管、三通安装、组对、焊接、检查、清理现场。

计量单位：处

定　额　编　号				A10-3-152	A10-3-153
项　目　名　称				外径(mm以内)	
				200	250
基　　　价（元）				685.24	757.73
其中	人　工　费（元）			279.86	301.28
	材　料　费（元）			0.01	0.02
	机　械　费（元）			405.37	456.43
名　　　称		单位	单价(元)	消　耗　　量	
人工	综合工日	工日	140.00	1.999	2.152
材料	电熔套筒	个	—	(2.000)	(2.000)
	热熔三通	个	—	(1.000)	(1.000)
	三氯乙烯	kg	7.11	0.002	0.003
	其他材料费占材料费	%	—	2.000	2.000
机械	电熔焊接机 3.5kW	台班	26.81	0.546	0.713
	木工圆锯机 500mm	台班	25.33	0.092	0.115
	热熔对接焊机 250mm	台班	20.64	0.225	0.263
	载重汽车 5t	台班	430.70	0.891	0.996

工作内容：关阀门、停气、原管道切割、短管、三通安装、组对、焊接、检查、清理现场。

计量单位：处

定 额 编 号			A10-3-154	A10-3-155
项 目 名 称			外径(mm以内)	
			315	400
基 价（元）			861.33	999.14
其中	人 工 费（元）		349.44	445.76
	材 料 费（元）		0.02	0.02
	机 械 费（元）		511.87	553.36
名 称	单位	单价（元）	消 耗 量	
人工	综合工日	工日	140.00	2.496	3.184
材料	电熔套筒	个	—	(2.000)	(2.000)
	热熔三通	个	—	(1.000)	(1.000)
	三氯乙烯	kg	7.11	0.003	0.003
	其他材料费占材料费	%	—	2.000	2.000
机械	电熔焊接机 3.5kW	台班	26.81	0.727	0.911
	木工圆锯机 500mm	台班	25.33	0.129	0.184
	热熔对接焊机 630mm	台班	43.95	0.300	0.375
	载重汽车 5t	台班	430.70	1.105	1.179

6. 塑料管碰头 带介质

工作内容：外观检查、清理、管件安装、固定、电熔焊接、开孔、清理现场。　　　　　　　　　　计量单位：处

定　额　编　号				A10-3-156	A10-3-157	A10-3-158
项　目　名　称				支管外径(mm以内)		
				50	63	90
基　　　价（元）				224.44	253.56	282.10
其中	人　工　费（元）			119.98	126.84	133.56
	材　料　费（元）			—	—	—
	机　械　费（元）			104.46	126.72	148.54
	名　　称	单位	单价（元）	消　　耗　　量		
人工	综合工日	工日	140.00	0.857	0.906	0.954
材料	电熔鞍型带压接头	个	—	(1.000)	(1.000)	(1.000)
	电熔套筒	个	—	(1.000)	(1.000)	(1.000)
	其他材料费占材料费	%	—	2.000	2.000	2.000
机械	电熔焊接机 3.5kW	台班	26.81	0.121	0.148	0.191
	载重汽车 5t	台班	430.70	0.235	0.285	0.333

九、氮气置换

工作内容：准备工具材料、装拆临时管线仪表、制堵盲板、充放检测氮气。 计量单位：100m

定 额 编 号				A10-3-159	A10-3-160	A10-3-161
项 目 名 称				公称直径(mm以内)		
				50	65	80
基 价（元）				188.13	205.25	223.79
其中	人 工 费（元）			105.84	112.00	118.02
	材 料 费（元）			4.25	5.30	6.82
	机 械 费（元）			78.04	87.95	98.95
名 称		单位	单价（元）	消 耗 量		
人工	综合工日	工日	140.00	0.756	0.800	0.843
材料	弹簧压力表	个	23.08	0.014	0.014	0.016
	氮气	m³	4.72	0.295	0.498	0.754
	低碳钢焊条	kg	6.84	0.014	0.014	0.016
	焊接钢管 DN20	m	4.46	0.082	0.082	0.098
	六角螺栓	kg	5.81	0.026	0.028	0.030
	螺纹阀门 DN20	个	22.00	0.014	0.014	0.016
	热轧厚钢板 δ8.0～15	kg	3.20	0.208	0.222	0.234
	石棉橡胶板	kg	9.40	0.052	0.054	0.058
	压力表弯管 DN15	个	10.69	0.014	0.014	0.016
	氧气	m³	3.63	0.030	0.030	0.030
	乙炔气	m³	11.48	0.010	0.010	0.010
	其他材料费占材料费	%	—	2.000	2.000	2.000
机械	电焊机(综合)	台班	118.28	0.008	0.008	0.010
	载重汽车 5t	台班	430.70	0.179	0.202	0.227

工作内容：准备工具材料、装拆临时管线仪表、制堵盲板、充放检测氮气。　　　　　计量单位：100m

定　额　编　号				A10-3-162	A10-3-163	A10-3-164
项　目　名　称				公称直径(mm以内)		
				100	150	200
基　　　价（元）				244.37	290.62	339.72
其中	人　工　费（元）			126.14	143.22	155.68
	材　料　费（元）			8.94	17.63	28.43
	机　械　费（元）			109.29	129.77	155.61
名　　　称		单位	单价(元)	消　　耗　　量		
人工	综合工日	工日	140.00	0.901	1.023	1.112
材料	弹簧压力表	个	23.08	0.016	0.018	0.018
	氮气	m³	4.72	1.178	2.651	4.712
	低碳钢焊条	kg	6.84	0.016	0.018	0.018
	焊接钢管 DN20	m	4.46	0.098	0.114	0.114
	六角螺栓	kg	5.81	0.032	0.060	0.090
	螺纹阀门 DN20	个	22.00	0.016	0.018	0.018
	热轧厚钢板 δ8.0～15	kg	3.20	0.246	0.552	0.738
	石棉橡胶板	kg	9.40	0.060	0.080	0.090
	压力表弯管 DN15	个	10.69	0.016	0.018	0.018
	氧气	m³	3.63	0.030	0.036	0.036
	乙炔气	m³	11.48	0.010	0.012	0.012
	其他材料费占材料费	%	—	2.000	2.000	2.000
机械	电焊机(综合)	台班	118.28	0.010	0.012	0.012
	载重汽车 5t	台班	430.70	0.251	0.298	0.358

工作内容：准备工具材料、装拆临时管线仪表、制堵盲板、充放检测氮气。 计量单位：100m

定 额 编 号			A10-3-165	A10-3-166
项 目 名 称			公称直径(mm以内)	
			250	300
基 价 （元）			383.11	434.45
其中	人 工 费 （元）		170.24	187.04
	材 料 费 （元）		43.05	60.98
	机 械 费 （元）		169.82	186.43
名 称		单位	单价（元）	消 耗 量	
人工	综合工日	工日	140.00	1.216	1.336
材料	弹簧压力表	个	23.08	0.018	0.020
	氮气	m³	4.72	7.363	10.603
	低碳钢焊条	kg	6.84	0.018	0.020
	焊接钢管 DN20	m	4.46	0.114	0.130
	六角螺栓	kg	5.81	0.140	0.188
	螺纹阀门 DN20	个	22.00	0.018	0.020
	热轧厚钢板 δ8.0～15	kg	3.20	1.154	1.664
	石棉橡胶板	kg	9.40	0.106	0.120
	压力表弯管 DN15	个	10.69	0.018	0.020
	氧气	m³	3.63	0.042	0.048
	乙炔气	m³	11.48	0.014	0.016
	其他材料费占材料费	%	—	2.000	2.000
机械	电焊机(综合)	台班	118.28	0.012	0.014
	载重汽车 5t	台班	430.70	0.391	0.429

工作内容：准备工具材料、装拆临时管线仪表、制堵盲板、充放检测氮气。　　　　　　计量单位：100m

定　额　编　号			A10-3-167	A10-3-168
项　目　名　称			公称直径(mm以内)	
			350	400
基　　　价（元）			496.04	581.29
其中	人　工　费（元）		208.46	239.96
	材　料　费（元）		80.91	103.65
	机　械　费（元）		206.67	237.68
名　　称		单位	单价（元）	消　耗　量
人工	综合工日	工日	140.00	1.489	1.714
材料	弹簧压力表	个	23.08	0.020	0.020
	氮气	m³	4.72	14.432	18.850
	低碳钢焊条	kg	6.84	0.020	0.020
	焊接钢管 DN20	m	4.46	0.130	0.130
	六角螺栓	kg	5.81	0.230	0.270
	螺纹阀门 DN20	个	22.00	0.020	0.020
	热轧厚钢板 δ8.0～15	kg	3.20	1.898	2.132
	石棉橡胶板	kg	9.40	0.166	0.210
	压力表弯管 DN15	个	10.69	0.020	0.020
	氧气	m³	3.63	0.054	0.060
	乙炔气	m³	11.48	0.018	0.020
	其他材料费占材料费	%	—	2.000	2.000
机械	电焊机(综合)	台班	118.28	0.014	0.014
	载重汽车 5t	台班	430.70	0.476	0.548

十、警示带、示踪线、地面警示标志桩安装

工作内容：准备工具材料、装拆临时管线仪表、制堵盲板、充放检测氮气。　　　　　计量单位：100m

定　额　编　号				A10-3-169	A10-3-170
项　目　名　称				警示带敷设	示踪线安装
基　　　价（元）				145.60	39.08
其中	人　工　费（元）			17.08	34.30
	材　料　费（元）			128.52	4.78
	机　械　费（元）			—	—
名　　称		单位	单价（元）	消　耗　量	
人工	综合工日	工日	140.00	0.122	0.245
材料	示踪线	m	—		(105.000)
	焊锡膏	kg	14.53	—	0.020
	焊锡丝	kg	54.10	—	0.040
	警示带	m	1.20	105.000	—
	塑料粘胶带	盘	1.15	—	1.200
	铁砂布	张	0.85	—	1.000
	其他材料费占材料费	%	—	2.000	2.000

工作内容：准备工具材料、装拆临时管线仪表、制堵盲板、充放检测氮气。　　　　　计量单位：10个

定　额　编　号					A10-3-171
项　目　名　称					地面警示标志桩安装
基　　　　价（元）					468.83
其中	人　工　费（元）				205.52
	材　料　费（元）				177.17
	机　械　费（元）				86.14
名　　　称		单位	单价(元)	消　耗　量	
人工	综合工日	工日	140.00	1.468	
材料	地面警示标志桩	个	16.00	10.100	
	水	m³	7.96	0.010	
	水泥 42.5级	kg	0.33	12.000	
	碎石 20～40	t	106.80	0.051	
	中(粗)砂	t	87.00	0.030	
	其他材料费占材料费	%	—	2.000	
机械	载重汽车 5t	台班	430.70	0.200	

第四章　管道附件

说　　明

一、本章包括螺纹阀门、法兰阀门、塑料阀门、沟槽阀门、法兰、减压器、疏水器、除污器、水表、热量表倒流防止器、水锤消除器、补偿器、软接头(软管)、塑料排水管消声器、浮标液面计、浮标水位标尺等安装。

二、阀门安装均综合考虑了标准规范要求的强度及严密性试验工作内容。若采用气压试验时，除定额人工外，其他相关消耗量可进行调整。

三、安全阀安装后进行压力调整的，其人工乘以系数 2.0，螺纹三通阀安装按螺纹阀门安装项目乘以系数 1.3。

四、电磁阀、温控阀安装项目均包括了配合调试工作内容，不再重复计算。

五、对夹式蝶阀安装已含双头螺栓用量，在套用与其连接的法兰安装项目时，应将法兰安装项日中的螺栓用量扣除。浮球阀安装已包括了连杆及浮球的安装。

六、与螺纹阀门配套的连接件，如设计与定额中材质不同时，可按设计进行调整。

七、法兰阀门、法兰式附件安装项目均不包括法兰安装，应另行套用相应法兰安装项日。

八、每副法兰和法兰式附件安装项目中，均包括一个垫片和一副法兰螺栓的材料用量。各种法兰连接用垫片均按石棉橡胶板考虑，如工程要求采用其他材质可按实调整。

九、减压器、疏水器安装均按组成安装考虑，分别依据《国家建筑标准设计图集》01SS105 和 05R407 编制。疏水器组成安装未包括止回阀安装，若安装止回阀执行阀门安装相应项目。单独安装减压器、疏水器时执行阀门安装相应项目。

十、除污器组成安装依据《国家建筑标准设计图集》03R402 编制，适用于立式、卧式和旋流式除污器组成安装。单个过滤器安装执行阀门安装相应项目人工乘以系数 1.2。

十一、普通水表、IC 卡水表安装不包括水表前的阀门安装。水表安装定额是按与钢管连接编制的，若与塑料管连接时其人工乘以系数 0.6，材料、机械消耗量可按实调整。

十二、水表组成安装是依据《国家建筑标准设计图集》05S502 编制的。法兰水表（带旁通管）组成安装中三通、弯头均按成品管件考虑。

十三、热量表组成安装是依据《国家建筑标准设计图集》10K509、10R504 编制的。如实际组成与此不同时，可按法兰、阀门等附件安装相应项目计算或调整。

十四、倒流防止器组成安装是根据《国家建筑标准设计图集》12S108-1 编制的，按连接方式不同分为带水表与不带水表安装。

十五、器具组成安装项目已包括标准设计图集中的旁通管安装，旁通连接管所占长度不再另计管道工程量。

十六、器具组成安装均分别依据现行相关标准图集编制的，其中连接管、管件均按钢制管道、管件及附件考虑。如实际采用其他材质组成安装，则按相应项目分别计算。

器具附件组成如实际与定额不同时，可按法兰、阀门等附件安装相应项目分别计算或调整。

十七、补偿器项目包括方形补偿器制作安装和焊接式、法兰式成品补偿器安装，成品补偿器包括球形、填料式、波纹式补偿器。补偿器安装项目中包括就位前进行预拉（压）工作。

十八、法兰式软接头安装适用于法兰式橡胶及金属挠性接头安装。

十九、塑料排水管消声器安装按成品考虑。

二十、浮标液面计、水位标尺分别依据《采暖通风国家标准图集》N102-3 和《全国通用给排水标准图集》S318 编制的，如设计与标准图集不符时，主要材料可作调整，其他不变。

二十一、本章所有安装项目均不包括固定支架的制作安装，发生时执行第十章相应项目。

工程量计算规则

一、各种阀门、补偿器、软接头、普通水表、IC 卡水表、水锤消除器、塑料排水管消声器安装，均按照不同连接方式、公称直径，以"个"为计量单位。

二、减压器、疏水器、水表、倒流防止器、热量表组成安装，按照不同组成结构、连接方式、公称直径，以"组"为计量单位。减压器安装按高压侧的直径计算。

三、卡紧式软管按照不同管径，以"根"为计量单位。

四、法兰均区分不同公称直径，以"副"为计量单位。承插盘法兰短管按照不同连接方式、公称直径，以"副"为计量单位。

五、浮标液面计、浮漂水位标尺区分不同的型号，以"组"为计量单位。

一、螺纹阀门

1.螺纹阀门安装

工作内容：切管、套丝、阀门链接、水压试验。　　　　　　　　　　　　计量单位：个

定　额　编　号			A10-4-1	A10-4-2	A10-4-3
项　目　名　称			公称直径(mm以内)		
			15	20	25
基　　　价（元）			11.28	15.02	17.17
其中	人　工　费（元）		6.44	7.28	7.98
	材　料　费（元）		3.75	6.49	7.63
	机　械　费（元）		1.09	1.25	1.56
名　　　称	单位	单价（元）	消　　耗　　量		
人工　综合工日	工日	140.00	0.046	0.052	0.057
材料　螺纹阀门	个	—	(1.010)	(1.010)	(1.010)
弹簧压力表	个	23.08	0.006	0.006	0.006
低碳钢焊条	kg	6.84	0.041	0.050	0.059
黑玛钢活接头 DN15	个	1.54	1.010	—	—
黑玛钢活接头 DN20	个	3.85	—	1.010	—
黑玛钢活接头 DN25	个	4.19	—	—	1.010
黑玛钢六角内接头 DN15	个	0.75	0.808	—	—
黑玛钢六角内接头 DN20	个	0.87	—	0.808	—
黑玛钢六角内接头 DN25	个	1.54	—	—	0.808
机油	kg	19.66	0.007	0.009	0.010
锯条(各种规格)	根	0.62	0.059	0.061	0.064
聚四氟乙烯生料带	m	0.13	1.130	1.507	1.884
六角螺栓	kg	5.81	0.033	0.036	0.036
螺纹阀门 DN15	个	15.00	0.006	0.006	0.006
尼龙砂轮片 φ400	片	8.55	0.004	0.004	0.008
热轧厚钢板 δ12~20	kg	3.20	0.021	0.026	0.031
石棉橡胶板	kg	9.40	0.002	0.003	0.004
输水软管 φ25	m	8.55	0.006	0.006	0.006
水	m³	7.96	0.001	0.001	0.001
无缝钢管 φ22×2	m	3.42	0.003	0.003	0.003
压力表弯管 DN15	个	10.69	0.006	0.006	0.006
氧气	m³	3.63	0.033	0.042	0.048
乙炔气	kg	10.45	0.011	0.014	0.016
其他材料费占材料费	%	—	2.000	2.000	2.000
机械　电焊机(综合)	台班	118.28	0.007	0.008	0.009
管子切断套丝机 159mm	台班	21.31	0.006	0.008	0.016
砂轮切割机 400mm	台班	24.71	0.001	0.001	0.002
试压泵 3MPa	台班	17.53	0.006	0.006	0.006

工作内容：切管、套丝、阀门链接、水压试验。 计量单位：个

定 额 编 号			A10-4-4	A10-4-5	A10-4-6
项 目 名 称			公称直径(mm以内)		
			32	40	50
基 价 （元）			20.13	34.78	46.16
其中	人 工 费（元）		10.08	15.82	19.46
	材 料 费（元）		7.98	16.55	23.48
	机 械 费（元）		2.07	2.41	3.22
名 称	单位	单价(元)	消 耗 量		
人工 综合工日	工日	140.00	0.072	0.113	0.139
材料 螺纹阀门	个	—	(1.010)	(1.010)	(1.010)
弹簧压力表	个	23.08	0.006	0.006	0.016
低碳钢焊条	kg	6.84	0.065	0.089	0.122
黑玛钢活接头 DN32	个	3.29	1.010	—	—
黑玛钢活接头 DN40	个	10.51	—	1.010	—
黑玛钢活接头 DN50	个	14.53	—	—	1.010
黑玛钢六角内接头 DN32	个	2.39	0.808	—	—
黑玛钢六角内接头 DN40	个	2.99	—	0.808	—
黑玛钢六角内接头 DN50	个	3.85	—	—	0.808
机油	kg	19.66	0.013	0.017	0.021
锯条(各种规格)	根	0.62	0.067	0.084	0.106
聚四氟乙烯生料带	m	0.13	2.412	3.014	3.768
六角螺栓	kg	5.81	0.072	0.075	0.200
螺纹阀门 DN15	个	15.00	0.006	0.006	0.016
尼龙砂轮片 φ400	片	8.55	0.013	0.015	0.021
热轧厚钢板 δ12～20	kg	3.20	0.043	0.065	0.105
石棉橡胶板	kg	9.40	0.006	0.008	0.010
输水软管 φ25	m	8.55	0.006	0.006	0.016
水	m³	7.96	0.001	0.001	0.001
无缝钢管 φ22×2	m	3.42	0.003	0.003	0.008
压力表弯管 DN15	个	10.69	0.006	0.006	0.016
氧气	m³	3.63	0.060	0.084	0.099
乙炔气	kg	10.45	0.020	0.028	0.033
其他材料费占材料费	%	—	2.000	2.000	2.000
机械 电焊机(综合)	台班	118.28	0.012	0.014	0.017
管子切断套丝机 159mm	台班	21.31	0.021	0.026	0.038
砂轮切割机 400mm	台班	24.71	0.004	0.004	0.005
试压泵 3MPa	台班	17.53	0.006	0.006	0.016

工作内容：切管、套丝、阀门链接、水压试验。 计量单位：个

定 额 编 号			A10-4-7	A10-4-8	A10-4-9
项 目 名 称			公称直径(mm以内)		
			65	80	100
基 价（元）			65.42	89.41	151.70
其中	人 工 费（元）		24.50	35.98	67.62
	材 料 费（元）		36.90	48.56	70.09
	机 械 费（元）		4.02	4.87	13.99
名 称		单位	单价（元）	消 耗 量		

	名 称	单位	单价（元）			
人工	综合工日	工日	140.00	0.175	0.257	0.483
材料	螺纹阀门	个	—	(1.010)	(1.010)	(1.010)
	弹簧压力表	个	23.08	0.016	0.016	0.019
	低碳钢焊条	kg	6.84	0.132	0.140	0.157
	黑玛钢活接头 DN100	个	48.72	—	—	1.010
	黑玛钢活接头 DN65	个	25.64	1.010	—	—
	黑玛钢活接头 DN80	个	35.04	—	1.010	—
	黑玛钢六角内接头 DN100	个	11.54	—	—	0.808
	黑玛钢六角内接头 DN65	个	5.13	0.808	—	—
	黑玛钢六角内接头 DN80	个	6.67	—	0.808	—
	机油	kg	19.66	0.029	0.032	0.040
	聚四氟乙烯生料带	m	0.13	4.898	6.029	7.536
	六角螺栓	kg	5.81	0.208	0.216	0.532
	螺纹阀门 DN15	个	15.00	0.016	0.016	0.019
	尼龙砂轮片 φ400	片	8.55	0.034	0.045	0.057
	热轧厚钢板 δ12～20	kg	3.20	0.190	0.238	0.313
	石棉橡胶板	kg	9.40	0.016	0.022	0.026
	输水软管 φ25	m	8.55	0.016	0.016	0.019
	水	m³	7.96	0.001	0.001	0.001
	无缝钢管 φ22×2	m	3.42	0.008	0.008	0.010
	压力表弯管 DN15	个	10.69	0.016	0.016	0.019
	氧气	m³	3.63	0.114	0.126	0.195
	乙炔气	kg	10.45	0.038	0.042	0.065
	其他材料费占材料费	%	—	2.000	2.000	2.000
机械	电焊机(综合)	台班	118.28	0.020	0.024	0.029
	吊装机械(综合)	台班	619.04	—	—	0.013
	管子切断套丝机 159mm	台班	21.31	0.050	0.064	0.079
	砂轮切割机 400mm	台班	24.71	0.007	0.010	0.013
	试压泵 3MPa	台班	17.53	0.024	0.024	0.029

2. 螺纹电磁阀安装

工作内容：切管、套丝、阀门连接、试压检查、配合调试。　　　　　　　　　　　计量单位：个

定　额　编　号				A10-4-10	A10-4-11	A10-4-12
项　目　名　称				公称直径(mm以内)		
				15	20	25
基　　　　　价（元）				7.72	8.56	9.40
其中	人　工　费（元）			7.28	7.98	8.54
	材　料　费（元）			0.29	0.36	0.44
	机　械　费（元）			0.15	0.22	0.42
名　　　称		单位	单价(元)	消　　耗　　量		
人工	综合工日	工日	140.00	0.052	0.057	0.061
材料	螺纹电磁阀门	个	—	(1.000)	(1.000)	(1.000)
	机油	kg	19.66	0.007	0.009	0.010
	锯条(各种规格)	根	0.62	0.055	0.061	0.063
	聚四氟乙烯生料带	m	0.13	0.568	0.752	0.944
	尼龙砂轮片 φ400	片	8.55	0.004	0.005	0.008
	其他材料费占材料费	%	—	2.000	2.000	2.000
机械	管子切断套丝机 159mm	台班	21.31	0.006	0.008	0.016
	砂轮切割机 400mm	台班	24.71	0.001	0.002	0.003

工作内容：切管、套丝、阀门连接、试压检查、配合调试。 计量单位：个

定 额 编 号			A10-4-13	A10-4-14	A10-4-15
项 目 名 称			公称直径(mm以内)		
			32	40	50
基 价 （元）			12.61	19.32	22.80
其中	人 工 费 （元）		11.48	17.92	20.86
	材 料 费 （元）		0.58	0.72	0.92
	机 械 费 （元）		0.55	0.68	1.02
名 称		单位	单价(元)	消 耗 量	
人工	综合工日	工日	140.00	0.082	0.128	0.149
材料	螺纹电磁阀门	个	—	(1.000)	(1.000)	(1.000)
	机油	kg	19.66	0.013	0.017	0.021
	锯条(各种规格)	根	0.62	0.067	0.084	0.106
	聚四氟乙烯生料带	m	0.13	1.208	1.504	1.888
	尼龙砂轮片 φ400	片	8.55	0.013	0.015	0.021
	其他材料费占材料费	%	—	2.000	2.000	2.000
机械	管子切断套丝机 159mm	台班	21.31	0.021	0.026	0.041
	砂轮切割机 400mm	台班	24.71	0.004	0.005	0.006

工作内容：切管、套丝、阀门连接、试压检查、配合调试。

计量单位：个

定　额　编　号				A10-4-16	A10-4-17	A10-4-18
项　目　名　称				公称直径(mm以内)		
				65	80	100
基　　　价（元）				29.78	41.82	85.91
其中	人　工　费（元）			27.30	38.78	74.06
	材　料　费（元）			1.20	1.43	1.80
	机　械　费（元）			1.28	1.61	10.05
名　　　称		单位	单价(元)	消　　耗　　量		
人工	综合工日	工日	140.00	0.195	0.277	0.529
材料	螺纹电磁阀门	个	—	(1.000)	(1.000)	(1.000)
	机油	kg	19.66	0.029	0.032	0.040
	聚四氟乙烯生料带	m	0.13	2.448	3.016	3.768
	尼龙砂轮片 φ400	片	8.55	0.034	0.045	0.057
	其他材料费占材料费	%	—	2.000	2.000	2.000
机械	吊装机械(综合)	台班	619.04	—	—	0.013
	管子切断套丝机 159mm	台班	21.31	0.052	0.064	0.079
	砂轮切割机 400mm	台班	24.71	0.007	0.010	0.013

3.螺纹浮球阀安装

工作内容：切管、套丝、阀门连接、试压检查。

计量单位：个

定　额　编　号				A10-4-19	A10-4-20	A10-4-21
项　目　名　称				公称直径(mm以内)		
				15	20	25
基　　　价（元）				8.06	8.99	11.02
其中	人　工　费（元）			6.44	7.28	7.98
	材　料　费（元）			1.53	1.58	2.80
	机　械　费（元）			0.09	0.13	0.24
名　　称		单位	单价（元）	消　　耗　　量		
人工	综合工日	工日	140.00	0.046	0.052	0.057
材料	螺纹浮球阀	个	—	(1.010)	(1.010)	(1.010)
	黑玛钢管箍 DN15	个	1.28	1.010	—	—
	黑玛钢管箍 DN20	个	1.28	—	1.010	—
	黑玛钢管箍 DN25	个	2.39	—	—	1.010
	机油	kg	19.66	0.003	0.004	0.005
	锯条(各种规格)	根	0.62	0.059	0.062	0.068
	聚四氟乙烯生料带	m	0.13	0.568	0.752	0.944
	尼龙砂轮片 Φ400	片	8.55	0.004	0.005	0.008
	其他材料费占材料费	%	—	2.000	2.000	2.000
机械	管子切断套丝机 159mm	台班	21.31	0.003	0.004	0.008
	砂轮切割机 400mm	台班	24.71	0.001	0.002	0.003

工作内容：切管、套丝、阀门连接、试压检查。

计量单位：个

定 额 编 号				A10-4-22	A10-4-23	A10-4-24
项 目 名 称				公称直径(mm以内)		
				32	40	50
基 价（元）				14.48	19.10	26.21
其中	人 工 费（元）			10.08	13.58	17.22
	材 料 费（元）			4.07	5.12	7.97
	机 械 费（元）			0.33	0.40	1.02
	名 称	单位	单价（元）	消 耗 量		
人工	综合工日	工日	140.00	0.072	0.097	0.123
材料	螺纹浮球阀	个	—	(1.010)	(1.010)	(1.010)
	黑玛钢管箍 DN32	个	3.50	1.010	—	—
	黑玛钢管箍 DN40	个	4.44	—	1.010	—
	黑玛钢管箍 DN50	个	6.84	—	—	1.010
	机油	kg	19.66	0.007	0.008	0.021
	锯条（各种规格）	根	0.62	0.072	0.084	0.106
	聚四氟乙烯生料带	m	0.13	1.208	1.504	1.888
	尼龙砂轮片 φ400	片	8.55	0.013	0.015	0.021
	其他材料费占材料费	%	—	2.000	2.000	2.000
机械	管子切断套丝机 159mm	台班	21.31	0.011	0.013	0.041
	砂轮切割机 400mm	台班	24.71	0.004	0.005	0.006

工作内容：切管、套丝、阀门连接、试压检查。

计量单位：个

定　额　编　号				A10-4-25	A10-4-26	A10-4-27
项　目　名　称				公称直径(mm以内)		
				65	80	100
基　　　价（元）				35.77	48.29	79.70
其中	人　工　费（元）			23.66	32.34	51.66
	材　料　费（元）			11.38	15.02	22.53
	机　械　费（元）			0.73	0.93	5.51
名　　　称		单位	单价(元)	消　　耗　　量		
人工	综合工日	工日	140.00	0.169	0.231	0.369
材料	螺纹浮球阀	个	—	(1.010)	(1.010)	(1.010)
	黑玛钢管箍 DN100	个	20.51	—	—	1.010
	黑玛钢管箍 DN65	个	10.17	1.010	—	—
	黑玛钢管箍 DN80	个	13.50	—	1.010	—
	机油	kg	19.66	0.014	0.016	0.020
	聚四氟乙烯生料带	m	0.13	2.448	3.016	3.768
	尼龙砂轮片 Φ400	片	8.55	0.034	0.045	0.057
	其他材料费占材料费	%	—	2.000	2.000	2.000
机械	吊装机械(综合)	台班	619.04	—	—	0.007
	管子切断套丝机 159mm	台班	21.31	0.026	0.032	0.040
	砂轮切割机 400mm	台班	24.71	0.007	0.010	0.013

4. 自动排气阀安装

工作内容：切管、套丝、排气阀安装、试压检查。　　　　　　　　　　　　　计量单位：个

定　额　编　号				A10-4-28	A10-4-29	A10-4-30
项　目　名　称				公称直径(mm以内)		
				15	20	25
基　　　价（元）				12.34	14.11	17.96
其中	人　工　费（元）			8.54	9.38	10.78
	材　料　费（元）			3.71	4.62	7.02
	机　械　费（元）			0.09	0.11	0.16
名　　称		单位	单价(元)	消　　耗　　量		
人工	综合工日	工日	140.00	0.061	0.067	0.077
材料	自动排气阀	个	—	(1.000)	(1.000)	(1.000)
	黑玛钢管箍 DN15	个	1.28	1.010	—	—
	黑玛钢管箍 DN20	个	1.28	—	1.010	—
	黑玛钢管箍 DN25	个	2.39	—	—	1.010
	黑玛钢六角内接头 DN15	个	0.75	1.010	—	—
	黑玛钢六角内接头 DN20	个	0.87	—	1.010	—
	黑玛钢六角内接头 DN25	个	1.54	—	—	1.010
	黑玛钢弯头 DN15	个	1.28	1.010	—	—
	黑玛钢弯头 DN20	个	1.97	—	1.010	—
	黑玛钢弯头 DN25	个	2.36	—	—	1.010
	机油	kg	19.66	0.006	0.007	0.008
	锯条(各种规格)	根	0.62	0.059	0.061	0.067
	聚四氟乙烯生料带	m	0.13	0.836	1.056	1.328
	尼龙砂轮片 φ400	片	8.55	0.004	0.006	0.008
	氧气	m³	3.63	—	—	0.012
	乙炔气	kg	10.45	—	—	0.004
	其他材料费占材料费	%	—	2.000	2.000	2.000
机械	管子切断套丝机 159mm	台班	21.31	0.003	0.004	0.005
	砂轮切割机 400mm	台班	24.71	0.001	0.001	0.002

284

5.手动放风阀安装

工作内容：切管、套丝、排气阀安装、试压检查。 计量单位：个

定 额 编 号				A10-4-31	
项 目 名 称				手动放风阀安装φ10	
基 价（元）				**2.26**	
其中	人 工 费（元）			2.24	
	材 料 费（元）			0.02	
	机 械 费（元）			—	
名 称		单位	单价（元）	消 耗 量	
人工	综合工日	工日	140.00	0.016	
材料	手动放风阀 φ10	个	—	(1.010)	
	聚四氟乙烯生料带	m	0.13	0.125	
	其他材料费占材料费	%	—	2.000	

6.散热器温控阀安装

工作内容：切管、套丝、阀门连接、试压检查。 计量单位：个

定 额 编 号				A10-4-32	A10-4-33	A10-4-34
项 目 名 称				公称直径(mm以内)		
				15	20	25
基 价（元）				7.73	8.56	9.36
其中	人 工 费（元）			7.28	7.98	8.54
	材 料 费（元）			0.30	0.38	0.43
	机 械 费（元）			0.15	0.20	0.39
名 称		单位	单价(元)	消 耗 量		
人工	综合工日	工日	140.00	0.052	0.057	0.061
材料	散热器温控阀	个	—	(1.000)	(1.000)	(1.000)
	机油	kg	19.66	0.007	0.009	0.010
	锯条(各种规格)	根	0.62	0.071	0.082	0.090
	聚四氟乙烯生料带	m	0.13	0.568	0.752	0.944
	尼龙砂轮片 φ400	片	8.55	0.004	0.005	0.006
	其他材料费占材料费	%	—	2.000	2.000	2.000
机械	管子切断套丝机 159mm	台班	21.31	0.006	0.008	0.016
	砂轮切割机 400mm	台班	24.71	0.001	0.001	0.002

二、法兰阀门

1.法兰阀门安装

工作内容：制垫、加垫、阀门连接、紧螺栓、水压试验。

计量单位：个

定 额 编 号				A10-4-35	A10-4-36	A10-4-37	A10-4-38
项 目 名 称				公称直径(mm以内)			
				20	25	32	40
基 价（元）				18.24	19.29	25.66	27.91
其中	人 工 费（元）			12.88	13.58	15.12	16.52
	材 料 费（元）			4.31	4.54	9.02	9.63
	机 械 费（元）			1.05	1.17	1.52	1.76
名 称		单位	单价（元）	消 耗 量			
人工	综合工日	工日	140.00	0.092	0.097	0.108	0.118
材料	法兰阀门	个	—	(1.000)	(1.000)	(1.000)	(1.000)
	白铅油	kg	6.45	0.025	0.028	0.030	0.035
	弹簧压力表	个	23.08	0.006	0.006	0.006	0.006
	低碳钢焊条	kg	6.84	0.050	0.059	0.065	0.089
	机油	kg	19.66	0.002	0.002	0.004	0.004
	六角螺栓	kg	5.81	0.036	0.036	0.072	0.075
	六角螺栓带螺母、垫圈 M12×14~75	套	0.60	4.120	4.120	—	—
	六角螺栓带螺母、垫圈 M16×65~80	套	1.54	—	—	4.120	4.120
	螺纹阀门 DN15	个	15.00	0.006	0.006	0.006	0.006
	破布	kg	6.32	0.004	0.004	0.004	0.004
	热轧厚钢板 δ12~20	kg	3.20	0.026	0.031	0.043	0.049
	砂纸	张	0.47	0.004	0.004	0.004	0.004
	石棉橡胶板	kg	9.40	0.024	0.034	0.044	0.064
	输水软管 φ25	m	8.55	0.006	0.006	0.006	0.006
	水	m³	7.96	0.001	0.001	0.001	0.001
	无缝钢管 φ22×2	m	3.42	0.003	0.003	0.003	0.003
	压力表弯管 DN15	个	10.69	0.006	0.006	0.006	0.006
	氧气	m³	3.63	0.042	0.048	0.060	0.084
	乙炔气	kg	10.45	0.014	0.016	0.020	0.028
	其他材料费占材料费	%	—	2.000	2.000	2.000	2.000
机械	电焊机(综合)	台班	118.28	0.008	0.009	0.012	0.014
	试压泵 3MPa	台班	17.53	0.006	0.006	0.006	0.006

工作内容：制垫、加垫、阀门连接、紧螺栓、水压试验。　　　　　　　　　　　　计量单位：个

定　额　编　号			A10-4-39	A10-4-40	A10-4-41	A10-4-42
项　目　名　称			公称直径(mm以内)			
			50	65	80	100
基　　　价（元）			32.07	38.36	54.90	73.56
其中	人　工　费（元）		17.92	22.96	31.64	43.12
	材　料　费（元）		11.86	12.61	20.00	26.50
	机　械　费（元）		2.29	2.79	3.26	3.94
名　　　称	单位	单价（元）	消　　耗　　量			
人工	综合工日	工日	140.00	0.128	0.164	0.226	0.308
材料	法兰阀门	个	—	(1.000)	(1.000)	(1.000)	(1.000)
	白铅油	kg	6.45	0.040	0.050	0.070	0.100
	弹簧压力表	个	23.08	0.016	0.016	0.016	0.019
	低碳钢焊条	kg	6.84	0.122	0.132	0.140	0.157
	机油	kg	19.66	0.004	0.004	0.007	0.007
	六角螺栓	kg	5.81	0.200	0.208	0.216	0.532
	六角螺栓带螺母、垫圈 M16×65~80	套	1.54	4.120	4.120	8.240	—
	六角螺栓带螺母、垫圈 M16×85~140	套	1.88	—	—	—	8.240
	螺纹阀门 DN15	个	15.00	0.016	0.016	0.016	0.019
	破布	kg	6.32	0.004	0.004	0.008	0.008
	热轧厚钢板 δ12~20	kg	3.20	0.160	0.202	0.238	0.343
	砂纸	张	0.47	0.004	0.004	0.008	0.008
	石棉橡胶板	kg	9.40	0.080	0.114	0.154	0.199
	输水软管 φ25	m	8.55	0.016	0.016	0.016	0.019
	水	m³	7.96	0.001	0.001	0.001	0.001
	无缝钢管 φ22×2	m	3.42	0.008	0.008	0.008	0.010
	压力表弯管 DN15	个	10.69	0.016	0.016	0.016	0.019
	氧气	m³	3.63	0.099	0.114	0.126	0.195
	乙炔气	kg	10.45	0.033	0.038	0.042	0.065
	其他材料费占材料费	%	—	2.000	2.000	2.000	2.000
机械	电焊机(综合)	台班	118.28	0.017	0.020	0.024	0.029
	试压泵 3MPa	台班	17.53	0.016	0.024	0.024	0.029

工作内容：制垫、加垫、阀门连接、紧螺栓、水压试验。 计量单位：个

定 额 编 号			A10-4-43	A10-4-44	A10-4-45
项 目 名 称			公称直径(mm以内)		
			125	150	200
基 价（元）			104.18	127.18	165.39
其中	人 工 费（元）		53.20	59.64	76.86
	材 料 费（元）		28.48	44.56	61.36
	机 械 费（元）		22.50	22.98	27.17
名 称	单位	单价(元)	消 耗 量		
人工	综合工日	工日	140.00	0.380	0.426	0.549

	名 称	单位	单价(元)			
材料	法兰阀门	个	—	(1.000)	(1.000)	(1.000)
	白铅油	kg	6.45	0.120	0.140	0.170
	弹簧压力表	个	23.08	0.019	0.019	0.019
	低碳钢焊条	kg	6.84	0.175	0.196	0.224
	机油	kg	19.66	0.007	0.010	0.016
	六角螺栓	kg	5.81	0.561	0.950	0.950
	六角螺栓带螺母、垫圈 M16×85～140	套	1.88	8.240	—	—
	六角螺栓带螺母、垫圈 M20×85～100	套	3.33	—	8.240	12.360
	螺纹阀门 DN15	个	15.00	0.019	0.019	0.019
	破布	kg	6.32	0.008	0.016	0.024
	热轧厚钢板 δ12～20	kg	3.20	0.445	0.581	0.831
	砂纸	张	0.47	0.008	0.016	0.024
	石棉橡胶板	kg	9.40	0.276	0.326	0.376
	输水软管 φ25	m	8.55	0.019	0.019	0.019
	水	m³	7.96	0.003	0.003	0.003
	无缝钢管 φ22×2	m	3.42	0.010	0.010	0.010
	压力表弯管 DN15	个	10.69	0.019	0.019	0.019
	氧气	m³	3.63	0.258	0.297	0.426
	乙炔气	kg	10.45	0.087	0.099	0.142
	其他材料费占材料费	%	—	2.000	2.000	2.000
机械	电焊机(综合)	台班	118.28	0.032	0.036	0.038
	吊装机械(综合)	台班	619.04	0.026	0.026	0.031
	试压泵 3MPa	台班	17.53	0.076	0.076	0.076
	载重汽车 5t	台班	430.70	0.003	0.003	0.005

工作内容：制垫、加垫、阀门连接、紧螺栓、水压试验。 计量单位：个

定 额 编 号				A10-4-46	A10-4-47	A10-4-48
项 目 名 称				公称直径(mm以内)		
				250	300	350
基 价（元）				234.55	280.71	352.88
其中	人 工 费（元）			86.94	113.54	140.84
	材 料 费（元）			71.21	74.57	98.03
	机 械 费（元）			76.40	92.60	114.01
名 称		单位	单价（元）	消 耗 量		
人工	综合工日	工日	140.00	0.621	0.811	1.006
材料	法兰阀门	个	—	(1.000)	(1.000)	(1.000)
	白铅油	kg	6.45	0.200	0.240	0.280
	弹簧压力表	个	23.08	0.019	0.019	0.019
	低碳钢焊条	kg	6.84	0.252	0.279	0.298
	机油	kg	19.66	0.018	0.018	0.024
	六角螺栓	kg	5.81	1.482	1.549	2.233
	六角螺栓带螺母、垫圈 M22×90～120	套	3.59	12.360	12.360	16.480
	螺纹阀门 DN15	个	15.00	0.019	0.019	0.019
	破布	kg	6.32	0.024	0.024	0.032
	热轧厚钢板 δ12～20	kg	3.20	1.216	1.569	2.004
	砂纸	张	0.47	0.024	0.024	0.032
	石棉橡胶板	kg	9.40	0.425	0.466	0.654
	输水软管 φ25	m	8.55	0.019	0.019	0.019
	水	m³	7.96	0.006	0.020	0.034
	无缝钢管 φ22×2	m	3.42	0.010	0.010	0.010
	压力表弯管 DN15	个	10.69	0.019	0.019	0.019
	氧气	m³	3.63	0.597	0.714	0.771
	乙炔气	kg	10.45	0.199	0.238	0.257
	其他材料费占材料费	%	—	2.000	2.000	2.000
机械	电焊机(综合)	台班	118.28	0.041	0.043	0.046
	吊装机械(综合)	台班	619.04	0.103	0.126	0.156
	试压泵 3MPa	台班	17.53	0.076	0.076	0.095
	载重汽车 5t	台班	430.70	0.015	0.019	0.024

工作内容：制垫、加垫、阀门连接、紧螺栓、水压试验。　　　　　　　　　　　　计量单位：个

定　额　编　号				A10-4-49	A10-4-50	A10-4-51
项　目　名　称				公称直径(mm以内)		
				400	450	500
基　　价（元）				429.65	534.78	597.23
其中	人　工　费（元）			161.00	202.72	213.50
	材　料　费（元）			135.44	172.14	206.72
	机　械　费（元）			133.21	159.92	177.01
	名　　称	单位	单价（元）	消　　耗　　量		
人工	综合工日	工日	140.00	1.150	1.448	1.525
材料	法兰阀门	个	—	(1.000)	(1.000)	(1.000)
	白铅油	kg	6.45	0.300	0.320	0.350
	弹簧压力表	个	23.08	0.019	0.019	0.019
	低碳钢焊条	kg	6.84	0.325	0.347	0.368
	机油	kg	19.66	0.037	0.046	0.056
	六角螺栓	kg	5.81	2.698	3.382	3.382
	六角螺栓带螺母、垫圈 M27×120～140	套	5.40	16.480	20.600	—
	六角螺栓带螺母、垫圈 M30×130～160	套	6.84	—	—	20.600
	螺纹阀门 DN15	个	15.00	0.019	0.019	0.019
	破布	kg	6.32	0.032	0.040	0.040
	热轧厚钢板 δ12～20	kg	3.20	2.493	4.551	5.524
	砂纸	张	0.47	0.032	0.040	0.040
	石棉橡胶板	kg	9.40	0.804	0.943	0.963
	输水软管 φ25	m	8.55	0.019	0.019	0.019
	水	m³	7.96	0.034	0.052	0.052
	无缝钢管 φ22×2	m	3.42	0.010	0.010	0.010
	压力表弯管 DN15	个	10.69	0.019	0.019	0.019
	氧气	m³	3.63	0.855	1.026	1.083
	乙炔气	kg	10.45	0.285	0.342	0.361
	其他材料费占材料费	%	—	2.000	2.000	2.000
机械	电焊机(综合)	台班	118.28	0.049	0.052	0.056
	吊装机械(综合)	台班	619.04	0.176	0.209	0.224
	试压泵 3MPa	台班	17.53	0.095	0.114	0.114
	载重汽车 5t	台班	430.70	0.039	0.052	0.069

2.法兰电磁阀安装

工作内容：制垫、加垫、阀门连接、紧螺栓、试压检查、配合调试。　　　　　　　　　计量单位：个

定　额　编　号				A10-4-52	A10-4-53	A10-4-54	A10-4-55
项　目　名　称				公称直径(mm以内)			
				32	40	50	65
基　　　　价（元）				23.68	26.01	28.37	34.37
其中	人　工　费（元）			16.52	18.62	20.86	26.60
	材　料　费（元）			7.16	7.39	7.51	7.77
	机　械　费（元）			—	—	—	—
名　　　称		单位	单价(元)	消　　耗　　量			
人工	综合工日	工日	140.00	0.118	0.133	0.149	0.190
材料	法兰电磁阀	个	—	(1.000)	(1.000)	(1.000)	(1.000)
	白铅油	kg	6.45	0.030	0.035	0.040	0.050
	机油	kg	19.66	0.004	0.004	0.004	0.004
	六角螺栓带螺母、垫圈 M16×65～80	套	1.54	4.120	4.120	4.120	4.120
	破布	kg	6.32	0.004	0.004	0.004	0.004
	砂纸	张	0.47	0.004	0.004	0.004	0.004
	石棉橡胶板	kg	9.40	0.040	0.060	0.070	0.090
	其他材料费占材料费	%	—	2.000	2.000	2.000	2.000

工作内容：制垫、加垫、阀门连接、紧螺栓、试压检查、配合调试。　　　　　　　计量单位：个

定　额　编　号			A10-4-56	A10-4-57	A10-4-58	A10-4-59
项　目　名　称			公称直径(mm以内)			
			80	100	125	150
基　　　　　价（元）			50.13	66.44	94.62	117.35
其中	人　工　费（元）		35.28	48.16	58.24	67.62
	材　料　费（元）		14.85	18.28	18.99	31.91
	机　械　费（元）		—	—	17.39	17.82
名　　　称	单位	单价（元）	消　　耗　　量			
人工 综合工日	工日	140.00	0.252	0.344	0.416	0.483
材料 法兰电磁阀	个	—	(1.000)	(1.000)	(1.000)	(1.000)
白铅油	kg	6.45	0.070	0.100	0.120	0.140
机油	kg	19.66	0.007	0.007	0.007	0.010
六角螺栓带螺母、垫圈 M16×65～80	套	1.54	8.240	—	—	—
六角螺栓带螺母、垫圈 M16×85～140	套	1.88	—	8.240	8.240	—
六角螺栓带螺母、垫圈 M20×85～100	套	3.33	—	—	—	8.240
破布	kg	6.32	0.008	0.008	0.008	0.016
砂纸	张	0.47	0.008	0.008	0.008	0.016
石棉橡胶板	kg	9.40	0.130	0.170	0.230	0.280
其他材料费占材料费	%	—	2.000	2.000	2.000	2.000
机械 吊装机械(综合)	台班	619.04	—	—	0.026	0.026
载重汽车 5t	台班	430.70	—	—	0.003	0.004

工作内容：制垫、加垫、阀门连接、紧螺栓、试压检查、配合调试。　　　　　　　　　计量单位：个

定　额　编　号				A10-4-60	A10-4-61	A10-4-62	A10-4-63
项　目　名　称				公称直径(mm以内)			
				200	250	300	350
基　　　价（元）				153.36	216.92	249.80	308.81
其中	人　工　费（元）			84.84	95.62	125.72	155.26
	材　料　费（元）			46.75	50.65	51.27	68.07
	机　械　费（元）			21.77	70.65	72.81	85.48
名　　　称		单位	单价（元）	消　　耗　　量			
人工	综合工日	工日	140.00	0.606	0.683	0.898	1.109
材料	法兰电磁阀	个	—	(1.000)	(1.000)	(1.000)	(1.000)
	白铅油	kg	6.45	0.170	0.200	0.250	0.280
	机油	kg	19.66	0.016	0.018	0.018	0.024
	六角螺栓带螺母、垫圈 M20×85～100	套	3.33	12.360	—	—	—
	六角螺栓带螺母、垫圈 M22×90～120	套	3.59	—	12.360	12.360	16.480
	破布	kg	6.32	0.024	0.024	0.024	0.032
	砂纸	张	0.47	0.024	0.024	0.024	0.032
	石棉橡胶板	kg	9.40	0.330	0.370	0.400	0.540
	其他材料费占材料费	%		2.000	2.000	2.000	2.000
机械	吊装机械(综合)	台班	619.04	0.031	0.103	0.103	0.120
	载重汽车 5t	台班	430.70	0.006	0.016	0.021	0.026

工作内容：制垫、加垫、阀门连接、紧螺栓、试压检查、配合调试。 计量单位：个

定 额 编 号				A10-4-64	A10-4-65	A10-4-66
项 目 名 称				公称直径(mm以内)		
				400	450	500
基 价（元）				384.00	436.74	541.07
其中	人 工 费（元）			178.92	211.96	242.90
	材 料 费（元）			100.32	101.61	155.38
	机 械 费（元）			104.76	123.17	142.79
名 称		单位	单价(元)	消 耗 量		
人工	综合工日	工日	140.00	1.278	1.514	1.735
材料	法兰电磁阀	个	—	(1.000)	(1.000)	(1.000)
	白铅油	kg	6.45	0.300	0.320	0.350
	机油	kg	19.66	0.037	0.037	0.056
	六角螺栓带螺母、垫圈 M27×120～140	套	5.40	16.480	16.480	—
	六角螺栓带螺母、垫圈 M30×130～160	套	6.84	—	—	20.600
	破布	kg	6.32	0.032	0.032	0.040
	砂纸	张	0.47	0.032	0.032	0.040
	石棉橡胶板	kg	9.40	0.690	0.810	0.830
	其他材料费占材料费	%	—	2.000	2.000	2.000
机械	吊装机械(综合)	台班	619.04	0.140	0.160	0.175
	载重汽车 5t	台班	430.70	0.042	0.056	0.080

3.对夹式蝶阀安装

工作内容：制垫、加垫、阀门连接、紧螺栓、水压试验。　　　　　　　　　　　　计量单位：个

定　额　编　号				A10-4-67	A10-4-68	A10-4-69	A10-4-70
项　目　名　称				公称直径(mm以内)			
				50	65	80	100
基　　　价（元）				38.59	43.30	73.56	85.65
其中	人　工　费（元）			15.12	18.62	31.64	39.48
	材　料　费（元）			21.18	21.89	38.66	42.23
	机　械　费（元）			2.29	2.79	3.26	3.94
名　　称		单位	单价(元)	消　　耗　　量			
人工	综合工日	工日	140.00	0.108	0.133	0.226	0.282
材料	对夹式蝶阀	个	—	(1.000)	(1.000)	(1.000)	(1.000)
	白铅油	kg	6.45	0.040	0.050	0.070	0.100
	弹簧压力表	个	23.08	0.016	0.016	0.016	0.019
	低碳钢焊条	kg	6.84	0.122	0.132	0.140	0.157
	机油	kg	19.66	0.004	0.004	0.007	0.007
	六角螺栓	kg	5.81	0.200	0.208	0.216	0.532
	螺纹阀门 DN15	个	15.00	0.016	0.016	0.016	0.019
	破布	kg	6.32	0.004	0.004	0.008	0.008
	热轧厚钢板 δ12～20	kg	3.20	0.160	0.202	0.238	0.343
	砂纸	张	0.47	0.004	0.004	0.008	0.008
	石棉橡胶板	kg	9.40	0.066	0.096	0.128	0.165
	输水软管 φ25	m	8.55	0.016	0.016	0.016	0.019
	双头螺栓带螺母 M16×120～140	套	3.79	4.120	4.120	8.240	8.240
	水	m³	7.96	0.001	0.001	0.001	0.001
	无缝钢管 φ22×2	m	3.42	0.008	0.008	0.008	0.010
	压力表弯管 DN15	个	10.69	0.016	0.016	0.016	0.019
	氧气	m³	3.63	0.099	0.112	0.128	0.195
	乙炔气	kg	10.45	0.033	0.038	0.042	0.065
	其他材料费占材料费	%	—	2.000	2.000	2.000	2.000
机械	电焊机(综合)	台班	118.28	0.017	0.020	0.024	0.029
	试压泵 3MPa	台班	17.53	0.016	0.024	0.024	0.029

工作内容：制垫、加垫、阀门连接、紧螺栓、水压试验。 计量单位：个

定 额 编 号			A10-4-71	A10-4-72	A10-4-73
项 目 名 称			公称直径(mm以内)		
			125	150	200
基 价（元）			111.26	120.83	128.12
其中	人 工 费（元）		46.76	52.50	59.64
	材 料 费（元）		44.10	46.21	48.87
	机 械 费（元）		20.40	22.12	19.61
名 称	单位	单价（元）	消 耗 量		
人工	综合工日	工日	140.00	0.334	0.375	0.426
材料	对夹式蝶阀	个	—	(1.000)	(1.000)	(1.000)
	白铅油	kg	6.45	0.120	0.140	0.170
	弹簧压力表	个	23.08	0.019	0.019	0.019
	低碳钢焊条	kg	6.84	0.175	0.196	0.242
	机油	kg	19.66	0.007	0.010	0.010
	六角螺栓	kg	5.81	0.561	0.950	0.950
	螺纹阀门 DN15	个	15.00	0.019	0.019	0.019
	破布	kg	6.32	0.008	0.016	0.016
	热轧厚钢板 δ12～20	kg	3.20	0.445	0.581	0.831
	砂纸	张	0.47	0.008	0.016	0.016
	石棉橡胶板	kg	9.40	0.230	0.270	0.310
	输水软管 φ25	m	8.55	0.019	0.019	0.019
	双头螺栓带螺母 M16×120～140	套	3.79	8.240	—	—
	双头螺栓带螺母 M20×150～190	套	3.59	—	8.240	8.240
	水	m³	7.96	0.003	0.003	0.003
	无缝钢管 φ22×2	m	3.42	0.010	0.010	0.010
	压力表弯管 DN15	个	10.69	0.019	0.019	0.019
	氧气	m³	3.63	0.258	0.297	0.426
	乙炔气	kg	10.45	0.087	0.099	0.142
	其他材料费占材料费	%	—	2.000	2.000	2.000
机械	电焊机(综合)	台班	118.28	0.032	0.036	0.038
	吊装机械(综合)	台班	619.04	0.024	0.026	—
	试压泵 3MPa	台班	17.53	0.076	0.076	0.076
	载重汽车 5t	台班	430.70	0.001	0.001	0.032

工作内容：制垫、加垫、阀门连接、紧螺栓、水压试验。 计量单位：个

定　额　编　号				A10-4-74	A10-4-75	A10-4-76
项　目　名　称				公称直径(mm以内)		
				250	300	350
基　　　　价（元）				203.01	246.76	297.00
其中	人　工　费（元）			74.76	100.66	126.56
	材　料　费（元）			78.57	81.94	89.80
	机　械　费（元）			49.68	64.16	80.64
名　　　称		单位	单价(元)	消　　耗　　量		
人工	综合工日	工日	140.00	0.534	0.719	0.904
材料	对夹式蝶阀	个	—	(1.000)	(1.000)	(1.000)
	白铅油	kg	6.45	0.200	0.250	0.280
	弹簧压力表	个	23.08	0.019	0.019	0.019
	低碳钢焊条	kg	6.84	0.252	0.279	0.298
	机油	kg	19.66	0.018	0.018	0.018
	六角螺栓	kg	5.81	1.482	1.549	2.233
	螺纹阀门 DN15	个	15.00	0.019	0.019	0.019
	破布	kg	6.32	0.024	0.024	0.024
	热轧厚钢板 δ12～20	kg	3.20	1.216	1.569	2.004
	砂纸	张	0.47	0.024	0.024	0.024
	石棉橡胶板	kg	9.40	0.351	0.386	0.546
	输水软管 φ25	m	8.55	0.019	0.019	0.019
	双头螺栓带螺母 M24×170～250	套	4.23	12.360	12.360	12.360
	水	m³	7.96	0.006	0.020	0.034
	无缝钢管 φ22×2	m	3.42	0.010	0.010	0.010
	压力表弯管 DN15	个	10.69	0.019	0.019	0.019
	氧气	m³	3.63	0.597	0.714	0.771
	乙炔气	kg	10.45	0.199	0.238	0.257
	其他材料费占材料费	%	—	2.000	2.000	2.000
机械	电焊机(综合)	台班	118.28	0.041	0.043	0.046
	吊装机械(综合)	台班	619.04	—	0.023	0.036
	试压泵 3MPa	台班	17.53	0.076	0.076	0.095
	载重汽车 5t	台班	430.70	0.101	0.101	0.119

工作内容：制垫、加垫、阀门连接、紧螺栓、水压试验。 计量单位：个

定 额 编 号			A10-4-77	A10-4-78	A10-4-79
项 目 名 称			公称直径(mm以内)		
			400	450	500
基 价（元）			393.00	458.76	561.23
其中	人 工 费（元）		146.58	181.02	204.12
	材 料 费（元）		156.81	170.35	241.06
	机 械 费（元）		89.61	107.39	116.05
名 称	单位	单价（元）	消 耗 量		
人工	综合工日	工日	140.00	1.047	1.293	1.458
材料	对夹式蝶阀	个	—	(1.000)	(1.000)	(1.000)
	白铅油	kg	6.45	0.300	0.320	0.350
	弹簧压力表	个	23.08	0.019	0.019	0.019
	低碳钢焊条	kg	6.84	0.325	0.347	0.368
	机油	kg	19.66	0.037	0.037	0.056
	六角螺栓	kg	5.81	2.698	3.382	3.382
	螺纹阀门 DN15	个	15.00	0.019	0.019	0.019
	破布	kg	6.32	0.032	0.032	0.040
	热轧厚钢板 δ12～20	kg	3.20	2.493	4.551	5.524
	砂纸	张	0.47	0.032	0.032	0.040
	石棉橡胶板	kg	9.40	0.666	0.781	0.797
	输水软管 φ25	m	8.55	0.019	0.019	0.019
	双头螺栓带螺母 M27×220～303	套	6.75	16.480	16.480	—
	双头螺栓带螺母 M30×270～360	套	8.55	—	—	20.600
	水	m³	7.96	0.034	0.052	0.052
	无缝钢管 φ22×2	m	3.42	0.010	0.010	0.010
	压力表弯管 DN15	个	10.69	0.019	0.019	0.019
	氧气	m³	3.63	0.855	1.026	1.083
	乙炔气	kg	10.45	0.285	0.342	0.361
	其他材料费占材料费	%	—	2.000	2.000	2.000
机械	电焊机(综合)	台班	118.28	0.049	0.052	0.056
	吊装机械(综合)	台班	619.04	0.036	0.049	0.049
	试压泵 3MPa	台班	17.53	0.095	0.114	0.114
	载重汽车 5t	台班	430.70	0.139	0.160	0.179

4.法兰浮球阀安装

工作内容：制垫、加垫、阀门连接、紧螺栓、试压检查。

计量单位：个

定 额 编 号				A10-4-80	A10-4-81	A10-4-82
项 目 名 称				公称直径(mm以内)		
				32	50	80
基 价（元）				17.86	20.96	32.54
其中	人 工 费（元）			10.78	13.58	24.50
	材 料 费（元）			7.08	7.38	8.04
	机 械 费（元）			—	—	—
名 称	单位	单价（元）		消 耗 量		
人工	综合工日	工日	140.00	0.077	0.097	0.175
材 料	法兰浮球阀	个	—	(1.000)	(1.000)	(1.000)
	白铅油	kg	6.45	0.030	0.040	0.070
	机油	kg	19.66	0.004	0.004	0.004
	六角螺栓带螺母、垫圈 M16×65～80	套	1.54	4.120	4.120	4.120
	破布	kg	6.32	0.004	0.004	0.004
	砂纸	张	0.47	0.004	0.004	0.004
	石棉橡胶板	kg	9.40	0.032	0.056	0.104
	其他材料费占材料费	%	—	2.000	2.000	2.000

工作内容：制垫、加垫、阀门连接、紧螺栓、试压检查。 计量单位：个

定 额 编 号				A10-4-83	A10-4-84	A10-4-85
项 目 名 称				公称直径(mm以内)		
				100	125	150
基 价（元）				47.44	66.96	90.75
其中	人 工 费（元）			32.34	35.98	42.42
	材 料 费（元）			15.10	15.69	31.37
	机 械 费（元）			—	15.29	16.96
名 称		单位	单价(元)	消 耗 量		
人工	综合工日	工日	140.00	0.231	0.257	0.303
材料	法兰浮球阀	个	—	(1.000)	(1.000)	(1.000)
	白铅油	kg	6.45	0.100	0.120	0.140
	机油	kg	19.66	0.007	0.007	0.010
	六角螺栓带螺母、垫圈 M16×65～80	套	1.54	8.240	8.240	—
	六角螺栓带螺母、垫圈 M20×85～100	套	3.33	—	—	8.240
	破布	kg	6.32	0.008	0.008	0.016
	砂纸	张	0.47	0.008	0.008	0.016
	石棉橡胶板	kg	9.40	0.136	0.184	0.224
	其他材料费占材料费	%	—	2.000	2.000	2.000
机械	吊装机械(综合)	台班	619.04	—	0.024	0.026
	载重汽车 5t	台班	430.70	—	0.001	0.002

5.法兰液压式水位控制阀安装

工作内容：制垫、加垫、阀门连接、紧螺栓、试压检查。　　　　　　　　　　　　　　计量单位：个

定　额　编　号				A10-4-86	A10-4-87	A10-4-88
项　目　名　称				公称直径(mm以内)		
				50	80	100
基　　价（元）				23.33	43.55	56.36
其中	人　工　费（元）			15.82	28.70	38.08
	材　料　费（元）			7.51	14.85	18.28
	机　械　费（元）			—	—	—
名　　称		单位	单价（元）	消　　耗　　量		
人工	综合工日	工日	140.00	0.113	0.205	0.272
材料	法兰控制阀　液压式	个	—	(1.000)	(1.000)	(1.000)
	白铅油	kg	6.45	0.040	0.070	0.100
	机油	kg	19.66	0.004	0.007	0.007
	六角螺栓带螺母、垫圈 M16×65～80	套	1.54	4.120	8.240	—
	六角螺栓带螺母、垫圈 M16×85～140	套	1.88			8.240
	破布	kg	6.32	0.004	0.008	0.008
	砂纸	张	0.47	0.004	0.008	0.008
	石棉橡胶板	kg	9.40	0.070	0.130	0.170
	其他材料费占材料费	%	—	2.000	2.000	2.000

工作内容：制垫、加垫、阀门连接、紧螺栓、试压检查。   计量单位：个

定　额　编　号				A10-4-89	A10-4-90	A10-4-91
项　目　名　称				公称直径(mm以内)		
				125	150	200
基　　　价（元）				80.90	100.83	132.24
其中	人　工　费（元）			44.52	51.10	63.28
	材　料　费（元）			18.99	31.91	46.75
	机　械　费（元）			17.39	17.82	22.21
名　　　称		单位	单价(元)	消　　耗　　量		
人工	综合工日	工日	140.00	0.318	0.365	0.452
材料	法兰控制阀 液压式	个	—	(1.000)	(1.000)	(1.000)
	白铅油	kg	6.45	0.120	0.140	0.170
	机油	kg	19.66	0.007	0.010	0.016
	六角螺栓带螺母、垫圈 M16×85～140	套	1.88	8.240	—	—
	六角螺栓带螺母、垫圈 M20×85～100	套	3.33	—	8.240	12.360
	破布	kg	6.32	0.008	0.016	0.024
	砂纸	张	0.47	0.008	0.016	0.024
	石棉橡胶板	kg	9.40	0.230	0.280	0.330
	其他材料费占材料费	%	—	2.000	2.000	2.000
机械	吊装机械(综合)	台班	619.04	0.026	0.026	0.031
	载重汽车 5t	台班	430.70	0.003	0.004	0.007

三、塑料阀门

1. 塑料阀门安装(熔接)

工作内容：切管、清理、阀门熔接、试压检查。　　　　　　　　　　　　计量单位：个

定　额　编　号			A10-4-92	A10-4-93	A10-4-94
项　目　名　称			公称直径(mm以内)		
			15	20	25
基　　　价　(元)			2.89	3.75	4.48
其中	人　工　费(元)		2.80	3.64	4.34
	材　料　费(元)		0.09	0.11	0.14
	机　械　费(元)		—	—	—
名　　称	单位	单价(元)	消　　耗　　量		
人工 综合工日	工日	140.00	0.020	0.026	0.031
材料 塑料阀门	个	—	(1.010)	(1.010)	(1.010)
电	kW·h	0.68	0.086	0.104	0.129
锯条(各种规格)	根	0.62	0.015	0.019	0.024
破布	kg	6.32	0.002	0.003	0.004
铁砂布	张	0.85	0.007	0.008	0.009
其他材料费占材料费	%	—	2.000	2.000	2.000

工作内容：切管、清理、阀门熔接、试压检查。 计量单位：个

定 额 编 号				A10-4-95	A10-4-96	A10-4-97
项 目 名 称				公称直径(mm以内)		
				32	40	50
基 价（元）				5.92	8.20	10.45
其中	人 工 费（元）			5.74	7.98	10.08
	材 料 费（元）			0.18	0.22	0.37
	机 械 费（元）			—	—	—
名 称		单位	单价（元）	消 耗 量		
人工	综合工日	工日	140.00	0.041	0.057	0.072
材料	塑料阀门	个	—	(1.010)	(1.010)	(1.010)
	电	kW·h	0.68	0.172	0.205	0.334
	锯条(各种规格)	根	0.62	0.024	0.031	0.064
	破布	kg	6.32	0.005	0.007	0.010
	铁砂布	张	0.85	0.015	0.019	0.033
	其他材料费占材料费	%	—	2.000	2.000	2.000

工作内容：切管、清理、阀门熔接、试压检查。 计量单位：个

定　额　编　号				A10-4-98	A10-4-99	A10-4-100
项　目　名　称				公称直径(mm以内)		
				65	80	100
基　　　　价（元）				11.88	14.94	17.86
其中	人　工　费（元）			11.48	14.42	17.22
	材　料　费（元）			0.40	0.52	0.64
	机　械　费（元）			—	—	—
名　　称		单位	单价（元）	消　　耗　　量		
人工	综合工日	工日	140.00	0.082	0.103	0.123
材料	塑料阀门	个	—	(1.010)	(1.010)	(1.010)
	电	kW·h	0.68	0.334	0.449	0.524
	锯条(各种规格)	根	0.62	0.114	0.159	0.236
	破布	kg	6.32	0.010	0.012	0.014
	铁砂布	张	0.85	0.033	0.033	0.042
	其他材料费占材料费	%	—	2.000	2.000	2.000

306

2.塑料阀门安装(粘接)

工作内容：切管、清理、阀门粘接、试压检查。 计量单位：个

定 额 编 号			A10-4-101	A10-4-102	A10-4-103
项 目 名 称			公称直径(mm以内)		
			15	20	25
基 价（元）			2.88	3.74	4.47
其中	人 工 费（元）		2.80	3.64	4.34
	材 料 费（元）		0.08	0.10	0.13
	机 械 费（元）		—	—	—
名 称	单位	单价(元)	消 耗 量		
人工 综合工日	工日	140.00	0.020	0.026	0.031
材料 塑料阀门	个	—	(1.010)	(1.010)	(1.010)
丙酮	kg	7.51	0.006	0.007	0.010
锯条(各种规格)	根	0.62	0.015	0.019	0.024
破布	kg	6.32	0.002	0.003	0.003
铁砂布	张	0.85	0.007	0.008	0.009
粘结剂	kg	2.88	0.003	0.003	0.004
其他材料费占材料费	%	—	2.000	2.000	2.000

工作内容：切管、清理、阀门粘接、试压检查。 计量单位：个

定 额 编 号			A10-4-104	A10-4-105	A10-4-106
项 目 名 称			公称直径(mm以内)		
			32	40	50
基 价 （元）			5.91	7.47	8.81
其中	人 工 费（元）		5.74	7.28	8.54
	材 料 费（元）		0.17	0.19	0.27
	机 械 费（元）		—	—	—
名 称	单位	单价(元)	消 耗 量		
人工 综合工日	工日	140.00	0.041	0.052	0.061
材料 塑料阀门	个	—	(1.010)	(1.010)	(1.010)
丙酮	kg	7.51	0.012	0.013	0.018
锯条(各种规格)	根	0.62	0.028	0.031	0.064
破布	kg	6.32	0.004	0.005	0.007
铁砂布	张	0.85	0.015	0.019	0.026
粘结剂	kg	2.88	0.006	0.007	0.009
其他材料费占材料费	%	—	2.000	2.000	2.000

工作内容：切管、清理、阀门粘接、试压检查。

计量单位：个

定 额 编 号				A10-4-107	A10-4-108	A10-4-109
项 目 名 称				公称直径(mm以内)		
				65	80	100
基 价 （元）				10.36	12.70	15.70
其中	人 工 费 （元）			10.08	12.32	15.12
	材 料 费 （元）			0.28	0.38	0.58
	机 械 费 （元）			—	—	—
名 称		单位	单价(元)	消 耗 量		
人工	综合工日	工日	140.00	0.072	0.088	0.108
材料	塑料阀门	个	—	(1.010)	(1.010)	(1.010)
	丙酮	kg	7.51	0.015	0.022	0.038
	锯条(各种规格)	根	0.62	0.076	0.102	0.153
	破布	kg	6.32	0.009	0.012	0.013
	铁砂布	张	0.85	0.029	0.033	0.042
	粘结剂	kg	2.88	0.010	0.015	0.025
	其他材料费占材料费	%	—	2.000	2.000	2.000

四、沟槽阀门

工作内容：切管、沟槽滚压、阀门安装、水压试验。

计量单位：个

定 额 编 号			A10-4-110	A10-4-111	A10-4-112
项 目 名 称			公称直径(mm以内)		
			20	25	32
基 价 （元）			9.13	10.98	13.90
其中	人 工 费（元）		6.44	7.98	10.08
	材 料 费（元）		1.37	1.51	1.91
	机 械 费（元）		1.32	1.49	1.91
名 称	单位	单价（元）	消 耗 量		
人工 综合工日	工日	140.00	0.046	0.057	0.072
材料 沟槽阀门	个	—	(1.000)	(1.000)	(1.000)
卡箍连接件(含胶圈)	套	—	(2.000)	(2.000)	(2.000)
弹簧压力表	个	23.08	0.006	0.006	0.006
低碳钢焊条	kg	6.84	0.050	0.059	0.065
六角螺栓	kg	5.81	0.036	0.036	0.072
螺纹阀门 DN15	个	15.00	0.006	0.006	0.006
热轧厚钢板 δ12～20	kg	3.20	0.026	0.031	0.043
润滑剂	kg	5.98	0.004	0.005	0.006
石棉橡胶板	kg	9.40	0.003	0.004	0.005
输水软管 φ25	m	8.55	0.006	0.006	0.006
水	m³	7.96	0.001	0.001	0.001
无缝钢管 φ22×2	m	3.42	0.003	0.003	0.003
压力表弯管 DN15	个	10.69	0.006	0.006	0.006
氧气	m³	3.63	0.042	0.048	0.060
乙炔气	kg	10.45	0.014	0.016	0.020
其他材料费占材料费	%	—	2.000	2.000	2.000
机械 电焊机(综合)	台班	118.28	0.008	0.009	0.012
管子切断机 60mm	台班	16.63	0.005	0.005	0.005
滚槽机	台班	23.32	0.008	0.010	0.013
试压泵 3MPa	台班	17.53	0.006	0.006	0.006

工作内容：切管、沟槽滚压、阀门安装、水压试验。计量单位：个

定 额 编 号			A10-4-113	A10-4-114	A10-4-115
项 目 名 称			公称直径(mm以内)		
			40	50	65
基 价 （元）			16.86	25.74	35.55
其中	人 工 费（元）		12.32	17.22	25.20
	材 料 费（元）		2.31	4.41	4.83
	机 械 费（元）		2.23	4.11	5.52
名 称	单位	单价(元)	消 耗 量		
人工 综合工日	工日	140.00	0.088	0.123	0.180
材料 沟槽阀门	个	—	(1.000)	(1.000)	(1.000)
卡箍连接件(含胶圈)	套	—	(2.000)	(2.000)	(2.000)
弹簧压力表	个	23.08	0.006	0.016	0.016
低碳钢焊条	kg	6.84	0.089	0.122	0.132
六角螺栓	kg	5.81	0.075	0.200	0.208
螺纹阀门 DN15	个	15.00	0.006	0.016	0.016
热轧厚钢板 δ12～20	kg	3.20	0.049	0.160	0.202
润滑剂	kg	5.98	0.007	0.008	0.009
石棉橡胶板	kg	9.40	0.007	0.012	0.017
输水软管 φ25	m	8.55	0.006	0.016	0.016
水	m³	7.96	0.001	0.001	0.001
无缝钢管 φ22×2	m	3.42	0.003	0.008	0.008
压力表弯管 DN15	个	10.69	0.006	0.016	0.016
氧气	m³	3.63	0.084	0.099	0.114
乙炔气	kg	10.45	0.028	0.033	0.038
其他材料费占材料费	%	—	2.000	2.000	2.000
机械 电焊机(综合)	台班	118.28	0.014	0.017	0.020
吊装机械(综合)	台班	619.04	—	0.002	0.003
管子切断机 150mm	台班	33.32	—	—	0.008
管子切断机 60mm	台班	16.63	0.006	0.007	—
滚槽机	台班	23.32	0.016	0.020	0.026
试压泵 3MPa	台班	17.53	0.006	0.016	0.024

311

工作内容：切管、沟槽滚压、阀门安装、水压试验。

计量单位：个

定 额 编 号				A10-4-116	A10-4-117	A10-4-118
项 目 名 称				公称直径(mm以内)		
				80	100	125
基 价 （元）				45.09	63.47	95.96
其中	人 工 费 （元）			33.74	43.82	55.44
	材 料 费 （元）			5.22	8.29	9.48
	机 械 费 （元）			6.13	11.36	31.04
	名 称	单位	单价(元)	消 耗		量
人工	综合工日	工日	140.00	0.241	0.313	0.396
材料	沟槽阀门	个	—	(1.000)	(1.000)	(1.000)
	卡箍连接件(含胶圈)	套	—	(2.000)	(2.000)	(2.000)
	弹簧压力表	个	23.08	0.016	0.019	0.019
	低碳钢焊条	kg	6.84	0.140	0.157	0.175
	六角螺栓	kg	5.81	0.216	0.532	0.561
	螺纹阀门 DN15	个	15.00	0.016	0.019	0.019
	热轧厚钢板 δ12～20	kg	3.20	0.238	0.343	0.445
	润滑剂	kg	5.98	0.010	0.012	0.014
	石棉橡胶板	kg	9.40	0.024	0.029	0.036
	输水软管 φ25	m	8.55	0.016	0.019	0.019
	水	m³	7.96	0.001	0.001	0.003
	无缝钢管 φ22×2	m	3.42	0.008	0.010	0.010
	压力表弯管 DN15	个	10.69	0.016	0.019	0.019
	氧气	m³	3.63	0.128	0.195	0.258
	乙炔气	kg	10.45	0.042	0.065	0.087
	其他材料费占材料费	%	—	2.000	2.000	2.000
机械	电焊机(综合)	台班	118.28	0.024	0.029	0.032
	吊装机械(综合)	台班	619.04	0.003	0.010	0.038
	管子切断机 150mm	台班	33.32	0.008	0.009	0.012
	滚槽机	台班	23.32	0.032	0.040	0.049
	试压泵 3MPa	台班	17.53	0.024	0.029	0.076
	载重汽车 5t	台班	430.70	—	—	0.002

312

工作内容：切管、沟槽滚压、阀门安装、水压试验。计量单位：个

定 额 编 号			A10-4-119	A10-4-120	A10-4-121
项 目 名 称			公称直径(mm以内)		
			150	200	250
基 价 (元)			112.42	135.49	186.62
其中	人 工 费 (元)		66.78	81.20	102.76
	材 料 费 (元)		12.76	14.76	20.72
	机 械 费 (元)		32.88	39.53	63.14
名 称	单位	单价(元)	消 耗 量		
人工 综合工日	工日	140.00	0.477	0.580	0.734
材料 沟槽阀门	个	—	(1.000)	(1.000)	(1.000)
卡箍连接件(含胶圈)	套	—	(2.000)	(2.000)	(2.000)
弹簧压力表	个	23.08	0.019	0.019	0.019
低碳钢焊条	kg	6.84	0.196	0.224	0.252
六角螺栓	kg	5.81	0.950	0.950	1.482
螺纹阀门 DN15	个	15.00	0.019	0.019	0.019
热轧厚钢板 δ12～20	kg	3.20	0.581	0.831	1.216
润滑剂	kg	5.98	0.016	0.020	0.026
石棉橡胶板	kg	9.40	0.046	0.049	0.055
输水软管 φ25	m	8.55	0.019	0.019	0.019
水	m³	7.96	0.003	0.003	0.006
无缝钢管 φ22×2	m	3.42	0.010	0.010	0.010
压力表弯管 DN15	个	10.69	0.019	0.019	0.019
氧气	m³	3.63	0.297	0.426	0.597
乙炔气	kg	10.45	0.099	0.142	0.199
其他材料费占材料费	%	—	2.000	2.000	2.000
机械 电焊机(综合)	台班	118.28	0.036	0.038	0.041
吊装机械(综合)	台班	619.04	0.039	0.047	0.081
管子切断机 150mm	台班	33.32	0.015	—	—
管子切断机 250mm	台班	42.58	—	0.016	0.017
滚槽机	台班	23.32	0.058	0.076	0.095
试压泵 3MPa	台班	17.53	0.076	0.076	0.076
载重汽车 5t	台班	430.70	0.003	0.005	0.009

工作内容：切管、沟槽滚压、阀门安装、水压试验。 计量单位：个

定 额 编 号				A10-4-122	A10-4-123	A10-4-124
项 目 名 称				公称直径(mm以内)		
				300	350	400
基 价（元）				234.19	293.15	327.20
其中	人 工 费（元）			130.06	161.00	183.96
	材 料 费（元）			23.54	29.94	35.36
	机 械 费（元）			80.59	102.21	107.88
名 称		单位	单价(元)	消 耗 量		
人工	综合工日	工日	140.00	0.929	1.150	1.314
材料	沟槽阀门	个	—	(1.000)	(1.000)	(1.000)
	卡箍连接件(含胶圈)	套	—	(2.000)	(2.000)	(2.000)
	弹簧压力表	个	23.08	0.019	0.019	0.019
	低碳钢焊条	kg	6.84	0.279	0.298	0.325
	六角螺栓	kg	5.81	1.549	2.233	2.698
	螺纹阀门 DN15	个	15.00	0.019	0.019	0.019
	热轧厚钢板 δ12～20	kg	3.20	1.569	2.004	2.493
	润滑剂	kg	5.98	0.028	0.030	0.032
	石棉橡胶板	kg	9.40	0.066	0.089	0.114
	输水软管 ϕ25	m	8.55	0.019	0.019	0.019
	水	m³	7.96	0.020	0.034	0.036
	无缝钢管 ϕ22×2	m	3.42	0.010	0.010	0.010
	压力表弯管 DN15	个	10.69	0.019	0.019	0.019
	氧气	m³	3.63	0.714	0.779	0.865
	乙炔气	kg	10.45	0.238	0.257	0.285
	其他材料费占材料费	%	—	2.000	2.000	2.000
机械	电焊机(综合)	台班	118.28	0.043	0.046	0.049
	吊装机械(综合)	台班	619.04	0.106	0.135	0.137
	管子切断机 250mm	台班	42.58	0.017	—	—
	管子切断机 325mm	台班	81.31	—	0.020	0.022
	滚槽机	台班	23.32	0.114	0.133	0.144
	试压泵 3MPa	台班	17.53	0.076	0.090	0.102
	载重汽车 5t	台班	430.70	0.012	0.016	0.024

五、法兰

1.螺纹法兰安装

工作内容：切管、套丝、制垫、上法兰、组对、紧螺栓、试压检查。　　　　　　　　计量单位：副

定 额 编 号			A10-4-125	A10-4-126	A10-4-127
项 目 名 称			公称直径(mm以内)		
			20	25	32
基 价 （元）			11.61	13.61	19.34
其中	人 工 费 （元）		7.98	9.38	10.78
	材 料 费 （元）		3.43	3.79	7.99
	机 械 费 （元）		0.20	0.44	0.57
名 称		单位	单价(元)	消　　耗　　量	
人工	综合工日	工日	140.00	0.057	0.067	0.077
材料	螺纹法兰	片	—	(2.000)	(2.000)	(2.000)
	白铅油	kg	6.45	0.025	0.028	0.030
	机油	kg	19.66	0.009	0.010	0.013
	锯条(各种规格)	根	0.62	0.063	0.071	0.078
	聚四氟乙烯生料带	m	0.13	0.754	0.942	1.206
	六角螺栓带螺母、垫圈 M12×14～75	套	0.60	4.120	4.120	—
	六角螺栓带螺母、垫圈 M16×65～80	套	1.54	—	—	4.120
	尼龙砂轮片 φ400	片	8.55	0.005	0.011	0.014
	破布	kg	6.32	0.010	0.010	0.010
	清油	kg	9.70	0.005	0.007	0.009
	砂纸	张	0.47	0.150	0.200	0.200
	石棉橡胶板	kg	9.40	0.020	0.040	0.050
	其他材料费占材料费	%	—	2.000	2.000	2.000
机械	管子切断套丝机 159mm	台班	21.31	0.008	0.016	0.021
	砂轮切割机 400mm	台班	24.71	0.001	0.004	0.005

工作内容：切管、套丝、制垫、上法兰、组对、紧螺栓、试压检查。 计量单位：副

定 额 编 号				A10-4-128	A10-4-129	A10-4-130
项 目 名 称				公称直径(mm以内)		
				40	50	65
基 价 （元）				23.57	28.37	33.61
其中	人 工 费（元）			14.42	18.62	22.96
	材 料 费（元）			8.47	8.75	9.32
	机 械 费（元）			0.68	1.00	1.33
名 称		单位	单价（元）	消 耗 量		
人工	综合工日	工日	140.00	0.103	0.133	0.164
材料	螺纹法兰	片	—	(2.000)	(2.000)	(2.000)
	白铅油	kg	6.45	0.035	0.040	0.050
	机油	kg	19.66	0.017	0.021	0.029
	锯条(各种规格)	根	0.62	0.089	0.106	—
	聚四氟乙烯生料带	m	0.13	1.507	1.884	2.449
	六角螺栓带螺母、垫圈 M16×65～80	套	1.54	4.120	4.120	4.120
	尼龙砂轮片 φ400	片	8.55	0.017	0.021	0.038
	破布	kg	6.32	0.020	0.020	0.020
	清油	kg	9.70	0.010	0.013	0.015
	砂纸	张	0.47	0.250	0.250	0.300
	石棉橡胶板	kg	9.40	0.070	0.075	0.090
	其他材料费占材料费	%	—	2.000	2.000	2.000
机械	管子切断套丝机 159mm	台班	21.31	0.026	0.041	0.052
	砂轮切割机 400mm	台班	24.71	0.005	0.005	0.009

工作内容：切管、套丝、制垫、上法兰、组对、紧螺栓、试压检查。 计量单位：副

定 额 编 号				A10-4-131	A10-4-132
项 目 名 称				公称直径(mm以内)	
				80	100
基 价 （元）				45.94	52.33
其中	人 工 费 （元）			28.00	30.24
	材 料 费 （元）			16.33	20.09
	机 械 费 （元）			1.61	2.00
名 称		单位	单价（元）	消 耗 量	
人工	综合工日	工日	140.00	0.200	0.216
材 料	螺纹法兰	片	—	(2.000)	(2.000)
	白铅油	kg	6.45	0.070	0.100
	机油	kg	19.66	0.032	0.040
	聚四氟乙烯生料带	m	0.13	3.014	3.768
	六角螺栓带螺母、垫圈 M16×65～80	套	1.54	8.240	—
	六角螺栓带螺母、垫圈 M16×85～140	套	1.88	—	8.240
	尼龙砂轮片 φ400	片	8.55	0.045	0.059
	破布	kg	6.32	0.020	0.025
	清油	kg	9.70	0.020	0.030
	砂纸	张	0.47	0.035	0.038
	石棉橡胶板	kg	9.40	0.120	0.140
	其他材料费占材料费	%	—	2.000	2.000
机械	管子切断套丝机 159mm	台班	21.31	0.064	0.079
	砂轮切割机 400mm	台班	24.71	0.010	0.013

工作内容：切管、套丝、制垫、上法兰、组对、紧螺栓、试压检查。　　　　　　　　　　　　计量单位：副

定　额　编　号				A10-4-133	A10-4-134
项　目　名　称				公称直径(mm以内)	
				125	150
基　　　价（元）				82.21	100.89
其中	人　工　费（元）			33.04	38.08
	材　料　费（元）			20.85	33.89
	机　械　费（元）			28.32	28.92
名　　称		单位	单价（元）	消　　　耗　　　量	
人工	综合工日	工日	140.00	0.236	0.272
材料	螺纹法兰	片	—	(2.000)	(2.000)
	白铅油	kg	6.45	0.120	0.140
	机油	kg	19.66	0.049	0.058
	聚四氟乙烯生料带	m	0.13	4.710	5.652
	六角螺栓带螺母、垫圈 M16×85～140	套	1.88	8.240	—
	六角螺栓带螺母、垫圈 M20×85～100	套	3.33	—	8.240
	尼龙砂轮片 φ400	片	8.55	0.071	—
	破布	kg	6.32	0.028	0.030
	清油	kg	9.70	0.030	0.030
	砂纸	张	0.47	0.040	0.043
	石棉橡胶板	kg	9.40	0.160	0.180
	氧气	m³	3.63	—	0.114
	乙炔气	kg	10.45	—	0.038
	其他材料费占材料费	%	—	2.000	2.000
机械	吊装机械(综合)	台班	619.04	0.041	0.042
	管子切断套丝机 159mm	台班	21.31	0.098	0.117
	砂轮切割机 400mm	台班	24.71	0.017	—
	载重汽车 5t	台班	430.70	0.001	0.001

2.碳钢平焊法兰安装

工作内容：切管、焊接、制垫、加垫、安装组对、紧螺栓、试压检查。 计量单位：副

定 额 编 号			A10-4-135	A10-4-136	A10-4-137
项 目 名 称			公称直径(mm以内)		
			20	25	32
基 价 （元）			19.70	22.73	29.88
其中	人 工 费 （元）		10.78	12.32	14.42
	材 料 费 （元）		4.45	4.92	9.18
	机 械 费 （元）		4.47	5.49	6.28
名 称	单位	单价(元)	消 耗		量
人工 综合工日	工日	140.00	0.077	0.088	0.103
材料 碳钢平焊法兰	片	—	(2.000)	(2.000)	(2.000)
白铅油	kg	6.45	0.025	0.028	0.030
低碳钢焊条	kg	6.84	0.057	0.069	0.080
电	kW•h	0.68	0.023	0.028	0.032
机油	kg	19.66	0.045	0.048	0.050
锯条(各种规格)	根	0.62	0.063	0.071	0.078
六角螺栓带螺母、垫圈 M12×14～75	套	0.60	4.120	4.120	—
六角螺栓带螺母、垫圈 M16×65～80	套	1.54	—	—	4.120
尼龙砂轮片 φ100	片	2.05	0.036	0.043	0.047
尼龙砂轮片 φ400	片	8.55	0.005	0.011	0.014
破布	kg	6.32	0.008	0.010	0.012
清油	kg	9.70	0.005	0.007	0.009
石棉橡胶板	kg	9.40	0.020	0.040	0.051
其他材料费占材料费	%	—	2.000	2.000	2.000
机械 电焊机(综合)	台班	118.28	0.036	0.044	0.050
电焊条恒温箱	台班	21.41	0.004	0.004	0.005
电焊条烘干箱 60×50×75cm³	台班	26.46	0.004	0.004	0.005
砂轮切割机 400mm	台班	24.71	0.001	0.004	0.005

工作内容：切管、焊接、制垫、加垫、安装组对、紧螺栓、试压检查。 计量单位：副

定 额 编 号				A10-4-138	A10-4-139	A10-4-140
项 目 名 称				公称直径(mm以内)		
				40	50	65
基 价（元）				32.82	39.97	49.82
其中	人 工 费（元）			15.82	20.86	27.30
	材 料 费（元）			9.73	10.25	11.41
	机 械 费（元）			7.27	8.86	11.11
名 称		单位	单价(元)	消 耗 量		
人工	综合工日	工日	140.00	0.113	0.149	0.195
材料	碳钢平焊法兰	片	—	(2.000)	(2.000)	(2.000)
	白铅油	kg	6.45	0.035	0.040	0.050
	低碳钢焊条	kg	6.84	0.092	0.114	0.211
	电	kW·h	0.68	0.037	0.046	0.058
	机油	kg	19.66	0.063	0.068	0.070
	锯条(各种规格)	根	0.62	0.089	0.106	—
	六角螺栓带螺母、垫圈 M16×65~80	套	1.54	4.120	4.120	4.120
	尼龙砂轮片 φ100	片	2.05	0.054	0.068	0.089
	尼龙砂轮片 φ400	片	8.55	0.017	0.021	0.027
	破布	kg	6.32	0.017	0.020	0.023
	清油	kg	9.70	0.010	0.013	0.015
	石棉橡胶板	kg	9.40	0.060	0.070	0.090
	氧气	m³	3.63	—	—	0.015
	乙炔气	kg	10.45	—	—	0.005
	其他材料费占材料费	%	—	2.000	2.000	2.000
机械	电焊机(综合)	台班	118.28	0.058	0.071	0.089
	电焊条恒温箱	台班	21.41	0.006	0.007	0.009
	电焊条烘干箱 60×50×75cm³	台班	26.46	0.006	0.007	0.009
	砂轮切割机 400mm	台班	24.71	0.005	0.005	0.006

工作内容：切管、焊接、制垫、加垫、安装组对、紧螺栓、试压检查。 计量单位：副

定 额 编 号				A10-4-141	A10-4-142	A10-4-143
项 目 名 称				公称直径(mm以内)		
				80	100	125
基 价（元）				61.52	76.04	103.55
其中	人 工 费（元）			29.54	35.98	43.82
	材 料 费（元）			19.03	23.48	25.04
	机 械 费（元）			12.95	16.58	34.69
名 称		单位	单价(元)	消 耗 量		
人工	综合工日	工日	140.00	0.211	0.257	0.313
材料	碳钢平焊法兰	片	—	(2.000)	(2.000)	(2.000)
	白铅油	kg	6.45	0.070	0.100	0.120
	低碳钢焊条	kg	6.84	0.246	0.313	0.379
	电	kW·h	0.68	0.067	0.086	0.094
	机油	kg	19.66	0.081	0.098	0.102
	六角螺栓带螺母、垫圈 M16×65～80	套	1.54	8.240	—	—
	六角螺栓带螺母、垫圈 M16×85～140	套	1.88	—	8.240	8.240
	尼龙砂轮片 φ100	片	2.05	0.104	0.126	0.174
	尼龙砂轮片 φ400	片	8.55	0.032	0.041	0.049
	破布	kg	6.32	0.026	0.028	0.030
	清油	kg	9.70	0.020	0.023	0.027
	石棉橡胶板	kg	9.40	0.130	0.170	0.230
	氧气	m³	3.63	0.018	0.021	0.033
	乙炔气	kg	10.45	0.006	0.007	0.011
	其他材料费占材料费	%	—	2.000	2.000	2.000
机械	电焊机(综合)	台班	118.28	0.104	0.133	0.145
	电焊条恒温箱	台班	21.41	0.010	0.013	0.015
	电焊条烘干箱 60×50×75cm³	台班	26.46	0.010	0.013	0.015
	吊装机械(综合)	台班	619.04	—	—	0.026
	砂轮切割机 400mm	台班	24.71	0.007	0.009	0.012
	载重汽车 5t	台班	430.70	—	—	0.001

工作内容：切管、焊接、制垫、加垫、安装组对、紧螺栓、试压检查。 计量单位：副

定 额 编 号			A10-4-144	A10-4-145	A10-4-146
项 目 名 称			公称直径(mm以内)		
			150	200	250
基 价 （元）			130.88	195.30	266.71
其中	人 工 费 （元）		51.66	63.98	79.80
	材 料 费 （元）		39.43	59.25	72.45
	机 械 费 （元）		39.79	72.07	114.46
名 称		单位	单价（元）	消 耗 量	
人工	综合工日	工日	140.00	0.369	0.457	0.570
材料	碳钢平焊法兰	片	—	(2.000)	(2.000)	(2.000)
	白铅油	kg	6.45	0.140	0.170	0.200
	低碳钢焊条	kg	6.84	0.494	1.111	2.300
	电	kW·h	0.68	0.122	0.275	0.392
	机油	kg	19.66	0.125	0.132	0.148
	六角螺栓带螺母、垫圈 M20×85～100	套	3.33	8.240	12.360	—
	六角螺栓带螺母、垫圈 M22×90～120	套	3.59	—	—	12.360
	尼龙砂轮片 φ100	片	2.05	0.220	0.299	0.394
	破布	kg	6.32	0.034	0.036	0.040
	清油	kg	9.70	0.030	0.035	0.040
	石棉橡胶板	kg	9.40	0.280	0.330	0.370
	氧气	m³	3.63	0.114	0.165	0.216
	乙炔气	kg	10.45	0.038	0.055	0.072
	其他材料费占材料费	%	—	2.000	2.000	2.000
机械	电焊机(综合)	台班	118.28	0.189	0.426	0.606
	电焊条恒温箱	台班	21.41	0.019	0.043	0.061
	电焊条烘干箱 60×50×75cm³	台班	26.46	0.019	0.043	0.061
	吊装机械(综合)	台班	619.04	0.026	0.031	0.063
	载重汽车 5t	台班	430.70	0.001	0.001	0.002

工作内容：切管、焊接、制垫、加垫、安装组对、紧螺栓、试压检查。 计量单位：副

定 额 编 号			A10-4-147	A10-4-148	A10-4-149
项 目 名 称			公称直径(mm以内)		
			300	350	400
基 价 （元）			305.81	354.53	417.58
其中	人 工 费 （元）		94.78	104.30	116.48
	材 料 费 （元）		77.97	105.17	142.52
	机 械 费 （元）		133.06	145.06	158.58
名 称	单位	单价（元）	消	耗	量
人工	综合工日	工日	140.00	0.677	0.745	0.832
材料	碳钢平焊法兰	片	—	(2.000)	(2.000)	(2.000)
	白铅油	kg	6.45	0.250	0.280	0.300
	低碳钢焊条	kg	6.84	2.855	4.262	4.814
	电	kW·h	0.68	0.486	0.511	0.577
	机油	kg	19.66	0.160	0.180	0.200
	六角螺栓带螺母、垫圈 M22×90～120	套	3.59	12.360	16.480	—
	六角螺栓带螺母、垫圈 M27×120～140	套	5.40	—	—	16.480
	尼龙砂轮片 φ100	片	2.05	0.465	0.569	0.639
	破布	kg	6.32	0.050	0.054	0.060
	清油	kg	9.70	0.047	0.050	0.053
	石棉橡胶板	kg	9.40	0.400	0.540	0.690
	氧气	m³	3.63	0.276	0.285	0.402
	乙炔气	kg	10.45	0.092	0.095	0.134
	其他材料费占材料费	%	—	2.000	2.000	2.000
机械	电焊机(综合)	台班	118.28	0.754	0.791	0.894
	电焊条恒温箱	台班	21.41	0.075	0.079	0.089
	电焊条烘干箱 60×50×75cm³	台班	26.46	0.075	0.079	0.089
	吊装机械(综合)	台班	619.04	0.063	0.075	0.075
	载重汽车 5t	台班	430.70	0.003	0.003	0.005

工作内容：切管、焊接、制垫、加垫、安装组对、紧螺栓、试压检查。 计量单位：副

定　额　编　号				A10-4-150	A10-4-151
项　目　名　称				公称直径(mm以内)	
				450	500
基　　价（元）				488.69	551.71
其中	人　工　费（元）			135.10	147.98
	材　料　费（元）			171.47	207.85
	机　械　费（元）			182.12	195.88
名　　称		单位	单价（元）	消　　耗　　量	
人工	综合工日	工日	140.00	0.965	1.057
材料	碳钢平焊法兰	片	—	(2.000)	(2.000)
	白铅油	kg	6.45	0.320	0.350
	低碳钢焊条	kg	6.84	5.423	5.986
	电	kW·h	0.68	0.650	0.717
	机油	kg	19.66	0.220	0.250
	六角螺栓带螺母、垫圈 M27×120～140	套	5.40	20.600	—
	六角螺栓带螺母、垫圈 M30×130～160	套	6.84	—	20.600
	尼龙砂轮片 φ100	片	2.05	0.717	0.790
	破布	kg	6.32	0.065	0.070
	清油	kg	9.70	0.056	0.060
	石棉橡胶板	kg	9.40	0.810	0.830
	氧气	m³	3.63	0.408	0.537
	乙炔气	kg	10.45	0.136	0.179
	其他材料费占材料费	%	—	2.000	2.000
机械	电焊机(综合)	台班	118.28	1.006	1.111
	电焊条恒温箱	台班	21.41	0.101	0.111
	电焊条烘干箱 60×50×75cm³	台班	26.46	0.101	0.111
	吊装机械(综合)	台班	619.04	0.090	0.090
	载重汽车 5t	台班	430.70	0.006	0.008

3.不锈钢平焊法兰安装

工作内容：切管、焊接、焊缝处理、制垫、加垫、安装组对、紧螺栓、试压检查。　　　　　计量单位：副

定　额　编　号			A10-4-152	A10-4-153	A10-4-154
项　目　名　称			公称直径(mm以内)		
			20	25	32
基　　　　价（元）			22.91	27.12	35.34
其中	人　工　费（元）		12.32	14.42	17.22
	材　料　费（元）		6.47	7.68	12.31
	机　械　费（元）		4.12	5.02	5.81
名　　　称	单位	单价（元）	消　　耗　　量		
人工	综合工日	工日	140.00	0.088	0.103	0.123
材料	不锈钢平焊法兰	片	—	(2.000)	(2.000)	(2.000)
	白垩粉	kg	0.35	0.285	0.347	0.428
	不锈钢焊条	kg	38.46	0.059	0.071	0.082
	电	kW·h	0.68	0.032	0.039	0.046
	机油	kg	19.66	0.045	0.048	0.050
	金刚石砂轮片 φ400	片	12.82	0.014	0.024	0.028
	六角螺栓带螺母、垫圈 M12×14～75	套	0.60	4.120	4.120	—
	六角螺栓带螺母、垫圈 M16×65～80	套	1.54	—	—	4.120
	尼龙砂轮片 φ100	片	2.05	0.067	0.080	0.089
	破布	kg	6.32	0.001	0.002	0.002
	氢氟酸 45%	kg	4.87	0.004	0.004	0.005
	石棉橡胶板	kg	9.40	0.020	0.040	0.046
	水	m³	7.96	0.002	0.035	0.038
	硝酸	kg	2.19	0.016	0.020	0.024
	重铬酸钾 98%	kg	14.03	0.001	0.002	0.003
	其他材料费占材料费	%	—	2.000	2.000	2.000
机械	电动空气压缩机 6m³/min	台班	206.73	0.001	0.001	0.001
	电焊条恒温箱	台班	21.41	0.005	0.006	0.007
	电焊条烘干箱 60×50×75cm³	台班	26.46	0.005	0.006	0.007
	砂轮切割机 400mm	台班	24.71	0.004	0.007	0.008
	直流弧焊机 20kV·A	台班	71.43	0.050	0.061	0.071

工作内容：切管、焊接、焊缝处理、制垫、加垫、安装组对、紧螺栓、试压检查。　　　　　　计量单位：副

定　额　编　号				A10-4-155	A10-4-156	A10-4-157
项　目　名　称				公称直径(mm以内)		
				40	50	65
基　　　　　价（元）				39.90	46.31	59.76
其中	人　工　费（元）			20.16	23.66	30.24
	材　料　费（元）			13.01	14.27	18.88
	机　械　费（元）			6.73	8.38	10.64
名　　　称		单位	单价（元）	消　　耗　　量		
人工	综合工日	工日	140.00	0.144	0.169	0.216
材料	不锈钢平焊法兰	片	—	(2.000)	(2.000)	(2.000)
	白垩粉	kg	0.35	0.490	0.581	0.775
	不锈钢焊条	kg	38.46	0.094	0.118	0.217
	电	kW·h	0.68	0.052	0.065	0.081
	机油	kg	19.66	0.063	0.065	0.070
	金刚石砂轮片 φ400	片	12.82	0.030	0.031	0.046
	六角螺栓带螺母、垫圈 M16×65～80	套	1.54	4.120	4.120	4.120
	尼龙砂轮片 φ100	片	2.05	0.101	0.128	0.168
	破布	kg	6.32	0.003	0.004	0.005
	氢氟酸 45%	kg	4.87	0.006	0.008	0.010
	石棉橡胶板	kg	9.40	0.060	0.070	0.090
	水	m³	7.96	0.004	0.006	0.008
	硝酸	kg	2.19	0.026	0.036	0.048
	重铬酸钾 98%	kg	14.03	0.004	0.005	0.006
	其他材料费占材料费	%	—	2.000	2.000	2.000
机械	电动空气压缩机 6m³/min	台班	206.73	0.002	0.002	0.003
	电焊条恒温箱	台班	21.41	0.008	0.010	0.013
	电焊条烘干箱 60×50×75cm³	台班	26.46	0.008	0.010	0.013
	砂轮切割机 400mm	台班	24.71	0.009	0.011	0.016
	直流弧焊机 20kV·A	台班	71.43	0.080	0.101	0.126

工作内容：切管、焊接、焊缝处理、制垫、加垫、安装组对、紧螺栓、试压检查。　　　　　　计量单位：副

定 额 编 号			A10-4-158	A10-4-159	A10-4-160
项 目 名 称			公称直径(mm以内)		
			80	100	125
基 价（元）			75.26	89.55	121.17
其中	人 工 费（元）		35.28	39.48	45.92
	材 料 费（元）		27.67	34.38	37.13
	机 械 费（元）		12.31	15.69	38.12
名 称	单位	单价（元）	消 耗 量		
人工	综合工日	工日	140.00	0.252	0.282	0.328
材料	不锈钢平焊法兰	片	—	(2.000)	(2.000)	(2.000)
	白垩粉	kg	0.35	0.907	1.100	1.355
	不锈钢焊条	kg	38.46	0.253	0.322	0.389
	电	kW·h	0.68	0.095	0.121	0.132
	机油	kg	19.66	0.081	0.098	0.102
	金刚石砂轮片 φ400	片	12.82	0.056	0.069	—
	六角螺栓带螺母、垫圈 M16×65～80	套	1.54	8.240	—	—
	六角螺栓带螺母、垫圈 M16×85～140	套	1.88	—	8.240	8.240
	尼龙砂轮片 φ100	片	2.05	0.195	0.237	0.326
	破布	kg	6.32	0.006	0.007	0.008
	氢氟酸 45%	kg	4.87	0.012	0.014	0.016
	石棉橡胶板	kg	9.40	0.130	0.170	0.230
	水	m³	7.96	0.010	0.012	0.014
	硝酸	kg	2.19	0.054	0.066	0.082
	重铬酸钾 98%	kg	14.03	0.007	0.008	0.009
	其他材料费占材料费	%	—	2.000	2.000	2.000
机械	等离子切割机 400A	台班	219.59	—	—	0.024
	电动空气压缩机 1m³/min	台班	50.29	—	—	0.024
	电动空气压缩机 6m³/min	台班	206.73	0.003	0.004	0.004
	电焊条恒温箱	台班	21.41	0.015	0.019	0.020
	电焊条烘干箱 60×50×75cm³	台班	26.46	0.015	0.019	0.020
	吊装机械(综合)	台班	619.04	—	—	0.024
	砂轮切割机 400mm	台班	24.71	0.019	0.024	—
	载重汽车 5t	台班	430.70	—	—	0.001
	直流弧焊机 20kV·A	台班	71.43	0.147	0.187	0.204

工作内容：切管、焊接、焊缝处理、制垫、加垫、安装组对、紧螺栓、试压检查。　　　　　计量单位：副

定　额　编　号				A10-4-161	A10-4-162	A10-4-163
项　目　名　称				公称直径(mm以内)		
				150	200	250
基　　价（元）				156.98	241.80	360.60
其中	人　工　费（元）			56.00	68.32	91.28
	材　料　费（元）			55.30	95.73	148.48
	机　械　费（元）			45.68	77.75	120.84
名　　称		单位	单价（元）	消　　耗		量
人工	综合工日	工日	140.00	0.400	0.488	0.652
材料	不锈钢平焊法兰	片	—	(2.000)	(2.000)	(2.000)
	白垩粉	kg	0.35	1.619	2.229	2.548
	不锈钢焊条	kg	38.46	0.507	1.142	2.365
	电	kW·h	0.68	0.172	0.387	0.551
	机油	kg	19.66	0.125	0.132	0.148
	六角螺栓带螺母、垫圈 M20×85～100	套	3.33	8.240	12.360	—
	六角螺栓带螺母、垫圈 M22×90～120	套	3.59	—	—	12.360
	尼龙砂轮片 φ100	片	2.05	0.412	0.560	0.738
	破布	kg	6.32	0.010	0.014	0.018
	氢氟酸 45%	kg	4.87	0.020	0.028	0.034
	石棉橡胶板	kg	9.40	0.280	0.330	0.370
	水	m³	7.96	0.018	0.024	0.028
	硝酸	kg	2.19	0.098	0.136	0.168
	重铬酸钾 98%	kg	14.03	0.010	0.012	0.014
	其他材料费占材料费	%	—	2.000	2.000	2.000
机械	等离子切割机 400A	台班	219.59	0.029	0.040	0.052
	电动空气压缩机 1m³/min	台班	50.29	0.029	0.040	0.052
	电动空气压缩机 6m³/min	台班	206.73	0.005	0.006	0.007
	电焊条恒温箱	台班	21.41	0.027	0.060	0.085
	电焊条烘干箱 60×50×75cm³	台班	26.46	0.027	0.060	0.085
	吊装机械(综合)	台班	619.04	0.026	0.031	0.063
	载重汽车 5t	台班	430.70	0.001	0.002	0.003
	直流弧焊机 20kV·A	台班	71.43	0.266	0.599	0.854

工作内容：切管、焊接、焊缝处理、制垫、加垫、安装组对、紧螺栓、试压检查。 计量单位：副

定　额　编　号				A10-4-164	A10-4-165	A10-4-166
项　目　名　称				公称直径(mm以内)		
				300	350	400
基　　　　价（元）				429.21	547.01	639.93
其中	人　工　费（元）			117.18	145.88	163.80
	材　料　费（元）			172.13	246.44	301.69
	机　械　费（元）			139.90	154.69	174.44
名　　　称		单位	单价（元）	消　　耗　　量		
人工	综合工日	工日	140.00	0.837	1.042	1.170
材料	不锈钢平焊法兰	片	—	(2.000)	(2.000)	(2.000)
	白垩粉	kg	0.35	3.005	3.199	3.614
	不锈钢焊条	kg	38.46	2.936	4.383	4.951
	电	kW·h	0.68	0.685	0.719	0.812
	机油	kg	19.66	0.160	0.180	0.200
	六角螺栓带螺母、垫圈 M22×90～120	套	3.59	12.360	16.480	—
	六角螺栓带螺母、垫圈 M27×120～140	套	5.40	—	—	16.480
	尼龙砂轮片 φ100	片	2.05	0.872	1.066	1.199
	破布	kg	6.32	0.020	0.024	0.026
	氢氟酸 45%	kg	4.87	0.040	0.048	0.054
	石棉橡胶板	kg	9.40	0.400	0.540	0.690
	水	m³	7.96	0.034	0.040	0.046
	硝酸	kg	2.19	0.200	0.232	0.262
	重铬酸钾 98%	kg	14.03	0.016	0.018	0.022
	其他材料费占材料费	%	—	2.000	2.000	2.000
机械	等离子切割机 400A	台班	219.59	0.062	0.072	0.086
	电动空气压缩机 1m³/min	台班	50.29	0.062	0.072	0.086
	电动空气压缩机 6m³/min	台班	206.73	0.008	0.009	0.010
	电焊条恒温箱	台班	21.41	0.106	0.111	0.126
	电焊条烘干箱 60×50×75cm³	台班	26.46	0.106	0.111	0.126
	吊装机械(综合)	台班	619.04	0.063	0.075	0.082
	载重汽车 5t	台班	430.70	0.004	0.005	0.006
	直流弧焊机 20kV·A	台班	71.43	1.060	1.113	1.257

工作内容：切管、焊接、焊缝处理、制垫、加垫、安装组对、紧螺栓、试压检查。 计量单位：副

定　额　编　号				A10-4-167	A10-4-168
项　目　名　称				公称直径(mm以内)	
				450	500
基　　　价（元）				726.77	812.05
其中	人　工　费（元）			182.56	195.44
	材　料　费（元）			351.21	405.63
	机　械　费（元）			193.00	210.98
名　　　称		单位	单价(元)	消　　耗　　量	
人工	综合工日	工日	140.00	1.304	1.396
材料	不锈钢平焊法兰	片	—	(2.000)	(2.000)
	白垩粉	kg	0.35	3.990	4.228
	不锈钢焊条	kg	38.46	5.577	6.156
	电	kW·h	0.68	0.914	1.009
	机油	kg	19.66	0.220	0.250
	六角螺栓带螺母、垫圈 M27×120～140	套	5.40	20.600	—
	六角螺栓带螺母、垫圈 M30×130～160	套	6.84	—	20.600
	尼龙砂轮片 φ100	片	2.05	1.345	1.481
	破布	kg	6.32	0.030	0.034
	氢氟酸 45%	kg	4.87	0.060	0.066
	石棉橡胶板	kg	9.40	0.810	0.830
	水	m³	7.96	0.052	0.056
	硝酸	kg	2.19	0.294	0.326
	重铬酸钾 98%	kg	14.03	0.024	0.028
	其他材料费占材料费	%	—	2.000	2.000
机械	等离子切割机 400A	台班	219.59	0.096	0.112
	电动空气压缩机 1m³/min	台班	50.29	0.096	0.112
	电动空气压缩机 6m³/min	台班	206.73	0.011	0.012
	电焊条恒温箱	台班	21.41	0.142	0.156
	电焊条烘干箱 60×50×75cm³	台班	26.46	0.142	0.156
	吊装机械(综合)	台班	619.04	0.087	0.090
	载重汽车 5t	台班	430.70	0.007	0.008
	直流弧焊机 20kV·A	台班	71.43	1.416	1.563

4.承(插)盘法兰短管安装(石棉水泥接口)

工作内容：管口除沥青、切管、调制接口材料、制垫、加垫、安装组对、接口养护、紧螺栓、试压检查。

计量单位：副

定 额 编 号			A10-4-169	A10-4-170	A10-4-171
项 目 名 称			公称直径(mm以内)		
			80	100	150
基 价（元）			49.40	59.20	98.47
其中	人 工 费（元）		31.64	37.38	45.36
	材 料 费（元）		17.76	21.82	36.58
	机 械 费（元）		—	—	16.53
名 称	单位	单价（元）	消	耗	量
人工 综合工日	工日	140.00	0.226	0.267	0.324
材料 承(插)盘法兰短管	个	—	(2.000)	(2.000)	(2.000)
白铅油	kg	6.45	0.070	0.100	0.140
机油	kg	19.66	0.081	0.098	0.125
六角螺栓带螺母、垫圈 M16×65～80	套	1.54	8.240	—	—
六角螺栓带螺母、垫圈 M16×85～140	套	1.88	—	8.240	—
六角螺栓带螺母、垫圈 M20×85～100	套	3.33	—	—	8.240
破布	kg	6.32	0.020	0.028	0.030
清油	kg	9.70	0.020	0.023	0.030
石棉绒	kg	0.85	0.093	0.123	0.182
石棉橡胶板	kg	9.40	0.130	0.170	0.280
水泥 42.5级	kg	0.33	0.348	0.459	0.680
氧气	m³	3.63	0.036	0.036	0.057
乙炔气	kg	10.45	0.012	0.012	0.019
油麻	kg	6.84	0.100	0.120	0.170
其他材料费占材料费	%	—	2.000	2.000	2.000
机械 吊装机械(综合)	台班	619.04	—	—	0.026
载重汽车 5t	台班	430.70	—	—	0.001

工作内容：管口除沥青、切管、调制接口材料、制垫、加垫、安装组对、接口养护、紧螺栓、试压检查。

计量单位：副

定　额　编　号				A10-4-172	A10-4-173	A10-4-174
项　目　名　称				公称直径(mm以内)		
				200	250	300
基　　　价（元）				126.84	162.26	178.05
其中	人　工　费（元）			54.60	65.38	74.06
	材　料　费（元）			52.19	57.40	59.12
	机　械　费（元）			20.05	39.48	44.87
名　　　称		单位	单价(元)	消　　耗　　量		
人工	综合工日	工日	140.00	0.390	0.467	0.529
材料	承(插)盘法兰短管	个	—	(2.000)	(2.000)	(2.000)
	白铅油	kg	6.45	0.170	0.200	0.250
	机油	kg	19.66	0.132	0.148	0.160
	六角螺栓带螺母、垫圈 M20×85～100	套	3.33	12.360	—	—
	六角螺栓带螺母、垫圈 M22×90～120	套	3.59	—	12.360	12.360
	破布	kg	6.32	0.035	0.040	0.050
	清油	kg	9.70	0.035	0.040	0.050
	石棉绒	kg	0.85	0.234	0.334	0.395
	石棉橡胶板	kg	9.40	0.330	0.370	0.400
	水泥 42.5级	kg	0.33	0.874	1.247	1.473
	氧气	m³	3.63	0.093	0.117	0.138
	乙炔气	kg	10.45	0.031	0.039	0.046
	油麻	kg	6.84	0.220	0.300	0.360
	其他材料费占材料费	%	—	2.000	2.000	2.000
机械	吊装机械(综合)	台班	619.04	0.031	0.061	0.069
	载重汽车 5t	台班	430.70	0.002	0.004	0.005

工作内容：管口除沥青、切管、调制接口材料、制垫、加垫、安装组对、接口养护、紧螺栓、试压检查。

计量单位：副

定 额 编 号				A10-4-175	A10-4-176
项 目 名 称				公称直径(mm以内)	
				350	400
基 价（元）				214.36	261.90
其中	人 工 费（元）			87.64	97.02
	材 料 费（元）			77.28	110.67
	机 械 费（元）			49.44	54.21
名 称		单位	单价(元)	消 耗 量	
人工	综合工日	工日	140.00	0.626	0.693
材料	承(插)盘法兰短管	个	—	(2.000)	(2.000)
	白铅油	kg	6.45	0.250	0.280
	机油	kg	19.66	0.180	0.200
	六角螺栓带螺母、垫圈 M22×90～120	套	3.59	16.480	—
	六角螺栓带螺母、垫圈 M27×120～140	套	5.40	—	16.480
	破布	kg	6.32	0.055	0.060
	清油	kg	9.70	0.050	0.055
	石棉绒	kg	0.85	0.521	0.534
	石棉橡胶板	kg	9.40	0.540	0.690
	水泥 42.5级	kg	0.33	1.946	2.028
	氧气	m³	3.63	0.204	0.267
	乙炔气	kg	10.45	0.068	0.089
	油麻	kg	6.84	0.440	0.490
	其他材料费占材料费	%	—	2.000	2.000
机械	吊装机械(综合)	台班	619.04	0.075	0.082
	载重汽车 5t	台班	430.70	0.007	0.008

工作内容：管口除沥青、切管、调制接口材料、制垫、加垫、安装组对、接口养护、紧螺栓、试压检查。

计量单位：副

定　额　编　号				A10-4-177	A10-4-178
项　目　名　称				公称直径(mm以内)	
				450	500
基　　价（元）				306.92	352.22
其中	人　工　费（元）			112.14	121.52
	材　料　费（元）			136.19	168.96
	机　械　费（元）			58.59	61.74
名　　称		单位	单价（元）	消　　耗　　量	
人工	综合工日	工日	140.00	0.801	0.868
材料	承(插)盘法兰短管	个	—	(2.000)	(2.000)
	白铅油	kg	6.45	0.300	0.350
	机油	kg	19.66	0.220	0.250
	六角螺栓带螺母、垫圈 M27×120～140	套	5.40	20.600	—
	六角螺栓带螺母、垫圈 M30×130～160	套	6.84	—	20.600
	破布	kg	6.32	0.065	0.070
	清油	kg	9.70	0.060	0.065
	石棉绒	kg	0.85	0.637	0.770
	石棉橡胶板	kg	9.40	0.810	0.830
	水泥 42.5级	kg	0.33	2.328	2.873
	氧气	m³	3.63	0.300	0.324
	乙炔气	kg	10.45	0.100	0.108
	油麻	kg	6.84	0.580	0.700
	其他材料费占材料费	%	—	2.000	2.000
机械	吊装机械(综合)	台班	619.04	0.087	0.090
	载重汽车 5t	台班	430.70	0.011	0.014

5.承(插)盘法兰短管安装(膨胀水泥接口)

工作内容：管口除沥青、切管、调制接口材料、制垫、加垫、安装组对、接口养护、紧螺栓、试压检查。

计量单位：副

定 额 编 号			A10-4-179	A10-4-180	A10-4-181
项 目 名 称			公称直径(mm以内)		
			80	100	150
基 价 (元)			48.52	57.86	97.02
其中	人 工 费 (元)		30.94	35.98	43.82
	材 料 费 (元)		17.58	21.88	36.67
	机 械 费 (元)		—	—	16.53
名 称	单位	单价(元)	消 耗		量
人工 综合工日	工日	140.00	0.221	0.257	0.313
材料 承(插)盘法兰短管	个	—	(2.000)	(2.000)	(2.000)
白铅油	kg	6.45	0.070	0.100	0.140
硅酸盐膨胀水泥	kg	0.48	0.497	0.656	0.972
机油	kg	19.66	0.070	0.098	0.125
六角螺栓带螺母、垫圈 M16×65~80	套	1.54	8.240	—	—
六角螺栓带螺母、垫圈 M16×85~140	套	1.88	—	8.240	—
六角螺栓带螺母、垫圈 M20×85~100	套	3.33	—	—	8.240
破布	kg	6.32	0.020	0.028	0.030
清油	kg	9.70	0.020	0.023	0.030
石棉橡胶板	kg	9.40	0.130	0.170	0.280
氧气	m³	3.63	0.036	0.036	0.057
乙炔气	kg	10.45	0.012	0.012	0.019
油麻	kg	6.84	0.100	0.120	0.170
其他材料费占材料费	%	—	2.000	2.000	2.000
机械 吊装机械(综合)	台班	619.04	—	—	0.026
载重汽车 5t	台班	430.70	—	—	0.001

工作内容：管口除沥青、切管、调制接口材料、制垫、加垫、安装组对、接口养护、紧螺栓、试压检查。

定 额 编 号				A10-4-182	A10-4-183	A10-4-184
项 目 名 称				公称直径(mm以内)		
				200	250	300
基 价 （元）				124.01	157.09	173.90
其中	人 工 费（元）			51.66	60.48	69.72
	材 料 费（元）			52.30	57.56	59.31
	机 械 费（元）			20.05	39.05	44.87
名 称		单位	单价（元）	消 耗 量		
人工	综合工日	工日	140.00	0.369	0.432	0.498
材料	承(插)盘法兰短管	个	—	(2.000)	(2.000)	(2.000)
	白铅油	kg	6.45	0.170	0.200	0.250
	硅酸盐膨胀水泥	kg	0.48	1.249	1.781	2.104
	机油	kg	19.66	0.132	0.148	0.160
	六角螺栓带螺母、垫圈 M20×85～100	套	3.33	12.360	—	—
	六角螺栓带螺母、垫圈 M22×90～120	套	3.59	—	12.360	12.360
	破布	kg	6.32	0.035	0.040	0.050
	清油	kg	9.70	0.035	0.040	0.050
	石棉橡胶板	kg	9.40	0.330	0.370	0.400
	氧气	m³	3.63	0.093	0.117	0.138
	乙炔气	kg	10.45	0.031	0.039	0.046
	油麻	kg	6.84	0.220	0.300	0.360
	其他材料费占材料费	%	—	2.000	2.000	2.000
机械	吊装机械(综合)	台班	619.04	0.031	0.061	0.069
	载重汽车 5t	台班	430.70	0.002	0.003	0.005

工作内容：管口除沥青、切管、调制接口材料、制垫、加垫、安装组对、接口养护、紧螺栓、试压检查。

计量单位：副

定 额 编 号					A10-4-185	A10-4-186
项 目 名 称					公称直径(mm以内)	
					350	400
基 价（元）					211.09	257.84
其中	人 工 费（元）				84.14	92.68
	材 料 费（元）				77.51	110.95
	机 械 费（元）				49.44	54.21
	名 称	单位	单价(元)		消 耗 量	
人工	综合工日	工日	140.00		0.601	0.662
材料	承(插)盘法兰短管	个	—		(2.000)	(2.000)
	白铅油	kg	6.45		0.250	0.280
	硅酸盐膨胀水泥	kg	0.48		2.316	2.897
	机油	kg	19.66		0.180	0.200
	六角螺栓带螺母、垫圈 M22×90～120	套	3.59		16.480	—
	六角螺栓带螺母、垫圈 M27×120～140	套	5.40		—	16.480
	破布	kg	6.32		0.055	0.060
	清油	kg	9.70		0.050	0.055
	石棉橡胶板	kg	9.40		0.540	0.690
	氧气	m³	3.63		0.231	0.267
	乙炔气	kg	10.45		0.077	0.089
	油麻	kg	6.84		0.440	0.490
	其他材料费占材料费	%	—		2.000	2.000
机械	吊装机械(综合)	台班	619.04		0.075	0.082
	载重汽车 5t	台班	430.70		0.007	0.008

工作内容：管口除沥青、切管、调制接口材料、制垫、加垫、安装组对、接口养护、紧螺栓、试压检查。

计量单位：副

定　额　编　号				A10-4-187	A10-4-188
项　目　名　称				公称直径(mm以内)	
				450	500
基　　　价（元）				298.71	347.56
其中	人　工　费（元）			103.60	116.48
	材　料　费（元）			136.52	169.34
	机　械　费（元）			58.59	61.74
名　　称		单位	单价(元)	消　　耗　　量	
人工	综合工日	工日	140.00	0.740	0.832
材料	承(插)盘法兰短管	个	—	(2.000)	(2.000)
	白铅油	kg	6.45	0.300	0.350
	硅酸盐膨胀水泥	kg	0.48	3.398	4.107
	机油	kg	19.66	0.220	0.250
	六角螺栓带螺母、垫圈 M27×120～140	套	5.40	20.600	—
	六角螺栓带螺母、垫圈 M30×130～160	套	6.84	—	20.600
	破布	kg	6.32	0.065	0.070
	清油	kg	9.70	0.060	0.065
	石棉橡胶板	kg	9.40	0.810	0.830
	氧气	m³	3.63	0.300	0.324
	乙炔气	kg	10.45	0.100	0.108
	油麻	kg	6.84	0.580	0.700
	其他材料费占材料费	%	—	2.000	2.000
机械	吊装机械(综合)	台班	619.04	0.087	0.090
	载重汽车 5t	台班	430.70	0.011	0.014

6.塑料法兰(带短管)安装(热熔连接)

工作内容:切管、熔接、制垫、加垫、安装组对、紧螺栓、试压检查。

计量单位:副

定 额 编 号				A10-4-189	A10-4-190	A10-4-191
项 目 名 称				公称直径(mm以内)		
				15	20	25
基 价 (元)				12.32	13.41	15.12
其中	人 工 费 (元)			8.54	9.38	10.78
	材 料 费 (元)			3.78	4.03	4.34
	机 械 费 (元)			—	—	—
	名 称	单位	单价(元)	消 耗 量		
人工	综合工日	工日	140.00	0.061	0.067	0.077
材料	塑料法兰(带短管)	片	—	(2.000)	(2.000)	(2.000)
	白铅油	kg	6.45	0.020	0.025	0.028
	电	kW•h	0.68	0.086	0.104	0.129
	机油	kg	19.66	0.043	0.048	0.050
	锯条(各种规格)	根	0.62	0.015	0.019	0.022
	六角螺栓带螺母、垫圈 M12×14~75	套	0.60	4.120	4.120	4.120
	破布	kg	6.32	0.008	0.008	0.010
	清油	kg	9.70	0.004	0.005	0.007
	石棉橡胶板	kg	9.40	0.010	0.020	0.040
	铁砂布	张	0.85	0.007	0.008	0.009
	其他材料费占材料费	%	—	2.000	2.000	2.000

工作内容：切管、熔接、制垫、加垫、安装组对、紧螺栓、试压检查。　　　　　　　　　　　　　　计量单位：副

定　额　编　号				A10-4-192	A10-4-193	A10-4-194
项　目　名　称				公称直径(mm以内)		
				32	40	50
基　　　　价（元）				21.45	24.03	27.25
其中	人　工　费（元）			12.88	15.12	17.92
	材　料　费（元）			8.57	8.91	9.33
	机　械　费（元）			—	—	—
名　　　称		单位	单价（元）	消　　耗　　量		
人工	综合工日	工日	140.00	0.092	0.108	0.128
材料	塑料法兰（带短管）	片	—	(2.000)	(2.000)	(2.000)
	白铅油	kg	6.45	0.030	0.035	0.040
	电	kW·h	0.68	0.172	0.205	0.334
	机油	kg	19.66	0.055	0.062	0.068
	锯条(各种规格)	根	0.62	0.026	0.031	0.064
	六角螺栓带螺母、垫圈 M16×65～80	套	1.54	4.120	4.120	4.120
	破布	kg	6.32	0.012	0.017	0.020
	清油	kg	9.70	0.009	0.010	0.013
	石棉橡胶板	kg	9.40	0.050	0.060	0.070
	铁砂布	张	0.85	0.015	0.019	0.033
	其他材料费占材料费	%	—	2.000	2.000	2.000

工作内容：切管、熔接、制垫、加垫、安装组对、紧螺栓、试压检查。　　　　　　　　计量单位：副

定　额　编　号			A10-4-195	A10-4-196	A10-4-197
项　目　名　称			公称直径(mm以内)		
			65	80	100
基　　　　价（元）			30.53	42.25	48.96
其中	人　工　费（元）		20.86	25.20	28.00
	材　料　费（元）		9.67	17.05	20.96
	机　械　费（元）		—	—	—
名　　　称	单位	单价（元）	消　　耗　　量		
人工 综合工日	工日	140.00	0.149	0.180	0.200
材料 塑料法兰(带短管)	片	—	(2.000)	(2.000)	(2.000)
白铅油	kg	6.45	0.050	0.070	0.100
电	kW·h	0.68	0.334	0.449	0.524
机油	kg	19.66	0.070	0.081	0.098
锯条(各种规格)	根	0.62	0.076	0.114	0.153
六角螺栓带螺母、垫圈 M16×65～80	套	1.54	4.120	8.240	—
六角螺栓带螺母、垫圈 M16×85～140	套	1.88	—	—	8.240
破布	kg	6.32	0.023	0.026	0.028
清油	kg	9.70	0.015	0.020	0.023
石棉橡胶板	kg	9.40	0.090	0.130	0.170
铁砂布	张	0.85	0.033	0.033	0.042
其他材料费占材料费	%	—	2.000	2.000	2.000

工作内容：切管、熔接、制垫、加垫、安装组对、紧螺栓、试压检查。 计量单位：副

定　额　编　号				A10-4-198	A10-4-199	A10-4-200
项　目　名　称				公称直径(mm以内)		
				125	150	200
基　　　价　（元）				54.24	72.11	96.04
其中	人　工　费（元）			31.64	35.98	43.82
	材　料　费（元）			21.34	34.67	49.57
	机　械　费（元）			1.26	1.46	2.65
名　　　称		单位	单价(元)	消　　耗　　量		
人工	综合工日	工日	140.00	0.226	0.257	0.313
材料	塑料法兰(带短管)	片	—	(2.000)	(2.000)	(2.000)
	白铅油	kg	6.45	0.120	0.140	0.170
	机油	kg	19.66	0.102	0.125	0.132
	六角螺栓带螺母、垫圈 M16×85～140	套	1.88	8.240	—	—
	六角螺栓带螺母、垫圈 M20×85～100	套	3.33	—	8.240	12.360
	破布	kg	6.32	0.030	0.034	0.036
	清油	kg	9.70	0.027	0.030	0.035
	石棉橡胶板	kg	9.40	0.230	0.280	0.330
	铁砂布	张	0.85	0.048	0.064	0.094
	其他材料费占材料费	%	—	2.000	2.000	2.000
机械	木工圆锯机 500mm	台班	25.33	0.004	0.005	0.006
	热熔对接焊机 160mm	台班	17.51	0.066	0.076	—
	热熔对接焊机 250mm	台班	20.64	—	—	0.121

工作内容：切管、熔接、制垫、加垫、安装组对、紧螺栓、试压检查。　　　　　　　　计量单位：副

定 额 编 号				A10-4-201	A10-4-202
项 目 名 称				公称直径(mm以内)	
				250	300
基 价 （元）				106.10	118.08
其中	人 工 费（元）			49.56	56.00
	材 料 费（元）			53.84	54.82
	机 械 费（元）			2.70	7.26
名 称		单位	单价（元）	消 耗 量	
人工	综合工日	工日	140.00	0.354	0.400
材料	塑料法兰(带短管)	片	—	(2.000)	(2.000)
	白铅油	kg	6.45	0.200	0.250
	机油	kg	19.66	0.148	0.160
	六角螺栓带螺母、垫圈 M22×90～120	套	3.59	12.360	12.360
	破布	kg	6.32	0.040	0.046
	清油	kg	9.70	0.040	0.047
	石棉橡胶板	kg	9.40	0.370	0.400
	铁砂布	张	0.85	0.108	0.124
	其他材料费占材料费	%	—	2.000	2.000
机械	木工圆锯机 500mm	台班	25.33	0.008	0.009
	热熔对接焊机 250mm	台班	20.64	0.121	—
	热熔对接焊机 630mm	台班	43.95	—	0.160

7.塑料法兰(带短管)安装(电熔连接)

工作内容:切管、熔接、制垫、加垫、安装组对、紧螺栓、试压检查。　　　　　　　　计量单位:副

定　额　编　号				A10-4-203	A10-4-204	A10-4-205
项　目　名　称				公称直径(mm以内)		
				15	20	25
基　　价(元)				12.64	13.80	15.62
其中	人　工　费(元)			8.54	9.38	10.78
	材　料　费(元)			3.72	3.96	4.25
	机　械　费(元)			0.38	0.46	0.59
名　　称		单位	单价(元)	消　　耗　　量		
人工	综合工日	工日	140.00	0.061	0.067	0.077
材料	塑料法兰(带短管)	片	—	(2.000)	(2.000)	(2.000)
	白铅油	kg	6.45	0.020	0.025	0.028
	机油	kg	19.66	0.043	0.048	0.050
	锯条(各种规格)	根	0.62	0.015	0.019	0.024
	六角螺栓带螺母、垫圈 M12×14～75	套	0.60	4.120	4.120	4.120
	破布	kg	6.32	0.008	0.008	0.010
	清油	kg	9.70	0.004	0.005	0.007
	石棉橡胶板	kg	9.40	0.010	0.020	0.040
	铁砂布	张	0.85	0.007	0.008	0.009
	其他材料费占材料费	%	—	2.000	2.000	2.000
机械	电熔焊接机 3.5kW	台班	26.81	0.014	0.017	0.022

工作内容：切管、熔接、制垫、加垫、安装组对、紧螺栓、试压检查。 计量单位：副

定 额 编 号			A10-4-206	A10-4-207	A10-4-208
项 目 名 称			公称直径(mm以内)		
			32	40	50
基 价（元）			22.01	24.80	28.15
其中	人 工 费（元）		12.88	15.12	17.92
	材 料 费（元）		8.35	8.77	9.10
	机 械 费（元）		0.78	0.91	1.13
	名 称	单位	单价（元）	消 耗 量		
人工	综合工日	工日	140.00	0.092	0.108	0.128
材料	塑料法兰(带短管)	片	—	(2.000)	(2.000)	(2.000)
	白铅油	kg	6.45	0.030	0.035	0.040
	机油	kg	19.66	0.055	0.062	0.068
	锯条(各种规格)	根	0.62	0.026	0.031	0.064
	六角螺栓带螺母、垫圈 M16×65～80	套	1.54	4.120	4.120	4.120
	破布	kg	6.32	0.012	0.017	0.020
	清油	kg	9.70	0.009	0.010	0.013
	石棉橡胶板	kg	9.40	0.040	0.060	0.070
	铁砂布	张	0.85	0.015	0.019	0.033
	其他材料费占材料费	%	—	2.000	2.000	2.000
机械	电熔焊接机 3.5kW	台班	26.81	0.029	0.034	0.042

工作内容：切管、熔接、制垫、加垫、安装组对、紧螺栓、试压检查。　　　　　　　　　　计量单位：副

定　额　编　号				A10-4-209	A10-4-210	A10-4-211
项　目　名　称				公称直径(mm以内)		
				65	80	100
基　　　　价（元）				32.37	43.61	51.12
其中	人　工　费（元）			21.56	25.20	28.70
	材　料　费（元）			9.44	16.75	20.60
	机　械　费（元）			1.37	1.66	1.82
名　　　称		单位	单价(元)	消　　耗　　量		
人工	综合工日	工日	140.00	0.154	0.180	0.205
材料	塑料法兰(带短管)	片	—	(2.000)	(2.000)	(2.000)
	白铅油	kg	6.45	0.050	0.070	0.100
	机油	kg	19.66	0.070	0.081	0.098
	锯条(各种规格)	根	0.62	0.076	0.114	0.153
	六角螺栓带螺母、垫圈 M16×65～80	套	1.54	4.120	8.240	—
	六角螺栓带螺母、垫圈 M16×85～140	套	1.88	—	—	8.240
	破布	kg	6.32	0.023	0.026	0.028
	清油	kg	9.70	0.015	0.020	0.023
	石棉橡胶板	kg	9.40	0.090	0.130	0.170
	铁砂布	张	0.85	0.033	0.042	0.048
	其他材料费占材料费	%	—	2.000	2.000	2.000
机械	电熔焊接机 3.5kW	台班	26.81	0.051	0.062	0.068

工作内容：切管、熔接、制垫、加垫、安装组对、紧螺栓、试压检查。   计量单位：副

定　额　编　号			A10-4-212	A10-4-213	A10-4-214
项　目　名　称			公称直径(mm以内)		
			125	150	200
基　　　价（元）			55.72	74.91	95.97
其中	人　工　费（元）		32.34	38.08	43.82
	材　料　费（元）		21.35	34.67	49.56
	机　械　费（元）		2.03	2.16	2.59
名　　　称	单位	单价（元）	消　　耗　　量		
人工 综合工日	工日	140.00	0.231	0.272	0.313
材料 塑料法兰(带短管)	片	—	(2.000)	(2.000)	(2.000)
白铅油	kg	6.45	0.120	0.140	0.170
机油	kg	19.66	0.102	0.125	0.132
六角螺栓带螺母、垫圈 M16×85～140	套	1.88	8.240	—	—
六角螺栓带螺母、垫圈 M20×85～100	套	3.33	—	8.240	12.360
破布	kg	6.32	0.030	0.034	0.036
清油	kg	9.70	0.027	0.030	0.035
石棉橡胶板	kg	9.40	0.230	0.280	0.330
铁砂布	张	0.85	0.056	0.064	0.082
其他材料费占材料费	%	—	2.000	2.000	2.000
机械 电熔焊接机 3.5kW	台班	26.81	0.072	0.076	0.091
木工圆锯机 500mm	台班	25.33	0.004	0.005	0.006

工作内容：切管、熔接、制垫、加垫、安装组对、紧螺栓、试压检查。 计量单位：副

定 额 编 号				A10-4-215	A10-4-216
项 目 名 称				公称直径(mm以内)	
				250	300
基 价 （元）				106.25	114.25
其中	人 工 费（元）			49.56	56.00
	材 料 费（元）			53.67	54.80
	机 械 费（元）			3.02	3.45
名 称		单位	单价（元）	消 耗 量	
人工	综合工日	工日	140.00	0.354	0.400
材料	塑料法兰(带短管)	片	—	(2.000)	(2.000)
	白铅油	kg	6.45	0.200	0.250
	机油	kg	19.66	0.140	0.160
	六角螺栓带螺母、垫圈 M22×90～120	套	3.59	12.360	12.360
	破布	kg	6.32	0.040	0.046
	清油	kg	9.70	0.040	0.047
	石棉橡胶板	kg	9.40	0.370	0.400
	铁砂布	张	0.85	0.094	0.108
	其他材料费占材料费	%	—	2.000	2.000
机械	电熔焊接机 3.5kW	台班	26.81	0.105	0.120
	木工圆锯机 500mm	台班	25.33	0.008	0.009

8.塑料法兰(带短管)安装(粘接)

工作内容：切管、粘接、制垫、加垫、安装组对、紧螺栓、试压检查。　　　　　　　　　　　　计量单位：副

定　额　编　号			A10-4-217	A10-4-218	A10-4-219
项　目　名　称			公称直径(mm以内)		
			15	20	25
基　　　价　（元）			11.78	12.59	14.44
其中	人　工　费（元）		7.98	8.54	10.08
	材　料　费（元）		3.80	4.05	4.36
	机　械　费（元）		—	—	—
名　　称	单位	单价(元)	消　　耗　　量		
人工	综合工日	工日	140.00	0.057	0.061	0.072
材料	塑料法兰(带短管)	片	—	(2.000)	(2.000)	(2.000)
	白铅油	kg	6.45	0.020	0.025	0.028
	丙酮	kg	7.51	0.006	0.007	0.010
	机油	kg	19.66	0.043	0.048	0.050
	锯条(各种规格)	根	0.62	0.015	0.019	0.024
	六角螺栓带螺母、垫圈 M12×14～75	套	0.60	4.120	4.120	4.120
	破布	kg	6.32	0.012	0.013	0.014
	清油	kg	9.70	0.004	0.005	0.007
	石棉橡胶板	kg	9.40	0.010	0.020	0.040
	铁砂布	张	0.85	0.007	0.008	0.009
	粘结剂	kg	2.88	0.003	0.003	0.004
	其他材料费占材料费	%	—	2.000	2.000	2.000

工作内容：切管、粘接、制垫、加垫、安装组对、紧螺栓、试压检查。 计量单位：副

定　额　编　号				A10-4-220	A10-4-221	A10-4-222
项　目　名　称				公称直径(mm以内)		
				32	40	50
基　　价（元）				20.80	24.06	26.52
其中	人　工　费（元）			12.32	15.12	17.22
	材　料　费（元）			8.48	8.94	9.30
	机　械　费（元）			—	—	—
名　　称		单位	单价（元）	消　　耗　　量		
人工	综合工日	工日	140.00	0.088	0.108	0.123
材料	塑料法兰(带短管)	片	—	(2.000)	(2.000)	(2.000)
	白铅油	kg	6.45	0.030	0.035	0.040
	丙酮	kg	7.51	0.012	0.013	0.018
	机油	kg	19.66	0.055	0.062	0.068
	锯条(各种规格)	根	0.62	0.024	0.031	0.064
	六角螺栓带螺母、垫圈 M16×65～80	套	1.54	4.120	4.120	4.120
	破布	kg	6.32	0.015	0.025	0.027
	清油	kg	9.70	0.009	0.010	0.013
	石棉橡胶板	kg	9.40	0.040	0.060	0.070
	铁砂布	张	0.85	0.015	0.019	0.026
	粘结剂	kg	2.88	0.006	0.007	0.009
	其他材料费占材料费	%	—	2.000	2.000	2.000

350

工作内容：切管、粘接、制垫、加垫、安装组对、紧螺栓、试压检查。 计量单位：副

定 额 编 号			A10-4-223	A10-4-224	A10-4-225
项 目 名 称			公称直径(mm以内)		
			65	80	100
基 价（元）			29.78	40.65	48.36
其中	人 工 费（元）		20.16	23.66	27.30
	材 料 费（元）		9.62	16.99	21.06
	机 械 费（元）		—	—	—
名 称	单位	单价(元)	消 耗 量		
人工 综合工日	工日	140.00	0.144	0.169	0.195
材料 塑料法兰(带短管)	片	—	(2.000)	(2.000)	(2.000)
白铅油	kg	6.45	0.050	0.070	0.100
丙酮	kg	7.51	0.015	0.022	0.038
机油	kg	19.66	0.070	0.081	0.098
锯条(各种规格)	根	0.62	0.076	0.114	0.153
六角螺栓带螺母、垫圈 M16×65～80	套	1.54	4.120	8.240	—
六角螺栓带螺母、垫圈 M16×85～140	套	1.88	—	—	8.240
破布	kg	6.32	0.029	0.032	0.043
清油	kg	9.70	0.015	0.020	0.023
石棉橡胶板	kg	9.40	0.090	0.130	0.170
铁砂布	张	0.85	0.033	0.033	0.042
粘结剂	kg	2.88	0.010	0.015	0.025
其他材料费占材料费	%	—	2.000	2.000	2.000

工作内容：切管、粘接、制垫、加垫、安装组对、紧螺栓、试压检查。 计量单位：副

定　额　编　号				A10-4-226	A10-4-227	A10-4-228
项　目　名　称				公称直径(mm以内)		
				125	150	200
基　　　　　价　（元）				52.87	70.57	91.51
其中	人　工　费（元）			30.94	35.28	41.02
	材　料　费（元）			21.83	35.16	50.34
	机　械　费（元）			0.10	0.13	0.15
名　　　称		单位	单价（元）	消　　耗　　量		
人工	综合工日	工日	140.00	0.221	0.252	0.293
材料	塑料法兰(带短管)	片	—	(2.000)	(2.000)	(2.000)
	白铅油	kg	6.45	0.120	0.140	0.170
	丙酮	kg	7.51	0.041	0.044	0.068
	机油	kg	19.66	0.102	0.125	0.132
	六角螺栓带螺母、垫圈 M16×85～140	套	1.88	8.240	—	—
	六角螺栓带螺母、垫圈 M20×85～100	套	3.33	—	8.240	12.360
	破布	kg	6.32	0.044	0.045	0.054
	清油	kg	9.70	0.027	0.030	0.035
	石棉橡胶板	kg	9.40	0.230	0.280	0.330
	铁砂布	张	0.85	0.048	0.064	0.094
	粘结剂	kg	2.88	0.027	0.029	0.045
	其他材料费占材料费	%	—	2.000	2.000	2.000
机械	木工圆锯机 500mm	台班	25.33	0.004	0.005	0.006

工作内容：切管、粘接、制垫、加垫、安装组对、紧螺栓、试压检查。 计量单位：副

定　额　编　号				A10-4-229	A10-4-230
项　目　名　称				公称直径(mm以内)	
				250	300
基　　　　价（元）				102.36	110.06
其中	人　工　费（元）			47.46	54.04
	材　料　费（元）			54.70	55.79
	机　械　费（元）			0.20	0.23
名　　　称		单位	单价(元)	消　　耗　　量	
人工	综合工日	工日	140.00	0.339	0.386
材料	塑料法兰(带短管)	片	—	(2.000)	(2.000)
	白铅油	kg	6.45	0.200	0.250
	丙酮	kg	7.51	0.078	0.090
	机油	kg	19.66	0.148	0.160
	六角螺栓带螺母、垫圈 M22×90～120	套	3.59	12.360	12.360
	破布	kg	6.32	0.058	0.062
	清油	kg	9.70	0.040	0.047
	石棉橡胶板	kg	9.40	0.370	0.400
	铁砂布	张	0.85	0.108	0.124
	粘结剂	kg	2.88	0.052	0.060
	其他材料费占材料费	%	—	2.000	2.000
机械	木工圆锯机 500mm	台班	25.33	0.008	0.009

9.沟槽法兰安装

工作内容：切管、滚槽、制垫、加垫、安装组对、紧螺栓、试压检查。　　　　　　计量单位：副

定　额　编　号			A10-4-231	A10-4-232	A10-4-233
项　目　名　称			公称直径(mm以内)		
			20	25	32
基　　　　　价（元）			10.73	11.91	17.41
其中	人　工　费（元）		6.44	7.28	8.54
	材　料　费（元）		4.02	4.31	8.48
	机　械　费（元）		0.27	0.32	0.39
名　　称	单位	单价(元)	消　　耗　　量		
人工 综合工日	工日	140.00	0.046	0.052	0.061
材料 沟槽法兰	片	—	(2.000)	(2.000)	(2.000)
卡箍连接件(含胶圈)	套	—	(2.000)	(2.000)	(2.000)
白铅油	kg	6.45	0.040	0.040	0.040
机油	kg	19.66	0.045	0.048	0.050
六角螺栓带螺母、垫圈 M12×14～75	套	0.60	4.120	4.120	—
六角螺栓带螺母、垫圈 M16×65～80	套	1.54	—	—	4.120
破布	kg	6.32	0.010	0.012	0.014
清油	kg	9.70	0.005	0.007	0.009
润滑剂	kg	5.98	0.004	0.005	0.006
石棉橡胶板	kg	9.40	0.020	0.040	0.055
其他材料费占材料费	%	—	2.000	2.000	2.000
机械 管子切断机 60mm	台班	16.63	0.005	0.005	0.005
滚槽机	台班	23.32	0.008	0.010	0.013

工作内容：切管、滚槽、制垫、加垫、安装组对、紧螺栓、试压检查。　　　　　　　计量单位：副

定　额　编　号				A10-4-234	A10-4-235	A10-4-236
项　目　名　称				公称直径(mm以内)		
				40	50	65
基　　　价（元）				20.25	24.67	30.25
其中	人　工　费（元）			10.78	13.58	17.92
	材　料　费（元）			9.00	9.27	9.60
	机　械　费（元）			0.47	1.82	2.73
名　　称		单位	单价（元）	消　　耗　　量		
人工	综合工日	工日	140.00	0.077	0.097	0.128
材料	沟槽法兰	片	—	(2.000)	(2.000)	(2.000)
	卡箍连接件(含胶圈)	套	—	(2.000)	(2.000)	(2.000)
	白铅油	kg	6.45	0.060	0.060	0.080
	机油	kg	19.66	0.063	0.068	0.070
	六角螺栓带螺母、垫圈 M16×65～80	套	1.54	4.120	4.120	4.120
	破布	kg	6.32	0.016	0.018	0.020
	清油	kg	9.70	0.010	0.013	0.015
	润滑剂	kg	5.98	0.007	0.008	0.009
	石棉橡胶板	kg	9.40	0.065	0.078	0.090
	其他材料费占材料费	%	—	2.000	2.000	2.000
机械	吊装机械(综合)	台班	619.04	—	0.002	0.003
	管子切断机 150mm	台班	33.32	—	—	0.008
	管子切断机 60mm	台班	16.63	0.006	0.007	—
	滚槽机	台班	23.32	0.016	0.020	0.026

工作内容：切管、滚槽、制垫、加垫、安装组对、紧螺栓、试压检查。 计量单位：副

定 额 编 号				A10-4-237	A10-4-238	A10-4-239
项 目 名 称				公称直径(mm以内)		
				80	100	125
基 价 （元）				41.74	54.45	78.35
其中	人 工 费 （元）			22.40	26.60	31.64
	材 料 费 （元）			16.47	20.43	21.21
	机 械 费 （元）			2.87	7.42	25.50
名 称		单位	单价（元）	消 耗 量		
人工	综合工日	工日	140.00	0.160	0.190	0.226
材料	沟槽法兰	片	—	(2.000)	(2.000)	(2.000)
	卡箍连接件(含胶圈)	套	—	(2.000)	(2.000)	(2.000)
	白铅油	kg	6.45	0.070	0.110	0.130
	机油	kg	19.66	0.070	0.090	0.110
	六角螺栓带螺母、垫圈 M16×65～80	套	1.54	8.240	—	—
	六角螺栓带螺母、垫圈 M16×85～140	套	1.88	—	8.240	8.240
	破布	kg	6.32	0.025	0.030	0.033
	清油	kg	9.70	0.020	0.030	0.033
	润滑剂	kg	5.98	0.010	0.012	0.014
	石棉橡胶板	kg	9.40	0.130	0.160	0.180
	其他材料费占材料费	%	—	2.000	2.000	2.000
机械	吊装机械(综合)	台班	619.04	0.003	0.010	0.038
	管子切断机 150mm	台班	33.32	0.008	0.009	0.012
	滚槽机	台班	23.32	0.032	0.040	0.049
	载重汽车 5t	台班	430.70	—	—	0.001

工作内容：切管、滚槽、制垫、加垫、安装组对、紧螺栓、试压检查。 计量单位：副

定　额　编　号				A10-4-240	A10-4-241	A10-4-242
项　目　名　称				公称直径(mm以内)		
				150	200	250
基　　　　价（元）				98.01	127.68	164.39
其中	人　工　费（元）			37.38	46.76	57.54
	材　料　费（元）			34.20	48.94	52.91
	机　械　费（元）			26.43	31.98	53.94
名　　称		单位	单价（元）	消　　耗　　量		
人工	综合工日	工日	140.00	0.267	0.334	0.411
材料	沟槽法兰	片	—	(2.000)	(2.000)	(2.000)
	卡箍连接件(含胶圈)	套	—	(2.000)	(2.000)	(2.000)
	白铅油	kg	6.45	0.146	0.156	0.182
	机油	kg	19.66	0.130	0.150	0.160
	六角螺栓带螺母、垫圈 M20×85～100	套	3.33	8.240	12.360	—
	六角螺栓带螺母、垫圈 M22×90～120	套	3.59	—	—	12.360
	破布	kg	6.32	0.036	0.040	0.045
	清油	kg	9.70	0.036	0.040	0.045
	润滑剂	kg	5.98	0.016	0.020	0.026
	石棉橡胶板	kg	9.40	0.204	0.224	0.245
	其他材料费占材料费	%	—	2.000	2.000	2.000
机械	吊装机械(综合)	台班	619.04	0.039	0.047	0.081
	管子切断机 150mm	台班	33.32	0.015	—	—
	管子切断机 250mm	台班	42.58	—	0.016	0.017
	滚槽机	台班	23.32	0.058	0.076	0.095
	载重汽车 5t	台班	430.70	0.001	0.001	0.002

工作内容：切管、滚槽、制垫、加垫、安装组对、紧螺栓、试压检查。

计量单位：副

定　额　编　号				A10-4-243	A10-4-244	A10-4-245
项　目　名　称				公称直径(mm以内)		
				300	350	400
基　　价（元）				176.19	225.89	240.02
其中	人　工　费（元）			66.08	81.90	92.68
	材　料　费（元）			53.44	76.87	77.52
	机　械　费（元）			56.67	67.12	69.82
名　　　称		单位	单价（元）	消　　耗　　量		
人工	综合工日	工日	140.00	0.472	0.585	0.662
材料	沟槽法兰	片	—	(2.000)	(2.000)	(2.000)
	卡箍连接件(含胶圈)	套	—	(2.000)	(2.000)	(2.000)
	白铅油	kg	6.45	0.195	0.215	0.228
	机油	kg	19.66	0.170	0.180	0.200
	六角螺栓带螺母、垫圈 M22×90～120	套	3.59	12.360	—	—
	六角螺栓带螺母、垫圈 M27×120～140	套	5.40	—	12.360	12.360
	破布	kg	6.32	0.051	0.055	0.060
	清油	kg	9.70	0.050	0.050	0.050
	润滑剂	kg	5.98	0.028	0.030	0.032
	石棉橡胶板	kg	9.40	0.260	0.285	0.298
	其他材料费占材料费	%	—	2.000	2.000	2.000
机械	吊装机械(综合)	台班	619.04	0.084	0.098	0.101
	管子切断机 250mm	台班	42.58	0.017	—	—
	管子切断机 325mm	台班	81.31	—	0.020	0.022
	滚槽机	台班	23.32	0.114	0.133	0.144
	载重汽车 5t	台班	430.70	0.003	0.004	0.005

六、减压器

1.减压器组成安装（螺纹连接）

工作内容：切管、套丝、组对、安装、旁通管安装、水压试验。

计量单位：组

定 额 编 号			A10-4-246	A10-4-247	A10-4-248
项 目 名 称			公称直径（mm以内）		
			20	25	32
基 价 （元）			286.43	335.76	397.57
其中	人 工 费 （元）		142.24	168.84	200.48
	材 料 费 （元）		137.77	158.88	187.82
	机 械 费 （元）		6.42	8.04	9.27
名 称	单位	单价（元）	消 耗 量		
人工 综合工日	工日	140.00	1.016	1.206	1.432
材料 螺纹Y型过滤器	个	—	(1.000)	(1.000)	(1.000)
螺纹阀门	个	—	(3.030)	(3.030)	(3.030)
螺纹减压阀	个	—	(1.000)	(1.000)	(1.000)
螺纹挠性接头	个	—	(1.010)	(1.010)	(1.010)
弹簧压力表	个	23.08	2.030	2.030	2.030
低碳钢焊条	kg	6.84	0.228	0.248	0.306
焊接钢管 DN20	m	4.46	1.300	—	—
焊接钢管 DN25	m	6.62	—	1.488	—
焊接钢管 DN32	m	8.56	—	—	1.756
黑玛钢管箍 DN15	个	1.28	2.020	2.020	2.020
黑玛钢活接头 DN20	个	3.85	2.020	—	—
黑玛钢活接头 DN25	个	4.19	—	2.020	—
黑玛钢活接头 DN32	个	3.29	—	—	2.020
黑玛钢六角内接头 DN15	个	0.75	2.020	2.020	2.020
黑玛钢六角内接头 DN20	个	0.87	10.100	—	—
黑玛钢六角内接头 DN25	个	1.54	—	10.100	—
黑玛钢六角内接头 DN32	个	2.39	—	—	10.100
黑玛钢三通 DN20	个	2.56	4.040	—	—
黑玛钢三通 DN25	个	3.85	—	4.040	—
黑玛钢三通 DN32	个	5.73	—	—	4.040
黑玛钢弯头 DN20	个	1.97	2.020	—	—

续表

定 额 编 号			A10-4-246	A10-4-247	A10-4-248
项 目 名 称			公称直径(mm以内)		
			20	25	32
名 称	单位	单价(元)	消	耗	量
材 料	黑玛钢弯头 DN25	个	2.36	—	2.020	—
	黑玛钢弯头 DN32	个	5.13	—	—	2.020
	机油	kg	19.66	0.136	0.145	0.160
	锯条(各种规格)	根	0.62	0.290	0.316	0.390
	聚四氟乙烯生料带	m	0.13	23.704	28.680	34.472
	六角螺栓	kg	5.81	0.174	0.174	0.282
	螺纹截止阀 J11T-16 DN15	个	7.12	2.050	2.050	2.050
	尼龙砂轮片 φ400	片	8.55	0.025	0.057	0.072
	破布	kg	6.32	0.005	0.006	0.011
	热轧厚钢板 δ12～20	kg	3.20	0.120	0.135	0.170
	石棉橡胶板	kg	9.40	0.018	0.021	0.025
	输水软管 φ25	m	8.55	0.030	0.030	0.030
	水	m³	7.96	0.001	0.001	0.001
	无缝钢管 φ22×2	m	3.42	0.015	0.015	0.015
	压力表弯管 DN15	个	10.69	2.030	2.030	2.030
	氧气	m³	3.63	0.213	0.474	0.588
	乙炔气	kg	10.45	0.071	0.158	0.196
	其他材料费占材料费	%	—	2.000	2.000	2.000
机 械	电焊机(综合)	台班	118.28	0.041	0.045	0.050
	管子切断套丝机 159mm	台班	21.31	0.041	0.082	0.105
	砂轮切割机 400mm	台班	24.71	0.007	0.018	0.024
	试压泵 3MPa	台班	17.53	0.030	0.030	0.030

工作内容：切管、套丝、组对、安装、旁通管安装、水压试验。 计量单位：组

定 额 编 号			A10-4-249	A10-4-250	A10-4-251
项 目 名 称			公称直径(mm以内)		
			40	50	65
基 价（元）			472.11	572.06	776.05
其中	人 工 费（元）		237.16	284.62	377.30
	材 料 费（元）		224.27	273.63	381.70
	机 械 费（元）		10.68	13.81	17.05
名 称	单位	单价（元）	消 耗 量		
人工 综合工日	工日	140.00	1.694	2.033	2.695
材料 螺纹Y型过滤器	个	—	(1.000)	(1.000)	(1.000)
螺纹阀门	个	—	(3.030)	(3.030)	(3.030)
螺纹减压阀	个	—	(1.000)	(1.000)	(1.000)
螺纹挠性接头	个	—	(1.010)	(1.010)	(1.010)
弹簧压力表	个	23.08	2.030	2.060	2.060
低碳钢焊条	kg	6.84	0.352	0.395	0.445
焊接钢管 DN40	m	10.50	1.911	—	—
焊接钢管 DN50	m	13.35	—	1.995	—
焊接钢管 DN65	m	18.16	—	—	2.441
黑玛钢管箍 DN15	个	1.28	2.020	2.020	2.020
黑玛钢活接头 DN40	个	10.51	2.020	—	—
黑玛钢活接头 DN50	个	14.53	—	2.020	—
黑玛钢活接头 DN65	个	25.64	—	—	2.020
黑玛钢六角内接头 DN15	个	0.75	2.020	2.020	2.020
黑玛钢六角内接头 DN40	个	2.99	10.100	—	—
黑玛钢六角内接头 DN50	个	3.85	—	10.100	—
黑玛钢六角内接头 DN65	个	5.13	—	—	10.100
黑玛钢三通 DN40	个	7.18	4.040	—	—
黑玛钢三通 DN50	个	10.26	—	4.040	—
黑玛钢三通 DN65	个	18.80	—	—	4.040
黑玛钢弯头 DN40	个	5.98	2.020	—	—

续表

定 额 编 号			A10-4-249	A10-4-250	A10-4-251
项 目 名 称			公称直径(mm以内)		
			40	50	65
名 称	单位	单价(元)	消 耗 量		
黑玛钢弯头 DN50	个	7.69	—	2.020	—
黑玛钢弯头 DN65	个	13.68	—	—	2.020
机油	kg	19.66	0.202	0.222	0.286
锯条(各种规格)	根	0.62	0.446	0.557	—
聚四氟乙烯生料带	m	0.13	39.160	47.712	59.592
六角螺栓	kg	5.81	0.291	0.666	0.690
螺纹截止阀 J11T-16 DN15	个	7.12	2.050	2.080	2.080
尼龙砂轮片 φ400	片	8.55	0.084	0.118	0.190
破布	kg	6.32	0.012	0.016	0.025
热轧厚钢板 δ12~20	kg	3.20	0.190	0.523	0.650
石棉橡胶板	kg	9.40	0.029	0.036	0.079
输水软管 φ25	m	8.55	0.030	0.060	0.060
水	m³	7.96	0.001	0.002	0.002
无缝钢管 φ22×2	m	3.42	0.015	0.030	0.030
压力表弯管 DN15	个	10.69	2.030	2.060	2.060
氧气	m³	3.63	0.648	0.942	1.203
乙炔气	kg	10.45	0.216	0.314	0.401
其他材料费占材料费	%	—	2.000	2.000	2.000
电焊机(综合)	台班	118.28	0.057	0.065	0.078
管子切断套丝机 159mm	台班	21.31	0.130	0.203	0.262
砂轮切割机 400mm	台班	24.71	0.026	0.030	0.043
试压泵 3MPa	台班	17.53	0.030	0.060	0.067

362

工作内容：切管、套丝、组对、安装、旁通管安装、水压试验。 计量单位：组

定 额 编 号			A10-4-252	A10-4-253
项 目 名 称			公称直径(mm以内)	
			80	100
基 价（元）			982.69	1391.43
其中	人 工 费（元）		481.46	630.98
	材 料 费（元）		481.74	685.70
	机 械 费（元）		19.49	74.75
名 称	单位	单价（元）	消　耗　　量	
人工	综合工日	工日	140.00	3.439	4.507
材料	螺纹Y型过滤器	个	—	(1.000)	(1.000)
	螺纹阀门	个	—	(3.030)	(3.030)
	螺纹减压阀	个	—	(1.000)	(1.000)
	螺纹挠性接头	个	—	(1.010)	(1.010)
	弹簧压力表	个	23.08	2.060	2.069
	低碳钢焊条	kg	6.84	0.498	0.549
	焊接钢管 DN100	m	29.68	—	3.033
	焊接钢管 DN80	m	22.81	2.663	—
	黑玛钢管箍 DN15	个	1.28	2.020	2.020
	黑玛钢活接头 DN100	个	48.72	—	2.020
	黑玛钢活接头 DN80	个	35.04	2.020	—
	黑玛钢六角内接头 DN100	个	11.54	—	10.100
	黑玛钢六角内接头 DN15	个	0.75	2.020	2.020
	黑玛钢六角内接头 DN80	个	6.67	10.100	—
	黑玛钢三通 DN100	个	45.30	—	4.040
	黑玛钢三通 DN80	个	27.35	4.040	—
	黑玛钢弯头 DN100	个	21.11	—	2.020
	黑玛钢弯头 DN80	个	17.95	2.020	—
	机油	kg	19.66	0.303	0.367

续表

定　额　编　号			A10-4-252	A10-4-253
项　目　名　称			公称直径(mm以内)	
			80	100
名　　称	单位	单价(元)	消　耗　量	
聚四氟乙烯生料带	m	0.13	69.496	87.352
六角螺栓	kg	5.81	0.714	1.662
螺纹截止阀　J11T-16 DN15	个	7.12	2.080	2.089
尼龙砂轮片　φ400	片	8.55	0.225	0.295
破布	kg	6.32	0.033	0.044
热轧厚钢板　δ12~20	kg	3.20	0.755	1.072
石棉橡胶板	kg	9.40	0.083	0.093
输水软管　φ25	m	8.55	0.060	0.069
水	m³	7.96	0.002	0.002
无缝钢管　φ22×2	m	3.42	0.030	0.035
压力表弯管　DN15	个	10.69	2.060	2.069
氧气	m³	3.63	1.359	1.821
乙炔气	kg	10.45	0.453	0.607
其他材料费占材料费	%	—	2.000	2.000
电焊机(综合)	台班	118.28	0.085	0.094
吊装机械(综合)	台班	619.04	—	0.084
管子切断套丝机　159mm	台班	21.31	0.320	0.397
砂轮切割机　400mm	台班	24.71	0.050	0.064
试压泵　3MPa	台班	17.53	0.079	0.091

2.减压器组成安装(法兰连接)

工作内容:切管、套丝、组对、焊接、制垫、加垫、紧螺栓、安装、旁通管安装、水压试验。

计量单位:组

定 额 编 号				A10-4-254	A10-4-255	A10-4-256
项 目 名 称				公称直径(mm以内)		
				20	25	32
基 价 (元)				303.88	330.37	392.25
其中	人 工 费 (元)			150.92	161.70	179.76
	材 料 费 (元)			133.22	145.73	187.44
	机 械 费 (元)			19.74	22.94	25.05
名 称		单位	单价(元)	消 耗		量
人工	综合工日	工日	140.00	1.078	1.155	1.284
材料	法兰阀门	个	—	(3.000)	(3.000)	(3.000)
	法兰减压阀	个	—	(1.000)	(1.000)	(1.000)
	法兰挠性接头	个	—	(1.000)	(1.000)	(1.000)
	法兰式Y型过滤器	个	—	(1.000)	(1.000)	(1.000)
	碳钢平焊法兰	片	—	(4.000)	(4.000)	(4.000)
	白铅油	kg	6.45	0.060	0.070	0.073
	弹簧压力表	个	23.08	2.030	2.030	2.030
	低碳钢焊条	kg	6.84	0.428	0.468	0.496
	电	kW·h	0.68	0.254	0.315	0.335
	钢丝 φ4.0	kg	4.02	0.009	0.010	0.011
	焊接钢管 DN20	m	4.46	1.300	—	—
	焊接钢管 DN25	m	6.62	—	1.488	—
	焊接钢管 DN32	m	8.56	—	—	1.756
	黑玛钢管箍 DN15	个	1.28	2.020	2.020	2.020
	机油	kg	19.66	0.132	0.138	0.147
	锯条(各种规格)	根	0.62	0.293	0.320	0.350
	聚四氟乙烯生料带	m	0.13	3.344	3.344	3.344
	六角螺栓	kg	5.81	0.174	0.174	0.282
	六角螺栓带螺母、垫圈 M12×14~75	套	0.60	32.960	32.960	—
	六角螺栓带螺母、垫圈 M16×65~80	套	1.54	—	—	32.960
	螺纹截止阀 J11T-16 DN15	个	7.12	2.050	2.050	2.050
	尼龙砂轮片 φ100	片	2.05	0.193	0.237	0.278

续表

定 额 编 号			A10-4-254	A10-4-255	A10-4-256
项 目 名 称			公称直径(mm以内)		
			20	25	32
名 称	单位	单价(元)	消	耗	量
材料 尼龙砂轮片 φ400	片	8.55	0.034	0.051	0.062
破布	kg	6.32	0.072	0.089	0.105
清油	kg	9.70	0.015	0.018	0.020
热轧厚钢板 δ12~20	kg	3.20	0.120	0.135	0.170
砂纸	张	0.47	0.032	0.032	0.032
石棉橡胶板	kg	9.40	0.178	0.338	0.338
输水软管 φ25	m	8.55	0.030	0.030	0.030
水	m³	7.96	0.001	0.001	0.001
碳钢气焊条	kg	9.06	0.080	0.092	0.108
无缝钢管 φ22×2	m	3.42	0.015	0.015	0.015
压力表弯管 DN15	个	10.69	2.030	2.030	2.030
压制弯头 DN20	个	1.71	2.000	—	—
压制弯头 DN25	个	4.36	—	2.000	—
压制弯头 DN32	个	5.47	—	—	2.000
氧气	m³	3.63	0.525	0.576	0.702
乙炔气	kg	10.45	0.175	0.192	0.234
其他材料费占材料费	%	—	2.000	2.000	2.000
机械 电焊机(综合)	台班	118.28	0.155	0.180	0.196
电焊条恒温箱	台班	21.41	0.011	0.013	0.015
电焊条烘干箱 60×50×75cm³	台班	26.46	0.011	0.013	0.015
管子切断套丝机 159mm	台班	21.31	0.006	0.006	0.006
砂轮切割机 400mm	台班	24.71	0.009	0.015	0.020
试压泵 3MPa	台班	17.53	0.030	0.030	0.030

工作内容：切管、套丝、组对、焊接、制垫、加垫、紧螺栓、安装、旁通管安装、水压试验。

计量单位：组

定 额 编 号			A10-4-257	A10-4-258	A10-4-259
项 目 名 称			公称直径(mm以内)		
			40	50	65
基 价（元）			441.83	540.30	653.28
其中	人 工 费（元）		214.20	260.96	319.90
	材 料 费（元）		199.76	225.48	256.14
	机 械 费（元）		27.87	53.86	77.24
名 称	单位	单价(元)	消 耗 量		
人工 综合工日	工日	140.00	1.530	1.864	2.285
材料 法兰阀门	个	—	(3.000)	(3.000)	(3.000)
法兰减压阀	个	—	(1.000)	(1.000)	(1.000)
法兰挠性接头	个	—	(1.000)	(1.000)	(1.000)
法兰式Y型过滤器	个	—	(1.000)	(1.000)	(1.000)
碳钢平焊法兰	片	—	(4.000)	(4.000)	(4.000)
白铅油	kg	6.45	0.075	0.080	0.100
弹簧压力表	个	23.08	2.030	2.090	2.060
低碳钢焊条	kg	6.84	0.525	1.205	1.504
电	kW·h	0.68	0.397	0.399	0.555
钢丝 φ4.0	kg	4.02	0.012	0.013	0.016
焊接钢管 DN40	m	10.50	1.911	—	—
焊接钢管 DN50	m	13.35	—	1.995	—
焊接钢管 DN65	m	18.16	—	—	2.440
黑玛钢管箍 DN15	个	1.28	2.020	2.020	2.020
机油	kg	19.66	0.165	0.187	0.187
锯条(各种规格)	根	0.62	0.372	0.417	0.194
聚四氟乙烯生料带	m	0.13	3.344	3.344	3.344
六角螺栓	kg	5.81	0.291	1.041	0.690
六角螺栓带螺母、垫圈 M16×65~80	套	1.54	32.960	32.960	32.960
螺纹截止阀 J11T-16 DN15	个	7.12	2.050	2.110	2.080
尼龙砂轮片 φ100	片	2.05	0.344	0.412	0.705
尼龙砂轮片 φ400	片	8.55	0.075	0.091	0.115

续表

定 额 编 号			A10-4-257	A10-4-258	A10-4-259
项 目 名 称			公称直径(mm以内)		
			40	50	65
名 称	单位	单价(元)	消	耗	量
材 料	破布	kg	6.32	0.128	0.139	0.163
	清油	kg	9.70	0.022	0.050	0.030
	热轧厚钢板 δ12～20	kg	3.20	0.190	0.823	0.650
	砂纸	张	0.47	0.032	0.032	0.032
	石棉橡胶板	kg	9.40	0.498	0.614	0.799
	输水软管 φ25	m	8.55	0.030	0.090	0.060
	水	m³	7.96	0.001	0.001	0.002
	碳钢气焊条	kg	9.06	0.128	0.142	0.156
	无缝钢管 φ22×2	m	3.42	0.015	0.045	0.030
	压力表弯管 DN15	个	10.69	2.030	2.090	2.060
	压制弯头 DN40	个	6.84	2.000	—	—
	压制弯头 DN50	个	7.26	—	2.000	—
	压制弯头 DN65	个	13.08	—	—	2.000
	氧气	m³	3.63	0.909	1.101	1.113
	乙炔气	kg	10.45	0.303	0.367	0.371
	其他材料费占材料费	%	—	2.000	2.000	2.000
机 械	电焊机(综合)	台班	118.28	0.218	0.424	0.613
	电焊条恒温箱	台班	21.41	0.018	0.029	0.052
	电焊条烘干箱 60×50×75cm³	台班	26.46	0.018	0.029	0.052
	管子切断套丝机 159mm	台班	21.31	0.006	0.006	0.006
	砂轮切割机 400mm	台班	24.71	0.023	0.025	0.026
	试压泵 3MPa	台班	17.53	0.030	0.090	0.084

工作内容：切管、套丝、组对、焊接、制垫、加垫、紧螺栓、安装、旁通管安装、水压试验。

计量单位：组

定额编号			A10-4-260	A10-4-261
项目名称			公称直径(mm以内)	
			80	100
基价（元）			800.84	1022.07
其中	人工费（元）		370.16	463.54
	材料费（元）		342.22	427.67
	机械费（元）		88.46	130.86
名称	单位	单价(元)	消耗量	
人工	综合工日	工日	140.00	2.644	3.311
材料	法兰阀门	个	—	(3.000)	(3.000)
	法兰减压阀	个	—	(1.000)	(1.000)
	法兰挠性接头	个	—	(1.000)	(1.000)
	法兰式Y型过滤器	个	—	(1.000)	(1.000)
	碳钢平焊法兰	片	—	(4.000)	(4.000)
	白铅油	kg	6.45	0.140	0.200
	弹簧压力表	个	23.08	2.060	2.069
	低碳钢焊条	kg	6.84	1.675	2.414
	电	kW·h	0.68	0.618	0.720
	钢丝 φ4.0	kg	4.02	0.017	0.020
	焊接钢管 DN100	m	29.68	—	3.030
	焊接钢管 DN80	m	22.81	2.660	—
	黑玛钢管箍 DN15	个	1.28	2.020	2.020
	机油	kg	19.66	0.216	0.276
	锯条(各种规格)	根	0.62	0.194	0.194
	聚四氟乙烯生料带	m	0.13	3.344	3.344
	六角螺栓	kg	5.81	0.714	1.662
	六角螺栓带螺母、垫圈 M16×65～80	套	1.54	65.920	—
	六角螺栓带螺母、垫圈 M16×85～140	套	1.88	—	65.920
	螺纹截止阀 J11T-16 DN15	个	7.12	2.080	2.089
	尼龙砂轮片 φ100	片	2.05	0.771	0.942
	尼龙砂轮片 φ400	片	8.55	0.134	0.171

续表

定 额 编 号			A10-4-260	A10-4-261
项 目 名 称			公称直径(mm以内)	
			80	100
名 称	单位	单价(元)	消 耗 量	
破布	kg	6.32	0.212	0.262
清油	kg	9.70	0.036	0.040
热轧厚钢板 δ12～20	kg	3.20	0.755	1.072
砂纸	张	0.47	0.058	0.064
石棉橡胶板	kg	9.40	1.119	1.453
输水软管 φ25	m	8.55	0.060	0.069
材料 水	m³	7.96	0.002	0.002
碳钢气焊条	kg	9.06	0.178	0.193
无缝钢管 φ22×2	m	3.42	0.030	0.035
压力表弯管 DN15	个	10.69	2.060	2.069
压制弯头 DN100	个	22.22	—	2.000
压制弯头 DN80	个	17.09	2.000	—
氧气	m³	3.63	1.512	2.055
乙炔气	kg	10.45	0.504	0.685
其他材料费占材料费	%	—	2.000	2.000
电焊机(综合)	台班	118.28	0.703	0.949
电焊条恒温箱	台班	21.41	0.062	0.085
机 电焊条烘干箱 60×50×75cm³	台班	26.46	0.062	0.085
吊装机械(综合)	台班	619.04	—	0.019
械 管子切断套丝机 159mm	台班	21.31	0.006	0.006
砂轮切割机 400mm	台班	24.71	0.030	0.038
试压泵 3MPa	台班	17.53	0.084	0.098

七、疏水器

1.疏水器组成安装(螺纹连接)

工作内容:切管、套丝、组对、安装、旁通管安装、水压试验。　　　　　　　　计量单位:组

定　额　编　号			A10-4-262	A10-4-263	A10-4-264
项　目　名　称			公称直径(mm以内)		
			20	25	32
基　　　价（元）			157.18	194.04	240.21
其中	人　工　费（元）		102.06	117.88	136.64
	材　料　费（元）		48.72	68.87	94.60
	机　械　费（元）		6.40	7.29	8.97
名　　　称	单位	单价(元)	消　耗　　量		
人工 综合工日	工日	140.00	0.729	0.842	0.976
材料 螺纹Y型过滤器	个	—	(1.000)	(1.000)	(1.000)
螺纹截止阀	个	—	(5.050)	(5.050)	(5.050)
螺纹疏水器	个	—	(1.000)	(1.000)	(1.000)
弹簧压力表	个	23.08	0.030	0.030	0.030
低碳钢焊条	kg	6.84	0.228	0.248	0.306
焊接钢管 DN15	m	3.44	2.350	0.540	0.290
焊接钢管 DN20	m	4.46	—	2.050	0.290
焊接钢管 DN25	m	6.62	—	—	2.300
黑玛钢活接头 DN15	个	1.54	1.010	—	—
黑玛钢活接头 DN20	个	3.85	1.010	1.010	—
黑玛钢活接头 DN25	个	4.19	—	1.010	1.010
黑玛钢活接头 DN32	个	3.29	—	—	1.010
黑玛钢六角内接头 DN15	个	0.75	3.030	2.020	1.010
黑玛钢六角内接头 DN20	个	0.87	8.080	1.010	1.010
黑玛钢六角内接头 DN25	个	1.54	—	8.080	1.010
黑玛钢六角内接头 DN32	个	2.39	—	—	8.080
黑玛钢三通 DN20	个	2.56	4.040	—	—
黑玛钢三通 DN25	个	3.85	—	4.040	—
黑玛钢三通 DN32	个	5.73	—	—	4.040
黑玛钢弯头 DN15	个	1.28	2.020	—	—
黑玛钢弯头 DN20	个	1.97	—	2.020	—

续表

定　额　编　号			A10-4-262	A10-4-263	A10-4-264
项　目　名　称			公称直径(mm以内)		
			20	25	32
名　　　称	单位	单价(元)	消　　　耗　　　量		
黑玛钢弯头 DN25	个	2.36	—	—	2.020
机油	kg	19.66	0.123	0.132	0.144
锯条(各种规格)	根	0.62	0.693	0.645	0.612
聚四氟乙烯生料带	m	0.13	19.052	23.144	28.500
六角螺栓	kg	5.81	0.171	0.174	0.249
螺纹阀门 DN15	个	15.00	0.030	0.030	0.030
尼龙砂轮片 φ400	片	8.55	0.030	0.039	0.069
破布	kg	6.32	0.006	0.010	0.011
热轧厚钢板 δ12~20	kg	3.20	0.116	0.130	0.163
石棉橡胶板	kg	9.40	0.018	0.018	0.018
输水软管 φ25	m	8.55	0.030	0.030	0.030
水	m³	7.96	0.001	0.001	0.001
无缝钢管 φ22×2	m	3.42	0.015	0.015	0.015
压力表弯管 DN15	个	10.69	0.030	0.030	0.030
氧气	m³	3.63	0.213	0.360	0.516
乙炔气	kg	10.45	0.071	0.120	0.172
其他材料费占材料费	%	—	2.000	2.000	2.000
电焊机(综合)	台班	118.28	0.041	0.045	0.050
管子切断套丝机 159mm	台班	21.31	0.039	0.055	0.093
砂轮切割机 400mm	台班	24.71	0.008	0.011	0.022
试压泵 3MPa	台班	17.53	0.030	0.030	0.030

材料 (row labels: 材 料 on left spanning material rows; 机 械 spanning machine rows)

工作内容：切管、套丝、组对、安装、旁通管安装、水压试验。
计量单位：组

定　额　编　号				A10-4-265	A10-4-266
项　目　名　称				公称直径(mm以内)	
				40	50
基　　　　价（元）				305.55	392.34
其中	人　工　费（元）			163.10	199.08
	材　料　费（元）			131.80	180.49
	机　械　费（元）			10.65	12.77
名　　称		单位	单价(元)	消　　耗　　量	
人工	综合工日	工日	140.00	1.165	1.422
材料	螺纹Y型过滤器	个	—	(1.000)	(1.000)
	螺纹截止阀	个	—	(5.050)	(5.050)
	螺纹疏水器	个	—	(1.000)	(1.000)
	弹簧压力表	个	23.08	0.030	0.050
	低碳钢焊条	kg	6.84	0.352	0.395
	焊接钢管 DN15	m	3.44	0.320	0.350
	焊接钢管 DN32	m	8.56	2.870	0.350
	焊接钢管 DN40	m	10.50	—	2.800
	黑玛钢活接头 DN32	个	3.29	1.010	—
	黑玛钢活接头 DN40	个	10.51	1.010	1.010
	黑玛钢活接头 DN50	个	14.53	—	1.010
	黑玛钢六角内接头 DN15	个	0.75	1.010	1.010
	黑玛钢六角内接头 DN32	个	2.39	2.020	1.010
	黑玛钢六角内接头 DN40	个	2.99	8.080	1.010
	黑玛钢六角内接头 DN50	个	3.85	—	8.080
	黑玛钢三通 DN40	个	7.18	4.040	—
	黑玛钢三通 DN50	个	10.26	—	4.040
	黑玛钢弯头 DN32	个	5.13	2.020	—
	黑玛钢弯头 DN40	个	5.98	—	2.020

续表

定 额 编 号				A10-4-265	A10-4-266
项 目 名 称				公称直径(mm以内)	
				40	50
名 称		单位	单价(元)	消 耗 量	
材 料	机油	kg	19.66	0.176	0.202
	锯条(各种规格)	根	0.62	0.576	0.543
	聚四氟乙烯生料带	m	0.13	34.132	40.560
	六角螺栓	kg	5.81	0.327	0.580
	螺纹阀门 DN15	个	15.00	0.030	0.050
	尼龙砂轮片 φ400	片	8.55	0.093	0.109
	破布	kg	6.32	0.018	0.020
	热轧厚钢板 δ12~20	kg	3.20	0.205	0.433
	石棉橡胶板	kg	9.40	0.018	0.030
	输水软管 φ25	m	8.55	0.030	0.050
	水	m³	7.96	0.001	0.001
	无缝钢管 φ22×2	m	3.42	0.015	0.025
	压力表弯管 DN15	个	10.69	0.030	0.050
	氧气	m³	3.63	0.621	0.828
	乙炔气	kg	10.45	0.207	0.276
	其他材料费占材料费	%	—	2.000	2.000
机 械	电焊机(综合)	台班	118.28	0.057	0.065
	管子切断套丝机 159mm	台班	21.31	0.124	0.159
	砂轮切割机 400mm	台班	24.71	0.030	0.033
	试压泵 3MPa	台班	17.53	0.030	0.050

2.疏水器组成安装(法兰连接)

工作内容:切管、组对、焊接、制垫、加垫、安装、紧螺栓、旁通管安装、水压试验。　　计量单位:组

定　额　编　号				A10-4-267	A10-4-268	A10-4-269
项　目　名　称				公称直径(mm以内)		
				20	25	32
基　　　价（元）				253.63	277.62	333.90
其中	人　工　费（元）			150.22	158.06	174.72
	材　料　费（元）			65.77	77.65	113.95
	机　械　费（元）			37.64	41.91	45.23
名　　称		单位	单价(元)	消　　耗　　量		
人工	综合工日	工日	140.00	1.073	1.129	1.248
材料	法兰截止阀	个	—	(5.000)	(5.000)	(5.000)
	法兰式Y型过滤器	个	—	(1.000)	(1.000)	(1.000)
	法兰疏水器	个	—	(1.000)	(1.000)	(1.000)
	碳钢平焊法兰	片	—	(10.000)	(10.000)	(10.000)
	白铅油	kg	6.45	0.120	0.150	0.170
	弹簧压力表	个	23.08	0.030	0.030	0.030
	低碳钢焊条	kg	6.84	0.664	0.721	0.766
	电	kW·h	0.68	0.496	0.601	0.629
	钢丝 φ4.0	kg	4.02	0.019	0.019	0.021
	焊接钢管 DN15	m	3.44	2.450	—	—
	焊接钢管 DN20	m	4.46	—	2.580	0.660
	焊接钢管 DN25	m	6.62	—	—	2.220
	机油	kg	19.66	0.235	0.265	0.293
	锯条(各种规格)	根	0.62	0.708	0.612	0.502
	六角螺栓	kg	5.81	0.180	0.180	0.252
	六角螺栓带螺母、垫圈 M12×14~75	套	0.60	49.440	49.440	24.720
	六角螺栓带螺母、垫圈 M16×65~80	套	1.54	—	—	24.720
	螺纹阀门 DN15	个	15.00	0.030	0.030	0.030
	尼龙砂轮片 φ100	片	2.05	0.413	0.485	0.562
	尼龙砂轮片 φ400	片	8.55	0.041	0.058	0.075

续表

定 额 编 号			A10-4-267	A10-4-268	A10-4-269
项 目 名 称			公称直径(mm以内)		
			20	25	32
名 称	单位	单价(元)	消	耗	量
材料 破布	kg	6.32	0.135	0.139	0.174
清油	kg	9.70	0.035	0.038	0.042
热轧厚钢板 δ12～20	kg	3.20	0.129	0.139	0.168
砂纸	张	0.47	0.041	0.043	0.045
石棉橡胶板	kg	9.40	0.258	0.378	0.418
输水软管 φ25	m	8.55	0.030	0.030	0.030
水	m³	7.96	0.001	0.001	0.001
碳钢气焊条	kg	9.06	0.060	0.072	0.088
无缝钢管 φ22×2	m	3.42	0.015	0.015	0.015
压力表弯管 DN15	个	10.69	0.030	0.030	0.030
压制弯头 DN20	个	1.71	2.000	—	—
压制弯头 DN25	个	4.36	—	2.000	—
压制弯头 DN32	个	5.47	—	—	2.000
氧气	m³	3.63	0.501	0.567	0.771
乙炔气	kg	10.45	0.167	0.189	0.257
其他材料费占材料费	%	—	2.000	2.000	2.000
机械 电焊机(综合)	台班	118.28	0.301	0.335	0.360
电焊条恒温箱	台班	21.41	0.026	0.028	0.032
电焊条烘干箱 60×50×75cm³	台班	26.46	0.026	0.028	0.032
砂轮切割机 400mm	台班	24.71	0.011	0.017	0.024
试压泵 3MPa	台班	17.53	0.030	0.030	0.030

工作内容：切管、组对、焊接、制垫、加垫、安装、紧螺栓、旁通管安装、水压试验。　　　　计量单位：组

定　额　编　号			A10-4-270	A10-4-271	A10-4-272
项　目　名　称			公称直径(mm以内)		
			40	50	65
基　　　价（元）			387.54	477.72	577.04
其中	人　工　费（元）		199.08	233.66	276.78
	材　料　费（元）		137.42	167.95	198.08
	机　械　费（元）		51.04	76.11	102.18
名　　　称		单位	单价（元）	消　　耗	量
人工	综合工日	工日	140.00	1.422	1.669	1.977
材料	法兰截止阀	个	—	(5.000)	(5.000)	(5.000)
	法兰式Y型过滤器	个	—	(1.000)	(1.000)	(1.000)
	法兰疏水器	个	—	(1.000)	(1.000)	(1.000)
	碳钢平焊法兰	片	—	(10.000)	(10.000)	(10.000)
	白铅油	kg	6.45	0.200	0.220	0.250
	弹簧压力表	个	23.08	0.030	0.070	0.060
	低碳钢焊条	kg	6.84	0.825	1.380	1.821
	电	kW·h	0.68	0.740	0.852	0.749
	钢丝 φ4.0	kg	4.02	0.024	0.025	0.030
	焊接钢管 DN20	m	4.46	0.350	0.380	0.440
	焊接钢管 DN25	m	6.62	0.350	—	0.440
	焊接钢管 DN32	m	8.56	2.310	0.380	—
	焊接钢管 DN40	m	10.50	—	2.584	—
	焊接钢管 DN50	m	13.35	—	—	2.916
	机油	kg	19.66	0.333	0.353	0.353
	锯条(各种规格)	根	0.62	0.444	0.429	0.308
	六角螺栓	kg	5.81	0.294	0.833	0.724
	六角螺栓带螺母、垫圈 M12×14～75	套	0.60	16.480	8.240	8.240
	六角螺栓带螺母、垫圈 M16×65～80	套	1.54	32.960	41.200	41.200
	螺纹阀门 DN15	个	15.00	0.030	0.070	0.060
	尼龙砂轮片 φ100	片	2.05	0.684	0.749	0.811

续表

定　额　编　号			A10-4-270	A10-4-271	A10-4-272
项　目　名　称			公称直径(mm以内)		
			40	50	65
名　称	单位	单价(元)	消	耗	量
材 料	尼龙砂轮片 φ400	片	8.55	0.098	0.119	0.130
	破布	kg	6.32	0.209	0.229	0.252
	清油	kg	9.70	0.045	0.050	0.056
	热轧厚钢板 δ12～20	kg	3.20	0.198	0.638	0.633
	砂纸	张	0.47	0.048	0.051	0.055
	石棉橡胶板	kg	9.40	0.578	0.702	0.865
	输水软管 φ25	m	8.55	0.030	0.070	0.060
	水	m³	7.96	0.001	0.001	0.001
	碳钢气焊条	kg	9.06	0.128	—	—
	无缝钢管 φ22×2	m	3.42	0.015	0.035	0.030
	压力表弯管 DN15	个	10.69	0.030	0.060	0.060
	压制弯头 DN40	个	6.84	2.000	—	—
	压制弯头 DN50	个	7.26	—	2.000	—
	压制弯头 DN65	个	13.08	—	—	2.000
	氧气	m³	3.63	1.077	1.251	1.569
	乙炔气	kg	10.45	0.359	0.417	0.523
	其他材料费占材料费	%	—	2.000	2.000	2.000
机 械	电焊机(综合)	台班	118.28	0.406	0.606	0.817
	电焊条恒温箱	台班	21.41	0.036	0.050	0.073
	电焊条烘干箱 60×50×75cm³	台班	26.46	0.036	0.050	0.073
	砂轮切割机 400mm	台班	24.71	0.031	0.033	0.029
	试压泵 3MPa	台班	17.53	0.030	0.070	0.076

工作内容：切管、组对、焊接、制垫、加垫、安装、紧螺栓、旁通管安装、水压试验。　　计量单位：组

定　额　编　号			A10-4-273	A10-4-274
项　目　名　称			公称直径(mm以内)	
			80	100
基　　　价（元）			732.55	920.35
其中	人　工　费（元）		329.14	396.06
	材　料　费（元）		278.49	368.34
	机　械　费（元）		124.92	155.95
名　　称	单位	单价（元）	消　耗　量	
人工	综合工日	工日	140.00	2.351	2.829
材料	法兰截止阀	个	—	(5.000)	(5.000)
	法兰式Y型过滤器	个	—	(1.000)	(1.000)
	法兰疏水器	个	—	(1.000)	(1.000)
	碳钢平焊法兰	片	—	(10.000)	(10.000)
	白铅油	kg	6.45	0.300	0.330
	弹簧压力表	个	23.08	0.060	0.066
	低碳钢焊条	kg	6.84	2.230	2.910
	电	kW·h	0.68	0.771	0.942
	钢丝 φ4.0	kg	4.02	0.031	0.033
	焊接钢管 DN20	m	4.46	0.460	0.500
	焊接钢管 DN40	m	10.50	0.460	0.500
	焊接钢管 DN65	m	18.16	3.178	—
	焊接钢管 DN80	m	22.81	—	3.716
	机油	kg	19.66	0.395	0.455
	锯条（各种规格）	根	0.62	0.213	0.213
	六角螺栓	kg	5.81	0.751	1.391
	六角螺栓带螺母、垫圈 M12×14～75	套	0.60	8.240	8.240
	六角螺栓带螺母、垫圈 M16×65～80	套	1.54	65.920	24.720
	六角螺栓带螺母、垫圈 M16×85～140	套	1.88	—	49.440
	螺纹阀门 DN15	个	15.00	0.060	0.066

续表

定　额　编　号			A10-4-273	A10-4-274
项　目　名　称			公称直径(mm以内)	
			80	100
名　　称	单位	单价(元)	消　耗　　量	
尼龙砂轮片 φ100	片	2.05	1.008	1.200
尼龙砂轮片 φ400	片	8.55	0.165	0.199
破布	kg	6.32	0.316	0.361
清油	kg	9.70	0.070	0.080
热轧厚钢板 δ12~20	kg	3.20	0.753	0.999
砂纸	张	0.47	0.065	0.072
石棉橡胶板	kg	9.40	1.199	1.528
输水软管 φ25	m	8.55	0.060	0.066
水	m³	7.96	0.002	0.002
无缝钢管 φ22×2	m	3.42	0.030	0.033
压力表弯管 DN15	个	10.69	0.060	0.066
压制弯头 DN100	个	22.22	—	2.000
压制弯头 DN80	个	17.09	2.000	—
氧气	m³	3.63	2.007	2.781
乙炔气	kg	10.45	0.669	0.927
其他材料费占材料费	%	—	2.000	2.000
电焊机(综合)	台班	118.28	1.000	1.250
电焊条恒温箱	台班	21.41	0.091	0.115
电焊条烘干箱 60×50×75cm³	台班	26.46	0.091	0.115
砂轮切割机 400mm	台班	24.71	0.033	0.039
试压泵 3MPa	台班	17.53	0.084	0.093

材

料

机

械

八、除污器

工作内容：切管、组对、焊接、制垫、加垫、安装、紧螺栓、旁通管安装、水压试验。　　计量单位：组

定　额　编　号			A10-4-275	A10-4-276	A10-4-277
项　目　名　称			除污器组成安装(法兰连接)		
			公称直径(mm以内)		
			50	65	80
基　　　价（元）			636.79	730.23	869.39
其中	人　工　费（元）		260.96	304.08	354.34
	材　料　费（元）		281.70	307.80	382.37
	机　械　费（元）		94.13	118.35	132.68
名　　称	单位	单价(元)	消	耗	量
人工 综合工日	工日	140.00	1.864	2.172	2.531
材料 除污器	个	—	(1.000)	(1.000)	(1.000)
法兰阀门	个	—	(3.000)	(3.000)	(3.000)
碳钢平焊法兰	片	—	(4.000)	(4.000)	(4.000)
白铅油	kg	6.45	0.200	0.250	0.350
弹簧压力表	个	23.08	2.060	2.060	2.060
低碳钢焊条	kg	6.84	1.235	1.820	2.044
电	kW·h	0.68	0.521	0.635	0.695
钢丝 φ4.0	kg	4.02	0.020	0.020	0.020
黑玛钢管箍 DN15	个	1.28	2.020	2.020	2.020
机油	kg	19.66	0.250	0.261	0.272
锯条(各种规格)	根	0.62	0.183	0.194	0.194
聚四氟乙烯生料带	m	0.13	4.572	4.572	4.572
六角螺栓	kg	5.81	0.666	0.690	0.714
六角螺栓带螺母、垫圈 M16×65～80	套	1.54	24.720	24.720	49.440
螺纹截止阀 J11T-16 DN15	个	7.12	3.090	3.090	3.090
螺纹闸阀 DN20	个	11.18	1.010	1.010	1.010
尼龙砂轮片 φ100	片	2.05	0.549	0.661	0.754
尼龙砂轮片 φ400	片	8.55	0.154	0.194	0.229
破布	kg	6.32	0.213	0.229	0.265
清油	kg	9.70	0.050	0.050	0.100
热轧厚钢板 δ12～20	kg	3.20	0.523	0.650	0.755
砂纸	张	0.47	0.024	0.032	0.040

续表

定 额 编 号			A10-4-275	A10-4-276	A10-4-277
项 目 名 称			除污器组成安装(法兰连接)		
			公称直径(mm以内)		
			50	65	80
名 称	单位	单价(元)	消 耗 量		
材料 石棉橡胶板	kg	9.40	0.596	0.799	1.119
输水软管 φ25	m	8.55	0.060	0.060	0.060
水	m³	7.96	0.001	0.002	0.002
碳钢气焊条	kg	9.06	0.020	0.020	0.020
无缝钢管 φ22×2	m	3.42	0.030	0.030	0.030
无缝钢管 φ57×3.5	m	27.90	2.860	—	—
无缝钢管 φ76×4	m	28.40	—	2.960	—
无缝钢管 φ89×4	m	33.03	—	—	3.060
压力表弯管 DN15	个	10.69	2.060	2.060	2.060
压制弯头 DN50	个	7.26	2.000	—	—
压制弯头 DN65	个	13.08	—	2.000	—
压制弯头 DN80	个	17.09	—	—	2.000
氧气	m³	3.63	0.888	1.158	1.563
乙炔气	kg	10.45	0.296	0.386	0.521
其他材料费占材料费	%	—	2.000	2.000	2.000
机械 电焊机(综合)	台班	118.28	0.531	0.720	0.828
电焊条恒温箱	台班	21.41	0.044	0.063	0.074
电焊条烘干箱 60×50×75cm³	台班	26.46	0.044	0.063	0.074
吊装机械(综合)	台班	619.04	0.043	0.043	0.043
管子切断套丝机 159mm	台班	21.31	0.006	0.006	0.006
砂轮切割机 400mm	台班	24.71	0.040	0.044	0.051
试压泵 3MPa	台班	17.53	0.060	0.084	0.084
载重汽车 5t	台班	430.70	0.001	0.002	0.004

工作内容：切管、组对、焊接、制垫、加垫、安装、紧螺栓、旁通管安装、水压试验。　　　　计量单位：组

定　额　编　号			A10-4-278	A10-4-279	A10-4-280
项　目　名　称			除污器组成安装(法兰连接)		
			公称直径(mm以内)		
			100	125	150
基　　　　价（元）			1175.44	1409.24	1782.72
其中	人　工　费（元）		414.68	470.68	553.42
	材　料　费（元）		580.48	627.45	858.35
	机　械　费（元）		180.28	311.11	370.95
名　称		单位	单价（元）	消　耗	量
人工	综合工日	工日	140.00	2.962	3.362	3.953
材料	除污器	个	—	(1.000)	(1.000)	(1.000)
	法兰阀门	个	—	(3.000)	(3.000)	(3.000)
	碳钢平焊法兰	片	—	(4.000)	(4.000)	(4.000)
	白铅油	kg	6.45	0.500	0.600	0.700
	弹簧压力表	个	23.08	2.069	2.069	2.069
	低碳钢焊条	kg	6.84	2.883	3.409	4.632
	电	kW·h	0.68	0.736	0.853	1.242
	钢丝 φ4.0	kg	4.02	0.020	0.023	0.023
	黑玛钢管箍 DN15	个	1.28	2.020	2.020	2.020
	机油	kg	19.66	0.345	0.362	0.381
	锯条（各种规格）	根	0.62	0.194	0.194	0.194
	聚四氟乙烯生料带	m	0.13	4.572	4.572	4.668
	六角螺栓	kg	5.81	1.662	1.748	2.916
	六角螺栓带螺母、垫圈 M16×85～140	套	1.88	49.440	49.440	—
	六角螺栓带螺母、垫圈 M20×85～100	套	3.33	—	—	49.440
	螺纹截止阀 J11T-16 DN15	个	7.12	3.099	3.099	3.099
	螺纹闸阀 DN20	个	11.18	1.010	1.010	—
	螺纹闸阀 DN25	个	15.34	—	—	1.010
	尼龙砂轮片 φ100	片	2.05	0.808	1.077	2.044
	尼龙砂轮片 φ400	片	8.55	0.295	0.343	0.008
	破布	kg	6.32	0.331	0.368	0.435
	清油	kg	9.70	0.100	0.100	0.150
	热轧厚钢板 δ12～20	kg	3.20	1.072	1.376	1.787

续表

定 额 编 号			A10-4-278	A10-4-279	A10-4-280
项 目 名 称			除污器组成安装(法兰连接)		
			公称直径(mm以内)		
			100	125	150
名 称	单位	单价(元)	消	耗	量
砂纸	张	0.47	0.046	0.048	0.096
石棉橡胶板	kg	9.40	1.453	1.984	2.384
输水软管 φ25	m	8.55	0.069	0.069	0.069
水	m³	7.96	0.002	0.008	0.008
碳钢气焊条	kg	9.06	0.020	0.020	0.020
无缝钢管 φ108×4.5	m	77.50	3.160	—	—
无缝钢管 φ133×4	m	69.00	—	3.360	—
无缝钢管 φ159×4.5	m	92.03	—	—	3.570
无缝钢管 φ22×2	m	3.42	0.035	0.035	0.035
压力表弯管 DN15	个	10.69	2.069	2.069	2.069
压制弯头 DN100	个	22.22	2.000	—	—
压制弯头 DN125	个	43.59	—	2.000	—
压制弯头 DN150	个	55.56	—	—	2.000
氧气	m³	3.63	2.118	2.679	3.840
乙炔气	kg	10.45	0.706	0.893	1.280
其他材料费占材料费	%	—	2.000	2.000	2.000
电焊机(综合)	台班	118.28	1.108	1.282	1.606
电焊条恒温箱	台班	21.41	0.101	0.118	0.150
电焊条烘干箱 60×50×75cm³	台班	26.46	0.101	0.118	0.150
吊装机械(综合)	台班	619.04	0.062	0.225	0.257
管子切断套丝机 159mm	台班	21.31	0.006	0.006	0.006
砂轮切割机 400mm	台班	24.71	0.064	0.082	0.002
试压泵 3MPa	台班	17.53	0.098	0.240	0.240
载重汽车 5t	台班	430.70	0.006	0.019	0.024

工作内容：切管、组对、焊接、制垫、加垫、安装、紧螺栓、旁通管安装、水压试验。　　　　计量单位：组

定　额　编　号				A10-4-281	A10-4-282	A10-4-283
项　目　名　称				除污器组成安装(法兰连接)		
				公称直径(mm以内)		
				200	250	300
基　　　价（元）				2736.35	3789.37	4922.32
其中	人　工　费（元）			699.30	909.86	1067.36
	材　料　费（元）			1434.56	1997.09	2824.47
	机　械　费（元）			602.49	882.42	1030.49
名　　　称		单位	单价(元)	消　　耗　　量		
人工	综合工日	工日	140.00	4.995	6.499	7.624
材料	除污器	个	—	(1.000)	(1.000)	(1.000)
	法兰阀门	个	—	(3.000)	(3.000)	(3.000)
	碳钢平焊法兰	片	—	(4.000)	(4.000)	(8.000)
	白铅油	kg	6.45	0.850	1.000	1.250
	弹簧压力表	个	23.08	2.069	2.069	2.069
	低碳钢焊条	kg	6.84	7.686	14.723	18.137
	电	kW·h	0.68	2.034	2.837	3.413
	钢丝 φ4.0	kg	4.02	0.029	0.029	0.033
	黑玛钢管箍 DN15	个	1.28	2.020	2.020	2.020
	机油	kg	19.66	0.562	0.577	0.577
	锯条(各种规格)	根	0.62	0.194	0.194	0.194
	聚四氟乙烯生料带	m	0.13	4.668	4.668	4.668
	六角螺栓	kg	5.81	2.916	4.512	4.712
	六角螺栓带螺母、垫圈 M20×85～100	套	3.33	74.160	—	—
	六角螺栓带螺母、垫圈 M22×90～120	套	3.59	—	74.160	74.160
	螺纹截止阀 J11T-16 DN15	个	7.12	3.099	3.099	3.099
	螺纹闸阀 DN25	个	15.34	1.010	1.010	1.010
	尼龙砂轮片 φ100	片	2.05	2.900	4.388	5.309
	尼龙砂轮片 φ400	片	8.55	0.008	0.008	0.008
	破布	kg	6.32	0.574	0.664	0.767
	清油	kg	9.70	0.180	0.200	0.250
	热轧厚钢板 δ12～20	kg	3.20	2.536	3.691	4.748
	砂纸	张	0.47	0.144	0.144	0.144

定 额 编 号			A10-4-281	A10-4-282	A10-4-283
项 目 名 称			除污器组成安装(法兰连接)		
			公称直径(mm以内)		
			200	250	300
名 称	单位	单价(元)	消 耗 量		
石棉橡胶板	kg	9.40	2.784	3.104	3.344
输水软管 φ25	m	8.55	0.069	0.069	0.069
水	m³	7.96	0.008	0.008	0.008
碳钢气焊条	kg	9.06	0.020	0.020	0.020
无缝钢管 φ219×6	m	173.50	3.820	—	—
无缝钢管 φ22×2	m	3.42	0.035	0.035	0.035
无缝钢管 φ273×7	m	237.01	—	4.190	—
无缝钢管 φ325×8	m	328.37	—	—	4.590
型钢	kg	3.70	0.486	0.486	0.640
压力表弯管 DN15	个	10.69	2.069	2.069	2.069
压制弯头 DN200	个	106.81	2.000	—	—
压制弯头 DN250	个	165.81	—	2.000	—
压制弯头 DN300	个	291.45	—	—	2.000
氧气	m³	3.63	5.103	7.098	8.499
乙炔气	kg	10.45	1.702	2.366	2.833
其他材料费占材料费	%	—	2.000	2.000	2.000
电焊机(综合)	台班	118.28	2.707	3.741	4.619
电焊条恒温箱	台班	21.41	0.260	0.364	0.451
电焊条烘干箱 60×50×75cm³	台班	26.46	0.260	0.364	0.451
吊装机械(综合)	台班	619.04	0.305	0.617	0.665
管子切断套丝机 159mm	台班	21.31	0.006	0.006	0.006
砂轮切割机 400mm	台班	24.71	0.002	0.002	0.002
试压泵 3MPa	台班	17.53	0.240	0.240	0.240
载重汽车 5t	台班	430.70	0.178	0.084	0.108

工作内容：切管、组对、焊接、制垫、加垫、安装、紧螺栓、旁通管安装、水压试验。　　计量单位：组

定　额　编　号				A10-4-284	A10-4-285	A10-4-286
项　目　名　称				除污器组成安装(法兰连接)		
				公称直径(mm以内)		
				350	400	450
基　　　价（元）				6442.64	8022.66	9495.16
其中	人　工　费（元）			1190.84	1481.90	1788.78
	材　料　费（元）			4118.34	5083.25	6013.79
	机　械　费（元）			1133.46	1457.51	1692.59
名　　　称		单位	单价（元）	消　　耗　　量		
人工	综合工日	工日	140.00	8.506	10.585	12.777
材料	除污器	个	—	(1.000)	(1.000)	(1.000)
	法兰阀门	个	—	(3.000)	(3.000)	(3.000)
	碳钢平焊法兰	片	—	(4.000)	(4.000)	(4.000)
	白铅油	kg	6.45	1.350	1.450	1.500
	弹簧压力表	个	23.08	2.069	2.069	2.069
	低碳钢焊条	kg	6.84	24.289	29.677	32.899
	电	kW·h	0.68	3.799	4.361	4.830
	钢丝 φ4.0	kg	4.02	0.033	0.036	0.036
	黑玛钢管箍 DN15	个	1.28	2.020	2.020	2.020
	机油	kg	19.66	0.763	0.839	0.895
	锯条(各种规格)	根	0.62	0.194	0.194	0.194
	聚四氟乙烯生料带	m	0.13	4.668	4.668	4.668
	六角螺栓	kg	5.81	6.764	8.160	10.212
	六角螺栓带螺母、垫圈 M22×90～120	套	3.59	98.880	—	—
	六角螺栓带螺母、垫圈 M27×120～140	套	5.40	—	98.880	123.600
	螺纹截止阀 J11T-16 DN15	个	7.12	3.099	3.099	3.099
	螺纹闸阀 DN25	个	15.34	1.010	1.010	1.010
	尼龙砂轮片 φ100	片	2.05	7.055	8.024	8.913
	尼龙砂轮片 φ400	片	8.55	0.008	0.008	0.008
	破布	kg	6.32	0.855	0.961	1.060
	清油	kg	9.70	0.270	0.300	0.320
	热轧厚钢板 δ12～20	kg	3.20	6.053	7.521	13.694
	砂纸	张	0.47	0.192	0.192	0.240

续表

定 额 编 号			A10-4-284	A10-4-285	A10-4-286
项 目 名 称			除污器组成安装(法兰连接)		
			公称直径(mm以内)		
			350	400	450
名 称	单位	单价(元)	消	耗	量
材料 石棉橡胶板	kg	9.40	4.464	5.869	6.886
输水软管 φ25	m	8.55	0.069	0.069	0.069
水	m³	7.96	0.008	0.102	0.157
碳钢气焊条	kg	9.06	0.020	0.020	0.020
无缝钢管 φ22×2	m	3.42	0.035	0.035	0.035
无缝钢管 φ377×10	m	450.33	4.950	—	—
无缝钢管 φ426×10	m	490.50	—	5.360	—
无缝钢管 φ480×10	m	516.90	—	—	5.800
型钢	kg	3.70	0.640	0.640	0.640
压力表表弯	个	9.40	2.000	2.000	2.000
压制弯头 DN350	个	478.63	2.000	—	—
压制弯头 DN400	个	620.51	—	2.000	—
压制弯头 DN450	个	788.89	—	—	2.000
氧气	m³	3.63	9.789	11.787	12.489
乙炔气	kg	10.45	3.263	3.929	4.163
其他材料费占材料费	%	—	2.000	2.000	2.000
机械 电焊机(综合)	台班	118.28	5.080	5.852	6.450
电焊条恒温箱	台班	21.41	0.497	0.574	0.636
电焊条烘干箱 60×50×75cm³	台班	26.46	0.497	0.574	0.636
吊装机械(综合)	台班	619.04	0.723	1.058	1.283
管子切断套丝机 159mm	台班	21.31	0.006	0.006	0.006
砂轮切割机 400mm	台班	24.71	0.002	0.002	0.002
试压泵 3MPa	台班	17.53	0.240	0.297	0.354
载重汽车 5t	台班	430.70	0.132	0.180	0.229

九、水表

1.普通水表安装(螺纹连接)

工作内容:切管、套丝、制垫、加垫、水表安装、试压检查。

计量单位:个

定　额　编　号				A10-4-287	A10-4-288	A10-4-289
项　目　名　称				公称直径(mm以内)		
				15	20	25
基　　　价（元）				13.42	14.95	18.73
其中	人　工　费（元）			11.48	12.88	15.12
	材　料　费（元）			1.81	1.90	3.27
	机　械　费（元）			0.13	0.17	0.34
名　　　称		单位	单价（元）	消　　耗　　量		
人工	综合工日	工日	140.00	0.082	0.092	0.108
材料	螺纹水表	个	—	(1.000)	(1.000)	(1.000)
	黑玛钢管箍 DN15	个	1.28	1.010	—	—
	黑玛钢管箍 DN20	个	1.28	—	1.010	—
	黑玛钢管箍 DN25	个	2.39	—	—	1.010
	机油	kg	19.66	0.013	0.015	0.016
	锯条(各种规格)	根	0.62	0.077	0.080	0.082
	聚四氟乙烯生料带	m	0.13	1.388	1.736	2.184
	氧气	m³	3.63	—	—	0.018
	乙炔气	kg	10.45	—	—	0.007
	其他材料费占材料费	%	—	2.000	2.000	2.000
机械	管子切断套丝机 159mm	台班	21.31	0.006	0.008	0.016

工作内容：切管、套丝、制垫、加垫、水表安装、试压检查。 计量单位：个

定 额 编 号				A10-4-290	A10-4-291	A10-4-292
项 目 名 称				公称直径(mm以内)		
				32	40	50
基 价（元）				23.67	29.30	37.90
其中	人 工 费（元）			18.62	22.96	28.70
	材 料 费（元）			4.60	5.79	8.50
	机 械 费（元）			0.45	0.55	0.70
名 称		单位	单价(元)	消 耗 量		
人工	综合工日	工日	140.00	0.133	0.164	0.205
材料	螺纹水表	个	—	(1.000)	(1.000)	(1.000)
	黑玛钢管箍 DN32	个	3.50	1.010	—	—
	黑玛钢管箍 DN40	个	4.44	—	1.010	—
	黑玛钢管箍 DN50	个	6.84	—	—	1.010
	机油	kg	19.66	0.019	0.025	0.029
	锯条(各种规格)	根	0.62	0.084	0.089	0.106
	聚四氟乙烯生料带	m	0.13	2.716	3.168	3.952
	氧气	m³	3.63	0.026	0.030	0.036
	乙炔气	kg	10.45	0.010	0.012	0.014
	其他材料费占材料费	%	—	2.000	2.000	2.000
机械	管子切断套丝机 159mm	台班	21.31	0.021	0.026	0.033

2. IC卡水表安装(螺纹连接)

工作内容：切管、套丝、制垫、加垫、水表安装、配合调试试压检查。　　　　　　计量单位：个

定　额　编　号			A10-4-293	A10-4-294	A10-4-295
项　目　名　称			公称直径(mm以内)		
			15	20	25
基　　　价（元）			14.26	15.65	19.43
其中	人　工　费（元）		12.32	13.58	15.82
	材　料　费（元）		1.81	1.90	3.27
	机　械　费（元）		0.13	0.17	0.34
名　　称	单位	单价(元)	消　　耗　　量		
人工 综合工日	工日	140.00	0.088	0.097	0.113
材料 螺纹IC卡水表	个	—	(1.000)	(1.000)	(1.000)
黑玛钢管箍 DN15	个	1.28	1.010	—	—
黑玛钢管箍 DN20	个	1.28	—	1.010	—
黑玛钢管箍 DN25	个	2.39	—	—	1.010
机油	kg	19.66	0.013	0.015	0.016
锯条(各种规格)	根	0.62	0.077	0.080	0.082
聚四氟乙烯生料带	m	0.13	1.388	1.736	2.184
氧气	m³	3.63	—	—	0.018
乙炔气	kg	10.45	—	—	0.007
其他材料费占材料费	%	—	2.000	2.000	2.000
机械 管子切断套丝机 159mm	台班	21.31	0.006	0.008	0.016

工作内容：切管、套丝、制垫、加垫、水表安装、配合调试试压检查。 计量单位：个

定 额 编 号				A10-4-296	A10-4-297	A10-4-298
项 目 名 称				公称直径(mm以内)		
				32	40	50
基 价（元）				24.51	30.00	38.74
其中	人 工 费（元）			19.46	23.66	29.54
	材 料 费（元）			4.60	5.79	8.50
	机 械 费（元）			0.45	0.55	0.70
名 称		单位	单价(元)	消 耗 量		
人工	综合工日	工日	140.00	0.139	0.169	0.211
材料	螺纹IC卡水表	个	—	(1.000)	(1.000)	(1.000)
	黑玛钢管箍 DN32	个	3.50	1.010	—	—
	黑玛钢管箍 DN40	个	4.44	—	1.010	—
	黑玛钢管箍 DN50	个	6.84	—	—	1.010
	机油	kg	19.66	0.019	0.025	0.029
	锯条(各种规格)	根	0.62	0.084	0.089	0.106
	聚四氟乙烯生料带	m	0.13	2.716	3.168	3.952
	氧气	m³	3.63	0.026	0.030	0.036
	乙炔气	kg	10.45	0.010	0.012	0.014
	其他材料费占材料费	%	—	2.000	2.000	2.000
机械	管子切断套丝机 159mm	台班	21.31	0.021	0.026	0.033

3.螺纹水表组成安装

工作内容：切管、套丝、制垫、加垫、水表、挠性接头、止回阀、阀门安装、水压试验。　计量单位：组

定　额　编　号			A10-4-299	A10-4-300	A10-4-301
项　目　名　称			公称直径(mm以内)		
			15	20	25
基　　　价（元）			46.18	55.61	65.05
其中	人　工　费（元）		33.74	39.48	45.92
	材　料　费（元）		8.53	11.68	13.94
	机　械　费（元）		3.91	4.45	5.19
名　　　称	单位	单价(元)	消　　耗　　量		
人工	综合工日	工日	140.00	0.241	0.282	0.328
材料	螺纹挠性接头	个	—	(1.010)	(1.010)	(1.010)
	螺纹水表	个	—	(1.000)	(1.000)	(1.000)
	螺纹闸阀	个	—	(2.020)	(2.020)	(2.020)
	螺纹止回阀	个	—	(1.010)	(1.010)	(1.010)
	弹簧压力表	个	23.08	0.024	0.024	0.024
	低碳钢焊条	kg	6.84	0.153	0.175	0.198
	黑玛钢活接头 DN15	个	1.54	1.010	—	—
	黑玛钢活接头 DN20	个	3.85	—	1.010	—
	黑玛钢活接头 DN25	个	4.19	—	—	1.010
	黑玛钢六角内接头 DN15	个	0.75	2.020	—	—
	黑玛钢六角内接头 DN20	个	0.87	—	2.020	—
	黑玛钢六角内接头 DN25	个	1.54	—	—	2.020
	机油	kg	19.66	0.007	0.009	0.010
	锯条(各种规格)	根	0.62	0.157	0.162	0.166
	聚四氟乙烯生料带	m	0.13	2.261	3.014	3.768
	六角螺栓	kg	5.81	0.132	0.144	0.144
	螺纹阀门 DN15	个	15.00	0.024	0.024	0.024
	尼龙砂轮片 φ400	片	8.55	0.008	0.010	0.023
	热轧厚钢板 δ12～20	kg	3.20	0.085	0.103	0.124
	石棉橡胶板	kg	9.40	0.010	0.012	0.014
	输水软管 φ25	m	8.55	0.024	0.024	0.024
	水	m³	7.96	0.001	0.001	0.001
	无缝钢管 φ22×2	m	3.42	0.012	0.012	0.012
	压力表弯管 DN15	个	10.69	0.024	0.024	0.024
	氧气	m³	3.63	0.153	0.162	0.168
	乙炔气	kg	10.45	0.051	0.054	0.056
	其他材料费占材料费	%	—	2.000	2.000	2.000
机械	电焊机(综合)	台班	118.28	0.028	0.032	0.036
	管子切断套丝机 159mm	台班	21.31	0.006	0.008	0.016
	砂轮切割机 400mm	台班	24.71	0.002	0.003	0.007
	试压泵 3MPa	台班	17.53	0.024	0.024	0.024

工作内容：切管、套丝、制垫、加垫、水表、挠性接头、止回阀、阀门安装、水压试验。　　计量单位：组

定　额　编　号				A10-4-302	A10-4-303
项　目　名　称				公称直径(mm以内)	
				32	40
基　　　　　价（元）				77.98	115.11
其中	人　工　费（元）			54.60	79.80
	材　料　费（元）			16.59	26.40
	机　械　费（元）			6.79	8.91
名　　称		单位	单价(元)	消　耗　量	
人工	综合工日	工日	140.00	0.390	0.570
材料	螺纹挠性接头	个	—	(1.010)	(1.010)
	螺纹水表	个	—	(1.000)	(1.000)
	螺纹闸阀	个	—	(2.020)	(2.020)
	螺纹止回阀	个	—	(1.010)	(1.010)
	弹簧压力表	个	23.08	0.024	0.024
	低碳钢焊条	kg	6.84	0.265	0.356
	黑玛钢活接头 DN32	个	3.29	1.010	—
	黑玛钢活接头 DN40	个	10.51	—	1.010
	黑玛钢六角内接头 DN32	个	2.39	2.020	—
	黑玛钢六角内接头 DN40	个	2.99	—	2.020
	机油	kg	19.66	0.013	0.017
	锯条(各种规格)	根	0.62	0.172	0.178
	聚四氟乙烯生料带	m	0.13	4.823	6.023
	六角螺栓	kg	5.81	0.288	0.300
	螺纹阀门 DN15	个	15.00	0.024	0.024
	尼龙砂轮片 φ400	片	8.55	0.029	0.034
	热轧厚钢板 δ12～20	kg	3.20	0.170	0.197
	石棉橡胶板	kg	9.40	0.017	0.019
	输水软管 φ25	m	8.55	0.024	0.024
	水	m³	7.96	0.001	0.001
	无缝钢管 φ22×2	m	3.42	0.012	0.012
	压力表弯管 DN15	个	10.69	0.024	0.024
	氧气	m³	3.63	0.177	0.183
	乙炔气	kg	10.45	0.059	0.061
	其他材料费占材料费	%	—	2.000	2.000
机械	电焊机(综合)	台班	118.28	0.048	0.065
	管子切断套丝机 159mm	台班	21.31	0.021	0.026
	砂轮切割机 400mm	台班	24.71	0.010	0.010
	试压泵 3MPa	台班	17.53	0.024	0.024

4.法兰水表组成安装(无旁通管)

工作内容：切管、法兰焊接、制垫、加垫、水表、挠性接头、止回阀、阀门安装、管件安装、紧螺栓、水压试验。

计量单位：组

定 额 编 号			A10-4-304	A10-4-305	A10-4-306
项 目 名 称			公称直径(mm以内)		
			50	80	100
基 价 （元）			173.62	277.46	358.03
其中	人 工 费 （元）		100.66	154.56	218.54
	材 料 费 （元）		61.20	106.98	120.22
	机 械 费 （元）		11.76	15.92	19.27
名 称	单位	单价(元)	消 耗		量
人工 综合工日	工日	140.00	0.719	1.104	1.561
材料 法兰挠性接头	个	—	(1.000)	(1.000)	(1.000)
法兰水表	个	—	(1.000)	(1.000)	(1.000)
法兰闸阀	个	—	(2.000)	(2.000)	(2.000)
法兰止回阀	个	—	(1.000)	(1.000)	(1.000)
碳钢平焊法兰	片	—	(2.000)	(2.000)	(2.000)
白铅油	kg	6.45	0.040	0.070	0.100
弹簧压力表	个	23.08	0.048	0.048	0.057
低碳钢焊条	kg	6.84	0.510	0.642	0.783
电	kW·h	0.68	0.046	0.067	0.086
机油	kg	19.66	0.151	0.162	0.197
锯条(各种规格)	根	0.62	0.106	—	—
六角螺栓	kg	5.81	0.600	0.648	1.596
六角螺栓带螺母、垫圈 M16×65～80	套	1.54	24.720	49.440	49.440
螺纹阀门 DN15	个	15.00	0.048	0.048	0.057
尼龙砂轮片 φ100	片	2.05	0.068	0.104	0.126
尼龙砂轮片 φ400	片	8.55	0.021	0.032	0.041

续表

定 额 编 号			A10-4-304	A10-4-305	A10-4-306
项 目 名 称			公称直径(mm以内)		
			50	80	100
名 称	单位	单价(元)	消	耗	量
材料	破布	kg	6.32	0.032	0.044	0.054

	名 称	单位	单价(元)	消	耗	量
材 料	破布	kg	6.32	0.032	0.044	0.054
	清油	kg	9.70	0.010	0.016	0.020
	热轧厚钢板 δ12~20	kg	3.20	0.480	0.713	1.029
	砂纸	张	0.47	0.012	0.024	0.024
	石棉橡胶板	kg	9.40	0.449	0.852	1.106
	输水软管 φ25	m	8.55	0.048	0.048	0.057
	水	m³	7.96	0.001	0.002	0.002
	无缝钢管 φ22×2	m	3.42	0.024	0.024	0.029
	压力表弯管 DN15	个	10.69	0.048	0.048	0.057
	氧气	m³	3.63	0.339	0.399	0.603
	乙炔气	kg	10.45	0.113	0.133	0.201
	其他材料费占材料费	%	—	2.000	2.000	2.000
机 械	电焊机(综合)	台班	118.28	0.088	0.118	0.143
	电焊条恒温箱	台班	21.41	0.008	0.011	0.013
	电焊条烘干箱 60×50×75cm³	台班	26.46	0.008	0.011	0.013
	砂轮切割机 400mm	台班	24.71	0.005	0.007	0.009
	试压泵 3MPa	台班	17.53	0.048	0.072	0.086

工作内容：切管、法兰焊接、制垫、加垫、水表、挠性接头、止回阀、阀门安装、管件安装、紧螺栓、水压试验。

计量单位：组

定　额　编　号				A10-4-307	A10-4-308
项　目　名　称				公称直径(mm以内)	
				150	200
基　　价（元）				621.38	862.89
其中	人　工　费（元）			278.88	361.48
	材　料　费（元）			231.83	331.02
	机　械　费（元）			110.67	170.39
名　　称		单位	单价（元）	消　　耗　　量	
人工	综合工日	工日	140.00	1.992	2.582
材料	法兰挠性接头	个	—	(1.000)	(1.000)
	法兰水表	个	—	(1.000)	(1.000)
	法兰闸阀	个	—	(2.000)	(2.000)
	法兰止回阀	个	—	(1.000)	(1.000)
	碳钢平焊法兰	片	—	(2.000)	(2.000)
	白铅油	kg	6.45	0.140	0.170
	弹簧压力表	个	23.08	0.057	0.057
	低碳钢焊条	kg	6.84	0.965	1.581
	电	kW·h	0.68	0.122	0.275
	机油	kg	19.66	0.204	0.219
	六角螺栓	kg	5.81	2.850	2.850
	六角螺栓带螺母、垫圈 M20×85～100	套	3.33	49.440	74.610
	螺纹阀门 DN15	个	15.00	0.057	0.057
	尼龙砂轮片 φ100	片	2.05	0.220	0.299
	破布	kg	6.32	0.078	0.102
	清油	kg	9.70	0.030	0.030
	热轧厚钢板 δ12～20	kg	3.20	1.744	2.494
	砂纸	张	0.47	0.048	0.072
	石棉橡胶板	kg	9.40	1.817	2.117
	输水软管 φ25	m	8.55	0.057	0.057
	水	m³	7.96	0.008	0.008
	无缝钢管 φ22×2	m	3.42	0.029	0.029
	压力表弯管 DN15	个	10.69	0.057	0.057
	氧气	m³	3.63	1.005	1.437
	乙炔气	kg	10.45	0.335	0.479
	其他材料费占材料费	%	—	2.000	2.000
机械	电焊机(综合)	台班	118.28	0.179	0.511
	电焊条恒温箱	台班	21.41	0.019	0.043
	电焊条烘干箱 60×50×75cm³	台班	26.46	0.019	0.043
	吊装机械(综合)	台班	619.04	0.129	0.156
	试压泵 3MPa	台班	17.53	0.228	0.228
	载重汽车 5t	台班	430.70	0.011	0.017

工作内容：切管、法兰焊接、制垫、加垫、水表、挠性接头、止回阀、阀门安装、管件安装、紧螺栓、水压试验。

计量单位：组

定　额　编　号			A10-4-309	A10-4-310
项　目　名　称			公称直径(mm以内)	
			250	300
基　　　价（元）			1248.78	1430.00
其中	人　工　费（元）		436.94	533.96
	材　料　费（元）		378.31	396.87
	机　械　费（元）		433.53	499.17
名　　　称	单位	单价（元）	消　耗　量	
人工	综合工日	工日	140.00	3.121	3.814
材料	法兰挠性接头	个	—	(1.000)	(1.000)
	法兰水表	个	—	(1.000)	(1.000)
	法兰闸阀	个	—	(2.000)	(2.000)
	法兰止回阀	个	—	(1.000)	(1.000)
	碳钢平焊法兰	片	—	(2.000)	(2.000)
	白铅油	kg	6.45	0.200	0.250
	弹簧压力表	个	23.08	0.057	0.057
	低碳钢焊条	kg	6.84	2.771	3.325
	电	kW·h	0.68	0.392	0.486
	机油	kg	19.66	0.231	0.430
	六角螺栓	kg	5.81	4.446	4.646
	六角螺栓带螺母、垫圈 M22×90～120	套	3.59	74.160	74.160
	螺纹阀门 DN15	个	15.00	0.057	0.057
	尼龙砂轮片 φ100	片	2.05	0.394	0.465
	破布	kg	6.32	0.112	0.122
	清油	kg	9.70	0.040	0.050
	热轧厚钢板 δ12～20	kg	3.20	3.648	4.705
	砂纸	张	0.47	0.072	0.072
	石棉橡胶板	kg	9.40	2.384	2.598
	输水软管 φ25	m	8.55	0.057	0.057
	水	m³	7.96	0.018	0.060
	无缝钢管 φ22×2	m	3.42	0.029	0.029
	压力表弯管 DN15	个	10.69	0.057	0.057
	氧气	m³	3.63	2.001	2.412
	乙炔气	kg	10.45	0.668	0.804
	其他材料费占材料费	%	—	2.000	2.000
机械	电焊机(综合)	台班	118.28	0.693	0.839
	电焊条恒温箱	台班	21.41	0.061	0.075
	电焊条烘干箱 60×50×75cm³	台班	26.46	0.061	0.075
	吊装机械(综合)	台班	619.04	0.515	0.583
	试压泵 3MPa	台班	17.53	0.228	0.228
	载重汽车 5t	台班	430.70	0.060	0.073

398

5.法兰水表组成安装(带旁通管)

工作内容:切管、法兰焊接、制垫、加垫、水表、挠性接头、止回阀、阀门安装、管件安装、紧螺栓、水压试验。

计量单位:组

定 额 编 号			A10-4-311	A10-4-312	A10-4-313
项 目 名 称			公称直径(mm以内)		
			50	80	100
基 价(元)			526.79	871.25	1081.60
其中	人 工 费(元)		239.96	371.56	472.22
	材 料 费(元)		214.64	402.15	487.01
	机 械 费(元)		72.19	97.54	122.37
名 称	单位	单价(元)	消	耗	量
人工 综合工日	工日	140.00	1.714	2.654	3.373
材料 法兰挠性接头	个	—	(2.000)	(2.000)	(2.000)
法兰水表	个	—	(2.000)	(2.000)	(2.000)
法兰闸阀	个	—	(4.000)	(4.000)	(4.000)
法兰止回阀	个	—	(2.000)	(2.000)	(2.000)
碳钢平焊法兰	片	—	(12.000)	(12.000)	(12.000)
白铅油	kg	6.45	0.240	0.420	0.600
弹簧压力表	个	23.08	0.096	0.096	0.114
低碳钢焊条	kg	6.84	1.476	2.268	2.816
电	kW·h	0.68	0.277	0.403	0.513
焊接钢管 DN100	m	29.68	—	—	1.460
焊接钢管 DN50	m	13.35	1.110	—	—
焊接钢管 DN80	m	22.81	—	1.250	—
机油	kg	19.66	0.582	0.603	0.843
锯条(各种规格)	根	0.62	0.636	—	—
六角螺栓	kg	5.81	1.200	1.296	3.192
六角螺栓带螺母、垫圈 M16×65~80	套	1.54	65.920	131.840	131.840
螺纹阀门 DN15	个	15.00	0.096	0.096	0.114
尼龙砂轮片 φ100	片	2.05	0.409	0.623	0.758
尼龙砂轮片 φ400	片	8.55	0.125	0.189	0.248
破布	kg	6.32	0.144	0.168	0.228
清油	kg	9.70	0.060	0.120	0.160

续表

定 额 编 号			A10-4-311	A10-4-312	A10-4-313
项 目 名 称			公称直径(mm以内)		
			50	80	100
名 称	单位	单价(元)	消	耗	量
材 料	热轧厚钢板 δ12～20	kg	3.20	0.960	1.426	2.058
	砂纸	张	0.47	0.024	0.048	0.048
	石棉橡胶板	kg	9.40	1.178	2.224	2.891
	输水软管 φ25	m	8.55	0.096	0.096	0.114
	水	m³	7.96	0.001	0.004	0.005
	碳钢三通 DN100	个	35.82	—	—	2.000
	碳钢三通 DN50	个	10.44	2.000	—	—
	碳钢三通 DN80	个	24.08	—	2.000	—
	无缝钢管 φ22×2	m	3.42	0.048	0.048	0.057
	压力表弯管 DN15	个	10.69	0.096	0.096	0.114
	压制弯头 DN100	个	22.22	—	—	2.000
	压制弯头 DN50	个	7.26	2.000	—	—
	压制弯头 DN80	个	17.09	—	2.000	—
	氧气	m³	3.63	0.678	0.870	1.293
	乙炔气	kg	10.45	0.226	0.290	0.431
	其他材料费占材料费	%	—	2.000	2.000	2.000
机 械	电焊机(综合)	台班	118.28	0.572	0.769	0.966
	电焊条恒温箱	台班	21.41	0.043	0.063	0.079
	电焊条烘干箱 60×50×75cm³	台班	26.46	0.043	0.063	0.079
	砂轮切割机 400mm	台班	24.71	0.032	0.042	0.054
	试压泵 3MPa	台班	17.53	0.096	0.144	0.171

工作内容：切管、法兰焊接、制垫、加垫、水表、挠性接头、止回阀、阀门安装、管件安装、紧螺栓、水压试验。

计量单位：组

定额编号				A10-4-314	A10-4-315
项目名称				公称直径(mm以内)	
				150	200
基价（元）				2096.13	3421.85
其中	人工费（元）			578.62	868.14
	材料费（元）			1115.58	1924.31
	机械费（元）			401.93	629.40
名称		单位	单价(元)	消耗量	
人工	综合工日	工日	140.00	4.133	6.201
材料	法兰挠性接头	个	—	(2.000)	(2.000)
	法兰水表	个	—	(2.000)	(2.000)
	法兰闸阀	个	—	(4.000)	(4.000)
	法兰止回阀	个	—	(2.000)	(2.000)
	碳钢平焊法兰	片	—	(12.000)	(12.000)
	白铅油	kg	6.45	0.840	1.020
	弹簧压力表	个	23.08	0.114	0.114
	低碳钢焊条	kg	6.84	3.905	7.604
	电	kW·h	0.68	0.733	1.649
	焊接钢管 DN150	m	48.71	1.650	—
	机油	kg	19.66	0.862	0.994
	六角螺栓	kg	5.81	5.700	5.700
	六角螺栓带螺母、垫圈 M20×85～100	套	3.33	131.840	197.760
	螺纹阀门 DN15	个	15.00	0.114	0.114
	尼龙砂轮片 φ100	片	2.05	1.318	1.791
	破布	kg	6.32	0.276	0.324
	清油	kg	9.70	0.180	0.210
	热轧厚钢板 δ12～20	kg	3.20	3.488	4.988
	砂纸	张	0.47	0.096	0.144

续表

定 额 编 号			A10-4-314	A10-4-315
项 目 名 称			公称直径(mm以内)	
			150	200
名 称	单位	单价(元)	消 耗 量	
石棉橡胶板	kg	9.40	4.754	5.554
输水软管 φ25	m	8.55	0.114	0.114
水	m³	7.96	0.015	0.015
碳钢三通 DN150	个	147.01	2.000	—
碳钢三通 DN200	个	249.57	—	2.000
无缝钢管 φ219×6	m	173.50	—	1.700
无缝钢管 φ22×2	m	3.42	0.057	0.057
压力表弯管 DN15	个	10.69	0.114	0.114
压制弯头 DN150	个	55.56	2.000	—
压制弯头 DN200	个	106.81	—	2.000
氧气	m³	3.63	2.466	3.531
乙炔气	kg	10.45	0.822	1.177
其他材料费占材料费	%	—	2.000	2.000
电焊机(综合)	台班	118.28	1.304	2.725
电焊条恒温箱	台班	21.41	0.114	0.255
电焊条烘干箱 60×50×75cm³	台班	26.46	0.114	0.255
吊装机械(综合)	台班	619.04	0.361	0.437
试压泵 3MPa	台班	17.53	0.456	0.456
载重汽车 5t	台班	430.70	0.025	0.038

材

料

机

械

工作内容：切管、法兰焊接、制垫、加垫、水表、挠性接头、止回阀、阀门安装、管件安装、紧螺栓、水压试验。

计量单位：组

定 额 编 号				A10-4-316	A10-4-317
项 目 名 称				公称直径(mm以内)	
				250	300
基 价 （元）				5026.73	6096.86
其中	人 工 费 （元）			1176.56	1386.28
	材 料 费 （元）			2525.56	3180.49
	机 械 费 （元）			1324.61	1530.09
名 称		单位	单价(元)	消 耗 量	
人工	综合工日	工日	140.00	8.404	9.902
材料	法兰挠性接头	个	—	(2.000)	(2.000)
	法兰水表	个	—	(2.000)	(2.000)
	法兰闸阀	个	—	(4.000)	(4.000)
	法兰止回阀	个	—	(2.000)	(2.000)
	碳钢平焊法兰	片	—	(12.000)	(12.000)
	白铅油	kg	6.45	1.200	1.500
	弹簧压力表	个	23.08	0.114	0.114
	低碳钢焊条	kg	6.84	14.743	18.068
	电	kW·h	0.68	2.351	2.918
	机油	kg	19.66	1.008	1.008
	六角螺栓	kg	5.81	8.892	9.291
	六角螺栓带螺母、垫圈 M22×90～120	套	3.59	197.760	197.760
	螺纹阀门 DN15	个	15.00	0.114	0.114
	尼龙砂轮片 φ100	片	2.05	2.362	2.792
	破布	kg	6.32	0.384	0.444
	清油	kg	9.70	0.240	0.300
	热轧厚钢板 δ12～20	kg	3.20	7.296	9.411
	砂纸	张	0.47	0.144	0.144
	石棉橡胶板	kg	9.40	6.248	6.797

续表

定 额 编 号			A10-4-316	A10-4-317
项 目 名 称			公称直径(mm以内)	
			250	300
名 称	单位	单价(元)	消 耗 量	
输水软管 φ25	m	8.55	0.114	0.114
水	m³	7.96	0.036	0.121
碳钢三通 DN250	个	354.70	2.000	—
碳钢三通 DN300	个	431.62	—	2.000
材 无缝钢管 φ22×2	m	3.42	0.057	0.057
无缝钢管 φ273×7	m	237.01	1.730	—
无缝钢管 φ325×8	m	328.37	—	1.820
压力表弯管 DN15	个	10.69	0.114	0.114
料 压制弯头 DN250	个	165.81	2.000	—
压制弯头 DN300	个	291.45	—	2.000
氧气	m³	3.63	4.866	5.925
乙炔气	kg	10.45	1.622	1.975
其他材料费占材料费	%	—	2.000	2.000
电焊机(综合)	台班	118.28	3.812	4.691
电焊条恒温箱	台班	21.41	0.364	0.452
机 电焊条烘干箱 60×50×75cm³	台班	26.46	0.364	0.452
械 吊装机械(综合)	台班	619.04	1.282	1.419
试压泵 3MPa	台班	17.53	0.456	0.456
载重汽车 5t	台班	430.70	0.127	0.156

十、热量表

1. 热水采暖入口热量表组成安装(螺纹连接)

工作内容：切管、套丝、组对、制垫、成套热量表、过滤器、阀门、压力表、温度计等附件安装、循环管
安装及其压力试验、水冲洗。

计量单位：组

定 额 编 号			A10-4-318	A10-4-319
项 目 名 称			入口管道	
			公称直径(mm)	
			32	40
基 价 (元)			632.85	670.06
其中	人 工 费 (元)		214.48	233.24
	材 料 费 (元)		380.27	397.14
	机 械 费 (元)		38.10	39.68
名 称	单位	单价(元)	消 耗 量	
人工 综合工日	工日	140.00	1.532	1.666
材料	过滤器	个	—	(2.000)	(2.000)
	螺纹截止阀	个	—	(6.060)	(6.060)
	螺纹热量表	套	—	(1.000)	(1.000)
	螺纹闸阀	个	—	(4.040)	(4.040)
	弹簧压力表	个	23.08	0.024	0.024
	低碳钢焊条	kg	6.84	0.412	0.412
	电	kW·h	0.68	1.086	1.086
	焊接钢管 DN15	m	3.44	0.900	0.900
	焊接钢管 DN25	m	6.62	1.250	1.270
	黑玛钢管箍 DN15	个	1.28	4.040	4.040
	黑玛钢管箍 DN32	个	3.50	2.020	—
	黑玛钢管箍 DN40	个	4.44	—	2.020
	黑玛钢活接头 DN25	个	4.19	2.020	1.010
	黑玛钢活接头 DN32	个	3.29	1.010	1.010
	黑玛钢活接头 DN40	个	10.51	—	1.010
	黑玛钢六角内接头 DN25	个	1.54	1.010	1.010
	黑玛钢六角内接头 DN32	个	2.39	2.020	1.010
	黑玛钢六角内接头 DN40	个	2.99	—	2.020
	黑玛钢三通 DN32	个	5.73	2.020	—
	黑玛钢三通 DN40	个	7.18	—	2.020
	黑玛钢弯头 DN25	个	2.36	2.020	2.020
	机油	kg	19.66	0.221	0.264

注：热水采暖入口成套热量表包括热量表、差压控制阀、压力传感器、温度传感器、积分仪。

续表

定　额　编　号			A10-4-318	A10-4-319
项　目　名　称			入口管道	
			公称直径(mm)	
			32	40
名　　称	单位	单价(元)	消　　耗　　量	
六角螺栓	kg	5.81	0.288	0.300
螺纹阀门 DN15	个	15.00	0.024	0.024
尼龙砂轮片 φ100	片	2.05	0.704	0.704
尼龙砂轮片 φ400	片	8.55	0.128	0.147
铅油(厚漆)	kg	6.45	0.156	0.175
材　料　热轧厚钢板 δ12～20	kg	3.20	0.170	0.197
石棉橡胶板	kg	9.40	0.025	0.029
输水软管 φ25	m	8.55	0.024	0.024
温度计 0～120℃	支	52.14	2.020	2.020
无缝钢管 φ22×2	m	3.42	0.012	0.012
线麻	kg	10.26	0.015	0.018
压力表 0～2.5MPa φ50(带表弯)	套	47.01	4.040	4.040
压力表弯管 DN15	个	10.69	0.024	0.024
氧气	m³	3.63	0.545	0.573
乙炔气	kg	10.45	0.191	0.202
其他材料费占材料费	%	—	2.000	2.000
机　械　电焊机(综合)	台班	118.28	0.242	0.242
电焊条恒温箱	台班	21.41	0.024	0.024
电焊条烘干箱 60×50×75cm³	台班	26.46	0.024	0.024
管子切断套丝机 159mm	台班	21.31	0.326	0.394
砂轮切割机 400mm	台班	24.71	0.039	0.044
试压泵 3MPa	台班	17.53	0.024	0.024

注：热水采暖入口成套热量表包括热量表、差压控制阀、压力传感器、温度传感器、积分仪。

2.热水采暖入口热量表组成安装(法兰连接)

工作内容:切管、焊接、制垫、加垫、组对、成套热量表、过滤器、阀门、压力表、温度计等附件安装、
循环管安装及其压力试验、水冲洗。

计量单位:组

定 额 编 号			A10-4-320	A10-4-321
项 目 名 称			入口管道	
			公称直径(mm)	
			50	65
基 价（元）			1081.18	1197.85
其 中	人 工 费（元）		342.72	408.10
	材 料 费（元）		635.26	658.59
	机 械 费（元）		103.20	131.16
名 称	单位	单价(元)	消 耗 量	
人工 综合工日	工日	140.00	2.448	2.915
材 料 料	法兰热量表	套	—	(1.000)	(1.000)
	法兰闸阀	个	—	(4.000)	(4.000)
	过滤器	个	—	(2.000)	(2.000)
	螺纹截止阀	个	—	(5.050)	(5.050)
	碳钢平焊法兰	片	—	(18.000)	(18.000)
	白铅油	kg	6.45	0.320	0.440
	弹簧压力表	个	23.08	0.064	0.064
	低碳钢焊条	kg	6.84	0.937	1.705
	电	kW·h	0.68	0.379	0.511
	法兰截止阀 J41H-6 DN25	个	124.71	1.000	1.000
	焊接钢管 DN15	m	3.44	0.900	0.900
	焊接钢管 DN25	m	6.62	1.300	1.360
	黑玛钢管箍 DN15	个	1.28	4.040	4.040
	机油	kg	19.66	0.772	0.772
	锯条(各种规格)	根	0.62	0.715	0.715
	六角螺栓	kg	5.81	0.800	0.832
	六角螺栓带螺母、垫圈 M12×14~75	套	0.60	8.240	8.240
	六角螺栓带螺母、垫圈 M16×65~80	套	1.54	65.920	65.920
	螺纹阀门 DN15	个	15.00	0.064	0.064
	尼龙砂轮片 φ100	片	2.05	0.559	0.772
	尼龙砂轮片 φ400	片	8.55	0.248	0.252
	破布	kg	6.32	0.218	0.278
	铅油(厚漆)	kg	6.45	0.112	0.112

注:热水采暖入口成套热量表包括热量表、差压控制阀、压力传感器、温度传感器、积分仪。

续表

定 额 编 号			A10-4-320	A10-4-321
项 目 名 称			入口管道	
			公称直径(mm)	
			50	65
名 称	单位	单价(元)	消 耗 量	
材 料	清油	kg	9.70	0.080	0.080
	热轧厚钢板 δ12～20	kg	3.20	0.640	0.810
	砂纸	张	0.47	1.568	1.968
	石棉橡胶板	kg	9.40	0.886	1.195
	输水软管 φ25	m	8.55	0.064	0.064
	水	m³	7.96	0.716	0.922
	碳钢气焊条	kg	9.06	0.252	0.252
	温度计 0～120℃	支	52.14	2.020	2.020
	无缝钢管 φ22×2	m	3.42	0.032	0.032
	线麻	kg	10.26	0.091	0.091
	压力表 0～2.5MPa φ50(带表弯)	套	47.01	4.040	4.040
	压力表弯管 DN15	个	10.69	0.064	0.064
	压制异径管 DN50	个	5.90	2.000	—
	压制异径管 DN65	个	10.43	—	2.000
	氧气	m³	3.63	1.233	1.371
	乙炔气	kg	10.45	0.411	0.457
	其他材料费占材料费	%	—	2.000	2.000
机 械	电动弯管机 108mm	台班	76.93	0.031	0.031
	电焊机(综合)	台班	118.28	0.796	1.015
	电焊条恒温箱	台班	21.41	0.079	0.102
	电焊条烘干箱 60×50×75cm³	台班	26.46	0.079	0.102
	管子切断套丝机 159mm	台班	21.31	0.034	0.034
	砂轮切割机 400mm	台班	24.71	0.042	0.058
	试压泵 3MPa	台班	17.53	0.064	0.096

注：热水采暖入口成套热量表包括热量表、差压控制阀、压力传感器、温度传感器、积分仪。

工作内容：切管、焊接、制垫、加垫、组对、成套热量表、过滤器、阀门、压力表、温度计等附件安装、循环管安装及其压力试验、水冲洗。

计量单位：组

定 额 编 号			A10-4-322	A10-4-323
项 目 名 称			入口管道	
			公称直径(mm)	
			80	100
基 价 （元）			1396.49	1605.65
其中	人 工 费（元）		482.02	573.72
	材 料 费（元）		772.06	868.06
	机 械 费（元）		142.41	163.87
名 称	单位	单价(元)	消 耗 量	
人工 综合工日	工日	140.00	3.443	4.098
材料 法兰热量表	套	—	(1.000)	(1.000)
法兰闸阀	个	—	(4.000)	(4.000)
过滤器	个	—	(2.000)	(2.000)
螺纹截止阀	个	—	(5.050)	(5.050)
碳钢平焊法兰	片	—	(18.000)	(18.000)
白铅油	kg	6.45	0.560	0.500
弹簧压力表	个	23.08	0.064	0.076
低碳钢焊条	kg	6.84	2.906	3.304
电	kW·h	0.68	0.569	0.678
法兰截止阀 J41H-6 DN25	个	124.71	1.000	1.000
焊接钢管 DN15	m	3.44	0.900	0.900
焊接钢管 DN25	m	6.62	1.380	1.420
黑玛钢管箍 DN15	个	1.28	4.040	4.040
机油	kg	19.66	0.801	0.981
锯条(各种规格)	根	0.62	0.715	0.715
六角螺栓	kg	5.81	0.864	0.928
六角螺栓带螺母、垫圈 M12×14～75	套	0.60	8.240	8.240
六角螺栓带螺母、垫圈 M16×65～80	套	1.54	115.360	16.480
六角螺栓带螺母、垫圈 M16×85～140	套	1.88	—	98.880
螺纹阀门 DN15	个	15.00	0.064	0.076
尼龙砂轮片 φ100	片	2.05	0.858	0.993
尼龙砂轮片 φ400	片	8.55	0.282	0.341
破布	kg	6.32	0.326	0.326
铅油(厚漆)	kg	6.45	0.112	0.112

注：热水采暖入口成套热量表包括热量表、差压控制阀、压力传感器、温度传感器、积分仪。

续表

定 额 编 号			A10-4-322	A10-4-323
项 目 名 称			入口管道	
			公称直径(mm)	
			80	100
名 称	单位	单价(元)	消 耗 量	
清油	kg	9.70	0.140	0.140
热轧厚钢板 δ12～20	kg	3.20	0.950	1.372
砂纸	张	0.47	2.316	2.616
石棉橡胶板	kg	9.40	1.674	2.177
输水软管 φ25	m	8.55	0.064	0.076
水	m³	7.96	1.234	1.988
碳钢气焊条	kg	9.06	0.252	0.252
温度计 0～120℃	支	52.14	2.020	2.020
无缝钢管 φ22×2	m	3.42	0.032	0.038
线麻	kg	10.26	0.091	0.091
压力表 0～2.5MPa φ50(带表弯)	套	47.01	4.040	4.040
压力表弯管 DN15	个	10.69	0.064	0.076
压制异径管 DN100	个	34.19	—	2.000
压制异径管 DN80	个	15.13	2.000	—
氧气	m³	3.63	2.337	2.631
乙炔气	kg	10.45	0.779	0.877
其他材料费占材料费	%	—	2.000	2.000
电动弯管机 108mm	台班	76.93	0.031	0.031
电焊机(综合)	台班	118.28	1.105	1.275
电焊条恒温箱	台班	21.41	0.111	0.127
电焊条烘干箱 60×50×75cm³	台班	26.46	0.111	0.127
管子切断套丝机 159mm	台班	21.31	0.034	0.034
砂轮切割机 400mm	台班	24.71	0.065	0.076
试压泵 3MPa	台班	17.53	0.096	0.114

注：热水采暖入口成套热量表包括热量表、差压控制阀、压力传感器、温度传感器、积分仪。

3. 户用热量表组成安装(螺纹连接)

工作内容：切管、套丝、制垫、加垫、成套热量表安装、配合调试、水压试验。　　　　　计量单位：组

定 额 编 号				A10-4-324	A10-4-325	A10-4-326
项 目 名 称				公称直径(mm以内)		
				15	20	25
基 价 （元）				67.76	80.89	103.13
其中	人 工 费（元）			46.76	50.40	61.18
	材 料 费（元）			17.42	26.17	36.13
	机 械 费（元）			3.58	4.32	5.82
名 称		单位	单价(元)	消 耗 量		
人工	综合工日	工日	140.00	0.334	0.360	0.437
材料	Y型过滤器 DN100	个	—	(1.000)	(1.000)	(1.000)
	螺纹阀门	个	—	(3.030)	(3.030)	(3.030)
	螺纹热量表	套	—	(1.000)	(1.000)	(1.000)
	弹簧压力表	个	23.08	0.018	0.018	0.018
	低碳钢焊条	kg	6.84	0.115	0.139	0.158
	黑玛钢管箍 DN15	个	1.28	2.020	—	—
	黑玛钢管箍 DN20	个	1.28	—	2.020	—
	黑玛钢管箍 DN25	个	2.39	—	—	2.020
	黑玛钢活接头 DN15	个	1.54	2.020	—	—
	黑玛钢活接头 DN20	个	3.85	—	2.020	—
	黑玛钢活接头 DN25	个	4.19	—	—	2.020
	黑玛钢六角内接头 DN15	个	0.75	5.050	—	—
	黑玛钢六角内接头 DN20	个	0.87	—	5.050	—
	黑玛钢六角内接头 DN25	个	1.54	—	—	5.050
	黑玛钢三通 DN15	个	1.28	2.020	—	—
	黑玛钢三通 DN20	个	2.56	—	2.020	—
	黑玛钢三通 DN25	个	3.85	—	—	2.020
	机油	kg	19.66	0.033	0.043	0.052

注：户用成套热量表包括热量表、温度传感器、积分仪。

续表

定 额 编 号			A10-4-324	A10-4-325	A10-4-326
项 目 名 称			公称直径(mm以内)		
			15	20	25
名 称	单位	单价(元)	消 耗 量		
锯条(各种规格)	根	0.62	0.379	0.384	0.396
聚四氟乙烯生料带	m	0.13	3.391	4.522	5.652
六角螺栓	kg	5.81	0.099	0.108	0.108
螺纹阀门 DN15	个	15.00	0.018	0.018	0.018
尼龙砂轮片 φ400	片	8.55	0.021	0.025	0.057
热轧厚钢板 δ12～20	kg	3.20	0.064	0.077	0.093
石棉橡胶板	kg	9.40	0.008	0.010	0.012
输水软管 φ25	m	8.55	0.018	0.018	0.018
水	m³	7.96	0.001	0.001	0.001
无缝钢管 φ22×2	m	3.42	0.009	0.009	0.009
压力表弯管 DN15	个	10.69	0.018	0.018	0.018
氧气	m³	3.63	0.111	0.120	0.126
乙炔气	kg	10.45	0.037	0.040	0.042
其他材料费占材料费	%	—	2.000	2.000	2.000
电焊机(综合)	台班	118.28	0.021	0.025	0.028
管子切断套丝机 159mm	台班	21.31	0.031	0.041	0.082
砂轮切割机 400mm	台班	24.71	0.005	0.007	0.018
试压泵 3MPa	台班	17.53	0.018	0.018	0.018

注：户用成套热量表包括热量表、温度传感器、积分仪。

工作内容：切管、套丝、制垫、加垫、成套热量表安装、配合调试、水压试验。　　　　　计量单位：组

定　额　编　号			A10-4-327	A10-4-328
项　目　名　称			公称直径(mm以内)	
			32	40
基　　　价　（元）			129.42	172.06
其中	人　工　费（元）		75.46	92.68
	材　料　费（元）		46.67	70.68
	机　械　费（元）		7.29	8.70
名　　称		单位	单价（元）	消　　耗　　量	
人工	综合工日	工日	140.00	0.539	0.662
材料	Y型过滤器 DN100	个	—	(1.000)	(1.000)
	螺纹阀门	个	—	(3.030)	(3.030)
	螺纹热量表	套	—	(1.000)	(1.000)
	弹簧压力表	个	23.08	0.018	0.018
	低碳钢焊条	kg	6.84	0.208	0.237
	黑玛钢管箍 DN32	个	3.50	2.020	—
	黑玛钢管箍 DN40	个	4.44	—	2.020
	黑玛钢活接头 DN32	个	3.29	2.020	—
	黑玛钢活接头 DN40	个	10.51	—	2.020
	黑玛钢六角内接头 DN32	个	2.39	5.050	—
	黑玛钢六角内接头 DN40	个	2.99	—	5.050
	黑玛钢三通 DN32	个	5.73	2.020	—
	黑玛钢三通 DN40	个	7.18	—	2.020
	机油	kg	19.66	0.067	0.084
	锯条(各种规格)	根	0.62	0.418	0.446
	聚四氟乙烯生料带	m	0.13	7.235	9.043

注：户用成套热量表包括热量表、温度传感器、积分仪。

续表

定　额　编　号			A10-4-327	A10-4-328
项　目　名　称			公称直径(mm以内)	
			32	40
名　称	单位	单价(元)	消　耗　量	
材料	六角螺栓	kg	5.81	0.216	0.225
	螺纹阀门 DN15	个	15.00	0.018	0.018
	尼龙砂轮片 φ400	片	8.55	0.072	0.084
	热轧厚钢板 δ12～20	kg	3.20	0.128	0.148
	石棉橡胶板	kg	9.40	0.015	0.018
	输水软管 φ25	m	8.55	0.018	0.018
	水	m³	7.96	0.001	0.001
	无缝钢管 φ22×2	m	3.42	0.009	0.009
	压力表弯管 DN15	个	10.69	0.018	0.018
	氧气	m³	3.63	0.135	0.144
	乙炔气	kg	10.45	0.045	0.048
	其他材料费占材料费	%	—	2.000	2.000
机械	电焊机(综合)	台班	118.28	0.035	0.042
	管子切断套丝机 159mm	台班	21.31	0.105	0.130
	砂轮切割机 400mm	台班	24.71	0.024	0.026
	试压泵 3MPa	台班	17.53	0.018	0.018

注：户用成套热量表包括热量表、温度传感器、积分仪。

十一、倒流防止器

1.倒流防止器组成安装(螺纹连接不带水表)

工作内容:切管、套丝、制垫、加垫、倒流防止器及阀门安装、水压试验。　　　　　计量单位:组

定　额　编　号			A10-4-329	A10-4-330	A10-4-331
项　目　名　称			公称直径(mm)		
			15	20	25
基　　　　价(元)			59.64	70.43	82.86
其中	人　工　费(元)		32.34	38.08	44.52
	材　料　费(元)		18.64	22.71	27.70
	机　械　费(元)		8.66	9.64	10.64
名　　　称	单位	单价(元)	消　耗　　量		
人工 综合工日	工日	140.00	0.231	0.272	0.318
材料 Y型过滤器 DN100	个	—	(1.000)	(1.000)	(1.000)
倒流防止器	个	—	(1.000)	(1.000)	(1.000)
螺纹阀门	个	—	(2.020)	(2.020)	(2.020)
弹簧压力表	个	23.08	0.060	0.060	0.060
低碳钢焊条	kg	6.84	0.383	0.464	0.525
焊接钢管 DN15	m	3.44	0.300	0.300	—
焊接钢管 DN25	m	6.62	—	—	0.300
黑玛钢活接头 DN15	个	1.54	1.010	—	—
黑玛钢活接头 DN20	个	3.85	—	1.010	—
黑玛钢活接头 DN25	个	4.19	—	—	1.010
黑玛钢六角内接头 DN15	个	0.75	4.040	—	—
黑玛钢六角内接头 DN20	个	0.87	—	4.040	—
黑玛钢六角内接头 DN25	个	1.54	—	—	4.040
机油	kg	19.66	0.013	0.015	0.016
锯条(各种规格)	根	0.62	0.080	0.111	0.124
聚四氟乙烯生料带	m	0.13	2.826	3.768	4.710

续表

定 额 编 号				A10-4-329	A10-4-330	A10-4-331
项 目 名 称				公称直径(mm)		
				15	20	25
名 称		单位	单价(元)	消 耗 量		
材料	六角螺栓	kg	5.81	0.330	0.360	0.360
	螺纹阀门 DN15	个	15.00	0.060	0.060	0.060
	尼龙砂轮片 φ400	片	8.55	0.004	0.004	0.005
	热轧厚钢板 δ12～20	kg	3.20	0.213	0.258	0.309
	石棉橡胶板	kg	9.40	0.021	0.027	0.031
	输水软管 φ25	m	8.55	0.060	0.060	0.060
	水	m³	7.96	0.001	0.001	0.001
	无缝钢管 φ22×2	m	3.42	0.030	0.030	0.030
	压力表弯管 DN15	个	10.69	0.060	0.060	0.060
	氧气	m³	3.63	0.420	0.429	0.444
	乙炔气	kg	10.45	0.140	0.143	0.148
	其他材料费占材料费	%	—	2.000	2.000	2.000
机械	电焊机(综合)	台班	118.28	0.063	0.071	0.078
	管子切断套丝机 159mm	台班	21.31	0.006	0.008	0.016
	砂轮切割机 400mm	台班	24.71	0.001	0.001	0.001
	试压泵 3MPa	台班	17.53	0.060	0.060	0.060

工作内容：切管、套丝、制垫、加垫、倒流防止器及阀门安装、水压试验。　　　　　　　　　　　计量单位：组

定　额　编　号			A10-4-332	A10-4-333	A10-4-334
项　目　名　称			公称直径(mm)		
			32	40	50
基　　　价（元）			99.35	137.10	159.66
其中	人　工　费（元）		53.90	79.10	89.18
	材　料　费（元）		33.70	45.20	56.48
	机　械　费（元）		11.75	12.80	14.00
名　　　称	单位	单价（元）	消　　耗　　量		
人工 综合工日	工日	140.00	0.385	0.565	0.637
材料 Y型过滤器 DN100	个	—	(1.000)	(1.000)	(1.000)
倒流防止器	个	—	(1.000)	(1.000)	(1.000)
螺纹阀门	个	—	(2.020)	(2.020)	(2.020)
弹簧压力表	个	23.08	0.060	0.060	0.060
低碳钢焊条	kg	6.84	0.601	0.712	0.805
焊接钢管 DN25	m	6.62	0.300	0.300	—
焊接钢管 DN50	m	13.35	—	—	0.300
黑玛钢活接头 DN32	个	3.29	1.010	—	—
黑玛钢活接头 DN40	个	10.51	—	1.010	—
黑玛钢活接头 DN50	个	14.53	—	—	1.010
黑玛钢六角内接头 DN32	个	2.39	4.040	—	—
黑玛钢六角内接头 DN40	个	2.99	—	4.040	—
黑玛钢六角内接头 DN50	个	3.85	—	—	4.040
机油	kg	19.66	0.019	0.025	0.029
锯条（各种规格）	根	0.62	0.135	0.149	0.158
聚四氟乙烯生料带	m	0.13	6.029	7.536	9.420
六角螺栓	kg	5.81	0.720	0.750	0.750
螺纹阀门 DN15	个	15.00	0.060	0.060	0.060
尼龙砂轮片 φ400	片	8.55	0.008	0.009	0.021
热轧厚钢板 δ12～20	kg	3.20	0.426	0.492	0.600
石棉橡胶板	kg	9.40	0.036	0.040	0.045
输水软管 φ25	m	8.55	0.060	0.060	0.060
水	m³	7.96	0.001	0.001	0.001
无缝钢管 φ22×2	m	3.42	0.030	0.030	0.030
压力表弯管 DN15	个	10.69	0.060	0.060	0.060
氧气	m³	3.63	0.453	0.459	0.465
乙炔气	kg	10.45	0.151	0.153	0.155
其他材料费占材料费	%	—	2.000	2.000	2.000
机械 电焊机（综合）	台班	118.28	0.086	0.094	0.101
管子切断套丝机 159mm	台班	21.31	0.021	0.026	0.041
砂轮切割机 400mm	台班	24.71	0.003	0.003	0.005
试压泵 3MPa	台班	17.53	0.060	0.060	0.060

2.倒流防止器组成安装(螺纹连接带水表)

工作内容:切管、套丝、制垫、加垫、倒流防止器、阀门及水表安装、水压试验。　　　　计量单位:组

定　额　编　号			A10-4-335	A10-4-336
项　目　名　称			公称直径(mm)	
			15	20
基　　　　价（元）			**67.63**	**80.11**
其中	人　工　费（元）		39.48	46.76
	材　料　费（元）		19.49	23.71
	机　械　费（元）		8.66	9.64
名　　　称		单位	单价（元）	消　耗　量	
人工	综合工日	工日	140.00	0.282	0.334
材料	Y型过滤器 DN100	个	—	(1.000)	(1.000)
	倒流防止器	个	—	(1.000)	(1.000)
	螺纹阀门	个	—	(2.020)	(2.020)
	螺纹水表	个	—	(1.000)	(1.000)
	弹簧压力表	个	23.08	0.060	0.060
	低碳钢焊条	kg	6.84	0.383	0.464
	焊接钢管 DN15	m	3.44	0.300	0.300
	黑玛钢活接头 DN15	个	1.54	1.010	—
	黑玛钢活接头 DN20	个	3.85	—	1.010
	黑玛钢六角内接头 DN15	个	0.75	5.050	—
	黑玛钢六角内接头 DN20	个	0.87	—	5.050
	机油	kg	19.66	0.013	0.015
	锯条(各种规格)	根	0.62	0.080	0.111
	聚四氟乙烯生料带	m	0.13	3.391	4.522
	六角螺栓	kg	5.81	0.330	0.360
	螺纹阀门 DN15	个	15.00	0.060	0.060
	尼龙砂轮片 φ400	片	8.55	0.004	0.004
	热轧厚钢板 δ12～20	kg	3.20	0.213	0.258
	石棉橡胶板	kg	9.40	0.021	0.027
	输水软管 φ25	m	8.55	0.060	0.060
	水	m³	7.96	0.001	0.001
	无缝钢管 φ22×2	m	3.42	0.030	0.030
	压力表弯管 DN15	个	10.69	0.060	0.060
	氧气	m³	3.63	0.420	0.429
	乙炔气	kg	10.45	0.140	0.143
	其他材料费占材料费	%	—	2.000	2.000
机械	电焊机(综合)	台班	118.28	0.063	0.071
	管子切断套丝机 159mm	台班	21.31	0.006	0.008
	砂轮切割机 400mm	台班	24.71	0.001	0.001
	试压泵 3MPa	台班	17.53	0.060	0.060

工作内容：切管、套丝、制垫、加垫、倒流防止器、阀门及水表安装、水压试验。　　　　　　计量单位：组

定　额　编　号			A10-4-337	A10-4-338
项　目　名　称			公称直径(mm)	
			25	32
基　　价（元）			94.65	112.75
其中	人　工　费（元）		54.60	64.68
	材　料　费（元）		29.41	36.32
	机　械　费（元）		10.64	11.75
名　　称	单位	单价（元）	消　耗　量	
人工	综合工日	工日	140.00	0.390	0.462
材料	Y型过滤器 DN100	个	—	(1.000)	(1.000)
	倒流防止器	个	—	(1.000)	(1.000)
	螺纹阀门	个	—	(2.020)	(2.020)
	螺纹水表	个	—	(1.000)	(1.000)
	弹簧压力表	个	23.08	0.060	0.060
	低碳钢焊条	kg	6.84	0.525	0.601
	焊接钢管 DN25	m	6.62	0.300	0.300
	黑玛钢活接头 DN25	个	4.19	1.010	—
	黑玛钢活接头 DN32	个	3.29	—	1.010
	黑玛钢六角内接头 DN25	个	1.54	5.050	—
	黑玛钢六角内接头 DN32	个	2.39	—	5.050
	机油	kg	19.66	0.016	0.019
	锯条(各种规格)	根	0.62	0.124	0.135
	聚四氟乙烯生料带	m	0.13	5.652	7.235
	六角螺栓	kg	5.81	0.360	0.720
	螺纹阀门 DN15	个	15.00	0.060	0.060
	尼龙砂轮片 Φ400	片	8.55	0.005	0.008
	热轧厚钢板 δ12～20	kg	3.20	0.309	0.426
	石棉橡胶板	kg	9.40	0.031	0.036
	输水软管 Φ25	m	8.55	0.060	0.060
	水	m³	7.96	0.001	0.001
	无缝钢管 Φ22×2	m	3.42	0.030	0.030
	压力表弯管 DN15	个	10.69	0.060	0.060
	氧气	m³	3.63	0.444	0.453
	乙炔气	kg	10.45	0.148	0.151
	其他材料费占材料费	%	—	2.000	2.000
机械	电焊机(综合)	台班	118.28	0.078	0.086
	管子切断套丝机 159mm	台班	21.31	0.016	0.021
	砂轮切割机 400mm	台班	24.71	0.001	0.003
	试压泵 3MPa	台班	17.53	0.060	0.060

工作内容：切管、套丝、制垫、加垫、倒流防止器、阀门及水表安装、水压试验。　　　计量单位：组

定　额　编　号				A10-4-339	A10-4-340
项　目　名　称				公称直径(mm)	
				40	50
基　　价（元）				143.88	176.75
其中	人　工　费（元）			82.60	102.06
	材　料　费（元）			48.48	60.69
	机　械　费（元）			12.80	14.00
名　　称		单位	单价(元)	消　耗　量	
人工	综合工日	工日	140.00	0.590	0.729
材料	Y型过滤器 DN100	个	—	(1.000)	(1.000)
	倒流防止器	个	—	(1.000)	(1.000)
	螺纹阀门	个	—	(2.020)	(2.020)
	螺纹水表	个	—	(1.000)	(1.000)
	弹簧压力表	个	23.08	0.060	0.060
	低碳钢焊条	kg	6.84	0.712	0.805
	焊接钢管 DN25	m	6.62	0.300	—
	焊接钢管 DN50	m	13.35	—	0.300
	黑玛钢活接头 DN40	个	10.51	1.010	—
	黑玛钢活接头 DN50	个	14.53	—	1.010
	黑玛钢六角内接头 DN40	个	2.99	5.050	—
	黑玛钢六角内接头 DN50	个	3.85	—	5.050
	机油	kg	19.66	0.025	0.029
	锯条(各种规格)	根	0.62	0.149	0.158
	聚四氟乙烯生料带	m	0.13	9.043	11.304
	六角螺栓	kg	5.81	0.750	0.750
	螺纹阀门 DN15	个	15.00	0.060	0.060
	尼龙砂轮片 φ400	片	8.55	0.009	0.021
	热轧厚钢板 δ12～20	kg	3.20	0.492	0.600
	石棉橡胶板	kg	9.40	0.040	0.045
	输水软管 φ25	m	8.55	0.060	0.060
	水	m³	7.96	0.001	0.001
	无缝钢管 φ22×2	m	3.42	0.030	0.030
	压力表弯管 DN15	个	10.69	0.060	0.060
	氧气	m³	3.63	0.459	0.465
	乙炔气	kg	10.45	0.153	0.155
	其他材料费占材料费	%	—	2.000	2.000
机械	电焊机(综合)	台班	118.28	0.094	0.101
	管子切断套丝机 159mm	台班	21.31	0.026	0.041
	砂轮切割机 400mm	台班	24.71	0.003	0.005
	试压泵 3MPa	台班	17.53	0.060	0.060

3.倒流防止器组成安装(法兰连接不带水表)

工作内容:切管、制垫、加垫、倒流防止器及阀门安装、紧螺栓、水压试验。　　　　　　计量单位:组

定 额 编 号			A10-4-341	A10-4-342	A10-4-343
项 目 名 称			公称直径(mm)		
			50	65	80
基 价 (元)			195.08	227.78	315.89
其中	人 工 费 (元)		110.74	137.90	181.86
	材 料 费 (元)		65.49	68.78	111.43
	机 械 费 (元)		18.85	21.10	22.60
名 称		单位	单价(元)	消 耗 量	
人工	综合工日	工日	140.00	0.791	0.985	1.299
材料	Y型过滤器 DN100	个	—	(1.000)	(1.000)	(1.000)
	倒流防止器	个	—	(1.000)	(1.000)	(1.000)
	法兰挠性接头	个	—	(1.000)	(1.000)	(1.000)
	法兰闸阀	个	—	(2.000)	(2.000)	(2.000)
	碳钢平焊法兰	片	—	(2.000)	(2.000)	(2.000)
	白铅油	kg	6.45	0.040	0.050	0.070
	弹簧压力表	个	23.08	0.060	0.060	0.060
	低碳钢焊条	kg	6.84	0.609	0.706	0.741
	电	kW·h	0.68	0.031	0.038	0.045
	焊接钢管 DN50	m	13.35	0.300	0.300	0.300
	锯条(各种规格)	根	0.62	0.106	—	—
	六角螺栓	kg	5.81	0.750	0.780	0.810
	六角螺栓带螺母、垫圈 M16×65~80	套	1.54	24.720	24.720	49.440
	螺纹阀门 DN15	个	15.00	0.060	0.060	0.060
	尼龙砂轮片 φ100	片	2.05	0.045	0.060	0.069
	尼龙砂轮片 φ400	片	8.55	0.021	0.027	0.032

续表

定 额 编 号				A10-4-341	A10-4-342	A10-4-343
项 目 名 称				公称直径(mm)		
				50	65	80
名 称		单位	单价(元)	消	耗	量
材料	破布	kg	6.32	0.020	0.020	0.020
	清油	kg	9.70	0.010	0.015	0.020
	热轧厚钢板 δ12～20	kg	3.20	0.600	0.759	0.891
	石棉橡胶板	kg	9.40	0.456	0.630	0.870
	输水软管 φ25	m	8.55	0.060	0.060	0.060
	水	m³	7.96	0.001	0.002	0.002
	无缝钢管 φ22×2	m	3.42	0.030	0.030	0.030
	压力表弯管 DN15	个	10.69	0.060	0.060	0.060
	氧气	m³	3.63	0.423	0.438	0.495
	乙炔气	kg	10.45	0.141	0.146	0.165
	其他材料费占材料费	%	—	2.000	2.000	2.000
机械	电焊机(综合)	台班	118.28	0.147	0.161	0.173
	电焊条恒温箱	台班	21.41	0.006	0.007	0.008
	电焊条烘干箱 60×50×75cm³	台班	26.46	0.006	0.007	0.008
	砂轮切割机 400mm	台班	24.71	0.005	0.006	0.007
	试压泵 3MPa	台班	17.53	0.060	0.090	0.090

工作内容：切管、制垫、加垫、倒流防止器及阀门安装、紧螺栓、水压试验。　　　　　计量单位：组

定　额　编　号			A10-4-344	A10-4-345	A10-4-346
项　目　名　称			公称直径(mm)		
			100	150	200
基　　　价　（元）			386.16	698.52	964.88
其中	人　工　费　（元）		235.76	295.40	370.86
	材　料　费　（元）		124.42	236.14	334.28
	机　械　费　（元）		25.98	166.98	259.74
名　　　称	单位	单价(元)	消　　耗　　量		
人工	综合工日	工日	140.00	1.684	2.110	2.649
材料	Y型过滤器 DN100	个	—	(1.000)	(1.000)	(1.000)
	倒流防止器	个	—	(1.000)	(1.000)	(1.000)
	法兰挠性接头	个	—	(1.000)	(1.000)	(1.000)
	法兰闸阀	个	—	(2.000)	(2.000)	(2.000)
	碳钢平焊法兰	片	—	(2.000)	(2.000)	(2.000)
	白铅油	kg	6.45	0.100	0.140	0.170
	弹簧压力表	个	23.08	0.060	0.060	0.060
	低碳钢焊条	kg	6.84	0.820	0.989	1.606
	电	kW•h	0.68	0.059	0.081	0.183
	焊接钢管 DN80	m	22.81	0.300	0.300	0.300
	六角螺栓	kg	5.81	1.680	3.000	3.000
	六角螺栓带螺母、垫圈 M16×65~80	套	1.54	49.440	—	—
	六角螺栓带螺母、垫圈 M20×85~100	套	3.33	—	49.440	74.160
	螺纹阀门 DN15	个	15.00	0.060	0.060	0.060
	尼龙砂轮片 φ100	片	2.05	0.100	0.146	0.199
	尼龙砂轮片 φ400	片	8.55	0.041	—	—
	破布	kg	6.32	0.030	0.030	0.030

423

续表

定额编号			A10-4-344	A10-4-345	A10-4-346
项目名称			公称直径(mm)		
			100	150	200
名称	单位	单价(元)	消	耗	量
清油	kg	9.70	0.025	0.030	0.030
热轧厚钢板 δ12~20	kg	3.20	1.083	1.836	2.625
石棉橡胶板	kg	9.40	1.110	1.824	2.153
输水软管 Φ25	m	8.55	0.060	0.060	0.060
水	m³	7.96	0.002	0.008	0.019
无缝钢管 Φ22×2	m	3.42	0.030	0.030	0.030
压力表弯管 DN15	个	10.69	0.060	0.060	0.060
氧气	m³	3.63	0.633	1.050	1.557
乙炔气	kg	10.45	0.211	0.350	0.519
其他材料费占材料费	%	—	2.000	2.000	2.000
电焊机(综合)	台班	118.28	0.200	0.241	0.430
电焊条恒温箱	台班	21.41	0.011	0.015	0.034
电焊条烘干箱 60×50×75cm³	台班	26.46	0.011	0.015	0.034
吊装机械(综合)	台班	619.04	—	0.206	0.312
砂轮切割机 400mm	台班	24.71	0.009	—	—
试压泵 3MPa	台班	17.53	0.090	0.240	0.240
载重汽车 5t	台班	430.70	—	0.014	0.023

左侧合并列标注：材料（材料），机械（机械）

工作内容：切管、制垫、加垫、倒流防止器及阀门安装、紧螺栓、水压试验。　　　　　　计量单位：组

定　额　编　号			A10-4-347	A10-4-348
项　目　名　称			公称直径(mm)	
			250	300
基　　　　价（元）			1386.42	1521.11
其中	人　工　费（元）		488.74	582.12
	材　料　费（元）		385.74	405.79
	机　械　费（元）		511.94	533.20
名　　　称		单位	单价（元）	消　　耗　　量
人工	综合工日	工日	140.00	3.491	4.158
材料	Y型过滤器 DN100	个	—	(1.000)	(1.000)
	倒流防止器	个	—	(1.000)	(1.000)
	法兰挠性接头	个	—	(1.000)	(1.000)
	法兰闸阀	个	—	(2.000)	(2.000)
	碳钢平焊法兰	片	—	(2.000)	(2.000)
	白铅油	kg	6.45	0.200	0.250
	弹簧压力表	个	23.08	0.060	0.060
	低碳钢焊条	kg	6.84	2.795	3.350
	电	kW·h	0.68	0.261	0.324
	焊接钢管 DN100	m	29.68	0.300	—
	焊接钢管 DN150	m	48.71	—	0.300
	六角螺栓	kg	5.81	4.680	4.890
	六角螺栓带螺母、垫圈 M22×90～120	套	3.59	74.160	74.160
	螺纹阀门 DN15	个	15.00	0.060	0.060
	尼龙砂轮片 φ100	片	2.05	0.262	0.310
	破布	kg	6.32	0.040	0.050
	清油	kg	9.70	0.040	0.050
	热轧厚钢板 δ12～20	kg	3.20	3.840	4.953
	石棉橡胶板	kg	9.40	2.429	2.609
	输水软管 φ25	m	8.55	0.060	0.060
	水	m³	7.96	0.064	0.064
	无缝钢管 φ22×2	m	3.42	0.030	0.030
	压力表弯管 DN15	个	10.69	0.060	0.060
	氧气	m³	3.63	2.097	2.526
	乙炔气	kg	10.45	0.699	0.842
	其他材料费占材料费	%	—	2.000	2.000
机械	电焊机(综合)	台班	118.28	0.576	0.693
	电焊条恒温箱	台班	21.41	0.049	0.060
	电焊条烘干箱 60×50×75cm³	台班	26.46	0.049	0.060
	吊装机械(综合)	台班	619.04	0.650	0.650
	试压泵 3MPa	台班	17.53	0.240	0.240
	载重汽车 5t	台班	430.70	0.081	0.097

工作内容：切管、制垫、加垫、倒流防止器及阀门安装、紧螺栓、水压试验。　　　　　　　　　　计量单位：组

定 额 编 号				A10-4-349	A10-4-350
项 目 名 称				公称直径(mm)	
				350	400
基 价（元）				1862.90	2286.73
其中	人 工 费（元）			693.56	801.36
	材 料 费（元）			535.44	747.61
	机 械 费（元）			633.90	737.76
名 称		单位	单价(元)	消 耗 量	
人工	综合工日	工日	140.00	4.954	5.724
材料	Y型过滤器 DN100	个	—	(1.000)	(1.000)
	倒流防止器	个	—	(1.000)	(1.000)
	法兰挠性接头	个	—	(1.000)	(1.000)
	法兰闸阀	个	—	(2.000)	(2.000)
	碳钢平焊法兰	片	—	(2.000)	(2.000)
	白铅油	kg	6.45	0.280	0.300
	弹簧压力表	个	23.08	0.060	0.060
	低碳钢焊条	kg	6.84	4.757	5.309
	电	kW·h	0.68	0.340	0.384
	焊接钢管 DN150	m	48.71	0.300	0.300
	六角螺栓	kg	5.81	7.050	8.520
	六角螺栓带螺母、垫圈 M22×90～120	套	3.59	98.990	—
	六角螺栓带螺母、垫圈 M27×120～140	套	5.40	—	98.990
	螺纹阀门 DN15	个	15.00	0.060	0.060
	尼龙砂轮片 φ100	片	2.05	0.379	0.426
	破布	kg	6.32	0.050	0.060
	清油	kg	9.70	0.055	0.060
	热轧厚钢板 δ12～20	kg	3.20	6.327	7.872
	石棉橡胶板	kg	9.40	3.600	4.500
	输水软管 φ25	m	8.55	0.060	0.060
	水	m³	7.96	0.107	0.107
	无缝钢管 φ22×2	m	3.42	0.030	0.030
	压力表弯管 DN15	个	10.69	0.060	0.060
	氧气	m³	3.63	2.715	3.102
	乙炔气	kg	10.45	0.905	1.034
	其他材料费占材料费	%	—	2.000	2.000
机械	电焊机(综合)	台班	118.28	0.723	0.805
	电焊条恒温箱	台班	21.41	0.063	0.071
	电焊条烘干箱 60×50×75cm³	台班	26.46	0.063	0.071
	吊装机械(综合)	台班	619.04	0.789	0.889
	试压泵 3MPa	台班	17.53	0.300	0.300
	载重汽车 5t	台班	430.70	0.120	0.194

4.倒流防止器组成安装(法兰连接带水表)

工作内容:气管、制垫、加垫、倒流防止器、水表及阀门安装、紧螺栓、水压试验。　　　计量单位:组

定　额　编　号				A10-4-351	A10-4-352	A10-4-353
项　目　名　称				公称直径(mm)		
				50	65	80
基　　　　价（元）				263.05	352.42	465.36
其中	人　工　费（元）			149.52	188.30	242.90
	材　料　费（元）			87.65	120.11	175.49
	机　械　费（元）			25.88	44.01	46.97
名　　　称		单位	单价(元)	消　　耗　　量		
人工	综合工日	工日	140.00	1.068	1.345	1.735
材料	Y型过滤器 DN100	个	—	(1.000)	(1.000)	(1.000)
	倒流防止器	个	—	(1.000)	(1.000)	(1.000)
	法兰挠性接头	个	—	(1.000)	(1.000)	(1.000)
	法兰水表	个	—	(1.000)	(1.000)	(1.000)
	法兰闸阀	个	—	(2.000)	(2.000)	(2.000)
	碳钢平焊法兰	片	—	(4.000)	(8.000)	(8.000)
	白铅油	kg	6.45	0.080	0.180	0.220
	弹簧压力表	个	23.08	0.060	0.060	0.060
	低碳钢焊条	kg	6.84	0.724	1.145	1.216
	电	kW·h	0.68	0.062	0.138	0.151
	焊接钢管 DN50	m	13.35	0.300	0.300	0.300
	锯条(各种规格)	根	0.62	0.106	—	—
	六角螺栓	kg	5.81	0.750	0.780	0.810
	六角螺栓带螺母、垫圈 M16×65~80	套	1.54	37.080	41.200	70.040
	螺纹阀门 DN15	个	15.00	0.060	0.060	0.060
	尼龙砂轮片 φ100	片	2.05	0.091	0.210	0.229
	尼龙砂轮片 φ400	片	8.55	0.021	0.027	0.032

续表

定 额 编 号				A10-4-351	A10-4-352	A10-4-353
项 目 名 称				公称直径(mm)		
				50	65	80
名 称		单位	单价(元)	消 耗 量		
材 料	破布	kg	6.32	0.040	0.080	0.080
	清油	kg	9.70	0.020	0.040	0.060
	热轧厚钢板 δ12～20	kg	3.20	0.600	0.759	0.891
	石棉橡胶板	kg	9.40	0.596	0.950	1.270
	输水软管 φ25	m	8.55	0.060	0.060	0.060
	水	m³	7.96	0.001	0.002	0.002
	无缝钢管 φ22×2	m	3.42	0.030	0.030	0.030
	压力表弯管 DN15	个	10.69	0.060	0.060	0.060
	氧气	m³	3.63	0.423	0.438	0.495
	乙炔气	kg	10.45	0.141	0.146	0.165
	异径管 DN65×50	个	8.55	—	2.000	—
	异径管 DN80×50	个	10.97	—	—	2.000
	其他材料费占材料费	%	—	2.000	2.000	2.000
机 械	电焊机(综合)	台班	118.28	0.204	0.347	0.371
	电焊条恒温箱	台班	21.41	0.012	0.026	0.028
	电焊条烘干箱 60×50×75cm³	台班	26.46	0.012	0.026	0.028
	砂轮切割机 400mm	台班	24.71	0.005	0.006	0.007
	试压泵 3MPa	台班	17.53	0.060	0.090	0.090

工作内容：气管、制垫、加垫、倒流防止器、水表及阀门安装、紧螺栓、水压试验。　　　计量单位：组

定　额　编　号			A10-4-354	A10-4-355	A10-4-356
项　目　名　称			公称直径(mm)		
			100	150	200
基　　　　价（元）			591.93	1121.05	1757.24
其中	人　工　费（元）		314.86	406.14	511.70
	材　料　费（元）		216.98	436.91	729.39
	机　械　费（元）		60.09	278.00	516.15
名　　　称		单位	单价（元）	消　　耗　　量	
人工	综合工日	工日	140.00	2.249	2.901	3.655
材料	Y型过滤器 DN100	个	—	(1.000)	(1.000)	(1.000)
	倒流防止器	个	—	(1.000)	(1.000)	(1.000)
	法兰挠性接头	个	—	(1.000)	(1.000)	(1.000)
	法兰水表	个	—	(1.000)	(1.000)	(1.000)
	法兰闸阀	个	—	(2.000)	(2.000)	(2.000)
	碳钢平焊法兰	片	—	(8.000)	(8.000)	(8.000)
	白铅油	kg	6.45	0.340	0.480	0.620
	弹簧压力表	个	23.08	0.060	0.060	0.060
	低碳钢焊条	kg	6.84	1.637	2.132	3.704
	电	kW·h	0.68	0.208	0.281	0.529
	焊接钢管 DN80	m	22.81	0.300	0.300	0.300
	六角螺栓	kg	5.81	1.680	3.000	3.000
	六角螺栓带螺母、垫圈 M16×65～80	套	1.54	82.400	24.720	—
	六角螺栓带螺母、垫圈 M20×85～100	套	3.33	—	57.680	111.240
	螺纹阀门 DN15	个	15.00	0.060	0.060	0.060
	尼龙砂轮片 φ100	片	2.05	0.338	0.493	0.691
	尼龙砂轮片 φ400	片	8.55	0.041	—	—
	破布	kg	6.32	0.100	0.120	0.120
	清油	kg	9.70	0.080	0.100	0.120

续表

定 额 编 号			A10-4-354	A10-4-355	A10-4-356
项 目 名 称			公称直径(mm)		
			100	150	200
名 称	单位	单价(元)	消 耗 量		
材 料	热轧厚钢板 δ12～20	kg	3.20	1.083	1.836	2.625
	石棉橡胶板	kg	9.40	1.710	2.724	3.373
	输水软管 φ25	m	8.55	0.060	0.060	0.060
	水	m³	7.96	0.002	0.008	0.019
	无缝钢管 φ22×2	m	3.42	0.030	0.030	0.030
	压力表弯管 DN15	个	10.69	0.060	0.060	0.060
	氧气	m³	3.63	0.633	1.050	1.557
	乙炔气	kg	10.45	0.211	0.350	0.519
	异径管 DN100×80	个	12.82	2.000	—	—
	异径管 DN150×100	个	55.38	—	2.000	—
	异径管 DN200×150	个	116.24	—	—	2.000
	其他材料费占材料费	%	—	2.000	2.000	2.000
机 械	电焊机(综合)	台班	118.28	0.477	0.613	1.073
	电焊条恒温箱	台班	21.41	0.039	0.052	0.098
	电焊条烘干箱 60×50×75cm³	台班	26.46	0.039	0.052	0.098
	吊装机械(综合)	台班	619.04	—	0.310	0.597
	砂轮切割机 400mm	台班	24.71	0.009	—	—
	试压泵 3MPa	台班	17.53	0.090	0.240	0.240
	载重汽车 5t	台班	430.70	—	0.016	0.025

工作内容：气管、制垫、加垫、倒流防止器、水表及阀门安装、紧螺栓、水压试验。　　　　　　计量单位：组

定　额　编　号			A10-4-357	A10-4-358
项　目　名　称			公称直径(mm)	
			250	300
基　　　价（元）			2518.58	3547.85
其中	人　工　费（元）		655.48	790.58
	材　料　费（元）		964.62	1786.95
	机　械　费（元）		898.48	970.32
名　　　称	单位	单价（元）	消　　耗　　量	
人工	综合工日	工日	140.00	4.682	5.647
材料	Y型过滤器 DN100	个	—	(1.000)	(1.000)
	倒流防止器	个	—	(1.000)	(1.000)
	法兰挠性接头	个	—	(1.000)	(1.000)
	法兰水表	个	—	(1.000)	(1.000)
	法兰闸阀	个	—	(2.000)	(2.000)
	碳钢平焊法兰	片	—	(8.000)	(8.000)
	白铅油	kg	6.45	0.740	0.900
	弹簧压力表	个	23.08	0.060	0.060
	低碳钢焊条	kg	6.84	7.317	10.805
	电	kW·h	0.68	0.889	1.171
	焊接钢管 DN100	m	29.68	0.300	—
	焊接钢管 DN150	m	48.71	—	0.300
	六角螺栓	kg	5.81	4.680	4.890
	六角螺栓带螺母、垫圈 M20×85～100	套	3.33	37.080	—
	六角螺栓带螺母、垫圈 M22×90～120	套	3.59	86.520	123.600
	螺纹阀门 DN15	个	15.00	0.060	0.060
	尼龙砂轮片 Φ100	片	2.05	0.923	1.145
	破布	kg	6.32	0.140	0.180

续表

定 额 编 号			A10-4-357	A10-4-358
项 目 名 称			公称直径(mm)	
			250	300
名 称	单位	单价(元)	消 耗 量	
清油	kg	9.70	0.140	0.180
热轧厚钢板 δ12～20	kg	3.20	3.840	4.953
石棉橡胶板	kg	9.40	3.829	4.149
输水软管 φ25	m	8.55	0.060	0.060
水	m³	7.96	0.064	0.064
无缝钢管 φ22×2	m	3.42	0.030	0.030
压力表弯管 DN15	个	10.69	0.060	0.060
氧气	m³	3.63	2.097	2.526
乙炔气	kg	10.45	0.699	0.842
异径管 DN250×200	个	174.36	2.000	—
异径管 DN300×250	个	551.28	—	2.000
其他材料费占材料费	%	—	2.000	2.000
电焊机(综合)	台班	118.28	1.742	2.266
电焊条恒温箱	台班	21.41	0.165	0.218
电焊条烘干箱 60×50×75cm³	台班	26.46	0.165	0.218
吊装机械(综合)	台班	619.04	1.035	1.035
试压泵 3MPa	台班	17.53	0.240	0.240
载重汽车 5t	台班	430.70	0.092	0.109

材料 机械

工作内容：气管、制垫、加垫、倒流防止器、水表及阀门安装、紧螺栓、水压试验。　　　计量单位：组

定　额　编　号			A10-4-359	A10-4-360
项　目　名　称			公称直径(mm)	
			350	400
基　　　价（元）			4007.61	4961.91
其中	人　工　费（元）		938.56	1099.56
	材　料　费（元）		1913.18	2579.84
	机　械　费（元）		1155.87	1282.51
名　　　称	单位	单价（元）	消　耗　量	
人工	综合工日	工日	140.00	6.704	7.854
材料	Y型过滤器 DN100	个	—	(1.000)	(1.000)
	倒流防止器	个	—	(1.000)	(1.000)
	法兰挠性接头	个	—	(1.000)	(1.000)
	法兰水表	个	—	(1.000)	(1.000)
	法兰闸阀	个	—	(2.000)	(2.000)
	碳钢平焊法兰	片	—	(8.000)	(8.000)
	白铅油	kg	6.45	1.000	1.100
	弹簧压力表	个	23.08	0.060	0.060
	低碳钢焊条	kg	6.84	14.729	15.834
	电	kW·h	0.68	1.329	1.417
	焊接钢管 DN150	m	48.71	0.300	0.300
	六角螺栓	kg	5.81	7.050	8.520
	六角螺栓带螺母、垫圈 M22×90～120	套	3.59	152.440	49.440
	六角螺栓带螺母、垫圈 M27×120～140	套	5.40	—	115.360
	螺纹阀门 DN15	个	15.00	0.060	0.060
	尼龙砂轮片 Φ100	片	2.05	1.378	1.473
	破布	kg	6.32	0.200	0.220

续表

定　额　编　号				A10-4-359	A10-4-360
项　目　名　称				公称直径(mm)	
				350	400
名　　　称	单位	单价(元)		消　　耗　　量	
材　料	清油	kg	9.70	0.200	0.220
	热轧厚钢板 δ12～20	kg	3.20	6.327	7.872
	石棉橡胶板	kg	9.40	5.480	6.680
	输水软管 φ25	m	8.55	0.060	0.060
	水	m³	7.96	0.107	0.107
	无缝钢管 φ22×2	m	3.42	0.030	0.030
	压力表弯管 DN15	个	10.69	0.060	0.060
	氧气	m³	3.63	2.715	3.102
	乙炔气	kg	10.45	0.905	1.034
	异径管 DN350×300	个	531.62	2.000	—
	异径管 DN400×300	个	713.68	—	2.000
	其他材料费占材料费	%	—	2.000	2.000
机　械	电焊机(综合)	台班	118.28	2.561	2.724
	电焊条恒温箱	台班	21.41	0.247	0.263
	电焊条烘干箱 60×50×75cm³	台班	26.46	0.247	0.263
	吊装机械(综合)	台班	619.04	1.248	1.368
	试压泵 3MPa	台班	17.53	0.300	0.300
	载重汽车 5t	台班	430.70	0.147	0.222

十二、水锤消除器

1.水锤消除器安装(螺纹连接)

工作内容：安装、试压检查。

计量单位：个

定 额 编 号			A10-4-361	A10-4-362	A10-4-363
项 目 名 称			公称直径(mm)		
			15	20	25
基 价 (元)			5.19	6.04	8.15
其中	人 工 费 (元)		4.34	5.04	6.44
	材 料 费 (元)		0.85	1.00	1.71
	机 械 费 (元)		—	—	—
名 称	单位	单价(元)	消 耗 量		
人工 综合工日	工日	140.00	0.031	0.036	0.046
材料 水锤消除器	个	—	(1.000)	(1.000)	(1.000)
黑玛钢六角内接头 DN15	个	0.75	1.010	—	—
黑玛钢六角内接头 DN20	个	0.87	—	1.010	—
黑玛钢六角内接头 DN25	个	1.54	—	—	1.010
聚四氟乙烯生料带	m	0.13	0.568	0.752	0.944
其他材料费占材料费	%	—	2.000	2.000	2.000

工作内容：安装、试压检查。   计量单位：个

定　额　编　号			A10-4-364	A10-4-365	A10-4-366
项　目　名　称			公称直径(mm)		
			32	40	50
基　　　价（元）			10.60	14.06	17.80
其中	人　工　费（元）		7.98	10.78	13.58
	材　料　费（元）		2.62	3.28	4.22
	机　械　费（元）		—	—	—
名　　称		单位	单价（元）	消　　耗　　量	
人工	综合工日	工日	140.00	0.057	0.077	0.097
材料	水锤消除器	个	—	(1.000)	(1.000)	(1.000)
	黑玛钢六角内接头 DN32	个	2.39	1.010	—	—
	黑玛钢六角内接头 DN40	个	2.99	—	1.010	—
	黑玛钢六角内接头 DN50	个	3.85	—	—	1.010
	聚四氟乙烯生料带	m	0.13	1.208	1.504	1.888
	其他材料费占材料费	%	—	2.000	2.000	2.000

2.水锤消除器安装(法兰连接)

工作内容:制垫、加垫、就位、紧螺栓、试压检查。　　　　　　　　　　　计量单位:个

定　额　编　号			A10-4-367	A10-4-368	A10-4-369
项　目　名　称			公称直径(mm)		
			50	65	80
基　　　价（元）			20.76	26.82	35.74
其中	人　工　费（元）		13.58	19.46	21.56
	材　料　费（元）		7.18	7.36	14.18
	机　械　费（元）		—	—	—
名　　称	单位	单价（元）	消　耗		量
人工 综合工日	工日	140.00	0.097	0.139	0.154
材料 水锤消除器	个	—	(1.000)	(1.000)	(1.000)
白铅油	kg	6.45	0.025	0.030	0.035
机油	kg	19.66	0.004	0.004	0.007
六角螺栓带螺母、垫圈 M16×65~80	套	1.54	4.120	4.120	8.240
破布	kg	6.32	0.004	0.005	0.006
清油	kg	9.70	0.010	0.015	0.020
砂纸	张	0.47	0.004	0.005	0.006
石棉橡胶板	kg	9.40	0.035	0.045	0.065
其他材料费占材料费	%	—	2.000	2.000	2.000

工作内容：制垫、加垫、就位、紧螺栓、试压检查。 计量单位：个

定 额 编 号				A10-4-370	A10-4-371	A10-4-372
项 目 名 称				公称直径(mm)		
				100	125	150
基 价 （元）				42.46	69.52	88.72
其中	人 工 费（元）			28.00	32.34	35.98
	材 料 费（元）			14.46	14.84	30.40
	机 械 费（元）			—	22.34	22.34
名 称		单位	单价(元)	消 耗 量		
人工	综合工日	工日	140.00	0.200	0.231	0.257
材料	水锤消除器	个	—	(1.000)	(1.000)	(1.000)
	白铅油	kg	6.45	0.040	0.050	0.070
	机油	kg	19.66	0.007	0.007	0.010
	六角螺栓带螺母、垫圈 M16×65～80	套	1.54	8.240	8.240	—
	六角螺栓带螺母、垫圈 M20×85～100	套	3.33	—	—	8.240
	破布	kg	6.32	0.007	0.008	0.016
	清油	kg	9.70	0.025	0.027	0.030
	砂纸	张	0.47	0.007	0.008	0.016
	石棉橡胶板	kg	9.40	0.085	0.115	0.140
	其他材料费占材料费	%	—	2.000	2.000	2.000
机械	吊装机械(综合)	台班	619.04	—	0.034	0.034
	载重汽车 5t	台班	430.70	—	0.003	0.003

工作内容：制垫、加垫、就位、紧螺栓、试压检查。 计量单位：个

定　额　编　号				A10-4-373	A10-4-374	A10-4-375
项　目　名　称				公称直径(mm)		
				200	250	300
基　　　　　价（元）				124.31	159.87	175.17
其中	人　工　费（元）			45.92	56.00	68.32
	材　料　费（元）			44.91	48.61	51.59
	机　械　费（元）			33.48	55.26	55.26
名　　　称		单位	单价(元)	消　　耗　　量		
人工	综合工日	工日	140.00	0.328	0.400	0.488
材料	水锤消除器	个	—	(1.000)	(1.000)	(1.000)
	白铅油	kg	6.45	0.080	0.100	0.200
	机油	kg	19.66	0.016	0.018	0.018
	六角螺栓带螺母、垫圈 M20×85～100	套	3.33	12.360	—	—
	六角螺栓带螺母、垫圈 M22×90～120	套	3.59	—	12.360	12.360
	破布	kg	6.32	0.022	0.024	0.049
	清油	kg	9.70	0.035	0.040	0.050
	砂纸	张	0.47	0.024	0.024	0.024
	石棉橡胶板	kg	9.40	0.165	0.185	0.400
	其他材料费占材料费	%	—	2.000	2.000	2.000
机械	吊装机械(综合)	台班	619.04	0.052	0.083	0.083
	载重汽车 5t	台班	430.70	0.003	0.009	0.009

十三、补偿器

1. 方形补偿器制作(弯头组成)

工作内容:切口、坡口、组成、焊接。

计量单位:个

定 额 编 号			A10-4-376	A10-4-377	A10-4-378
项 目 名 称			公称直径(mm以内)		
			32	40	50
基 价 (元)			52.16	62.02	102.65
其中	人 工 费 (元)		27.30	33.74	41.72
	材 料 费 (元)		19.72	22.36	29.21
	机 械 费 (元)		5.14	5.92	31.72
名 称	单位	单价(元)	消 耗 量		
人工 综合工日	工日	140.00	0.195	0.241	0.298
材料 压制弯头	个	—	(4.000)	(4.000)	(4.000)
低碳钢焊条	kg	6.84	0.133	0.152	0.509
电	kW·h	0.68	0.076	0.095	0.398
锯条(各种规格)	根	0.62	0.212	0.251	0.318
尼龙砂轮片 φ100	片	2.05	0.020	0.032	0.400
尼龙砂轮片 φ400	片	8.55	0.043	0.050	0.062
破布	kg	6.32	0.018	0.018	0.022
碳钢气焊条	kg	9.06	0.120	0.150	—
型钢	kg	3.70	3.710	4.240	5.300
氧气	m³	3.63	0.408	0.423	0.504
乙炔气	kg	10.45	0.136	0.141	0.168
其他材料费占材料费	%	—	2.000	2.000	2.000
机械 电焊机(综合)	台班	118.28	0.037	0.043	0.252
电焊条恒温箱	台班	21.41	0.004	0.004	0.025
电焊条烘干箱 60×50×75cm³	台班	26.46	0.004	0.004	0.025
砂轮切割机 400mm	台班	24.71	0.023	0.026	0.029

工作内容：切口、坡口、组成、焊接。

计量单位：个

定　额　编　号				A10-4-379	A10-4-380	A10-4-381
项　目　名　称				公称直径(mm以内)		
				65	80	100
基　　　价（元）				138.34	172.72	241.09
其中	人　工　费（元）			53.90	68.32	86.24
	材　料　费（元）			35.98	46.18	70.23
	机　械　费（元）			48.46	58.22	84.62
名　　　称		单位	单价(元)	消　　耗　　量		
人工	综合工日	工日	140.00	0.385	0.488	0.616
材料	压制弯头	个	—	(4.000)	(4.000)	(4.000)
	低碳钢焊条	kg	6.84	0.778	0.948	1.614
	电	kW·h	0.68	0.496	0.576	0.554
	尼龙砂轮片 φ100	片	2.05	0.628	0.648	0.793
	尼龙砂轮片 φ400	片	8.55	0.080	0.095	0.120
	破布	kg	6.32	0.030	0.036	0.042
	型钢	kg	3.70	6.360	8.480	13.144
	氧气	m³	3.63	0.552	0.654	0.828
	乙炔气	kg	10.45	0.184	0.218	0.276
	其他材料费占材料费	%	—	2.000	2.000	2.000
机械	电焊机(综合)	台班	118.28	0.387	0.465	0.676
	电焊条恒温箱	台班	21.41	0.039	0.046	0.068
	电焊条烘干箱 60×50×75cm³	台班	26.46	0.039	0.046	0.068
	砂轮切割机 400mm	台班	24.71	0.033	0.041	0.057

工作内容：切口、坡口、组成、焊接。 计量单位：个

定 额 编 号				A10-4-382	A10-4-383	A10-4-384
项 目 名 称				公称直径(mm以内)		
				125	150	200
基 价 （元）				281.57	364.06	486.96
其中	人 工 费（元）			107.80	137.90	181.86
	材 料 费（元）			74.52	101.27	134.39
	机 械 费（元）			99.25	124.89	170.71
名 称		单位	单价(元)	消 耗 量		
人工	综合工日	工日	140.00	0.770	0.985	1.299
材料	压制弯头	个	—	(4.000)	(4.000)	(4.000)
	低碳钢焊条	kg	6.84	1.861	2.806	3.824
	电	kW·h	0.68	0.682	0.896	1.237
	尼龙砂轮片 φ100	片	2.05	1.090	1.627	2.335
	尼龙砂轮片 φ400	片	8.55	0.132	—	—
	破布	kg	6.32	0.050	0.062	0.084
	型钢	kg	3.70	13.144	17.278	22.716
	氧气	m³	3.63	1.062	1.662	2.163
	乙炔气	kg	10.45	0.354	0.554	0.721
	其他材料费占材料费	%	—	2.000	2.000	2.000
机械	电焊机(综合)	台班	118.28	0.794	1.015	1.387
	电焊条恒温箱	台班	21.41	0.079	0.101	0.139
	电焊条烘干箱 60×50×75cm³	台班	26.46	0.079	0.101	0.139
	砂轮切割机 400mm	台班	24.71	0.063	—	—

442

工作内容：切口、坡口、组成、焊接。

计量单位：个

定　额　编　号					A10-4-385	A10-4-386
项　目　名　称					公称直径(mm以内)	
					250	300
基　　　价（元）					662.07	756.32
其中	人　工　费（元）				238.56	287.42
	材　料　费（元）				185.99	226.10
	机　械　费（元）				237.52	242.80
名　　　称		单位	单价(元)		消　　耗　　量	
人工	综合工日	工日	140.00		1.704	2.053
材料	压制弯头	个	—		(4.000)	(4.000)
	低碳钢焊条	kg	6.84		6.939	8.316
	电	kW·h	0.68		1.742	2.010
	尼龙砂轮片 φ100	片	2.05		3.824	4.602
	破布	kg	6.32		0.102	0.120
	型钢	kg	3.70		28.016	34.520
	氧气	m³	3.63		3.030	3.585
	乙炔气	kg	10.45		1.010	1.195
	其他材料费占材料费	%	—		2.000	2.000
机械	电焊机(综合)	台班	118.28		1.930	1.973
	电焊条恒温箱	台班	21.41		0.193	0.197
	电焊条烘干箱 60×50×75cm³	台班	26.46		0.193	0.197

工作内容：切口、坡口、组成、焊接。 计量单位：个

定 额 编 号				A10-4-387	A10-4-388
项 目 名 称				公称直径(mm以内)	
				350	400
基 价 （元）				852.59	1023.76
其中	人 工 费 （元）			327.04	382.34
	材 料 费 （元）			243.49	299.41
	机 械 费 （元）			282.06	342.01
名 称		单位	单价（元）	消 耗 量	
人工	综合工日	工日	140.00	2.336	2.731
材料	压制弯头	个	—	(4.000)	(4.000)
	低碳钢焊条	kg	6.84	9.465	14.151
	电	kW·h	0.68	2.353	2.762
	尼龙砂轮片 φ100	片	2.05	6.450	7.382
	破布	kg	6.32	0.144	0.162
	型钢	kg	3.70	34.520	38.760
	氧气	m³	3.63	4.290	4.943
	乙炔气	kg	10.45	1.430	1.661
	其他材料费占材料费	%	—	2.000	2.000
机械	电焊机(综合)	台班	118.28	2.292	2.779
	电焊条恒温箱	台班	21.41	0.229	0.278
	电焊条烘干箱 60×50×75cm³	台班	26.46	0.229	0.278

2.方形补偿器制作(机械煨制)

工作内容:下料、胎具拆安、弯管成型、焊接、检查。　　　　　　　　　　　　计量单位:个

定　额　编　号			A10-4-389	A10-4-390	A10-4-391
项　目　名　称			公称直径(mm以内)		
			32	40	50
基　　　　价（元）			46.30	57.48	97.34
其中	人　工　费（元）		25.90	33.04	48.16
	材　料　费（元）		12.44	14.87	20.38
	机　械　费（元）		7.96	9.57	28.80
名　　　称		单位	单价（元）	消　耗　量	
人工	综合工日	工日	140.00	0.185	0.236	0.344
材料	低碳钢焊条	kg	6.84	0.083	0.099	0.346
	电	kW·h	0.68	0.050	0.064	0.296
	锯条(各种规格)	根	0.62	0.141	0.167	0.212
	尼龙砂轮片 φ100	片	2.05	0.014	0.021	0.267
	尼龙砂轮片 φ400	片	8.55	0.029	0.034	0.042
	破布	kg	6.32	0.012	0.012	0.015
	碳钢气焊条	kg	9.06	0.080	0.100	—
	型钢	kg	3.70	2.332	2.756	3.710
	氧气	m³	3.63	0.237	0.295	0.337
	乙炔气	kg	10.45	0.090	0.112	0.127
	其他材料费占材料费	%	—	2.000	2.000	2.000
机械	电动弯管机 108mm	台班	76.93	0.062	0.074	0.096
	电焊机(综合)	台班	118.28	0.023	0.028	0.170
	电焊条恒温箱	台班	21.41	0.002	0.003	0.017
	电焊条烘干箱 60×50×75cm³	台班	26.46	0.002	0.003	0.017
	砂轮切割机 400mm	台班	24.71	0.015	0.017	0.020

工作内容：下料、胎具拆安、弯管成型、焊接、检查。

计量单位：个

定　额　编　号				A10-4-392	A10-4-393	A10-4-394
项　目　名　称				公称直径(mm以内)		
				65	80	100
基　　　　　价（元）				135.94	164.14	235.93
其中	人　工　费（元）			64.68	83.44	109.20
	材　料　费（元）			27.64	29.96	53.17
	机　械　费（元）			43.62	50.74	73.56
名　　　称		单位	单价（元）	消　　耗　　量		
人工	综合工日	工日	140.00	0.462	0.596	0.780
材料	低碳钢焊条	kg	6.84	0.549	0.623	1.130
	电	kW·h	0.68	0.351	0.362	0.370
	尼龙砂轮片 φ100	片	2.05	0.419	0.432	0.529
	尼龙砂轮片 φ400	片	8.55	0.053	0.063	0.080
	破布	kg	6.32	0.020	0.024	0.028
	型钢	kg	3.70	5.088	5.406	10.282
	氧气	m³	3.63	0.395	0.462	0.585
	乙炔气	kg	10.45	0.135	0.154	0.195
	其他材料费占材料费	%	—	2.000	2.000	2.000
机械	电动弯管机 108mm	台班	76.93	0.132	0.158	0.197
	电焊机(综合)	台班	118.28	0.267	0.308	0.466
	电焊条恒温箱	台班	21.41	0.027	0.031	0.047
	电焊条烘干箱 60×50×75cm³	台班	26.46	0.027	0.031	0.047
	砂轮切割机 400mm	台班	24.71	0.024	0.027	0.042

3.方形补偿器安装

工作内容:组成、焊接、张拉、安装。 计量单位:个

定 额 编 号				A10-4-395	A10-4-396	A10-4-397
项 目 名 称				公称直径(mm以内)		
				32	40	50
基 价 （元）				20.61	24.66	33.39
其中	人 工 费 （元）			9.38	11.48	16.52
	材 料 费 （元）			4.60	5.38	6.86
	机 械 费 （元）			6.63	7.80	10.01
名 称		单位	单价(元)	消 耗 量		
人工	综合工日	工日	140.00	0.067	0.082	0.118
材料	方形补偿器	个	—	(1.000)	(1.000)	(1.000)
	低碳钢焊条	kg	6.84	0.102	0.121	0.144
	电	kW·h	0.68	0.025	0.032	0.135
	锯条(各种规格)	根	0.62	0.071	0.084	0.106
	尼龙砂轮片 φ100	片	2.05	0.007	0.011	0.133
	尼龙砂轮片 φ400	片	8.55	0.014	0.017	0.021
	破布	kg	6.32	0.006	0.006	0.007
	型钢	kg	3.70	0.742	0.848	1.060
	氧气	m³	3.63	0.110	0.136	0.156
	乙炔气	kg	10.45	0.042	0.051	0.057
	其他材料费占材料费	%	—	2.000	2.000	2.000
机械	电焊机(综合)	台班	118.28	0.051	0.060	0.077
	电焊条恒温箱	台班	21.41	0.005	0.006	0.008
	电焊条烘干箱 60×50×75cm³	台班	26.46	0.005	0.006	0.008
	立式油压千斤顶 100t	台班	10.21	0.018	0.024	0.032
	砂轮切割机 400mm	台班	24.71	0.007	0.007	0.008

工作内容：组成、焊接、张拉、安装。 计量单位：个

定 额 编 号				A10-4-398	A10-4-399	A10-4-400
项 目 名 称				公称直径(mm以内)		
				65	80	100
基 价（元）				46.96	56.87	78.15
其中	人 工 费（元）			20.16	23.66	28.70
	材 料 费（元）			10.29	13.31	19.28
	机 械 费（元）			16.51	19.90	30.17
名 称		单位	单价(元)	消 耗 量		
人工	综合工日	工日	140.00	0.144	0.169	0.205
材料	方形补偿器	个	—	(1.000)	(1.000)	(1.000)
	低碳钢焊条	kg	6.84	0.244	0.298	0.503
	电	kW·h	0.68	0.168	0.192	0.185
	尼龙砂轮片 φ100	片	2.05	0.209	0.216	0.264
	尼龙砂轮片 φ400	片	8.55	0.027	0.032	0.040
	破布	kg	6.32	0.010	0.012	0.014
	型钢	kg	3.70	1.696	2.332	3.392
	氧气	m³	3.63	0.181	0.204	0.255
	乙炔气	kg	10.45	0.062	0.069	0.085
	其他材料费占材料费	%	—	2.000	2.000	2.000
机械	电焊机(综合)	台班	118.28	0.125	0.150	0.215
	电焊条恒温箱	台班	21.41	0.012	0.015	0.022
	电焊条烘干箱 60×50×75cm³	台班	26.46	0.013	0.015	0.022
	立式油压千斤顶 100t	台班	10.21	0.086	0.110	0.320
	砂轮切割机 400mm	台班	24.71	0.010	0.013	0.017

工作内容：组成、焊接、张拉、安装。

计量单位：个

定 额 编 号				A10-4-401	A10-4-402	A10-4-403
项 目 名 称				公称直径(mm以内)		
				125	150	200
基 价（元）				91.30	109.79	149.65
其中	人 工 费（元）			34.58	44.52	60.48
	材 料 费（元）			20.71	25.17	33.71
	机 械 费（元）			36.01	40.10	55.46
名 称		单位	单价（元）	消 耗 量		
人工	综合工日	工日	140.00	0.247	0.318	0.432
材料	方形补偿器	个	—	(1.000)	(1.000)	(1.000)
	低碳钢焊条	kg	6.84	0.585	0.862	1.180
	电	kW·h	0.68	0.227	0.299	0.412
	尼龙砂轮片 φ100	片	2.05	0.363	0.542	0.778
	尼龙砂轮片 φ400	片	8.55	0.044	—	—
	破布	kg	6.32	0.017	0.021	0.028
	型钢	kg	3.70	3.392	3.710	4.922
	氧气	m³	3.63	0.333	0.507	0.663
	乙炔气	kg	10.45	0.111	0.169	0.221
	其他材料费占材料费	%	—	2.000	2.000	2.000
机械	电焊机(综合)	台班	118.28	0.255	0.281	0.388
	电焊条恒温箱	台班	21.41	0.025	0.028	0.039
	电焊条烘干箱 60×50×75cm³	台班	26.46	0.025	0.028	0.039
	立式油压千斤顶 100t	台班	10.21	0.410	—	—
	立式油压千斤顶 200t	台班	11.50	—	0.480	0.670
	砂轮切割机 400mm	台班	24.71	0.019	—	—

工作内容：组成、焊接、张拉、安装。 计量单位：个

定 额 编 号				A10-4-404	A10-4-405
项 目 名 称				公称直径(mm以内)	
				250	300
基 价（元）				210.02	251.15
其中	人 工 费（元）			84.14	95.62
	材 料 费（元）			48.41	58.21
	机 械 费（元）			77.47	97.32
名 称		单位	单价(元)	消 耗 量	
人工	综合工日	工日	140.00	0.601	0.683
材料	方形补偿器	个	—	(1.000)	(1.000)
	低碳钢焊条	kg	6.84	2.197	2.625
	电	kW·h	0.68	0.581	0.670
	尼龙砂轮片 φ100	片	2.05	1.275	1.534
	破布	kg	6.32	0.034	0.040
	型钢	kg	3.70	6.088	7.408
	氧气	m³	3.63	0.939	1.104
	乙炔气	kg	10.45	0.313	0.368
	其他材料费占材料费	%	—	2.000	2.000
机械	电焊机(综合)	台班	118.28	0.551	0.658
	电焊条恒温箱	台班	21.41	0.055	0.066
	电焊条烘干箱 60×50×75cm³	台班	26.46	0.055	0.066
	立式油压千斤顶 200t	台班	11.50	0.840	1.420

工作内容：组成、焊接、张拉、安装。

计量单位：个

定　额　编　号				A10-4-406	A10-4-407
项　目　名　称				公称直径(mm以内)	
				350	400
基　　　　价（元）				291.12	351.66
其中	人　工　费（元）			108.50	127.26
	材　料　费（元）			67.57	84.32
	机　械　费（元）			115.05	140.08
名　　称		单位	单价（元）	消　　耗　　量	
人工	综合工日	工日	140.00	0.775	0.909
材料	方形补偿器	个	—	(1.000)	(1.000)
	低碳钢焊条	kg	6.84	3.039	4.584
	电	kW·h	0.68	0.784	0.921
	尼龙砂轮片 φ100	片	2.05	2.150	2.461
	破布	kg	6.32	0.048	0.054
	型钢	kg	3.70	8.256	9.210
	氧气	m³	3.63	1.359	1.578
	乙炔气	kg	10.45	0.453	0.526
	其他材料费占材料费	%	—	2.000	2.000
机械	电焊机(综合)	台班	118.28	0.764	0.926
	电焊条恒温箱	台班	21.41	0.076	0.093
	电焊条烘干箱 60×50×75cm³	台班	26.46	0.076	0.093
	立式油压千斤顶 200t	台班	11.50	1.830	2.270

4.焊接式成品补偿器安装

工作内容：切口、坡口、焊接、试压检查。

计量单位：个

定 额 编 号				A10-4-408	A10-4-409	A10-4-410
项 目 名 称				公称直径(mm以内)		
				50	65	80
基 价 （元）				32.83	42.98	51.72
其中	人 工 费 （元）			22.96	27.30	32.34
	材 料 费 （元）			1.60	2.23	3.56
	机 械 费 （元）			8.27	13.45	15.82
名 称		单位	单价(元)	消 耗 量		
人工	综合工日	工日	140.00	0.164	0.195	0.231
材料	焊接式补偿器	个	—	(1.000)	(1.000)	(1.000)
	低碳钢焊条	kg	6.84	0.132	0.183	0.215
	电	kW·h	0.68	0.148	0.156	0.168
	锯条（各种规格）	根	0.62	0.106	—	—
	尼龙砂轮片 φ100	片	2.05	0.133	0.209	0.216
	尼龙砂轮片 φ400	片	8.55	0.021	0.027	0.032
	破布	kg	6.32	0.007	0.010	0.012
	氧气	m³	3.63	—	0.015	0.156
	乙炔气	kg	10.45	—	0.005	0.052
	其他材料费占材料费	%	—	2.000	2.000	2.000
机械	电焊机(综合)	台班	118.28	0.066	0.108	0.127
	电焊条恒温箱	台班	21.41	0.007	0.011	0.013
	电焊条烘干箱 60×50×75cm³	台班	26.46	0.007	0.011	0.013
	砂轮切割机 400mm	台班	24.71	0.005	0.006	0.007

工作内容：切口、坡口、焊接、试压检查。 计量单位：个

定 额 编 号			A10-4-411	A10-4-412	A10-4-413
项 目 名 称			公称直径(mm以内)		
			100	125	150
基 价 （元）			67.03	98.82	119.85
其中	人 工 费（元）		39.48	47.46	58.24
	材 料 费（元）		5.06	6.51	9.65
	机 械 费（元）		22.49	44.85	51.96
名 称	单位	单价(元)	消 耗 量		
人工	综合工日	工日	140.00	0.282	0.339	0.416
材料	焊接式补偿器	个	—	(1.000)	(1.000)	(1.000)
	低碳钢焊条	kg	6.84	0.381	0.464	0.729
	电	kW·h	0.68	0.185	0.227	0.299
	尼龙砂轮片 φ100	片	2.05	0.264	0.363	0.542
	尼龙砂轮片 φ400	片	8.55	0.040	0.044	—
	破布	kg	6.32	0.014	0.017	0.021
	氧气	m³	3.63	0.177	0.255	0.426
	乙炔气	kg	10.45	0.059	0.086	0.142
	其他材料费占材料费	%	—	2.000	2.000	2.000
机械	电焊机(综合)	台班	118.28	0.181	0.221	0.281
	电焊条恒温箱	台班	21.41	0.018	0.022	0.028
	电焊条烘干箱 60×50×75cm³	台班	26.46	0.018	0.022	0.028
	吊装机械(综合)	台班	619.04	—	0.026	0.026
	砂轮切割机 400mm	台班	24.71	0.009	0.011	—
	载重汽车 5t	台班	430.70	—	0.003	0.003

工作内容：切口、坡口、焊接、试压检查。 计量单位：个

定　额　编　号			A10-4-414	A10-4-415	A10-4-416
项　目　名　称			公称直径(mm以内)		
			200	250	300
基　　　价（元）			160.39	228.20	267.62
其中	人　工　费（元）		77.56	93.52	113.54
	材　料　费（元）		13.73	23.57	28.06
	机　械　费（元）		69.10	111.11	126.02
名　　称		单位	单价（元）	消　　耗　　量	
人工	综合工日	工日	140.00	0.554	0.668	0.811
材料	焊接式补偿器	个	—	(1.000)	(1.000)	(1.000)
	低碳钢焊条	kg	6.84	1.009	1.985	2.368
	电	kW•h	0.68	0.412	0.581	0.670
	尼龙砂轮片 φ100	片	2.05	0.778	1.275	1.534
	破布	kg	6.32	0.028	0.034	0.040
	型钢	kg	3.70	0.152	0.152	0.200
	氧气	m³	3.63	0.555	0.807	0.945
	乙炔气	kg	10.45	0.185	0.269	0.315
	其他材料费占材料费	%	—	2.000	2.000	2.000
机械	电焊机(综合)	台班	118.28	0.388	0.551	0.658
	电焊条恒温箱	台班	21.41	0.039	0.055	0.066
	电焊条烘干箱 60×50×75cm³	台班	26.46	0.039	0.055	0.066
	吊装机械(综合)	台班	619.04	0.031	0.063	0.063
	载重汽车 5t	台班	430.70	0.005	0.010	0.014

定 额 编 号			A10-4-417	A10-4-418
项 目 名 称			公称直径(mm以内)	
			350	400
基 价 （元）			314.77	371.16
其中	人 工 费（元）		132.30	151.62
	材 料 费（元）		33.85	46.64
	机 械 费（元）		148.62	172.90
名 称	单位	单价(元)	消 耗 量	
人工	综合工日	工日	140.00	0.945	1.083
材料	焊接式补偿器	个	—	(1.000)	(1.000)
	低碳钢焊条	kg	6.84	2.751	4.262
	电	kW·h	0.68	0.784	0.921
	尼龙砂轮片 φ100	片	2.05	2.150	2.461
	破布	kg	6.32	0.048	0.054
	型钢	kg	3.70	0.200	0.200
	氧气	m³	3.63	1.179	1.380
	乙炔气	kg	10.45	0.393	0.460
	其他材料费占材料费	%	—	2.000	2.000
机械	电焊机(综合)	台班	118.28	0.764	0.926
	电焊条恒温箱	台班	21.41	0.076	0.093
	电焊条烘干箱 60×50×75cm³	台班	26.46	0.076	0.093
	吊装机械(综合)	台班	619.04	0.075	0.075
	载重汽车 5t	台班	430.70	0.019	0.029

工作内容：切口、坡口、焊接、试压检查。 计量单位：个

定　额　编　号				A10-4-419	A10-4-420
项　目　名　称				公称直径(mm以内)	
				450	500
基　　　价（元）				430.41	474.41
其中	人　工　费（元）			176.12	194.04
	材　料　费（元）			51.86	59.23
	机　械　费（元）			202.43	221.14
名　　称		单位	单价（元）	消　　耗　　量	
人工	综合工日	工日	140.00	1.258	1.386
材料	焊接式补偿器	个	—	(1.000)	(1.000)
	低碳钢焊条	kg	6.84	4.808	5.315
	电	kW·h	0.68	1.046	1.179
	尼龙砂轮片 φ100	片	2.05	2.788	3.503
	破布	kg	6.32	0.060	0.066
	型钢	kg	3.70	0.200	0.200
	氧气	m³	3.63	1.464	1.767
	乙炔气	kg	10.45	0.488	0.589
	其他材料费占材料费	%	—	2.000	2.000
机械	电焊机(综合)	台班	118.28	1.045	1.155
	电焊条恒温箱	台班	21.41	0.105	0.116
	电焊条烘干箱 60×50×75cm³	台班	26.46	0.105	0.116
	吊装机械(综合)	台班	619.04	0.090	0.090
	载重汽车 5t	台班	430.70	0.042	0.054

456

工作内容：切管、补偿器安装、对口、焊接、制垫、加垫、紧螺栓、压力试验等操作过程。

计量单位：个

定　额　编　号			A10-4-421	A10-4-422	A10-4-423
项　目　名　称			公称直径(mm以内)		
			600	800	1000
基　　　价（元）			572.54	793.98	943.99
其中	人　工　费（元）		358.40	530.04	617.54
	材　料　费（元）		88.12	111.85	136.14
	机　械　费（元）		126.02	152.09	190.31
名　　称	单位	单价(元)	消　　耗　　量		
人工 综合工日	工日	140.00	2.560	3.786	4.411
材料 法兰套筒补偿器	个	—	(1.000)	(1.000)	(1.000)
低碳钢焊条	kg	6.84	7.935	10.417	12.980
钢锯条	条	0.34	2.500	2.500	3.000
机油	kg	19.66	0.120	0.140	0.140
角钢(综合)	kg	3.61	0.202	0.220	0.220
六角螺栓带螺母(综合)	kg	12.20	0.480	0.480	0.480
棉纱头	kg	6.00	0.080	0.200	0.230
尼龙砂轮片 φ100	片	2.05	1.288	1.730	2.160
铁砂布	张	0.85	2.500	3.000	3.500
氧气	m³	3.63	2.519	3.086	3.744
乙炔气	kg	10.45	0.841	1.028	1.264
其他材料费占材料费	%	—	1.000	1.000	1.000
机械 电焊条烘干箱 60×50×75cm³	台班	26.46	0.136	0.165	0.202
汽车式起重机 8t	台班	763.67	0.027	0.033	0.045
载重汽车 8t	台班	501.85	0.009	0.010	0.013
直流弧焊机 20kV·A	台班	71.43	1.362	1.645	2.017

457

5.法兰式成品补偿器安装

工作内容：制垫、加垫、安装、紧螺栓、试压检查。 计量单位：个

定 额 编 号				A10-4-424	A10-4-425	A10-4-426
项 目 名 称				公称直径(mm以内)		
				25	32	40
基 价（元）				16.08	20.84	22.51
其中	人 工 费（元）			12.88	13.58	15.12
	材 料 费（元）			3.20	7.26	7.39
	机 械 费（元）			—	—	—
	名 称	单位	单价(元)	消 耗		量
人工	综合工日	工日	140.00	0.092	0.097	0.108
材料	法兰式补偿器	个	—	(1.000)	(1.000)	(1.000)
	白铅油	kg	6.45	0.028	0.030	0.035
	机油	kg	19.66	0.004	0.004	0.004
	六角螺栓带螺母、垫圈 M12×14~75	套	0.60	4.120	—	—
	六角螺栓带螺母、垫圈 M16×65~80	套	1.54	—	4.120	4.120
	破布	kg	6.32	0.004	0.004	0.004
	砂纸	张	0.47	0.004	0.004	0.004
	石棉橡胶板	kg	9.40	0.040	0.050	0.060
	其他材料费占材料费	%	—	2.000	2.000	2.000

458

工作内容：制垫、加垫、安装、紧螺栓、试压检查。 计量单位：个

定 额 编 号				A10-4-427	A10-4-428	A10-4-429
项 目 名 称				公称直径(mm以内)		
				50	65	80
基 价（元）				25.43	35.77	52.98
其中	人 工 费（元）			17.92	28.00	35.28
	材 料 费（元）			7.51	7.77	17.70
	机 械 费（元）			—	—	—
名 称		单位	单价（元）	消 耗 量		
人工	综合工日	工日	140.00	0.128	0.200	0.252
材料	法兰式补偿器	个	—	(1.000)	(1.000)	(1.000)
	白铅油	kg	6.45	0.040	0.050	0.070
	机油	kg	19.66	0.004	0.004	0.007
	六角螺栓带螺母、垫圈 M16×65～80	套	1.54	4.120	4.120	—
	六角螺栓带螺母、垫圈 M16×85～140	套	1.88	—	—	8.240
	破布	kg	6.32	0.004	0.004	0.008
	砂纸	张	0.47	0.004	0.004	0.008
	石棉橡胶板	kg	9.40	0.070	0.090	0.130
	其他材料费占材料费	%	—	2.000	2.000	2.000

工作内容：制垫、加垫、安装、紧螺栓、试压检查。 计量单位：个

定 额 编 号				A10-4-430	A10-4-431	A10-4-432
项 目 名 称				公称直径(mm以内)		
				100	125	150
基 价 （元）				60.70	83.99	99.85
其中	人 工 费 （元）			42.42	44.52	47.46
	材 料 费 （元）			18.28	18.99	31.91
	机 械 费 （元）			—	20.48	20.48
名 称		单位	单价(元)	消 耗 量		
人工	综合工日	工日	140.00	0.303	0.318	0.339
材料	法兰式补偿器	个	—	(1.000)	(1.000)	(1.000)
	白铅油	kg	6.45	0.100	0.120	0.140
	机油	kg	19.66	0.007	0.007	0.010
	六角螺栓带螺母、垫圈 M16×85~140	套	1.88	8.240	8.240	—
	六角螺栓带螺母、垫圈 M20×85~100	套	3.33	—	—	8.240
	破布	kg	6.32	0.008	0.008	0.016
	砂纸	张	0.47	0.008	0.008	0.016
	石棉橡胶板	kg	9.40	0.170	0.230	0.280
	其他材料费占材料费	%	—	2.000	2.000	2.000
机械	吊装机械(综合)	台班	619.04	—	0.031	0.031
	载重汽车 5t	台班	430.70	—	0.003	0.003

工作内容：制垫、加垫、安装、紧螺栓、试压检查。 计量单位：个

定　额　编　号				A10-4-433	A10-4-434	A10-4-435
项　目　名　称				公称直径(mm以内)		
				200	250	300
基　　　　价（元）				134.17	207.40	216.81
其中	人　工　费（元）			61.74	79.10	86.24
	材　料　费（元）			46.75	50.65	51.20
	机　械　费（元）			25.68	77.65	79.37
	名　　　称	单位	单价（元）	消　　耗　　量		
人工	综合工日	工日	140.00	0.441	0.565	0.616
材　　料	法兰式补偿器	个	—	(1.000)	(1.000)	(1.000)
	白铅油	kg	6.45	0.170	0.200	0.240
	机油	kg	19.66	0.016	0.018	0.018
	六角螺栓带螺母、垫圈 M20×85～100	套	3.33	12.360	—	—
	六角螺栓带螺母、垫圈 M22×90～120	套	3.59	—	12.360	12.360
	破布	kg	6.32	0.024	0.024	0.024
	砂纸	张	0.47	0.024	0.024	0.024
	石棉橡胶板	kg	9.40	0.330	0.370	0.400
	其他材料费占材料费	%	—	2.000	2.000	2.000
机　械	吊装机械(综合)	台班	619.04	0.038	0.115	0.115
	载重汽车 5t	台班	430.70	0.005	0.015	0.019

工作内容：制垫、加垫、安装、紧螺栓、试压检查。 计量单位：个

定　额　编　号				A10-4-436	A10-4-437
项　目　名　称				公称直径(mm以内)	
				350	400
基　　　　　价（元）				258.30	328.01
其中	人　工　费（元）			96.32	114.94
	材　料　费（元）			68.07	100.32
	机　械　费（元）			93.91	112.75
名　　称		单位	单价（元）	消　　耗　　量	
人工	综合工日	工日	140.00	0.688	0.821
材料	法兰式补偿器	个	—	(1.000)	(1.000)
	白铅油	kg	6.45	0.280	0.300
	机油	kg	19.66	0.024	0.037
	六角螺栓带螺母、垫圈 M22×90～120	套	3.59	16.480	—
	六角螺栓带螺母、垫圈 M27×120～140	套	5.40	—	16.480
	破布	kg	6.32	0.032	0.032
	砂纸	张	0.47	0.032	0.032
	石棉橡胶板	kg	9.40	0.540	0.690
	其他材料费占材料费	%	—	2.000	2.000
机械	吊装机械(综合)	台班	619.04	0.135	0.155
	载重汽车 5t	台班	430.70	0.024	0.039

工作内容：制垫、加垫、安装、紧螺栓、试压检查。 计量单位：个

定 额 编 号				A10-4-438	A10-4-439
项 目 名 称				公称直径(mm以内)	
				450	500
基 价（元）				390.13	450.45
其中	人 工 费（元）			133.00	145.88
	材 料 费（元）			124.54	155.38
	机 械 费（元）			132.59	149.19
名 称		单位	单价（元）	消 耗 量	
人工	综合工日	工日	140.00	0.950	1.042
材料	法兰式补偿器	个	—	(1.000)	(1.000)
	白铅油	kg	6.45	0.320	0.350
	机油	kg	19.66	0.046	0.056
	六角螺栓带螺母、垫圈 M27×120～140	套	5.40	20.600	—
	六角螺栓带螺母、垫圈 M30×130～160	套	6.84	—	20.600
	破布	kg	6.32	0.040	0.040
	砂纸	张	0.47	0.040	0.040
	石棉橡胶板	kg	9.40	0.810	0.830
	其他材料费占材料费	%	—	2.000	2.000
机械	吊装机械(综合)	台班	619.04	0.178	0.193
	载重汽车 5t	台班	430.70	0.052	0.069

工作内容：除锈、切管、焊法兰、吊装、就位、找正、找平、制垫、加垫、紧螺栓、水压试验等。

计量单位：个

定 额 编 号				A10-4-440	A10-4-441	A10-4-442
项 目 名 称				公称直径(mm以内)		
				600	800	1000
基 价 （元）				443.31	615.07	747.79
其中	人 工 费（元）			276.08	402.78	483.56
	材 料 费（元）			80.56	104.21	126.25
	机 械 费（元）			86.67	108.08	137.98
名 称	单位	单价(元)		消 耗 量		
人工	综合工日	工日	140.00	1.972	2.877	3.454
材料	法兰波纹补偿器	个	—	(1.000)	(1.000)	(1.000)
	平焊法兰	片	—	(2.000)	(2.000)	(2.000)
	低碳钢焊条	kg	6.84	7.476	9.726	12.093
	黑铅粉	kg	5.13	0.360	0.400	0.480
	机油	kg	19.66	0.120	0.120	0.140
	尼龙砂轮片 φ100	片	2.05	1.169	1.547	1.929
	破布	kg	6.32	0.160	0.160	0.180
	清油	kg	9.70	0.120	0.140	0.140
	石棉橡胶板	kg	9.40	1.680	2.320	2.620
	氧气	m³	3.63	0.571	0.688	0.842
	乙炔气	kg	10.45	0.190	0.229	0.281
	其他材料费占材料费	%	—	1.000	1.000	1.000
机械	电焊条烘干箱 60×50×75cm³	台班	26.46	0.091	0.118	0.147
	汽车式起重机 12t	台班	857.15	—	—	0.029
	汽车式起重机 8t	台班	763.67	0.021	0.022	—
	载重汽车 8t	台班	501.85	0.007	0.008	0.009
	直流弧焊机 20kV·A	台班	71.43	0.906	1.178	1.466

464

十四、软接头(软管)

1.法兰式软接头安装

工作内容：制垫、加垫、安装、紧螺栓、试压检查。　　　　　　　　　　计量单位：个

定　额　编　号				A10-4-443	A10-4-444	A10-4-445
项　目　名　称				公称直径(mm以内)		
				50	65	80
基　　　价（元）				24.38	34.19	43.41
其中	人　工　费（元）			15.82	25.20	27.30
	材　料　费（元）			8.56	8.99	16.11
	机　械　费（元）			—	—	—
名　　称		单位	单价(元)	消　　耗　　量		
人工	综合工日	工日	140.00	0.113	0.180	0.195
材料	法兰式软接头	个	—	(1.000)	(1.000)	(1.000)
	白铅油	kg	6.45	0.040	0.050	0.070
	机油	kg	19.66	0.056	0.065	0.070
	六角螺栓带螺母、垫圈 M16×65～80	套	1.54	4.120	4.120	8.240
	破布	kg	6.32	0.004	0.004	0.008
	砂纸	张	0.47	0.004	0.004	0.008
	石棉橡胶板	kg	9.40	0.070	0.090	0.130
	其他材料费占材料费	%	—	2.000	2.000	2.000

工作内容：制垫、加垫、安装、紧螺栓、试压检查。 计量单位：个

定 额 编 号				A10-4-446	A10-4-447	A10-4-448
项 目 名 称				公称直径(mm以内)		
				100	125	150
基 价（元）				56.55	77.71	93.36
其中	人 工 费（元）			36.68	41.72	43.12
	材 料 费（元）			19.87	20.70	33.71
	机 械 费（元）			—	15.29	16.53
名 称		单位	单价(元)	消 耗 量		
人工	综合工日	工日	140.00	0.262	0.298	0.308
材料	法兰式软接头	个	—	(1.000)	(1.000)	(1.000)
	白铅油	kg	6.45	0.100	0.120	0.140
	机油	kg	19.66	0.086	0.092	0.100
	六角螺栓带螺母、垫圈 M16×85～140	套	1.88	8.240	8.240	—
	六角螺栓带螺母、垫圈 M20×85～100	套	3.33	—	—	8.240
	破布	kg	6.32	0.008	0.008	0.016
	砂纸	张	0.47	0.008	0.008	0.016
	石棉橡胶板	kg	9.40	0.170	0.230	0.280
	其他材料费占材料费	%	—	2.000	2.000	2.000
机械	吊装机械(综合)	台班	619.04	—	0.024	0.026
	载重汽车 5t	台班	430.70	—	0.001	0.001

工作内容：制垫、加垫、安装、紧螺栓、试压检查。

计量单位：个

定　额　编　号				A10-4-449	A10-4-450	A10-4-451
项　目　名　称				公称直径(mm以内)		
				200	250	300
基　　　　　价（元）				122.66	187.56	201.13
其中	人　工　费（元）			53.90	67.62	80.50
	材　料　费（元）			49.14	53.16	53.85
	机　械　费（元）			19.62	66.78	66.78
名　　　称		单位	单价（元）	消　　耗　　量		
人工	综合工日	工日	140.00	0.385	0.483	0.575
材料	法兰式软接头	个	—	(1.000)	(1.000)	(1.000)
	白铅油	kg	6.45	0.170	0.200	0.240
	机油	kg	19.66	0.135	0.143	0.150
	六角螺栓带螺母、垫圈 M20×85～100	套	3.33	12.360	—	—
	六角螺栓带螺母、垫圈 M22×90～120	套	3.59	—	12.360	12.360
	破布	kg	6.32	0.024	0.024	0.024
	砂纸	张	0.47	0.024	0.024	0.024
	石棉橡胶板	kg	9.40	0.330	0.370	0.400
	其他材料费占材料费	%	—	2.000	2.000	2.000
机械	吊装机械(综合)	台班	619.04	0.031	0.103	0.103
	载重汽车 5t	台班	430.70	0.001	0.007	0.007

工作内容：制垫、加垫、安装、紧螺栓、试压检查。 计量单位：个

定　额　编　号				A10-4-452	A10-4-453
项　目　名　称				公称直径(mm以内)	
				350	400
基　　　　价（元）				**239.91**	**328.79**
其中	人　工　费（元）			90.58	109.20
	材　料　费（元）			71.60	126.89
	机　械　费（元）			77.73	92.70
名　　称		单位	单价(元)	消　耗　量	
人工	综合工日	工日	140.00	0.647	0.780
材料	法兰式软接头	个	—	(1.000)	(1.000)
	白铅油	kg	6.45	0.280	0.300
	机油	kg	19.66	0.200	0.230
	六角螺栓带螺母、垫圈 M22×90～120	套	3.59	16.480	—
	六角螺栓带螺母、垫圈 M27×120～140	套	5.40	—	20.600
	破布	kg	6.32	0.032	0.032
	砂纸	张	0.47	0.032	0.032
	石棉橡胶板	kg	9.40	0.540	0.690
	其他材料费占材料费	%	—	2.000	2.000
机械	吊装机械(综合)	台班	619.04	0.120	0.140
	载重汽车 5t	台班	430.70	0.008	0.014

2.螺纹式软接头安装

工作内容：切管、套丝、加垫、安装、试压检查。

计量单位：个

定 额 编 号				A10-4-454	A10-4-455	A10-4-456
项 目 名 称				公称直径(mm以内)		
				15	20	25
基 价 （元）				9.94	11.47	13.50
其中	人 工 费（元）			9.38	10.78	12.32
	材 料 费（元）			0.41	0.49	0.74
	机 械 费（元）			0.15	0.20	0.44
名 称		单位	单价（元）	消 耗 量		
人工	综合工日	工日	140.00	0.067	0.077	0.088
材料	螺纹式软接头	个	—	(1.000)	(1.000)	(1.000)
	机油	kg	19.66	0.013	0.015	0.016
	锯条(各种规格)	根	0.62	0.057	0.065	0.070
	聚四氟乙烯生料带	m	0.13	0.568	0.752	0.944
	尼龙砂轮片 φ400	片	8.55	0.004	0.005	0.011
	氧气	m³	3.63	—	—	0.021
	乙炔气	kg	10.45	—	—	0.007
	其他材料费占材料费	%	—	2.000	2.000	2.000
机械	管子切断套丝机 159mm	台班	21.31	0.006	0.008	0.016
	砂轮切割机 400mm	台班	24.71	0.001	0.001	0.004

工作内容：切管、套丝、加垫、安装、试压检查。

计量单位：个

定　额　编　号				A10-4-457	A10-4-458	A10-4-459
项　目　名　称				公称直径(mm以内)		
				32	40	50
基　　　　价（元）				15.08	19.07	23.25
其中	人　工　费（元）			13.58	17.22	20.86
	材　料　费（元）			0.93	1.17	1.39
	机　械　费（元）			0.57	0.68	1.00
名　　称		单位	单价（元）	消　　耗　　量		
人工	综合工日	工日	140.00	0.097	0.123	0.149
材料	螺纹式软接头	个	—	(1.000)	(1.000)	(1.000)
	机油	kg	19.66	0.019	0.025	0.029
	锯条（各种规格）	根	0.62	0.078	0.089	0.106
	聚四氟乙烯生料带	m	0.13	1.208	1.504	1.888
	尼龙砂轮片 φ400	片	8.55	0.014	0.017	0.021
	氧气	m³	3.63	0.030	0.036	0.042
	乙炔气	kg	10.45	0.010	0.012	0.014
	其他材料费占材料费	%	—	2.000	2.000	2.000
机械	管子切断套丝机 159mm	台班	21.31	0.021	0.026	0.041
	砂轮切割机 400mm	台班	24.71	0.005	0.005	0.005

3.卡紧式软管安装

工作内容：切管、连接、紧固。

计量单位：根

定 额 编 号				A10-4-460	A10-4-461
项 目 名 称				公称直径(mm以内)	
				10	15
基 价（元）				2.48	3.32
其中	人 工 费（元）			1.40	2.24
	材 料 费（元）			1.08	1.08
	机 械 费（元）			—	—
名 称		单位	单价（元）	消 耗 量	
人工	综合工日	工日	140.00	0.010	0.016
材料	软管	根	—	(1.000)	(1.000)
	破布	kg	6.32	0.004	0.005
	软管夹	个	0.51	2.020	2.020
	其他材料费占材料费	%	—	2.000	2.000

471

工作内容：切管、连接、紧固。 计量单位：根

定 额 编 号				A10-4-462	A10-4-463
项 目 名 称				公称直径(mm以内)	
				20	25
基 价（元）				3.88	4.73
其中	人 工 费（元）			2.80	3.64
	材 料 费（元）			1.08	1.09
	机 械 费（元）			—	—
名 称		单位	单价(元)	消 耗 量	
人工	综合工日	工日	140.00	0.020	0.026
材料	软管	根	—	(1.000)	(1.000)
	破布	kg	6.32	0.005	0.006
	软管夹	个	0.51	2.020	2.020
	其他材料费占材料费	%	—	2.000	2.000

472

十五、塑料排水管消声器

工作内容：切管、安装、灌水试验。

计量单位：10个

定 额 编 号			A10-4-464	A10-4-465	A10-4-466
项 目 名 称			公称直径(mm)		
			50	70	100
基 价（元）			8.23	9.75	15.35
其中	人 工 费（元）		7.98	9.38	12.88
	材 料 费（元）		0.25	0.37	0.61
	机 械 费（元）		—	—	1.86
名 称	单位	单价(元)	消 耗 量		
人工 综合工日	工日	140.00	0.057	0.067	0.092
材料 塑料排水管消声器	个	—	(1.000)	(1.000)	(1.000)
丙酮	kg	7.51	0.015	0.025	0.038
锯条(各种规格)	根	0.62	0.031	0.076	0.153
破布	kg	6.32	0.014	0.016	0.023
粘结剂	kg	2.88	0.010	0.010	0.025
其他材料费占材料费	%	—	2.000	2.000	2.000
机械 吊装机械(综合)	台班	619.04	—	—	0.003

工作内容：切管、安装、灌水试验。

计量单位：10个

定　额　编　号			A10-4-467	A10-4-468	A10-4-469
项　目　名　称			公称直径(mm)		
			150	200	250
基　　　　价（元）			19.05	27.45	39.88
其中	人　工　费（元）		15.82	23.66	35.28
	材　料　费（元）		0.75	1.31	2.12
	机　械　费（元）		2.48	2.48	2.48
名　　称	单位	单价(元)	消　　耗　　量		
人工 综合工日	工日	140.00	0.113	0.169	0.252
材料 塑料排水管消声器	个	—	(1.000)	(1.000)	(1.000)
丙酮	kg	7.51	0.044	0.068	0.106
锯条(各种规格)	根	0.62	0.202	0.504	1.009
破布	kg	6.32	0.031	0.052	0.074
粘结剂	kg	2.88	0.029	0.045	0.065
其他材料费占材料费	%	—	2.000	2.000	2.000
机械 吊装机械(综合)	台班	619.04	0.004	0.004	0.004

十六、浮标液面计

工作内容：液面计安装、支架制作安装、除锈刷漆。

计量单位：组

定 额 编 号			A10-4-470	
项 目 名 称			浮标液面计FQ-Ⅱ型	
基 价（元）			33.61	
其中	人 工 费（元）		22.40	
	材 料 费（元）		5.30	
	机 械 费（元）		5.91	
名 称	单位	单价(元)	消 耗 量	
人工	综合工日	工日	140.00	0.160
材料	浮标液面计 FQ-Ⅱ	组	—	(1.000)
	低碳钢焊条	kg	6.84	0.100
	酚醛防锈漆	kg	6.15	0.017
	酚醛调和漆	kg	7.90	0.012
	角钢 60	kg	3.61	0.800
	锯条(各种规格)	根	0.62	0.500
	六角螺栓带螺母、垫圈 M8×14～75	套	0.26	4.120
	汽油	kg	6.77	0.006
	其他材料费占材料费	%	—	2.000
机械	电焊机(综合)	台班	118.28	0.050

十七、浮漂水位标尺

工作内容：预埋螺栓、下料、制作、安装、除锈刷漆、异杆升降调整。

计量单位：组

定 额 编 号				A10-4-471	A10-4-472
项 目 名 称				水塔浮漂水位标尺	
				Ⅰ型	Ⅱ型
基 价（元）				2490.23	3297.79
其中	人 工 费（元）			1330.98	1624.28
	材 料 费（元）			1074.90	1583.25
	机 械 费（元）			84.35	90.26
名 称		单位	单价（元）	消 耗 量	
人工	综合工日	工日	140.00	9.507	11.602
材料	黑玛钢堵头 DN32	个	—	(1.010)	(1.010)
	扁钢	kg	3.40	28.300	111.500
	低碳钢焊条	kg	6.84	0.760	0.850
	地脚螺栓 M14×120～230	套	1.34	14.420	11.330
	垫圈 M14	个	0.09	14.420	11.330
	酚醛防锈漆	kg	6.15	4.915	7.834
	酚醛调和漆	kg	7.90	5.994	8.069
	钢丝绳 φ8	m	2.25	7.500	7.500
	焊接钢管 DN20	m	4.46	0.250	0.100
	焊接钢管 DN32	m	8.56	0.060	0.060
	焊接钢管 DN50	m	13.35	0.250	0.150
	黄干油	kg	5.15	0.200	0.200
	机油	kg	19.66	0.250	0.250
	角钢 60	kg	3.61	63.300	—
	锯条（各种规格）	根	0.62	5.000	7.000
	六角螺栓带螺母、垫圈 M10×30～75	套	0.34	4.120	4.120
	六角螺栓带螺母、垫圈 M10×80～130	套	0.51	4.120	4.120

续表

定额编号				A10-4-471	A10-4-472
项目名称				水塔浮漂水位标尺	
				I型	II型
名称		单位	单价(元)	消耗量	
材料	六角螺栓带螺母、垫圈 M24×100	套	3.85	2.060	2.060
	棉丝	kg	10.68	0.500	0.700
	木材(一级红松)	m^3	1100.00	0.002	0.002
	汽油	kg	6.77	1.950	2.960
	热轧薄钢板 δ2.6～3.2	kg	3.93	17.900	17.900
	热轧厚钢板 δ36	kg	3.20	9.100	9.100
	热轧厚钢板 δ4.5～7.0	kg	3.20	7.800	1.100
	热轧厚钢板 δ8.0～15	kg	3.20	50.300	50.300
	碳钢气焊条	kg	9.06	1.270	1.270
	氧气	m^3	3.63	10.950	10.950
	乙炔气	kg	10.45	3.650	3.650
	硬聚氯乙烯管 φ25×3	m	2.80	0.060	0.060
	圆钢 φ15～24	kg	3.40	7.200	139.300
	圆钢 φ8～14	kg	3.40	48.000	41.400
	其他材料费占材料费	%	—	2.000	2.000
机械	电焊机(综合)	台班	118.28	0.280	0.330
	立式钻床 25mm	台班	6.58	0.100	0.100
	普通车床 400×1000mm	台班	210.71	0.240	0.240

工作内容：预埋螺栓、下料、制作、安装、除锈刷漆、异杆升降调整。 计量单位：组

定 额 编 号			A10-4-473	A10-4-474
项 目 名 称			水池浮漂水位标尺	
			Ⅰ型	Ⅱ型
基 价（元）			2067.73	916.64
其中	人 工 费（元）		988.26	423.36
	材 料 费（元）		999.85	442.05
	机 械 费（元）		79.62	51.23
名 称		单位	单价（元）	消　　耗　　量	
人工	综合工日	工日	140.00	7.059	3.024
材料	黑玛钢堵头 DN32	个	—	—	(1.010)
	扁钢	kg	3.40	4.000	—
	槽钢	kg	3.20	—	1.700
	低碳钢焊条	kg	6.84	0.500	—
	地脚螺栓 M12×160	套	0.33	—	4.120
	地脚螺栓 M16×120～300	套	2.82	20.600	—
	垫圈 M12	个	0.04	—	4.120
	垫圈 M16	个	0.11	20.600	—
	酚醛防锈漆	kg	6.15	3.576	2.491
	酚醛调和漆	kg	7.90	2.439	1.610
	钢丝绳 φ6	m	1.79	12.000	11.000
	焊接钢管 DN100	m	29.68	4.200	2.900
	焊接钢管 DN125	m	41.14	0.050	—
	焊接钢管 DN20	m	4.46	1.250	0.080
	焊接钢管 DN50	m	13.35	—	0.500
	黑玛钢丝堵（堵头）DN20	个	1.03	—	1.010
	黄干油	kg	5.15	0.200	0.300
	机油	kg	19.66	0.250	0.100
	角钢 60	kg	3.61	55.000	—
	角钢 63	kg	3.61	27.700	50.700
	锯条（各种规格）	根	0.62	3.000	2.000
	六角螺母 M10	个	0.09	4.120	—
	六角螺栓带螺母、垫圈 M10×30～75	套	0.34	6.180	18.540

续表

定 额 编 号			A10-4-473	A10-4-474
项 目 名 称			水池浮漂水位标尺	
			I 型	II型
名 称	单位	单价(元)	消 耗 量	
六角螺栓带螺母、垫圈 M10×80～130	套	0.51	2.060	—
六角螺栓带螺母、垫圈 M6×14～75	套	0.13	2.060	4.120
棉丝	kg	10.68	0.400	0.300
木材(一级红松)	m³	1100.00	0.001	—
汽油	kg	6.77	1.258	0.733
青铅	kg	5.90	25.000	—
热轧薄钢板 δ2.0～2.5	kg	3.93	—	11.600
热轧薄钢板 δ2.6～3.2	kg	3.93	21.200	—
热轧薄钢板 δ3.5～4.0	kg	3.93	1.000	—
热轧厚钢板 δ4.5～7.0	kg	3.20	2.700	7.600
热轧厚钢板 δ8.0～15	kg	3.20	6.600	—
石棉绒	kg	0.85	—	0.700
水泥 42.5级	kg	0.33	—	1.000
碳钢平焊法兰 DN100	片	28.21	1.000	—
碳钢气焊条	kg	9.06	0.850	—
氧气	m³	3.63	8.760	—
乙炔气	kg	10.45	2.920	—
油麻	kg	6.84	—	1.250
圆钢 φ8～14	kg	3.40	6.200	0.700
其他材料费占材料费	%	—	2.000	2.000
电焊机(综合)	台班	118.28	0.240	—
立式钻床 25mm	台班	6.58	0.100	0.100
普通车床 400×1000mm	台班	210.71	0.240	0.240

（材料列首列"材料"，机械列首列"机械"为竖排分类标签）

工作内容：预埋螺栓、下料、制作、安装、除锈刷漆、异杆升降调整。 计量单位：组

定 额 编 号	A10-4-475		
项 目 名 称	水池浮漂水位标尺		
	III型		
基 价（元）	687.68		
其中	人 工 费（元）	319.06	
	材 料 费（元）	368.62	
	机 械 费（元）	—	

	名 称	单位	单价（元）	消 耗 量
人工	综合工日	工日	140.00	2.279
材料	镀锌异径管箍 DN25×20	个	1.84	1.010
	酚醛防锈漆	kg	6.15	0.844
	酚醛调和漆	kg	7.90	0.439
	焊接钢管 DN100	m	29.68	0.100
	焊接钢管 DN20	m	4.46	0.250
	焊接钢管 DN25	m	6.62	6.000
	焊接钢管 DN32	m	8.56	0.100
	黑玛钢三通 DN20	个	2.56	1.010
	黑玛钢弯头 DN20	个	1.97	1.010
	机油	kg	19.66	0.100
	锯条(各种规格)	根	0.62	1.000
	六角螺栓带螺母、垫圈 M6×14~75	套	0.13	4.120
	螺纹旋塞阀(灰铸铁) X13T-10 DN15	个	72.65	1.010
	螺纹闸阀 DN20	个	11.18	1.010
	棉丝	kg	10.68	0.100
料	乒乓球	个	1.28	1.000
	汽油	kg	6.77	0.164
	热轧厚钢板 δ8.0~15	kg	3.20	0.100
	石棉绒	kg	0.85	2.100
	水泥 42.5级	kg	0.33	4.600
	油浸石棉盘根	kg	10.09	0.500
	有机玻璃管	m	50.43	4.000
	其他材料费占材料费	%	—	2.000

第五章　卫生器具

说　　明

一、本章卫生器具是参照国家建筑标准设计图集《给水排水标准图集 排水设备及卫生器具安装（2010 年合订本）》中有关标准图编制的，包括浴缸（盆）、净身盆、洗脸盆、洗涤盆、化验盆、大便器、小便器、烘手器、淋浴器、 淋浴间、桑拿浴房、大小便器自动冲洗水箱、给排水附件、小便槽冲洗管制作安装、蒸汽-水加热器、冷热水混合器、饮水器和隔油器等器具安装项目。

二、各类卫生器具安装项目除另有标注外，均适用于各种材质。

三、各类卫生器具安装项目包括卫生器具本体、配套附件、成品支托架安装。各类卫生器具配套附件是指给水附件（水嘴、金属软管、阀门、冲洗管、喷头等）和排水附件（下水口、排水栓、存水弯、与地面或墙面排水口间的排水连接管等）。

四、各类卫生器具所用附件已列出消耗量，如随设备或器具配套供应时，其消耗量不得重复计算。各类卫生器具支托架如现场制作时，执行第十章相应项目。

五、浴盆冷热水带喷头若采用埋入式安装时，混合水管及管件消耗量应另行计算。按摩浴盆包括配套小型循环设备（过滤罐、水泵、按摩泵、气泵等），安装，其循环管路材料、配件等均按成套供货考虑。浴盆底部所需要填充的干砂材料消耗量另行计算。

六、液压脚踏卫生器具安装执行本章相应定额，人工乘以系数 13，液压脚踏装置材料消耗量另行计算。如水嘴、喷头等配件随液压阀及控制器成套供应时，应扣除定额中的相应材料，不得重复计取。卫生器具所用液压脚踏装置包括配套的控制器、液压脚踏开关及其液压连接软管等配套附件。

七、大、小便器冲洗（弯）管均按成品考虑。大便器安装已包括了柔性连接头或胶皮碗。

八、大、小便槽自动冲洗水箱安装中，已包括水箱和冲洗管的成品支托架、管卡安装，水箱支托架及管卡的制作及刷漆，应按相应定额项目另行计算。

九、与卫生器具配套的电气安装，应执行第四册《电气设备安装工程》相应项目。

十、各类卫生器具的混凝土或砖基础、周边砌砖、瓷砖粘贴，蹲式大便器蹲台砌筑，台式洗脸盆的台面、浴厕配件安装，应执行《房屋建筑与装饰工程消耗量定额》相应项目。

十一、本章所有项目安装不包括预留、堵孔洞，发生时执行第十章相应项目。

工程量计算规则

一、各种卫生器具均按设计图示数量计算，以"10组"或"10套"为计量单位。

二、大便槽、小便槽自动冲洗水箱安装分容积按设计图示数量，以"10套"为计量单位。大、小便槽自动冲洗水箱制件不分规格，以"100kg"为计量单位。

三、小便槽冲洗管制作与安装按设计图示长度以"10m"为计量单位，不扣除管件所占的长度。

四、湿蒸房依据使用人数，以"座"为计量单位。

五、隔油器区分安装方式和进水管径，以"套"为计量单位。

一、浴缸（盆）

工作内容：浴盆及附件安装、与上下水管连接、试水。　　　　　　　　　　　计量单位：10组

定　额　编　号			A10-5-1	A10-5-2	A10-5-3
项　目　名　称			搪瓷浴盆		
			冷水	冷热水	冷热水带喷头
基　　　　价（元）			650.20	628.02	810.40
其中	人　工　费（元）		561.96	583.52	700.70
	材　料　费（元）		88.24	44.50	109.70
	机　械　费（元）		—	—	—
名　　称	单位	单价（元）	消　　耗　　量		
人工 综合工日	工日	140.00	4.014	4.168	5.005
材料 混合冷热水龙头	个	—	—	(10.100)	—
螺纹管件 DN15	个	—	(10.100)	(20.200)	(20.200)
搪瓷浴盆	个	—	(10.100)	(10.100)	(10.100)
浴盆混合水嘴带喷头	套	—	—	—	(10.100)
浴盆排水附件	套	—	(10.100)	(10.100)	(10.100)
长颈水嘴 DN15	个	—	(10.100)	—	—
冲击钻头 φ16	个	9.40	—	—	0.220
电	kW·h	0.68	—	—	0.320
防水密封胶	支	8.55	3.900	3.900	3.900
锯条（各种规格）	根	0.62	0.400	0.400	0.400
聚四氟乙烯生料带	m	0.13	33.200	37.200	41.200
膨胀螺栓 M6～12×50～120	套	0.85	—	—	20.600
水	m³	7.96	6.000	0.600	6.000
其他材料费占材料费	%	—	3.000	3.000	3.000

485

工作内容：浴盆及附件安装、与上下水管连接、试水。 计量单位：10组

定 额 编 号				A10-5-4	A10-5-5
项 目 名 称				玻璃钢浴盆	
				冷热水	冷热水带喷头
基 价（元）				538.03	676.00
其中	人 工 费（元）			449.26	566.30
	材 料 费（元）			88.77	109.70
	机 械 费（元）			—	—
名 称		单位	单价（元）	消 耗 量	
人工	综合工日	工日	140.00	3.209	4.045
材料	玻璃钢浴盆	个	—	(10.000)	(10.000)
	混合冷热水龙头	个	—	(10.100)	—
	螺纹管件 DN15	个	—	(20.200)	(20.200)
	浴盆混合水嘴带喷头	套	—	—	(10.100)
	浴盆排水附件	套	—	(10.100)	(10.100)
	冲击钻头 φ16	个	9.40	—	0.220
	电	kW·h	0.68	—	0.320
	防水密封胶	支	8.55	3.900	3.900
	锯条(各种规格)	根	0.62	0.400	0.400
	聚四氟乙烯生料带	m	0.13	37.200	41.200
	膨胀螺栓 M6~12×50~120	套	0.85	—	20.600
	水	m³	7.96	6.000	6.000
	其他材料费占材料费	%	—	3.000	3.000

工作内容：浴盆及附件安装、与上下水管连接、试水。

计量单位：10组

定　额　编　号				A10-5-6	A10-5-7
项　目　名　称				塑料浴盆	
				冷热水	冷热水带喷头
基　　价（元）				509.89	648.00
其中	人　工　费（元）			421.12	538.30
	材　料　费（元）			88.77	109.70
	机　械　费（元）			—	—
名　　称		单位	单价（元）	消　　耗　　量	
人工	综合工日	工日	140.00	3.008	3.845
材料	混合冷热水龙头	个	—	(10.100)	—
	螺纹管件 DN15	个	—	(20.200)	(20.200)
	塑料浴盆	个	—	(10.000)	(10.000)
	浴盆混合水嘴带喷头	套	—	—	(10.100)
	浴盆排水附件	套	—	(10.100)	(10.100)
	冲击钻头 φ16	个	9.40	—	0.220
	电	kW·h	0.68	—	0.320
	防水密封胶	支	8.55	3.900	3.900
	锯条(各种规格)	根	0.62	0.400	0.400
	聚四氟乙烯生料带	m	0.13	37.200	41.200
	膨胀螺栓 M6~12×50~120	套	0.85	—	20.600
	水	m³	7.96	6.000	6.000
	其他材料费占材料费	%	—	3.000	3.000

工作内容：浴盆及附件安装、与上下水管连接、试水。

定 额 编 号			A10-5-8	A10-5-9
项 目 名 称			按摩浴盆	
			体积≤1200L	体积＞1200L
基 价 （元）			1090.13	1235.94
其中	人 工 费 （元）		922.04	1067.36
	材 料 费 （元）		168.09	168.58
	机 械 费 （元）		—	—
名 称	单位	单价（元）	消 耗 量	
人工	综合工日	工日	140.00	6.586	7.624
材料	按摩浴盆	个	—	(10.000)	(10.000)
	角型阀(带铜活) DN15	个	—	(20.200)	(20.200)
	金属软管 D15	m	—	—	(20.200)
	螺纹管件 DN15	个	—	(20.200)	(20.200)
	浴盆混合水嘴带喷头	套	—	(10.100)	(10.100)
	浴盆排水附件	套	—	(10.100)	(10.100)
	冲击钻头 φ16	个	9.40	0.220	0.220
	电	kW•h	0.68	0.320	0.320
	防水密封胶	支	8.55	4.500	5.000
	金属软管 DN15	m	1.79	20.200	—
	锯条(各种规格)	根	0.62	0.400	0.400
	聚四氟乙烯生料带	m	0.13	37.200	41.200
	膨胀螺栓 M6～12×50～120	套	0.85	20.600	20.600
	水	m³	7.96	8.000	12.000
	其他材料费占材料费	%	—	3.000	3.000

二、净身盆

工作内容：金属框架安装、净身盆及附件安装、与上下水管连接、试水。　　　　　计量单位：10组

定　额　编　号			A10-5-10	A10-5-11
项　目　名　称			落地式	壁挂式
基　　　　价（元）			414.61	301.47
其中	人　工　费（元）		378.00	246.54
	材　料　费（元）		36.61	54.93
	机　械　费（元）		—	—
名　　　称	单位	单价（元）	消　　耗　　量	
人工 综合工日	工日	140.00	2.700	1.761
材料 壁挂式净身盆金属框架	副	—	—	(10.100)
角型阀（带铜活）DN15	个	—	(20.200)	(20.200)
金属软管 D15	m	—	(20.200)	(20.200)
净身盆	个	—	(10.100)	(10.100)
净身盆水嘴和排水附件	套	—	(10.100)	(10.100)
螺纹管件 DN15	个	—	(20.200)	(20.200)
冲击钻头 φ16	个	9.40	0.024	0.050
电	kW·h	0.68	0.032	0.076
防水密封胶	支	8.55	1.300	1.300
锯条（各种规格）	根	0.62	0.400	0.400
聚四氟乙烯生料带	m	0.13	37.200	37.200
膨胀螺栓 M6～12×50～120	套	0.85	20.600	41.200
水	m³	7.96	0.200	0.200
其他材料费占材料费	%	—	3.000	3.000

三、洗脸盆

工作内容：托架安装、洗脸盆及附件安装、与上下水管连接、试水。

计量单位：10组

定　额　编　号				A10-5-12	A10-5-13
项　目　名　称				挂墙式	
				组成安装	
				单嘴	双嘴
基　　　价（元）				359.18	381.27
其中	人　工　费（元）			278.88	300.44
	材　料　费（元）			80.30	80.83
	机　械　费（元）			—	—
名　　称		单位	单价（元）	消　耗　量	
人工	综合工日	工日	140.00	1.992	2.146
材料	螺纹管件 DN15	个	—	(10.100)	(20.200)
	洗脸盆	个	—	(10.100)	(10.100)
	洗脸盆排水附件	套	—	(10.100)	(10.100)
	洗脸盆托架	副	—	(10.100)	(10.100)
	长颈水嘴 DN15	个	—	(10.100)	(20.200)
	冲击钻头 φ16	个	9.40	0.660	0.660
	电	kW·h	0.68	0.960	0.960
	防水密封胶	支	8.55	1.500	1.500
	锯条(各种规格)	根	0.62	1.000	1.000
	聚四氟乙烯生料带	m	0.13	27.200	31.200
	膨胀螺栓 M6~12×50~120	套	0.85	61.800	61.800
	水	m³	7.96	0.200	0.200
	其他材料费占材料费	%	—	3.000	3.000

工作内容：托架安装、洗脸盆及附件安装、与上下水管连接、试水。　　　　　　　　　　　　　　　　计量单位：10组

定　额　编　号			A10-5-14	A10-5-15
项　目　名　称			挂墙式	
			成套安装	
			冷水手动开关	冷水脚踏阀开关
基　　　价（元）			396.39	458.03
其中	人　工　费（元）		315.56	355.74
	材　料　费（元）		80.83	102.29
	机　械　费（元）		—	—
名　　　称	单位	单价（元）	消　　耗　　量	
人工 综合工日	工日	140.00	2.254	2.541
材料 角型阀(带铜活) DN15	个	—	(10.100)	(10.100)
脚踏式开关阀门	套	—	—	(10.100)
金属软管 D15	m	—	(10.100)	(20.200)
立式水嘴 DN15	个	—	(10.100)	—
螺纹管件 DN15	个	—	(10.100)	(10.100)
洗脸盆	个	—	(10.100)	(10.100)
洗脸盆排水附件	套	—	(10.100)	(10.100)
洗脸盆托架	副	—	(10.100)	(10.100)
洗手喷头(带弯管)	套	—	—	(10.100)
冲击钻头 φ16	个	9.40	0.660	0.880
电	kW·h	0.68	0.960	1.280
防水密封胶	支	8.55	1.500	1.500
锯条(各种规格)	根	0.62	1.000	1.000
聚四氟乙烯生料带	m	0.13	31.200	39.200
膨胀螺栓 M6～12×50～120	套	0.85	61.800	82.400
水	m³	7.96	0.200	0.200
其他材料费占材料费	%	—	3.000	3.000

工作内容：托架安装、洗脸盆及附件安装、与上下水管连接、试水。　　　　　　　　　　　计量单位：10组

定　额　编　号					A10-5-16	A10-5-17
项　目　名　称					挂墙式	
					成套安装	
					冷水感应开关	冷热水
基　　　　　价（元）					489.37	425.63
其中	人　工　费（元）				367.22	344.26
	材　料　费（元）				122.15	81.37
	机　械　费（元）				—	—
名　　　称		单位	单价（元）		消　　耗　　量	
人工	综合工日	工日	140.00		2.623	2.459
材　　料	红外感应龙头及配件 15	套	—		(10.100)	—
	混合冷热水龙头	个	—		—	(10.100)
	角型阀(带铜活) DN15	个	—		(10.100)	(20.200)
	金属软管 D15	m	—		(20.200)	(20.200)
	螺纹管件 DN15	个	—		(10.100)	(20.200)
	洗脸盆	个	—		(10.100)	(10.100)
	洗脸盆排水附件	套	—		(10.100)	(10.100)
	洗脸盆托架	副	—		(10.100)	(10.100)
	冲击钻头 φ16	个	9.40		1.100	0.660
	电	kW·h	0.68		1.600	0.960
	防水密封胶	支	8.55		1.500	1.500
	锯条(各种规格)	根	0.62		1.000	1.000
	聚四氟乙烯生料带	m	0.13		35.200	35.200
	膨胀螺栓 M6～12×50～120	套	0.85		103.000	61.800
	水	m³	7.96		0.200	0.200
	其他材料费占材料费	%	—		3.000	3.000

492

工作内容：托架安装、洗脸盆及附件安装、与上下水管连接、试水。 计量单位：10组

定 额 编 号				A10-5-18	A10-5-19
项 目 名 称				立柱式	
				冷水	冷热水
基 价（元）				327.52	468.59
其中	人 工 费（元）			273.28	413.28
	材 料 费（元）			54.24	55.31
	机 械 费（元）			—	—
名 称	单位	单价（元）		消 耗 量	
人工	综合工日	工日	140.00	1.952	2.952
材料	混合冷热水龙头	个	—	—	(10.100)
	角型阀（带铜活）DN15	个	—	(10.100)	(20.200)
	金属软管 D15	m	—	(10.100)	(20.200)
	立式水嘴 DN15	个	—	(10.100)	—
	螺纹管件 DN15	个	—	(10.100)	(20.200)
	洗脸盆	个	—	(10.100)	(10.100)
	洗脸盆排水附件	套	—	(10.100)	(10.100)
	白水泥砂浆 1:2	m³	579.55	0.009	0.009
	冲击钻头 φ16	个	9.40	0.220	0.220
	电	kW·h	0.68	0.320	0.320
	防水密封胶	支	8.55	2.500	2.500
	锯条（各种规格）	根	0.62	0.400	0.400
	聚四氟乙烯生料带	m	0.13	31.200	39.200
	膨胀螺栓 M6～12×50～120	套	0.85	20.600	20.600
	水	m³	7.96	0.200	0.200
	橡胶板	kg	2.91	0.130	0.130
	其他材料费占材料费	%	—	3.000	3.000

工作内容：托架安装、洗脸盆及附件安装、与上下水管连接、试水。　　　　　计量单位：10组

定 额 编 号			A10-5-20	A10-5-21	A10-5-22
项 目 名 称			台上式	台下式	洗发盆
			冷热水		
基 价（元）			398.44	526.90	786.60
其中	人 工 费（元）		374.36	440.58	693.56
	材 料 费（元）		24.08	86.32	93.04
	机 械 费（元）		—	—	—
名 称		单位	单价（元）	消 耗 量	
人工	综合工日	工日	140.00	2.674	3.147	4.954
材料	混合冷热水龙头	个	—	(10.100)	(10.100)	—
	角型阀（带铜活）DN15	个	—	(20.200)	(20.200)	(20.200)
	金属软管 D15	m	—	(20.200)	(20.200)	(20.200)
	螺纹管件 DN15	个	—	(20.200)	(20.200)	(20.200)
	洗发盆	套	—			(10.100)
	洗发盆水嘴和排水附件	套	—			(10.100)
	洗脸盆	个	—	(10.100)	(10.100)	—
	洗脸盆排水附件	套	—	(10.100)	(10.100)	—
	洗脸盆托架	副	—		(10.100)	—
	白水泥砂浆 1:2	m³	579.55	—	—	0.009
	冲击钻头 φ16	个	9.40	—	0.660	0.660
	电	kW·h	0.68	—	0.960	0.960
	防水密封胶	支	8.55	2.000	2.000	2.000
	锯条（各种规格）	根	0.62	0.400	0.400	0.400
	聚四氟乙烯生料带	m	0.13	31.200	39.200	43.200
	膨胀螺栓 M6～12×50～120	套	0.85	—	61.800	61.800
	水	m³	7.96	0.200	0.200	0.300
	橡胶板	kg	2.91	0.130	0.130	0.130
	其他材料费占材料费	%	—	3.000	3.000	3.000

四、洗涤盆

工作内容：托架安装、洗涤盆及附件安装、与上下水管连接、试水。　　　　　　　　计量单位：10组

定　额　编　号			A10-5-23	A10-5-24
项　目　名　称			单嘴	双嘴
基　　　　价（元）			288.37	321.38
其中	人　工　费（元）		230.02	262.36
	材　料　费（元）		58.35	59.02
	机　械　费（元）		—	—
名　　　称	单位	单价（元）	消　　耗　　量	
人工 综合工日	工日	140.00	1.643	1.874
材料 螺纹管件 DN15	个	—	(10.100)	(20.200)
洗涤盆	个	—	(10.100)	(10.100)
洗涤盆排水附件	套	—	(10.100)	(10.100)
洗涤盆托架 -40×5	副	—	(10.100)	(10.100)
长颈水嘴 DN15	个	—	(10.100)	(20.200)
冲击钻头 φ16	个	9.40	0.440	0.440
电	kW·h	0.68	0.320	0.320
防水密封胶	支	8.55	1.500	1.500
锯条(各种规格)	根	0.62	1.000	1.000
聚四氟乙烯生料带	m	0.13	5.000	10.000
膨胀螺栓 M6～12×50～120	套	0.85	41.200	41.200
水	m³	7.96	0.400	0.400
其他材料费占材料费	%	—	3.000	3.000

工作内容：托架安装、洗涤盆及附件安装、与上下水管连接、试水。　　　　　　　　　　计量单位：10组

定　额　编　号				A10-5-25	A10-5-26	A10-5-27
项　目　名　称				肘式开关		脚踏阀开关
				冷水	冷热水	冷水
基　　　价（元）				343.67	388.16	399.79
其中	人　工　费（元）			285.32	329.14	321.16
	材　料　费（元）			58.35	59.02	78.63
	机　械　费（元）			—	—	—
名　　　称		单位	单价（元）	消　　耗　　量		
人工	综合工日	工日	140.00	2.038	2.351	2.294
材料	角型阀（带铜活）DN15	个	—	(10.100)	(20.200)	(10.100)
	脚踏式开关阀门	套	—	—	—	(10.100)
	金属软管 D15	m	—	(10.100)	(20.200)	(20.200)
	立式肘开关水嘴 DN15	个	—	(10.100)	(10.100)	—
	螺纹管件 DN15	个	—	(10.100)	(20.200)	(10.100)
	洗涤盆	个	—	(10.100)	(10.100)	(10.100)
	洗涤盆排水附件	套	—	(10.100)	(10.100)	(10.100)
	洗涤盆托架 -40×5	副	—	(10.100)	(10.100)	(10.100)
	洗手喷头(带弯管)	套	—	—	—	(10.100)
	冲击钻头 φ16	个	9.40	0.440	0.440	0.660
	电	kW·h	0.68	0.320	0.320	0.480
	防水密封胶	支	8.55	1.500	1.500	1.500
	锯条(各种规格)	根	0.62	1.000	1.000	1.000
	聚四氟乙烯生料带	m	0.13	5.000	10.000	5.000
	膨胀螺栓 M6～12×50～120	套	0.85	41.200	41.200	61.800
	水	m³	7.96	0.400	0.400	0.400
	其他材料费占材料费	%	—	3.000	3.000	3.000

五、化验盆

工作内容：托架安装、化验盆及附件安装、与上下水管连接、试水。 计量单位：10组

定 额 编 号					A10-5-28	A10-5-29	A10-5-30
项 目 名 称					单联	双联	三联
基 价（元）					256.94	277.63	293.99
其中	人 工 费（元）				242.20	262.36	278.18
	材 料 费（元）				14.74	15.27	15.81
	机 械 费（元）				—	—	—
名 称		单位	单价（元）		消 耗 量		
人工	综合工日	工日	140.00		1.730	1.874	1.987
材料	单联化验水嘴 DN15（铜）	套	—		(10.100)	—	—
	二联化验水嘴 DN15（铜）	套	—		—	(10.100)	—
	化验盆	个	—		(10.100)	(10.100)	(10.100)
	化验盆排水附件	套	—		(10.100)	(10.100)	(10.100)
	化验盆支架 DN15	个	—		(10.100)	(10.100)	(10.100)
	螺纹管件 DN15	个	—		(10.100)	(10.100)	(10.100)
	三联化验水嘴 DN15（铜）	套	—		—	—	(10.100)
	防水密封胶	支	8.55		1.000	1.000	1.000
	锯条（各种规格）	根	0.62		0.400	0.400	0.400
	聚四氟乙烯生料带	m	0.13		24.000	28.000	32.000
	水	m³	7.96		0.300	0.300	0.300
	其他材料费占材料费	%	—		3.000	3.000	3.000

工作内容：托架安装、化验盆及附件安装、与上下水管连接、试水。

计量单位：10组

定　额　编　号			A10-5-31	A10-5-32
项　目　名　称			鹅颈水嘴	
			肘式开关	脚踏阀开关
基　　　　价（元）			309.70	344.68
其中	人　工　费（元）		294.70	329.14
	材　料　费（元）		15.00	15.54
	机　械　费（元）		—	—
名　　　称	单位	单价（元）	消　　耗　　量	
人工 综合工日	工日	140.00	2.105	2.351
材料 鹅颈水嘴	个	—	(10.100)	—
化验盆	个	—	(10.100)	(10.100)
化验盆排水附件	套	—	(10.100)	(10.100)
化验盆支架 DN15	个	—	(10.100)	(10.100)
角型阀（带铜活）DN15	个	—	(10.100)	(10.100)
脚踏式开关阀门	套	—	—	(10.100)
金属软管 D15	m	—	(10.100)	(20.200)
螺纹管件 DN15	个	—	(10.100)	(10.100)
洗手喷头（带弯管）	套	—	—	(10.100)
防水密封胶	支	8.55	1.000	1.000
锯条（各种规格）	根	0.62	0.400	0.400
聚四氟乙烯生料带	m	0.13	26.000	30.000
水	m³	7.96	0.300	0.300
其他材料费占材料费	%	—	3.000	3.000

六、大便器

1.蹲式大便器安装

工作内容：大便器、水箱及附件安装，与上下水管连接，试水。

计量单位：10套

定 额 编 号			A10-5-33	A10-5-34	A10-5-35
项 目 名 称			瓷高水箱	瓷低水箱	手动开关
基 价（元）			851.03	836.35	770.92
其中	人 工 费（元）		571.34	571.34	350.00
	材 料 费（元）		279.69	265.01	420.92
	机 械 费（元）		—	—	—
名 称	单位	单价（元）	消 耗 量		
人工 综合工日	工日	140.00	4.081	4.081	2.500
材料 冲洗管 DN32	根	—	(10.100)	(10.100)	(10.100)
瓷蹲式大便器	个	—	(10.100)	(10.100)	(10.100)
瓷蹲式大便器低水箱及配件	套	—	—	(10.100)	—
瓷蹲式大便器高水箱及配件	套	—	(10.100)	—	—
大便器排水接头	个	—	(10.100)	(10.100)	(10.100)
防污器 DN32	个	—	—	—	(10.100)
角型阀(带铜活) DN15	个	—	(10.100)	(10.100)	—
金属软管 D15	m	—	(10.100)	(10.100)	—
螺纹管件 DN15	个	—	(10.100)	(10.100)	—
冲击钻头 φ16	个	9.40	0.500	0.420	—
大便器存水弯 DN100	个	9.61	10.100	10.100	10.100
大便器胶皮碗(配喉箍)	套	1.37	10.500	10.500	10.500
电	kW·h	0.68	0.410	0.330	—
防水密封胶	支	8.55	5.000	5.000	5.000
管卡(带膨胀螺栓) DN32	套	1.28	10.500	—	—
锯条(各种规格)	根	0.62	1.500	1.500	1.500
聚四氟乙烯生料带	m	0.13	16.000	16.000	16.000
螺纹截止阀 J11T-16 DN25	个	18.00	—	—	10.100
膨胀螺栓 M6~12×50~120	套	0.85	30.900	30.900	—
烧结粉煤灰砖 240×115×53	千块	271.84	0.160	0.160	0.160
石灰膏	t	195.01	0.069	0.069	0.069
水	m³	7.96	0.120	0.120	0.120
中(粗)砂	t	87.00	0.135	0.135	0.135
其他材料费占材料费	%	—	3.000	3.000	3.000

工作内容：大便器、水箱及附件安装，与上下水管连接，试水。

计量单位：10套

定　额　编　号				A10-5-36	A10-5-37
项　目　名　称				脚踏开关	感应开关
					埋入式
基　　　　价（元）				583.66	605.22
其中	人　工　费（元）			350.00	371.56
	材　料　费（元）			233.66	233.66
	机　械　费（元）			—	—
名　　　　称		单位	单价（元）	消　　耗　　量	
人工	综合工日	工日	140.00	2.500	2.654
材料	冲洗管 DN32	根	—	(10.100)	(10.100)
	瓷蹲式大便器	个	—	(10.100)	(10.100)
	大便器脚踏阀	个	—	(10.100)	—
	大便器排水接头	个	—	(10.100)	(10.100)
	防污器 DN32	个	—	(10.100)	(10.100)
	埋入式感应控制器	个	—	—	(10.100)
	大便器存水弯 DN100	个	9.61	10.100	10.100
	大便器胶皮碗(配喉箍)	套	1.37	10.500	10.500
	防水密封胶	支	8.55	5.000	5.000
	锯条(各种规格)	根	0.62	1.500	1.500
	聚四氟乙烯生料带	m	0.13	16.000	16.000
	烧结粉煤灰砖 240×115×53	千块	271.84	0.160	0.160
	石灰膏	t	195.01	0.069	0.069
	水	m³	7.96	0.120	0.120
	中(粗)砂	t	87.00	0.135	0.135
	其他材料费占材料费	%	—	3.000	3.000

2. 坐式大便器安装

工作内容：大便器、水箱及附件安装，与上下水管连接，试水。

计量单位：10套

定 额 编 号			A10-5-38	A10-5-39	A10-5-40	A10-5-41
项 目 名 称			挂墙	分体	连体	隐蔽
			水箱			
基 价（元）			688.98	591.51	591.51	642.08
其中	人 工 费（元）		487.34	422.52	422.52	473.62
	材 料 费（元）		201.64	168.99	168.99	168.46
	机 械 费（元）		—	—	—	—
名 称	单位	单价（元）	消 耗 量			
人工 综合工日	工日	140.00	3.481	3.018	3.018	3.383
材料 壁挂式坐便器	个	—	—	—	—	(10.100)
大便器排水接头	个	—	(10.100)	(10.100)	(10.100)	(10.100)
分体式低水箱及水箱配件	套	—	—	(10.100)	—	—
挂墙式低水箱及水箱配件(带冲洗弯管)	套	—	(10.100)	—	—	—
角型阀(带铜活) DN15	个	—	(10.100)	(10.100)	(10.100)	—
金属软管 D15	m	—	(10.100)	(10.100)	(10.100)	—
连体坐便器	个	—	—	—	(10.100)	—
连体坐便器进水阀配件	套	—	—	—	(10.100)	—
螺纹管件 DN15	个	—	(10.100)	(10.100)	(10.100)	(10.100)
落地式坐便器	个	—	(10.100)	(10.100)	—	—
墙体隐蔽水箱及支架(带冲洗弯管)	套	—	—	—	—	(10.100)
座便器桶盖	套	—	(10.100)	(10.100)	(10.100)	(10.100)
料 冲击钻头 φ16	个	9.40	0.660	0.240	0.240	0.240
大便器存水弯 DN100	个	9.61	10.100	10.100	10.100	10.100
电	kW·h	0.68	0.980	0.320	0.320	0.320
防水密封胶	支	8.55	5.000	5.000	5.000	5.000
锯条(各种规格)	根	0.62	2.000	2.000	2.000	2.000
聚四氟乙烯生料带	m	0.13	24.000	16.000	16.000	12.000
膨胀螺栓 M6～12×50～120	套	0.85	51.500	20.600	20.600	20.600
水	m³	7.96	0.120	0.120	0.120	0.120
其他材料费占材料费	%		3.000	3.000	3.000	3.000

工作内容：大便器、水箱及附件安装，与上下水管连接，试水。 计量单位：10套

定 额 编 号				A10-5-42	
项 目 名 称				自闭阀	
基 价（元）				644.88	
其中	人 工 费（元）			455.56	
	材 料 费（元）			189.32	
	机 械 费（元）			—	
名 称		单位	单价（元）	消 耗 量	
人工	综合工日	工日	140.00	3.254	
材料	冲水连接管（含防污器）DN32	套	—	(10.100)	
	大便器排水接头	个	—	(10.100)	
	落地式坐便器	个	—	(10.100)	
	自闭式冲洗阀 DN25	个	—	(10.100)	
	座便器桶盖	套	—	(10.100)	
	冲击钻头 ϕ16	个	9.40	0.500	
	大便器存水弯 DN100	个	9.61	10.100	
	电	kW·h	0.68	0.760	
	防水密封胶	支	8.55	5.000	
	锯条（各种规格）	根	0.62	2.000	
	聚四氟乙烯生料带	m	0.13	12.000	
	膨胀螺栓 M6～12×50～120	套	0.85	41.200	
	水	m³	7.96	0.120	
	其他材料费占材料费	%	—	3.000	

七、小便器

1.壁挂式小便器安装

工作内容：小便器及附件安装、与上下水管连接、试水。

计量单位：10套

定 额 编 号			A10-5-43	A10-5-44	A10-5-45
项 目 名 称			手动	脚踏阀	埋入式
			开关		感应开关
基 价（元）			268.66	301.23	304.21
其中	人 工 费（元）		198.38	210.56	233.66
	材 料 费（元）		70.28	90.67	70.55
	机 械 费（元）		—	—	—
名 称	单位	单价（元）	消 耗		量
人工	综合工日	工日	140.00	1.417	1.504	1.669
材料	挂式小便器	个	—	(10.100)	(10.100)	(10.100)
	角式长柄截止阀 DN15	个	—	(10.100)	—	—
	角型阀（带铜活）DN15	个	—	—	(10.100)	—
	脚踏式开关阀门	套	—	—	(10.100)	—
	金属软管 D15	m	—	—	(20.200)	—
	螺纹管件 DN15	个	—	(10.100)	(10.100)	—
	埋入式感应控制器	个	—	—	—	(10.100)
	小便器冲水连接管 DN15	根	—	(10.100)	—	(10.100)
	小便器排水附件	套	—	(10.100)	(10.100)	(10.100)
	冲击钻头 φ16	个	9.40	0.660	0.880	0.660
	电	kW·h	0.68	0.960	1.280	0.960
	防水密封胶	支	8.55	0.700	0.700	0.700
	锯条（各种规格）	根	0.62	0.400	0.400	0.400
	聚四氟乙烯生料带	m	0.13	14.000	14.000	16.000
	膨胀螺栓 M6~12×50~120	套	0.85	61.800	82.400	61.800
	水	m³	7.96	0.100	0.100	0.100
	其他材料费占材料费	%	—	3.000	3.000	3.000

2. 落地式小便器安装

工作内容：小便器及附件安装、与上下水管连接、试水。

计量单位：10套

定 额 编 号			A10-5-46	A10-5-47	A10-5-48
项 目 名 称			手动	脚踏阀	埋入式
			开关		感应开关
基 价 （元）			272.68	335.00	295.78
其中	人 工 费 （元）		237.86	278.18	260.96
	材 料 费 （元）		34.82	56.82	34.82
	机 械 费 （元）		—	—	—
名 称	单位	单价（元）	消 耗 量		
人工 综合工日	工日	140.00	1.699	1.987	1.864
材料 存水弯 DN50	个	—	(10.100)	(10.100)	(10.100)
角式长柄截止阀 DN15	个	—	(10.100)	—	—
角型阀（带铜活）DN15	个	—	—	(10.100)	—
脚踏式开关阀门	套	—	—	(10.100)	—
金属软管 D15	m	—	—	(20.200)	—
立式小便器	个	—	(10.100)	(10.100)	(10.100)
螺纹管件 DN15	个	—	(10.100)	(10.100)	—
埋入式感应控制器	个	—	—	—	(10.100)
排水接头 DN50	个	—	(10.100)	(10.100)	(10.100)
排水栓 DN50	套	—	(10.100)	(10.100)	(10.100)
小便器冲水连接管 DN15	根	—	(10.100)	—	(10.100)
冲击钻头 φ16	个	9.40	0.220	0.440	0.220
电	kW·h	0.68	0.320	0.640	0.320
防水密封胶	支	8.55	1.000	1.000	1.000
锯条(各种规格)	根	0.62	0.400	0.400	0.400
聚四氟乙烯生料带	m	0.13	34.000	46.000	34.000
膨胀螺栓 M6～12×50～120	套	0.85	20.600	41.200	20.600
水	m³	7.96	0.100	0.100	0.100
其他材料费占材料费	%	—	3.000	3.000	3.000

八、其他成品卫生器具

工作内容：成品拖布池安装、与上下水管连接、试水。 计量单位：10套

定 额 编 号			A10-5-49
项 目 名 称			成品拖布池安装
基 价（元）			276.94
其中	人 工 费（元）		230.02
	材 料 费（元）		46.92
	机 械 费（元）		—
名 称	单位	单价（元）	消 耗 量
人工 综合工日	工日	140.00	1.643
材料 成品拖布池	套	—	(10.100)
存水弯 DN50	个	—	(10.100)
螺纹管件 DN15	个	—	(10.100)
排水接头 DN50	个	—	(10.500)
排水栓带链堵	套	—	(10.100)
长颈水嘴 DN15	个	—	(10.100)
冲击钻头 φ16	个	9.40	0.330
电	kW·h	0.68	0.480
防水密封胶	支	8.55	1.500
聚四氟乙烯生料带	m	0.13	5.000
膨胀螺栓 M6～12×50～120	套	0.85	30.900
水	m³	7.96	0.300
其他材料费占材料费	%	—	3.000

九、烘手器

工作内容：烘手器安装。

计量单位：10个

定　额　编　号				A10-5-50	
项　目　名　称				烘手器安装	
基　　价（元）				109.45	
其中	人　工　费（元）			68.32	
	材　料　费（元）			41.13	
	机　械　费（元）			—	
名　称	单位	单价（元）	消　耗　量		
人工	综合工日	工日	140.00	0.488	
材料	烘手器	个	—	(10.000)	
	冲击钻头 φ16	个	9.40	0.440	
	电	kW·h	0.68	0.640	
	膨胀螺栓 M6～12×50～120	套	0.85	41.600	
	其他材料费占材料费	%	—	3.000	

十、淋浴器

1.组成淋浴器(镀锌钢管)

工作内容:淋浴器组成与安装、接管、试水。

计量单位:10套

定 额 编 号			A10-5-51	A10-5-52
项 目 名 称			镀锌钢管丝接	
			冷水	冷热水
基 价 (元)			332.29	646.60
其中	人 工 费 (元)		154.56	383.74
	材 料 费 (元)		177.73	262.86
	机 械 费 (元)		—	—
名 称	单位	单价(元)	消 耗 量	
人工 综合工日	工日	140.00	1.104	2.741
材料 莲蓬喷头	个	—	(10.000)	(10.000)
螺纹截止阀	个	—	(10.100)	(20.200)
冲击钻头 φ16	个	9.40	0.110	0.110
电	kW·h	0.68	0.180	0.180
镀锌钢管 DN15	m	6.00	18.000	25.000
镀锌钢管卡子 DN15	个	0.85	10.500	10.500
镀锌活接头 DN15	个	2.91	10.100	10.100
镀锌三通 DN15	个	1.28	10.100	10.100
镀锌弯头 DN15	个	1.11	10.100	30.300
锯条(各种规格)	根	0.62	2.000	3.000
聚四氟乙烯生料带	m	0.13	20.000	56.000
膨胀螺栓 M6~12×50~120	套	0.85	10.300	10.300
水	m³	7.96	0.160	0.160
其他材料费占材料费	%	—	3.000	3.000

2.组成淋浴器(塑料管)

工作内容:淋浴器组成与安装、接管、试水。

计量单位:10套

定 额 编 号			A10-5-53	A10-5-54	A10-5-55	A10-5-56
项 目 名 称			塑料管粘接		塑料管熔接	
			冷水	冷热水	冷水	冷热水
基 价（元）			237.53	524.45	239.73	527.50
其中	人 工 费（元）		151.62	380.24	151.62	380.24
	材 料 费（元）		85.91	144.21	85.70	143.91
	机 械 费（元）		—	—	2.41	3.35
名 称	单位	单价(元)	消 耗 量			
人工 综合工日	工日	140.00	1.083	2.716	1.083	2.716
材料 莲蓬喷头	个	—	(10.000)	(10.000)	(10.000)	(10.000)
螺纹截止阀	个	—	(10.100)	(20.200)	(10.100)	(20.200)
冲击钻头 φ16	个	9.40	0.110	0.110	0.110	0.110
电	kW·h	0.68	0.180	0.180	0.180	0.180
锯条(各种规格)	根	0.62	0.800	1.000	0.800	1.000
膨胀螺栓 M6~12×50~120	套	0.85	10.300	10.300	10.300	10.300
水	m³	7.96	0.160	0.160	0.160	0.160
塑料管 DN20	m	1.39	18.000	25.000	18.000	25.000
塑料管卡子 20	个	0.11	10.500	10.500	10.500	10.500
塑料活接头 DN20	个	2.80	10.100	10.100	10.100	10.100
塑料三通 DN20	个	1.24	—	10.100	—	10.100
塑料弯头 DN20	个	1.69	10.100	30.300	10.100	30.300
粘结剂	kg	2.88	0.072	0.100	—	—
其他材料费占材料费	%	—	3.000	3.000	3.000	3.000
机械 电熔焊接机 3.5kW	台班	26.81	—	—	0.090	0.125

3.成套淋浴器

工作内容：成套淋浴器安装、接管、试水。

计量单位：10套

定 额 编 号			A10-5-57	A10-5-58	A10-5-59	A10-5-60
项 目 名 称			手动开关		脚踏开关	
			冷水	冷热水	冷水	冷热水
基 价（元）			75.60	119.79	381.08	428.77
其中	人 工 费（元）		70.42	113.54	375.90	422.52
	材 料 费（元）		5.18	6.25	5.18	6.25
	机 械 费（元）		—	—	—	—
名 称	单位	单价（元）	消 耗 量			
人工	综合工日	工日	140.00	0.503	0.811	2.685	3.018
材料	单管成品淋浴器(含固定件)	套	—	(10.000)	—	—	—
	莲蓬喷头(含混合水管及固定支座)	套	—	—	—	(10.000)	(10.000)
	淋浴器脚踏阀及脚踏板	套	—	—	—	(10.100)	(10.100)
	螺纹管件 DN15	个	—	(10.100)	(20.200)	(10.100)	(20.200)
	双管成品淋浴器(含固定件)	套	—	—	(10.000)	—	—
	冲击钻头 φ16	个	9.40	0.110	0.110	0.110	0.110
	电	kW·h	0.68	0.180	0.180	0.180	0.180
	聚四氟乙烯生料带	m	0.13	20.000	28.000	20.000	28.000
	水	m³	7.96	0.160	0.160	0.160	0.160
	其他材料费占材料费	%	—	3.000	3.000	3.000	3.000

十一、淋浴间

工作内容：开箱检查、大体及附件安装、与上下水管连接、找平找正、试水。　　　　计量单位：10套

定　额　编　号					整体淋浴室安装冷热水
项　目　名　称					A10-5-61
基　　　　价（元）					1610.94
其中	人　工　费（元）				1128.40
	材　料　费（元）				94.65
	机　械　费（元）				387.89
	名　　称	单位	单价（元）	消　耗　量	
人工	综合工日	工日	140.00	8.060	
材料	存水弯 DN50	个	—	(10.100)	
	角型阀（带铜活）DN15	个	—	(20.200)	
	金属软管 D15	m	—	(20.200)	
	螺纹管件 DN15	个	—	(20.200)	
	排水接头 DN50	个	—	(10.500)	
	整体淋浴室	套	—	(10.000)	
	白水泥砂浆 1:2	m³	579.55	0.020	
	防水密封胶	支	8.55	9.000	
	聚四氟乙烯生料带	m	0.13	16.000	
	水	m³	7.96	0.160	
	其他材料费占材料费	%	—	3.000	
机械	吊装机械（综合）	台班	619.04	0.070	
	载重汽车 5t	台班	430.70	0.800	

十二、桑拿浴房

工作内容：膨胀螺栓固定木方、组装湿蒸房、与上下水管连接、配合电气安装。　　　　计量单位：座

定　额　编　号				A10-5-62	A10-5-63	A10-5-64
项　目　名　称				湿蒸房安装		
				2人以内	6人以内	8以内
基　　　价（元）				791.51	1089.89	1309.36
其中	人　工　费（元）			482.30	663.32	784.84
	材　料　费（元）			309.21	426.57	524.52
	机　械　费（元）			—	—	—
	名　　称	单位	单价（元）	消　　耗　　量		
人工	综合工日	工日	140.00	3.445	4.738	5.606
材料	螺纹管件 DN15	个	—	(2.020)	(2.020)	(2.020)
	湿蒸房	座	—	(1.000)	(1.000)	(1.000)
	冲击钻头 φ16	个	9.40	19.200	22.400	25.600
	电	kW·h	0.68	5.280	6.160	7.040
	防水密封胶	支	8.55	2.000	3.000	3.000
	聚四氟乙烯生料带	m	0.13	3.000	3.000	3.000
	膨胀螺栓 M6～12×50～120	套	0.85	24.720	28.840	32.960
	杉木枋 30×40	m³	1670.94	0.046	0.088	0.124
	圆钉	kg	5.13	0.150	0.350	0.500
	其他材料费占材料费	%	—	3.000	3.000	3.000

工作内容：膨胀螺栓固定木方、组装湿蒸房、与上下水管连接、配合电气安装。 计量单位：座

定　额　编　号				A10-5-65	A10-5-66
项　目　名　称				湿蒸房安装	
				10人以内	10人以上
基　　　价（元）				1540.46	1769.96
其中	人　工　费（元）			930.72	1103.20
	材　料　费（元）			609.74	666.76
	机　械　费（元）			—	—
名　　称		单位	单价（元）	消　耗　量	
人工	综合工日	工日	140.00	6.648	7.880
材料	螺纹管件 DN15	个	—	(2.020)	(2.020)
	湿蒸房	座	—	(1.000)	(1.000)
	冲击钻头 φ16	个	9.40	28.800	32.000
	电	kW·h	0.68	7.020	8.800
	防水密封胶	支	8.55	4.000	4.000
	聚四氟乙烯生料带	m	0.13	3.000	3.000
	膨胀螺栓 M6～12×50～120	套	0.85	37.080	41.200
	杉木枋 30×40	m³	1670.94	0.148	0.160
	圆钉	kg	5.13	0.600	0.700
	其他材料费占材料费	%	—	3.000	3.000

十三、大、小便槽自动冲洗水箱

1.大便槽自动冲洗水箱安装

工作内容：托架安装、水箱安装、接管、试水。

计量单位：10套

定 额 编 号			A10-5-67	A10-5-68	A10-5-69	A10-5-70
项 目 名 称			容积(L)			
			40	48	64.4	67.5
基 价（元）			680.36	680.46	690.04	1682.50
其中	人 工 费（元）		334.18	334.18	343.56	343.56
	材 料 费（元）		346.18	346.28	346.48	1338.94
	机 械 费（元）		—	—	—	—
	名 称	单位	单价(元)	消 耗 量		
人工	综合工日	工日	140.00	2.387	2.387	2.454	2.454
材料	大便槽自动冲洗水箱	个	—	(10.000)	(10.000)	(10.000)	(10.000)
	螺纹管件 DN15	个	—	(10.100)	(10.100)	(10.100)	(10.100)
	水箱自动冲洗阀 DN40	个	—	(10.100)	(10.100)	(10.100)	—
	塑料弯头 45° DN50	个	—	(20.200)	(20.200)	(20.200)	—
	塑料弯头 45° DN63	个	—	—	—	—	(10.100)
	转换接头 DN40	个	—	(10.100)	(10.100)	(10.100)	—
	转换接头 DN50	个	—	—	—	—	(10.100)
	冲击钻头 φ16	个	9.40	0.840	0.840	0.840	1.120
	电	kW·h	0.68	1.320	1.320	1.320	1.760
	锯条(各种规格)	根	0.62	2.200	2.200	2.200	2.500
	聚四氟乙烯生料带	m	0.13	8.000	8.000	8.000	22.000
	膨胀螺栓 M6～12×50～120	套	0.85	61.800	61.800	61.800	82.400
	水	m³	7.96	0.060	0.072	0.096	0.100
	水箱进水嘴 DN15	个	21.74	10.100	10.100	10.100	10.100
	水箱自动冲洗阀 DN50	个	93.17	—	—	—	10.100
	塑料管 DN63	m	2.14	22.000	22.000	22.000	22.000
	塑料管卡子 40	个	0.40	10.050	10.050	10.050	—
	塑料管卡子 50	个	0.40	—	—	—	10.050
	橡胶板	kg	2.91	0.350	0.350	0.350	0.350
	粘结剂	kg	2.88	0.070	0.070	0.070	0.090
	其他材料费占材料费	%	—	3.000	3.000	3.000	3.000

工作内容：托架安装、水箱安装、接管、试水。 计量单位：10套

定 额 编 号				A10-5-71	A10-5-72	A10-5-73
项 目 名 称				容积(L)		
				81	94.5	108
基 价 （元）				1692.74	1692.97	1693.13
其中	人 工 费 （元）			353.64	353.64	353.64
	材 料 费 （元）			1339.10	1339.33	1339.49
	机 械 费 （元）			—	—	—
	名 称	单位	单价(元)	消 耗		量
人工	综合工日	工日	140.00	2.526	2.526	2.526
材料	大便槽自动冲洗水箱	个	—	(10.000)	(10.000)	(10.000)
	螺纹管件 DN15	个	—	(10.100)	(10.100)	(10.100)
	塑料弯头 45° DN63	个	—	(10.100)	(10.100)	(10.100)
	转换接头 DN50	个	—	(10.100)	(10.100)	(10.100)
	冲击钻头 φ16	个	9.40	1.120	1.120	1.120
	电	kW·h	0.68	1.760	1.760	1.760
	锯条(各种规格)	根	0.62	2.500	2.500	2.500
	聚四氟乙烯生料带	m	0.13	22.000	22.000	22.000
	膨胀螺栓 M6～12×50～120	套	0.85	82.400	82.400	82.400
	水	m³	7.96	0.120	0.140	0.160
	水箱进水嘴 DN15	个	21.74	10.100	10.100	10.100
	水箱自动冲洗阀 DN50	个	93.17	10.100	10.100	10.100
	塑料管 DN63	m	2.14	22.000	22.000	22.000
	塑料管卡子 50	个	0.40	10.050	10.050	10.050
	橡胶板	kg	2.91	0.350	0.370	0.370
	粘结剂	kg	2.88	0.090	0.090	0.090
	其他材料费占材料费	%	—	3.000	3.000	3.000

514

2. 小便槽自动冲洗水箱安装

工作内容：托架安装、水箱安装、接管、试水。

计量单位：10套

定 额 编 号			A10-5-74	A10-5-75	A10-5-76
项 目 名 称			容积(L)		
			8.4	10.9	16.1
基 价（元）			957.41	957.46	1125.44
其中	人 工 费（元）		258.72	258.72	262.36
	材 料 费（元）		698.69	698.74	863.08
	机 械 费（元）		—	—	—
名 称	单位	单价（元）	消 耗 量		
人工 综合工日	工日	140.00	1.848	1.848	1.874
螺纹管件 DN15	个	—	(10.100)	(10.100)	(10.100)
小便槽自动冲洗水箱	个	—	(10.000)	(10.000)	(10.000)
冲击钻头 φ16	个	9.40	0.520	0.520	0.520
电	kW·h	0.68	0.880	0.880	0.880
锯条（各种规格）	根	0.62	1.000	1.000	1.000
聚四氟乙烯生料带	m	0.13	13.000	13.000	14.300
膨胀螺栓 M6～12×50～120	套	0.85	41.200	41.200	41.200
水	m³	7.96	0.008	0.015	0.023
水箱进水嘴 DN15	个	21.74	10.100	10.100	10.100
水箱自动冲洗阀 DN20	个	36.00	10.100	10.100	—
水箱自动冲洗阀 DN25	个	51.76	—	—	10.100
橡胶板	kg	2.91	0.200	0.200	0.250
小便自动冲洗水箱托架	副	5.17	10.000	10.000	10.000
其他材料费占材料费	%	—	3.000	3.000	3.000

材料

工作内容：托架安装、水箱安装、接管、试水。 计量单位：10套

定 额 编 号				A10-5-77	A10-5-78
项 目 名 称				容积(L)	
				20.7	25.9
基 价 （元）				1159.24	1318.23
其 中	人 工 费 （元）			296.10	296.10
	材 料 费 （元）			863.14	1022.13
	机 械 费 （元）			—	—
名 称		单位	单价(元)	消 耗 量	
人工	综合工日	工日	140.00	2.115	2.115
材料	螺纹管件 DN15	个	—	(10.100)	(10.100)
	小便槽自动冲洗水箱	个	—	(10.000)	(10.000)
	冲击钻头 φ16	个	9.40	0.520	0.520
	电	kW•h	0.68	0.880	0.880
	锯条(各种规格)	根	0.62	1.000	1.000
	聚四氟乙烯生料带	m	0.13	14.300	16.000
	膨胀螺栓 M6～12×50～120	套	0.85	41.200	41.200
	水	m³	7.96	0.030	0.038
	水箱进水嘴 DN15	个	21.74	10.100	10.100
	水箱自动冲洗阀 DN25	个	51.76	10.100	—
	水箱自动冲洗阀 DN32	个	67.00	—	10.100
	橡胶板	kg	2.91	0.250	0.300
	小便自动冲洗水箱托架	副	5.17	10.000	10.000
	其他材料费占材料费	%	—	3.000	3.000

3. 大、小便槽自动冲洗水箱制作

工作内容：下料、坡口、平直、开孔、接管、组对、装配零件、焊接、注水试验。　　　　　　计量单位：100kg

定　额　编　号				A10-5-79	A10-5-80
项　目　名　称				大便槽	小便槽
				自动冲洗水箱制作	
基　　　价（元）				1016.87	1196.62
其中	人　工　费（元）			265.16	276.78
	材　料　费（元）			678.63	846.76
	机　械　费（元）			73.08	73.08
名　　　称		单位	单价（元）	消　耗　量	
人工	综合工日	工日	140.00	1.894	1.977
材料	道木	m³	2137.00	0.120	0.200
	低碳钢焊条	kg	6.84	3.220	3.220
	电	kW·h	0.68	1.100	1.100
	钢板	kg	3.17	105.000	105.000
	尼龙砂轮片 φ100	片	2.05	2.130	2.130
	尼龙砂轮片 φ400	片	8.55	0.170	0.170
	水	t	7.96	0.260	0.180
	氧气	m³	3.63	5.450	4.420
	乙炔气	kg	10.45	1.830	1.510
	其他材料费占材料费	%	—	3.000	3.000
机械	电焊机(综合)	台班	118.28	0.594	0.594
	电焊条恒温箱	台班	21.41	0.059	0.059
	电焊条烘干箱 60×50×75cm³	台班	26.46	0.059	0.059

十四、给、排水附件

1. 水龙头安装

工作内容：上水嘴、试水。

计量单位：10个

定 额 编 号				A10-5-81	A10-5-82	A10-5-83
项 目 名 称				公称直径(mm)		
				15	20	25
基 价（元）				19.16	20.13	24.46
其中	人 工 费（元）			18.62	19.46	23.66
	材 料 费（元）			0.54	0.67	0.80
	机 械 费（元）			—	—	—
名 称		单位	单价(元)	消 耗 量		
人工	综合工日	工日	140.00	0.133	0.139	0.169
材料	水嘴	个	—	(10.100)	(10.100)	(10.100)
	聚四氟乙烯生料带	m	0.13	4.000	5.000	6.000
	其他材料费占材料费	%	—	3.000	3.000	3.000

2.排水栓安装

工作内容：上零件、安装、与下水管连接、试水。 计量单位：10组

定 额 编 号			A10-5-84	A10-5-85	A10-5-86
项 目 名 称			公称直径(mm以内)		
			带存水弯		
			32	40	50
基 价（元）			201.72	249.13	238.86
其中	人 工 费（元）		122.22	125.02	127.96
	材 料 费（元）		79.50	124.11	110.90
	机 械 费（元）		—	—	—
名 称	单位	单价(元)	消 耗 量		
人工	综合工日	工日	140.00	0.873	0.893	0.914
材料	承插塑料排水管	m	—	(4.000)	—	(4.000)
	排水栓带链堵	套	—	(10.100)	(10.100)	(10.100)
	承插塑料排水管 DN50	m	4.98	—	4.000	—
	存水弯 塑料 DN40	个	5.64	10.100	—	—
	存水弯 塑料 S型 DN50	个	7.90	—	10.100	—
	存水弯 塑料 S型 DN63	个	8.55	—	—	10.100
	防水密封胶	支	8.55	2.000	2.000	2.000
	锯条(各种规格)	根	0.62	0.600	0.800	0.800
	聚四氟乙烯生料带	m	0.13	12.000	13.600	17.000
	橡胶板	kg	2.91	0.350	0.400	0.400
	粘结剂	kg	2.88	0.060	0.090	0.120
	其他材料费占材料费	%	—	3.000	3.000	3.000

工作内容：上零件、安装、与下水管连接、试水。 计量单位：10组

定 额 编 号				A10-5-87	A10-5-88	A10-5-89
项 目 名 称				公称直径(mm以内)		
				不带存水弯		
				32	40	50
基 价（元）				102.07	129.59	106.51
其中	人 工 费（元）			86.24	87.64	89.88
	材 料 费（元）			15.83	41.95	16.63
	机 械 费（元）			—	—	—
	名 称	单位	单价(元)	消 耗 量		
人工	综合工日	工日	140.00	0.616	0.626	0.642
材料	承插塑料排水管	m	—	(5.000)	—	(5.000)
	排水栓带链堵	套	—	(10.100)	(10.100)	(10.100)
	承插塑料排水管 DN50	m	4.98	—	5.000	—
	防水密封胶	支	8.55	1.500	1.500	1.500
	锯条(各种规格)	根	0.62	0.600	0.800	0.800
	聚四氟乙烯生料带	m	0.13	8.000	9.000	11.000
	橡胶板	kg	2.91	0.350	0.400	0.400
	粘结剂	kg	2.88	0.040	0.060	0.080
	其他材料费占材料费	%	—	3.000	3.000	3.000

3.地漏安装

工作内容：安装、与下水管连接、试水。

计量单位：10个

定　额　编　号				A10-5-90	A10-5-91	A10-5-92	A10-5-93
项　目　名　称				公称直径(mm以内)			
				50	80	100	150
基　　　价（元）				108.83	210.42	246.43	389.15
其中	人　工　费（元）			108.50	209.86	245.84	388.08
	材　料　费（元）			0.33	0.56	0.59	1.07
	机　械　费（元）			—	—	—	—
	名　　称	单位	单价（元）	消　　耗　　量			
人工	综合工日	工日	140.00	0.775	1.499	1.756	2.772
材料	地漏	个	—	(10.100)	(10.100)	(10.100)	(10.100)
	粘结剂	kg	2.88	0.110	0.190	0.200	0.360
	其他材料费占材料费	%	—	3.000	3.000	3.000	3.000

4.地面扫除口安装

工作内容:安装、与下水管连接、试水。

计量单位:10个

定　额　编　号				A10-5-94	A10-5-95	A10-5-96
项　目　名　称				公称直径(mm以内)		
				50	80	100
基　　价（元）				49.89	63.14	64.57
其中	人　工　费（元）			49.56	62.58	63.98
	材　料　费（元）			0.33	0.56	0.59
	机　械　费（元）			—	—	—
名　　称		单位	单价(元)	消　　耗　　量		
人工	综合工日	工日	140.00	0.354	0.447	0.457
材料	地面扫除口	个	—	(10.100)	(10.100)	(10.100)
	粘结剂	kg	2.88	0.110	0.190	0.200
	其他材料费占材料费	%	—	3.000	3.000	3.000

工作内容：安装、与下水管连接、试水。

计量单位：10个

定　额　编　号					A10-5-97	A10-5-98
项　目　名　称					公称直径(mm以内)	
					125	150
基　　　价（元）					79.93	82.97
其中	人　工　费（元）				79.10	81.90
	材　料　费（元）				0.83	1.07
	机　械　费（元）				—	—
名　　　称		单位	单价（元）		消　　耗　　量	
人工	综合工日	工日	140.00		0.565	0.585
材料	地面扫除口	个	—		(10.100)	(10.100)
	粘结剂	kg	2.88		0.280	0.360
	其他材料费占材料费	%	—		3.000	3.000

5.普通雨水斗安装

工作内容：安装、与雨水管连接、试水。

计量单位：10个

定 额 编 号				A10-5-99	A10-5-100	A10-5-101
项 目 名 称				公称直径(mm以内)		
				100	125	150
基 价 （元）				207.25	217.40	226.97
其中	人 工 费（元）			206.92	217.00	226.38
	材 料 费（元）			0.33	0.40	0.59
	机 械 费（元）			—	—	—
	名 称	单位	单价(元)	消 耗 量		
人工	综合工日	工日	140.00	1.478	1.550	1.617
材料	铸铁雨水斗	套	—	(10.000)	(10.000)	(10.000)
	密封膏	kg	1.28	0.250	0.300	0.450
	其他材料费占材料费	%	—	3.000	3.000	3.000

524

6.虹吸式雨水斗安装

工作内容：安装、与雨水管连接、试水。

计量单位：10个

定 额 编 号				A10-5-102	A10-5-103	A10-5-104
项 目 名 称				公称直径(mm以内)		
				50	100	150
基 价（元）				257.58	265.49	286.42
其中	人 工 费（元）			257.32	265.16	286.02
	材 料 费（元）			0.26	0.33	0.40
	机 械 费（元）			—	—	—
名 称		单位	单价(元)	消 耗 量		
人工	综合工日	工日	140.00	1.838	1.894	2.043
材料	虹吸式雨水斗	套	—	(10.000)	(10.000)	(10.000)
	密封膏	kg	1.28	0.200	0.250	0.300
	其他材料费占材料费	%	—	3.000	3.000	3.000

十五、小便槽冲洗管制作安装

1. 镀锌钢管(螺纹连接)

工作内容：切管、套丝、钻眼、连接、管卡固定、试水。

计量单位：10m

定 额 编 号				A10-5-105	A10-5-106
项 目 名 称				公称直径(mm)	
				20	25
基 价 (元)				470.74	529.42
其中	人 工 费 (元)			425.46	476.42
	材 料 费 (元)			41.99	49.05
	机 械 费 (元)			3.29	3.95
名 称		单位	单价(元)	消 耗 量	
人工	综合工日	工日	140.00	3.039	3.403
材料	镀锌钢管	m	—	(10.200)	(10.200)
	冲击钻头 φ16	个	9.40	0.066	0.066
	电	kW·h	0.68	0.096	0.096
	镀锌钢管卡子 DN20	个	0.85	6.300	—
	镀锌钢管卡子 DN25	个	0.94	—	6.300
	镀锌管箍 DN20	个	2.31	6.060	—
	镀锌管箍 DN25	个	2.48	—	6.060
	镀锌三通 DN20	个	2.56	3.030	—
	镀锌三通 DN25	个	3.85	—	3.030
	镀锌丝堵 DN20(堵头)	个	1.03	6.060	—
	镀锌丝堵 DN25(堵头)	个	1.20	—	6.060
	锯条(各种规格)	根	0.62	0.500	0.500
	聚四氟乙烯生料带	m	0.13	9.000	11.400
	膨胀螺栓 M6～12×50～120	套	0.85	6.180	6.180
	其他材料费占材料费	%	—	3.000	3.000
机械	立式钻床 25mm	台班	6.58	0.500	0.600

2.塑料管(粘接)

工作内容:切管、钻眼、连接、管卡固定、试水。

计量单位:10m

定 额 编 号				A10-5-107	A10-5-108
项 目 名 称				外径(mm)	
				25	32
基 价（元）				354.91	411.43
其中	人 工 费（元）			282.38	325.64
	材 料 费（元）			69.24	82.50
	机 械 费（元）			3.29	3.29
	名 称	单位	单价(元)	消 耗 量	
人工	综合工日	工日	140.00	2.017	2.326
材料	塑料管	m	—	(10.200)	(10.200)
	冲击钻头 φ16	个	9.40	0.066	0.066
	电	kW·h	0.68	0.096	0.096
	锯条(各种规格)	根	0.62	0.300	0.300
	膨胀螺栓 M6～12×50～120	套	0.85	6.180	6.180
	塑料管卡子 25	个	0.20	6.300	—
	塑料管卡子 32	个	0.20	—	6.300
	塑料内螺纹三通 DN25	个	1.37	3.030	—
	塑料内螺纹三通 DN32	个	2.14	—	3.030
	塑料内螺纹直接头 DN25	个	7.85	6.060	—
	塑料内螺纹直接头 DN32	个	8.94	—	6.060
	塑料丝堵 DN20	个	1.32	6.060	—
	塑料丝堵 DN25	个	1.96	—	6.060
	粘结剂	kg	2.88	0.040	0.060
	其他材料费占材料费	%	—	3.000	3.000
机械	立式钻床 25mm	台班	6.58	0.500	0.500

十六、蒸汽-水加热器

工作内容：加热器安装、接水管、试水。

定　额　编　号	A10-5-109
项　目　名　称	蒸汽-水加热器安装
	小型单管式
基　　　价（元）	273.40

其中	人　工　费（元）	231.42
	材　料　费（元）	41.98
	机　械　费（元）	—

	名　　称	单位	单价（元）	消　耗　量
人工	综合工日	工日	140.00	1.653
材料	蒸汽式水加热器	套	—	(10.000)
	冲击钻头 φ16	个	9.40	0.440
	电	kW·h	0.68	0.640
	聚四氟乙烯生料带	m	0.13	9.000
	膨胀螺栓 M6～12×50～120	套	0.85	41.200
	其他材料费占材料费	%	—	3.000

528

十七、冷热水混合器

工作内容：切管、套丝、冷热水混合器安装、接管、试水。

计量单位：10套

定　额　编　号				A10-5-110	A10-5-111
项　目　名　称				小型	大型
基　　　　价（元）				226.74	407.71
其中	人　工　费（元）			183.26	363.72
	材　料　费（元）			43.48	43.99
	机　械　费（元）			—	—
	名　　称	单位	单价（元）	消　　耗　　量	
人工	综合工日	工日	140.00	1.309	2.598
材料	大型冷热水混合器	个	—	—	(10.000)
	小型冷热水混合器	个	—	(10.000)	—
	冲击钻头 φ16	个	9.40	0.440	0.440
	电	kW·h	0.68	0.640	0.640
	锯条(各种规格)	根	0.62	1.000	1.000
	聚四氟乙烯生料带	m	0.13	15.400	19.200
	膨胀螺栓 M6～12×50～120	套	0.85	41.200	41.200
	其他材料费占材料费	%	—	3.000	3.000

十八、饮水器

工作内容：饮水器和附件安装、接管、试水。

计量单位：10套

定 额 编 号					A10-5-112	
项 目 名 称					饮水器安装	
基 价（元）					370.78	
其中	人 工 费（元）				366.52	
	材 料 费（元）				4.26	
	机 械 费（元）				—	
	名 称	单位	单价(元)	消 耗 量		
人工	综合工日	工日	140.00	2.618		
材料	饮水器	套	—	(10.000)		
	锯条(各种规格)	根	0.62	0.200		
	聚四氟乙烯生料带	m	0.13	4.000		
	橡胶板	kg	2.91	1.200		
	其他材料费占材料费	%	—	3.000		

十九、隔油器

工作内容：隔油器和附件安装、接管、试水。

计量单位：套

定 额 编 号				A10-5-113	A10-5-114	A10-5-115
项 目 名 称				地上式		
				DN50	DN75	DN100
基 价（元）				25.36	38.31	47.13
其中	人 工 费（元）			15.82	25.20	28.70
	材 料 费（元）			7.87	10.82	15.09
	机 械 费（元）			1.67	2.29	3.34
名 称		单位	单价（元）	消 耗 量		
人工	综合工日	工日	140.00	0.113	0.180	0.205
材料	隔油器	套	—	(1.000)	(1.000)	(1.000)
	卡箍件	套	—	(2.020)	(2.020)	(2.020)
	水	m³	7.96	0.960	1.320	1.840
	其他材料费占材料费	%	—	3.000	3.000	3.000
机械	吊装机械(综合)	台班	619.04	0.002	0.003	0.004
	载重汽车 5t	台班	430.70	0.001	0.001	0.002

工作内容：隔油器和附件安装、接管、试水。 计量单位：套

定　额　编　号				A10-5-116	A10-5-117	A10-5-118
项　目　名　称				悬挂式		
				DN75	DN100	DN150
基　　　　价（元）				50.63	73.70	113.30
其中	人　工　费（元）			34.58	51.66	81.90
	材　料　费（元）			12.71	17.03	23.06
	机　械　费（元）			3.34	5.01	8.34
名　　　称		单位	单价（元）	消　　耗　　量		
人工	综合工日	工日	140.00	0.247	0.369	0.585
材料	隔油器	套	—	(1.000)	(1.000)	(1.000)
	卡箍件	套	—	(2.020)	(2.020)	(2.020)
	防水密封胶	支	8.55	0.600	0.700	0.900
	水	m³	7.96	0.430	0.850	1.320
	橡胶板	kg	2.91	1.300	1.300	1.440
	其他材料费占材料费	%	—	3.000	3.000	3.000
机械	吊装机械(综合)	台班	619.04	0.004	0.006	0.010
	载重汽车 5t	台班	430.70	0.002	0.003	0.005

第六章 供暖器具

说　　明

一、本章包括钢制散热器及其他成品散热器安装、光排管散热器制作安装、暖风机安装、地板辐射采暖、热媒集配装置安装。

二、散热器安装项目系参考《国家建筑标准设计图集》10K509、10R504 编制。除另有说明外，各型散热器均包括散热器成品支托架(钩、卡)安装和安装前的水压试验以及系统水压试验。

三、各型散热器不分明装、暗装，均按材质、类型执行同一定额子目。

四、各型散热器的成品支托架(钩、卡)安装，是按采用膨胀螺栓固定编制的，如工程要求与定额不同时，可按照第十章有关项目进行调整。

五、光排管散热器如发生现场进行除锈刷漆时，执行第十一册《刷油、防腐蚀、绝热工程》相应项目。

六、钢制板式散热器安装不论是否带对流片，均按安装形式和规格执行同一项目。钢制卫浴散热器执行钢制单板板式散热器安装项目。钢制扁管散热器分别执行单板、双板钢制板式散热器安装定额项目，其人工乘以系数 1.2。

七、钢制翅片管散热器安装项目包括安装随散热器供应的成品对流罩，如工程不要求安装随散热器供应的成品对流罩时，每组扣减 0.03 工日。

八、钢制板式散热器、金属复合散热器、艺术造型散热器的固定组件，按随散热器配套供应编制，如散热器未配套供应，应增加相应材料的消耗量。

九、光排管散热器安装不分 A 型、B 型执行同一定额子目。光排管散热器制作项目已包括联管、支撑管所用人工与材料。

十、手动放气阀的安装执行本册第五章相应项目。如随散热器已配套安装就位时，不得重复计算。

十一、暖风机安装项目不包括支架制作安装，其制作安装按照本册第十一章相应项目另行计算。

十二、地板辐射采暖塑料管道敷设项目包括了固定管道的塑料卡钉（管卡）安装、局部套管敷设及地面浇筑的配合用工。如工程要求固定管道的方式与定额不同时，固定管道的材料可按设计要求进行调整，其他不变。

十三、地板辐射采暖的隔热板项目中的塑料薄膜，是指在接触土壤或室外空气的楼板与绝热层之间所铺设的塑料薄膜防潮层。如隔热板带有保护层（铝箔），应扣除塑料薄膜材料消耗量。

地板辐射采暖塑料管道在跨越建筑物的伸缩缝、沉降缝时所铺设的塑料板条，应按照边界保温带安装项目计算，塑料板条材料消耗量可按设计要求的厚度、宽度进行调整。

十四、成组热媒集配装置包括成品分集水器和配套供应的固定支架及与分支管连接的部件。固定支架如不随分集水器配套供应，需现场制作时，按照本册第十章相应项目另行计算。

工程量计算规则

一、钢制柱式散热器安装按每组片数，以"组"为计量单位；闭式散热器安装以"片"为计量单位；其他成品散热器安装以"组"为计量单位。

二、艺术造型散热器按与墙面的正投影（高×长）计算面积，以"组"为计量单位。不规则形状以正投影轮廓的最大高度乘以最大长度计算面积。

三、光排管散热器制作分 A 型、B 型，区分排管公称直径，按图示散热器长度计算排管长度，以"10m"为计量单位，其中联管、支撑管不计入排管工程量；光排管散热器安装不分 A 型、B 型，区分排管公称直径，按光排管散热器长度以"组"为计量单位。

四、暖风机安装按设备质量，以"台"为计量单位。

五、地板辐射采暖管道区分管道外径，按设计图示中心线长度计算，以"10m"为计量单位。保护层（铝箔）、隔热板、钢丝网按设计图示尺寸计算实际铺设面积，以"10m²"为计量单位。边界保温带按设计图示长度以"10m"为计量单位。

六、热媒集配装置安装区分带箱、不带箱，按分支管环路数以"组"为计量单位。

一、钢制散热器

1. 柱式散热器安装

工作内容：托钩安装、散热器稳固、水压试验。

计量单位：组

定 额 编 号				A10-6-1	A10-6-2	A10-6-3	A10-6-4
项 目 名 称				散热器高度600mm以内			
				单组片数(片以内)			
				10	15	25	35
基 价（元）				26.42	42.22	55.03	75.28
其中	人 工 费（元）			14.28	26.04	38.64	50.82
	材 料 费（元）			11.96	16.00	16.21	24.28
	机 械 费（元）			0.18	0.18	0.18	0.18
名 称		单位	单价（元）	消 耗 量			
人工	综合工日	工日	140.00	0.102	0.186	0.276	0.363
材料	钢制散热器 柱式	组	—	(1.000)	(1.000)	(1.000)	(1.000)
	冲击钻头 Φ20	个	17.95	0.063	0.084	0.084	0.126
	电	kW·h	0.68	0.120	0.160	0.160	0.240
	散热器托钩(带膨胀螺栓)	个	3.25	3.150	4.200	4.200	6.300
	水	m³	7.96	0.020	0.033	0.059	0.084
	其他材料费占材料费	%	—	3.000	3.000	3.000	3.000
机械	试压泵 3MPa	台班	17.53	0.010	0.010	0.010	0.010

工作内容：托钩安装、散热器稳固、水压试验。 计量单位：组

定 额 编 号			A10-6-5	A10-6-6	A10-6-7	A10-6-8
项 目 名 称			散热器高度1000mm以内			
			单组片数（片以内）			
			10	15	25	35
基 价（元）			28.19	45.58	59.76	81.52
其中	人 工 费（元）		15.96	29.26	43.12	56.70
	材 料 费（元）		12.05	16.14	16.46	24.64
	机 械 费（元）		0.18	0.18	0.18	0.18
名 称	单位	单价（元）	消 耗 量			
人工	综合工日	工日	140.00	0.114	0.209	0.308	0.405
材料	钢制散热器 柱式	组	—	(1.000)	(1.000)	(1.000)	(1.000)
	冲击钻头 Φ20	个	17.95	0.063	0.084	0.084	0.126
	电	kW·h	0.68	0.120	0.160	0.160	0.240
	散热器托钩(带膨胀螺栓)	个	3.25	3.150	4.200	4.200	6.300
	水	m³	7.96	0.031	0.051	0.090	0.129
	其他材料费占材料费	%	—	3.000	3.000	3.000	3.000
机械	试压泵 3MPa	台班	17.53	0.010	0.010	0.010	0.010

工作内容：托钩安装、散热器稳固、水压试验。 计量单位：组

定 额 编 号				A10-6-9	A10-6-10	A10-6-11	A10-6-12
项 目 名 称				散热器高度1500mm以内		散热器高度2000mm以内	
				单组片数（片以内）			
				10	15	10	15
基 价（元）				39.22	58.62	44.08	67.62
其中	人 工 费（元）			22.96	42.14	27.72	50.96
	材 料 费（元）			16.08	16.30	16.18	16.48
	机 械 费（元）			0.18	0.18	0.18	0.18
名 称		单位	单价（元）	消 耗 量			
人工	综合工日	工日	140.00	0.164	0.301	0.198	0.364
材料	钢制散热器 柱式	组	—	(1.000)	(1.000)	(1.000)	(1.000)
	冲击钻头 φ20	个	17.95	0.084	0.084	0.084	0.084
	电	kW·h	0.68	0.160	0.160	0.160	0.160
	散热器托钩（带膨胀螺栓）	个	3.25	4.200	4.200	4.200	4.200
	水	m³	7.96	0.043	0.070	0.056	0.092
	其他材料费占材料费	%	—	3.000	3.000	3.000	3.000
机械	试压泵 3MPa	台班	17.53	0.010	0.010	0.010	0.010

2. 板式散热器安装

工作内容：固定组件安装、散热器稳固、水压试验。 计量单位：组

定 额 编 号				A10-6-13	A10-6-14	A10-6-15	A10-6-16
项 目 名 称				单板高×长(mm以内)		双板高×长(mm以内)	
				H600×1000	H600×2000	H600×1000	H600×2000
基 价（元）				19.70	24.70	27.25	33.92
其中	人 工 费（元）			18.34	22.68	25.76	31.78
	材 料 费（元）			1.18	1.84	1.31	1.96
	机 械 费（元）			0.18	0.18	0.18	0.18
名 称		单位	单价(元)	消 耗 量			
人工	综合工日	工日	140.00	0.131	0.162	0.184	0.227
材料	钢制散热器 板式	组	—	(1.000)	(1.000)	(1.000)	(1.000)
	冲击钻头 φ10	个	5.98	0.048	0.072	0.048	0.072
	电	kW·h	0.68	0.064	0.096	0.064	0.096
	膨胀螺栓 M6	套	0.17	4.120	6.180	4.120	6.180
	水	m³	7.96	0.015	0.030	0.030	0.045
	其他材料费占材料费	%	—	3.000	3.000	3.000	3.000
机械	试压泵 3MPa	台班	17.53	0.010	0.010	0.010	0.010

3.闭式散热器安装

工作内容：托架安装、散热器稳固、水压试验。

计量单位：片

定 额 编 号			A10-6-17	A10-6-18	A10-6-19
项 目 名 称			高×长(mm以内)		
			H200×2000	H300×1000	H300×2000
				H400×1000	H400×2000
基 价（元）			26.39	26.67	34.41
其中	人 工 费（元）		14.42	18.62	22.40
	材 料 费（元）		11.79	7.87	11.83
	机 械 费（元）		0.18	0.18	0.18
名 称	单位	单价（元）	消 耗 量		
人工 综合工日	工日	140.00	0.103	0.133	0.160
材料 钢制散热器 闭式	片	—	(1.000)	(1.000)	(1.000)
冲击钻头 φ14	个	8.55	0.042	0.028	0.042
电	kW·h	0.68	0.066	0.044	0.066
膨胀螺栓 M10	套	0.25	3.090	2.060	3.090
散热器托架 D型	个	3.25	3.150	2.100	3.150
水	m³	7.96	0.004	0.004	0.009
其他材料费占材料费	%	—	3.000	3.000	3.000
机械 试压泵 3MPa	台班	17.53	0.010	0.010	0.010

工作内容：托架安装、散热器稳固、水压试验。 计量单位：片

定 额 编 号				A10-6-20	A10-6-21
项 目 名 称				高×长(mm以内)	
				H500×1000	H500×2000
				H600×1000	H600×2000
基 价 （元）				29.63	35.70
其中	人 工 费（元）			21.56	23.66
	材 料 费（元）			7.89	11.86
	机 械 费（元）			0.18	0.18
名 称		单位	单价(元)	消 耗 量	
人工	综合工日	工日	140.00	0.154	0.169
材料	钢制散热器 闭式	片	—	(1.000)	(1.000)
	冲击钻头 φ14	个	8.55	0.028	0.042
	电	kW•h	0.68	0.044	0.066
	膨胀螺栓 M10	套	0.25	2.060	3.090
	散热器托架 D型	个	3.25	2.100	3.150
	水	m³	7.96	0.007	0.013
	其他材料费占材料费	%	—	3.000	3.000
机械	试压泵 3MPa	台班	17.53	0.010	0.010

544

4.翅片管散热器安装

工作内容：散热器稳固、水压试验。 计量单位：组

定 额 编 号				A10-6-22	A10-6-23	A10-6-24
项 目 名 称				4根管以内		
				长度(mm以内)		
				1000	1500	2000
基 价（元）				18.78	22.42	26.07
其中	人 工 费（元）			16.94	20.58	24.22
	材 料 费（元）			1.66	1.66	1.67
	机 械 费（元）			0.18	0.18	0.18
名 称		单位	单价(元)	消 耗 量		
人工	综合工日	工日	140.00	0.121	0.147	0.173
材料	翅片管散热器	组	—	(1.000)	(1.000)	(1.000)
	冲击钻头 φ14	个	8.55	0.056	0.056	0.056
	电	kW·h	0.68	0.088	0.088	0.088
	膨胀螺栓 M10	套	0.25	4.120	4.120	4.120
	水	m³	7.96	0.005	0.006	0.007
	其他材料费占材料费	%	—	3.000	3.000	3.000
机械	试压泵 3MPa	台班	17.53	0.010	0.010	0.010

工作内容：散热器稳固、水压试验。 计量单位：组

定　额　编　号			A10-6-25	A10-6-26	A10-6-27
项　目　名　称			6根管以内		
			长度(mm以内)		
			1000	1500	2000
基　　　价（元）			23.84	27.08	30.59
其中	人　工　费（元）		21.98	25.20	28.70
	材　料　费（元）		1.68	1.70	1.71
	机　械　费（元）		0.18	0.18	0.18
名　　　称		单位	单价(元)	消　耗　量	
人工	综合工日	工日	140.00	0.157	0.180	0.205
材料	翅片管散热器	组	—	(1.000)	(1.000)	(1.000)
	冲击钻头 φ14	个	8.55	0.056	0.056	0.056
	电	kW•h	0.68	0.088	0.088	0.088
	膨胀螺栓 M10	套	0.25	4.120	4.120	4.120
	水	m³	7.96	0.008	0.010	0.011
	其他材料费占材料费	%	—	3.000	3.000	3.000
机械	试压泵 3MPa	台班	17.53	0.010	0.010	0.010

工作内容：散热器稳固、水压试验。

计量单位：组

定 额 编 号				A10-6-28	A10-6-29	A10-6-30
项 目 名 称				8根管以内		
				长度(mm以内)		
				1000	1500	2000
基 价（元）				27.50	31.16	34.82
其中	人 工 费（元）			25.62	29.26	32.90
	材 料 费（元）			1.70	1.72	1.74
	机 械 费（元）			0.18	0.18	0.18
名 称		单位	单价(元)	消 耗 量		
人工	综合工日	工日	140.00	0.183	0.209	0.235
材料	翅片管散热器	组	—	(1.000)	(1.000)	(1.000)
	冲击钻头 φ14	个	8.55	0.056	0.056	0.056
	电	kW·h	0.68	0.088	0.088	0.088
	膨胀螺栓 M10	套	0.25	4.120	4.120	4.120
	水	m³	7.96	0.010	0.013	0.015
	其他材料费占材料费	%	—	3.000	3.000	3.000
机械	试压泵 3MPa	台班	17.53	0.010	0.010	0.010

二、其他成品散热器

1. 金属复合散热器安装

工作内容：固定组件安装、散热器稳固、水压试验。 计量单位：组

定 额 编 号				A10-6-31	A10-6-32	A10-6-33
项 目 名 称				半周长(mm以内)		
				1500	2000	2500
基 价（元）				15.56	21.66	25.24
其中	人 工 费（元）			13.58	18.76	21.70
	材 料 费（元）			1.80	2.72	3.36
	机 械 费（元）			0.18	0.18	0.18
名 称		单位	单价(元)	消 耗 量		
人工	综合工日	工日	140.00	0.097	0.134	0.155
材料	金属复合散热器	组	—	(1.000)	(1.000)	(1.000)
	冲击钻头 φ10	个	5.98	0.048	0.072	0.084
	电	kW·h	0.68	0.064	0.112	0.112
	膨胀螺栓 M6	套	0.17	4.120	6.180	7.210
	水	m³	7.96	0.090	0.136	0.183
	其他材料费占材料费	%	—	3.000	3.000	3.000
机械	试压泵 3MPa	台班	17.53	0.010	0.010	0.010

工作内容：固定组件安装、散热器稳固、水压试验。 计量单位：组

定 额 编 号				A10-6-34	A10-6-35
项 目 名 称				半周长(mm以内)	
				2800	3200
基 价 （元）				28.53	31.62
其中	人 工 费 （元）			24.50	27.02
	材 料 费 （元）			3.85	4.42
	机 械 费 （元）			0.18	0.18
名 称		单位	单价(元)	消 耗 量	
人工	综合工日	工日	140.00	0.175	0.193
材料	金属复合散热器	组	—	(1.000)	(1.000)
	冲击钻头 φ10	个	5.98	0.096	0.108
	电	kW·h	0.68	0.128	0.144
	膨胀螺栓 M6	套	0.17	8.240	9.270
	水	m³	7.96	0.211	0.248
	其他材料费占材料费	%	—	3.000	3.000
机械	试压泵 3MPa	台班	17.53	0.010	0.010

2.艺术造型散热器安装

工作内容：固定组件安装、散热器稳固、水压试验。　　　　　　　　　　　　　　　　　　计量单位：组

定　额　编　号				A10-6-36	A10-6-37	A10-6-38
项　目　名　称				面积(m²以内)		
				0.5	1	2
基　　　价（元）				16.89	20.90	27.34
其中	人　工　费（元）			14.42	19.46	25.20
	材　料　费（元）			2.29	1.26	1.96
	机　械　费（元）			0.18	0.18	0.18
名　　　称		单位	单价(元)	消　　耗　　量		
人工	综合工日	工日	140.00	0.103	0.139	0.180
材料	艺术造型散热器	组	—	(1.000)	(1.000)	(1.000)
	冲击钻头 φ10	个	5.98	0.048	0.048	0.072
	电	kW·h	0.68	0.064	0.064	0.096
	膨胀螺栓 M6	套	0.17	4.120	4.120	6.180
	水	m³	7.96	0.150	0.024	0.045
	其他材料费占材料费	%	—	3.000	3.000	3.000
机械	试压泵 3MPa	台班	17.53	0.010	0.010	0.010

三、光排管散热器制作安装

1.A型光排管散热器制作

工作内容：切割、组对、焊接、冲洗及水压试验。

计量单位：10m

定 额 编 号			A10-6-39	A10-6-40	A10-6-41
项 目 名 称			排管长度L≤2m		
			公称直径(mm以内)		
			50	65	80
基 价（元）			488.23	800.73	804.33
其中	人 工 费（元）		164.08	203.28	260.26
	材 料 费（元）		170.58	398.98	293.78
	机 械 费（元）		153.57	198.47	250.29
名 称	单位	单价（元）	消 耗 量		
人工 综合工日	工日	140.00	1.172	1.452	1.859
材料 无缝钢管 D57×3.5	m	—	(10.300)	—	—
无缝钢管 D89×3.5	m	—	—	—	(10.300)
低碳钢焊条	kg	6.84	2.619	3.382	5.281
电	kW·h	0.68	0.926	1.165	1.510
镀锌铁丝 φ4.0～2.8	kg	3.57	0.066	0.066	0.066
钢板 δ4～10	kg	3.18	4.471	6.428	8.883
尼龙砂轮片 φ100	片	2.05	0.830	1.101	1.632
破布	kg	6.32	0.298	0.345	0.385
熟铁管箍	个	3.50	3.080	3.080	3.080
水	m³	7.96	0.090	0.174	0.261
无缝钢管 φ108×4	m	75.50	1.416	—	—
无缝钢管 φ133×4	m	69.00	—	1.753	—
无缝钢管 φ159×4.5	m	92.03	—	—	1.990
无缝钢管 φ40	m	18.58	—	10.300	—
氧气	m³	3.63	1.494	1.944	2.505
乙炔气	kg	10.45	0.498	0.648	0.835
其他材料费占材料费	%	—	3.000	3.000	3.000
机械 电焊机(综合)	台班	118.28	1.246	1.611	2.032
电焊条恒温箱	台班	21.41	0.125	0.161	0.203
电焊条烘干箱 60×50×75cm³	台班	26.46	0.125	0.161	0.203
试压泵 3MPa	台班	17.53	0.012	0.012	0.013

工作内容：切割、组对、焊接、冲洗及水压试验。 计量单位：10m

定 额 编 号			A10-6-42	A10-6-43	A10-6-44
项 目 名 称			排管长度L≤2m		
			公称直径(mm以内)		
			100	125	150
基 价（元）			1220.65	1031.64	1969.51
其中	人 工 费（元）		336.70	445.06	523.88
	材 料 费（元）		559.03	210.81	977.96
	机 械 费（元）		324.92	375.77	467.67
名 称	单位	单价（元）	消 耗 量		
人工 综合工日	工日	140.00	2.405	3.179	3.742
材料 无缝钢管 D108×4	m	—	(10.300)	—	—
无缝钢管 D133×4	m	—	—	(10.300)	—
无缝钢管 D159×4.5	m	—	—	—	(10.300)
无缝钢管 D245×7	m	—	—	(2.585)	—
低碳钢焊条	kg	6.84	6.863	10.336	13.673
电	kW·h	0.68	1.963	2.628	3.085
镀锌铁丝 φ4.0~2.8	kg	3.57	0.066	0.066	0.066
钢板 δ4~10	kg	3.18	16.278	23.385	28.644
尼龙砂轮片 φ100	片	2.05	2.284	3.416	3.996
破布	kg	6.32	0.457	0.513	0.596
熟铁管箍	个	3.50	3.080	3.080	3.080
水	m³	7.96	0.459	0.684	0.978
无缝钢管 φ219×6	m	173.50	2.288	—	—
无缝钢管 φ273×7	m	237.01	—	—	2.925
氧气	m³	3.63	3.303	4.374	5.448
乙炔气	kg	10.45	1.101	1.458	1.816
其他材料费占材料费	%	—	3.000	3.000	3.000
机械 电焊机(综合)	台班	118.28	2.638	3.051	3.797
电焊条恒温箱	台班	21.41	0.264	0.305	0.380
电焊条烘干箱 60×50×75cm³	台班	26.46	0.264	0.305	0.380
试压泵 3MPa	台班	17.53	0.015	0.017	0.021

工作内容：切割、组对、焊接、冲洗及水压试验。

计量单位：10m

定　额　编　号			A10-6-45	A10-6-46	A10-6-47
项　目　名　称			排管长度L≤3m		
			公称直径(mm以内)		
			50	65	80
基　　价（元）			311.33	383.71	509.17
其中	人　工　费（元）		105.84	130.48	165.90
	材　料　费（元）		108.67	128.50	186.29
	机　械　费（元）		96.82	124.73	156.98
名　　称		单位	单价（元）	消　　耗　　量	
人工	综合工日	工日	140.00	0.756	0.932	1.185
材料	无缝钢管 D57×3.5	m	—	(10.300)	(10.300)	—
	无缝钢管 D89×3.5	m	—	—	—	(10.300)
	低碳钢焊条	kg	6.84	1.698	2.191	3.414
	电	kW·h	0.68	0.583	0.732	0.947
	镀锌铁丝 φ4.0～2.8	kg	3.57	0.098	0.098	0.098
	钢板 δ4～10	kg	3.18	2.815	4.041	5.568
	尼龙砂轮片 φ100	片	2.05	0.522	0.692	1.023
	破布	kg	6.32	0.280	0.321	0.353
	熟铁管箍	个	3.50	1.910	1.910	1.910
	水	m³	7.96	0.078	0.150	0.222
	无缝钢管 φ108×4	m	75.50	0.892	—	—
	无缝钢管 φ133×4	m	69.00	—	1.102	—
	无缝钢管 φ159×4.5	m	92.03	—	—	1.248
	氧气	m³	3.63	0.942	1.224	1.572
	乙炔气	kg	10.45	0.314	0.408	0.524
	其他材料费占材料费	%	—	3.000	3.000	3.000
机械	电焊机(综合)	台班	118.28	0.785	1.012	1.274
	电焊条恒温箱	台班	21.41	0.079	0.101	0.127
	电焊条烘干箱 60×50×75cm³	台班	26.46	0.079	0.101	0.127
	试压泵 3MPa	台班	17.53	0.011	0.011	0.012

工作内容：切割、组对、焊接、冲洗及水压试验。

计量单位：10m

定 额 编 号			A10-6-48	A10-6-49	A10-6-50
项 目 名 称			排管长度L≤3m		
			公称直径(mm以内)		
			100	125	150
基 价（元）			769.96	648.34	1230.80
其中	人 工 费（元）		211.82	279.30	328.16
	材 料 费（元）		349.93	135.71	612.34
	机 械 费（元）		208.21	233.33	290.30
名 称	单位	单价（元）	消 耗 量		
人工 综合工日	工日	140.00	1.513	1.995	2.344
材料 无缝钢管 D133×4	m	—	—	(10.300)	—
无缝钢管 D159×4.5	m	—	—	—	(10.300)
无缝钢管 D245×7	m	—	—	(1.605)	—
无缝钢管 D57×3.5	m	—	(10.300)	—	—
低碳钢焊条	kg	6.84	4.395	6.788	8.753
电	kW·h	0.68	1.220	1.632	1.914
镀锌铁丝 φ4.0～2.8	kg	3.57	0.098	0.098	0.098
钢板 δ4～10	kg	3.18	10.110	14.520	17.777
尼龙砂轮片 φ100	片	2.05	1.419	2.120	2.480
破布	kg	6.32	0.416	0.463	0.537
熟铁管箍	个	3.50	1.910	1.910	1.910
水	m³	7.96	0.375	0.564	0.807
无缝钢管 φ219×6	m	173.50	1.421	—	—
无缝钢管 φ273×7	m	237.01	—	—	1.815
氧气	m³	3.63	2.052	2.706	3.471
乙炔气	kg	10.45	0.684	0.902	1.157
其他材料费占材料费	%	—	3.000	3.000	3.000
机械 电焊机(综合)	台班	118.28	1.690	1.894	2.356
电焊条恒温箱	台班	21.41	0.169	0.189	0.236
电焊条烘干箱 60×50×75cm³	台班	26.46	0.169	0.189	0.236
试压泵 3MPa	台班	17.53	0.013	0.015	0.019

工作内容：切割、组对、焊接、冲洗及水压试验。 计量单位：10m

定 额 编 号				A10-6-51	A10-6-52	A10-6-53
项 目 名 称				排管长度L≤4m		
				公称直径(mm以内)		
				50	65	80
基 价 （元）				229.60	282.61	373.12
其中	人 工 费 （元）			79.24	97.16	122.64
	材 料 费 （元）			79.78	94.31	136.19
	机 械 费 （元）			70.58	91.14	114.29
名 称		单位	单价(元)	消 耗 量		
人工	综合工日	工日	140.00	0.566	0.694	0.876
材料	无缝钢管 D57×3.5	m	—	(10.300)	—	—
	无缝钢管 D76×3.5	m	—	—	(10.300)	—
	无缝钢管 D89×3.5	m	—	—	—	(10.300)
	低碳钢焊条	kg	6.84	1.203	1.551	2.411
	电	kW·h	0.68	0.426	0.534	0.689
	镀锌铁丝 φ4.0～2.8	kg	3.57	0.130	0.130	0.130
	钢板 δ4～10	kg	3.18	2.054	2.947	4.055
	尼龙砂轮片 φ100	片	2.05	0.381	0.504	0.745
	破布	kg	6.32	0.272	0.310	0.339
	熟铁管箍	个	3.50	1.380	1.380	1.380
	水	m³	7.96	0.075	0.141	0.204
	无缝钢管 φ108×4	m	75.50	0.651	—	—
	无缝钢管 φ133×4	m	69.00	—	0.804	—
	无缝钢管 φ159×4.5	m	92.03	—	—	0.909
	氧气	m³	3.63	0.684	0.891	1.143
	乙炔气	kg	10.45	0.228	0.297	0.381
	其他材料费占材料费	%	—	3.000	3.000	3.000
机械	电焊机(综合)	台班	118.28	0.572	0.739	0.927
	电焊条恒温箱	台班	21.41	0.057	0.074	0.093
	电焊条烘干箱 60×50×75cm³	台班	26.46	0.057	0.074	0.093
	试压泵 3MPa	台班	17.53	0.011	0.011	0.011

工作内容：切割、组对、焊接、冲洗及水压试验。 计量单位：10m

定 额 编 号				A10-6-54	A10-6-55	A10-6-56
项 目 名 称				排管长度L≤4m		
				公称直径(mm以内)		
				100	125	150
基 价（元）				556.76	483.84	895.41
其中	人 工 费（元）			155.68	204.40	239.96
	材 料 费（元）			254.54	100.26	444.81
	机 械 费（元）			146.54	179.18	210.64
名 称		单位	单价(元)	消 耗 量		
人工	综合工日	工日	140.00	1.112	1.460	1.714
材料	无缝钢管 D108×4	m	—	(10.300)	—	—
	无缝钢管 D133×4	m	—	—	(10.300)	—
	无缝钢管 D159×4.5	m	—	—	—	(10.300)
	无缝钢管 D245×7	m	—	—	(1.164)	—
	低碳钢焊条	kg	6.84	3.093	4.943	6.153
	电	kW·h	0.68	0.885	1.183	1.389
	镀锌铁丝 φ4.0～2.8	kg	3.57	0.130	0.130	0.130
	钢板 δ4～10	kg	3.18	7.331	10.529	12.888
	尼龙砂轮片 φ100	片	2.05	1.030	1.538	1.798
	破布	kg	6.32	0.398	0.440	0.510
	熟铁管箍	个	3.50	1.380	1.380	1.380
	水	m³	7.96	0.336	0.510	0.732
	无缝钢管 φ219×6	m	173.50	1.031	—	—
	无缝钢管 φ273×7	m	237.01	—	—	1.316
	氧气	m³	3.63	1.488	1.962	2.517
	乙炔气	kg	10.45	0.496	0.654	0.839
	其他材料费占材料费	%	—	3.000	3.000	3.000
机械	电焊机(综合)	台班	118.28	1.189	1.454	1.709
	电焊条恒温箱	台班	21.41	0.119	0.145	0.171
	电焊条烘干箱 60×50×75cm³	台班	26.46	0.119	0.145	0.171
	试压泵 3MPa	台班	17.53	0.012	0.015	0.018

556

2.B型光排管散热器制作

工作内容：切割、组对、焊接、水压试验。 计量单位：10m

定 额 编 号				A10-6-57	A10-6-58	A10-6-59
项 目 名 称				排管长度L≤2m		
				公称直径(mm以内)		
				50	65	80
基 价（元）				262.67	322.31	350.55
其中	人 工 费（元）			134.96	149.10	157.50
	材 料 费（元）			42.26	53.54	61.55
	机 械 费（元）			85.45	119.67	131.50
名 称		单位	单价（元）	消 耗 量		
人工	综合工日	工日	140.00	0.964	1.065	1.125
材料	无缝钢管 D45×3	m	—	(0.865)	(0.962)	(1.024)
	无缝钢管 D57×3.5	m	—	(10.300)	—	—
	无缝钢管 D76×3.5	m	—	—	(10.300)	—
	无缝钢管 D89×3.5	m	—	—	—	(10.300)
	低碳钢焊条	kg	6.84	1.110	1.652	1.812
	电	kW·h	0.68	0.680	0.801	0.859
	镀锌铁丝 φ4.0~2.8	kg	3.57	0.088	0.088	0.088
	钢板 δ4~10	kg	3.18	3.109	4.858	6.279
	尼龙砂轮片 φ100	片	2.05	0.608	0.723	0.829
	破布	kg	6.32	0.268	0.301	0.322
	熟铁管箍	个	3.50	2.860	2.860	2.860
	水	m³	7.96	0.062	0.116	0.162
	氧气	m³	3.63	1.311	1.413	1.611
	乙炔气	kg	10.45	0.437	0.471	0.537
	其他材料费占材料费	%	—	3.000	3.000	3.000
机械	电焊机(综合)	台班	118.28	0.693	0.971	1.067
	电焊条恒温箱	台班	21.41	0.069	0.097	0.107
	电焊条烘干箱 60×50×75cm³	台班	26.46	0.069	0.097	0.107
	试压泵 3MPa	台班	17.53	0.010	0.010	0.010

工作内容：切割、组对、焊接、水压试验。   计量单位：10m

定 额 编 号			A10-6-60	A10-6-61	A10-6-62
项 目 名 称			排管长度L≤2m		
			公称直径(mm以内)		
			100	125	150
基 价（元）			401.20	511.34	632.09
其中	人 工 费（元）		174.30	210.28	253.82
	材 料 费（元）		74.12	99.48	132.87
	机 械 费（元）		152.78	201.58	245.40
名 称	单位	单价(元)	消 耗 量		
人工 综合工日	工日	140.00	1.245	1.502	1.813
材料 无缝钢管 D108×4	m	—	(10.300)	—	—
无缝钢管 D133×4	m	—	—	(10.300)	—
无缝钢管 D159×4.5	m	—	—	—	(10.300)
无缝钢管 D45×3	m	—	(1.033)	(1.033)	(1.024)
低碳钢焊条	kg	6.84	2.111	3.435	5.179
电	kW·h	0.68	0.970	1.184	1.481
镀锌铁丝 φ4.0~2.8	kg	3.57	0.088	0.088	0.088
钢板 δ4~10	kg	3.18	8.682	12.437	17.055
尼龙砂轮片 φ100	片	2.05	0.985	1.118	1.600
破布	kg	6.32	0.372	0.402	0.462
熟铁管箍	个	3.50	2.860	2.860	2.860
水	m³	7.96	0.239	0.372	0.533
氧气	m³	3.63	1.779	2.055	2.469
乙炔气	kg	10.45	0.593	0.685	0.823
其他材料费占材料费	%	—	3.000	3.000	3.000
机械 电焊机(综合)	台班	118.28	1.240	1.636	1.992
电焊条恒温箱	台班	21.41	0.124	0.164	0.199
电焊条烘干箱 60×50×75cm³	台班	26.46	0.124	0.164	0.199
试压泵 3MPa	台班	17.53	0.010	0.013	0.015

工作内容：切割、组对、焊接、水压试验。

计量单位：10m

定　额　编　号				A10-6-63	A10-6-64	A10-6-65
项　目　名　称				排管长度L≤3m		
				公称直径(mm以内)		
				50	65	80
基　　　价（元）				170.69	208.99	226.94
其中	人　工　费（元）			88.48	97.58	102.76
	材　料　费（元）			27.77	35.17	40.44
	机　械　费（元）			54.44	76.24	83.74
名　　称		单位	单价（元）	消　耗　量		
人工	综合工日	工日	140.00	0.632	0.697	0.734
材料	无缝钢管 D45×3	m	—	(0.551)	(0.612)	(0.652)
	无缝钢管 D57×3.5	m	—	(10.300)	—	—
	无缝钢管 D76×3.5	m	—	—	(10.300)	—
	无缝钢管 D89×3.5	m	—	—	—	(10.300)
	低碳钢焊条	kg	6.84	0.706	1.051	1.153
	电	kW·h	0.68	0.433	0.509	0.546
	镀锌铁丝 φ4.0~2.8	kg	3.57	0.085	0.085	0.085
	钢板 δ4~10	kg	3.18	1.979	3.091	3.995
	尼龙砂轮片 φ100	片	2.05	0.387	0.460	0.527
	破布	kg	6.32	0.262	0.293	0.314
	熟铁管箍	个	3.50	1.820	1.820	1.820
	水	m³	7.96	0.061	0.114	0.161
	氧气	m³	3.63	0.834	0.900	1.023
	乙炔气	kg	10.45	0.278	0.300	0.341
	其他材料费占材料费	%	—	3.000	3.000	3.000
机械	电焊机(综合)	台班	118.28	0.441	0.618	0.679
	电焊条恒温箱	台班	21.41	0.044	0.062	0.068
	电焊条烘干箱 60×50×75cm³	台班	26.46	0.044	0.062	0.068
	试压泵 3MPa	台班	17.53	0.010	0.010	0.010

工作内容：切割、组对、焊接、水压试验。

计量单位：10m

定　额　编　号				A10-6-66	A10-6-67	A10-6-68
项　目　名　称				排管长度L≤3m		
				公称直径(mm以内)		
				100	125	150
基　　　　价（元）				259.76	326.61	438.03
其中	人　工　费（元）			113.54	132.86	164.08
	材　料　费（元）			48.82	65.41	87.26
	机　械　费（元）			97.40	128.34	186.69
名　　称		单位	单价(元)	消　　耗　　量		
人工	综合工日	工日	140.00	0.811	0.949	1.172
材料	无缝钢管 D108×4	m	—	(10.300)	—	—
	无缝钢管 D133×4	m	—	—	(10.300)	—
	无缝钢管 D159×4.5	m	—	—	—	(10.300)
	无缝钢管 D45×3	m	—	(0.657)	(0.657)	(0.652)
	低碳钢焊条	kg	6.84	1.344	2.186	3.293
	电	kW·h	0.68	0.617	0.752	0.942
	镀锌铁丝 φ4.0～2.8	kg	3.57	0.085	0.085	0.085
	钢板 δ4～10	kg	3.18	5.525	7.914	10.853
	尼龙砂轮片 φ100	片	2.05	0.626	0.711	1.017
	破布	kg	6.32	0.364	0.394	0.454
	熟铁管箍	个	3.50	1.820	1.820	1.820
	水	m³	7.96	0.238	0.370	0.532
	氧气	m³	3.63	1.134	1.308	1.572
	乙炔气	kg	10.45	0.378	0.436	0.524
	其他材料费占材料费	%	—	3.000	3.000	3.000
机械	电焊机(综合)	台班	118.28	0.790	1.041	1.515
	电焊条恒温箱	台班	21.41	0.079	0.104	0.151
	电焊条烘干箱 60×50×75cm³	台班	26.46	0.079	0.104	0.151
	试压泵 3MPa	台班	17.53	0.010	0.013	0.015

工作内容：切割、组对、焊接、水压试验。 计量单位：10m

定 额 编 号			A10-6-69	A10-6-70	A10-6-71
项 目 名 称			排管长度L≤4m		
			公称直径(mm以内)		
			50	65	80
基 价 （元）			127.72	155.87	169.53
其中	人 工 费 （元）		66.78	73.36	77.42
	材 料 费 （元）		21.03	26.60	30.64
	机 械 费 （元）		39.91	55.91	61.47
名 称	单位	单价(元)	消 耗 量		
人工 综合工日	工日	140.00	0.477	0.524	0.553
材料 无缝钢管 D45×3	m	—	(0.404)	(0.449)	(0.478)
无缝钢管 D57×3.5	m	—	(10.300)	—	—
无缝钢管 D76×3.5	m	—	—	(10.300)	—
无缝钢管 D89×3.5	m	—	—	—	(10.300)
低碳钢焊条	kg	6.84	0.518	0.770	0.846
电	kW·h	0.68	0.318	0.374	0.401
镀锌铁丝 φ4.0～2.8	kg	3.57	0.084	0.084	0.084
钢板 δ4～10	kg	3.18	1.451	2.267	2.930
尼龙砂轮片 φ100	片	2.05	0.284	0.337	0.387
破布	kg	6.32	0.259	0.290	0.310
熟铁管箍	个	3.50	1.340	1.340	1.340
水	m³	7.96	0.060	0.114	0.160
氧气	m³	3.63	0.612	0.657	0.753
乙炔气	kg	10.45	0.204	0.219	0.251
其他材料费占材料费	%	—	3.000	3.000	3.000
机械 电焊机(综合)	台班	118.28	0.323	0.453	0.498
电焊条恒温箱	台班	21.41	0.032	0.045	0.050
电焊条烘干箱 60×50×75cm³	台班	26.46	0.032	0.045	0.050
试压泵 3MPa	台班	17.53	0.010	0.010	0.010

工作内容：切割、组对、焊接、水压试验。   计量单位：10m

定　额　编　号				A10-6-72	A10-6-73	A10-6-74
项　目　名　称				排管长度L≤4m		
				公称直径(mm以内)		
				100	125	150
基　　　　价（元）				193.59	243.32	302.98
其中	人　工　费（元）			85.12	99.54	122.22
	材　料　费（元）			37.03	49.55	66.04
	机　械　费（元）			71.44	94.23	114.72
名　　称		单位	单价（元）	消　　耗　　量		
人工	综合工日	工日	140.00	0.608	0.711	0.873
材料	无缝钢管 D108×4	m	—	(10.300)	—	—
	无缝钢管 D133×4	m	—	—	(10.300)	—
	无缝钢管 D159×4.5	m	—	—	—	(10.300)
	无缝钢管 D45×3	m	—	(0.482)	(0.482)	(0.478)
	低碳钢焊条	kg	6.84	0.986	1.604	2.418
	电	kW·h	0.68	0.453	0.553	0.691
	镀锌铁丝 φ4.0~2.8	kg	3.57	0.084	0.084	0.084
	钢板 δ4~10	kg	3.18	4.052	5.804	7.959
	尼龙砂轮片 φ100	片	2.05	0.460	0.522	0.747
	破布	kg	6.32	0.361	0.391	0.450
	熟铁管箍	个	3.50	1.340	1.340	1.340
	水	m³	7.96	0.237	0.370	0.532
	氧气	m³	3.63	0.831	0.960	1.152
	乙炔气	kg	10.45	0.277	0.320	0.384
	其他材料费占材料费	%	—	3.000	3.000	3.000
机械	电焊机(综合)	台班	118.28	0.579	0.764	0.930
	电焊条恒温箱	台班	21.41	0.058	0.076	0.093
	电焊条烘干箱 60×50×75cm³	台班	26.46	0.058	0.076	0.093
	试压泵 3MPa	台班	17.53	0.010	0.013	0.015

3. 光排管散热器安装

工作内容：托钩安装、散热器稳固、水压试验。

计量单位：组

定 额 编 号				A10-6-75	A10-6-76	A10-6-77
项 目 名 称				排管长度L≤2m		
				公称直径(mm以内)		
				50	65	80
基 价（元）				70.57	83.02	91.45
其中	人 工 费（元）			53.90	65.66	73.36
	材 料 费（元）			16.46	17.15	17.86
	机 械 费（元）			0.21	0.21	0.23
名 称		单位	单价（元）	消 耗 量		
人工	综合工日	工日	140.00	0.385	0.469	0.524
材料	光排管散热器	组	—	(1.000)	(1.000)	(1.000)
	冲击钻头 Φ20	个	17.95	0.084	0.084	0.084
	电	kW·h	0.68	0.160	0.160	0.160
	散热器托钩(带膨胀螺栓)	个	3.25	4.200	4.200	4.200
	水	m³	7.96	0.090	0.174	0.261
	其他材料费占材料费	%	—	3.000	3.000	3.000
机械	试压泵 3MPa	台班	17.53	0.012	0.012	0.013

工作内容：托钩安装、散热器稳固、水压试验。

计量单位：组

定 额 编 号				A10-6-78	A10-6-79	A10-6-80
项 目 名 称				排管长度L≤2m		
				公称直径(mm以内)		
				100	125	150
基 价（元）				111.87	221.82	275.88
其中	人 工 费（元）			92.12	93.10	113.68
	材 料 费（元）			19.49	34.54	36.95
	机 械 费（元）			0.26	94.18	125.25
名 称		单位	单价(元)	消 耗 量		
人工	综合工日	工日	140.00	0.658	0.665	0.812
材料	光排管散热器	组	—	(1.000)	(1.000)	(1.000)
	冲击钻头 φ20	个	17.95	0.084	0.084	0.084
	道木	m³	2137.00	—	0.006	0.006
	电	kW•h	0.68	0.160	0.160	0.160
	散热器托钩(带膨胀螺栓)	个	3.25	4.200	4.200	4.200
	水	m³	7.96	0.459	0.684	0.978
	其他材料费占材料费	%	—	3.000	3.000	3.000
机械	吊装机械(综合)	台班	619.04	—	0.144	0.192
	试压泵 3MPa	台班	17.53	0.015	0.017	0.021
	载重汽车 5t	台班	430.70	—	0.011	0.014

工作内容：托钩安装、散热器稳固、水压试验。

计量单位：组

定　额　编　号				A10-6-81	A10-6-82	A10-6-83
项　目　名　称				排管长度L≤3m		
				公称直径(mm以内)		
				50	65	80
基　　　　　价（元）				98.76	115.03	124.74
其中	人　工　费（元）			74.34	90.02	99.12
	材　料　费（元）			24.23	24.82	25.41
	机　械　费（元）			0.19	0.19	0.21
名　　　　称		单位	单价(元)	消　　耗　　量		
人工	综合工日	工日	140.00	0.531	0.643	0.708
材料	光排管散热器	组	—	(1.000)	(1.000)	(1.000)
	冲击钻头 φ20	个	17.95	0.126	0.126	0.126
	电	kW·h	0.68	0.240	0.240	0.240
	散热器托钩(带膨胀螺栓)	个	3.25	6.300	6.300	6.300
	水	m³	7.96	0.078	0.150	0.222
	其他材料费占材料费	%	—	3.000	3.000	3.000
机械	试压泵 3MPa	台班	17.53	0.011	0.011	0.012

工作内容：托钩安装、散热器稳固、水压试验。　　　　　　　　　　　　　　　　　　　　　　计量单位：组

定　额　编　号				A10-6-84	A10-6-85	A10-6-86
项　目　名　称				排管长度L≤3m		
				公称直径(mm以内)		
				100	125	150
基　　　　价（元）				146.87	168.47	285.88
其中	人　工　费（元）			119.98	140.00	148.26
	材　料　费（元）			26.66	28.21	43.41
	机　械　费（元）			0.23	0.26	94.21
名　　称		单位	单价（元）	消　　耗　　量		
人工	综合工日	工日	140.00	0.857	1.000	1.059
材料	光排管散热器	组	—	(1.000)	(1.000)	(1.000)
	冲击钻头 φ20	个	17.95	0.126	0.126	0.126
	道木	m³	2137.00	—	—	0.006
	电	kW·h	0.68	0.240	0.240	0.240
	散热器托钩(带膨胀螺栓)	个	3.25	6.300	6.300	6.300
	水	m³	7.96	0.375	0.564	0.807
	其他材料费占材料费	%	—	3.000	3.000	3.000
机械	吊装机械(综合)	台班	619.04	—	—	0.144
	试压泵 3MPa	台班	17.53	0.013	0.015	0.019
	载重汽车 5t	台班	430.70	—	—	0.011

工作内容：托钩安装、散热器稳固、水压试验。 计量单位：组

定 额 编 号			A10-6-87	A10-6-88	A10-6-89
项 目 名 称			排管长度L≤4m		
			公称直径(mm以内)		
			50	65	80
基 价（元）			130.52	138.50	149.23
其中	人 工 费（元）		87.78	105.70	115.92
	材 料 费（元）		42.55	32.61	33.12
	机 械 费（元）		0.19	0.19	0.19
名 称	单位	单价（元）	消 耗 量		
人工 综合工日	工日	140.00	0.627	0.755	0.828
材料 光排管散热器	组	—	(1.000)	(1.000)	(1.000)
冲击钻头 φ20	个	17.95	0.224	0.168	0.168
电	kW·h	0.68	0.426	0.320	0.320
散热器托钩(带膨胀螺栓)	个	3.25	11.200	8.400	8.400
水	m³	7.96	0.075	0.141	0.204
其他材料费占材料费	%	—	3.000	3.000	3.000
机械 试压泵 3MPa	台班	17.53	0.011	0.011	0.011

工作内容：托钩安装、散热器稳固、水压试验。

计量单位：组

定 额 编 号				A10-6-90	A10-6-91	A10-6-92
项 目 名 称				排管长度L≤4m		
				公称直径(mm以内)		
				100	125	150
基 价（元）				168.39	192.55	318.60
其中	人 工 费（元）			133.98	156.66	173.74
	材 料 费（元）			34.20	35.63	50.66
	机 械 费（元）			0.21	0.26	94.20
名 称		单位	单价(元)	消 耗 量		
人工	综合工日	工日	140.00	0.957	1.119	1.241
材料	光排管散热器	组	—	(1.000)	(1.000)	(1.000)
	冲击钻头 φ20	个	17.95	0.168	0.168	0.168
	道木	m³	2137.00	—	—	0.006
	电	kW·h	0.68	0.320	0.320	0.320
	散热器托钩(带膨胀螺栓)	个	3.25	8.400	8.400	8.400
	水	m³	7.96	0.336	0.510	0.732
	其他材料费占材料费	%	—	3.000	3.000	3.000
机械	吊装机械(综合)	台班	619.04	—	—	0.144
	试压泵 3MPa	台班	17.53	0.012	0.015	0.018
	载重汽车 5t	台班	430.70	—	—	0.011

四、暖风机安装

工作内容：暖风机吊装、稳固、单机试运转。　　　　　　　　　　　　　计量单位：台

定　额　编　号				A10-6-93	A10-6-94	A10-6-95
项　目　名　称				质量(kg以内)		
				80	160	240
基　　　价（元）				104.70	155.54	315.37
其中	人　工　费（元）			101.92	151.76	203.98
	材　料　费（元）			2.78	3.78	17.51
	机　械　费（元）			—	—	93.88
名　　　称		单位	单价（元）	消　　耗　　量		
人工	综合工日	工日	140.00	0.728	1.084	1.457
材料	暖风机	台	—	(1.000)	(1.000)	(1.000)
	道木	m³	2137.00	—	—	0.006
	电	kW·h	0.68	0.625	0.925	1.375
	镀锌六角螺栓带螺母 2弹垫 M10×14～70	套	0.43	4.120	—	—
	镀锌六角螺栓带螺母 2弹垫 M12×14～75	套	0.56	—	4.120	4.120
	水	m³	7.96	0.027	0.056	0.081
	橡胶板	kg	2.91	0.100	0.100	0.100
	其他材料费占材料费	%	—	3.000	3.000	3.000
机械	吊装机械(综合)	台班	619.04	—	—	0.144
	载重汽车 5t	台班	430.70	—	—	0.011

工作内容：暖风机吊装、稳固、单机试运转。 计量单位：台

定 额 编 号			A10-6-96	A10-6-97	A10-6-98
项 目 名 称			质量(kg以内)		
			320	500	1000
基 价 (元)			352.29	409.30	570.59
其中	人 工 费 (元)		209.30	244.44	345.66
	材 料 费 (元)		18.10	19.55	42.31
	机 械 费 (元)		124.89	145.31	182.62
名 称	单位	单价(元)	消 耗 量		
人工	综合工日	工日	140.00	1.495	1.746	2.469
材料	暖风机	台	—	(1.000)	(1.000)	(1.000)
	冲击钻头 φ18	个	13.25	—	—	0.125
	道木	m³	2137.00	0.006	0.006	0.006
	电	kW·h	0.68	1.875	2.750	7.738
	镀锌六角螺栓带螺母 2弹垫 M12×14~75	套	0.56	4.120	4.120	—
	膨胀螺栓 M16×100~160	套	2.99	—	—	6.150
	石棉橡胶板	kg	9.40	—	0.100	0.100
	水	m³	7.96	0.110	0.131	0.252
	橡胶板	kg	2.91	0.100	—	—
	其他材料费占材料费	%	—	3.000	3.000	3.000
机械	吊装机械(综合)	台班	619.04	0.192	0.225	0.279
	载重汽车 5t	台班	430.70	0.014	0.014	0.023

工作内容：暖风机吊装、稳固、单机试运转。

计量单位：台

定　额　编　号				A10-6-99	A10-6-100
项　目　名　称				质量(kg以内)	
				1500	2000
基　　　价（元）				771.35	932.51
其中	人　工　费（元）			475.72	540.54
	材　料　费（元）			68.41	81.18
	机　械　费（元）			227.22	310.79
名　　称		单位	单价（元）	消　耗　量	
人工	综合工日	工日	140.00	3.398	3.861
材料	暖风机	台	—	(1.000)	(1.000)
	冲击钻头 φ20	个	17.95	0.131	—
	冲击钻头 φ22	个	19.66	—	0.131
	道木	m³	2137.00	0.011	0.011
	电	kW·h	0.68	19.012	27.762
	膨胀螺栓 M18×100～160	套	3.85	6.150	—
	膨胀螺栓 M20×100～160	套	4.70	—	6.150
	石棉橡胶板	kg	9.40	0.100	0.100
	水	m³	7.96	0.378	0.504
	其他材料费占材料费	%	—	3.000	3.000
机械	吊装机械(综合)	台班	619.04	0.342	0.477
	载重汽车 5t	台班	430.70	0.036	0.036

五、地板辐射采暖

1. 塑料管道敷设

工作内容：划线定位、切管、调直、揻弯、管道固定、隐蔽充压、水冲洗及水压试验。　　计量单位：10m

定　额　编　号				A10-6-101	A10-6-102	A10-6-103
项　目　名　称				公称外径(mm以内)		
				16	20	25
基　　　　价（元）				17.20	20.04	23.50
其中	人　工　费（元）			13.30	13.72	14.42
	材　料　费（元）			3.86	6.28	9.04
	机　械　费（元）			0.04	0.04	0.04
名　　　称		单位	单价（元）	消　　耗　　量		
人工	综合工日	工日	140.00	0.095	0.098	0.103
材料	地板辐射采暖塑料管	m	—	(10.200)	(10.200)	(10.200)
	锯条(各种规格)	根	0.62	0.024	0.030	0.037
	柔性塑料套管 φ20	m	1.37	0.204	—	—
	柔性塑料套管 φ25	m	2.56	—	0.204	—
	柔性塑料套管 φ32	m	2.99	—	—	0.204
	水	m³	7.96	0.005	0.006	0.008
	塑料卡钉 φ16	个	0.13	26.250	—	—
	塑料卡钉 φ20	个	0.21	—	26.250	—
	塑料卡钉 φ25	个	0.32	—	—	25.250
	其他材料费占材料费	%	—	3.000	3.000	3.000
机械	试压泵 3MPa	台班	17.53	0.002	0.002	0.002

2.保温隔热层敷设

工作内容:基层清理、下料切割、铺装、边缝填补。 计量单位:10m²

定 额 编 号				A10-6-104	A10-6-105
项 目 名 称				保护层(铝箔)	隔热板
基 价 (元)				14.53	16.75
其中	人 工 费 (元)			10.08	16.52
	材 料 费 (元)			4.45	0.23
	机 械 费 (元)			—	—
名 称		单位	单价(元)	消 耗 量	
人工	综合工日	工日	140.00	0.072	0.118
材料	聚苯乙烯泡沫板 30mm	m²	—	—	(10.300)
	铝箔	m²	—	(10.300)	—
	塑料薄膜	m²	0.20	—	1.093
	粘结剂	kg	2.88	1.500	—
	其他材料费占材料费	%	—	3.000	3.000

工作内容：基层清理、下料切割、铺装、边缝填补。　　　　　　　　　　　　　　　　计量单位：10m

定　额　编　号				A10-6-106
项　目　名　称				边界保温带
基　　　　价（元）				3.66
其中	人　工　费（元）			3.64
	材　料　费（元）			0.02
	机　械　费（元）			—
名　　　　称	单位	单价(元)	消　　耗　　量	
人工	综合工日	工日	140.00	0.026	
材料	聚苯乙烯条 10×180	m	—	(10.500)	
	密封膏	kg	1.28	0.015	
	其他材料费占材料费	%	—	3.000	

574

工作内容：基层清理、下料切割、铺装、边缝填补。 计量单位：10m²

定 额 编 号	A10-6-107
项 目 名 称	钢丝网
基 价（元）	17.92

其中	人 工 费（元）	17.92
	材 料 费（元）	—
	机 械 费（元）	—

	名 称	单位	单价（元）	消 耗 量
人工	综合工日	工日	140.00	0.128
材料	镀锌钢丝网 φ3×50×50	m²	—	(10.300)
	其他材料费占材料费	%	—	3.000

六、热媒集配装置安装

1. 不带箱热媒集配装置安装

工作内容：外观检查、固定支架、分集水器安装、与分支管连接、水压试验。

计量单位：组

定 额 编 号				A10-6-108	A10-6-109
项 目 名 称				分支管（环路以内）	
				2	4
基 价 （元）				17.50	26.36
其中	人 工 费 （元）			16.38	25.20
	材 料 费 （元）			1.12	1.16
	机 械 费 （元）			—	—
名 称		单位	单价（元）	消 耗 量	
人工	综合工日	工日	140.00	0.117	0.180
材料	分集水器(不带箱)	组	—	(1.000)	(1.000)
	冲击钻头 φ10	个	5.98	0.048	0.048
	电	kW·h	0.68	0.064	0.064
	锯条(各种规格)	根	0.62	0.060	0.104
	膨胀螺栓 M6	套	0.17	4.120	4.120
	水	m³	7.96	0.002	0.003
	铁砂布	张	0.85	0.007	0.012
	其他材料费占材料费	%	—	3.000	3.000

工作内容：外观检查、固定支架、分集水器安装、与分支管连接、水压试验。　　　　　　　　计量单位：组

定　额　编　号				A10-6-110	A10-6-111
项　目　名　称				分支管(环路以内)	
				6	8
基　　　　　价（元）				32.44	39.49
其中	人　工　费（元）			31.22	38.22
	材　料　费（元）			1.22	1.27
	机　械　费（元）			—	—
名　　　称		单位	单价（元）	消　　耗　　量	
人工	综合工日	工日	140.00	0.223	0.273
材料	分集水器(不带箱)	组	—	(1.000)	(1.000)
	冲击钻头 φ10	个	5.98	0.048	0.048
	电	kW•h	0.68	0.064	0.064
	锯条(各种规格)	根	0.62	0.164	0.224
	膨胀螺栓 M6	套	0.17	4.120	4.120
	水	m³	7.96	0.004	0.005
	铁砂布	张	0.85	0.019	0.026
	其他材料费占材料费	%	—	3.000	3.000

2.带箱热媒集配装置安装

工作内容：外观检查,箱体、固定支架、分集水器安装,箱体周边缝隙填堵,与分支管连接、水压试验。

计量单位：组

定 额 编 号				A10-6-112	A10-6-113
项 目 名 称				分支管(环路以内)	
				2	4
基 价 （元）				27.66	41.16
其中	人 工 费（元）			18.06	28.70
	材 料 费（元）			9.60	12.46
	机 械 费（元）			—	—
名 称		单位	单价（元）	消 耗 量	
人工	综合工日	工日	140.00	0.129	0.205
材料	分集水器(带箱)	组	—	(1.000)	(1.000)
	冲击钻头 φ10	个	5.98	0.048	0.048
	电	kW·h	0.68	0.064	0.064
	锯条(各种规格)	根	0.62	0.060	0.104
	膨胀螺栓 M6	套	0.17	4.120	4.120
	水	m³	7.96	0.002	0.003
	水泥砂浆 1:2.5	m³	274.23	0.030	0.040
	铁砂布	张	0.85	0.007	0.012
	其他材料费占材料费	%	—	3.000	3.000

工作内容：外观检查,箱体、固定支架、分集水器安装,箱体周边缝隙填堵,与分支管连接、水压试验。

计量单位：组

定 额 编 号					A10-6-114	A10-6-115
项 目 名 称					分支管(环路以内)	
					6	8
基 价 （元）					49.64	60.78
其中	人 工 费 （元）				34.30	42.56
	材 料 费 （元）				15.34	18.22
	机 械 费 （元）				—	—
名 称		单位	单价(元)		消 耗 量	
人工	综合工日	工日	140.00		0.245	0.304
材料	分集水器(带箱)	组	—		(1.000)	(1.000)
	冲击钻头 φ10	个	5.98		0.048	0.048
	电	kW·h	0.68		0.064	0.064
	锯条(各种规格)	根	0.62		0.164	0.224
	膨胀螺栓 M6	套	0.17		4.120	4.120
	水	m³	7.96		0.004	0.005
	水泥砂浆 1:2.5	m³	274.23		0.050	0.060
	铁砂布	张	0.85		0.019	0.026
	其他材料费占材料费	%	—		3.000	3.000

579

第七章 燃气器具及其他

说　　明

一、本章包括燃气开水炉安装，燃气采暖炉安装，燃气沸水器、消毒器、燃气快速热水器安装，燃气表、燃气灶具、气嘴、调压器安装，调压箱、调压装置、燃气凝水缸、燃气管道调长器安装，引入口保护罩安装等。

二、各种燃气炉（器）具安装项目，均包括本体及随炉（器）具配套附件的安装。

三、壁挂式燃气采暖炉安装子目，考虑了随设备配备的托盘、挂装支架的安装。

四、膜式燃气表安装项目适用于螺纹连接的民用或公用膜式燃气表，IC 卡膜式燃气表安装按膜式燃气表安装项目，其人工乘以系数 1.1。

膜式燃气表安装项目中列有 2 个表接头，如随燃气表配套表接头时，应扣除所列表接头。膜式燃气表安装项目中不包括表托架制作安装，发生时根据工程要求另行计算。

五、燃气流量计适用于法兰连接的腰轮（罗茨）燃气流量计、涡轮燃气流量计。

六、法兰式燃气流量计、流量计控制器、调压器、燃气管道调长器安装项目均包括与法兰连接一侧所用的螺栓、垫片。

七、成品钢制凝水缸、铸铁凝水缸、塑料凝水缸安装，按中压和低压分别列项，是依据《燃气工程设计施工》05R502 进行编制的。凝水缸安装项目包括凝水缸本体、抽水管及其附件、管件安装以及与管道系统的连接。低压凝水缸还包括混凝土基座及铸铁护罩的安装。中压凝水缸不包括井室部分、凝水缸的防腐处理，发生时执行其他相应项目。

八、燃气管道调长器安装项目适用于法兰式波纹补偿器和套筒式补偿器的安装。

九、燃气调压箱安装按壁挂式和落地式分别列项，其中落地式区分单路和双路。调压箱安装不包括支架制作安装及保护台、底座的砌筑，发生时执行其他相应项目。

十、燃气管道引入口保护罩安装按分体型保护罩和整体型保护罩分别列项。砖砌引入口保护台及引入管的保温、防腐应执行其他相关定额。

十一、户内家用可燃气体检测报警器与电磁阀成套安装的，执行"第四章管道附件"中螺纹电磁阀项目，人工乘以系数 1.3。

工程量计算规则

一、燃气开水炉、采暖炉、沸水器、消毒器、热水器以"台"为计量单位。

二、膜式燃气表安装按不同规格型号，以"块"为计量单位，燃气流量计安装区分不同管径，以"台"为计量单位；流量计控制器区分不同管径，以"个"为计量单位。

三、燃气灶具区分民用灶具和公用灶具，以"台"为计量单位。

四、气嘴安装以"个"为计量单位。

五、调压器、调压箱（柜）区分不同进口管径，以"台"为计量单位。

六、燃气管道调长器区分不同管径，以"个"为计量单位。

七、燃气凝水缸区分压力、材质、管径，以"套"为计量单位。

八、引入口保护罩安装以"个"为计量单位。

一、燃气开水炉安装

工作内容：炉体及附件安装、通气、通水、试火、调试风门。　　　　　　　　　计量单位：台

定　额　编　号			A10-7-1	A10-7-2
项　目　名　称			水容量(L)	
			100	200
基　　　　价（元）			79.20	107.90
其中	人　工　费（元）		79.10	107.80
	材　料　费（元）		0.10	0.10
	机　械　费（元）		—	—
名　　　称	单位	单价（元）	消　　耗　　量	
人工	综合工日	工日	140.00	0.565	0.770
材料	燃气开水炉	台	—	(1.000)	(1.000)
	石棉橡胶板	kg	9.40	0.010	0.010
	其他材料费占材料费	%	—	3.000	3.000

二、燃气采暖炉安装

工作内容：炉体及附件安装、通气、通水、试火、调试风门。　　　　　　　　　　　计量单位：台

定　额　编　号			A10-7-3	A10-7-4
项　目　名　称			壁挂式	落地式
基　　　价（元）			55.12	63.44
其中	人　工　费（元）		53.90	63.28
	材　料　费（元）		1.22	0.16
	机　械　费（元）		—	—
名　　　称	单位	单价（元）	消　耗	量
人工	综合工日	工日	140.00	0.385	0.452
材料	燃气采暖炉	台	—	(1.000)	(1.000)
	冲击钻头 φ12	个	6.75	0.033	—
	电	kW·h	0.68	0.048	—
	聚四氟乙烯生料带	m	0.13	1.200	1.200
	膨胀螺栓 M8	套	0.25	3.090	—
	其他材料费占材料费	%	—	3.000	3.000

三、燃气沸水器、消毒器

1. 沸水器安装

工作内容：器具及附件安装、通气、通水、试火、调试风门。 　　　　　　　计量单位：台

定　额　编　号				A10-7-5	A10-7-6
项　目　名　称				容积式	自动式
基　　　价（元）				40.48	47.62
其中	人　工　费（元）			40.32	47.46
	材　料　费（元）			0.16	0.16
	机　械　费（元）			—	—
名　　　称		单位	单价(元)	消　　耗　　量	
人工	综合工日	工日	140.00	0.288	0.339
材料	容积式沸水器	台	—	(1.000)	—
	自动沸水器	台	—	—	(1.000)
	聚四氟乙烯生料带	m	0.13	1.200	1.200
	其他材料费占材料费	%	—	3.000	3.000

2. 消毒器安装

工作内容：器具及附件安装、通气、通水、试火、调试风门。　　　　　　　　　　　计量单位：台

定　额　编　号			A10-7-7
项　目　名　称			消毒器
基　　　价（元）			**40.48**
其中	人　工　费（元）		40.32
	材　料　费（元）		0.16
	机　械　费（元）		—
名　　　称	单位	单价(元)	消　耗　量
人工	综合工日	工日	140.00	0.288
材料	消毒器	台	—	(1.000)
	聚四氟乙烯生料带	m	0.13	1.200
	其他材料费占材料费	%	—	3.000

588

四、燃气快速热水器安装

工作内容：热水器及附件安装、通气、通水、试火、调试风门。 计量单位：台

定 额 编 号				A10-7-8
项 目 名 称				燃气快速热水器
基 价（元）				46.71
其中	人 工 费（元）			45.36
	材 料 费（元）			1.35
	机 械 费（元）			—
名 称	单位	单价（元）	消 耗 量	
人工	综合工日	工日	140.00	0.324
材料	燃气热水器	台	—	(1.000)
	冲击钻头 φ12	个	6.75	0.033
	电	kW·h	0.68	0.048
	聚四氟乙烯生料带	m	0.13	2.200
	膨胀螺栓 M8	套	0.25	3.090
	其他材料费占材料费	%	—	3.000

五、燃气表

1.膜式燃气表安装

工作内容：燃气表就位、安装、试压检查。

计量单位：块

定　额　编　号			A10-7-9	A10-7-10	A10-7-11
项　目　名　称			型号（m³/h）		
			1.6、2.5、4	6	10、16
基　　　价（元）			28.07	46.19	62.29
其中	人　工　费（元）		28.00	46.06	62.16
	材　料　费（元）		0.07	0.13	0.13
	机　械　费（元）		—	—	—
名　　　称	单位	单价（元）	消　　耗　　量		
人工	综合工日	工日	140.00	0.200	0.329	0.444
材料	膜式燃气表	块	—	(1.000)	(1.000)	(1.000)
	燃气表接头	个	—	(2.020)	(2.020)	(2.020)
	聚四氟乙烯生料带	m	0.13	0.500	1.000	1.000
	其他材料费占材料费	%	—	3.000	3.000	3.000

工作内容：燃气表就位、安装、试压检查。 计量单位：块

定 额 编 号				A10-7-12	A10-7-13
项 目 名 称				型号(m³/h)	
				25、40	65、100
基 价（元）				92.60	141.69
其中	人 工 费（元）			92.40	141.40
	材 料 费（元）			0.20	0.29
	机 械 费（元）			—	—
名 称		单位	单价(元)	消 耗 量	
人工	综合工日	工日	140.00	0.660	1.010
材料	膜式燃气表	块	—	(1.000)	(1.000)
	燃气表接头	个	—	(2.020)	(2.020)
	聚四氟乙烯生料带	m	0.13	1.500	2.143
	其他材料费占材料费	%	—	3.000	3.000

2.燃气流量计安装

工作内容：流量计就位、安装、加垫、紧固螺栓、试压检查。 计量单位：台

定额编号			A10-7-14	A10-7-15	A10-7-16	A10-7-17
项　目　名　称			公称直径(mm以内)			
			25	40	50	80
基　　价（元）			121.39	139.26	151.57	172.68
其中	人　工　费（元）		118.02	131.46	143.64	157.22
	材　料　费（元）		3.37	7.80	7.93	15.46
	机　械　费（元）		—	—	—	—
名　　称	单位	单价（元）	消　　耗　　量			
人工	综合工日	工日	140.00	0.843	0.939	1.026	1.123
材料	燃气流量计	台	—	(1.000)	(1.000)	(1.000)	(1.000)
	氟丁腈橡胶垫 DN25	片	0.43	1.030	—	—	—
	氟丁腈橡胶垫 DN40	片	0.85	—	1.030	—	—
	氟丁腈橡胶垫 DN50	片	0.85	—	—	1.030	—
	氟丁腈橡胶垫 DN80	片	1.45	—	—	—	1.030
	六角螺栓带螺母、垫圈 M12×14～75	套	0.60	4.120	—	—	—
	六角螺栓带螺母、垫圈 M16×65～80	套	1.54	—	4.120	4.120	8.240
	破布	kg	6.32	0.010	0.010	0.020	0.028
	铅油(厚漆)	kg	6.45	0.030	0.030	0.040	0.070
	清油	kg	9.70	0.010	0.010	0.010	0.020
	其他材料费占材料费	%	—	3.000	3.000	3.000	3.000

工作内容：流量计就位、安装、加垫、紧固螺栓、试压检查。 计量单位：台

定 额 编 号				A10-7-18	A10-7-19	A10-7-20	A10-7-21
项 目 名 称				公称直径(mm以内)			
				100	150	200	250
基 价（元）				183.65	243.71	288.94	338.33
其中	人 工 费（元）			167.30	189.42	214.76	252.98
	材 料 费（元）			16.35	33.14	48.35	52.22
	机 械 费（元）			—	21.15	25.83	33.13
名 称		单位	单价(元)	消 耗 量			
人工	综合工日	工日	140.00	1.195	1.353	1.534	1.807
材料	燃气流量计	台	—	(1.000)	(1.000)	(1.000)	(1.000)
	氟丁腈橡胶垫 DN100	片	2.05	1.030	—	—	—
	氟丁腈橡胶垫 DN150	片	3.25	—	1.030	—	—
	氟丁腈橡胶垫 DN200	片	3.93	—	—	1.030	—
	氟丁腈橡胶垫 DN250	片	4.27	—	—	—	1.030
	六角螺栓带螺母、垫圈 M16×65～80	套	1.54	8.240	—	—	—
	六角螺栓带螺母、垫圈 M20×85～100	套	3.33	—	8.240	12.360	—
	六角螺栓带螺母、垫圈 M22×90～120	套	3.59	—	—	—	12.360
	破布	kg	6.32	0.030	0.030	0.040	0.040
	铅油(厚漆)	kg	6.45	0.100	0.140	0.170	0.200
	清油	kg	9.70	0.025	0.030	0.040	0.040
	其他材料费占材料费	%	—	3.000	3.000	3.000	3.000
机械	汽车式起重机 8t	台班	763.67	—	0.026	0.031	0.040
	载重汽车 5t	台班	430.70	—	0.003	0.005	0.006

593

3.流量计控制器安装

工作内容：控制器就位、安装、加垫、紧固螺栓、试压检查。　　　　　　　　　　　计量单位：个

定　额　编　号			A10-7-22	A10-7-23	A10-7-24	A10-7-25
项　目　名　称			公称直径(mm以内)			
			25	40	50	80
基　　　　价（元）			19.89	27.96	34.25	58.30
其中	人　工　费（元）		16.52	20.16	26.32	42.84
	材　料　费（元）		3.37	7.80	7.93	15.46
	机　械　费（元）		—	—	—	—
名　　称	单位	单价（元）	消　　耗　　量			
人工　综合工日	工日	140.00	0.118	0.144	0.188	0.306
材料　流量计控制器	个	—	(1.000)	(1.000)	(1.000)	(1.000)
氟丁腈橡胶垫 DN25	片	0.43	1.030	—	—	—
氟丁腈橡胶垫 DN40	片	0.85	—	1.030	—	—
氟丁腈橡胶垫 DN50	片	0.85	—	—	1.030	—
氟丁腈橡胶垫 DN80	片	1.45	—	—	—	1.030
六角螺栓带螺母、垫圈 M12×14～75	套	0.60	4.120	—	—	—
六角螺栓带螺母、垫圈 M16×65～80	套	1.54	—	4.120	4.120	8.240
破布	kg	6.32	0.010	0.010	0.020	0.028
铅油（厚漆）	kg	6.45	0.030	0.030	0.040	0.070
清油	kg	9.70	0.010	0.010	0.010	0.020
其他材料费占材料费	%	—	3.000	3.000	3.000	3.000

工作内容：控制器就位、安装、加垫、紧固螺栓、试压检查。　　　　　　　　　　　　　　计量单位：个

定　额　编　号			A10-7-26	A10-7-27	A10-7-28	A10-7-29
项　目　名　称			公称直径(mm以内)			
			100	150	200	250
基　　　价（元）			72.35	125.55	157.48	197.77
其中	人　工　费（元）		56.00	71.26	83.30	112.42
	材　料　费（元）		16.35	33.14	48.35	52.22
	机　械　费（元）		—	21.15	25.83	33.13
名　　　称	单位	单价（元）	消　　耗　　量			
人工 综合工日	工日	140.00	0.400	0.509	0.595	0.803
材料 流量计控制器	个	—	(1.000)	(1.000)	(1.000)	(1.000)
氟丁腈橡胶垫 DN100	片	2.05	1.030	—	—	—
氟丁腈橡胶垫 DN150	片	3.25	—	1.030	—	—
氟丁腈橡胶垫 DN200	片	3.93	—	—	1.030	—
氟丁腈橡胶垫 DN250	片	4.27	—	—	—	1.030
六角螺栓带螺母、垫圈 M16×65～80	套	1.54	8.240	—	—	—
六角螺栓带螺母、垫圈 M20×85～100	套	3.33	—	8.240	12.360	—
六角螺栓带螺母、垫圈 M22×90～120	套	3.59	—	—	—	12.360
破布	kg	6.32	0.030	0.030	0.040	0.040
铅油(厚漆)	kg	6.45	0.100	0.140	0.170	0.200
清油	kg	9.70	0.025	0.030	0.040	0.040
其他材料费占材料费	%	—	3.000	3.000	3.000	3.000
机械 汽车式起重机 8t	台班	763.67	—	0.026	0.031	0.040
载重汽车 5t	台班	430.70	—	0.003	0.005	0.006

595

六、燃气灶具

1.民用灶具安装

工作内容：灶具就位、安装、通气、试火、调试风门。

计量单位：台

定　额　编　号	A10-7-30	A10-7-31
项　目　名　称	台式	内嵌式
基　　　价（元）	12.88	18.62

其中		
人　工　费（元）	12.88	18.62
材　料　费（元）	—	—
机　械　费（元）	—	—

名　称	单位	单价（元）	消　耗　量	
人工　综合工日	工日	140.00	0.092	0.133
材料　民用燃气灶具	台	—	(1.000)	(1.000)

596

2. 公用灶具安装

工作内容：灶具就位、安装、通气、试火、调试风门。

计量单位：台

定　额　编　号			A10-7-32	A10-7-33	A10-7-34
项　目　名　称			进气管		
			公称直径(mm以内)		
			15	20	25
基　　　　价（元）			32.10	33.37	42.90
其中	人　工　费（元）		32.06	33.32	42.84
	材　料　费（元）		0.04	0.05	0.06
	机　械　费（元）		—	—	—
名　　称	单位	单价（元）	消　　耗　　量		
人工 综合工日	工日	140.00	0.229	0.238	0.306
材料 公用燃气灶具	台	—	(1.000)	(1.000)	(1.000)
聚四氟乙烯生料带	m	0.13	0.283	0.377	0.471
其他材料费占材料费	%	—	3.000	3.000	3.000

工作内容：灶具就位、安装、通气、试火、调试风门。 计量单位：台

定 额 编 号				A10-7-35	A10-7-36
项 目 名 称				进气管	
				公称直径(mm以内)	
				32	40
基 价 （元）				60.56	64.22
其中	人 工 费（元）			60.48	64.12
	材 料 费（元）			0.08	0.10
	机 械 费（元）			—	—
	名 称	单位	单价(元)	消 耗 量	
人工	综合工日	工日	140.00	0.432	0.458
材料	公用燃气灶具	台	—	(1.000)	(1.000)
	聚四氟乙烯生料带	m	0.13	0.603	0.754
	其他材料费占材料费	%	—	3.000	3.000

七、气嘴

工作内容：气嘴安装。

计量单位：个

定　额　编　号					A10-7-37
项　目　名　称					气嘴安装
基　　　价（元）					3.82
其中	人　工　费（元）				3.78
	材　料　费（元）				0.04
	机　械　费（元）				—
	名　　称	单位	单价（元）	消　耗　量	
人工	综合工日	工日	140.00	0.027	
材料	燃气气嘴	个	—	(1.010)	
	聚四氟乙烯生料带	m	0.13	0.283	
	其他材料费占材料费	%	—	3.000	

八、调压器安装

工作内容：调压器就位、安装、试压检查。

计量单位：台

定 额 编 号				A10-7-38	A10-7-39	A10-7-40
项 目 名 称				公称直径(mm以内)		
				40	50	80
基 价 （元）				37.30	44.71	74.34
其中	人 工 费（元）			22.96	30.24	58.94
	材 料 费（元）			14.34	14.47	15.40
	机 械 费（元）			—	—	—
名 称		单位	单价(元)	消 耗 量		
人工	综合工日	工日	140.00	0.164	0.216	0.421
材 料	燃气调压器	台	—	(1.000)	(1.000)	(1.000)
	氯丁腈橡胶垫 DN40	片	0.85	1.030	—	—
	氯丁腈橡胶垫 DN50	片	0.85	—	1.030	—
	氯丁腈橡胶垫 DN80	片	1.45	—	—	1.030
	六角螺栓带螺母、垫圈 M16×65～80	套	1.54	8.240	8.240	8.240
	破布	kg	6.32	0.010	0.020	0.020
	铅油(厚漆)	kg	6.45	0.030	0.040	0.070
	清油	kg	9.70	0.010	0.010	0.020
	其他材料费占材料费	%	—	3.000	3.000	3.000

工作内容：调压器就位、安装、试压检查。
计量单位：台

定 额 编 号				A10-7-41	A10-7-42	A10-7-43
项 目 名 称				公称直径(mm以内)		
				100	150	200
基 价（元）				114.35	177.04	250.18
其中	人 工 费（元）			84.98	115.64	159.60
	材 料 费（元）			29.37	61.40	90.58
	机 械 费（元）			—	—	—
名 称		单位	单价(元)	消 耗 量		
人工	综合工日	工日	140.00	0.607	0.826	1.140
材料	燃气调压器	台	—	(1.000)	(1.000)	(1.000)
	氟丁腈橡胶垫 DN100	片	2.05	1.030	—	—
	氟丁腈橡胶垫 DN150	片	3.25	—	1.030	—
	氟丁腈橡胶垫 DN200	片	3.93	—	—	1.030
	六角螺栓带螺母、垫圈 M16×65～80	套	1.54	16.480	—	—
	六角螺栓带螺母、垫圈 M20×85～100	套	3.33	—	16.480	24.720
	破布	kg	6.32	0.030	0.030	0.030
	铅油(厚漆)	kg	6.45	0.100	0.140	0.170
	清油	kg	9.70	0.020	0.030	0.030
	其他材料费占材料费	%	—	3.000	3.000	3.000

九、调压箱、调压装置

1.壁挂式调压箱

工作内容：就位、固定、安装、试压检查。

计量单位：台

定 额 编 号				A10-7-44	A10-7-45
项 目 名 称				进口管	
				公称直径(mm以内)	
				25	40
基 价（元）				80.61	108.75
其中	人 工 费（元）			76.86	105.00
	材 料 费（元）			3.75	3.75
	机 械 费（元）			—	—
名 称		单位	单价(元)	消 耗 量	
人工	综合工日	工日	140.00	0.549	0.750
材料	壁挂式燃气调压箱	台	—	(1.000)	(1.000)
	冲击钻头 φ16	个	9.40	0.060	0.060
	电	kW·h	0.68	0.104	0.104
	膨胀螺栓 M12	套	0.73	4.120	4.120
	其他材料费占材料费	%	—	3.000	3.000

2.落地式调压箱(柜)

工作内容：就位、固定、安装、试压检查。 计量单位：台

定 额 编 号				A10-7-46	A10-7-47	A10-7-48
项 目 名 称				单路进口管		
				公称直径(mm以内)		
				50	80	100
基 价（元）				326.32	395.31	460.31
其中	人 工 费（元）			168.98	202.72	243.46
	材 料 费（元）			13.21	13.21	13.21
	机 械 费（元）			144.13	179.38	203.64
名 称		单位	单价(元)	消 耗 量		
人工	综合工日	工日	140.00	1.207	1.448	1.739
材料	落地式燃气调压箱(柜)	台	—	(1.000)	(1.000)	(1.000)
	道木	m³	2137.00	0.006	0.006	0.006
	其他材料费占材料费	%	—	3.000	3.000	3.000
机械	汽车式起重机 8t	台班	763.67	0.147	0.183	0.208
	载重汽车 5t	台班	430.70	0.074	0.092	0.104

工作内容：就位、固定、安装、试压检查。 计量单位：台

定 额 编 号					A10-7-49	A10-7-50
项 目 名 称					单路进口管	
					公称直径(mm以内)	
					150	200
基 价（元）					599.90	732.07
其中	人 工 费（元）				307.72	380.38
	材 料 费（元）				28.61	28.61
	机 械 费（元）				263.57	323.08
	名 称	单位	单价(元)		消 耗 量	
人工	综合工日	工日	140.00		2.198	2.717
材料	落地式燃气调压箱(柜)	台	—		(1.000)	(1.000)
	道木	m³	2137.00		0.013	0.013
	其他材料费占材料费	%	—		3.000	3.000
机械	汽车式起重机 8t	台班	763.67		0.269	0.330
	载重汽车 5t	台班	430.70		0.135	0.165

工作内容：就位、固定、安装、试压检查。
计量单位：台

定 额 编 号			A10-7-51	A10-7-52	A10-7-53
项 目 名 称			双路进口管		
			公称直径(mm以内)		
			50	80	100
基 价（元）			388.67	471.15	564.64
其中	人 工 费（元）		202.72	243.32	292.04
	材 料 费（元）		13.21	13.21	28.61
	机 械 费（元）		172.74	214.62	243.99
名 称	单位	单价（元）	消 耗 量		
人工	综合工日	工日	140.00	1.448	1.738	2.086
材料	落地式燃气调压箱(柜)	台	—	(1.000)	(1.000)	(1.000)
	道木	m³	2137.00	0.006	0.006	0.013
	其他材料费占材料费	%	—	3.000	3.000	3.000
机械	汽车式起重机 8t	台班	763.67	0.176	0.219	0.249
	载重汽车 5t	台班	430.70	0.089	0.110	0.125

工作内容：就位、固定、安装、试压检查。 计量单位：台

定 额 编 号				A10-7-54	A10-7-55
项 目 名 称				双路进口管	
				公称直径(mm以内)	
				150	200
基 价（元）				714.51	872.84
其中	人 工 费（元）			369.46	456.54
	材 料 费（元）			28.61	28.61
	机 械 费（元）			316.44	387.69
名 称		单位	单价(元)	消 耗 量	
人工	综合工日	工日	140.00	2.639	3.261
材料	落地式燃气调压箱(柜)	台	—	(1.000)	(1.000)
	道木	m³	2137.00	0.013	0.013
	其他材料费占材料费	%	—	3.000	3.000
机械	汽车式起重机 8t	台班	763.67	0.323	0.396
	载重汽车 5t	台班	430.70	0.162	0.198

十、燃气凝水缸

1. 低压 钢制凝水缸安装

工作内容：凝水缸本体就位、与管道焊接、抽水管及其附件管件安装。

计量单位：套

定 额 编 号			A10-7-56	A10-7-57	A10-7-58	A10-7-59
项 目 名 称			公称直径(mm以内)			
			50	65	80	100
基 价 （元）			112.96	130.91	138.37	157.07
其中	人 工 费（元）		46.06	57.68	61.32	70.42
	材 料 费（元）		58.67	59.84	61.32	63.94
	机 械 费（元）		8.23	13.39	15.73	22.71
名 称	单位	单价(元)	消 耗 量			
人工	综合工日	工日	140.00	0.329	0.412	0.438	0.503
材料	钢制凝水器	个	—	(1.000)	(1.000)	(1.000)	(1.000)
	铸铁防护罩 DN100	个	—	(1.000)	(1.000)	(1.000)	(1.000)
	低碳钢焊条	kg	6.84	0.106	0.183	0.215	0.396
	地脚螺栓 M6～8×100	套	0.32	4.120	4.120	4.120	4.120
	电	kW·h	0.68	0.173	0.222	0.245	0.278
	镀锌钢管 DN20	m	7.00	2.280	2.295	2.310	2.330
	镀锌管箍 DN20	个	2.31	1.010	1.010	1.010	1.010
	镀锌丝堵 DN20(堵头)	个	1.03	1.010	1.010	1.010	1.010
	焊接钢管 DN32	m	8.56	1.775	1.775	1.775	1.775
	机油	kg	19.66	0.010	0.010	0.010	0.010
	锯条(各种规格)	根	0.62	0.584	0.584	0.584	0.584
	聚四氟乙烯生料带	m	0.13	0.340	0.340	0.340	0.340
	尼龙砂轮片 φ100	片	2.05	0.141	0.190	0.223	0.350
	破布	kg	6.32	0.033	0.033	0.033	0.033
	商品混凝土 C15(泵送)	m³	326.48	0.055	0.055	0.055	0.055
	碳钢气焊条	kg	9.06	0.044	0.044	0.044	0.044
	氧气	m³	3.63	0.107	0.159	0.303	0.427
	乙炔气	kg	10.45	0.041	0.058	0.107	0.148
	其他材料费占材料费	%	—	3.000	3.000	3.000	3.000
机械	电焊机(综合)	台班	118.28	0.066	0.108	0.127	0.184
	电焊条恒温箱	台班	21.41	0.007	0.011	0.013	0.018
	电焊条烘干箱 60×50×75cm³	台班	26.46	0.007	0.011	0.013	0.018
	管子切断套丝机 159mm	台班	21.31	0.004	0.004	0.004	0.004

工作内容：凝水缸本体就位、与管道焊接、抽水管及其附件管件安装。　　　　　　　　　计量单位：套

定　额　编　号			A10-7-60	A10-7-61	A10-7-62	A10-7-63
项　目　名　称			公称直径(mm以内)			
			150	200	300	400
基　　价（元）			203.71	244.84	342.29	418.78
其中	人　工　费（元）		79.94	98.28	140.70	173.18
	材　料　费（元）		67.96	72.89	87.39	98.01
	机　械　费（元）		55.81	73.67	114.20	147.59
名　　称	单位	单价(元)	消　　耗　　量			
人工 综合工日	工日	140.00	0.571	0.702	1.005	1.237
材料 钢制凝水器	个	—	(1.000)	(1.000)	(1.000)	(1.000)
铸铁防护罩 DN100	个	—	(1.000)	(1.000)	(1.000)	(1.000)
低碳钢焊条	kg	6.84	0.729	1.009	2.368	3.111
地脚螺栓 M6~8×100	套	0.32	4.120	4.120	4.120	4.120
电	kW·h	0.68	0.324	0.437	0.695	0.913
镀锌钢管 DN20	m	7.00	2.380	2.430	2.530	2.630
镀锌管箍 DN20	个	2.31	1.010	1.010	1.010	1.010
镀锌丝堵 DN20(堵头)	个	1.03	1.010	1.010	1.010	1.010
焊接钢管 DN32	m	8.56	1.775	1.775	1.775	1.775
机油	kg	19.66	0.010	0.010	0.010	0.010
角钢(综合)	kg	3.61	—	0.152	0.200	0.200
锯条(各种规格)	根	0.62	0.584	0.584	0.584	0.584
聚四氟乙烯生料带	m	0.13	0.340	0.340	0.340	0.340
尼龙砂轮片 φ100	片	2.05	0.549	0.785	1.541	2.439
破布	kg	6.32	0.033	0.033	0.033	0.033
商品混凝土 C15(泵送)	m³	326.48	0.055	0.055	0.055	0.055
碳钢气焊条	kg	9.06	0.044	0.044	0.044	0.044
氧气	m³	3.63	0.546	0.752	1.051	1.407
乙炔气	kg	10.45	0.187	0.251	0.356	0.475
其他材料费占材料费	%	—	3.000	3.000	3.000	3.000
机械 电焊机(综合)	台班	118.28	0.281	0.388	0.658	0.864
电焊条恒温箱	台班	21.41	0.028	0.039	0.066	0.086
电焊条烘干箱 60×50×75cm³	台班	26.46	0.028	0.039	0.066	0.086
管子切断套丝机 159mm	台班	21.31	0.004	0.004	0.004	0.004
汽车式起重机 8t	台班	763.67	0.026	0.031	0.040	0.050
载重汽车 5t	台班	430.70	0.003	0.005	0.006	0.007

工作内容：安装罐体、找平、找正、对口、焊接、量尺寸、配管、组装、防护罩安装等操作过程。

计量单位：套

定　额　编　号			A10-7-64	A10-7-65	A10-7-66	A10-7-67
项　目　名　称			公称直径(mm以内)			
			500	600	700	800
基　　　价（元）			468.03	558.70	662.28	777.72
其中	人　工　费（元）		251.30	334.60	396.62	466.76
	材　料　费（元）		139.70	147.07	171.51	183.50
	机　械　费（元）		77.03	77.03	94.15	127.46
名　　　称		单位	单价（元）	消　　耗　　量		
人工	综合工日	工日	140.00	1.795	2.390	2.833	3.334
材料	保护罩	套	—	(1.000)	(1.000)	(1.000)	(1.000)
	碳钢凝水缸	个	—	(1.000)	(1.000)	(1.000)	(1.000)
	标准砖 240×115×53	千块	414.53	0.013	0.013	0.013	0.013
	低碳钢焊条	kg	6.84	6.160	6.780	9.480	10.680
	镀锌钢管 DN25	m	11.00	3.050	3.150	3.350	3.450
	镀锌钢管 DN50	m	16.58	2.060	2.060	2.060	2.060
	镀锌丝堵 DN25(堵头)	个	1.20	1.010	1.010	1.010	1.010
	碳钢气焊条	kg	9.06	0.220	0.240	0.280	0.320
	氧气	m³	3.63	2.600	2.830	3.240	3.530
	乙炔气	kg	10.45	1.000	1.090	1.250	1.360
	其他材料费占材料费	%	—	1.000	1.000	1.000	1.000
机械	电焊条烘干箱 60×50×75cm³	台班	26.46	0.092	0.092	0.102	0.146
	汽车式起重机 8t	台班	763.67	0.009	0.009	0.022	0.022
	载重汽车 8t	台班	501.85	0.004	0.004	0.004	0.005
	直流弧焊机 20kV·A	台班	71.43	0.920	0.920	1.017	1.460

工作内容：安装罐体、找平、找正、对口、焊接、量尺寸、配管、组装、防护罩安装等操作过程。

计量单位：套

定　额　编　号			A10-7-68	A10-7-69	A10-7-70
项　目　名　称			公称直径(mm以内)		
			900	1000	1200
基　　　　价（元）			893.47	1061.17	1245.97
其中	人　工　费（元）		553.00	659.96	791.56
	材　料　费（元）		198.08	244.01	277.24
	机　械　费（元）		142.39	157.20	177.17
名　　称	单位	单价(元)	消　耗　量		
人工 综合工日	工日	140.00	3.950	4.714	5.654
材料 保护罩	套	—	(1.000)	(1.000)	(1.000)
碳钢凝水缸	个	—	(1.000)	(1.000)	(1.000)
标准砖 240×115×53	千块	414.53	0.013	0.013	0.013
低碳钢焊条	kg	6.84	11.980	17.060	20.430
镀锌钢管 DN25	m	11.00	3.650	3.850	4.060
镀锌钢管 DN50	m	16.58	2.060	2.060	2.060
镀锌丝堵 DN25(堵头)	个	1.20	1.010	1.010	1.010
碳钢气焊条	kg	9.06	0.340	0.380	0.420
氧气	m³	3.63	3.940	5.010	5.980
乙炔气	kg	10.45	1.520	1.930	2.280
其他材料费占材料费	%	—	1.000	1.000	1.000
机械 电焊条烘干箱 60×50×75cm³	台班	26.46	0.161	0.177	0.195
汽车式起重机 12t	台班	857.15	—	0.027	0.035
汽车式起重机 8t	台班	763.67	0.027	—	—
载重汽车 8t	台班	501.85	0.005	0.006	0.006
直流弧焊机 20kV·A	台班	71.43	1.610	1.769	1.946

2. 中压 钢制凝水缸安装

工作内容：凝水缸本体就位、与管道焊接、抽水管及其附件管件安装。 计量单位：套

定 额 编 号			A10-7-71	A10-7-72	A10-7-73	A10-7-74
项 目 名 称			公称直径(mm以内)			
			50	65	80	100
基 价 （元）			244.72	259.51	265.74	286.90
其中	人 工 费 （元）		80.08	88.48	91.84	104.02
	材 料 费 （元）		155.69	156.92	157.45	159.45
	机 械 费 （元）		8.95	14.11	16.45	23.43
名 称	单位	单价(元)	消 耗 量			
人工	综合工日	工日	140.00	0.572	0.632	0.656	0.743
材料	钢制凝水器	个	—	(1.000)	(1.000)	(1.000)	(1.000)
	低碳钢焊条	kg	6.84	0.106	0.183	0.215	0.396
	电	kW·h	0.68	0.104	0.155	0.174	0.228
	镀锌钢管 DN20	m	7.00	0.700	0.700	0.700	0.700
	镀锌钢管 DN25	m	11.00	2.000	2.015	2.030	2.050
	镀锌管箍 DN25	个	2.48	1.010	1.010	1.010	1.010
	镀锌活接头 DN20	个	3.85	1.010	1.010	1.010	1.010
	镀锌内接头 DN20	个	1.03	2.020	2.020	2.020	2.020
	镀锌内接头 DN25	个	1.54	3.030	3.030	3.030	3.030
	镀锌三通 DN20	个	2.56	1.010	1.010	1.010	1.010
	镀锌三通 DN25	个	3.85	1.010	1.010	1.010	1.010
	镀锌三通 DN40	个	7.18	1.010	1.010	1.010	1.010
	镀锌丝堵 DN20(堵头)	个	1.03	1.010	1.010	1.010	1.010
	镀锌丝堵 DN25(堵头)	个	1.20	1.010	1.010	1.010	1.010
	镀锌弯头 DN20	个	1.79	1.010	1.010	1.010	1.010
	焊接钢管 DN40	m	10.50	1.150	1.150	1.150	1.150
	机油	kg	19.66	0.092	0.092	0.092	0.092
	锯条(各种规格)	根	0.62	1.473	1.473	1.473	1.473
	聚四氟乙烯生料带	m	0.13	3.884	3.884	3.884	3.884
	螺纹阀门 DN20	个	22.00	1.010	1.010	1.010	1.010
	螺纹阀门 DN25	个	26.00	2.020	2.020	2.020	2.020
	尼龙砂轮片 φ100	片	2.05	0.145	0.191	0.227	0.354
	破布	kg	6.32	0.022	0.022	0.022	0.022
	碳钢气焊条	kg	9.06	0.050	0.050	0.050	0.050
	氧气	m³	3.63	0.209	0.261	0.268	0.294
	乙炔气	kg	10.45	0.081	0.098	0.100	0.109
	其他材料费占材料费	%	—	3.000	3.000	3.000	3.000
机械	电焊机(综合)	台班	118.28	0.066	0.108	0.127	0.184
	电焊条恒温箱	台班	21.41	0.007	0.011	0.013	0.018
	电焊条烘干箱 60×50×75cm³	台班	26.46	0.007	0.011	0.013	0.018
	管子切断套丝机 159mm	台班	21.31	0.038	0.038	0.038	0.038

工作内容：凝水缸本体就位、与管道焊接、抽水管及其附件管件安装。　　　　　　　　　　计量单位：套

定 额 编 号			A10-7-75	A10-7-76	A10-7-77	A10-7-78
项 目 名 称			公称直径(mm以内)			
			150	200	300	400
基 价（元）			332.86	376.55	464.51	533.28
其中	人 工 费（元）		110.88	132.16	164.08	188.44
	材 料 费（元）		165.45	169.99	185.50	196.52
	机 械 费（元）		56.53	74.40	114.93	148.32
名 称		单位	单价（元）	消　　耗　　量		
人工	综合工日	工日	140.00	0.792	0.944	1.172	1.346
材料	钢制凝水器	个	—	(1.000)	(1.000)	(1.000)	(1.000)
	低碳钢焊条	kg	6.84	0.729	1.009	2.368	3.111
	电	kW·h	0.68	0.330	0.444	0.702	0.919
	镀锌钢管 DN20	m	7.00	0.700	0.700	0.700	0.700
	镀锌钢管 DN25	m	11.00	2.100	2.150	2.250	2.350
	镀锌管箍 DN25	个	2.48	1.010	1.010	1.010	1.010
	镀锌活接头 DN20	个	3.85	1.010	1.010	1.010	1.010
	镀锌内接头 DN20	个	1.03	2.020	2.020	2.020	2.020
	镀锌内接头 DN25	个	1.54	3.030	3.030	3.030	3.030
	镀锌三通 DN20	个	2.56	1.010	1.010	1.010	1.010
	镀锌三通 DN25	个	3.85	1.010	1.010	1.010	1.010
	镀锌三通 DN40	个	7.18	1.010	1.010	1.010	1.010
	镀锌丝堵 DN20(堵头)	个	1.03	1.010	1.010	1.010	1.010
	镀锌丝堵 DN25(堵头)	个	1.20	1.010	1.010	1.010	1.010
	镀锌弯头 DN20	个	1.79	1.010	1.010	1.010	1.010
	焊接钢管 DN40	m	10.50	1.150	1.150	1.150	1.150
	机油	kg	19.66	0.092	0.092	0.092	0.092

续表

定 额 编 号			A10-7-75	A10-7-76	A10-7-77	A10-7-78
项 目 名 称			公称直径(mm以内)			
			150	200	300	400
名 称	单位	单价(元)	消 耗 量			
材料	角钢(综合)	kg	3.61	—	0.152	0.200	0.200
	锯条(各种规格)	根	0.62	1.473	1.473	1.473	1.473
	聚四氟乙烯生料带	m	0.13	3.884	3.884	3.884	3.884
	螺纹阀门 DN20	个	22.00	1.010	1.010	1.010	1.010
	螺纹阀门 DN25	个	26.00	2.020	2.020	2.020	2.020
	尼龙砂轮片 φ100	片	2.05	0.553	0.789	1.545	2.443
	破布	kg	6.32	0.022	0.022	0.022	0.022
	碳钢气焊条	kg	9.06	0.050	0.050	0.050	0.050
	氧气	m³	3.63	0.648	0.765	1.153	1.509
	乙炔气	kg	10.45	0.227	0.266	0.396	0.514
	其他材料费占材料费	%	—	3.000	3.000	3.000	3.000
机械	电焊机(综合)	台班	118.28	0.281	0.388	0.658	0.864
	电焊条恒温箱	台班	21.41	0.028	0.039	0.066	0.086
	电焊条烘干箱 60×50×75cm³	台班	26.46	0.028	0.039	0.066	0.086
	管子切断套丝机 159mm	台班	21.31	0.038	0.038	0.038	0.038
	汽车式起重机 8t	台班	763.67	0.026	0.031	0.040	0.050
	载重汽车 5t	台班	430.70	0.003	0.005	0.006	0.007

工作内容：安装罐体、找平、找正、对口、焊接、量尺寸、配管、组装、头部安装、抽水缸小井砌筑等操作过程。

计量单位：套

定 额 编 号				A10-7-79	A10-7-80	A10-7-81	A10-7-82
项 目 名 称				公称直径(mm以内)			
				500	600	700	800
基 价 （元）				876.26	946.43	1064.01	1106.14
其中	人 工 费 （元）			288.54	344.54	417.20	501.48
	材 料 费 （元）			472.76	480.06	504.39	516.42
	机 械 费 （元）			114.96	121.83	142.42	88.24
名 称		单位	单价(元)	消 耗 量			
人工	综合工日	工日	140.00	2.061	2.461	2.980	3.582
材料	碳钢凝水缸	个	—	(1.000)	(1.000)	(1.000)	(1.000)
	头部装置	套	—	(1.000)	(1.000)	(1.000)	(1.000)
	铸铁井盖 φ760	套	—	(1.000)	(1.000)	(1.000)	(1.000)
	标准砖 240×115×53	千块	414.53	0.389	0.389	0.389	0.389
	低碳钢焊条	kg	6.84	6.160	6.770	9.480	10.680
	电	kW·h	0.68	0.098	0.098	0.104	0.155
	镀锌钢管 DN25	m	11.00	3.050	3.150	3.350	3.450
	镀锌钢管 DN50	m	16.58	2.060	2.060	2.060	2.060
	灰土 3:7	m³	108.90	0.740	0.740	0.740	0.740
	商品混凝土 C20(泵送)	m³	363.30	0.120	0.120	0.120	0.120
	水	m³	7.96	0.048	0.048	0.048	0.048
	碳钢气焊条	kg	9.06	0.220	0.240	0.280	0.320
	氧气	m³	3.63	2.620	2.850	3.240	3.530
	乙炔气	kg	10.45	1.010	1.100	1.250	1.360
	预拌混合砂浆 M7.5	m³	255.34	0.197	0.197	0.197	0.197
	其他材料费占材料费	%	—	1.000	1.000	1.000	1.000
机械	电焊条烘干箱 60×50×75cm³	台班	26.46	0.092	0.092	0.102	0.146
	干混砂浆罐式搅拌机 20000L	台班	259.71	0.007	0.007	0.007	0.007
	汽车式起重机 8t	台班	763.67	0.053	0.062	0.071	0.080
	载重汽车 8t	台班	501.85	0.009	0.009	0.022	0.022
	直流弧焊机 20kV·A	台班	71.43	0.920	0.920	1.017	0.146

工作内容：安装罐体、找平、找正、对口、焊接、量尺寸、配管、组装、头部安装、抽水缸小井砌筑等操作过程。

计量单位：套

定 额 编 号			A10-7-83	A10-7-84	A10-7-85
项 目 名 称			公称直径(mm以内)		
			900	1000	1200
基 价（元）			1338.06	1556.69	1779.83
其中	人 工 费（元）		605.22	734.44	891.38
	材 料 费（元）		531.01	577.27	610.40
	机 械 费（元）		201.83	244.98	278.05
名 称	单位	单价（元）	消 耗 量		
人工 综合工日	工日	140.00	4.323	5.246	6.367
材料 碳钢凝水缸	个	—	(1.000)	(1.000)	(1.000)
头部装置	套	—	(1.000)	(1.000)	(1.000)
铸铁井盖 φ760	套	—	(1.000)	(1.000)	(1.000)
标准砖 240×115×53	千块	414.53	0.389	0.389	0.389
低碳钢焊条	kg	6.84	11.980	17.060	20.430
电	kW·h	0.68	0.171	0.188	0.202
镀锌钢管 DN25	m	11.00	3.650	3.850	4.060
镀锌钢管 DN50	m	16.58	2.060	2.060	2.060
灰土 3:7	m³	108.90	0.740	0.740	0.740
商品混凝土 C20(泵送)	m³	363.30	0.120	0.120	0.120
水	m³	7.96	0.048	0.048	0.048
碳钢气焊条	kg	9.06	0.340	0.380	0.420
氧气	m³	3.63	3.940	5.010	5.980
乙炔气	kg	10.45	1.520	1.960	2.300
预拌混合砂浆 M7.5	m³	255.34	0.197	0.197	0.197
其他材料费占材料费	%	—	1.000	1.000	1.000
机械 电焊条烘干箱 60×50×75cm³	台班	26.46	0.161	0.177	0.195
干混砂浆罐式搅拌机 20000L	台班	259.71	0.007	0.007	0.007
汽车式起重机 12t	台班	857.15	—	0.115	0.133
汽车式起重机 8t	台班	763.67	0.088	—	—
载重汽车 8t	台班	501.85	0.027	0.027	0.036
直流弧焊机 20kV·A	台班	71.43	1.610	1.769	1.946

3. 低压 铸铁凝水缸安装

工作内容：凝水缸本体就位、与管道连接、抽水管及其附件管件安装、混凝土基座浇筑及防护罩安装。

计量单位：套

定 额 编 号				A10-7-86	A10-7-87	A10-7-88
项 目 名 称				公称直径(mm以内)		
				100	150	200
基 价（元）				229.68	260.06	301.52
其中	人 工 费（元）			112.84	117.88	151.62
	材 料 费（元）			97.90	120.52	123.99
	机 械 费（元）			18.94	21.66	25.91
名 称		单位	单价（元）	消 耗		量
人工	综合工日	工日	140.00	0.806	0.842	1.083
材料	压兰	片	—	(2.000)	(2.000)	(2.000)
	铸铁防护罩 DN100	个	—	(1.000)	(1.000)	(1.000)
	铸铁凝水缸	个	—	(1.000)	(1.000)	(1.000)
	地脚螺栓 M6~8×100	套	0.32	4.120	4.120	4.120
	镀锌管箍 DN20	个	2.31	1.010	1.010	1.010
	镀锌丝堵 DN20(堵头)	个	1.03	2.020	2.020	2.020
	钢板	kg	3.17	0.300	0.300	0.300
	焊接钢管 DN20	m	4.46	2.300	2.350	2.400
	机油	kg	19.66	0.013	0.013	0.013
	锯条(各种规格)	根	0.62	0.248	0.248	0.248
	聚四氟乙烯生料带	m	0.13	0.510	0.510	0.510
	六角螺栓带螺母、垫圈 M20×85~100	套	3.33	8.240	12.360	12.360
	商品混凝土 C15(泵送)	m³	326.48	0.055	0.055	0.055
	碳钢气焊条	kg	9.06	0.036	0.036	0.036
	橡胶圈(煤气) DN100	个	11.97	2.020	—	—
	橡胶圈(煤气) DN150	个	15.94	—	2.020	—
	橡胶圈(煤气) DN200	个	17.50	—	—	2.020
	氧气	m³	3.63	0.086	0.086	0.086
	乙炔气	kg	10.45	0.033	0.033	0.033
	支撑圈	套	3.50	2.020	2.020	2.020
	其他材料费占材料费	%	—	3.000	3.000	3.000
机械	管子切断套丝机 159mm	台班	21.31	0.004	0.004	0.004
	汽车式起重机 8t	台班	763.67	0.023	0.026	0.031
	载重汽车 5t	台班	430.70	0.003	0.004	0.005

工作内容：凝水缸本体就位、与管道连接、抽水管及其附件管件安装、混凝土基座浇筑及防护罩安装。

计量单位：套

定　额　编　号				A10-7-89	A10-7-90
项　目　名　称				公称直径(mm以内)	
				300	400
基　　　价（元）				378.69	460.06
其中	人　工　费（元）			183.96	217.84
	材　料　费（元）			161.51	200.94
	机　械　费（元）			33.22	41.28
名　　称		单位	单价(元)	消　耗　量	
人工	综合工日	工日	140.00	1.314	1.556
材料	压兰	片	—	(2.000)	(2.000)
	铸铁防护罩 DN100	个	—	(1.000)	(1.000)
	铸铁凝水缸	个	—	(1.000)	(1.000)
	地脚螺栓 M6～8×100	套	0.32	4.120	4.120
	镀锌管箍 DN20	个	2.31	1.010	1.010
	镀锌丝堵 DN20(堵头)	个	1.03	2.020	2.020
	钢板	kg	3.17	0.300	0.300
	焊接钢管 DN20	m	4.46	2.500	2.600
	机油	kg	19.66	0.013	0.013
	锯条(各种规格)	根	0.62	0.248	0.248
	聚四氟乙烯生料带	m	0.13	0.510	0.510
	六角螺栓带螺母、垫圈 M20×85～100	套	3.33	16.480	20.600
	商品混凝土 C15(泵送)	m³	326.48	0.055	0.055
	碳钢气焊条	kg	9.06	0.036	0.036
	橡胶圈(煤气) DN300	个	28.52	2.020	—
	橡胶圈(煤气) DN400	个	40.46	—	2.020
	氧气	m³	3.63	0.086	0.086
	乙炔气	kg	10.45	0.033	0.033
	支撑圈	套	3.50	2.020	2.020
	其他材料费占材料费	%	—	3.000	3.000
机械	管子切断套丝机 159mm	台班	21.31	0.004	0.004
	汽车式起重机 8t	台班	763.67	0.040	0.050
	载重汽车 5t	台班	430.70	0.006	0.007

工作内容：抽水立管安装，抽水缸与管道连接，防护罩、井盖安装等操作。　　　　　　计量单位：套

定　额　编　号				A10-7-91	A10-7-92
项　目　名　称				公称直径(mm以内)	
				500	600
基　　　　价（元）				700.34	823.03
其中	人　工　费（元）			275.66	336.84
	材　料　费（元）			382.20	436.84
	机　械　费（元）			42.48	49.35
名　　称		单位	单价（元）	消　耗　量	
人工	综合工日	工日	140.00	1.969	2.406
材料	防护罩	套	—	(1.000)	(1.000)
	活动法兰	片	—	(2.000)	(2.000)
	平焊法兰	片	—	(2.000)	(2.000)
	铸铁凝水器	个	—	(1.000)	(1.000)
	标准砖 240×115×53	千块	414.53	0.017	0.017
	玻璃布	m²	1.03	0.550	0.550
	带帽螺栓 玛钢 M20×100	套	2.28	28.840	32.960
	镀锌垫圈 M20	个	0.21	28.840	32.960
	镀锌钢管 DN25	m	11.00	3.050	3.150
	镀锌钢管 DN50	m	21.00	2.060	2.060
	镀锌管箍 DN25	个	2.48	2.020	2.020
	镀锌丝堵 DN25(堵头)	个	1.20	1.010	1.010
	耐酸橡胶板 δ3	kg	17.99	3.010	3.980
	商品混凝土 C20(泵送)	m³	363.30	0.011	0.011
	石油沥青 10号	kg	2.74	0.960	0.960
	塑料薄膜	m²	0.20	0.510	0.510
	橡胶密封圈 DN500	个	62.38	2.060	—
	橡胶密封圈 DN600	个	71.84	—	2.060
	氧气	m³	3.63	0.560	0.680
	乙炔气	kg	10.45	0.220	0.260
	支撑圈 DN500	套	10.80	2.060	—
	支撑圈 DN600	套	13.20	—	2.060
	其他材料费占材料费	%	—	1.000	1.000
机械	汽车式起重机 8t	台班	763.67	0.053	0.062
	载重汽车 8t	台班	501.85	0.004	0.004

4. 中压 铸铁凝水缸安装

工作内容：凝水缸本体就位、与管道连接、抽水管及其附件管件安装。　　　　　　　　计量单位：套

定 额 编 号			A10-7-93	A10-7-94	A10-7-95
项 目 名 称			公称直径(mm以内)		
			100	150	200
基 价 （元）			308.20	336.56	377.75
其中	人 工 费（元）		139.44	145.18	178.22
	材 料 费（元）		147.44	170.06	173.53
	机 械 费（元）		21.32	21.32	26.00
名 称	单位	单价(元)	消 耗 量		
人工 综合工日	工日	140.00	0.996	1.037	1.273
材料 压兰	片	—	(2.000)	(2.000)	(2.000)
铸铁凝水缸	个	—	(1.000)	(1.000)	(1.000)
镀锌钢管 DN20	m	7.00	1.500	1.500	1.500
镀锌管箍 DN20	个	2.31	1.010	1.010	1.010
镀锌活接头 DN20	个	3.85	1.010	1.010	1.010
镀锌内接头 DN20	个	1.03	5.010	5.010	5.010
镀锌三通 DN20	个	2.56	1.010	1.010	1.010
镀锌丝堵 DN20(堵头)	个	1.03	1.010	1.010	1.010
镀锌弯头 DN20	个	1.79	1.010	1.010	1.010
焊接钢管 DN20	m	4.46	2.300	2.350	2.400
机油	kg	19.66	0.045	0.045	0.045
锯条(各种规格)	根	0.62	0.496	0.496	0.496
聚四氟乙烯生料带	m	0.13	2.040	2.040	2.040
六角螺栓带螺母、垫圈 M20×85~100	套	3.33	8.240	12.360	12.360
螺纹阀门 DN20	个	22.00	2.020	2.020	2.020
碳钢气焊条	kg	9.06	0.036	0.036	0.036
橡胶圈(煤气) DN100	个	11.97	2.020	—	—
橡胶圈(煤气) DN150	个	15.94	—	2.020	—
橡胶圈(煤气) DN200	个	17.50	—	—	2.020
氧气	m³	3.63	0.086	0.086	0.086
乙炔气	kg	10.45	0.033	0.033	0.033
支撑圈	套	3.50	2.020	2.020	2.020
其他材料费占材料费	%	—	3.000	3.000	3.000
机械 管子切断套丝机 159mm	台班	21.31	0.008	0.008	0.008
汽车式起重机 8t	台班	763.67	0.026	0.026	0.031
载重汽车 5t	台班	430.70	0.003	0.003	0.005

工作内容：凝水缸本体就位、与管道连接、抽水管及其附件管件安装。 计量单位：套

定　额　编　号				A10-7-96	A10-7-97
项　目　名　称				公称直径(mm以内)	
				300	400
基　　　　价（元）				462.19	536.16
其中	人　工　费（元）			217.84	244.30
	材　料　费（元）			211.05	250.49
	机　械　费（元）			33.30	41.37
名　　称		单位	单价(元)	消　　耗　　量	
人工	综合工日	工日	140.00	1.556	1.745
材料	压兰	片	—	(2.000)	(2.000)
	铸铁凝水缸	个	—	(1.000)	(1.000)
	镀锌钢管 DN20	m	7.00	1.500	1.500
	镀锌管箍 DN20	个	2.31	1.010	1.010
	镀锌活接头 DN20	个	3.85	1.010	1.010
	镀锌内接头 DN20	个	1.03	5.010	5.010
	镀锌三通 DN20	个	2.56	1.010	1.010
	镀锌丝堵 DN20(堵头)	个	1.03	1.010	1.010
	镀锌弯头 DN20	个	1.79	1.010	1.010
	焊接钢管 DN20	m	4.46	2.500	2.600
	机油	kg	19.66	0.045	0.045
	锯条(各种规格)	根	0.62	0.496	0.496
	聚四氟乙烯生料带	m	0.13	2.040	2.040
	六角螺栓带螺母、垫圈 M20×85～100	套	3.33	16.480	20.600
	螺纹阀门 DN20	个	22.00	2.020	2.020
	碳钢气焊条	kg	9.06	0.036	0.036
	橡胶圈(煤气) DN300	个	28.52	2.020	—
	橡胶圈(煤气) DN400	个	40.46	—	2.020
	氧气	m³	3.63	0.086	0.086
	乙炔气	kg	10.45	0.033	0.033
	支撑圈	套	3.50	2.020	2.020
	其他材料费占材料费	%	—	3.000	3.000
机械	管子切断套丝机 159mm	台班	21.31	0.008	0.008
	汽车式起重机 8t	台班	763.67	0.040	0.050
	载重汽车 5t	台班	430.70	0.006	0.007

工作内容：抽水立管安装,抽水缸与管道连接,凝水缸小井砌筑,防护罩、井座、井盖安装等操作过程。

计量单位：套

定 额 编 号			A10-7-98	A10-7-99
项 目 名 称			公称直径(mm以内)	
			500	600
基 价 （元）			1540.21	1686.91
其中	人 工 费 （元）		679.70	764.68
	材 料 费 （元）		815.43	870.28
	机 械 费 （元）		45.08	51.95
名 称	单位	单价(元)	消 耗 量	
人工 综合工日	工日	140.00	4.855	5.462
材料 活动法兰	片	—	(2.000)	(2.000)
平焊法兰	片	—	(2.000)	(2.000)
头部装置	套	—	(1.000)	(1.000)
铸铁井盖 φ760	套	—	(1.000)	(1.000)
铸铁凝水器	个	—	(1.000)	(1.000)
标准砖 240×115×53	千块	414.53	0.610	0.610
玻璃布	m²	1.03	0.550	0.550
带帽螺栓 玛钢 M20×100	套	2.28	28.840	32.960
镀锌垫圈 M20	个	0.21	28.840	32.960
镀锌钢管 DN25	m	11.00	3.050	3.150
镀锌钢管 DN50	m	21.00	2.060	2.060
耐酸橡胶板 δ3	kg	17.99	3.010	3.980
商品混凝土 C15(泵送)	m³	326.48	0.235	0.235
商品混凝土 C20(泵送)	m³	363.30	0.112	0.112
石油沥青 10号	kg	2.74	0.960	0.960
水	m³	7.96	0.065	0.065
塑料薄膜	m²	0.20	0.510	0.510
塑料钢爬梯	kg	5.38	3.200	3.200
橡胶密封圈 DN500	个	62.38	2.060	—
橡胶密封圈 DN600	个	71.84	—	2.060
氧气	m³	3.63	0.560	0.680
乙炔气	kg	10.45	0.200	0.260
预拌混合砂浆 M7.5	m³	255.34	0.033	0.033
预拌水泥砂浆 1:2.5	m³	213.59	0.234	0.234
支撑圈 DN500	套	10.80	2.060	—
支撑圈 DN600	套	13.20	—	2.060
其他材料费占材料费	%	—	1.000	1.000
机械 干混砂浆罐式搅拌机 20000L	台班	259.71	0.010	0.010
汽车式起重机 8t	台班	763.67	0.053	0.062
载重汽车 8t	台班	501.85	0.004	0.004

5. 低压 塑料凝水缸安装

工作内容：凝水缸本体就位、与管道连接、抽水管及其附件管件安装、混凝土基座浇筑及防护罩安装。

计量单位：套

定 额 编 号			A10-7-100	A10-7-101	A10-7-102
项 目 名 称			外径(mm以内)		
			90	110	160
基 价（元）			83.57	85.52	92.05
其中	人 工 费（元）		45.22	46.90	53.20
	材 料 费（元）		36.34	36.43	36.66
	机 械 费（元）		2.01	2.19	2.19
名 称	单位	单价（元）	消 耗 量		
人工	综合工日	工日	140.00	0.323	0.335	0.380
材料	塑料凝水器	个	—	(1.000)	(1.000)	(1.000)
	铸铁防护罩 DN100	个	—	(1.000)	(1.000)	(1.000)
	地脚螺栓 M6~8×100	套	0.32	4.120	4.120	4.120
	镀锌管箍 DN20	个	2.31	1.010	1.010	1.010
	镀锌丝堵 DN20(堵头)	个	1.03	2.020	2.020	2.020
	钢板	kg	3.17	0.300	0.300	0.300
	焊接钢管 DN20	m	4.46	2.280	2.300	2.350
	机油	kg	19.66	0.013	0.013	0.013
	锯条(各种规格)	根	0.62	0.248	0.248	0.248
	聚四氟乙烯生料带	m	0.13	0.510	0.510	0.510
	商品混凝土 C15(泵送)	m³	326.48	0.055	0.055	0.055
	其他材料费占材料费	%	—	3.000	3.000	3.000
机械	管子切断套丝机 159mm	台班	21.31	0.004	0.004	0.004
	热熔对接焊机 160mm	台班	17.51	0.110	0.120	0.120

工作内容：凝水缸本体就位、与管道连接、抽水管及其附件管件安装、混凝土基座浇筑及防护罩安装。

计量单位：套

定　额　编　号			A10-7-103	A10-7-104
项　目　名　称			外径(mm以内)	
			200	250
基　　　价（元）			104.75	112.78
其中	人　工　费（元）		61.18	66.78
	材　料　费（元）		36.89	37.12
	机　械　费（元）		6.68	8.88
名　　称	单位	单价（元）	消　耗　　量	
人工　综合工日	工日	140.00	0.437	0.477
材料　塑料凝水器	个	—	(1.000)	(1.000)
铸铁防护罩 DN100	个	—	(1.000)	(1.000)
地脚螺栓 M6～8×100	套	0.32	4.120	4.120
镀锌管箍 DN20	个	2.31	1.010	1.010
镀锌丝堵 DN20(堵头)	个	1.03	2.020	2.020
钢板	kg	3.17	0.300	0.300
焊接钢管 DN20	m	4.46	2.400	2.450
机油	kg	19.66	0.013	0.013
锯条(各种规格)	根	0.62	0.248	0.248
聚四氟乙烯生料带	m	0.13	0.510	0.510
商品混凝土 C15(泵送)	m³	326.48	0.055	0.055
其他材料费占材料费	%	—	3.000	3.000
机械　管子切断套丝机 159mm	台班	21.31	0.004	0.004
热熔对接焊机 630mm	台班	43.95	0.150	0.200

623

工作内容：凝水缸本体就位、与管道连接、抽水管及其附件管件安装、混凝土基座浇筑及防护罩安装。

计量单位：套

定　额　编　号				A10-7-105	A10-7-106
项　目　名　称				外径(mm以内)	
				315	400
基　　　　价（元）				122.30	138.30
其中	人　工　费（元）			74.76	89.88
	材　料　费（元）			37.35	37.35
	机　械　费（元）			10.19	11.07
名　　称		单位	单价(元)	消　耗　量	
人工	综合工日	工日	140.00	0.534	0.642
材料	塑料凝水器	个	—	(1.000)	(1.000)
	铸铁防护罩 DN100	个	—	(1.000)	(1.000)
	地脚螺栓 M6～8×100	套	0.32	4.120	4.120
	镀锌管箍 DN20	个	2.31	1.010	1.010
	镀锌丝堵 DN20(堵头)	个	1.03	2.020	2.020
	钢板	kg	3.17	0.300	0.300
	焊接钢管 DN20	m	4.46	2.500	2.500
	机油	kg	19.66	0.013	0.013
	锯条(各种规格)	根	0.62	0.248	0.248
	聚四氟乙烯生料带	m	0.13	0.510	0.510
	商品混凝土 C15(泵送)	m³	326.48	0.055	0.055
	其他材料费占材料费	%	—	3.000	3.000
机械	管子切断套丝机 159mm	台班	21.31	0.004	0.004
	热熔对接焊机 630mm	台班	43.95	0.230	0.250

6.中压 塑料凝水缸安装

工作内容：凝水缸本体就位、与管道连接、抽水管及其附件管件安装。

计量单位：套

定 额 编 号			A10-7-107	A10-7-108	A10-7-109
项 目 名 称			外径(mm以内)		
			90	110	160
基 价（元）			163.10	164.76	169.47
其中	人 工 费（元）		74.06	75.46	79.94
	材 料 费（元）		86.94	87.03	87.26
	机 械 费（元）		2.10	2.27	2.27
名 称	单位	单价（元）	消 耗 量		
人工 综合工日	工日	140.00	0.529	0.539	0.571
材料 塑料凝水器	个	—	(1.000)	(1.000)	(1.000)
镀锌钢管 DN20	m	7.00	1.500	1.500	1.500
镀锌管箍 DN20	个	2.31	1.010	1.010	1.010
镀锌活接头 DN20	个	3.85	1.010	1.010	1.010
镀锌内接头 DN20	个	1.03	5.050	5.050	5.050
镀锌三通 DN20	个	2.56	1.010	1.010	1.010
镀锌丝堵 DN20（堵头）	个	1.03	1.010	1.010	1.010
镀锌弯头 DN20	个	1.79	1.010	1.010	1.010
焊接钢管 DN20	m	4.46	2.280	2.300	2.350
机油	kg	19.66	0.045	0.045	0.045
锯条(各种规格)	根	0.62	0.496	0.496	0.496
聚四氟乙烯生料带	m	0.13	2.040	2.040	2.040
螺纹阀门 DN20	个	22.00	2.020	2.020	2.020
碳钢气焊条	kg	9.06	0.036	0.036	0.036
氧气	m³	3.63	0.086	0.086	0.086
乙炔气	kg	10.45	0.033	0.033	0.033
其他材料费占材料费	%	—	3.000	3.000	3.000
机械 管子切断套丝机 159mm	台班	21.31	0.008	0.008	0.008
热熔对接焊机 160mm	台班	17.51	0.110	0.120	0.120

工作内容：凝水缸本体就位、与管道连接、抽水管及其附件管件安装。 计量单位：套

定 额 编 号					A10-7-110	A10-7-111
项 目 名 称					外径（mm以内）	
					200	250
基 价（元）					182.17	190.34
其中	人 工 费（元）				87.92	93.66
	材 料 费（元）				87.49	87.72
	机 械 费（元）				6.76	8.96
名 称		单位	单价（元）		消 耗 量	
人工	综合工日	工日	140.00		0.628	0.669
材料	塑料凝水器	个	—		(1.000)	(1.000)
	镀锌钢管 DN20	m	7.00		1.500	1.500
	镀锌管箍 DN20	个	2.31		1.010	1.010
	镀锌活接头 DN20	个	3.85		1.010	1.010
	镀锌内接头 DN20	个	1.03		5.050	5.050
	镀锌三通 DN20	个	2.56		1.010	1.010
	镀锌丝堵 DN20（堵头）	个	1.03		1.010	1.010
	镀锌弯头 DN20	个	1.79		1.010	1.010
	焊接钢管 DN20	m	4.46		2.400	2.450
	机油	kg	19.66		0.045	0.045
	锯条（各种规格）	根	0.62		0.496	0.496
	聚四氟乙烯生料带	m	0.13		2.040	2.040
	螺纹阀门 DN20	个	22.00		2.020	2.020
	碳钢气焊条	kg	9.06		0.036	0.036
	氧气	m³	3.63		0.086	0.086
	乙炔气	kg	10.45		0.033	0.033
	其他材料费占材料费	%	—		3.000	3.000
机械	管子切断套丝机 159mm	台班	21.31		0.008	0.008
	热熔对接焊机 630mm	台班	43.95		0.150	0.200

工作内容：凝水缸本体就位、与管道连接、抽水管及其附件管件安装。 计量单位：套

定 额 编 号				A10-7-112	A10-7-113
项 目 名 称				外径(mm以内)	
				315	400
基 价 （元）				199.73	216.01
其中	人 工 费（元）			101.50	116.90
	材 料 费（元）			87.95	87.95
	机 械 费（元）			10.28	11.16
名 称		单位	单价(元)	消 耗 量	
人工	综合工日	工日	140.00	0.725	0.835
材料	塑料凝水器	个	—	(1.000)	(1.000)
	镀锌钢管 DN20	m	7.00	1.500	1.500
	镀锌管箍 DN20	个	2.31	1.010	1.010
	镀锌活接头 DN20	个	3.85	1.010	1.010
	镀锌内接头 DN20	个	1.03	5.050	5.050
	镀锌三通 DN20	个	2.56	1.010	1.010
	镀锌丝堵 DN20(堵头)	个	1.03	1.010	1.010
	镀锌弯头 DN20	个	1.79	1.010	1.010
	焊接钢管 DN20	m	4.46	2.500	2.500
	机油	kg	19.66	0.045	0.045
	锯条(各种规格)	根	0.62	0.496	0.496
	聚四氟乙烯生料带	m	0.13	2.040	2.040
	螺纹阀门 DN20	个	22.00	2.020	2.020
	碳钢气焊条	kg	9.06	0.036	0.036
	氧气	m³	3.63	0.086	0.086
	乙炔气	kg	10.45	0.033	0.033
	其他材料费占材料费	%	—	3.000	3.000
机械	管子切断套丝机 159mm	台班	21.31	0.008	0.008
	热熔对接焊机 630mm	台班	43.95	0.230	0.250

十一、燃气管道调长器安装

工作内容：调长器就位、加垫、紧固螺栓、试压检查。 计量单位：个

定　额　编　号				A10-7-114	A10-7-115	A10-7-116
项　目　名　称				公称直径(mm以内)		
				50	65	80
基　　　价　（元）				30.19	41.24	48.64
其中	人　工　费（元）			22.26	32.90	33.18
	材　料　费（元）			7.93	8.34	15.46
	机　械　费（元）			—	—	—
名　　称		单位	单价(元)	消　　耗　　量		
人工	综合工日	工日	140.00	0.159	0.235	0.237
材料	燃气调长器	个	—	(1.000)	(1.000)	(1.000)
	氟丁腈橡胶垫 DN50	片	0.85	1.030	—	—
	氟丁腈橡胶垫 DN65	片	1.11	—	1.030	—
	氟丁腈橡胶垫 DN80	片	1.45	—	—	1.030
	六角螺栓带螺母、垫圈 M16×65～80	套	1.54	4.120	4.120	8.240
	破布	kg	6.32	0.020	0.023	0.028
	铅油(厚漆)	kg	6.45	0.040	0.050	0.070
	清油	kg	9.70	0.010	0.015	0.020
	其他材料费占材料费	%	—	3.000	3.000	3.000

工作内容：调长器就位、加垫、紧固螺栓、试压检查。 计量单位：个

定 额 编 号				A10-7-117	A10-7-118	A10-7-119
项 目 名 称				公称直径(mm以内)		
				100	150	200
基 价（元）				56.39	97.13	128.50
其中	人 工 费（元）			40.04	42.84	54.32
	材 料 费（元）			16.35	33.14	48.35
	机 械 费（元）			—	21.15	25.83
名 称		单位	单价（元）	消 耗 量		
人工	综合工日	工日	140.00	0.286	0.306	0.388
材料	燃气调长器	个	—	(1.000)	(1.000)	(1.000)
	氟丁腈橡胶垫 DN100	片	2.05	1.030	—	—
	氟丁腈橡胶垫 DN150	片	3.25	—	1.030	—
	氟丁腈橡胶垫 DN200	片	3.93	—	—	1.030
	六角螺栓带螺母、垫圈 M16×65～80	套	1.54	8.240	—	—
	六角螺栓带螺母、垫圈 M20×85～100	套	3.33	—	8.240	12.360
	破布	kg	6.32	0.030	0.030	0.040
	铅油(厚漆)	kg	6.45	0.100	0.140	0.170
	清油	kg	9.70	0.025	0.030	0.040
	其他材料费占材料费	%	—	3.000	3.000	3.000
机械	汽车式起重机 8t	台班	763.67	—	0.026	0.031
	载重汽车 5t	台班	430.70	—	0.003	0.005

629

工作内容：调长器就位、加垫、紧固螺栓、试压检查。 计量单位：个

定 额 编 号					A10-7-120	A10-7-121
项 目 名 称					公称直径(mm以内)	
					300	400
基 价 （元）					166.81	253.94
其中	人 工 费 （元）				80.50	109.48
	材 料 费 （元）				53.18	103.26
	机 械 费 （元）				33.13	41.20
名 称		单位	单价(元)		消 耗 量	
人工	综合工日	工日	140.00		0.575	0.782
材料	燃气调长器	个	—		(1.000)	(1.000)
	氟丁腈橡胶垫 DN300	片	4.70		1.030	—
	氟丁腈橡胶垫 DN400	片	8.12		—	1.030
	六角螺栓带螺母、垫圈 M22×90～120	套	3.59		12.360	—
	六角螺栓带螺母、垫圈 M27×120～140	套	5.40		—	16.480
	破布	kg	6.32		0.050	0.060
	铅油(厚漆)	kg	6.45		0.250	0.300
	清油	kg	9.70		0.050	0.060
	其他材料费占材料费	%	—		3.000	3.000
机械	汽车式起重机 8t	台班	763.67		0.040	0.050
	载重汽车 5t	台班	430.70		0.006	0.007

十二、引入口保护罩安装

工作内容：安装固定。

计量单位：个

定　额　编　号			A10-7-122	A10-7-123
项　目　名　称			分体型	整体型
基　　　价（元）			35.15	28.71
其中	人　工　费（元）		33.74	27.30
	材　料　费（元）		1.41	1.41
	机　械　费（元）		—	—
名　　　称	单位	单价（元）	消　　耗　　量	
人工	综合工日	工日	140.00	0.241	0.195
材料	分体型保护罩	个	—	(1.000)	—
	整体型保护罩	个	—	—	(1.000)
	冲击钻头 φ12	个	6.75	0.044	0.044
	电	kW·h	0.68	0.064	0.064
	膨胀螺栓 M8	套	0.25	4.120	4.120
	其他材料费占材料费	%	—	3.000	3.000

第八章 采暖、给排水设备

说　　明

一、本章适用于采暖、生活给排水系统中的变频给水设备、稳压给水设备、无负压给水设备、气压罐、太阳能集热装置、地源（水源、气源）热泵机组、除砂器、水处理器、水箱自洁器、水质净化器、紫外线杀菌设备、热水器、开水炉、消毒器、消毒锅、直饮水设备、水箱制作安装等项目。

二、本章设备安装定额中均包括设备本体以及与其配套的管道、附件、部件的安装和单机试运转或水压试验、通水调试等内容，均不包括与设备外接的第一片法兰或第一个连接口以外的安装工程量，发生时应另行计算。设备安装项目中包括与本体配套的压力表、温度计等附件的安装，如实际未随设备供应附件时，其材料另行计算。

三、给水设备、地源热泵机组均按整体组成安装编制。

四、本章动力机械设备单机试运转所用的水、电耗用量应另行计算；静置设备水压试验、通水调试所用消耗量已列入相应项目中。

五、水箱安装适用于玻璃钢、不锈钢、钢板等各种材质，不分圆形、方形，均按箱体容积执行相应项目。水箱安装按成品水箱编制，如现场制作、安装水箱，水箱主材不得重复计算。水箱消毒冲洗及注水试验用水按设计图示容积或施工方案计入。组装水箱的连接材料是按随水箱配套供应考虑的。

六、本章设备安装定额中均未包括减震装置、机械设备的拆装检查、基础灌浆、地脚螺栓的埋设，发生时执行第一册《机械设备安装工程》相应项目。

七、本章设备安装定额中均未包括设备支架或底座制作安装，如采用型钢支架则执行第十章设备支架相应子目，混凝土及砖底座执行《房屋建筑与装饰工程消耗量定额》相应项目。

八、随设备配备的各种控制箱（柜）、电气接线及电气调试等，执行第四册《电气设备安装工程》相应项目。

九、太阳能集热器是按集中成批安装编制的，如发生 4 m² 以下工程量时，人工、机械乘以系数 1.1。

工程量计算规则

一、各种设备安装项目除另有说明外，按设计图示规格、型号、质量，均以"台"为计量单位。

二、给水设备按同一底座设备质量列项，以"套"为计量单位。

三、太阳能集热装置区分平板、玻璃真空管型式，以"m²"为计量单位。

四、地源热泵机组按设备质量列项，以"组"为计量单位。

五、水箱自洁器分外置式、内置式，电热水器分挂式、立式安装，以"台"为计量单位。

六、水箱安装项目按水箱设计容量，以"台"为计量单位；钢板水箱制作分圆形、矩形，按水箱设计容量，以箱体金属质量"100kg"为计量单位。

一、变频给水设备

工作内容：基础定位、开箱检查、基础铲麻面、泵体及其配套的部件、附件安装、单机试运转。

计量单位：套

定　额　编　号			A10-8-1	A10-8-2	A10-8-3
项　目　名　称			设备质量（t以内）		
			0.4	0.6	0.8
基　　　价（元）			1344.41	1814.65	2586.68
其中	人　工　费（元）		937.16	1265.46	1433.32
	材　料　费（元）		79.41	103.77	170.60
	机　械　费（元）		327.84	445.42	982.76
名　　　称	单位	单价（元）	消　　耗　　量		
人工 综合工日	工日	140.00	6.694	9.039	10.238
材料 板方材	m³	1800.00	0.002	0.003	0.004
道木 250×200×2500	根	214.00	—	—	0.003
低碳钢焊条	kg	6.84	0.300	0.330	0.410
镀锌铁丝 φ4.0～2.8	kg	3.57	0.560	1.860	3.600
黄干油钙基酯	kg	6.84	0.252	0.348	0.727
机油	kg	19.66	0.630	0.870	1.818
聚酯乙烯泡沫塑料板	kg	26.50	0.340	0.408.	0.550
煤油	kg	3.73	1.050	1.450	3.030
平垫铁	kg	3.74	3.450	4.060	5.080
汽油	kg	6.77	0.300	0.350	0.450
铅油（厚漆）	kg	6.45	0.151	0.209	0.436
热轧薄钢板 δ1.6～1.9	kg	3.93	0.240	0.280	0.480
石棉橡胶板	kg	9.40	1.450	1.570	3.020
斜垫铁	kg	3.50	3.000	4.080	5.100
氧气	m³	3.63	0.200	0.240	0.360
乙炔气	kg	10.45	0.067	0.080	0.120
其他材料费占材料费	%	—	3.000	3.000	3.000
机械 电焊机（综合）	台班	118.28	0.116	0.128	0.158
吊装机械（综合）	台班	619.04	0.250	0.430	1.110
载重汽车 5t	台班	430.70	0.370	0.381	0.643

工作内容：基础定位、开箱检查、基础铲麻面、泵体及其配套的部件、附件安装、单机试运转。

计量单位：套

定 额 编 号			A10-8-4	A10-8-5	A10-8-6
项 目 名 称			设备质量(t以内)		
			1	1.2	1.5
基 价 （元）			3324.25	4561.97	5578.00
其中	人 工 费 （元）		1612.24	1892.66	2262.82
	材 料 费 （元）		217.32	306.44	407.65
	机 械 费 （元）		1494.69	2362.87	2907.53
名 称	单位	单价(元)	消 耗 量		
人工	综合工日	工日	140.00	11.516	13.519	16.163
材料	板方材	m³	1800.00	0.007	0.011	0.016
	道木 250×200×2500	根	214.00	0.005	0.006	0.007
	低碳钢焊条	kg	6.84	0.410	0.630	0.630
	镀锌铁丝 φ4.0～2.8	kg	3.57	5.040	5.800	6.800
	黄干油钙基酯	kg	6.84	0.876	1.202	1.620
	机油	kg	19.66	2.190	3.006	4.050
	聚酯乙烯泡沫塑料板	kg	26.50	0.590	0.660	0.760
	煤油	kg	3.73	3.650	5.010	6.750
	平垫铁	kg	3.74	5.080	7.500	7.500
	汽油	kg	6.77	0.540	0.900	1.500
	铅油(厚漆)	kg	6.45	0.526	0.721	0.972
	热轧薄钢板 δ1.6～1.9	kg	3.93	0.576	0.800	0.960
	石棉橡胶板	kg	9.40	5.244	7.610	12.550
	斜垫铁	kg	3.50	5.100	8.500	8.500
	氧气	m³	3.63	0.390	0.660	0.690
	乙炔气	kg	10.45	0.130	0.220	0.230
	其他材料费占材料费	%	—	3.000	3.000	3.000
机械	电焊机(综合)	台班	118.28	0.158	0.243	0.243
	吊装机械(综合)	台班	619.04	1.850	2.960	3.700
	载重汽车 5t	台班	430.70	0.768	1.165	1.366

二、稳压给水设备

工作内容：基础定位、开箱检查、基础铲麻面、泵体及其配套的部件、附件安装、单机试运转。

计量单位：套

定 额 编 号			A10-8-7	A10-8-8	A10-8-9
项 目 名 称			设备质量(t以内)		
			0.4	0.6	0.8
基 价 （元）			1457.10	1955.03	2748.02
其中	人 工 费 （元）		1035.58	1398.32	1583.82
	材 料 费 （元）		90.23	107.84	169.81
	机 械 费 （元）		331.29	448.87	994.39
名 称	单位	单价(元)	消 耗 量		
人工 综合工日	工日	140.00	7.397	9.988	11.313
材料 板方材	m³	1800.00	0.002	0.002	0.003
道木 250×200×2500	根	214.00	—	—	0.003
低碳钢焊条	kg	6.84	0.300	0.330	0.410
镀锌铁丝 φ4.0~2.8	kg	3.57	0.672	0.898	2.260
黄干油钙基酯	kg	6.84	0.252	0.348	0.727
机油	kg	19.66	0.630	0.870	1.818
聚酯乙烯泡沫塑料板	kg	26.50	0.660	0.693	0.708
煤油	kg	3.73	1.050	1.450	3.030
平垫铁	kg	3.74	3.450	4.060	5.080
汽油	kg	6.77	0.300	0.350	0.450
铅油(厚漆)	kg	6.45	0.151	0.209	0.436
热轧薄钢板 δ1.6~1.9	kg	3.93	0.240	0.280	0.480
石棉橡胶板	kg	9.40	1.623	1.743	3.193
斜垫铁	kg	3.50	3.000	4.080	5.100
氧气	m³	3.63	0.200	0.240	0.360
乙炔气	kg	10.45	0.067	0.080	0.120
其他材料费占材料费	%	—	3.000	3.000	3.000
机械 电焊机(综合)	台班	118.28	0.116	0.128	0.158
吊装机械(综合)	台班	619.04	0.250	0.430	1.110
载重汽车 5t	台班	430.70	0.378	0.389	0.670

工作内容：基础定位、开箱检查、基础铲麻面、泵体及其配套的部件、附件安装、单机试运转。

计量单位：套

定　额　编　号				A10-8-10	A10-8-11	A10-8-12
项　目　名　称				设备质量（t以内）		
				1	1.2	1.5
基　　　价（元）				3504.72	4773.36	5847.37
其中	人　工　费（元）			1781.50	2091.32	2500.40
	材　料　费（元）			214.75	310.99	426.52
	机　械　费（元）			1508.47	2371.05	2920.45
名　　　称		单位	单价（元）	消　　耗　　量		
人工	综合工日	工日	140.00	12.725	14.938	17.860
材料	板方材	m³	1800.00	0.004	0.008	0.016
	道木 250×200×2500	根	214.00	0.005	0.006	0.007
	低碳钢焊条	kg	6.84	0.410	0.630	0.630
	镀锌铁丝 φ4.0～2.8	kg	3.57	3.798	6.090	7.140
	黄干油钙基酯	kg	6.84	0.876	1.202	1.620
	机油	kg	19.66	2.190	3.006	4.050
	聚酯乙烯泡沫塑料板	kg	26.50	0.793	0.930	1.344
	煤油	kg	3.73	3.650	5.010	6.750
	平垫铁	kg	3.74	5.080	7.500	7.500
	汽油	kg	6.77	0.540	0.900	1.500
	铅油（厚漆）	kg	6.45	0.526	0.721	0.972
	热轧薄钢板 δ1.6～1.9	kg	3.93	0.576	0.800	0.960
	石棉橡胶板	kg	9.40	5.452	7.783	12.723
	斜垫铁	kg	3.50	5.100	8.500	8.500
	氧气	m³	3.63	0.390	0.660	0.690
	乙炔气	kg	10.45	0.130	0.220	0.230
	其他材料费占材料费	%	—	3.000	3.000	3.000
机械	电焊机（综合）	台班	118.28	0.158	0.243	0.243
	吊装机械（综合）	台班	619.04	1.850	2.960	3.700
	载重汽车 5t	台班	430.70	0.800	1.184	1.396

三、无负压给水设备

工作内容：基础定位、开箱检查、基础铲麻面、泵体及其配套的部件、附件安装、单机试运转。

计量单位：套

定 额 编 号			A10-8-13	A10-8-14	A10-8-15
项 目 名 称			设备质量(t以内)		
			0.4	0.6	0.8
基 价（元）			1454.46	1949.96	2744.38
其中	人 工 费（元）		1027.18	1386.98	1570.94
	材 料 费（元）		95.99	114.11	179.05
	机 械 费（元）		331.29	448.87	994.39
名 称		单位	单价(元)	消 耗 量	
人工	综合工日	工日	140.00	7.337	9.907	11.221
材料	板方材	m³	1800.00	0.002	0.002	0.003
	道木 250×200×2500	根	214.00	—	—	0.003
	低碳钢焊条	kg	6.84	0.300	0.330	0.410
	镀锌铁丝 φ4.0～2.8	kg	3.57	0.739	0.939	1.386
	黄干油钙基酯	kg	6.84	0.252	0.348	0.727
	机油	kg	19.66	0.630	0.870	1.818
	聚酯乙烯泡沫塑料板	kg	26.50	0.726	0.779	1.023
	煤油	kg	3.73	1.050	1.450	3.030
	平垫铁	kg	3.74	3.450	4.060	5.080
	汽油	kg	6.77	0.300	0.350	0.450
	铅油(厚漆)	kg	6.45	0.151	0.209	0.436
	清油	kg	9.70	0.120	0.126	0.134
	热轧薄钢板 δ1.6～1.9	kg	3.93	0.240	0.280	0.480
	石棉橡胶板	kg	9.40	1.883	2.003	3.453
	斜垫铁	kg	3.50	3.000	4.080	5.100
	氧气	m³	3.63	0.200	0.240	0.360
	乙炔气	kg	10.45	0.067	0.080	0.120
	其他材料费占材料费	%	—	3.000	3.000	3.000
机械	电焊机(综合)	台班	118.28	0.116	0.128	0.158
	吊装机械(综合)	台班	619.04	0.250	0.430	1.110
	载重汽车 5t	台班	430.70	0.378	0.389	0.670

工作内容：基础定位、开箱检查、基础铲麻面、泵体及其配套的部件、附件安装、单机试运转。

计量单位：套

定 额 编 号				A10-8-16	A10-8-17	A10-8-18
项 目 名 称				设备质量(t以内)		
				1	1.2	1.5
基 价（元）				3505.81	4789.98	5871.27
其中	人 工 费（元）			1766.94	2074.24	2479.96
	材 料 费（元）			230.40	344.69	470.86
	机 械 费（元）			1508.47	2371.05	2920.45
名 称		单位	单价(元)	消 耗 量		
人工	综合工日	工日	140.00	12.621	14.816	17.714
材料	板方材	m³	1800.00	0.004	0.008	0.016
	道木 250×200×2500	根	214.00	0.005	0.006	0.007
	低碳钢焊条	kg	6.84	0.410	0.630	0.630
	镀锌铁丝 φ4.0～2.8	kg	3.57	1.756	6.699	7.854
	黄干油钙基酯	kg	6.84	0.876	1.202	1.620
	机油	kg	19.66	2.190	3.006	4.050
	聚酯乙烯泡沫塑料板	kg	26.50	1.478	1.933	2.718
	煤油	kg	3.73	3.650	5.010	6.750
	平垫铁	kg	3.74	5.080	7.500	7.500
	汽油	kg	6.77	0.540	0.900	1.500
	铅油(厚漆)	kg	6.45	0.526	0.721	0.972
	清油	kg	9.70	0.144	0.157	0.170
	热轧薄钢板 δ1.6～1.9	kg	3.93	0.576	0.800	0.960
	石棉橡胶板	kg	9.40	5.764	8.043	12.983
	斜垫铁	kg	3.50	5.100	8.500	8.500
	氧气	m³	3.63	0.390	0.660	0.690
	乙炔气	kg	10.45	0.130	0.220	0.230
	其他材料费占材料费	%	—	3.000	3.000	3.000
机械	电焊机(综合)	台班	118.28	0.158	0.243	0.243
	吊装机械(综合)	台班	619.04	1.850	2.960	3.700
	载重汽车 5t	台班	430.70	0.800	1.184	1.396

四、气压罐

工作内容：外观检查、罐体及其配套的部件、附件安装、就位、充水、试压、调试。　　　　计量单位：台

定 额 编 号			A10-8-19	A10-8-20	A10-8-21
项 目 名 称			罐体直径(mm以内)		
			400	600	800
基 价（元）			765.87	904.38	1069.67
其中	人 工 费（元）		344.68	387.80	434.42
	材 料 费（元）		65.28	77.74	94.08
	机 械 费（元）		355.91	438.84	541.17
名 称	单位	单价(元)	消 耗 量		
人工	综合工日	工日	140.00	2.462	2.770	3.103
材料	道木 250×200×2500	根	214.00	0.049	0.052	0.056
	低碳钢焊条	kg	6.84	0.167	0.188	0.208
	镀锌铁丝 φ4.0～2.8	kg	3.57	1.008	1.108	1.312
	聚酯乙烯泡沫塑料板	kg	26.50	0.990	1.062	1.116
	煤油	kg	3.73	0.970	1.120	1.280
	平垫铁	kg	3.74	2.066	2.325	2.830
	水	m³	7.96	0.690	1.554	2.760
	斜垫铁	kg	3.50	1.079	1.214	1.349
	氧气	m³	3.63	0.183	0.207	0.228
	乙炔气	kg	10.45	0.061	0.069	0.076
	其他材料费占材料费	%	—	3.000	3.000	3.000
机械	电焊机(综合)	台班	118.28	0.064	0.072	0.080
	吊装机械(综合)	台班	619.04	0.369	0.461	0.576
	试压泵 30MPa	台班	22.67	0.008	0.010	0.012
	载重汽车 5t	台班	430.70	0.278	0.336	0.406

工作内容：外观检查、罐体及其配套的部件、附件安装、就位、充水、试压、调试。　　计量单位：台

定　额　编　号				A10-8-22	A10-8-23	A10-8-24
项　目　名　称				罐体直径(mm以内)		
				1000	1200	1400
基　　　　价（元）				1226.05	1496.29	1848.71
其中	人　工　费（元）			486.50	544.88	610.26
	材　料　费（元）			124.98	150.64	210.61
	机　械　费（元）			614.57	800.77	1027.84
名　　　称		单位	单价（元）	消　　耗　　量		
人工	综合工日	工日	140.00	3.475	3.892	4.359
材料	道木 250×200×2500	根	214.00	0.061	0.065	0.075
	低碳钢焊条	kg	6.84	0.330	0.417	0.833
	镀锌铁丝　φ4.0～2.8	kg	3.57	1.396	1.426	1.528
	聚酯乙烯泡沫塑料板	kg	26.50	1.344	1.380	1.464
	煤油	kg	3.73	1.455	1.685	1.905
	平垫铁	kg	3.74	4.132	5.166	10.330
	水	m³	7.96	4.320	6.220	8.460
	斜垫铁	kg	3.50	2.158	2.698	5.396
	氧气	m³	3.63	0.366	0.459	0.915
	乙炔气	kg	10.45	0.122	0.153	0.305
	其他材料费占材料费	%	—	3.000	3.000	3.000
机械	电焊机(综合)	台班	118.28	0.127	0.161	0.321
	吊装机械(综合)	台班	619.04	0.650	0.860	1.100
	试压泵 30MPa	台班	22.67	0.015	0.018	0.024
	载重汽车 5t	台班	430.70	0.457	0.578	0.716

五、太阳能集热装置

工作内容：开箱检查、集热板稳固、安装、与进出水管连接、通水实验。　　　　　　　　计量单位：m²

定 额 编 号				A10-8-25	A10-8-26
项 目 名 称				平板式	全玻璃真空管
基 价 （元）				163.73	249.90
其中	人 工 费 （元）			85.12	120.54
	材 料 费 （元）			29.47	28.08
	机 械 费 （元）			49.14	101.28
名 称		单位	单价（元）	消　　耗　　量	
人工	综合工日	工日	140.00	0.608	0.861
材料	低碳钢焊条	kg	6.84	0.380	0.301
	镀锌活接头 DN32	个	7.26	0.147	0.295
	机油	kg	19.66	0.006	0.011
	聚四氟乙烯生料带	m	0.13	0.148	0.296
	六角螺栓带螺母 M12×50	套	0.60	2.403	2.403
	汽油	kg	6.77	1.189	1.189
	商品混凝土 C20(泵送)	m³	363.30	0.017	0.017
	水	m³	7.96	0.030	0.023
	氧气	m³	3.63	0.090	0.090
	乙炔气	kg	10.45	0.030	0.030
	预埋铁件	kg	3.60	2.295	1.755
	其他材料费占材料费	%	—	3.000	3.000
机械	电焊机(综合)	台班	118.28	0.146	0.116
	吊装机械(综合)	台班	619.04	—	0.083
	载重汽车 5t	台班	430.70	0.074	0.084

六、地源(水源、气源)热泵机组

工作内容：基础验收、开箱检查、设备及附件就位、固定、垫铁焊接、单机试运转。　　计量单位：组

定　额　编　号			A10-8-27	A10-8-28	A10-8-29
项　目　名　称			设备质量(t以内)		
			1	3	5
基　　　　　价（元）			1093.52	2030.95	3008.42
其中	人　工　费（元）		665.00	1286.60	2043.44
	材　料　费（元）		136.52	268.59	382.04
	机　械　费（元）		292.00	475.76	582.94
名　　　称		单位	单价(元)	消　　耗　　量	
人工	综合工日	工日	140.00	4.750	9.190	14.596
材料	板方材	m³	1800.00	0.009	0.016	0.030
	道木	m³	2137.00	0.010	0.030	0.040
	低碳钢焊条	kg	6.84	0.410	0.720	0.800
	镀锌铁丝 φ4.0～2.8	kg	3.57	1.600	2.000	2.500
	黄干油钙基酯	kg	6.84	0.410	0.720	1.000
	机油	kg	19.66	0.980	1.480	1.970
	煤油	kg	3.73	1.730	3.150	4.180
	平垫铁	kg	3.74	5.080	8.130	12.260
	汽油	kg	6.77	0.153	0.408	0.550
	石棉橡胶板	kg	9.40	1.860	4.615	6.000
	斜垫铁	kg	3.50	5.100	8.160	12.610
	氧气	m³	3.63	0.360	0.690	0.810
	乙炔气	kg	10.45	0.120	0.230	0.270
	其他材料费占材料费	%	—	3.000	3.000	3.000
机械	吊装机械(综合)	台班	619.04	0.171	0.423	0.550
	载重汽车 5t	台班	430.70	0.400	0.440	0.500
	直流弧焊机 32kV·A	台班	87.75	0.158	0.278	0.309

工作内容：基础验收、开箱检查、设备及附件就位、固定、垫铁焊接、单机试运转。　　　　　计量单位：组

定　额　编　号				A10-8-30	A10-8-31	A10-8-32
项　目　名　称				设备质量(t以内)		
				8	10	15
基　　　价（元）				4323.22	5217.54	6660.17
其中	人　工　费（元）			2977.24	3362.24	4200.84
	材　料　费（元）			541.23	775.40	1040.88
	机　械　费（元）			804.75	1079.90	1418.45
名　　　称		单位	单价（元）	消　　耗　　量		
人工	综合工日	工日	140.00	21.266	24.016	30.006
材料	板方材	m³	1800.00	0.035	0.038	0.044
	道木	m³	2137.00	0.062	0.070	0.077
	低碳钢焊条	kg	6.84	1.050	1.680	2.100
	镀锌铁丝 φ4.0～2.8	kg	3.57	4.800	7.500	9.800
	黄干油钙基酯	kg	6.84	1.870	2.020	2.220
	机油	kg	19.66	2.803	3.030	3.540
	煤油	kg	3.73	5.880	10.500	15.750
	平垫铁	kg	3.74	15.490	31.500	47.250
	汽油	kg	6.77	0.920	3.060	4.570
	石棉橡胶板	kg	9.40	9.000	12.000	15.000
	斜垫铁	kg	3.50	16.050	25.470	45.710
	氧气	m³	3.63	1.530	6.120	9.180
	乙炔气	kg	10.45	0.510	2.040	3.060
	其他材料费占材料费	%	—	3.000	3.000	3.000
机械	吊装机械(综合)	台班	619.04	0.825	1.075	1.425
	载重汽车 5t	台班	430.70	0.600	0.830	1.080
	直流弧焊机 32kV·A	台班	87.75	0.406	0.649	0.811

七、除砂器

工作内容：基础验收、开箱检查、设备及附件就位、固定、单机试运转。

计量单位：台

定 额 编 号				A10-8-33	A10-8-34	A10-8-35
项 目 名 称				水处理量(m³/h以内)		
				50	100	150
基 价（元）				280.21	324.19	376.11
其中	人 工 费（元）			259.00	284.34	322.56
	材 料 费（元）			11.16	23.41	33.56
	机 械 费（元）			10.05	16.44	19.99
名 称		单位	单价（元）	消 耗		量
人工	综合工日	工日	140.00	1.850	2.031	2.304
材料	低碳钢焊条	kg	6.84	0.220	0.360	0.440
	镀锌铁丝 φ4.0～2.8	kg	3.57	0.074	0.148	0.222
	黄油钙基脂	kg	5.15	0.011	0.021	0.032
	机油	kg	19.66	0.017	0.035	0.052
	六角螺栓带螺母、垫圈 M16×65～80	套	1.54	1.978	3.955	5.933
	煤油	kg	3.73	0.256	0.513	0.769
	木板	m³	1634.16	0.001	0.003	0.004
	平垫铁	kg	3.74	0.268	0.536	0.805
	热轧薄钢板 δ1.6～1.9	kg	3.93	0.132	0.264	0.396
	斜垫铁	kg	3.50	0.415	0.830	1.245
	氧气	m³	3.63	0.009	0.012	0.018
	乙炔气	kg	10.45	0.003	0.004	0.006
	其他材料费占材料费	%	—	3.000	3.000	3.000
机械	电焊机(综合)	台班	118.28	0.085	0.139	0.169

648

工作内容：基础验收、开箱检查、设备及附件就位、固定、单机试运转。　　　　　　　　计量单位：台

定　额　编　号				A10-8-36	A10-8-37
项　目　名　称				水处理量（m³/h以内）	
				200	300
基　　价（元）				632.99	765.48
其中	人　工　费（元）			349.72	398.16
	材　料　费（元）			46.65	57.25
	机　械　费（元）			236.62	310.07
名　　称		单位	单价（元）	消　耗　量	
人工	综合工日	工日	140.00	2.498	2.844
材料	低碳钢焊条	kg	6.84	0.660	0.780
	镀锌铁丝 φ4.0～2.8	kg	3.57	0.296	0.370
	黄油钙基脂	kg	5.15	0.043	0.053
	机油	kg	19.66	0.069	0.086
	六角螺栓带螺母、垫圈 M16×65～80	套	1.54	7.910	9.888
	煤油	kg	3.73	1.026	1.282
	木板	m³	1634.16	0.006	0.007
	平垫铁	kg	3.74	1.073	1.341
	热轧薄钢板 δ1.6～1.9	kg	3.93	0.528	0.660
	斜垫铁	kg	3.50	1.660	2.075
	氧气	m³	3.63	0.060	0.090
	乙炔气	kg	10.45	0.020	0.030
	其他材料费占材料费	%	—	3.000	3.000
机械	电焊机(综合)	台班	118.28	0.254	0.300
	吊装机械(综合)	台班	619.04	0.317	0.422
	载重汽车 5t	台班	430.70	0.024	0.031

八、水处理器

1. 水处理器安装（螺纹连接）

工作内容：外观检查、设备安装、接管、通水调试。　　　　　　　　　　　　计量单位：台

定　额　编　号			A10-8-38	A10-8-39	A10-8-40
项　目　名　称			进口管径(mm以内)		
			15	20	25
基　　价（元）			26.23	29.45	36.95
其中	人　工　费（元）		19.74	21.70	28.28
	材　料　费（元）		6.49	7.75	8.67
	机　械　费（元）		—	—	—
名　　称		单位	单价（元）	消　　耗　　量	
人工	综合工日	工日	140.00	0.141	0.155	0.202
材料	镀锌活接头 DN15	个	2.91	1.010	—	—
	镀锌活接头 DN20	个	3.85	—	1.010	—
	镀锌活接头 DN25	个	4.27	—	—	1.010
	镀锌丝堵 DN15（堵头）	个	0.77	1.010	1.010	1.010
	机油	kg	19.66	0.072	0.079	0.092
	聚四氟乙烯生料带	m	0.13	2.118	2.590	3.063
	煤油	kg	3.73	0.020	0.020	0.040
	汽油	kg	6.77	0.120	0.130	0.140
	水	m³	7.96	0.001	0.002	0.003
	其他材料费占材料费	%	—	3.000	3.000	3.000

工作内容：外观检查、设备安装、接管、通水调试。

计量单位：台

定 额 编 号			A10-8-41	A10-8-42	A10-8-43
项 目 名 称			进口管径(mm以内)		
			32	40	50
基 价（元）			47.17	53.66	73.58
其中	人 工 费（元）		34.58	36.82	51.66
	材 料 费（元）		12.59	16.84	21.92
	机 械 费（元）		—	—	—
名 称	单位	单价（元）	消 耗 量		
人工 综合工日	工日	140.00	0.247	0.263	0.369
材料 镀锌活接头 DN32	个	7.26	1.010	—	—
镀锌活接头 DN40	个	10.51	—	1.010	—
镀锌活接头 DN50	个	14.53	—	—	1.010
镀锌丝堵 DN15(堵头)	个	0.77	1.010	1.010	1.010
机油	kg	19.66	0.109	0.139	0.166
聚四氟乙烯生料带	m	0.13	3.720	4.474	5.416
煤油	kg	3.73	0.040	0.040	0.050
汽油	kg	6.77	0.150	0.160	0.170
清油	kg	9.70	0.030	0.037	0.045
水	m³	7.96	0.004	0.007	0.011
其他材料费占材料费	%	—	3.000	3.000	3.000

2. 水处理器安装(法兰连接)

工作内容：外观检查、设备安装、接管、通水调试。　　　　　　　　　　　　　　　计量单位：台

定　额　编　号			A10-8-44	A10-8-45	A10-8-46	A10-8-47
项　目　名　称			进口管径(mm以内)			
			50	70	80	100
基　　　价（元）			160.88	237.32	296.19	361.56
其中	人　工　费（元）		64.96	121.24	164.08	205.38
	材　料　费（元）		3.75	6.26	7.83	10.41
	机　械　费（元）		92.17	109.82	124.28	145.77
名　　称		单位	单价（元）	消　　耗　　量		
人工	综合工日	工日	140.00	0.464	0.866	1.172	1.467
材料	低碳钢焊条	kg	6.84	0.133	0.237	0.271	0.363
	机油	kg	19.66	0.050	0.075	0.085	0.120
	汽油	kg	6.77	0.042	0.090	0.114	0.118
	石棉橡胶板	kg	9.40	0.140	0.180	0.260	0.350
	水	m³	7.96	0.011	0.021	0.028	0.043
	氧气	m³	3.63	0.009	0.072	0.090	0.117
	乙炔气	kg	10.45	0.003	0.024	0.030	0.039
	其他材料费占材料费	%	—	3.000	3.000	3.000	3.000
机械	电焊机(综合)	台班	118.28	0.051	0.091	0.104	0.140
	载重汽车 5t	台班	430.70	0.200	0.230	0.260	0.300

工作内容：外观检查、设备安装、接管、通水调试。 计量单位：台

定 额 编 号				A10-8-48	A10-8-49	A10-8-50	A10-8-51
项 目 名 称				进口管径(mm以内)			
				125	150	200	300
基 价 （元）				420.93	465.79	481.34	909.11
其中	人 工 费 （元）			242.20	264.60	373.94	685.02
	材 料 费 （元）			13.01	15.88	25.22	44.62
	机 械 费 （元）			165.72	185.31	82.18	179.47
名 称		单位	单价(元)	消 耗 量			
人工	综合工日	工日	140.00	1.730	1.890	2.671	4.893
材料	低碳钢焊条	kg	6.84	0.423	0.474	1.192	2.999
	机油	kg	19.66	0.130	0.170	0.241	0.357
	汽油	kg	6.77	0.200	0.244	0.110	0.208
	石棉橡胶板	kg	9.40	0.460	0.550	0.660	0.730
	水	m³	7.96	0.068	0.097	0.173	0.389
	氧气	m³	3.63	0.135	0.174	0.459	0.621
	乙炔气	kg	10.45	0.045	0.058	0.153	0.207
	其他材料费占材料费	%	—	3.000	3.000	3.000	3.000
机械	电焊机(综合)	台班	118.28	0.163	0.183	0.459	1.155
	吊装机械(综合)	台班	619.04	—	—	0.020	0.024
	载重汽车 5t	台班	430.70	0.340	0.380	0.036	0.065

工作内容：外观检查、设备安装、接管、通水调试。 计量单位：台

定　额　编　号				A10-8-52	A10-8-53	A10-8-54
项　目　名　称				进口管径(mm以内)		
				400	500	600
基　　　　价（元）				1369.35	1741.43	1981.31
其中	人　工　费（元）			1000.86	1250.90	1444.38
	材　料　费（元）			71.96	94.71	104.02
	机　械　费（元）			296.53	395.82	432.91
名　　　称		单位	单价（元）	消　　耗　　量		
人工	综合工日	工日	140.00	7.149	8.935	10.317
材料	低碳钢焊条	kg	6.84	5.049	6.959	7.289
	机油	kg	19.66	0.456	0.565	0.684
	汽油	kg	6.77	0.334	0.460	0.506
	石棉橡胶板	kg	9.40	1.380	1.660	1.680
	水	m³	7.96	0.691	1.079	1.554
	氧气	m³	3.63	0.792	0.834	0.858
	乙炔气	kg	10.45	0.264	0.278	0.286
	其他材料费占材料费	%	—	3.000	3.000	3.000
机械	电焊机(综合)	台班	118.28	1.944	2.679	2.806
	吊装机械(综合)	台班	619.04	0.038	0.051	0.079
	载重汽车 5t	台班	430.70	0.100	0.110	0.121

九、水箱自洁器

工作内容：外观检查、设备就位、设备及附件安装、接管、调试。 计量单位：台

定 额 编 号				A10-8-55	A10-8-56
项 目 名 称				外置式出水管径(mm)	
				20	25
基 价（元）				81.55	87.33
其中	人 工 费（元）			80.50	85.96
	材 料 费（元）			1.05	1.37
	机 械 费（元）			—	—
名 称		单位	单价（元）	消 耗 量	
人工	综合工日	工日	140.00	0.575	0.614
材料	机油	kg	19.66	0.012	0.015
	聚四氟乙烯生料带	m	0.13	1.884	2.355
	铅油（厚漆）	kg	6.45	0.040	0.040
	清油	kg	9.70	0.010	0.010
	石棉橡胶板	kg	9.40	0.020	0.040
	其他材料费占材料费	%	—	3.000	3.000

工作内容：外观检查、设备就位、设备及附件安装、接管、调试。 计量单位：台

定　额　编　号				A10-8-57	A10-8-58
项　目　名　称				内置式出水管径(mm)	内置式
				20	潜入式布水器
基　　　价（元）				74.29	13.72
其中	人　工　费（元）			73.08	13.72
	材　料　费（元）			1.21	—
	机　械　费（元）			—	—
名　　称		单位	单价(元)	消　耗　量	
人工	综合工日	工日	140.00	0.522	0.098
材料	机油	kg	19.66	0.010	—
	聚四氟乙烯生料带	m	0.13	1.884	—
	铅油(厚漆)	kg	6.45	0.040	—
	清油	kg	9.70	0.010	—
	石棉橡胶板	kg	9.40	0.040	—
	其他材料费占材料费	%	—	3.000	3.000

656

十、水质净化器

工作内容：外观检查、设备就位、设备及附件安装、接管、调试。

计量单位：台

定 额 编 号			A10-8-59	A10-8-60	A10-8-61
项 目 名 称			罐体直径(mm以内)		
			400	500	600
基 价 （元）			468.70	570.69	790.42
其中	人 工 费（元）		255.92	284.34	322.56
	材 料 费（元）		10.82	16.10	22.06
	机 械 费（元）		201.96	270.25	445.80
名 称	单位	单价(元)	消 耗 量		
人工 综合工日	工日	140.00	1.828	2.031	2.304
材料 低碳钢焊条	kg	6.84	0.220	0.360	0.440
汽油	kg	6.77	0.050	0.070	0.100
热轧薄钢板 δ3.5～4.0	kg	3.93	0.500	0.700	0.950
石棉橡胶板	kg	9.40	0.120	0.135	0.160
水	m³	7.96	0.691	1.079	1.554
氧气	m³	3.63	0.009	0.012	0.018
乙炔气	kg	10.45	0.003	0.004	0.006
其他材料费占材料费	%	—	3.000	3.000	3.000
机械 电焊机(综合)	台班	118.28	0.085	0.139	0.169
吊装机械(综合)	台班	619.04	0.310	0.410	0.500
载重汽车 5t	台班	430.70	—	—	0.270

工作内容：外观检查、设备就位、设备及附件安装、接管、调试。　　　　　　　　　　　计量单位：台

定　额　编　号				A10-8-62	A10-8-63	A10-8-64
项　目　名　称				罐体直径(mm以内)		
				800	1000	1200
基　　　　　价（元）				920.48	1089.08	1373.70
其中	人　工　费（元）			351.96	398.02	511.84
	材　料　费（元）			35.37	51.10	75.40
	机　械　费（元）			533.15	639.96	786.46
名　　称		单位	单价（元）	消　　耗　　量		
人工	综合工日	工日	140.00	2.514	2.843	3.656
材料	低碳钢焊条	kg	6.84	0.660	0.780	1.600
	汽油	kg	6.77	0.120	0.150	0.200
	热轧薄钢板 δ3.5～4.0	kg	3.93	1.200	1.500	1.850
	石棉橡胶板	kg	9.40	0.200	0.250	0.350
	水	m³	7.96	2.763	4.318	6.217
	氧气	m³	3.63	0.060	0.090	0.120
	乙炔气	kg	10.45	0.020	0.030	0.040
	其他材料费占材料费	%	—	3.000	3.000	3.000
机械	电焊机(综合)	台班	118.28	0.254	0.300	0.616
	吊装机械(综合)	台班	619.04	0.620	0.710	0.800
	载重汽车 5t	台班	430.70	0.277	0.383	0.507

十一、紫外线杀菌设备

工作内容：外观检查、设备就位、设备及附件安装、接管、调试。　　　　　　　　　计量单位：台

定　额　编　号				A10-8-65	A10-8-66	A10-8-67	A10-8-68
项　目　名　称				进口管径(mm以内)			
				25	40	50	70
基　　价（元）				155.57	267.07	355.08	397.14
其中	人　工　费（元）			48.30	71.82	93.10	112.56
	材　料　费（元）			14.41	21.92	26.74	30.34
	机　械　费（元）			92.86	173.33	235.24	254.24
名　　称		单位	单价（元）	消　耗　量			
人工	综合工日	工日	140.00	0.345	0.513	0.665	0.804
材料	低碳钢焊条	kg	6.84	—	—	—	0.140
	机油	kg	19.66	0.082	0.133	0.160	0.170
	聚四氟乙烯生料带	m	0.13	0.942	1.507	1.884	2.638
	汽油	kg	6.77	0.010	0.016	0.020	0.023
	热轧薄钢板 δ3.5	kg	3.93	0.283	0.420	0.537	0.735
	石棉橡胶板	kg	9.40	—	0.165	0.210	0.270
	水	m³	7.96	1.391	1.905	2.305	2.381
	氧气	m³	3.63	—	—	—	0.039
	乙炔气	kg	10.45	—	—	—	0.013
	其他材料费占材料费	%	—	3.000	3.000	3.000	3.000
机械	电焊机(综合)	台班	118.28	—	—	—	0.056
	吊装机械(综合)	台班	619.04	0.150	0.280	0.380	0.400

工作内容：外观检查、设备就位、设备及附件安装、接管、调试。 计量单位：台

定 额 编 号				A10-8-69	A10-8-70	A10-8-71	A10-8-72
项 目 名 称				进口管径(mm以内)			
				80	100	125	150
基 价 （元）				497.45	334.81	429.68	477.11
其中	人 工 费（元）			141.68	160.16	212.52	222.04
	材 料 费（元）			37.97	40.67	48.44	53.51
	机 械 费（元）			317.80	133.98	168.72	201.56
名 称		单位	单价（元）	消 耗 量			
人工	综合工日	工日	140.00	1.012	1.144	1.518	1.586
材料	低碳钢焊条	kg	6.84	0.175	0.215	0.296	0.336
	机油	kg	19.66	0.180	0.192	0.210	0.258
	聚四氟乙烯生料带	m	0.13	3.014	—	—	—
	汽油	kg	6.77	0.036	0.044	0.060	0.068
	热轧薄钢板 $\delta 3.5$	kg	3.93	0.919	1.131	1.555	1.767
	石棉橡胶板	kg	9.40	0.390	0.525	0.690	0.875
	水	m³	7.96	2.981	2.981	3.381	3.481
	氧气	m³	3.63	0.069	0.117	0.135	0.174
	乙炔气	kg	10.45	0.023	0.039	0.045	0.058
	其他材料费占材料费	%	—	3.000	3.000	3.000	3.000
机械	电焊机(综合)	台班	118.28	0.070	0.086	0.118	0.134
	吊装机械(综合)	台班	619.04	0.500	0.200	0.250	0.300

十二、热水器、开水炉

1.蒸汽间断式开水炉安装

工作内容：就位、稳固、附件安装、水压试验。

计量单位：台

定 额 编 号			A10-8-73	A10-8-74	A10-8-75
项 目 名 称			型号/容积(L)		
			1#/60	2#/100	3#/160
基 价 （元）			114.02	116.90	133.94
其中	人 工 费 （元）		111.86	114.24	131.04
	材 料 费 （元）		2.16	2.66	2.90
	机 械 费 （元）		—	—	—
名 称	单位	单价（元）	消 耗 量		
人工	综合工日	工日	140.00	0.799	0.816	0.936
材料	蒸汽间断式开水炉	台	—	(1.000)	(1.000)	(1.000)
	钢锯条	条	0.34	0.400	0.400	0.400
	机油	kg	19.66	0.020	0.020	0.020
	聚四氟乙烯生料带	m	0.13	0.757	0.757	0.757
	铅油(厚漆)	kg	6.45	0.100	0.100	0.100
	石棉松绳 φ13～19	kg	11.11	0.010	0.010	0.010
	水	m³	7.96	0.090	0.150	0.180
	其他材料费占材料费	%	—	3.000	3.000	3.000

661

2.电热水器安装

工作内容：就位、稳固、附件安装、水压试验。

计量单位：台

定　额　编　号				A10-8-76	A10-8-77	A10-8-78
项　目　名　称				挂式		
				RS15型	RS30型	RS50型
基　　　　　价（元）				**42.46**	**49.23**	**79.72**
其中	人　工　费（元）			36.82	43.40	70.28
	材　料　费（元）			5.64	5.83	9.44
	机　械　费（元）			—	—	—
名　　　称		单位	单价（元）	消　　耗　　量		
人工	综合工日	工日	140.00	0.263	0.310	0.502
材料	电热水器	台	—	(1.000)	(1.000)	(1.000)
	镀锌管箍 DN15	个	1.08	2.020	2.020	—
	镀锌管箍 DN25	个	2.48	—	—	2.020
	钢锯条	条	0.34	0.200	0.200	0.400
	聚四氟乙烯生料带	m	0.13	0.565	0.565	0.942
	六角螺栓带螺母、垫圈 M10×80～130	套	0.51	4.120	4.120	4.120
	铅油(厚漆)	kg	6.45	0.050	0.050	0.100
	水	m³	7.96	0.022	0.045	0.075
	水泥 32.5级	kg	0.29	1.000	1.000	1.000
	中(粗)砂	t	87.00	0.003	0.003	0.003
	其他材料费占材料费	%	—	3.000	3.000	3.000

工作内容：就位、稳固、附件安装、水压试验。

计量单位：台

定　额　编　号				A10-8-79	A10-8-80	A10-8-81
项　目　名　称				立式		
				RS50型	RS100型	RS300型
基　　　价（元）				80.38	109.98	185.17
其中	人　工　费（元）			74.34	103.32	169.40
	材　料　费（元）			6.04	6.66	15.77
	机　械　费（元）			—	—	—
名　　称		单位	单价（元）	消　　耗　　量		
人工	综合工日	工日	140.00	0.531	0.738	1.210
材料	电热水器	台	—	(1.000)	(1.000)	(1.000)
	镀锌管箍 DN25	个	2.48	2.020	2.020	—
	镀锌管箍 DN40	个	5.98	—	—	2.020
	钢锯条	条	0.34	0.400	0.400	0.500
	聚四氟乙烯生料带	m	0.13	0.942	0.942	1.507
	水	m³	7.96	0.075	0.150	0.360
	其他材料费占材料费	%	—	3.000	3.000	3.000

3. 立式电开水炉安装

工作内容：就位、稳固、附件安装、水压试验。

计量单位：台

定　额　编　号				A10-8-82
项　目　名　称				开水炉
基　　　价（元）				61.74
其中	人　工　费（元）			56.56
	材　料　费（元）			5.18
	机　械　费（元）			—
名　　称	单位	单价（元）		消　耗　量
人工　综合工日	工日	140.00		0.404
材料　电开水炉	台	—		(1.000)
镀锌管箍 DN15	个	1.08		2.020
钢锯条	条	0.34		0.200
聚四氟乙烯生料带	m	0.13		0.565
铅油(厚漆)	kg	6.45		0.050
水	m³	7.96		0.300
其他材料费占材料费	%	—		3.000

4.容积式热交换器安装

工作内容：就位、稳固、附件安装、水压试验。　　　　　　　　　　　　　　计量单位：台

定　额　编　号			A10-8-83	A10-8-84	A10-8-85	A10-8-86
项　目　名　称			型号/容积(L)			
			1#/500	2#/720	3#/1000	4#/1500
基　　　价（元）			346.23	444.11	495.70	566.09
其中	人　工　费（元）		246.40	314.16	339.78	433.16
	材　料　费（元）		33.08	35.05	38.00	53.80
	机　械　费（元）		66.75	94.90	117.92	79.13
名　　　称	单位	单价（元）	消　　耗　　量			
人工	综合工日	工日	140.00	1.760	2.244	2.427	3.094
材料	容器式水加热器	台	—	(1.000)	(1.000)	(1.000)	(1.000)
	钢锯条	条	0.34	0.400	0.400	0.400	0.400
	机油	kg	19.66	0.100	0.100	0.100	0.100
	聚四氟乙烯生料带	m	0.13	3.767	3.767	3.767	3.767
	六角螺栓带螺母、垫圈 M14×14～75	套	1.03	8.240	8.240	8.240	—
	铅油(厚漆)	kg	6.45	0.160	0.160	0.160	0.200
	石棉橡胶板	kg	9.40	1.620	1.620	1.620	3.620
	水	m³	7.96	0.600	0.840	1.200	1.800
	其他材料费占材料费	%	—	3.000	3.000	3.000	3.000
机械	吊装机械(综合)	台班	619.04	0.080	0.122	0.155	0.100
	载重汽车 5t	台班	430.70	0.040	0.045	0.051	0.040

工作内容：就位、稳固、附件安装、水压试验。 计量单位：台

定 额 编 号				A10-8-87	A10-8-88	A10-8-89
项 目 名 称				型号/容积(L)		
				5#/2000	6#/3000	7#/5000
基 价（元）				593.65	804.27	1024.60
其中	人 工 费（元）			433.16	621.32	805.28
	材 料 费（元）			58.72	68.56	88.24
	机 械 费（元）			101.77	114.39	131.08
名 称		单位	单价（元）	消 耗 量		
人工	综合工日	工日	140.00	3.094	4.438	5.752
材料	容器式水加热器	台	—	(1.000)	(1.000)	(1.000)
	钢锯条	条	0.34	0.400	0.400	0.400
	机油	kg	19.66	0.100	0.100	0.100
	聚四氟乙烯生料带	m	0.13	3.767	3.767	3.767
	铅油(厚漆)	kg	6.45	0.200	0.200	0.200
	石棉橡胶板	kg	9.40	3.620	3.620	3.620
	水	m³	7.96	2.400	3.600	6.000
	其他材料费占材料费	%	—	3.000	3.000	3.000
机械	吊装机械(综合)	台班	619.04	0.131	0.150	0.170
	载重汽车 5t	台班	430.70	0.048	0.050	0.060

十三、消毒器、消毒锅

1.消毒器安装

工作内容：就位、找平找正、附件安装、调试。

计量单位：台

定　额　编　号				A10-8-90	A10-8-91	A10-8-92
项　目　名　称				湿式		干式
				250×400	900×900	700×1600
基　　　价（元）				40.91	52.25	76.22
其中	人　工　费（元）			33.32	44.66	66.64
	材　料　费（元）			7.59	7.59	9.58
	机　械　费（元）			—	—	—
名　　　称		单位	单价(元)	消　　耗　　量		
人工	综合工日	工日	140.00	0.238	0.319	0.476
材料	干式消毒器 700×1600	台	—	—	—	(1.000)
	湿式消毒器 250×400	台	—	(1.000)	(1.000)	—
	钢锯条	条	0.34	0.500	0.500	0.500
	红丹粉	kg	9.23	0.010	0.010	0.010
	机油	kg	19.66	0.100	0.100	0.100
	聚四氟乙烯生料带	m	0.13	0.565	0.565	0.565
	铅油(厚漆)	kg	6.45	0.300	0.300	0.600
	清油	kg	9.70	0.010	0.010	0.010
	石棉橡胶板	kg	9.40	0.150	0.150	0.150
	油浸石棉绳	kg	16.24	0.100	0.100	0.100
	其他材料费占材料费	%	—	3.000	3.000	3.000

2.消毒锅安装

工作内容：就位、找平找正、附件安装、调试。 计量单位：台

定 额 编 号			A10-8-93	A10-8-94	A10-8-95	A10-8-96
项 目 名 称			型号			
			1#	2#	3#	4#
基 价 （元）			77.64	92.34	101.37	118.17
其中	人 工 费（元）		71.40	86.10	93.80	110.60
	材 料 费（元）		6.24	6.24	7.57	7.57
	机 械 费（元）		—	—	—	—
名 称		单位	单价（元）	消 耗 量		
人工	综合工日	工日	140.00	0.510	0.615	0.670	0.790
材料	消毒锅	台	—	(1.000)	(1.000)	(1.000)	(1.000)
	钢锯条	条	0.34	0.500	0.500	0.500	0.500
	红丹粉	kg	9.23	0.010	0.010	0.010	0.010
	机油	kg	19.66	0.100	0.100	0.100	0.100
	聚四氟乙烯生料带	m	0.13	0.565	0.565	0.565	0.565
	铅油(厚漆)	kg	6.45	0.300	0.300	0.300	0.300
	清油	kg	9.70	0.020	0.020	0.020	0.020
	油浸石棉绳	kg	16.24	0.100	0.100	0.180	0.180
	其他材料费占材料费	%	—	3.000	3.000	3.000	3.000

十四、直饮水设备

工作内容：稳装、找平找正、附件安装、调试。

计量单位：台

定　额　编　号				A10-8-97	A10-8-98
项　目　名　称				设备供水量(t/h以内)	
				1	2
基　　　价（元）				379.38	503.42
其中	人　工　费（元）			170.52	264.32
	材　料　费（元）			23.74	39.03
	机　械　费（元）			185.12	200.07
名　　　称		单位	单价（元）	消　耗　量	
人工	综合工日	工日	140.00	1.218	1.888
材料	低碳钢焊条	kg	6.84	0.250	0.420
	垫铁	kg	4.20	4.630	7.624
	聚四氟乙烯生料带	m	0.13	1.420	1.770
	氧气	m³	3.63	0.240	0.390
	乙炔气	kg	10.45	0.080	0.130
	其他材料费占材料费	%	—	3.000	3.000
机械	电焊机(综合)	台班	118.28	0.400	0.160
	吊装机械(综合)	台班	619.04	0.160	0.230
	载重汽车 5t	台班	430.70	0.090	0.090

工作内容：稳装、找平找正、附件安装、调试。 计量单位：台

定　额　编　号					A10-8-99	A10-8-100
项　目　名　称					设备供水量(t/h以内)	
					4	6
基　　　价（元）					682.59	814.55
其中	人　工　费（元）				391.58	451.64
	材　料　费（元）				58.60	80.63
	机　械　费（元）				232.41	282.28
名　　称		单位	单价（元）		消　　耗　　量	
人工	综合工日	工日	140.00		2.797	3.226
材料	低碳钢焊条	kg	6.84		0.600	0.950
	垫铁	kg	4.20		11.525	15.728
	聚四氟乙烯生料带	m	0.13		2.520	2.980
	氧气	m³	3.63		0.570	0.750
	乙炔气	kg	10.45		0.190	0.250
	其他材料费占材料费	%	—		3.000	3.000
机械	电焊机(综合)	台班	118.28		0.240	0.400
	吊装机械(综合)	台班	619.04		0.260	0.310
	载重汽车 5t	台班	430.70		0.100	0.100

十五、水箱

1.整体水箱安装

工作内容：稳固、找平、找正、安装、调距、上零件、消毒、清洗、满水实验。　　　　计量单位：台

定　额　编　号			A10-8-101	A10-8-102	A10-8-103
项　目　名　称			水箱总容量(m³以内)		
			3	6	10
基　　　价（元）			367.30	461.93	538.22
其中	人　工　费（元）		224.28	244.02	299.46
	材　料　费（元）		51.20	75.24	86.41
	机　械　费（元）		91.82	142.67	152.35
名　　　称	单位	单价(元)	消　　耗　　量		
人工	综合工日	工日	140.00	1.602	1.743	2.139
材料	整体水箱	个	—	(1.000)	(1.000)	(1.000)
	道木	m³	2137.00	0.015	0.025	0.028
	低碳钢焊条	kg	6.84	0.187	0.208	0.256
	垫铁	kg	4.20	3.532	3.932	4.832
	聚四氟乙烯生料带	m	0.13	2.010	2.010	2.010
	氧气	m³	3.63	0.180	0.201	0.246
	乙炔气	kg	10.45	0.060	0.067	0.082
	其他材料费占材料费	%	—	3.000	3.000	3.000
机械	电焊机(综合)	台班	118.28	0.075	0.083	0.102
	吊装机械(综合)	台班	619.04	0.134	0.152	0.164
	载重汽车 5t	台班	430.70	—	0.090	0.090

工作内容：稳固、找平、找正、安装、调距、上零件、消毒、清洗、满水实验。 计量单位：台

定 额 编 号			A10-8-104	A10-8-105	A10-8-106
项 目 名 称			水箱总容量(m³以内)		
			15	25	35
基 价（元）			760.05	943.17	1051.21
其中	人 工 费（元）		440.58	555.80	583.94
	材 料 费（元）		114.98	152.54	190.17
	机 械 费（元）		204.49	234.83	277.10
名 称	单位	单价（元）	消 耗 量		
人工	综合工日	工日	140.00	3.147	3.970	4.171
材料	整体水箱	个	—	(1.000)	(1.000)	(1.000)
	道木	m³	2137.00	0.034	0.042	0.050
	低碳钢焊条	kg	6.84	0.416	0.625	0.833
	垫铁	kg	4.20	7.864	11.796	15.728
	聚四氟乙烯生料带	m	0.13	2.010	2.010	2.512
	氧气	m³	3.63	0.399	0.600	0.801
	乙炔气	kg	10.45	0.133	0.200	0.267
	其他材料费占材料费	%	—	3.000	3.000	3.000
机械	电焊机(综合)	台班	118.28	0.166	0.250	0.330
	吊装机械(综合)	台班	619.04	0.236	0.262	0.315
	载重汽车 5t	台班	430.70	0.090	0.100	0.100

672

工作内容：稳固、找平、找正、安装、调距、上零件、消毒、清洗、满水实验。　　　　　　　计量单位：台

定　额　编　号				A10-8-107	A10-8-108
项　目　名　称				水箱总容量(m³以内)	
				45	60
基　　　价（元）				1175.00	1309.65
其中	人　工　费（元）			644.84	710.64
	材　料　费（元）			227.73	263.09
	机　械　费（元）			302.43	335.92
名　　　称		单位	单价（元）	消　　耗　　量	
人工	综合工日	工日	140.00	4.606	5.076
材料	整体水箱	个	—	(1.000)	(1.000)
	道木	m³	2137.00	0.058	0.065
	低碳钢焊条	kg	6.84	1.041	1.250
	垫铁	kg	4.20	19.660	23.592
	聚四氟乙烯生料带	m	0.13	2.512	2.512
	氧气	m³	3.63	1.002	1.203
	乙炔气	kg	10.45	0.334	0.401
	其他材料费占材料费	%	—	3.000	3.000
机械	电焊机(综合)	台班	118.28	0.416	0.520
	吊装机械(综合)	台班	619.04	0.328	0.346
	载重汽车 8t	台班	501.85	0.100	0.120

2.组装水箱安装

工作内容：开箱检查、分片组装、调度、清洗、满水试验。

计量单位：台

定　额　编　号				A10-8-109	A10-8-110	A10-8-111
项　目　名　称				水箱总容量（m³以内）		
				20	40	60
基　　　价（元）				1479.62	1953.87	2687.81
其中	人　工　费（元）			640.08	719.46	1011.64
	材　料　费（元）			208.38	241.24	290.05
	机　械　费（元）			631.16	993.17	1386.12
名　　　称		单位	单价（元）	消　　耗　　量		
人工	综合工日	工日	140.00	4.572	5.139	7.226
材料	板方材	m³	1800.00	0.080	0.080	0.080
	镀锌铁丝 φ4.0～2.8	kg	3.57	2.850	4.500	6.900
	机油	kg	19.66	0.006	0.012	0.018
	橡胶板	kg	2.91	16.500	25.400	38.700
	其他材料费占材料费	%	—	3.000	3.000	3.000
机械	吊装机械(综合)	台班	619.04	0.950	1.500	2.100
	载重汽车 5t	台班	430.70	0.100	0.150	0.200

工作内容：开箱检查、分片组装、调度、清洗、满水试验。

计量单位：台

定 额 编 号				A10-8-112	A10-8-113
项 目 名 称				水箱总容量(m³以内)	
				80	100
基 价（元）				3320.34	3961.66
其中	人 工 费（元）			1349.32	1686.44
	材 料 费（元）			357.19	439.88
	机 械 费（元）			1613.83	1835.34
名 称		单位	单价（元）	消 耗 量	
人工	综合工日	工日	140.00	9.638	12.046
材料	板方材	m³	1800.00	0.080	0.080
	镀锌铁丝 φ4.0～2.8	kg	3.57	9.720	13.020
	机油	kg	19.66	0.024	0.030
	橡胶板	kg	2.91	57.600	81.100
	其他材料费占材料费	%	—	3.000	3.000
机械	吊装机械(综合)	台班	619.04	2.440	2.770
	载重汽车 5t	台班	430.70	0.240	0.280

3.圆形钢板水箱制作

工作内容：下料、坡口、压头、卷圆、找圆、组对、焊接、装配、注水实验。　　　　　　计量单位：100kg

定　额　编　号				A10-8-114	A10-8-115	A10-8-116
项　目　名　称				水箱总容量(m³以内)		
				0.5	1	3
基　　　　　价（元）				272.15	247.56	267.04
其中	人　工　费（元）			206.36	182.56	159.60
	材　料　费（元）			24.70	24.55	24.25
	机　械　费（元）			41.09	40.45	83.19
名　　称		单位	单价（元）	消　　耗　　量		
人工	综合工日	工日	140.00	1.474	1.304	1.140
材料	钢材	kg	—	(105.000)	(105.000)	(105.000)
	低碳钢焊条	kg	6.84	1.390	1.380	1.360
	电	kW·h	0.68	0.154	0.153	0.150
	木材(一级红松)	m³	1100.00	0.003	0.003	0.003
	尼龙砂轮片 φ100	片	2.05	0.820	0.800	0.780
	尼龙砂轮片 φ400	片	8.55	0.015	0.015	0.013
	氧气	m³	3.63	1.302	1.296	1.284
	乙炔气	kg	10.45	0.434	0.432	0.428
	其他材料费占材料费	%	—	3.000	3.000	3.000
机械	电焊机(综合)	台班	118.28	0.288	0.283	0.278
	电焊条恒温箱	台班	21.41	0.029	0.028	0.028
	电焊条烘干箱 60×50×75cm³	台班	26.46	0.029	0.028	0.028
	吊装机械(综合)	台班	619.04	—	—	0.070
	卷板机 20×2500mm	台班	276.83	0.020	0.020	0.020
	砂轮切割机 400mm	台班	24.71	0.004	0.004	0.004

工作内容：下料、坡口、压头、卷圆、找圆、组对、焊接、装配、注水实验。　　　　　　计量单位：100kg

定　额　编　号			A10-8-117	A10-8-118	A10-8-119
项　目　名　称			水箱总容量(m³以内)		
			6	10	15
基　　　价　(元)			246.07	212.78	193.05
其中	人　工　费（元）		146.30	120.40	105.00
	材　料　费（元）		23.76	23.16	21.08
	机　械　费（元）		76.01	69.22	66.97
名　　称		单位	单价（元）	消　　耗　　量	
人工	综合工日	工日	140.00	1.045	0.860	0.750
材料	钢材	kg	—	(105.000)	(105.000)	(105.000)
	低碳钢焊条	kg	6.84	1.320	1.290	1.260
	电	kW·h	0.68	0.147	0.143	0.133
	木材(一级红松)	m³	1100.00	0.003	0.003	0.002
	尼龙砂轮片 φ100	片	2.05	0.770	0.750	0.698
	尼龙砂轮片 φ400	片	8.55	0.012	0.010	0.010
	氧气	m³	3.63	1.260	1.215	1.131
	乙炔气	kg	10.45	0.420	0.405	0.377
	其他材料费占材料费	%	—	3.000	3.000	3.000
机械	电焊机(综合)	台班	118.28	0.270	0.265	0.247
	电焊条恒温箱	台班	21.41	0.027	0.027	0.025
	电焊条烘干箱 60×50×75cm³	台班	26.46	0.027	0.027	0.025
	吊装机械(综合)	台班	619.04	0.060	0.050	0.050
	卷板机 20×2500mm	台班	276.83	0.020	0.020	0.020
	砂轮切割机 400mm	台班	24.71	0.004	0.004	0.003

工作内容：下料、坡口、压头、卷圆、找圆、组对、焊接、装配、注水实验。　　　　　计量单位：100kg

定　额　编　号			A10-8-120	A10-8-121
项　目　名　称			水箱总容量（m³以内）	
			25	35
基　　　　价（元）			166.09	137.33
其中	人　工　费（元）		91.00	73.50
	材　料　费（元）		19.77	17.57
	机　械　费（元）		55.32	46.26
名　　称		单位	单价（元）	消　　耗　　量	
人工	综合工日	工日	140.00	0.650	0.525
材料	钢材	kg	—	(105.000)	(105.000)
	低碳钢焊条	kg	6.84	1.200	1.140
	电	kW·h	0.68	0.121	0.109
	木材（一级红松）	m³	1100.00	0.002	0.001
	尼龙砂轮片 φ100	片	2.05	0.634	0.570
	尼龙砂轮片 φ400	片	8.55	0.010	0.010
	氧气	m³	3.63	1.029	0.960
	乙炔气	kg	10.45	0.343	0.320
	其他材料费占材料费	%	—	3.000	3.000
机械	电焊机（综合）	台班	118.28	0.225	0.202
	电焊条恒温箱	台班	21.41	0.023	0.020
	电焊条烘干箱 60×50×75cm³	台班	26.46	0.023	0.020
	吊装机械（综合）	台班	619.04	0.040	0.030
	卷板机 20×2500mm	台班	276.83	0.010	0.010
	砂轮切割机 400mm	台班	24.71	0.003	0.003

4.矩形钢板水箱制作

工作内容：下料、坡口、平直、开孔、接板组对、装配零部件、焊接、注水实验。　　计量单位：100kg

定　额　编　号			A10-8-122	A10-8-123	A10-8-124
项　目　名　称			水箱总容量(m³以内)		
			3	6	10
基　　　价（元）			307.81	259.07	240.92
其中	人　工　费（元）		189.14	154.70	130.20
	材　料　费（元）		33.86	29.45	32.98
	机　械　费（元）		84.81	74.92	77.74
名　　称		单位	单价(元)	消　　耗　　量	
人工	综合工日	工日	140.00	1.351	1.105	0.930
材料	钢材	kg	—	(105.000)	(105.000)	(105.000)
	低碳钢焊条	kg	6.84	1.606	1.465	1.823
	电	kW·h	0.68	0.178	0.162	0.202
	木材(一级红松)	m³	1100.00	0.007	0.006	0.005
	尼龙砂轮片 φ100	片	2.05	0.950	0.747	0.916
	尼龙砂轮片 φ400	片	8.55	0.070	0.060	0.050
	氧气	m³	3.63	1.620	1.380	1.632
	乙炔气	kg	10.45	0.540	0.460	0.544
	其他材料费占材料费	%	—	3.000	3.000	3.000
机械	电焊机(综合)	台班	118.28	0.330	0.301	0.375
	电焊条恒温箱	台班	21.41	0.033	0.030	0.038
	电焊条烘干箱 60×50×75cm³	台班	26.46	0.033	0.030	0.038
	吊装机械(综合)	台班	619.04	0.070	0.060	0.050
	砂轮切割机 400mm	台班	24.71	0.035	0.030	0.025

工作内容：下料、坡口、平直、开孔、接板组对、装配零部件、焊接、注水实验。　　　计量单位：100kg

定　额　编　号				A10-8-125	A10-8-126	A10-8-127
项　目　名　称				水箱总容量（m³以内）		
				15	25	35
基　　　价（元）				208.50	183.66	160.80
其中	人　工　费（元）			113.40	97.30	87.50
	材　料　费（元）			29.23	27.16	23.87
	机　械　费（元）			65.87	59.20	49.43
	名　　称	单位	单价（元）	消　　耗　　量		
人工	综合工日	工日	140.00	0.810	0.695	0.625
材料	钢材	kg	—	(105.000)	(105.000)	(105.000)
	低碳钢焊条	kg	6.84	1.655	1.591	1.452
	电	kW·h	0.68	0.183	0.176	0.161
	木材（一级红松）	m³	1100.00	0.004	0.003	0.002
	尼龙砂轮片 φ100	片	2.05	0.805	0.805	0.732
	尼龙砂轮片 φ400	片	8.55	0.040	0.030	0.020
	氧气	m³	3.63	1.482	1.428	1.302
	乙炔气	kg	10.45	0.494	0.476	0.434
	其他材料费占材料费	%	—	3.000	3.000	3.000
机械	电焊机（综合）	台班	118.28	0.330	0.327	0.299
	电焊条恒温箱	台班	21.41	0.033	0.033	0.030
	电焊条烘干箱 60×50×75cm³	台班	26.46	0.033	0.033	0.030
	吊装机械（综合）	台班	619.04	0.040	0.030	0.020
	砂轮切割机 400mm	台班	24.71	0.020	0.015	0.010

工作内容：下料、坡口、平直、开孔、接板组对、装配零部件、焊接、注水实验。　　　　　　　计量单位：100kg

定　额　编　号				A10-8-128	A10-8-129
项　目　名　称				水箱总容量(m³以内)	
				45	60
基　　　价（元）				142.31	131.41
其中	人　工　费（元）			81.20	77.00
	材　料　费（元）			21.02	18.58
	机　械　费（元）			40.09	35.83
名　　称		单位	单价（元）	消　耗　量	
人工	综合工日	工日	140.00	0.580	0.550
材料	钢材	kg	—	(105.000)	(105.000)
	低碳钢焊条	kg	6.84	1.335	1.169
	电	kW·h	0.68	0.148	0.130
	木材(一级红松)	m³	1100.00	0.001	0.001
	尼龙砂轮片 φ100	片	2.05	0.680	0.601
	尼龙砂轮片 φ400	片	8.55	0.012	0.008
	氧气	m³	3.63	1.206	1.062
	乙炔气	kg	10.45	0.402	0.354
	其他材料费占材料费	%	—	3.000	3.000
机械	电焊机(综合)	台班	118.28	0.274	0.240
	电焊条恒温箱	台班	21.41	0.027	0.024
	电焊条烘干箱 60×50×75cm³	台班	26.46	0.027	0.024
	吊装机械(综合)	台班	619.04	0.010	0.010
	砂轮切割机 400mm	台班	24.71	0.008	0.004

第九章 医疗气体设备及附件

说　　明

一、本章适用于常用医疗气体设施器具安装，包括制氧机、液氧罐、二级稳压箱、气体汇流排、集污罐、刷手池、医用真空罐、气体分离器、干燥机、储气罐、空气过滤器、集水器、医疗设备带及气体终端等。

二、本章设备安装包括随本体设备的管道及附件安装。与本体设备的第一片法兰或第一个连接口的工程量，发生时应另行计算；设备安装项目中支架、地脚螺栓按随设备配备考虑，如需现场加工应另行计算。

三、气体汇流排安装项目，适用于氧气、二氧化碳、氮气、笑气、氩气、压缩空气等汇流排安装。

四、本章设备单机无负荷试运转及水压试验所用的水、电耗用量应另行计算。

五、刷手池安装项目，按刷手池自带全部配件及密封材料编制，本定额中只包括刷手池安装、连接上下水管。

六、干燥机安装项目，适用于吸附式和冷冻式干燥机安装。

七、空气过滤器安装项目，适用于压缩空气预过滤器、精过滤器、超精过滤器等安装。

八、本章安装项目均不包括试压、脱脂、阀门研磨及无损探伤检验、设备氮气置换等工作内容，如设计要求应另行计算。

九、设备地脚螺栓预埋、基础灌浆应执行第一册《机械设备安装工程》相应项目。

工程量计算规则

一、各种医疗设备及附件均按设计图示数量计算。

二、制氧机按氧产量、储氧罐按储液氧量，以"台"为计量单位。

三、气体汇流排按左右两侧钢瓶数量，以"套"为计量单位。

四、刷手池按水嘴数量，以"组"为计量单位。

五、集污罐、医用真空罐、气水分离器、储气罐均按罐体直径，以"台"为计量单位。

六、集水器、二级稳压箱、干燥机以"台"为计量单位。

七、气体终端、空气过滤器以"个"为计量单位。

八、医疗设备带以"m"为计量单位。

一、制氧机

工作内容：设备就位、置放垫铁、找平找正、设备本体附带的管道及阀门安装、固定、无负荷单机试运转等。

计量单位：台

定 额 编 号			A10-9-1	A10-9-2	A10-9-3
项 目 名 称			氧产量(m³/h以内)		
			3	10	16
基 价（元）			1283.00	1710.72	1984.67
其中	人 工 费（元）		537.32	681.24	802.06
	材 料 费（元）		92.42	116.41	146.62
	机 械 费（元）		653.26	913.07	1035.99
名 称	单位	单价（元）	消 耗 量		
人工	综合工日	工日	140.00	3.838	4.866	5.729
材料	白纱布带 20mm×20m	卷	2.32	0.100	0.150	0.190
	板方材	m³	1800.00	0.001	0.001	0.001
	低碳钢焊条	kg	6.84	2.250	2.550	2.775
	机油	kg	19.66	0.100	0.150	0.165
	硼砂	kg	2.68	0.107	0.140	0.193
	平垫铁	kg	3.74	2.540	3.048	3.429
	热轧薄钢板 δ2.6～3.2	kg	3.93	1.500	1.800	1.900
	石棉橡胶板	kg	9.40	0.200	0.300	0.350
	斜垫铁	kg	3.50	1.143	1.372	1.543
	氧气	m³	3.63	0.705	0.924	1.275
	乙炔气	kg	10.45	0.235	0.308	0.425
	银钎焊条 φ2.5	kg	136.75	0.320	0.420	0.580
	其他材料费占材料费	%	—	3.000	3.000	3.000
机械	电动空气压缩机 3m³/min	台班	118.19	0.750	0.850	0.925
	电焊机(综合)	台班	118.28	0.120	0.180	0.200
	吊装机械(综合)	台班	619.04	0.750	1.000	1.250
	载重汽车 5t	台班	430.70	0.200	0.400	0.300

工作内容：设备就位、置放垫铁、找平找正、设备本体附带的管道及阀门安装、固定、无负荷单机试运转等。

计量单位：台

定　额　编　号			A10-9-4	A10-9-5	A10-9-6
项　目　名　称			氧产量(m³/h以内)		
			20	30	50
基　　　价（元）			2346.81	2813.40	3557.79
其中	人　工　费（元）		923.02	1082.20	1502.34
	材　料　费（元）		178.74	212.15	260.04
	机　械　费（元）		1245.05	1519.05	1795.41
名　　　称		单位	单价（元）	消　耗　量	
人工	综合工日	工日	140.00	6.593	7.730	10.731
材料	白纱布带 20mm×20m	卷	2.32	0.240	0.300	0.400
	板方材	m³	1800.00	0.002	0.003	0.004
	低碳钢焊条	kg	6.84	3.000	3.750	4.500
	机油	kg	19.66	0.180	0.200	0.250
	硼砂	kg	2.68	0.247	0.280	0.350
	平垫铁	kg	3.74	3.810	5.080	5.840
	热轧薄钢板 δ2.6～3.2	kg	3.93	2.000	2.500	2.800
	石棉橡胶板	kg	9.40	0.400	0.500	0.600
	斜垫铁	kg	3.50	1.715	2.286	2.628
	氧气	m³	3.63	1.629	1.848	2.310
	乙炔气	kg	10.45	0.543	0.616	0.770
	银钎焊条 φ2.5	kg	136.75	0.740	0.840	1.050
	其他材料费占材料费	%	—	3.000	3.000	3.000
机械	电动空气压缩机 3m³/min	台班	118.19	1.000	1.250	1.500
	电焊机(综合)	台班	118.28	0.220	0.250	0.300
	吊装机械(综合)	台班	619.04	1.500	1.750	2.000
	载重汽车 5t	台班	430.70	0.400	0.600	0.800

二、液氧罐

工作内容：本体设备及附带的管道、阀门、附件安装,与汽化器管道连接、地脚螺栓固定、压力试验等。

计量单位：台

定　额　编　号			A10-9-7	A10-9-8	A10-9-9
项　目　名　称			储液氧量（m³以内）		
			3.5	5	10
基　　　价（元）			1523.38	2185.26	3103.93
其中	人　工　费（元）		692.16	901.74	1325.66
	材　料　费（元）		315.23	526.61	784.82
	机　械　费（元）		515.99	756.91	993.45
名　　称	单位	单价（元）	消　　耗　　量		
人工 综合工日	工日	140.00	4.944	6.441	9.469
材料 白纱布带 20mm×20m	卷	2.32	2.000	4.000	6.000
道木	m³	2137.00	0.050	0.080	0.100
低碳钢焊条	kg	6.84	0.188	0.225	0.300
低温密封膏	kg	3.42	1.200	1.400	2.600
地脚螺栓 M20×300	10个	47.01	0.420	0.420	0.630
镀锌铁丝 φ4.0～2.8	kg	3.57	3.000	5.000	10.000
肥皂	块	3.56	0.500	0.800	1.200
机油	kg	19.66	0.010	0.012	0.015
酒精	kg	6.40	2.000	3.000	5.000
硼砂	kg	2.68	0.060	0.100	0.200
平垫铁	kg	3.74	1.524	2.032	2.540
热轧薄钢板 δ2.6～3.2	kg	3.93	2.000	4.000	6.000
塑料布	kg	16.09	1.680	2.790	4.410
斜垫铁	kg	3.50	0.500	0.750	1.000
型钢	t	3700.00	0.020	0.040	0.060
氧气	m³	3.63	0.396	0.660	1.320
乙炔气	kg	10.45	0.132	0.220	0.440
银钎焊条 φ2.5	kg	136.75	0.180	0.300	0.600
其他材料费占材料费	%	—	3.000	3.000	3.000
机械 电动空气压缩机 3m³/min	台班	118.19	0.750	1.000	1.200
电焊机(综合)	台班	118.28	0.063	0.075	0.100
吊装机械(综合)	台班	619.04	0.400	0.600	0.800
载重汽车 5t	台班	430.70	0.400	0.600	0.800

三、二级稳压箱

工作内容：箱体稳固、与管道连接、气体检查等。

计量单位：台

定　额　编　号				A10-9-10
项　目　名　称				二级稳压箱安装
基　　　　价（元）				167.28
其中	人　工　费（元）			44.24
	材　料　费（元）			5.69
	机　械　费（元）			117.35
	名　　称	单位	单价（元）	消　耗　量
人工	综合工日	工日	140.00	0.316
材料	冲击钻头 φ12	个	6.75	0.084
	电	kW·h	0.68	0.132
	酒精	kg	6.40	0.050
	聚四氟乙烯(液体)	g	0.15	20.000
	膨胀螺栓 M10	10套	2.50	0.618
	其他材料费占材料费	%	—	3.000
机械	吊装机械(综合)	台班	619.04	0.120
	载重汽车 5t	台班	430.70	0.100

四、气体汇流排

工作内容：开箱检查、钻孔、稳装、找平找正、固定、软管与气体瓶连接、气体检查等。　计量单位：组

定　额　编　号			A10-9-11	A10-9-12	A10-9-13
项　目　名　称			普通瓶/组以内		
			3	5	10
基　　　　　价（元）			91.32	138.12	205.29
其中	人　工　费（元）		35.84	53.76	80.64
	材　料　费（元）		31.82	48.88	71.42
	机　械　费（元）		23.66	35.48	53.23
名　　称		单位	单价（元）	消　　耗　　量	
人工	综合工日	工日	140.00	0.256	0.384	0.576
材料	冲击钻头 φ12	个	6.75	0.084	0.168	0.252
	低碳钢焊条	kg	6.84	0.800	1.200	1.800
	电	kW·h	0.68	0.132	0.264	0.396
	酒精	kg	6.40	0.050	0.075	0.113
	膨胀螺栓 M10	10套	2.50	0.618	1.236	1.854
	型钢	kg	3.70	6.000	9.000	13.000
	氧气	m³	3.63	0.099	0.150	0.225
	乙炔气	kg	10.45	0.033	0.050	0.075
	其他材料费占材料费	%	—	3.000	3.000	3.000
机械	电焊机(综合)	台班	118.28	0.200	0.300	0.450

工作内容：开箱检查、钻孔、稳装、找平找正、固定、软管与气体瓶连接、气体检查等。　计量单位：组

定　额　编　号				A10-9-14	A10-9-15	A10-9-16
项　目　名　称				自动切换瓶/组以内		
				3	5	10
基　　　　　价（元）				164.37	244.37	368.45
其中	人　工　费（元）			77.42	116.06	174.02
	材　料　费（元）			45.55	66.21	101.23
	机　械　费（元）			41.40	62.10	93.20
名　　　　称		单位	单价(元)	消　　耗　　量		
人工	综合工日	工日	140.00	0.553	0.829	1.243
材料	冲击钻头 φ12	个	6.75	0.126	0.252	0.378
	低碳钢焊条	kg	6.84	1.400	2.100	3.150
	电	kW·h	0.68	0.198	0.396	0.594
	酒精	kg	6.40	0.050	0.075	0.113
	膨胀螺栓 M10	10套	2.50	0.927	1.854	2.781
	型钢	kg	3.70	8.000	11.000	17.000
	氧气	m³	3.63	0.200	0.300	0.450
	乙炔气	kg	10.45	0.067	0.100	0.150
	其他材料费占材料费	%	—	3.000	3.000	3.000
机械	电焊机(综合)	台班	118.28	0.350	0.525	0.788

五、集污灌

工作内容：本体安装、找平找正、与管道连接、压力试验等。　　　　　　　　　　　　计量单位：台

定　额　编　号			A10-9-17	A10-9-18	A10-9-19
项　目　名　称			罐体直径(mm以内)		
			200	300	400
基　　　价（元）			113.68	159.00	178.45
其中	人　工　费（元）		83.02	116.62	125.30
	材　料　费（元）		10.91	14.82	17.67
	机　械　费（元）		19.75	27.56	35.48
名　　称	单位	单价（元）	消　耗　量		
人工	综合工日	工日	140.00	0.593	0.833	0.895
材料	冲击钻头 φ20	个	17.95	0.020	0.020	0.020
	低碳钢焊条	kg	6.84	0.500	0.700	0.900
	地脚螺栓 M12×160	10套	3.30	0.420	0.420	0.420
	电	kW•h	0.68	0.040	0.040	0.040
	机油	kg	19.66	0.090	0.100	0.120
	铅油(厚漆)	kg	6.45	0.300	0.500	0.571
	清油	kg	9.70	0.080	0.080	0.080
	氧气	m³	3.63	0.129	0.261	0.339
	乙炔气	kg	10.45	0.043	0.087	0.113
	其他材料费占材料费	%	—	3.000	3.000	3.000
机械	电焊机(综合)	台班	118.28	0.167	0.233	0.300

六、刷手池

工作内容：稳装、上下水管道连接、堵洞、找平找正、调试等。

计量单位：组

定 额 编 号				A10-9-20	A10-9-21
项 目 名 称				水嘴(个数)	
				2	3
基 价 （元）				101.09	110.68
其中	人 工 费（元）			88.48	98.00
	材 料 费（元）			12.61	12.68
	机 械 费（元）			—	—
名 称		单位	单价(元)	消 耗 量	
人工	综合工日	工日	140.00	0.632	0.700
材料	白布	kg	6.67	0.100	0.100
	存水弯 塑料 S型 DN63	个	8.55	1.005	1.005
	机油	kg	19.66	0.100	0.100
	聚四氟乙烯生料带	m	0.13	0.500	0.750
	密封膏	kg	1.28	0.050	0.075
	石棉橡胶板	kg	9.40	0.020	0.020
	水泥 42.5级	kg	0.33	1.031	1.031
	油灰	kg	0.81	0.100	0.100
	中(粗)砂	kg	0.09	3.093	3.093
	其他材料费占材料费	%	—	3.000	3.000

七、医用真空罐

工作内容：本体设备及附带的管道、阀门、附件安装、找平找正、调试等。 计量单位：台

定 额 编 号			A10-9-22	A10-9-23	A10-9-24
项 目 名 称			罐体直径(mm以内)		
			800	1000	1500
基 价 （元）			1085.70	1363.75	1944.80
其中	人 工 费（元）		364.56	409.08	473.76
	材 料 费（元）		74.17	96.57	129.95
	机 械 费（元）		646.97	858.10	1341.09
名 称	单位	单价（元）	消 耗 量		
人工 综合工日	工日	140.00	2.604	2.922	3.384
材料 白纱布带 20mm×20m	卷	2.32	0.500	1.000	1.500
冲击钻头 φ20	个	17.95	0.112	0.112	0.112
道木	m³	2137.00	0.010	0.010	0.010
低碳钢焊条	kg	6.84	0.220	0.260	0.300
电	kW·h	0.68	0.176	0.176	0.176
机油	kg	19.66	0.200	0.400	0.600
膨胀螺栓 M10	10套	2.50	0.824	0.824	0.824
平垫铁	kg	3.74	2.820	3.830	6.820
塑料布	kg	16.09	1.200	1.800	2.500
斜垫铁	kg	3.50	1.270	1.870	2.880
氧气	m³	3.63	0.780	0.900	1.050
乙炔气	kg	10.45	0.260	0.300	0.350
其他材料费占材料费	%	—	3.000	3.000	3.000
机械 电动空气压缩机 3m³/min	台班	118.19	0.500	0.500	0.500
电焊机(综合)	台班	118.28	0.055	0.065	0.075
吊装机械(综合)	台班	619.04	0.800	1.000	1.500
载重汽车 5t	台班	430.70	0.200	0.400	0.800

八、气水分离器

工作内容：设备稳装、找平找正、与管道连接、调试等。　　　　　　　　计量单位：台

定 额 编 号			A10-9-25	A10-9-26	A10-9-27	A10-9-28
项 目 名 称			罐体直径(mm以内)			
			500	600	800	1000
基 价 （元）			357.49	434.57	701.17	846.32
其中	人 工 费 （元）		259.56	329.14	420.42	530.74
	材 料 费 （元）		91.66	99.16	107.60	142.43
	机 械 费 （元）		6.27	6.27	173.15	173.15
名 称		单位	单价（元）	消 耗 量		
人工	综合工日	工日	140.00	1.854	2.351	3.003	3.791
材料	白纱布带 20mm×20m	卷	2.32	0.500	1.000	1.500	2.000
	道木	m³	2137.00	0.010	0.010	0.010	0.020
	低碳钢焊条	kg	6.84	0.210	0.230	0.260	0.310
	镀锌铁丝 φ3.5	kg	3.57	0.600	0.800	1.000	1.100
	机油	kg	19.66	0.101	0.101	0.101	0.202
	密封带	m	0.68	2.500	3.250	4.225	5.493
	平垫铁	kg	3.74	2.572	2.820	3.170	3.870
	热轧薄钢板 δ2.6～3.2	kg	3.93	0.400	0.580	0.800	1.300
	石棉橡胶板	kg	9.40	0.300	0.400	0.450	0.500
	双头螺栓 M16×340	套	2.15	4.120	4.120	4.120	4.120
	塑料布	kg	16.09	1.680	1.680	1.680	1.680
	斜垫铁	kg	3.50	1.742	1.940	2.620	3.142
	氧气	m³	3.63	0.450	0.660	0.720	0.840
	乙炔气	kg	10.45	0.150	0.220	0.240	0.280
	其他材料费占材料费	%	—	3.000	3.000	3.000	3.000
机械	电焊机(综合)	台班	118.28	0.053	0.053	0.053	0.053
	吊装机械(综合)	台班	619.04	—	—	0.200	0.200
	载重汽车 5t	台班	430.70	—	—	0.100	0.100

九、干燥机

工作内容：本体安装、找平找正、与管道连接、单机无负荷试运转等。　　　　　　计量单位：台

定　额　编　号				A10-9-29
项　目　名　称				冷冻干燥机安装
基　　　价（元）				827.07
其中	人　工　费（元）			339.78
	材　料　费（元）			85.72
	机　械　费（元）			401.57
名　　　称		单位	单价（元）	消　耗　量
人工	综合工日	工日	140.00	2.427
材料	道木	m³	2137.00	0.010
	低碳钢焊条	kg	6.84	0.201
	黄油	kg	16.58	0.900
	机油	kg	19.66	0.700
	酒精	kg	6.40	0.100
	密封带	m	0.68	3.500
	平垫铁	kg	3.74	4.650
	斜垫铁	kg	3.50	2.093
	氧气	m³	3.63	0.570
	乙炔气	kg	10.45	0.190
	其他材料费占材料费	%	—	3.000
机械	电焊机(综合)	台班	118.28	0.050
	吊装机械(综合)	台班	619.04	0.500
	载重汽车 5t	台班	430.70	0.200

十、储气罐

工作内容：本体设备及附带的管道、阀门、附件安装、找平找正、调试、压力试验等。　　　　计量单位：台

定　额　编　号			A10-9-30	A10-9-31
项　目　名　称			罐体直径(mm以内)	
			800	1200
基　　　价（元）			1225.15	1861.94
其中	人　工　费（元）		370.44	533.12
	材　料　费（元）		181.14	271.85
	机　械　费（元）		673.57	1056.97
名　　称	单位	单价（元）	消　耗　　量	
人工　综合工日	工日	140.00	2.646	3.808
材料　白纱布带 20mm×20m	卷	2.32	2.000	3.000
道木	m³	2137.00	0.042	0.060
低碳钢焊条	kg	6.84	0.600	0.800
地脚螺栓 M12×160	10套	3.30	0.840	1.260
钢丝绳 φ16～18.5	kg	6.84	2.200	3.300
机油	kg	19.66	0.100	0.200
平垫铁	kg	3.74	2.032	3.048
热轧薄钢板 δ2.6～3.2	kg	3.93	1.000	2.000
石棉橡胶板	kg	9.40	0.740	1.310
塑料布	kg	16.09	1.680	2.790
斜垫铁	kg	3.50	1.044	1.566
氧气	m³	3.63	1.182	1.500
乙炔气	kg	10.45	0.394	0.500
其他材料费占材料费	%	—	3.000	3.000
机械　电动空气压缩机 3m³/min	台班	118.19	0.630	1.000
电焊机(综合)	台班	118.28	0.150	0.200
吊装机械(综合)	台班	619.04	0.800	1.200
载重汽车 5t	台班	430.70	0.200	0.400

十一、空气过滤器

工作内容：本体安装、找平找正、与管道连接、压力试验等。

计量单位：台

定 额 编 号				A10-9-32	A10-9-33	A10-9-34
项 目 名 称				接口直径(mm以内)		
				50	100	200
基 价 （元）				97.02	261.03	325.27
其中	人 工 费（元）			90.72	129.50	175.00
	材 料 费（元）			6.30	7.98	14.34
	机 械 费（元）			—	123.55	135.93
名 称		单位	单价（元）	消 耗 量		
人工	综合工日	工日	140.00	0.648	0.925	1.250
材料	镀锌铁丝 φ3.5	kg	3.57	0.800	0.800	0.800
	酒精	kg	6.40	0.071	0.101	0.404
	汽油	kg	6.77	0.351	0.501	1.002
	铁砂布	张	0.85	0.500	1.000	2.000
	其他材料费占材料费	%	—	3.000	3.000	3.000
机械	吊装机械(综合)	台班	619.04	—	0.130	0.150
	载重汽车 5t	台班	430.70	—	0.100	0.100

十二、集水器

工作内容：本体安装、找平找正、与管道连接等。

计量单位：台

定　额　编　号				A10-9-35
项　目　名　称				集水器安装
基　　　价（元）				279.45
其中	人　工　费（元）			102.06
	材　料　费（元）			50.77
	机　械　费（元）			126.62
	名　　称	单位	单价（元）	消　耗　量
人工	综合工日	工日	140.00	0.729
材料	板方材	m³	1800.00	0.001
	低碳钢焊条	kg	6.84	0.105
	机油	kg	19.66	0.202
	酒精	kg	6.40	0.100
	硼砂	kg	2.68	0.035
	平垫铁	kg	3.74	3.872
	热轧薄钢板 δ2.6～3.2	kg	3.93	0.200
	石棉橡胶板	kg	9.40	0.500
	斜垫铁	kg	3.50	1.742
	氧气	m³	3.63	0.231
	乙炔气	kg	10.45	0.077
	银钎焊条 φ2.5	kg	136.75	0.105
	其他材料费占材料费	%	—	3.000
机械	电焊机(综合)	台班	118.28	0.026
	吊装机械(综合)	台班	619.04	0.130
	载重汽车 5t	台班	430.70	0.100

十三、医疗设备带

工作内容：开箱检查、测位、划线、稳装、找平找正、组对、固定等。　　　　　　　　　计量单位：m

定　额　编　号	A10-9-36
项　目　名　称	医疗设备带安装
基　　价（元）	46.25

其中	人　工　费（元）	5.74
	材　料　费（元）	3.76
	机　械　费（元）	36.75

	名　　称	单位	单价（元）	消　耗　量
人工	综合工日	工日	140.00	0.041
材料	医疗设备带	m	—	(1.010)
	酒精	kg	6.40	0.050
	密封带	m	0.68	2.020
	尼龙砂轮片 φ400	片	8.55	0.010
	塑料胀塞 φ6～9	套	0.06	8.320
	钻头	kg	12.50	0.110
	其他材料费占材料费	%	—	3.000
机械	联合冲剪机 16mm	台班	364.62	0.100
	砂轮切割机 400mm	台班	24.71	0.010
	台式钻床 16mm	台班	4.07	0.010

十四、气体终端

工作内容：安装、与管道连接、调试等。 计量单位：个

定　额　编　号				A10-9-37
项　目　名　称				气体终端安装
基　　　价（元）				15.66
其中	人　工　费（元）			11.06
	材　料　费（元）			4.60
	机　械　费（元）			—
名　　　称	单位	单价(元)	消　　耗　　量	
人工 综合工日	工日	140.00	0.079	
材　　　料 气体终端	个	—	(1.000)	
酒精	kg	6.40	0.050	
聚四氟乙烯(液体)	g	0.15	5.000	
硼砂	kg	2.68	0.007	
塑料胀塞　φ6~9	套	0.06	4.160	
氧气	m³	3.63	0.045	
乙炔气	kg	10.45	0.015	
银钎焊条　φ2.5	kg	136.75	0.020	
钻头	kg	12.50	0.006	
其他材料费占材料费	%	—	3.000	

第十章 其他

说　　明

一、本章内容包括管道支架、设备支架和各种套管制作安装，管道水压试验，管道消毒、冲洗，成品表箱安装，剔堵槽、沟，机械钻孔，预留孔洞，堵洞等项目。

二、管道支架制作安装项目，适用于室内外管道的管架制作与安装。如单件质量大于100kg时，应执行本章设备支架制作安装相应项目。

三、管道支架采用木垫式、弹簧式管架时，均执行本章管道支架安装项目，支架中的弹簧减震器、滚珠、木垫等成品件质量应计入安装工程量，其材料数量按实计入。

四、成品管卡安装项目，适用于各类管道配套的立、支管成品管卡的安装。

五、管道、设备支架的除锈、刷油，执行第十一册《刷油、防腐蚀、绝热工程》相应项目。

六、刚性防水套管和柔性防水套管安装项目中，包括了配合预留孔洞及浇筑混凝土工作内容。一般套管制作安装项目，均未包括预留孔洞工作，发生时按本章所列预留孔洞项目另行计算。

七、套管制作安装项目已包含堵洞工作内容。本章所列堵洞项目，适用于管道在穿墙、楼板不安装套管时的洞口封堵。

八、套管内填料按油麻编制，如与设计不符时，可按工程要求调整换算填料。

九、保温管道穿墙、板采用套管时，按保温层外径规格执行套管相应项目。

十、管道保护管是指在管道系统中，为避免外力（荷载）直接作用在介质管道外壁上，造成介质管道受损而影响正常使用，在介质管道外部设置的保护性管段。

十一、水压试验项目仅适用于因工程需要而发生且非正常情况的管道水压试验。管道安装定额中已经包括了规范要求的水压试验，不得重复计算。

十二、因工程需要再次发生管道冲洗时，执行本章消毒冲洗定额项目，同时扣减定额中漂白粉消耗量，其他消耗量乘以系数0.6。

十三、成品表箱安装适用于水表、热量表、燃气表箱的安装。

十四、机械钻孔项目是按混凝土墙体及混凝土楼板考虑的，厚度系综合取定。如实际墙体厚度超过30mm，楼板厚度超过220mm时，按相应项目乘以系数1.2。砖墙及砌体墙钻孔按机械钻孔项目乘以系数0.4。

工程量计算规则

一、管道、设备支架制作安装按设计图示单件质量，以"100kg"为计量单位。

二、成品管卡、阻火圈安装、成品防火套管安装，按工作介质管道直径，区分不同规格以"个"为计量单位。

三、管道保护管制作与安装，分为钢制和塑料两种材质，区分不同规格，按设计图示管道中心线长度以"10m"为计量单位。

四、预留孔洞、堵洞项目，按工作介质管道直径，分规格以"10个"为计量单位。

五、管道水压试验、消毒冲洗按设计图示管道长度，分规格以"100m"为计量单位。

六、一般穿墙套管、柔性套管、刚性套管，按工作介质管道的公称直径，分规格以"个"为计量单位。

七、成品表箱安装按箱体半周长以"个"为计量单位。

八、现械钻孔项目，区分混凝土楼板钻孔及混凝土墙体钻孔，按钻孔直径以"10个"为计量单位。

九、剔堵槽沟项目，区分砖结构及混凝土结构，按截面尺寸以"10m"为计量单位。

一、成品管卡安装

工作内容：定位、打眼、固定管卡。

计量单位：个

定 额 编 号			A10-10-1	A10-10-2	A10-10-3	A10-10-4
项 目 名 称			公称直径（mm以内）			
			20	32	40	50
基 价 （元）			1.21	1.21	1.22	1.52
其中	人 工 费 （元）		0.84	0.84	0.84	1.12
	材 料 费 （元）		0.37	0.37	0.38	0.40
	机 械 费 （元）		—	—	—	—
名 称	单位	单价（元）	消 耗 量			
人工	综合工日	工日	140.00	0.006	0.006	0.006	0.008
材料	成品管卡	套	—	(1.050)	(1.050)	(1.050)	(1.050)
	冲击钻头 φ12	个	6.75	0.015	0.015	0.015	—
	冲击钻头 φ14	个	8.55	—	—	—	0.015
	电	kW·h	0.68	0.012	0.012	0.014	0.016
	膨胀螺栓 M10	套	0.25	—	—	—	1.030
	膨胀螺栓 M8	套	0.25	1.030	1.030	1.030	—
	其他材料费占材料费	%	—	2.000	2.000	2.000	2.000

工作内容：定位、打眼、固定管卡。

计量单位：个

定　额　编　号			A10-10-5	A10-10-6	A10-10-7	A10-10-8
项　目　名　称			公称直径(mm以内)			
			80	100	125	150
基　　　　价（元）			1.69	2.35	2.50	2.64
其中	人　工　费（元）		1.26	1.40	1.54	1.68
	材　料　费（元）		0.43	0.95	0.96	0.96
	机　械　费（元）		—	—	—	—
名　　称		单位	单价（元）	消　　耗　　量		
人工	综合工日	工日	140.00	0.009	0.010	0.011	0.012
材料	成品管卡	套	—	(1.050)	(1.050)	(1.050)	(1.050)
	冲击钻头 φ14	个	8.55	0.018	—	—	—
	冲击钻头 φ16	个	9.40	—	0.018	0.018	0.018
	电	kW·h	0.68	0.016	0.020	0.024	0.026
	膨胀螺栓 M10	套	0.25	1.030	—	—	—
	膨胀螺栓 M12	套	0.73	—	1.030	1.030	1.030
	其他材料费占材料费	%	—	2.000	2.000	2.000	2.000

二、管道支吊架制作与安装

工作内容：准备工作、切断、煨制、钻孔、组对、焊接、打洞、固定安装、堵洞。　　计量单位：100kg

定　额　编　号			A10-10-9
项　目　名　称			一般管架
			单件质量50kg以下
基　　　价（元）			670.43
其中	人　工　费（元）		431.06
	材　料　费（元）		84.98
	机　械　费（元）		154.39
名　　称	单位	单价（元）	消　耗　量
人工 综合工日	工日	140.00	3.079
材料 型钢(综合)	kg	—	(106.000)
丙酮	kg	7.51	0.049
低碳钢焊条	kg	6.84	2.653
钢垫片 0.8	kg	4.53	0.700
机油	kg	19.66	0.112
六角螺母	kg	6.49	1.449
六角螺栓	kg	5.81	3.226
棉纱头	kg	6.00	0.294
磨头	个	2.75	0.112
木方	m³	1675.21	0.003
尼龙砂轮片 φ500×25×4	片	12.82	0.560
水	t	7.96	0.007
水泥 42.5级	kg	0.33	8.472
碎石 0.5～3.2	t	106.80	0.022
氧气	m³	3.63	1.569
乙炔气	kg	10.45	0.549
钻头 φ6～13	个	2.14	0.560
其他材料费占材料费	%	—	1.000
机械 电焊机(综合)	台班	118.28	0.660
电焊条恒温箱	台班	21.41	0.066
电焊条烘干箱 60×50×75cm³	台班	26.46	0.066
吊装机械(综合)	台班	619.04	0.060
鼓风机 18m³/min	台班	40.40	0.062
立式钻床 25mm	台班	6.58	0.349
普通车床 630×2000mm	台班	247.10	0.062
汽车式起重机 8t	台班	763.67	0.009
砂轮切割机 500mm	台班	29.08	0.155
载重汽车 8t	台班	501.85	0.009

工作内容：准备工作、切断、煨制、钻孔、组对、焊接、打洞、固定安装、堵洞。　　　　　　计量单位：100kg

定 额 编 号				A10-10-10	A10-10-11
项 目 名 称				木垫式管架	弹簧式管架
基 价（元）				567.30	531.38
其中	人 工 费（元）			331.94	293.44
	材 料 费（元）			137.62	70.27
	机 械 费（元）			97.74	167.67
名 称		单位	单价（元）	消 耗 量	
人工	综合工日	工日	140.00	2.371	2.096
材料	型钢（综合）	kg	—	(102.000)	(102.000)
	低碳钢焊条	kg	6.84	1.400	1.932
	垫圈（综合）	kg	4.10	0.245	0.287
	焦炭	kg	1.42	11.991	6.132
	六角螺母	kg	6.49	1.232	1.267
	六角螺栓	kg	5.81	2.464	2.534
	木方	m³	1675.21	0.034	—
	尼龙砂轮片 φ500×25×4	片	12.82	0.581	0.665
	水	t	7.96	0.728	0.742
	水泥 42.5级	kg	0.33	6.300	4.550
	氧气	m³	3.63	1.474	0.861
	乙炔气	kg	10.45	0.567	0.336
	中（粗）砂	t	87.00	0.032	0.011
	其他材料费占材料费	%	—	1.000	1.000
机械	电焊机（综合）	台班	118.28	0.298	0.595
	电焊条恒温箱	台班	21.41	0.030	0.059
	电焊条烘干箱 60×50×75cm³	台班	26.46	0.030	0.059
	吊装机械（综合）	台班	619.04	0.044	0.070
	鼓风机 18m³/min	台班	40.40	0.192	0.174
	立式钻床 25mm	台班	6.58	0.065	0.078
	普通车床 630×2000mm	台班	247.10	—	0.066
	汽车式起重机 8t	台班	763.67	0.007	0.018
	砂轮切割机 500mm	台班	29.08	0.577	0.155
	载重汽车 8t	台班	501.85	0.007	0.018

三、设备支架

1. 设备支架制作

工作内容：切断、调直、煨制、钻孔、组对、焊接。

计量单位：100kg

定 额 编 号			A10-10-12	A10-10-13	A10-10-14
项 目 名 称			单件质量(kg以内)		
			50	100	100以上
基 价（元）			395.54	380.15	299.45
其中	人 工 费（元）		232.26	221.34	185.64
	材 料 费（元）		20.03	18.62	13.28
	机 械 费（元）		143.25	140.19	100.53
名 称	单位	单价（元）	消 耗 量		
人工	综合工日	工日	140.00	1.659	1.581	1.326
材料	型钢(综合)	kg	—	(105.000)	(105.000)	(105.000)
	低碳钢焊条	kg	6.84	1.710	1.539	1.026
	尼龙砂轮片 φ400	片	8.55	0.500	0.500	0.500
	氧气	m³	3.63	0.516	0.486	0.243
	乙炔气	kg	10.45	0.172	0.162	0.081
	其他材料费占材料费	%	—	2.000	2.000	2.000
机械	电焊机(综合)	台班	118.28	1.023	0.920	0.614
	立式钻床 25mm	台班	6.58	1.087	0.032	—
	立式钻床 50mm	台班	19.84	0.138	0.948	0.784
	砂轮切割机 400mm	台班	24.71	0.500	0.500	0.500

2.设备支架安装

工作内容：就位、固定、安装。

计量单位：100kg

定　额　编　号				A10-10-15	A10-10-16	A10-10-17
项　目　名　称				单件质量(kg以内)		
				50	100	100以上
基　　　价　（元）				261.87	220.04	167.18
其中	人　工　费（元）			117.04	94.78	79.66
	材　料　费（元）			50.80	40.57	31.10
	机　械　费（元）			94.03	84.69	56.42
名　　　称		单位	单价(元)	消　　耗　　量		
人工	综合工日	工日	140.00	0.836	0.677	0.569
材料	低碳钢焊条	kg	6.84	1.330	1.197	0.798
	机油	kg	19.66	0.401	0.321	0.257
	六角螺栓带螺母、垫圈(综合)	kg	7.14	4.224	3.379	2.703
	氧气	m³	3.63	0.375	0.162	0.096
	乙炔气	kg	10.45	0.125	0.054	0.032
	其他材料费占材料费	%	—	2.000	2.000	2.000
机械	电焊机(综合)	台班	118.28	0.795	0.716	0.477

四、套管制作与安装

1. 一般穿墙套管制作与安装

工作内容：准备工作、切管、焊接、除锈刷漆、安装、填塞密封材料、堵洞。　　　　　计量单位：个

定　额　编　号			A10-10-18	A10-10-19	A10-10-20
项　目　名　称			公称直径(mm以内)		
			50	100	150
基　　　价（元）			19.02	48.26	79.43
其中	人　工　费（元）		11.90	28.84	49.00
	材　料　费（元）		6.01	18.31	29.32
	机　械　费（元）		1.11	1.11	1.11
名　　称	单位	单价（元）	消　耗　量		
人工 综合工日	工日	140.00	0.085	0.206	0.350
材料 碳钢管	m	—	(0.300)	(0.300)	(0.300)
圆钢 φ10～14	kg	—	(0.158)	(0.158)	(0.158)
低碳钢焊条	kg	6.84	0.019	0.029	0.034
酚醛防锈漆	kg	6.15	0.020	0.037	0.051
钢丝刷	把	2.56	0.003	0.006	0.008
密封油膏	kg	6.50	0.163	0.258	0.612
破布	kg	6.32	0.003	0.006	0.008
汽油	kg	6.77	0.005	0.009	0.013
水泥 42.5级	kg	0.33	0.245	0.440	0.800
氧气	m³	3.63	0.024	0.090	0.324
乙炔气	kg	10.45	0.008	0.030	0.108
油麻	kg	6.84	0.623	2.194	3.152
中(粗)砂	kg	0.09	0.734	1.319	2.399
其他材料费占材料费	%	—	1.000	1.000	1.000
机械 电焊机(综合)	台班	118.28	0.009	0.009	0.009
电焊条恒温箱	台班	21.41	0.001	0.001	0.001
电焊条烘干箱 60×50×75cm³	台班	26.46	0.001	0.001	0.001

工作内容：准备工作、切管、焊接、除锈刷漆、安装、填塞密封材料、堵洞。　　　　　　　　　　　计量单位：个

定　额　编　号				A10-10-21	A10-10-22	A10-10-23
项　目　名　称				公称直径(mm以内)		
				200	250	300
基　　　　价（元）				91.80	97.36	108.23
其中	人　工　费（元）			59.78	63.42	70.84
	材　料　费（元）			30.91	32.83	36.28
	机　械　费（元）			1.11	1.11	1.11
名　　　称		单位	单价（元）	消　　耗　　量		
人工	综合工日	工日	140.00	0.427	0.453	0.506
材料	碳钢管	m	—	(0.300)	(0.300)	(0.300)
	圆钢 φ10～14	kg	—	(0.316)	(0.316)	(0.316)
	低碳钢焊条	kg	6.84	0.035	0.038	0.040
	酚醛防锈漆	kg	6.15	0.063	0.075	0.087
	钢丝刷	把	2.56	0.010	0.012	0.014
	密封油膏	kg	6.50	0.635	0.661	0.763
	破布	kg	6.32	0.010	0.012	0.014
	汽油	kg	6.77	0.016	0.019	0.022
	水泥 42.5级	kg	0.33	0.953	1.087	1.233
	氧气	m³	3.63	0.414	0.429	0.486
	乙炔气	kg	10.45	0.138	0.143	0.162
	油麻	kg	6.84	3.236	3.443	3.755
	中(粗)砂	kg	0.09	2.859	3.262	3.698
	其他材料费占材料费	%	—	1.000	1.000	1.000
机械	电焊机(综合)	台班	118.28	0.009	0.009	0.009
	电焊条恒温箱	台班	21.41	0.001	0.001	0.001
	电焊条烘干箱 60×50×75cm³	台班	26.46	0.001	0.001	0.001

工作内容：准备工作、切管、焊接、除锈刷漆、安装、填塞密封材料、堵洞。　　　　　　计量单位：个

定　额　编　号			A10-10-24	A10-10-25	A10-10-26
项　目　名　称			公称直径(mm以内)		
			350	400	450
基　　　价　（元）			122.59	145.10	163.02
其中	人　工　费（元）		81.76	97.02	109.06
	材　料　费（元）		39.72	46.97	52.85
	机　械　费（元）		1.11	1.11	1.11
名　　称		单位	单价(元)	消　　耗　　量		

	名　　称	单位	单价(元)			
人工	综合工日	工日	140.00	0.584	0.693	0.779
材料	碳钢管	m	—	(0.300)	(0.300)	(0.300)
	圆钢 φ10～14	kg	—	(0.316)	(0.474)	(0.533)
	低碳钢焊条	kg	6.84	0.042	0.042	0.047
	酚醛防锈漆	kg	6.15	0.099	0.122	0.137
	钢丝刷	把	2.56	0.016	0.020	0.023
	密封油膏	kg	6.50	0.865	0.966	1.087
	破布	kg	6.32	0.016	0.020	0.023
	汽油	kg	6.77	0.025	0.031	0.035
	水泥 42.5级	kg	0.33	1.368	1.553	1.747
	氧气	m³	3.63	0.619	0.825	0.928
	乙炔气	kg	10.45	0.213	0.275	0.309
	油麻	kg	6.84	3.977	4.679	5.264
	中(粗)砂	kg	0.09	4.105	4.660	5.243
	其他材料费占材料费	%	—	1.000	1.000	1.000
机械	电焊机(综合)	台班	118.28	0.009	0.009	0.009
	电焊条恒温箱	台班	21.41	0.001	0.001	0.001
	电焊条烘干箱 60×50×75cm³	台班	26.46	0.001	0.001	0.001

工作内容：准备工作、切管、焊接、除锈刷漆、安装、填塞密封材料、堵洞。　　　　　　计量单位：个

定　额　编　号			A10-10-27	A10-10-28
项　目　名　称			公称直径(mm以内)	
			500	600
基　　　　　价（元）			181.08	216.90
其中	人　工　费（元）		121.24	145.32
	材　料　费（元）		58.73	70.47
	机　械　费（元）		1.11	1.11
名　　称	单位	单价（元）	消　　耗　　量	
人工	综合工日	工日	140.00	0.866	1.038
材料	碳钢管	m	—	(0.300)	(0.300)
	圆钢 φ10～14	kg	—	(0.593)	(0.711)
	低碳钢焊条	kg	6.84	0.053	0.063
	酚醛防锈漆	kg	6.15	0.153	0.183
	钢丝刷	把	2.56	0.025	0.030
	密封油膏	kg	6.50	1.208	1.449
	破布	kg	6.32	0.025	0.030
	汽油	kg	6.77	0.039	0.047
	水泥 42.5级	kg	0.33	1.941	2.330
	氧气	m³	3.63	1.031	1.238
	乙炔气	kg	10.45	0.344	0.413
	油麻	kg	6.84	5.849	7.019
	中(粗)砂	kg	0.09	5.825	6.990
	其他材料费占材料费	%	—	1.000	1.000
机械	电焊机(综合)	台班	118.28	0.009	0.009
	电焊条恒温箱	台班	21.41	0.001	0.001
	电焊条烘干箱 60×50×75cm³	台班	26.46	0.001	0.001

2.一般塑料套管制作安装

工作内容：切管、安装、填塞密封材料、堵洞。　　　　　　　　　　　　　　　　　　计量单位：个

定　额　编　号				A10-10-29	A10-10-30	A10-10-31
项　目　名　称				介质管道公称直径(mm以内)		
				32	50	65
基　　　　价（元）				8.55	14.04	25.33
其中	人　工　费（元）			6.30	8.40	8.54
	材　料　费（元）			2.25	5.64	16.79
	机　械　费（元）			—	—	—
名　　　称		单位	单价（元）	消　　耗　　量		
人工	综合工日	工日	140.00	0.045	0.060	0.061
材料	塑料管	m	—	(0.318)	(0.318)	(0.318)
	锯条(各种规格)	根	0.62	0.031	0.102	0.236
	密封油膏	kg	6.50	0.153	0.163	0.254
	水泥 42.5级	kg	0.33	0.186	0.245	0.332
	油麻	kg	6.84	0.158	0.623	2.115
	中(粗)砂	kg	0.09	0.558	0.734	0.997
	其他材料费占材料费	%	—	2.000	2.000	2.000

工作内容：切管、安装、填塞密封材料、堵洞。 　　　　　　　　　　　　　　　　　　　　计量单位：个

定　额　编　号				A10-10-32	A10-10-33
项　目　名　称				介质管道公称直径(mm以内)	
				100	150
基　　　价（元）				26.72	37.20
其中	人　工　费（元）			9.10	10.22
	材　料　费（元）			17.62	26.98
	机　械　费（元）			—	—
名　　　称		单位	单价(元)	消　耗　量	
人工	综合工日	工日	140.00	0.065	0.073
材料	塑料管	m	—	(0.318)	(0.318)
	锯条(各种规格)	根	0.62	0.529	0.705
	密封油膏	kg	6.50	0.258	0.612
	水泥 42.5级	kg	0.33	0.440	0.800
	油麻	kg	6.84	2.194	3.152
	中(粗)砂	kg	0.09	1.319	2.399
	其他材料费占材料费	%	—	2.000	2.000

718

工作内容：切管、安装、填塞密封材料、堵洞。 计量单位：个

定 额 编 号					A10-10-34	A10-10-35
项 目 名 称					介质管道公称直径(mm以内)	
					200	250
基 价（元）					38.93	42.14
其中	人 工 费（元）				10.92	12.18
	材 料 费（元）				28.01	29.96
	机 械 费（元）				—	—
	名 称	单位	单价（元）		消 耗 量	
人工	综合工日	工日	140.00		0.078	0.087
材料	塑料管	m	—		(0.318)	(0.318)
	锯条(各种规格)	根	0.62		1.009	1.411
	密封油膏	kg	6.50		0.635	0.661
	水泥 42.5级	kg	0.33		0.953	1.087
	油麻	kg	6.84		3.236	3.443
	中(粗)砂	kg	0.09		2.859	3.262
	其他材料费占材料费	%	—		2.000	2.000

719

3.成品防火套管安装

工作内容：就位、固定、堵洞。

计量单位：个

定 额 编 号				A10-10-36	A10-10-37	A10-10-38
项 目 名 称				公称直径(mm以内)		
				50	75	100
基 价 （元）				11.48	16.43	21.70
其中	人 工 费（元）			8.96	13.58	17.64
	材 料 费（元）			2.52	2.85	4.06
	机 械 费（元）			—	—	—
	名 称	单位	单价(元)	消 耗 量		
人工	综合工日	工日	140.00	0.064	0.097	0.126
材料	成品防火套管	个	—	(1.000)	(1.000)	(1.000)
	水泥砂浆 1:2.5	m³	274.23	0.002	0.002	0.004
	预制混凝土 C20	m³	320.39	0.006	0.007	0.009
	其他材料费占材料费	%	—	2.000	2.000	2.000

工作内容：就位、固定、堵洞。

计量单位：个

定 额 编 号				A10-10-39	A10-10-40	A10-10-41
项 目 名 称				公称直径(mm以内)		
				150	200	250
基 价（元）				25.81	33.23	36.96
其中	人 工 费（元）			19.88	26.04	28.84
	材 料 费（元）			5.93	7.19	8.12
	机 械 费（元）			—	—	—
名 称		单位	单价（元）	消 耗 量		
人工	综合工日	工日	140.00	0.142	0.186	0.206
材料	成品防火套管	个	—	(1.000)	(1.000)	(1.000)
	水泥砂浆 1:2.5	m³	274.23	0.006	0.007	0.008
	预制混凝土 C20	m³	320.39	0.013	0.016	0.018
	其他材料费占材料费	%	—	2.000	2.000	2.000

4.碳钢管道保护管制作安装

工作内容：切管连接、除锈刷漆、就位固定、管端管理。

计量单位：10m

定　额　编　号			A10-10-42	A10-10-43	A10-10-44
项　目　名　称			公称直径(mm以内)		
			50	80	100
基　　价（元）			65.90	86.91	110.35
其中	人　工　费（元）		48.72	73.36	88.48
	材　料　费（元）		7.14	10.27	12.92
	机　械　费（元）		10.04	3.28	8.95
名　　称		单位	单价（元）	消　　耗　　量	
人工	综合工日	工日	140.00	0.348	0.524	0.632
材料	碳钢管	m	—	(10.300)	(10.300)	(10.300)
	低碳钢焊条	kg	6.84	0.011	0.022	0.038
	电	kW·h	0.68	0.004	0.007	0.010
	酚醛防锈漆	kg	6.15	0.440	0.685	0.879
	钢丝 φ4.0	kg	4.02	0.065	0.065	0.065
	钢丝刷	把	2.56	0.181	0.282	0.362
	锯条（各种规格）	根	0.62	0.130	—	—
	尼龙砂轮片 φ100	片	2.05	0.005	0.009	0.011
	尼龙砂轮片 φ400	片	8.55	0.028	0.041	0.047
	破布	kg	6.32	0.249	0.311	0.370
	汽油	kg	6.77	0.128	0.199	0.256
	铁砂布	张	0.85	0.269	0.419	0.537
	氧气	m³	3.63	0.069	0.096	0.120
	乙炔气	kg	10.45	0.023	0.032	0.040
	其他材料费占材料费	%	—	2.000	2.000	2.000
机械	电焊机(综合)	台班	118.28	0.077	0.012	0.052
	载重汽车 5t	台班	430.70	0.001	0.002	0.003
	载重汽车 8t	台班	501.85	0.001	0.002	0.003

工作内容：切管连接、除锈刷漆、就位固定、管端管理。 计量单位：10m

定 额 编 号			A10-10-45	A10-10-46	A10-10-47
项 目 名 称			公称直径(mm以内)		
			150	200	300
基 价（元）			146.69	180.13	306.66
其中	人 工 费（元）		117.88	142.80	192.08
	材 料 费（元）		17.63	24.05	35.43
	机 械 费（元）		11.18	13.28	79.15
名 称	单位	单价（元）	消 耗 量		
人工 综合工日	工日	140.00	0.842	1.020	1.372
材料 碳钢管	m	—	(10.300)	(10.300)	(10.300)
低碳钢焊条	kg	6.84	0.073	0.101	0.324
电	kW·h	0.68	0.015	0.021	0.038
酚醛防锈漆	kg	6.15	1.228	1.695	2.505
钢丝 φ4.0	kg	4.02	0.065	0.065	0.065
钢丝刷	把	2.56	0.505	0.697	1.030
尼龙砂轮片 φ100	片	2.05	0.018	0.025	0.041
破布	kg	6.32	0.440	0.546	0.672
汽油	kg	6.77	0.357	0.493	0.728
铁砂布	张	0.85	0.750	1.035	1.530
氧气	m³	3.63	0.252	0.378	0.510
乙炔气	kg	10.45	0.084	0.126	0.170
其他材料费占材料费	%	—	2.000	2.000	2.000
机械 电焊机(综合)	台班	118.28	0.063	0.065	0.070
载重汽车 5t	台班	430.70	0.004	0.006	0.076
载重汽车 8t	台班	501.85	0.004	0.006	0.076

工作内容：切管连接、除锈刷漆、就位固定、管端管理。 计量单位：10m

定 额 编 号				A10-10-48	A10-10-49
项 目 名 称				公称直径(mm以内)	
				400	500
基 价（元）				410.94	516.27
其中	人 工 费（元）			256.06	320.04
	材 料 费（元）			49.69	63.96
	机 械 费（元）			105.19	132.27
名 称		单位	单价（元）	消 耗 量	
人工	综合工日	工日	140.00	1.829	2.286
材料	碳钢管	m	—	(10.300)	(10.300)
	低碳钢焊条	kg	6.84	0.432	0.540
	电	kW·h	0.68	0.051	0.063
	酚醛防锈漆	kg	6.15	3.340	4.175
	钢丝 φ4.0	kg	4.02	0.087	0.108
	钢丝刷	把	2.56	1.373	1.717
	尼龙砂轮片 φ100	片	2.05	0.055	0.068
	破布	kg	6.32	0.896	1.120
	汽油	kg	6.77	0.971	1.213
	铁砂布	张	0.85	2.040	2.550
	氧气	m³	3.63	1.017	1.527
	乙炔气	kg	10.45	0.339	0.509
	其他材料费占材料费	%	—	2.000	2.000
机械	电焊机(综合)	台班	118.28	0.093	0.117
	载重汽车 5t	台班	430.70	0.101	0.127
	载重汽车 8t	台班	501.85	0.101	0.127

5.塑料管道保护管制作安装

工作内容：切管连接、就位固定、管端处理。

计量单位：10m

定 额 编 号			A10-10-50	A10-10-51	A10-10-52
项 目 名 称			外径(mm以内)		
			50	90	110
基 价 （元）			16.62	29.71	39.04
其中	人 工 费 （元）		16.52	29.54	38.78
	材 料 费 （元）		0.10	0.17	0.26
	机 械 费 （元）		—	—	—
名 称	单位	单价(元)	消 耗 量		
人工 综合工日	工日	140.00	0.118	0.211	0.277
材料 塑料管	m	—	(10.300)	(10.300)	(10.300)
丙酮	kg	7.51	0.002	0.004	0.007
锯条(各种规格)	根	0.62	0.131	0.209	0.313
粘结剂	kg	2.88	0.001	0.002	0.003
其他材料费占材料费	%	—	2.000	2.000	2.000

工作内容：切管连接、就位固定、管端处理。

计量单位：10m

定 额 编 号				A10-10-53	A10-10-54	A10-10-55
项 目 名 称				外径(mm以内)		
				160	200	315
基 价 （元）				52.27	65.70	79.09
其中	人 工 费 （元）			51.94	65.10	77.42
	材 料 费 （元）			0.33	0.60	1.67
	机 械 费 （元）			—	—	—
名 称		单位	单价(元)	消 耗 量		
人工	综合工日	工日	140.00	0.371	0.465	0.553
材料	塑料管	m	—	(10.300)	(10.300)	(10.300)
	丙酮	kg	7.51	0.008	0.009	0.011
	锯条(各种规格)	根	0.62	0.413	0.814	2.481
	粘结剂	kg	2.88	0.003	0.005	0.006
	其他材料费占材料费	%	—	2.000	2.000	2.000

726

6.阻火圈安装

工作内容：就位、固定。

计量单位：个

定　额　编　号				A10-10-56	A10-10-57	A10-10-58
项　目　名　称				公称直径(mm以内)		
				75	100	150
基　　　价（元）				10.58	10.80	12.06
其中	人　工　费（元）			6.44	7.28	8.54
	材　料　费（元）			4.14	3.52	3.52
	机　械　费（元）			—	—	—
	名　　称	单位	单价(元)	消　　耗　　量		
人工	综合工日	工日	140.00	0.046	0.052	0.061
材料	阻火圈	个	—	(1.000)	(1.000)	(1.000)
	冲击钻头 φ16	个	9.40	0.040	0.040	0.040
	电	kW·h	0.68	1.000	0.100	0.100
	膨胀螺栓 M12	套	0.73	4.120	4.120	4.120
	其他材料费占材料费	%	—	2.000	2.000	2.000

工作内容：就位、固定。

计量单位：个

定　额　编　号					A10-10-59	A10-10-60
项　目　名　称					公称直径(mm以内)	
					200	250
基　　　价（元）					15.89	21.32
其中	人　工　费（元）				10.78	14.42
	材　料　费（元）				5.11	6.90
	机　械　费（元）				—	—
	名　　称	单位	单价(元)		消　耗　量	
人工	综合工日	工日	140.00		0.077	0.103
材料	阻火圈	个	—		(1.000)	(1.000)
	冲击钻头 φ18	个	13.25		0.040	—
	冲击钻头 φ20	个	17.95		—	0.040
	电	kW•h	0.68		0.100	0.100
	膨胀螺栓 M14	套	1.07		4.120	—
	膨胀螺栓 M16	套	1.45		—	4.120
	其他材料费占材料费	%	—		2.000	2.000

7. 柔性防水套管制作

工作内容：准备工作、放样、下料、切割、焊接、刷防锈漆。

计量单位：个

定　额　编　号			A10-10-61	A10-10-62	A10-10-63
项　目　名　称			公称直径(mm以内)		
			50	80	100
基　　　价　（元）			177.58	218.94	288.23
其中	人　工　费（元）		96.46	115.36	146.44
	材　料　费（元）		27.34	35.96	40.65
	机　械　费（元）		53.78	67.62	101.14
名　　　称	单位	单价（元）	消　　耗　　量		
人工　综合工日	工日	140.00	0.689	0.824	1.046
材料　焊接钢管(综合)	kg	—	(4.400)	(6.540)	(7.520)
热轧厚钢板	kg	—	(13.500)	(21.400)	(23.900)
醇酸防锈漆	kg	17.09	0.100	0.120	0.140
低碳钢焊条	kg	6.84	1.000	1.250	1.470
电	kW·h	0.68	0.201	0.252	0.377
方钢(综合)	kg	2.99	0.500	0.650	0.700
尼龙砂轮片 φ100×16×3	片	2.56	0.050	0.084	0.100
溶剂汽油 200号	kg	5.64	0.020	0.040	0.040
氧气	m³	3.63	2.340	3.160	3.510
乙炔气	kg	10.45	0.780	1.050	1.170
其他材料费占材料费	%	—	1.000	1.000	1.000
机械　电焊机(综合)	台班	118.28	0.364	0.456	0.692
电焊条恒温箱	台班	21.41	0.037	0.046	0.069
电焊条烘干箱 60×50×75cm³	台班	26.46	0.037	0.046	0.069
立式钻床 25mm	台班	6.58	0.009	0.018	0.027
普通车床 630×2000mm	台班	247.10	0.036	0.046	0.064

工作内容：准备工作、放样、下料、切割、焊接、刷防锈漆。 计量单位：个

定 额 编 号			A10-10-64	A10-10-65	A10-10-66
项 目 名 称			公称直径(mm以内)		
			125	150	200
基 价 （元）			321.34	360.29	424.55
其中	人 工 费 （元）		167.16	191.80	213.78
	材 料 费 （元）		46.24	54.98	81.45
	机 械 费 （元）		107.94	113.51	129.32
名 称	单位	单价(元)	消 耗 量		
人工 综合工日	工日	140.00	1.194	1.370	1.527
材料 焊接钢管(综合)	kg	—	(9.720)	(11.800)	(18.190)
热轧厚钢板	kg	—	(26.920)	(29.460)	(48.170)
醇酸防锈漆	kg	17.09	0.200	0.250	0.400
低碳钢焊条	kg	6.84	1.800	2.480	4.560
电	kW·h	0.68	0.403	0.428	0.478
方钢(综合)	kg	2.99	0.850	1.000	1.250
尼龙砂轮片 φ100×16×3	片	2.56	0.125	0.150	0.206
溶剂汽油 200号	kg	5.64	0.050	0.060	0.090
氧气	m³	3.63	3.740	4.100	5.270
乙炔气	kg	10.45	1.250	1.370	1.760
其他材料费占材料费	%	—	1.000	1.000	1.000
机械 电焊机(综合)	台班	118.28	0.729	0.774	0.866
电焊条恒温箱	台班	21.41	0.073	0.077	0.087
电焊条烘干箱 60×50×75cm³	台班	26.46	0.073	0.077	0.087
立式钻床 25mm	台班	6.58	0.027	0.036	0.036
普通车床 630×2000mm	台班	247.10	0.073	0.073	0.091

730

工作内容：准备工作、放样、下料、切割、焊接、刷防锈漆。   计量单位：个

定　额　编　号			A10-10-67	A10-10-68	A10-10-69
项　目　名　称			公称直径(mm以内)		
			250	300	350
基　　　价（元）			505.31	554.65	761.60
其中	人　工　费（元）		237.16	263.06	290.22
	材　料　费（元）		111.93	129.80	286.24
	机　械　费（元）		156.22	161.79	185.14
名　　称	单位	单价（元）	消　耗　量		
人工	综合工日	工日	140.00	1.694	1.879	2.073
材料	焊接钢管(综合)	kg	—	(24.260)	(31.120)	(36.540)
	热轧厚钢板	kg	—	(56.070)	(67.600)	(83.790)
	醇酸防锈漆	kg	17.09	0.610	0.720	0.900
	低碳钢焊条	kg	6.84	7.040	9.200	10.040
	电	kW·h	0.68	0.604	0.604	0.654
	方钢(综合)	kg	2.99	1.500	1.750	2.000
	焦炭	kg	1.42	—	—	100.000
	木柴	kg	0.18	—	—	12.000
	尼龙砂轮片 φ100×16×3	片	2.56	0.257	0.306	0.355
	溶剂汽油 200号	kg	5.64	0.150	0.180	0.230
	氧气	m³	3.63	6.440	6.440	6.550
	乙炔气	kg	10.45	2.150	2.150	2.180
	其他材料费占材料费	%	—	1.000	1.000	1.000
机械	电焊机(综合)	台班	118.28	1.084	1.093	1.184
	电焊条恒温箱	台班	21.41	0.109	0.109	0.119
	电焊条烘干箱 60×50×75cm³	台班	26.46	0.109	0.109	0.119
	鼓风机 18m³/min	台班	40.40	—	—	0.182
	立式钻床 25mm	台班	6.58	0.046	0.055	0.064
	普通车床 630×2000mm	台班	247.10	0.091	0.109	0.128

工作内容：准备工作、放样、下料、切割、焊接、刷防锈漆。 计量单位：个

定 额 编 号			A10-10-70	A10-10-71	A10-10-72
项 目 名 称			公称直径(mm以内)		
			400	450	500
基 价（元）			877.85	1042.61	1163.79
其中	人 工 费（元）		324.52	378.84	401.66
	材 料 费（元）		330.09	389.70	437.15
	机 械 费（元）		223.24	274.07	324.98
名 称	单位	单价(元)	消 耗 量		
人工 综合工日	工日	140.00	2.318	2.706	2.869
材料 焊接钢管(综合)	kg	—	(40.330)	(44.680)	(51.130)
热轧厚钢板	kg	—	(99.390)	(108.820)	(125.220)
醇酸防锈漆	kg	17.09	1.090	1.220	1.440
低碳钢焊条	kg	6.84	11.600	15.200	16.800
电	kW·h	0.68	0.805	1.006	1.208
方钢(综合)	kg	2.99	2.220	3.050	3.620
焦炭	kg	1.42	120.000	140.000	160.000
木柴	kg	0.18	12.000	12.000	16.000
尼龙砂轮片 $\phi100\times16\times3$	片	2.56	0.401	0.451	0.499
溶剂汽油 200号	kg	5.64	0.270	0.300	0.360
氧气	m³	3.63	6.550	6.670	6.790
乙炔气	kg	10.45	2.180	2.220	2.260
其他材料费占材料费	%	—	1.000	1.000	1.000
机械 电焊机(综合)	台班	118.28	1.458	1.822	2.187
电焊条恒温箱	台班	21.41	0.145	0.182	0.219
电焊条烘干箱 $60\times50\times75cm^3$	台班	26.46	0.145	0.182	0.219
鼓风机 18m³/min	台班	40.40	0.182	0.219	0.255
立式钻床 25mm	台班	6.58	0.064	0.073	0.082
普通车床 630×2000mm	台班	247.10	0.146	0.164	0.182

工作内容：准备工作、放样、下料、切割、焊接、刷防锈漆。 计量单位：个

定 额 编 号			A10-10-73	A10-10-74	A10-10-75
项 目 名 称			公称直径(mm以内)		
			600	700	800
基 价（元）			1374.51	1569.45	2074.80
其中	人 工 费（元）		453.46	517.58	642.60
	材 料 费（元）		524.40	592.05	772.00
	机 械 费（元）		396.65	459.82	660.20
名 称	单位	单价（元）	消 耗 量		
人工 综合工日	工日	140.00	3.239	3.697	4.590
材料 焊接钢管(综合)	kg	—	(60.350)	(69.670)	(78.800)
热轧厚钢板	kg	—	(190.950)	(223.880)	(275.690)
醇酸防锈漆	kg	17.09	1.730	2.030	2.780
低碳钢焊条	kg	6.84	24.000	28.000	41.600
电	kW·h	0.68	1.510	1.761	2.617
方钢(综合)	kg	2.99	4.630	5.120	5.940
焦炭	kg	1.42	180.000	200.000	240.000
木柴	kg	0.18	16.000	16.000	20.000
尼龙砂轮片 φ100×16×3	片	2.56	0.584	0.679	0.773
溶剂汽油 200号	kg	5.64	0.420	0.500	0.690
氧气	m³	3.63	6.790	7.310	8.780
乙炔气	kg	10.45	2.260	2.440	2.930
其他材料费占材料费	%	—	1.000	1.000	1.000
机械 电焊机(综合)	台班	118.28	2.733	3.189	4.738
电焊条恒温箱	台班	21.41	0.273	0.319	0.474
电焊条烘干箱 60×50×75cm³	台班	26.46	0.273	0.319	0.474
鼓风机 18m³/min	台班	40.40	0.255	0.255	0.328
立式钻床 25mm	台班	6.58	0.091	0.109	0.128
普通车床 630×2000mm	台班	247.10	0.200	0.228	0.255

工作内容：准备工作、放样、下料、切割、焊接、刷防锈漆。   计量单位：个

定　额　编　号			A10-10-76	A10-10-77
项　目　名　称			公称直径(mm以内)	
			900	1000
基　　　　价（元）			2281.85	2646.43
其中	人　工　费（元）		696.92	804.44
	材　料　费（元）		873.93	990.18
	机　械　费（元）		711.00	851.81
名　　　称		单位	单价(元)	消　耗　量	

	名　　　称	单位	单价(元)	消　耗　量	
人工	综合工日	工日	140.00	4.978	5.746
材料	焊接钢管(综合)	kg	—	(88.360)	(97.540)
	热轧厚钢板	kg	—	(318.470)	(348.830)
	醇酸防锈漆	kg	17.09	3.080	3.410
	低碳钢焊条	kg	6.84	45.600	51.200
	电	kW•h	0.68	2.818	3.422
	方钢(综合)	kg	2.99	6.770	7.050
	焦炭	kg	1.42	280.000	320.000
	木柴	kg	0.18	20.000	20.000
	尼龙砂轮片 φ100×16×3	片	2.56	0.867	0.961
	溶剂汽油 200号	kg	5.64	0.770	0.850
	氧气	m³	3.63	9.950	11.700
	乙炔气	kg	10.45	3.320	3.900
	其他材料费占材料费	%	—	1.000	1.000
机械	电焊机(综合)	台班	118.28	5.102	6.195
	电焊条恒温箱	台班	21.41	0.510	0.619
	电焊条烘干箱 60×50×75cm³	台班	26.46	0.510	0.619
	鼓风机 18m³/min	台班	40.40	0.364	0.401
	立式钻床 25mm	台班	6.58	0.146	0.164
	普通车床 630×2000mm	台班	247.10	0.273	0.292

工作内容：准备工作、放样、下料、切割、焊接、刷防锈漆。 计量单位：个

定 额 编 号				A10-10-78	A10-10-79
项 目 名 称				公称直径(mm以内)	
				1200	1400
基 价 （元）				3141.99	3745.87
其中	人 工 费 （元）			1115.80	1450.40
	材 料 费 （元）			1089.19	1188.21
	机 械 费 （元）			937.00	1107.26
名 称		单位	单价(元)	消 耗 量	
人工	综合工日	工日	140.00	7.970	10.360
材料	焊接钢管(综合)	kg	—	(112.561)	(130.313)
	热轧厚钢板	kg	—	(383.713)	(418.596)
	醇酸防锈漆	kg	17.09	3.751	4.092
	低碳钢焊条	kg	6.84	56.320	61.440
	电	kW·h	0.68	3.764	4.106
	方钢(综合)	kg	2.99	7.755	8.460
	焦炭	kg	1.42	352.000	384.000
	木柴	kg	0.18	22.000	24.000
	尼龙砂轮片 φ100×16×3	片	2.56	1.057	1.153
	溶剂汽油 200号	kg	5.64	0.935	1.020
	氧气	m³	3.63	12.870	14.040
	乙炔气	kg	10.45	4.290	4.680
	其他材料费占材料费	%	—	1.000	1.000
机械	电焊机(综合)	台班	118.28	6.815	8.054
	电焊条恒温箱	台班	21.41	0.681	0.805
	电焊条烘干箱 60×50×75cm³	台班	26.46	0.681	0.805
	鼓风机 18m³/min	台班	40.40	0.441	0.521
	立式钻床 25mm	台班	6.58	0.180	0.213
	普通车床 630×2000mm	台班	247.10	0.321	0.379

8.柔性防水套管安装

工作内容：配合预留孔洞及混凝土浇筑、准备工作、找标高、找平、找正、就位、安装、加添料、紧螺栓。

计量单位：个

定 额 编 号			A10-10-80	A10-10-81	A10-10-82
项 目 名 称			公称直径(mm以内)		
			50	100	150
基 价（元）			42.44	59.44	70.25
其中	人 工 费（元）		25.20	27.02	28.56
	材 料 费（元）		17.24	32.42	41.69
	机 械 费（元）		—	—	—
名 称	单位	单价(元)	消 耗 量		
人工 综合工日	工日	140.00	0.180	0.193	0.204
材料 黄干油	kg	5.15	0.070	0.070	0.120
机油	kg	19.66	0.040	0.050	0.050
双头螺柱带螺母	kg	6.41	0.360	0.640	1.280
橡胶密封圈 DN100	个	12.73	—	2.000	—
橡胶密封圈 DN150	个	14.93	—	—	2.000
橡胶密封圈 DN50	个	6.42	2.000	—	—
橡胶石棉盘根	kg	7.00	0.110	0.170	0.230
其他材料费占材料费	%	—	1.000	1.000	1.000

工作内容：配合预留孔洞及混凝土浇筑、准备工作、找标高、找平、找正、就位、安装、加添料、紧螺栓。

计量单位：个

定　额　编　号				A10-10-83	A10-10-84	A10-10-85
项　目　名　称				公称直径(mm以内)		
				200	300	400
基　　　价（元）				90.25	121.95	155.54
其中	人　工　费（元）			38.92	42.70	52.50
	材　料　费（元）			51.33	79.25	103.04
	机　械　费（元）			—	—	—
名　　称		单位	单价（元）	消　耗　量		
人工	综合工日	工日	140.00	0.278	0.305	0.375
材料	黄干油	kg	5.15	0.120	0.160	0.200
	机油	kg	19.66	0.080	0.080	0.100
	双头螺柱带螺母	kg	6.41	1.280	3.480	4.800
	橡胶密封圈 DN200	个	19.20	2.000	—	—
	橡胶密封圈 DN300	个	25.41	—	2.000	—
	橡胶密封圈 DN400	个	32.24	—	—	2.000
	橡胶石棉盘根	kg	7.00	0.290	0.420	0.540
	其他材料费占材料费	%	—	1.000	1.000	1.000

工作内容：配合预留孔洞及混凝土浇筑、准备工作、找标高、找平、找正、就位、安装、加添料、紧螺栓。

计量单位：个

定　额　编　号				A10-10-86	A10-10-87	A10-10-88
项　目　名　称				公称直径(mm以内)		
				500	600	800
基　　　　价（元）				241.07	280.71	380.43
其中	人　工　费（元）			71.82	71.82	78.40
	材　料　费（元）			169.25	208.89	302.03
	机　械　费（元）			—	—	—
名　　称		单位	单价(元)	消　　耗　　量		
人工	综合工日	工日	140.00	0.513	0.513	0.560
材料	黄干油	kg	5.15	0.240	0.280	0.400
	机油	kg	19.66	0.150	0.200	0.250
	双头螺柱带螺母	kg	6.41	5.120	7.800	17.280
	橡胶密封圈 DN500	个	62.38	2.000	—	—
	橡胶密封圈 DN600	个	71.84	—	2.000	—
	橡胶密封圈 DN800	个	85.47	—	—	2.000
	橡胶石棉盘根	kg	7.00	0.830	1.110	1.480
	其他材料费占材料费	%	—	1.000	1.000	1.000

738

工作内容：配合预留孔洞及混凝土浇筑、准备工作、找标高、找平、找正、就位、安装、加添料、紧螺栓。

计量单位：个

定　额　编　号				A10-10-89	A10-10-90	A10-10-91
项　目　名　称				公称直径(mm以内)		
				1000	1200	1400
基　　　　　价（元）				437.76	551.05	754.39
其中	人　工　费（元）			91.42	121.52	151.90
	材　料　费（元）			346.34	429.53	602.49
	机　械　费（元）			—	—	—
名　　　称		单位	单价（元）	消　　耗　　量		
人工	综合工日	工日	140.00	0.653	0.868	1.085
材料	黄干油	kg	5.15	0.560	0.745	0.932
	机油	kg	19.66	0.350	0.466	0.582
	双头螺柱带螺母	kg	6.41	20.160	22.176	24.192
	橡胶密封圈 DN1000	个	95.73	2.000	—	—
	橡胶密封圈 DN1200	个	128.21	—	2.000	—
	橡胶密封圈 DN1400	个	205.13	—	—	2.000
	橡胶石棉盘根	kg	7.00	1.780	1.958	2.136
	其他材料费占材料费	%	—	1.000	1.000	1.000

9.刚性防水套管制作

工作内容：准备工作、放样、下料、切割、组对、焊接、车制、刷防锈漆。　　　　　　计量单位：个

定　额　编　号			A10-10-92	A10-10-93	A10-10-94
项　目　名　称			公称直径(mm以内)		
			50	80	100
基　　　　　价（元）			75.55	90.76	121.92
其中	人　工　费（元）		40.88	48.58	64.12
	材　料　费（元）		12.24	15.34	17.50
	机　械　费（元）		22.43	26.84	40.30
名　　　称	单位	单价(元)	消　　耗　　量		
人工	综合工日	工日	140.00	0.292	0.347	0.458
材料	扁钢 59以内	kg	—	(0.900)	(1.050)	(1.250)
	焊接钢管(综合)	kg	—	(3.260)	(4.020)	(5.140)
	热轧厚钢板	kg	—	(3.970)	(4.950)	(6.150)
	醇酸防锈漆	kg	17.09	0.050	0.060	0.070
	低碳钢焊条	kg	6.84	0.400	0.500	0.590
	电	kW·h	0.68	0.075	0.101	0.151
	尼龙砂轮片 φ100×16×3	片	2.56	0.040	0.056	0.068
	溶剂汽油 200号	kg	5.64	0.010	0.020	0.020
	氧气	m³	3.63	1.170	1.460	1.640
	乙炔气	kg	10.45	0.390	0.490	0.550
	其他材料费占材料费	%	—	1.000	1.000	1.000
机械	电焊机(综合)	台班	118.28	0.146	0.182	0.273
	电焊条恒温箱	台班	21.41	0.015	0.018	0.028
	电焊条烘干箱 60×50×75cm³	台班	26.46	0.015	0.018	0.028
	普通车床 630×2000mm	台班	247.10	0.018	0.018	0.027

工作内容：准备工作、放样、下料、切割、组对、焊接、车制、刷防锈漆。　　　　　　　　　　计量单位：个

定 额 编 号			A10-10-95	A10-10-96	A10-10-97
项 目 名 称			公称直径(mm以内)		
			125	150	200
基 价（元）			141.69	152.23	186.43
其中	人 工 费（元）		77.00	82.32	101.64
	材 料 费（元）		19.87	22.86	30.87
	机 械 费（元）		44.82	47.05	53.92
名 称	单位	单价（元）	消 耗 量		
人工 综合工日	工日	140.00	0.550	0.588	0.726
材料 扁钢 59以内	kg	—	(1.400)	(1.600)	(2.000)
焊接钢管(综合)	kg	—	(8.350)	(9.460)	(13.780)
热轧厚钢板	kg	—	(7.110)	(8.240)	(12.190)
醇酸防锈漆	kg	17.09	0.100	0.120	0.200
低碳钢焊条	kg	6.84	0.720	0.990	1.800
电	kW·h	0.68	0.151	0.176	0.201
尼龙砂轮片 φ100×16×3	片	2.56	0.084	0.100	0.138
溶剂汽油 200号	kg	5.64	0.030	0.030	0.040
氧气	m³	3.63	1.760	1.870	1.990
乙炔气	kg	10.45	0.590	0.620	0.660
其他材料费占材料费	%	—	1.000	1.000	1.000
机械 电焊机(综合)	台班	118.28	0.292	0.310	0.346
电焊条恒温箱	台班	21.41	0.029	0.031	0.034
电焊条烘干箱 60×50×75cm³	台班	26.46	0.029	0.031	0.034
普通车床 630×2000mm	台班	247.10	0.036	0.036	0.046

工作内容：准备工作、放样、下料、切割、组对、焊接、车制、刷防锈漆。 计量单位：个

定 额 编 号			A10-10-98	A10-10-99	A10-10-100
项 目 名 称			公称直径(mm以内)		
			250	300	350
基 价 （元）			237.05	278.89	334.92
其中	人 工 费（元）		127.68	150.92	187.88
	材 料 费（元）		44.21	51.62	56.15
	机 械 费（元）		65.16	76.35	90.89
名 称	单位	单价（元）	消 耗 量		
人工 综合工日	工日	140.00	0.912	1.078	1.342
材料 扁钢 59以内	kg	—	(2.400)	(2.700)	(3.100)
焊接钢管(综合)	kg	—	(18.760)	(21.840)	(27.770)
热轧厚钢板	kg	—	(15.610)	(29.200)	(37.860)
醇酸防锈漆	kg	17.09	0.310	0.350	0.450
低碳钢焊条	kg	6.84	2.800	3.680	3.740
电	kW·h	0.68	0.252	0.277	0.327
尼龙砂轮片 φ100×16×3	片	2.56	0.172	0.204	0.237
溶剂汽油 200号	kg	5.64	0.070	0.090	0.110
氧气	m³	3.63	2.570	2.630	2.930
乙炔气	kg	10.45	0.860	0.880	0.980
其他材料费占材料费	%	—	1.000	1.000	1.000
机械 电焊机(综合)	台班	118.28	0.437	0.510	0.610
电焊条恒温箱	台班	21.41	0.044	0.051	0.061
电焊条烘干箱 60×50×75cm³	台班	26.46	0.044	0.051	0.061
普通车床 630×2000mm	台班	247.10	0.046	0.055	0.064

工作内容：准备工作、放样、下料、切割、组对、焊接、车制、刷防锈漆。　　　　　　　　　　计量单位：个

定　额　编　号			A10-10-101	A10-10-102	A10-10-103
项　目　名　称			公称直径(mm以内)		
			400	450	500
基　　　价（元）			501.22	568.90	620.83
其中	人　工　费（元）		215.60	243.60	259.00
	材　料　费（元）		163.90	190.50	213.48
	机　械　费（元）		121.72	134.80	148.35
名　　称	单位	单价（元）	消　　耗　　量		
人工 综合工日	工日	140.00	1.540	1.740	1.850
材料 扁钢 59以内	kg	—	(3.400)	(3.800)	(4.100)
焊接钢管(综合)	kg	—	(31.360)	(34.690)	(37.950)
热轧厚钢板	kg	—	(45.410)	(53.020)	(61.040)
醇酸防锈漆	kg	17.09	0.540	0.660	0.770
低碳钢焊条	kg	6.84	4.160	5.600	6.240
电	kW·h	0.68	0.377	0.428	0.453
焦炭	kg	1.42	70.000	80.000	90.000
木柴	kg	0.18	6.000	6.000	8.000
尼龙砂轮片 φ100×16×3	片	2.56	0.268	0.300	0.333
溶剂汽油 200号	kg	5.64	0.130	0.150	0.180
氧气	m³	3.63	3.160	3.160	3.390
乙炔气	kg	10.45	1.050	1.050	1.130
其他材料费占材料费	%	—	1.000	1.000	1.000
机械 电焊机(综合)	台班	118.28	0.683	0.765	0.802
电焊条恒温箱	台班	21.41	0.068	0.077	0.080
电焊条烘干箱 60×50×75cm³	台班	26.46	0.068	0.077	0.080
鼓风机 18m³/min	台班	40.40	0.091	0.109	0.128
剪板机 20×2500mm	台班	333.30	0.018	0.018	0.027
卷板机 20×2500mm	台班	276.83	0.036	0.036	0.055
普通车床 630×2000mm	台班	247.10	0.073	0.082	0.082

定 额 编 号			A10-10-104	A10-10-105	A10-10-106
项 目 名 称			公称直径(mm以内)		
			600	700	800
基 价 （元）			763.90	866.15	1097.34
其中	人 工 费 （元）		302.54	343.98	420.98
	材 料 费 （元）		260.98	303.99	381.37
	机 械 费 （元）		200.38	218.18	294.99
名 称		单位	单价(元)	消 耗 量	
人工	综合工日	工日	140.00	2.161	2.457	3.007
材料	扁钢 59以内	kg	—	(4.800)	(5.500)	(5.800)
	焊接钢管(综合)	kg	—	(44.750)	(50.670)	(57.330)
	热轧厚钢板	kg	—	(79.560)	(92.840)	(102.300)
	醇酸防锈漆	kg	17.09	0.810	1.010	1.340
	低碳钢焊条	kg	6.84	8.800	10.000	15.600
	电	kW·h	0.68	0.629	0.679	1.006
	焦炭	kg	1.42	110.000	130.000	150.000
	木柴	kg	0.18	8.000	8.000	10.000
	尼龙砂轮片 φ100×16×3	片	2.56	0.390	0.452	0.515
	溶剂汽油 200号	kg	5.64	0.210	0.250	0.340
	氧气	m³	3.63	3.390	3.690	4.120
	乙炔气	kg	10.45	1.130	1.230	1.370
	其他材料费占材料费	%	—	1.000	1.000	1.000
机械	电焊机(综合)	台班	118.28	1.148	1.230	1.804
	电焊条恒温箱	台班	21.41	0.115	0.123	0.181
	电焊条烘干箱 60×50×75cm³	台班	26.46	0.115	0.123	0.181
	鼓风机 18m³/min	台班	40.40	0.128	0.128	0.164
	剪板机 20×2500mm	台班	333.30	0.027	0.036	0.036
	卷板机 20×2500mm	台班	276.83	0.073	0.082	0.082
	普通车床 630×2000mm	台班	247.10	0.100	0.109	0.128

工作内容：准备工作、放样、下料、切割、组对、焊接、车制、刷防锈漆。 计量单位：个

定 额 编 号				A10-10-107	A10-10-108
项 目 名 称				公称直径(mm以内)	
				900	1000
基 价（元）				1293.03	1431.01
其中	人 工 费（元）			503.86	548.52
	材 料 费（元）			433.88	504.73
	机 械 费（元）			355.29	377.76
名 称		单位	单价（元）	消 耗 量	
人工	综合工日	工日	140.00	3.599	3.918
材料	扁钢 59以内	kg	—	(6.400)	(7.200)
	焊接钢管(综合)	kg	—	(63.990)	(70.780)
	热轧厚钢板	kg	—	(116.690)	(138.600)
	醇酸防锈漆	kg	17.09	1.540	1.900
	低碳钢焊条	kg	6.84	17.600	19.600
	电	kW·h	0.68	1.233	1.283
	焦炭	kg	1.42	170.000	200.000
	木柴	kg	0.18	10.000	15.000
	尼龙砂轮片 φ100×16×3	片	2.56	0.578	0.641
	溶剂汽油 200号	kg	5.64	0.350	0.420
	氧气	m³	3.63	4.970	5.850
	乙炔气	kg	10.45	1.660	1.950
	其他材料费占材料费	%	—	1.000	1.000
机械	电焊机(综合)	台班	118.28	2.223	2.341
	电焊条恒温箱	台班	21.41	0.222	0.234
	电焊条烘干箱 60×50×75cm³	台班	26.46	0.222	0.234
	鼓风机 18m³/min	台班	40.40	0.182	0.200
	剪板机 20×2500mm	台班	333.30	0.046	0.046
	卷板机 20×2500mm	台班	276.83	0.091	0.109
	普通车床 630×2000mm	台班	247.10	0.137	0.146

工作内容：准备工作、放样、下料、切割、组对、焊接、车制、刷防锈漆。 　　　　　　　　　　　　计量单位：个

定　额　编　号				A10-10-109	A10-10-110
项　目　名　称				公称直径(mm以内)	
				1200	1400
基　　　　价　（元）				1903.44	2449.26
其中	人　工　费（元）			729.68	949.20
	材　料　费（元）			671.30	858.04
	机　械　费（元）			502.46	642.02
名　　　称		单位	单价（元）	消　　耗　　量	
人工	综合工日	工日	140.00	5.212	6.780
材料	扁钢 59以内	kg	—	(9.576)	(12.240)
	焊接钢管(综合)	kg	—	(74.319)	(83.308)
	热轧厚钢板	kg	—	(184.338)	(235.620)
	醇酸防锈漆	kg	17.09	2.527	3.230
	低碳钢焊条	kg	6.84	26.068	33.320
	电	kW·h	0.68	1.707	2.181
	焦炭	kg	1.42	266.000	340.000
	木柴	kg	0.18	19.950	25.500
	尼龙砂轮片 φ100×16×3	片	2.56	0.853	1.090
	溶剂汽油 200号	kg	5.64	0.559	0.714
	氧气	m³	3.63	7.781	9.945
	乙炔气	kg	10.45	2.594	3.315
	其他材料费占材料费	%	—	1.000	1.000
机械	电焊机(综合)	台班	118.28	3.114	3.980
	电焊条恒温箱	台班	21.41	0.312	0.398
	电焊条烘干箱 60×50×75cm³	台班	26.46	0.312	0.398
	鼓风机 18m³/min	台班	40.40	0.267	0.341
	剪板机 20×2500mm	台班	333.30	0.061	0.077
	卷板机 20×2500mm	台班	276.83	0.145	0.186
	普通车床 630×2000mm	台班	247.10	0.194	0.248

10.刚性防水套管安装

工作内容：配合预留孔洞及混凝土浇筑、准备工作、招标高、找平、找正、就位、安装、加填料。

计量单位：个

定　额　编　号				A10-10-111	A10-10-112	A10-10-113
项　目　名　称				公称直径(mm以内)		
				50	100	150
基　　　价（元）				51.57	56.68	63.96
其中	人　工　费（元）			42.14	44.10	47.32
	材　料　费（元）			9.43	12.58	16.64
	机　械　费（元）			—	—	—
名　　　称		单位	单价（元）	消　　耗　　量		
人工	综合工日	工日	140.00	0.301	0.315	0.338
材料	水泥 42.5级	kg	0.33	0.905	1.214	2.025
	填充绒	kg	2.14	0.388	0.520	0.868
	油麻	kg	6.84	1.200	1.600	2.040
	其他材料费占材料费	%	—	1.000	1.000	1.000

工作内容：配合预留孔洞及混凝土浇筑、准备工作、招标高、找平、找正、就位、安装、加填料。

计量单位：个

定　额　编　号				A10-10-114	A10-10-115	A10-10-116
项　目　名　称				公称直径(mm以内)		
				200	300	400
基　　价（元）				84.86	101.09	123.65
其中	人　工　费（元）			65.38	71.26	86.80
	材　料　费（元）			19.48	29.83	36.85
	机　械　费（元）			—	—	—
名　　称		单位	单价(元)	消　耗　　量		
人工	综合工日	工日	140.00	0.467	0.509	0.620
材料	水泥 42.5级	kg	0.33	2.085	2.516	3.424
	填充绒	kg	2.14	0.894	1.078	1.467
	油麻	kg	6.84	2.440	3.860	4.710
	其他材料费占材料费	%	—	1.000	1.000	1.000

748

工作内容：配合预留孔洞及混凝土浇筑、准备工作、招标高、找平、找正、就位、安装、加填料。

计量单位：个

定　额　编　号				A10-10-117	A10-10-118	A10-10-119
项　目　名　称				公称直径(mm以内)		
				500	600	800
基　　　　价（元）				163.95	172.58	200.11
其中	人　工　费（元）			119.84	119.84	130.76
	材　料　费（元）			44.11	52.74	69.35
	机　械　费（元）			—	—	—
	名　　　称	单位	单价（元）	消　　耗　　量		
人工	综合工日	工日	140.00	0.856	0.856	0.934
材料	水泥 42.5级	kg	0.33	5.072	6.340	8.340
	填充绒	kg	2.14	2.174	2.712	3.566
	油麻	kg	6.84	5.460	6.480	8.520
	其他材料费占材料费	%	—	1.000	1.000	1.000

工作内容：配合预留孔洞及混凝土浇筑、准备工作、招标高、找平、找正、就位、安装、加填料。

计量单位：个

定 额 编 号			A10-10-120	A10-10-121	A10-10-122
项 目 名 称			公称直径(mm以内)		
			1000	1200	1400
基 价（元）			238.14	316.73	411.81
其中	人 工 费（元）		152.32	202.58	263.34
	材 料 费（元）		85.82	114.15	148.47
	机 械 费（元）		—	—	—
名 称	单位	单价（元）	消 耗 量		
人工	综合工日	工日	140.00	1.088	1.447	1.881
材料	水泥 42.5级	kg	0.33	10.376	13.800	17.950
	填充绒	kg	2.14	4.448	5.920	7.695
	油麻	kg	6.84	10.530	14.005	18.217
	其他材料费占材料费	%	—	1.000	1.000	1.000

11. 一般钢套管制作安装

工作内容：切管、焊接、除锈刷漆、安装、填塞密封材料、堵洞。 计量单位：个

定 额 编 号			A10-10-123	A10-10-124	A10-10-125
项 目 名 称			介质管道		
			公称直径(mm以内)		
			20	32	50
基 价（元）			12.43	15.91	25.42
其中	人 工 费（元）		6.16	7.00	9.94
	材 料 费（元）		5.22	7.72	14.24
	机 械 费（元）		1.05	1.19	1.24
名 称	单位	单价(元)	消 耗 量		
人工 综合工日	工日	140.00	0.044	0.050	0.071
材 料 低碳钢焊条	kg	6.84	0.016	0.017	0.019
酚醛防锈漆	kg	6.15	0.014	0.017	0.020
钢丝刷	把	2.56	0.002	0.002	0.003
焊接钢管 DN32	m	8.56	0.318	—	—
焊接钢管 DN50	m	13.35	—	0.318	—
焊接钢管 DN80	m	22.81	—	—	0.318
密封油膏	kg	6.50	0.107	0.153	0.163
尼龙砂轮片 φ400	片	8.55	0.013	0.021	0.026
破布	kg	6.32	0.002	0.002	0.003
汽油	kg	6.77	0.003	0.004	0.005
水泥 42.5级	kg	0.33	0.129	0.186	0.245
氧气	m³	3.63	0.018	0.021	0.024
乙炔气	kg	10.45	0.006	0.007	0.008
油麻	kg	6.84	0.090	0.158	0.623
圆钢 φ10～14	kg	3.40	0.158	0.158	0.158
中(粗)砂	kg	0.09	0.386	0.558	0.734
其他材料费占材料费	%	—	2.000	2.000	2.000
机械 电焊机(综合)	台班	118.28	0.008	0.009	0.009
砂轮切割机 400mm	台班	24.71	0.004	0.005	0.007

工作内容：切管、焊接、除锈刷漆、安装、填塞密封材料、堵洞。 计量单位：个

定 额 编 号				A10-10-126	A10-10-127	A10-10-128
项 目 名 称				介质管道		
				公称直径(mm以内)		
				65	80	100
基 价（元）				34.14	51.18	61.42
其中	人 工 费（元）			13.44	17.64	24.22
	材 料 费（元）			19.41	31.97	35.34
	机 械 费（元）			1.29	1.57	1.86
名 称		单位	单价（元）	消 耗 量		
人工	综合工日	工日	140.00	0.096	0.126	0.173
材料	低碳钢焊条	kg	6.84	0.022	0.025	0.029
	酚醛防锈漆	kg	6.15	0.026	0.035	0.037
	钢丝刷	把	2.56	0.006	0.006	0.006
	焊接钢管 DN100	m	29.68	0.318	—	—
	焊接钢管 DN125	m	41.14	—	0.318	—
	焊接钢管 DN150	m	48.71	—	—	0.318
	密封油膏	kg	6.50	0.202	0.254	0.258
	尼龙砂轮片 φ400	片	8.55	0.038	0.053	0.057
	破布	kg	6.32	0.006	0.006	0.006
	汽油	kg	6.77	0.007	0.009	0.009
	水泥 42.5级	kg	0.33	0.332	0.381	0.440
	氧气	m³	3.63	0.036	0.060	0.090
	乙炔气	kg	10.45	0.012	0.020	0.030
	油麻	kg	6.84	0.957	2.115	2.194
	圆钢 φ10～14	kg	3.40	0.158	0.158	0.158
	中(粗)砂	kg	0.09	0.997	1.142	1.319
	其他材料费占材料费	%	—	2.000	2.000	2.000
机械	电焊机(综合)	台班	118.28	0.009	0.011	0.013
	砂轮切割机 400mm	台班	24.71	0.009	0.011	0.013

工作内容：切管、焊接、除锈刷漆、安装、填塞密封材料、堵洞。　　　　　　　　　　　　计量单位：个

定　额　编　号			A10-10-129	A10-10-130	A10-10-131
项　目　名　称			介质管道		
			公称直径(mm以内)		
			125	150	200
基　　　价（元）			75.59	129.56	161.49
其中	人　工　费（元）		32.90	40.88	49.70
	材　料　费（元）		40.66	86.43	109.19
	机　械　费（元）		2.03	2.25	2.60
名　　　称	单位	单价（元）	消　　耗　　量		
人工 综合工日	工日	140.00	0.235	0.292	0.355
材料 低碳钢焊条	kg	6.84	0.032	0.034	0.035
酚醛防锈漆	kg	6.15	0.051	0.051	0.063
钢丝刷	把	2.56	0.008	0.008	0.010
焊接钢管 DN150	m	48.71	0.318	—	—
密封油膏	kg	6.50	0.273	0.612	0.635
尼龙砂轮片 φ400	片	8.55	0.063	—	—
破布	kg	6.32	0.008	0.008	0.010
汽油	kg	6.77	0.013	0.013	0.016
水泥 42.5级	kg	0.33	0.462	0.800	0.953
无缝钢管 φ219×6	m	173.50	—	0.318	—
无缝钢管 φ273×7	m	237.01	—	—	0.318
氧气	m³	3.63	0.150	0.324	0.414
乙炔气	kg	10.45	0.050	0.108	0.138
油麻	kg	6.84	2.849	3.152	3.236
圆钢 φ10～14	kg	3.40	0.158	0.158	0.316
中(粗)砂	kg	0.09	1.387	2.399	2.859
其他材料费占材料费	%	—	2.000	2.000	2.000
机械 电焊机(综合)	台班	118.28	0.014	0.019	0.022
砂轮切割机 400mm	台班	24.71	0.015	—	—

工作内容：切管、焊接、除锈刷漆、安装、填塞密封材料、堵洞。 计量单位：个

定 额 编 号			A10-10-132	A10-10-133
项 目 名 称			介质管道	
			公称直径(mm以内)	
			250	300
基 价 （元）			196.52	243.13
其中	人 工 费（元）		52.92	59.08
	材 料 费（元）		140.76	183.81
	机 械 费（元）		2.84	0.24
名 称	单位	单价（元）	消 耗 量	
人工 综合工日	工日	140.00	0.378	0.422
材料 低碳钢焊条	kg	6.84	0.038	0.040
酚醛防锈漆	kg	6.15	0.075	0.087
钢丝刷	把	2.56	0.012	0.014
密封油膏	kg	6.50	0.661	0.763
破布	kg	6.32	0.012	0.014
汽油	kg	6.77	0.019	0.022
水泥 42.5级	kg	0.33	1.087	1.233
无缝钢管 φ325×8	m	328.37	0.318	—
无缝钢管 φ377×10	m	450.33	—	0.318
氧气	m³	3.63	0.429	0.486
乙炔气	kg	10.45	0.143	0.162
油麻	kg	6.84	3.443	3.755
圆钢 φ10～14	kg	3.40	0.316	0.316
中(粗)砂	kg	0.09	3.262	3.698
其他材料费占材料费	%	—	2.000	2.000
机械 电焊机(综合)	台班	118.28	0.024	0.002

工作内容：切管、焊接、除锈刷漆、安装、填塞密封材料、堵洞。　　　　　　　　　　　　计量单位：个

定　额　编　号			A10-10-134	A10-10-135
项　目　名　称			介质管道	
			公称直径(mm以内)	
			350	400
基　　　价（元）			268.73	297.76
其中	人　工　费（元）		68.18	80.78
	材　料　费（元）		200.31	216.74
	机　械　费（元）		0.24	0.24
名　　　称		单位	单价（元）	消　耗　量	
人工	综合工日	工日	140.00	0.487	0.577
材料	低碳钢焊条	kg	6.84	0.042	0.042
	酚醛防锈漆	kg	6.15	0.099	0.122
	钢丝刷	把	2.56	0.016	0.020
	密封油膏	kg	6.50	0.865	0.966
	破布	kg	6.32	0.016	0.020
	汽油	kg	6.77	0.025	0.031
	水泥 42.5级	kg	0.33	1.368	1.553
	无缝钢管 φ426×10	m	490.50	0.318	—
	无缝钢管 φ480×10	m	516.90	—	0.318
	氧气	m³	3.63	0.619	0.825
	乙炔气	kg	10.45	0.213	0.275
	油麻	kg	6.84	3.977	4.679
	圆钢 φ10～14	kg	3.40	0.316	0.474
	中(粗)砂	kg	0.09	4.105	4.660
	其他材料费占材料费	%	—	2.000	2.000
机械	电焊机(综合)	台班	118.28	0.002	0.002

12.铸铁穿墙管安装

工作内容：切管、管件安装、接口、养护。 计量单位：个

定 额 编 号				A10-10-136	A10-10-137	A10-10-138
项 目 名 称				公称直径(mm以内)		
				法兰DN100	承口DN100	法兰DN150
基 价（元）				219.78	131.28	238.48
其中	人 工 费（元）			161.70	110.32	178.50
	材 料 费（元）			58.08	20.96	59.98
	机 械 费（元）			—	—	—
名 称		单位	单价（元）	消 耗 量		
人工	综合工日	工日	140.00	1.155	0.788	1.275
材料	铸铁穿墙管	个	—	(1.000)	(1.000)	(1.000)
	角钢(综合)	kg	3.61	5.050	5.050	5.050
	六角螺栓带螺母、垫圈(综合)	kg	7.14	5.040	—	5.040
	膨胀水泥	kg	0.68	—	1.640	—
	石棉橡胶板	kg	9.40	0.350	—	0.550
	氧气	m³	3.63	—	0.060	—
	乙炔气	kg	10.45	—	0.020	—
	油麻丝	kg	4.10	—	0.240	—
	其他材料费占材料费	%	—	1.000	1.000	1.000

工作内容：切管、管件安装、接口、养护。   计量单位：个

定 额 编 号				A10-10-139	A10-10-140	A10-10-141
项 目 名 称				公称直径(mm以内)		
				承口DN150	法兰DN200	承口DN200
基 价（元）				168.96	284.60	213.97
其中	人 工 费（元）			146.86	223.58	190.54
	材 料 费（元）			22.10	61.02	23.43
	机 械 费（元）			—	—	—
名 称		单位	单价（元）	消 耗 量		
人工	综合工日	工日	140.00	1.049	1.597	1.361
材料	铸铁穿墙管	个	—	(1.000)	(1.000)	(1.000)
	角钢(综合)	kg	3.61	5.050	5.050	5.050
	六角螺栓带螺母、垫圈(综合)	kg	7.14	—	5.040	—
	膨胀水泥	kg	0.68	2.280	—	2.980
	石棉橡胶板	kg	9.40	—	0.660	—
	氧气	m³	3.63	0.100	—	0.160
	乙炔气	kg	10.45	0.033	—	0.053
	油麻丝	kg	4.10	0.340	—	0.440
	其他材料费占材料费	%	—	1.000	1.000	1.000

工作内容：切管、管件安装、接口、养护。

计量单位：个

定　额　编　号				A10-10-142	A10-10-143	A10-10-144
项　目　名　称				公称直径(mm以内)		
				法兰DN300	承口DN300	法兰DN400
基　　　价（元）				403.72	291.95	550.75
其中	人　工　费（元）			309.12	251.30	425.60
	材　料　费（元）			84.21	30.26	107.89
	机　械　费（元）			10.39	10.39	17.26
名　　　　称		单位	单价(元)	消　　耗　　量		
人工	综合工日	工日	140.00	2.208	1.795	3.040
材料	铸铁穿墙管	个	—	(1.000)	(1.000)	(1.000)
	角钢(综合)	kg	3.61	6.060	6.060	6.060
	六角螺栓带螺母、垫圈(综合)	kg	7.14	7.560	—	10.080
	膨胀水泥	kg	0.68	—	5.040	—
	石棉橡胶板	kg	9.40	0.800	—	1.380
	氧气	m³	3.63	—	0.240	—
	乙炔气	kg	10.45	—	0.080	—
	油麻丝	kg	4.10	—	0.720	—
	其他材料费占材料费	%	—	1.000	1.000	1.000
机械	汽车式起重机 8t	台班	763.67	0.009	0.009	0.018
	载重汽车 8t	台班	501.85	0.007	0.007	0.007

工作内容：切管、管件安装、接口、养护。   计量单位：个

定　额　编　号				A10-10-145	A10-10-146	A10-10-147
项　目　名　称				公称直径(mm以内)		
				承口DN400	法兰DN500	承口DN500
基　　　价（元）				420.16	757.33	572.27
其中	人　工　费（元）			368.34	581.98	486.92
	材　料　费（元）			34.56	134.18	44.18
	机　械　费（元）			17.26	41.17	41.17
名　　　称		单位	单价（元）	消　　耗　　量		
人工	综合工日	工日	140.00	2.631	4.157	3.478
材料	铸铁穿墙管	个	—	(1.000)	(1.000)	(1.000)
	低碳钢焊条	kg	6.84	—	0.790	0.790
	角钢(综合)	kg	3.61	6.060	6.060	6.060
	六角螺栓带螺母、垫圈(综合)	kg	7.14	—	12.600	—
	膨胀水泥	kg	0.68	7.000	—	9.900
	石棉橡胶板	kg	9.40	—	1.660	—
	氧气	m³	3.63	0.500	—	0.560
	乙炔气	kg	10.45	0.167	—	0.187
	油麻丝	kg	4.10	0.980	—	1.400
	其他材料费占材料费	%	—	1.000	1.000	1.000
机械	电焊条烘干箱 60×50×75cm³	台班	26.46	—	0.023	0.023
	汽车式起重机 8t	台班	763.67	0.018	0.027	0.027
	载重汽车 8t	台班	501.85	0.007	0.007	0.007
	直流弧焊机 20kV·A	台班	71.43	—	0.230	0.230

工作内容：切管、管件安装、接口、养护。 计量单位：个

定 额 编 号				A10-10-148	A10-10-149	A10-10-150
项 目 名 称				公称直径(mm以内)		
				法兰DN600	承口DN600	法兰DN700
基 价（元）				846.05	672.91	996.39
其中	人 工 费（元）			647.22	569.66	735.42
	材 料 费（元）			143.67	48.09	199.89
	机 械 费（元）			55.16	55.16	61.08
名 称		单位	单价(元)	消 耗 量		
人工	综合工日	工日	140.00	4.623	4.069	5.253
材 料	铸铁穿墙管	个	—	(1.000)	(1.000)	(1.000)
	低碳钢焊条	kg	6.84	0.790	0.790	1.060
	角钢(综合)	kg	3.61	6.060	6.060	15.150
	六角螺栓带螺母、垫圈(综合)	kg	7.14	12.600		15.120
	膨胀水泥	kg	0.68	—	12.100	—
	石棉橡胶板	kg	9.40	2.660	—	2.980
	氧气	m³	3.63	—	0.700	—
	乙炔气	kg	10.45	—	0.233	—
	油麻丝	kg	4.10	—	1.740	—
	其他材料费占材料费	%	—	1.000	1.000	1.000
机 械	电焊条烘干箱 60×50×75cm³	台班	26.46	0.023	0.023	0.031
	汽车式起重机 8t	台班	763.67	0.044	0.044	0.044
	载重汽车 8t	台班	501.85	0.009	0.009	0.009
	直流弧焊机 20kV·A	台班	71.43	0.230	0.230	0.310

工作内容：切管、管件安装、接口、养护。 计量单位：个

定 额 编 号			A10-10-151	A10-10-152	A10-10-153
项 目 名 称			公称直径(mm以内)		
			承口DN700	法兰DN800	承口DN800
基 价 （元）			787.95	1066.39	875.63
其中	人 工 费（元）		639.24	800.80	723.94
	材 料 费（元）		87.63	203.50	89.60
	机 械 费（元）		61.08	62.09	62.09
名 称	单位	单价(元)	消 耗 量		
人工 综合工日	工日	140.00	4.566	5.720	5.171
材料 铸铁穿墙管	个	—	(1.000)	(1.000)	(1.000)
低碳钢焊条	kg	6.84	1.060	1.060	1.060
角钢(综合)	kg	3.61	15.150	15.150	15.150
六角螺栓带螺母、垫圈(综合)	kg	7.14	—	15.120	—
膨胀水泥	kg	0.68	14.900	—	17.600
石棉橡胶板	kg	9.40	—	3.360	—
氧气	m³	3.63	0.820	—	0.300
乙炔气	kg	10.45	0.273	—	0.300
油麻丝	kg	4.10	2.160	—	2.580
其他材料费占材料费	%	—	1.000	1.000	1.000
机械 电焊条烘干箱 60×50×75cm³	台班	26.46	0.031	0.031	0.031
汽车式起重机 8t	台班	763.67	0.044	0.044	0.044
载重汽车 8t	台班	501.85	0.009	0.011	0.011
直流弧焊机 20kV·A	台班	71.43	0.310	0.310	0.310

761

工作内容：切管、管件安装、接口、养护。 计量单位：个

定 额 编 号				A10-10-154	A10-10-155	A10-10-156
项 目 名 称				公称直径(mm以内)		
				法兰DN900	承口DN900	法兰DN1000
基 价（元）				1717.81	1069.17	1911.03
其中	人 工 费（元）			910.00	870.94	958.44
	材 料 费（元）			233.87	103.94	237.67
	机 械 费（元）			573.94	94.29	714.92
名 称		单位	单价(元)	消 耗 量		
人工	综合工日	工日	140.00	6.500	6.221	6.846
材料	铸铁穿墙管	个	—	(1.000)	(1.000)	(1.000)
	低碳钢焊条	kg	6.84	1.210	1.210	1.210
	角钢(综合)	kg	3.61	17.170	17.170	17.170
	六角螺栓带螺母、垫圈(综合)	kg	7.14	17.640	—	17.640
	膨胀水泥	kg	0.68	—	19.880	—
	石棉橡胶板	kg	9.40	3.760	—	4.160
	氧气	m³	3.63	—	1.000	—
	乙炔气	kg	10.45	—	0.330	—
	油麻丝	kg	4.10	—	2.940	—
	其他材料费占材料费	%	—	1.000	1.000	1.000
机械	电焊条烘干箱 60×50×75cm³	台班	26.46	0.035	0.350	0.035
	汽车式起重机 16t	台班	958.70	—	—	0.710
	汽车式起重机 8t	台班	763.67	0.710	0.071	—
	载重汽车 8t	台班	501.85	0.011	0.011	0.016
	直流弧焊机 20kV·A	台班	71.43	0.354	0.354	0.354

工作内容：切管、管件安装、接口、养护。 计量单位：个

定 额 编 号				A10-10-157	A10-10-158	A10-10-159
项 目 名 称				公称直径(mm以内)		
				承口DN1000	法兰DN1200	承口DN1200
基 价（元）				1181.21	2459.60	1519.55
其中	人 工 费（元）			958.30	1313.34	1275.68
	材 料 费（元）			112.27	264.42	121.32
	机 械 费（元）			110.64	881.84	122.55
名 称		单位	单价(元)	消 耗 量		
人工	综合工日	工日	140.00	6.845	9.381	9.112
材料	铸铁穿墙管	个	—	(1.000)	(1.000)	(1.000)
	低碳钢焊条	kg	6.84	1.210	1.380	1.380
	角钢(综合)	kg	3.61	17.170	17.170	17.170
	六角螺栓带螺母、垫圈(综合)	kg	7.14	—	20.160	—
	膨胀水泥	kg	0.68	24.920	—	31.520
	石棉橡胶板	kg	9.40	—	4.940	—
	氧气	m³	3.63	1.120	—	1.120
	乙炔气	kg	10.45	0.373	—	0.407
	油麻丝	kg	4.10	3.900	—	4.620
	其他材料费占材料费	%	—	1.000	1.000	1.000
机械	电焊条烘干箱 60×50×75cm³	台班	26.46	0.350	0.041	0.041
	汽车式起重机 16t	台班	958.70	0.071	0.880	0.088
	载重汽车 8t	台班	501.85	0.016	0.016	0.016
	直流弧焊机 20kV·A	台班	71.43	0.354	0.407	0.407

13. 一般塑料套管制作安装

工作内容：切管、安装、填塞密封材料、堵洞。 计量单位：个

定 额 编 号			A10-10-160	A10-10-161	A10-10-162
项 目 名 称			介质管道		
			外径(mm以内)		
			32	50	75
基 价 （元）			8.55	14.04	25.33
其中	人 工 费（元）		6.30	8.40	8.54
	材 料 费（元）		2.25	5.64	16.79
	机 械 费（元）		—	—	—
名 称	单位	单价(元)	消 耗 量		
人工	综合工日	工日	140.00	0.045	0.060	0.061
材料	塑料管	m	—	(0.318)	(0.318)	(0.318)
	锯条(各种规格)	根	0.62	0.031	0.102	0.236
	密封油膏	kg	6.50	0.153	0.163	0.254
	水泥 42.5级	kg	0.33	0.186	0.245	0.332
	油麻	kg	6.84	0.158	0.623	2.115
	中(粗)砂	kg	0.09	0.558	0.734	0.997
	其他材料费占材料费	%	—	2.000	2.000	2.000

工作内容：切管、安装、填塞密封材料、堵洞。

计量单位：个

定 额 编 号				A10-10-163	A10-10-164
项 目 名 称				介质管道	
				外径(mm以内)	
				110	160
基 价（元）				26.72	37.20
其中	人 工 费（元）			9.10	10.22
	材 料 费（元）			17.62	26.98
	机 械 费（元）			—	—
名 称		单位	单价(元)	消 耗 量	
人工	综合工日	工日	140.00	0.065	0.073
材料	塑料管	m	—	(0.318)	(0.318)
	锯条(各种规格)	根	0.62	0.529	0.705
	密封油膏	kg	6.50	0.258	0.612
	水泥 42.5级	kg	0.33	0.440	0.800
	油麻	kg	6.84	2.194	3.152
	中(粗)砂	kg	0.09	1.319	2.399
	其他材料费占材料费	%	—	2.000	2.000

工作内容：切管、安装、填塞密封材料、堵洞。 计量单位：个

定 额 编 号				A10-10-165	A10-10-166
项 目 名 称				介质管道	
				外径(mm以内)	
				200	250
基 价 （元）				38.93	42.14
其中	人 工 费（元）			10.92	12.18
	材 料 费（元）			28.01	29.96
	机 械 费（元）			—	—
名 称		单位	单价(元)	消 耗 量	
人工	综合工日	工日	140.00	0.078	0.087
材料	塑料管	m	—	(0.318)	(0.318)
	锯条(各种规格)	根	0.62	1.009	1.411
	密封油膏	kg	6.50	0.635	0.661
	水泥 42.5级	kg	0.33	0.953	1.087
	油麻	kg	6.84	3.236	3.443
	中(粗)砂	kg	0.09	2.859	3.262
	其他材料费占材料费	%	—	2.000	2.000

14. 成品防火套管安装

工作内容：就位、固定、堵洞。   计量单位：个

定 额 编 号				A10-10-167	A10-10-168	A10-10-169
项 目 名 称				公称直径(mm以内)		
				50	75	100
基 价（元）				11.74	16.73	22.09
其中	人 工 费（元）			8.96	13.58	17.64
	材 料 费（元）			2.78	3.15	4.45
	机 械 费（元）			—	—	—
	名 称	单位	单价(元)	消 耗 量		
人工	综合工日	工日	140.00	0.064	0.097	0.126
材料	成品防火套管	个	—	(1.000)	(1.000)	(1.000)
	商品混凝土 C20(泵送)	m³	363.30	0.006	0.007	0.009
	水泥砂浆 1:2.5	m³	274.23	0.002	0.002	0.004
	其他材料费占材料费	%	—	2.000	2.000	2.000

工作内容：就位、固定、堵洞。

计量单位：个

定　额　编　号			A10-10-170	A10-10-171	A10-10-172
项　目　名　称			公称直径(mm以内)		
			150	200	250
基　　　　价（元）			26.38	33.93	37.75
其中	人　工　费（元）		19.88	26.04	28.84
	材　料　费（元）		6.50	7.89	8.91
	机　械　费（元）		—	—	—
名　　　　称	单位	单价(元)	消　　耗　　量		
人工	综合工日	工日	140.00	0.142	0.186	0.206
材料	成品防火套管	个	—	(1.000)	(1.000)	(1.000)
	商品混凝土 C20(泵送)	m³	363.30	0.013	0.016	0.018
	水泥砂浆 1∶2.5	m³	274.23	0.006	0.007	0.008
	其他材料费占材料费	%	—	2.000	2.000	2.000

15.碳钢管道保护管制作安装

工作内容：切管连接、除锈刷漆、就位固定、管端处理。

计量单位：10m

定　额　编　号			A10-10-173	A10-10-174	A10-10-175
项　目　名　称			公称直径(mm以内)		
			50	80	100
基　　　价（元）			57.79	87.11	110.94
其中	人　工　费（元）		48.72	73.36	88.48
	材　料　费（元）		7.14	10.27	12.92
	机　械　费（元）		1.93	3.48	9.54
名　　称		单位	单价（元）	消　　耗　　量	
人工	综合工日	工日	140.00	0.348	0.524	0.632
材料	碳钢管	m	—	(10.300)	(10.300)	(10.300)
	低碳钢焊条	kg	6.84	0.011	0.022	0.038
	电	kW·h	0.68	0.004	0.007	0.010
	酚醛防锈漆	kg	6.15	0.440	0.685	0.879
	钢丝 φ4.0	kg	4.02	0.065	0.065	0.065
	钢丝刷	把	2.56	0.181	0.282	0.362
	锯条(各种规格)	根	0.62	0.130	—	—
	尼龙砂轮片 φ100	片	2.05	0.005	0.009	0.011
	尼龙砂轮片 φ400	片	8.55	0.028	0.041	0.047
	破布	kg	6.32	0.249	0.311	0.370
	汽油	kg	6.77	0.128	0.199	0.256
	铁砂布	张	0.85	0.269	0.419	0.537
	氧气	m³	3.63	0.069	0.096	0.120
	乙炔气	kg	10.45	0.023	0.032	0.040
	其他材料费占材料费	%	—	2.000	2.000	2.000
机械	电焊机(综合)	台班	118.28	0.007	0.012	0.052
	砂轮切割机 400mm	台班	24.71	0.007	0.008	0.024
	载重汽车 5t	台班	430.70	0.001	0.002	0.003
	载重汽车 8t	台班	501.85	0.001	0.002	0.003

工作内容：切管连接、除锈刷漆、就位固定、管端处理。

计量单位：10m

定　额　编　号				A10-10-176	A10-10-177	A10-10-178
项　目　名　称				公称直径(mm以内)		
				150	200	300
基　　　价（元）				146.69	180.13	306.66
其中	人　工　费（元）			117.88	142.80	192.08
	材　料　费（元）			17.63	24.05	35.43
	机　械　费（元）			11.18	13.28	79.15
名　　　称		单位	单价（元）	消　　耗　　量		
人工	综合工日	工日	140.00	0.842	1.020	1.372
材料	碳钢管	m	—	(10.300)	(10.300)	(10.300)
	低碳钢焊条	kg	6.84	0.073	0.101	0.324
	电	kW·h	0.68	0.015	0.021	0.038
	酚醛防锈漆	kg	6.15	1.228	1.695	2.505
	钢丝 φ4.0	kg	4.02	0.065	0.065	0.065
	钢丝刷	把	2.56	0.505	0.697	1.030
	尼龙砂轮片 φ100	片	2.05	0.018	0.025	0.041
	破布	kg	6.32	0.440	0.546	0.672
	汽油	kg	6.77	0.357	0.493	0.728
	铁砂布	张	0.85	0.750	1.035	1.530
	氧气	m³	3.63	0.252	0.378	0.510
	乙炔气	kg	10.45	0.084	0.126	0.170
	其他材料费占材料费	%	—	2.000	2.000	2.000
机械	电焊机(综合)	台班	118.28	0.063	0.065	0.070
	载重汽车 5t	台班	430.70	0.004	0.006	0.076
	载重汽车 8t	台班	501.85	0.004	0.006	0.076

工作内容：切管连接、除锈刷漆、就位固定、管端处理。

计量单位：10m

定　额　编　号			A10-10-179	A10-10-180
项　目　名　称			公称直径(mm以内)	
			400	500
基　　　　　价　（元）			410.94	516.27
其中	人　工　费（元）		256.06	320.04
	材　料　费（元）		49.69	63.96
	机　械　费（元）		105.19	132.27
名　　　称	单位	单价（元）	消　　耗　　量	
人工	综合工日	工日	140.00	1.829	2.286
材料	碳钢管	m	—	(10.300)	(10.300)
	低碳钢焊条	kg	6.84	0.432	0.540
	电	kW·h	0.68	0.051	0.063
	酚醛防锈漆	kg	6.15	3.340	4.175
	钢丝 φ4.0	kg	4.02	0.087	0.108
	钢丝刷	把	2.56	1.373	1.717
	尼龙砂轮片 φ100	片	2.05	0.055	0.068
	破布	kg	6.32	0.896	1.120
	汽油	kg	6.77	0.971	1.213
	铁砂布	张	0.85	2.040	2.550
	氧气	m³	3.63	1.017	1.527
	乙炔气	kg	10.45	0.339	0.509
	其他材料费占材料费	%	—	2.000	2.000
机械	电焊机(综合)	台班	118.28	0.093	0.117
	载重汽车 5t	台班	430.70	0.101	0.127
	载重汽车 8t	台班	501.85	0.101	0.127

16. 塑料管道保护管制作安装

工作内容：切管连接、就位固定、管端处理。

计量单位：10m

定　额　编　号			A10-10-181	A10-10-182	A10-10-183
项　目　名　称			外径(mm以内)		
			50	90	110
基　　　价（元）			16.62	29.71	39.04
其中	人　工　费（元）		16.52	29.54	38.78
	材　料　费（元）		0.10	0.17	0.26
	机　械　费（元）		—	—	—
名　　称	单位	单价（元）	消　　耗　　量		
人工	综合工日	工日	140.00	0.118	0.211	0.277
材料	塑料管	m	—	(10.300)	(10.300)	(10.300)
	丙酮	kg	7.51	0.002	0.004	0.007
	锯条(各种规格)	根	0.62	0.131	0.209	0.313
	粘结剂	kg	2.88	0.001	0.002	0.003
	其他材料费占材料费	%	—	2.000	2.000	2.000

工作内容：切管连接、就位固定、管端处理。

计量单位：10m

定　额　编　号				A10-10-184	A10-10-185	A10-10-186
项　目　名　称				外径(mm以内)		
				160	200	315
基　　价（元）				52.27	65.70	79.09
其中	人　工　费（元）			51.94	65.10	77.42
	材　料　费（元）			0.33	0.60	1.67
	机　械　费（元）			—	—	—
名　　称		单位	单价（元）	消　耗　量		
人工	综合工日	工日	140.00	0.371	0.465	0.553
材料	塑料管	m	—	(10.300)	(10.300)	(10.300)
	丙酮	kg	7.51	0.008	0.009	0.011
	锯条(各种规格)	根	0.62	0.414	0.814	2.481
	粘结剂	kg	2.88	0.003	0.005	0.007
	其他材料费占材料费	%	—	2.000	2.000	2.000

17.阻火圈安装

工作内容：就位、固定。

计量单位：个

定 额 编 号			A10-10-187	A10-10-188	A10-10-189
项 目 名 称			公称直径(mm以内)		
			75	100	150
基 价（元）			9.96	10.80	12.06
其中	人 工 费（元）		6.44	7.28	8.54
	材 料 费（元）		3.52	3.52	3.52
	机 械 费（元）		—	—	—
名 称	单位	单价（元）	消 耗 量		
人工	综合工日	工日	140.00	0.046	0.052	0.061
材料	阻火圈	个	—	(1.000)	(1.000)	(1.000)
	冲击钻头 φ16	个	9.40	0.040	0.040	0.040
	电	kW·h	0.68	0.100	0.100	0.100
	膨胀螺栓 M12	套	0.73	4.120	4.120	4.120
	其他材料费占材料费	%	—	2.000	2.000	2.000

工作内容：就位、固定。   计量单位：个

定　额　编　号				A10-10-190	A10-10-191
项　目　名　称				公称直径(mm以内)	
				200	250
基　　　　　价（元）				15.89	21.32
其中	人　工　费（元）			10.78	14.42
	材　料　费（元）			5.11	6.90
	机　械　费（元）			—	—
名　　称		单位	单价（元）	消　　耗　　量	
人工	综合工日	工日	140.00	0.077	0.103
材料	阻火圈	个	—	(1.000)	(1.000)
	冲击钻头 φ18	个	13.25	0.040	—
	冲击钻头 φ20	个	17.95	—	0.040
	电	kW·h	0.68	0.100	0.100
	膨胀螺栓 M14	套	1.07	4.120	—
	膨胀螺栓 M16	套	1.45	—	4.120
	其他材料费占材料费	%	—	2.000	2.000

五、管道水压试验

工作内容：准备工作、制堵盲板、装拆临时泵、临时管线、灌水、加压、停压检查。　　　计量单位：100m

定　额　编　号			A10-10-192	A10-10-193	A10-10-194
项　目　名　称			公称直径(mm以内)		
			15	20	25
基　　　价（元）			159.48	172.12	185.66
其中	人　工　费（元）		153.16	165.34	178.22
	材　料　费（元）		4.59	5.03	5.52
	机　械　费（元）		1.73	1.75	1.92
名　　称	单位	单价（元）	消　　耗　　量		
人工 综合工日	工日	140.00	1.094	1.181	1.273
材料 弹簧压力表	个	23.08	0.020	0.021	0.022
低碳钢焊条	kg	6.84	0.016	0.017	0.018
焊接钢管 DN20	m	4.46	0.130	0.139	0.147
六角螺栓	kg	5.81	0.037	0.040	0.043
螺纹阀门 DN20	个	22.00	0.040	0.042	0.044
热轧厚钢板 δ8.0～15	kg	3.20	0.295	0.318	0.343
水	m³	7.96	0.024	0.043	0.069
橡胶板	kg	2.91	0.072	0.078	0.084
橡胶软管 DN20	m	7.26	0.061	0.064	0.067
压力表弯管 DN15	个	10.69	0.020	0.021	0.022
氧气	m³	3.63	0.036	0.039	0.042
乙炔气	kg	10.45	0.012	0.013	0.014
其他材料费占材料费	%	—	2.000	2.000	2.000
机械 电动单级离心清水泵 100mm	台班	33.35	0.003	0.003	0.004
电焊机(综合)	台班	118.28	0.012	0.012	0.013
试压泵 3MPa	台班	17.53	0.012	0.013	0.014

工作内容：准备工作、制堵盲板、装拆临时泵、临时管线、灌水、加压、停压检查。　　计量单位：100m

定　额　编　号			A10-10-195	A10-10-196	A10-10-197
项　目　名　称			公称直径(mm以内)		
			32	40	50
基　　　　价（元）			199.40	213.14	226.69
其中	人　工　费（元）		191.10	204.12	216.44
	材　料　费（元）		6.25	6.83	7.99
	机　械　费（元）		2.05	2.19	2.26
名　　　称	单位	单价（元）	消　　耗　　量		
人工 综合工日	工日	140.00	1.365	1.458	1.546
材料 弹簧压力表	个	23.08	0.023	0.024	0.025
低碳钢焊条	kg	6.84	0.020	0.021	0.022
焊接钢管 DN20	m	4.46	0.156	0.163	0.174
六角螺栓	kg	5.81	0.047	0.050	0.053
螺纹阀门 DN20	个	22.00	0.046	0.048	0.050
热轧厚钢板 δ8.0～15	kg	3.20	0.368	0.393	0.417
水	m³	7.96	0.121	0.158	0.265
橡胶板	kg	2.91	0.090	0.096	0.102
橡胶软管 DN20	m	7.26	0.070	0.073	0.076
压力表弯管 DN15	个	10.69	0.023	0.024	0.025
氧气	m³	3.63	0.045	0.048	0.051
乙炔气	kg	10.45	0.015	0.016	0.017
其他材料费占材料费	%	—	2.000	2.000	2.000
机械 电动单级离心清水泵 100mm	台班	33.35	0.004	0.004	0.005
电焊机(综合)	台班	118.28	0.014	0.015	0.015
试压泵 3MPa	台班	17.53	0.015	0.016	0.018

工作内容：准备工作、制堵盲板、装拆临时泵、临时管线、灌水、加压、停压检查。　计量单位：100m

定　额　编　号			A10-10-198	A10-10-199	A10-10-200
项　目　名　称			公称直径(mm以内)		
			65	80	100
基　　　价（元）			241.44	255.61	272.54
其中	人　工　费（元）		229.32	241.50	254.38
	材　料　费（元）		9.69	11.46	15.41
	机　械　费（元）		2.43	2.65	2.75
名　　　称	单位	单价（元）	消　　耗　　量		
人工	综合工日	工日	140.00	1.638	1.725	1.817

	名　　　称	单位	单价（元）			
材料	弹簧压力表	个	23.08	0.026	0.027	0.029
	低碳钢焊条	kg	6.84	0.024	0.025	0.026
	焊接钢管 DN20	m	4.46	0.185	0.203	0.210
	六角螺栓	kg	5.81	0.056	0.059	0.062
	螺纹阀门 DN20	个	22.00	0.052	0.055	0.057
	热轧厚钢板 δ8.0～15	kg	3.20	0.442	0.465	0.490
	水	m³	7.96	0.436	0.611	1.058
	橡胶板	kg	2.91	0.108	0.114	0.120
	橡胶软管 DN20	m	7.26	0.080	0.084	0.087
	压力表弯管 DN15	个	10.69	0.026	0.027	0.029
	氧气	m³	3.63	0.054	0.057	0.060
	乙炔气	kg	10.45	0.018	0.019	0.020
	其他材料费占材料费	%	—	2.000	2.000	2.000
机械	电动单级离心清水泵 100mm	台班	33.35	0.006	0.008	0.010
	电焊机(综合)	台班	118.28	0.016	0.017	0.017
	试压泵 3MPa	台班	17.53	0.019	0.021	0.023

工作内容：准备工作、制堵盲板、装拆临时泵、临时管线、灌水、加压、停压检查。　　计量单位：100m

定　额　编　号				A10-10-201	A10-10-202	A10-10-203
项　目　名　称				公称直径(mm以内)		
				125	150	200
基　　　　　价（元）				293.18	314.87	359.56
其中	人　工　费（元）			268.80	283.08	311.22
	材　料　费（元）			21.28	28.34	44.40
	机　械　费（元）			3.10	3.45	3.94
名　　称		单位	单价（元）	消　　耗　　量		
人工	综合工日	工日	140.00	1.920	2.022	2.223
材料	弹簧压力表	个	23.08	0.030	0.031	0.033
	低碳钢焊条	kg	6.84	0.028	0.030	0.032
	焊接钢管 DN20	m	4.46	0.218	0.228	0.239
	六角螺栓	kg	5.81	0.080	0.120	0.180
	螺纹阀门 DN20	个	22.00	0.060	0.063	0.066
	热轧厚钢板 δ8.0～15	kg	3.20	0.727	1.103	1.476
	水	m³	7.96	1.641	2.292	4.036
	橡胶板	kg	2.91	0.140	0.160	0.180
	橡胶软管 DN20	m	7.26	0.091	0.096	0.100
	压力表弯管 DN15	个	10.69	0.030	0.031	0.033
	氧气	m³	3.63	0.063	0.069	0.075
	乙炔气	kg	10.45	0.021	0.023	0.025
	其他材料费占材料费	%	—	2.000	2.000	2.000
机械	电动单级离心清水泵 100mm	台班	33.35	0.016	0.025	0.034
	电焊机(综合)	台班	118.28	0.018	0.018	0.019
	试压泵 3MPa	台班	17.53	0.025	0.028	0.032

工作内容：准备工作、制堵盲板、装拆临时泵、临时管线、灌水、加压、停压检查。 计量单位：100m

定 额 编 号			A10-10-204	A10-10-205	A10-10-206
项 目 名 称			公称直径(mm以内)		
			250	300	350
基 价（元）			438.36	519.05	587.78
其中	人 工 费（元）		366.52	420.56	461.44
	材 料 费（元）		67.39	93.54	120.80
	机 械 费（元）		4.45	4.95	5.54
名 称		单位	单价（元）	消 耗 量	
人工	综合工日	工日	140.00	2.618	3.004	3.296
材料	弹簧压力表	个	23.08	0.034	0.036	0.038
	低碳钢焊条	kg	6.84	0.035	0.037	0.040
	焊接钢管 DN20	m	4.46	0.250	0.261	0.272
	六角螺栓	kg	5.81	0.278	0.376	0.458
	螺纹阀门 DN20	个	22.00	0.069	0.072	0.075
	热轧厚钢板 δ8.0~15	kg	3.20	2.306	3.328	3.796
	水	m³	7.96	6.417	9.111	12.141
	橡胶板	kg	2.91	0.210	0.240	0.330
	橡胶软管 DN20	m	7.26	0.105	0.109	0.114
	压力表弯管 DN15	个	10.69	0.034	0.036	0.038
	氧气	m³	3.63	0.084	0.090	0.108
	乙炔气	kg	10.45	0.028	0.030	0.036
	其他材料费占材料费	%	—	2.000	2.000	2.000
机械	电动单级离心清水泵 100mm	台班	33.35	0.047	0.060	0.070
	电焊机(综合)	台班	118.28	0.019	0.019	0.020
	试压泵 3MPa	台班	17.53	0.036	0.040	0.048

工作内容：准备工作、制堵盲板、装拆临时泵、临时管线、灌水、加压、停压检查。　　　计量单位：100m

定　额　编　号			A10-10-207	A10-10-208	A10-10-209
项　目　名　称			公称直径(mm以内)		
			400	450	500
基　　价（元）			659.34	701.93	781.56
其中	人　工　费（元）		501.06	507.64	551.04
	材　料　费（元）		152.19	187.92	223.69
	机　械　费（元）		6.09	6.37	6.83
名　　　称	单位	单价（元）	消　　耗　　量		
人工	综合工日	工日	140.00	3.579	3.626	3.936
材料	弹簧压力表	个	23.08	0.040	0.040	0.043
	低碳钢焊条	kg	6.84	0.042	0.044	0.047
	焊接钢管 DN20	m	4.46	0.282	0.289	0.297
	六角螺栓	kg	5.81	0.540	0.589	0.637
	螺纹阀门 DN20	个	22.00	0.080	0.080	0.085
	热轧厚钢板 δ8.0~15	kg	3.20	4.264	4.403	4.946
	水	m³	7.96	15.681	19.933	24.023
	橡胶板	kg	2.91	0.420	0.508	0.535
	橡胶软管 DN20	m	7.26	0.120	0.123	0.126
	压力表弯管 DN15	个	10.69	0.040	0.040	0.043
	氧气	m³	3.63	0.120	0.138	0.156
	乙炔气	kg	10.45	0.040	0.046	0.052
	其他材料费占材料费	%	—	2.000	2.000	2.000
机械	电动单级离心清水泵 100mm	台班	33.35	0.080	0.087	0.091
	电焊机(综合)	台班	118.28	0.020	0.020	0.021
	试压泵 3MPa	台班	17.53	0.060	0.063	0.075

六、其他

1.成品表箱安装

工作内容：就位、固定。

计量单位：个

定　额　编　号			A10-10-210	A10-10-211
项　目　名　称			半周长（mm以内）	
			500	1000
基　　价（元）			32.60	41.57
其中	人　工　费（元）		28.00	35.98
	材　料　费（元）		3.89	4.53
	机　械　费（元）		0.71	1.06
名　　称	单位	单价（元）	消　　耗　　量	
人工	综合工日	工日	140.00	0.200	0.257
材料	计量表箱	台	—	(1.000)	(1.000)
	冲击钻头 φ14	个	8.55	0.056	0.072
	低碳钢焊条	kg	6.84	0.015	0.022
	电	kW·h	0.68	0.100	0.100
	膨胀螺栓 M10	套	0.25	4.120	4.120
	水泥 42.5级	kg	0.33	1.231	1.893
	氧气	m³	3.63	0.045	0.048
	乙炔气	kg	10.45	0.015	0.018
	圆钢 φ10~14	kg	3.40	0.316	0.316
	中(粗)砂	kg	0.09	3.692	5.680
	其他材料费占材料费	%	—	2.000	2.000
机械	电焊机(综合)	台班	118.28	0.006	0.009

工作内容：就位、固定。

计量单位：个

定　额　编　号	A10-10-212
项　目　名　称	半周长(mm)
	1000以上
基　　　价（元）	73.09

其中	人　工　费（元）	59.64
	材　料　费（元）	11.79
	机　械　费（元）	1.66

	名　　称	单位	单价（元）	消　耗　量
人工	综合工日	工日	140.00	0.426
材料	计量表箱	台	—	(1.000)
	冲击钻头 φ16	个	9.40	0.168
	低碳钢焊条	kg	6.84	0.036
	电	kW·h	0.68	0.100
	膨胀螺栓 M12	套	0.73	8.240
	水泥 42.5级	kg	0.33	3.400
	氧气	m³	3.63	0.075
	乙炔气	kg	10.45	0.025
	圆钢 φ10~14	kg	3.40	0.316
	中(粗)砂	kg	0.09	10.200
	其他材料费占材料费	%	—	2.000
机械	电焊机(综合)	台班	118.28	0.014

2.剔堵槽、沟
(1)砖结构

工作内容：划线、剔槽、堵抹、调运砂浆、清理等。　　　　　　　　　　　　　　计量单位：10m

定　额　编　号			A10-10-213	A10-10-214	A10-10-215
项　目　名　称			宽mm×深mm		
			70×70	90×90	100×140
基　　　　价（元）			92.32	113.41	147.08
其中	人　工　费（元）		42.98	58.66	76.30
	材　料　费（元）		49.34	54.75	70.78
	机　械　费（元）		—	—	—
名　　　称	单位	单价(元)	消　耗　　量		
人工	综合工日	工日	140.00	0.307	0.419	0.545
材料	电	kW·h	0.68	1.070	1.375	2.140
	合金钢切割片 φ300	片	72.65	0.440	0.440	0.440
	水	m³	7.96	0.050	0.060	0.080
	水泥砂浆 1:2.5	m³	274.23	0.010	0.010	0.010
	水泥砂浆 1:3	m³	250.74	0.050	0.070	0.130
	其他材料费占材料费	%	—	2.000	2.000	2.000

工作内容：划线、剔槽、堵抹、调运砂浆、清理等。

计量单位：10m

定 额 编 号				A10-10-216	A10-10-217
项 目 名 称				宽mm×深mm	
				120×150	150×200
基 价（元）				207.76	317.73
其中	人 工 费（元）			129.08	202.16
	材 料 费（元）			78.68	115.57
	机 械 费（元）			—	—
名 称		单位	单价（元）	消 耗 量	
人工	综合工日	工日	140.00	0.922	1.444
材料	电	kW•h	0.68	2.350	3.210
	合金钢切割片 φ300	片	72.65	0.440	0.440
	水	m³	7.96	0.090	0.120
	水泥砂浆 1:2.5	m³	274.23	0.010	0.020
	水泥砂浆 1:3	m³	250.74	0.160	0.290
	其他材料费占材料费	%	—	2.000	2.000

(2)混凝土结构

工作内容：划线、剔槽、堵抹、调运砂浆、清理等。

计量单位：10m

定 额 编 号			A10-10-218	A10-10-219	A10-10-220
项 目 名 称			宽mm×深mm		
			70×70	90×90	100×140
基 价（元）			193.67	246.00	315.60
其中	人 工 费（元）		129.64	176.40	229.60
	材 料 费（元）		64.03	69.60	86.00
	机 械 费（元）		—	—	—
名 称		单位	单价(元)	消 耗 量	
人工	综合工日	工日	140.00	0.926	1.260	1.640
材料	电	kW·h	0.68	1.950	2.490	3.900
	合金钢切割片 φ300	片	72.65	0.630	0.630	0.630
	水	m³	7.96	0.050	0.060	0.070
	水泥砂浆 1:2.5	m³	274.23	0.010	0.010	0.010
	水泥砂浆 1:3	m³	250.74	0.050	0.070	0.130
	其他材料费占材料费	%	—	2.000	2.000	2.000

工作内容：划线、剔槽、堵抹、调运砂浆、清理等。

计量单位：10m

定 额 编 号				A10-10-221	A10-10-222
项 目 名 称				宽mm×深mm	
				120×150	150×200
基 价 （元）				388.21	515.22
其中	人 工 费 （元）			294.14	383.88
	材 料 费 （元）			94.07	131.34
	机 械 费 （元）			—	—
名 称		单位	单价（元）	消 耗 量	
人工	综合工日	工日	140.00	2.101	2.742
材料	电	kW•h	0.68	4.230	5.650
	合金钢切割片 φ300	片	72.65	0.630	0.630
	水	m³	7.96	0.090	0.120
	水泥砂浆 1：2.5	m³	274.23	0.010	0.020
	水泥砂浆 1：3	m³	250.74	0.160	0.290
	其他材料费占材料费	%	—	2.000	2.000

3.机械钻孔
(1)混凝土楼板钻孔

工作内容：定位、划线、固定设备、钻孔、检查、整理、清场。　　　　　　　　　计量单位：10个

定　额　编　号				A10-10-223	A10-10-224	A10-10-225
项　目　名　称				钻孔直径(mm以内)		
				63	83	108
基　　　价（元）				89.13	119.89	156.36
其中	人　工　费（元）			74.06	103.60	135.38
	材　料　费（元）			15.07	16.29	20.98
	机　械　费（元）			—	—	—
名　　　称		单位	单价(元)	消　　耗　　量		
人工	综合工日	工日	140.00	0.529	0.740	0.967
材料	电	kW·h	0.68	1.490	2.110	3.130
	合金钢钻头	个	7.80	1.400	1.500	2.000
	机油	kg	19.66	0.120	0.120	0.120
	水	m³	7.96	0.060	0.060	0.060
	其他材料费占材料费	%	—	2.000	2.000	2.000

788

工作内容：定位、划线、固定设备、钻孔、检查、整理、清场。
计量单位：10个

定 额 编 号			A10-10-226	A10-10-227
项 目 名 称			钻孔直径(mm以内)	
			132	200
基 价 （元）			176.98	218.13
其中	人 工 费 （元）		155.82	188.72
	材 料 费 （元）		21.16	29.41
	机 械 费 （元）		—	—
名 称	单位	单价(元)	消 耗 量	
人工	综合工日	工日	140.00	1.113	1.348
材料	电	kW・h	0.68	3.280	3.580
	合金钢钻头	个	7.80	2.000	3.000
	机油	kg	19.66	0.120	0.120
	水	m³	7.96	0.070	0.080
	其他材料费占材料费	%	—	2.000	2.000

(2)混凝土墙体钻孔

工作内容：定位、划线、固定设备、钻孔、检查、整理、清场。

计量单位：10个

定　额　编　号				A10-10-228	A10-10-229	A10-10-230
项　目　名　称				钻孔直径(mm以内)		
				63	83	108
基　　　　价（元）				132.90	174.86	205.68
其中	人　工　费（元）			113.40	153.86	183.82
	材　料　费（元）			19.50	21.00	21.86
	机　械　费（元）			—	—	—
名　　　称		单位	单价（元）	消　　耗　　量		
人工	综合工日	工日	140.00	0.810	1.099	1.313
材料	电	kW·h	0.68	2.810	3.820	5.060
	合金钢钻头	个	7.80	1.600	1.700	1.700
	机油	kg	19.66	0.200	0.200	0.200
	水	m³	7.96	0.100	0.100	0.100
	其他材料费占材料费	%	—	2.000	2.000	2.000

工作内容：定位、划线、固定设备、钻孔、检查、整理、清场。 计量单位：10个

定 额 编 号				A10-10-231	A10-10-232
项 目 名 称				钻孔直径(mm以内)	
				132	200
基 价（元）				248.92	292.08
其中	人 工 费（元）			222.60	257.04
	材 料 费（元）			26.32	35.04
	机 械 费（元）			—	—
名 称		单位	单价（元）	消 耗 量	
人工	综合工日	工日	140.00	1.590	1.836
材料	电	kW·h	0.68	5.530	6.390
	合金钢钻头	个	7.80	2.200	3.200
	机油	kg	19.66	0.200	0.200
	水	m³	7.96	0.120	0.140
	其他材料费占材料费	%	—	2.000	2.000

4. 预留孔洞

工作内容：制作模具、定位、固定、配合浇筑、拆模、清理。

计量单位：10个

定 额 编 号			A10-10-233	A10-10-234	A10-10-235
项 目 名 称			混凝土楼板		
			公称直径(mm以内)		
			50	65	80
基 价（元）			32.62	40.03	42.67
其中	人 工 费（元）		23.10	27.44	29.54
	材 料 费（元）		8.57	11.29	11.71
	机 械 费（元）		0.95	1.30	1.42
名 称	单位	单价(元)	消 耗 量		
人工	综合工日	工日	140.00	0.165	0.196	0.211
材料	低碳钢焊条	kg	6.84	0.020	0.028	0.028
	隔离剂	kg	2.37	0.070	0.141	0.141
	焊接钢管(综合)	kg	3.38	1.221	1.792	1.800
	氧气	m³	3.63	0.108	0.153	0.192
	乙炔气	kg	10.45	0.036	0.051	0.064
	圆钢 φ10～14	kg	3.40	0.942	1.000	1.030
	其他材料费占材料费	%	—	2.000	2.000	2.000
机械	电焊机(综合)	台班	118.28	0.008	0.011	0.012

工作内容：制作模具、定位、固定、配合浇筑、拆模、清理。　　　　　　　　　　计量单位：10个

定　额　编　号				A10-10-236	A10-10-237	A10-10-238
项　目　名　称				混凝土楼板		
				公称直径(mm以内)		
				100	125	150
基　　　价　（元）				51.90	57.47	71.73
其中	人　工　费（元）			31.78	33.88	36.12
	材　料　费（元）			18.46	21.82	33.01
	机　械　费（元）			1.66	1.77	2.60
名　　称		单位	单价(元)	消　　耗　　量		
人工	综合工日	工日	140.00	0.227	0.242	0.258
材料	低碳钢焊条	kg	6.84	0.034	0.038	0.058
	隔离剂	kg	2.37	0.170	0.188	0.294
	焊接钢管(综合)	kg	3.38	2.432	2.884	5.267
	氧气	m³	3.63	0.759	0.984	1.293
	乙炔气	kg	10.45	0.253	0.328	0.431
	圆钢 φ10～14	kg	3.40	1.130	1.160	1.256
	其他材料费占材料费	%	—	2.000	2.000	2.000
机械	电焊机(综合)	台班	118.28	0.014	0.015	0.022

工作内容：制作模具、定位、固定、配合浇筑、拆模、清理。 计量单位：10个

定　额　编　号				A10-10-239	A10-10-240	A10-10-241
项　目　名　称				混凝土楼板		
				公称直径(mm以内)		
				200	250	300
基　　　价（元）				90.08	98.98	108.31
其中	人　工　费（元）			38.78	41.86	45.08
	材　料　费（元）			48.58	53.93	60.04
	机　械　费（元）			2.72	3.19	3.19
名　　　称		单位	单价（元）	消　　耗　　量		
人工	综合工日	工日	140.00	0.277	0.299	0.322
材料	低碳钢焊条	kg	6.84	0.059	0.069	0.070
	隔离剂	kg	2.37	0.353	0.396	0.400
	焊接钢管(综合)	kg	3.38	8.338	9.706	10.995
	氧气	m³	3.63	1.653	1.716	1.944
	乙炔气	kg	10.45	0.551	0.572	0.648
	圆钢 φ10～14	kg	3.40	1.896	1.896	1.896
	其他材料费占材料费	%	—	2.000	2.000	2.000
机械	电焊机(综合)	台班	118.28	0.023	0.027	0.027

工作内容：制作模具、定位、固定、配合浇筑、拆模、清理。 计量单位：10个

定 额 编 号				A10-10-242	A10-10-243
项 目 名 称				混凝土楼板	
				公称直径(mm以内)	
				350	400
基 价 （元）				132.66	153.53
其中	人 工 费（元）			49.70	54.18
	材 料 费（元）			79.41	95.57
	机 械 费（元）			3.55	3.78
名 称		单位	单价（元）	消 耗 量	
人工	综合工日	工日	140.00	0.355	0.387
材料	低碳钢焊条	kg	6.84	0.077	0.084
	隔离剂	kg	2.37	0.440	0.480
	焊接钢管(综合)	kg	3.38	15.454	17.427
	氧气	m³	3.63	2.475	3.291
	乙炔气	kg	10.45	0.825	1.097
	圆钢 φ10～14	kg	3.40	1.896	2.844
	其他材料费占材料费	%	—	2.000	2.000
机械	电焊机(综合)	台班	118.28	0.030	0.032

工作内容：制作模具、定位、固定、配合浇筑、拆模、清理。　　　　　　　　　　　　　计量单位：10个

定　额　编　号				A10-10-244	A10-10-245	A10-10-246
项　目　名　称				混凝土墙体		
				公称直径(mm以内)		
				50	65	80
基　　　　价（元）				51.73	64.46	70.69
其中	人　工　费（元）			29.54	34.86	37.66
	材　料　费（元）			22.19	29.60	33.03
	机　械　费（元）			—	—	—
名　　　称		单位	单价（元）	消　　耗　　量		
人工	综合工日	工日	140.00	0.211	0.249	0.269
材料	隔离剂	kg	2.37	0.070	0.141	0.153
	木模板	m³	1432.48	0.014	0.018	0.020
	圆钉	kg	5.13	0.300	0.565	0.656
	其他材料费占材料费	%	—	2.000	2.000	2.000

定　额　编　号				A10-10-247	A10-10-248	A10-10-249
项　目　名　称				混凝土墙体		
				公称直径(mm以内)		
				100	125	150
基　　价（元）				76.42	82.45	108.44
其中	人　工　费（元）			40.32	42.98	46.20
	材　料　费（元）			36.10	39.47	62.24
	机　械　费（元）			—	—	—
名　　称		单位	单价(元)	消　　耗　　量		
人工	综合工日	工日	140.00	0.288	0.307	0.330
材料	隔离剂	kg	2.37	0.170	0.188	0.294
	木模板	m³	1432.48	0.022	0.024	0.037
	圆钉	kg	5.13	0.678	0.754	1.427
	其他材料费占材料费	%	—	2.000	2.000	2.000

工作内容：制作模具、定位、固定、配合浇筑、拆模、清理。 计量单位：10个

定 额 编 号				A10-10-250	A10-10-251	A10-10-252
项 目 名 称				混凝土墙体		
				公称直径(mm以内)		
				200	250	300
基 价（元）				113.93	142.74	150.11
其中	人 工 费（元）			49.98	53.20	57.54
	材 料 费（元）			63.95	89.54	92.57
	机 械 费（元）			—	—	—
	名 称	单位	单价(元)	消 耗 量		
人工	综合工日	工日	140.00	0.357	0.380	0.411
材料	隔离剂	kg	2.37	0.353	0.436	0.440
	木模板	m³	1432.48	0.038	0.054	0.056
	圆钉	kg	5.13	1.448	1.832	1.850
	其他材料费占材料费	%	—	2.000	2.000	2.000

798

工作内容：制作模具、定位、固定、配合浇筑、拆模、清理。　　　　　　　　　　　　　　　计量单位：10个

定　额　编　号					A10-10-253	A10-10-254
项　目　名　称					混凝土墙体	
					公称直径(mm以内)	
					350	400
基　　　　价（元）					161.31	176.89
其中	人　工　费（元）				63.28	69.02
	材　料　费（元）				98.03	107.87
	机　械　费（元）				—	—
名　　　称		单位	单价（元）		消　耗　　量	
人工	综合工日	工日	140.00		0.452	0.493
材料	隔离剂	kg	2.37		0.484	0.528
	木模板	m³	1432.48		0.059	0.065
	圆钉	kg	5.13		2.035	2.220
	其他材料费占材料费	%	—		2.000	2.000

5. 堵洞

工作内容：制作模具、清理、调制、填塞砂浆、找平、养护。

计量单位：10个

定 额 编 号				A10-10-255	A10-10-256	A10-10-257
项 目 名 称				公称直径(mm以内)		
				50	65	80
基 价（元）				77.07	100.43	115.25
其中	人 工 费（元）			13.44	14.56	16.66
	材 料 费（元）			63.63	85.87	98.59
	机 械 费（元）			—	—	—
名 称		单位	单价(元)	消 耗 量		
人工	综合工日	工日	140.00	0.096	0.104	0.119
材料	镀锌铁丝 φ4.0	kg	3.57	0.001	0.001	0.001
	木模板	m³	1432.48	0.040	0.054	0.062
	商品混凝土 C20(泵送)	m³	363.30	0.010	0.014	0.016
	水	m³	7.96	0.009	0.012	0.014
	水泥砂浆 1：2.5	m³	274.23	0.005	0.006	0.007
	其他材料费占材料费	%	—	2.000	2.000	2.000

工作内容：制作模具、清理、调制、填塞砂浆、找平、养护。 计量单位：10个

定　额　编　号				A10-10-258	A10-10-259	A10-10-260
项　目　名　称				公称直径(mm以内)		
				100	125	150
基　　　价（元）				133.79	141.00	232.67
其中	人　工　费（元）			19.18	20.16	24.22
	材　料　费（元）			114.61	120.84	208.45
	机　械　费（元）			—	—	—
名　　　称		单位	单价（元）	消　　耗　　量		
人工	综合工日	工日	140.00	0.137	0.144	0.173
材料	镀锌铁丝 φ4.0	kg	3.57	0.001	0.001	0.002
	木模板	m³	1432.48	0.072	0.076	0.131
	商品混凝土 C20(泵送)	m³	363.30	0.019	0.020	0.034
	水	m³	7.96	0.016	0.017	0.029
	水泥砂浆 1：2.5	m³	274.23	0.008	0.008	0.015
	其他材料费占材料费	%	—	2.000	2.000	2.000

工作内容：制作模具、清理、调制、填塞砂浆、找平、养护。 计量单位：10个

定 额 编 号				A10-10-261	A10-10-262	A10-10-263
项 目 名 称				公称直径(mm以内)		
				200	250	300
基 价（元）				278.75	319.87	364.21
其中	人 工 费（元）			30.94	36.82	43.26
	材 料 费（元）			247.81	283.05	320.95
	机 械 费（元）			—	—	—
名 称		单位	单价(元)	消 耗 量		
人工	综合工日	工日	140.00	0.221	0.263	0.309
材料	镀锌铁丝 φ4.0	kg	3.57	0.002	0.002	0.003
	木模板	m³	1432.48	0.156	0.178	0.202
	商品混凝土 C20(泵送)	m³	363.30	0.040	0.046	0.052
	水	m³	7.96	0.035	0.040	0.045
	水泥砂浆 1:2.5	m³	274.23	0.017	0.020	0.022
	其他材料费占材料费	%	—	2.000	2.000	2.000

工作内容：制作模具、清理、调制、填塞砂浆、找平、养护。

计量单位：10个

定　额　编　号				A10-10-264	A10-10-265
项　目　名　称				公称直径(mm以内)	
				350	400
基　　　　价（元）				405.34	460.78
其中	人　工　费（元）			49.14	57.26
	材　料　费（元）			356.20	403.52
	机　械　费（元）			—	—
	名　　称	单位	单价(元)	消　　耗　　量	
人工	综合工日	工日	140.00	0.351	0.409
材料	镀锌铁丝 φ4.0	kg	3.57	0.003	0.003
	木模板	m³	1432.48	0.224	0.254
	商品混凝土 C20(泵送)	m³	363.30	0.058	0.065
	水	m³	7.96	0.050	0.057
	水泥砂浆 1：2.5	m³	274.23	0.025	0.028
	其他材料费占材料费	%	—	2.000	2.000

附　录

一、　主要材料损耗表

序号	名称	损耗率(%)	序号	名称	损耗率(%)
1	室外各类管道	3	32	地脚螺栓	5
2	室内碳钢管(雨水管除外)、不锈钢管、铜管	3.6	33	锁紧螺母	6
3	室内塑料管(除排水管、雨水管外)、复合管	3.6	34	脸盆架、存水弯	1
4	室内铸铁管(雨水管除外)	4	35	小便槽冲洗管	2
5	室内塑料排水管	4	36	冲洗管配件	1
6	室内雨水管(碳钢、铸铁、塑料)	3	37	水箱进水嘴	1
7	塑料管(用于套管)	6	38	胶皮碗	5
8	钢管(用于套管)	6	39	锯条	5
9	钢管(用于光排管散热器制作)	3	40	氧气	10
10	各类管道管件	1	41	乙炔气	10
11	铸铁散热器	1	42	铅油	2.5
12	卫生器具(搪瓷、陶瓷)	1	43	清油	2
13	卫生器具配件	1	44	机油	3
14	螺纹阀门	1	45	粘结剂	4
15	燃气表接头	1	46	橡胶石棉板	15
16	燃气气嘴	1	47	橡胶板	15
17	法兰压盖	1	48	组合聚醚	20
18	支撑圈	1	49	异氰酸酯	20
19	橡胶圈	1	50	丙酮	4.76
20	示踪线	5	51	氟丁腈橡胶垫	3
21	警示带	5	52	石棉绳	4
22	医疗设备带	1	53	石棉绒	4
23	型钢	5	54	铜丝	1
24	成品管卡	5	55	焦炭	5
25	散热器卡子及托钩	5	56	木柴	5
26	散热器对丝、补芯、丝堵	4	57	青铅	8
27	散热器胶垫	10	58	油麻	5
28	反射膜	3	59	线麻	5
29	铁丝网	5	60	漂白粉	5
30	带帽螺栓、膨胀螺栓	3	61	油灰	4
31	木螺钉、塑料胀塞	4	62	镀锌铁丝	1

二、 塑料管、复合管、铜管公称直径与公称外径对照表

公称直径 DN(mm)	公称外径 DN(mm)	
	塑料管、复合管	铜管
15	20	18
20	25	22
25	32	28
32	40	35
40	50	42
50	63	54
65	75	76
80	90	89
100	110	108
125	125	—
150	160	—
200	200	—
250	250	—
300	315	—
400	400	—

三、管道管件数量取定表

(一)给排水管道

1.给水室外镀锌钢管(螺纹连接)管件

计量单位:个/10m

材料名称	公称直径(mm)										
	15	20	25	32	40	50	65	80	100	125	150
三通	—	0.14	0.14	0.20	0.20	0.18	0.18	0.14	0.14	0.14	0.14
弯头	1.36	0.35	1.3	0.75	0.75	0.75	0.75	0.72	0.70	0.70	0.70
管箍	1.45	1.43	1.35	1.15	1.13	1.08	1.06	1.03	0.95	0.95	0.95
异径管	—	0.04	0.04	0.04	0.04	0.04	0.04	0.03	0.03	0.03	0.03
合计	2.8	2.96	2.83	2.14	2.12	2.05	2.03	1.92	1.82	1.82	1.82

2. 给水室内镀锌钢管(螺纹连接)管件

计量单位:个/10m

材料名称	公称直径(mm)										
	15	20	25	32	40	50	65	80	100	125	150
三通	0.69	4.45	3.73	3.02	2.55	1.86	1.48	1.36	1.35	0.97	0.93
四通	—	—	0.21	0.11	0.07	0.02	0.03	0.03	0.03	0.04	0.04
弯头	11.65	5.12	4.65	4.34	2.98	2.91	2.24	1.83	1.46	1.18	1.15
管箍	1.07	1.09	1.02	1.03	1.28	1.15	1.26	1.24	1.16	1.12	1.08
异径管	—	0.5	1.14	0.87	0.64	0.39	0.25	0.17	0.15	0.21	0.21
对丝	1.08	0.94	0.65	0.46	0.34	0.28	—	—	—	—	—
合计	14.49	12.1	11.4	9.83	7.86	6.61	5.26	4.63	4.15	3.52	3.41

3. 给水室外钢管(焊接)管件

计量单位:个/10m

材料名称	公称直径(mm)							
	32	40	50	65	80	100	125	150
成品弯头	0.27	0.26	0.38	0.38	0.32	0.32	0.61	0.61
成品异径管	0.02	0.02	0.03	0.03	0.03	0.03	0.06	0.06
成品管件合计	0.29	0.28	0.41	0.41	0.35	0.35	0.67	0.67
煨制弯头	0.55	0.52	0.38	0.38	0.32	0.32	—	—
挖眼三通	0.22	0.22	0.21	0.21	0.21	0.20	0.20	0.19
制作异径管	0.05	0.05	0.03	0.03	0.03	0.03	—	—
制作管件合计	0.82	0.79	0.62	0.62	0.56	0.55	0.02	0.19

材料名称	公称直径(mm)						
	200	250	300	350	400	450	500
成品弯头	0.57	0.57	0.57	0.52	0.52	0.52	0.52
成品异径管	0.06	0.06	0.06	0.06	0.06	0.06	0.06
成品管件合计	0.67	0.63	0.63	0.63	0.58	0.58	0.58
煨制弯头	—	—	—	—	—	—	—
挖眼三通	0.19	0.19	0.18	0.18	0.17	0.16	0.16
制作异径管	—	—	—	—	—	—	—
制作管件合计	0.19	0.19	0.18	0.18	0.17	0.16	0.16

4. 给水室内钢管(焊接)管件

计量单位:个/10m

材料名称	公称直径(mm)												
	32	40	50	65	80	100	125	150	200	250	300	350	400
成品弯头	0.62	0.62	1.23	0.88	0.85	0.83	1.22	0.96	0.88	0.85	0.85	0.84	0.84
成品异径管	0.43	0.45	0.33	0.29	0.26	0.19	0.19	0.16	0.15	0.15	0.15	0.13	0.13
成品管件合计	1.05	1.07	1.56	1.17	1.11	1.02	1.41	1.12	1.03	1	1	0.97	0.97
煨制弯头	1.23	1.25	1.23	0.88	0.85	0.83	—	—	—	—	—	—	—
挖眼三通	1.91	1.86	1.85	1.92	1.92	1.56	1	0.76	0.64	0.63	0.62	0.62	0.62
制作异径管	0.85	0.89	0.33	0.29	0.26	0.19	—	—	—	—	—	—	—
制作管件合计	3.99	4.00	3.41	3.09	3.03	2.58	1.00	0.76	0.64	0.63	0.62	0.62	0.62

5. 给水室内钢管(沟槽连接)管件

计量单位:个/10m

材料名称	公称直径(mm)									
	65	80	100	125	150	200	250	300	350	400
沟槽三通	1.28	1.28	1.04	0.62	0.38	0.36	0.36	0.36	0.36	0.36
机械三通	0.64	0.64	0.52	0.31	0.19	0.18	0.18	0.18	0.18	0.18
弯头	1.76	1.70	1.66	1.22	1.06	0.88	0.82	0.82	0.82	0.82
异径管	0.58	0.52	0.38	0.25	0.25	0.25	0.25	0.25	0.25	0.25
合计	4.26	4.14	3.60	2.40	1.08	1.67	1.61	1.61	1.61	1.61

6. 雨水室内钢管(焊接)管件

计量单位:个/10m

材料名称	公称直径(mm)						
	80	100	125	150	200	250	300
成品弯头	0.49	0.49	0.85	1.33	0.89	0.89	0.89
成品异径管	—	0.21	0.21	0.21	0.11	0.11	0.11
立检口	0.25	0.25	0.32	0.51	0.23	0.23	0.23
成品管件合计	0.74	0.95	1.38	2.05	1.23	1.23	1.23
煨制弯头	0.49	0.49	—	—	—	—	—
挖眼三通	—	0.16	0.68	0.6	1.38	1.3	1.3
制作管件合计	0.49	0.65	0.68	0.6	1.38	1.3	1.3

7. 雨水室内钢管(沟槽连接)管件

材料名称	公称直径(mm)						
	80	100	125	150	200	250	300
沟槽三通	—	0.11	0.46	0.4	0.92	0.87	0.87
机械三通	—	0.05	0.22	0.20	0.46	0.43	0.43
弯头	0.98	0.98	0.85	1.33	0.89	0.89	0.89
异径管	—	0.21	0.21	0.21	0.11	0.11	0.11
立检口	0.25	0.25	0.32	0.51	0.23	0.23	0.23
合计	1.23	1.60	2.06	2.65	2.61	2.53	2.53

8. 给水室内薄壁不锈钢管(卡压、卡套、承插氩弧焊)管件

计量单位:个/10m

材料名称	公称直径(mm)								
	15	20	25	32	40	50	65	80	100
三通	0.69	4.45	3.73	3.73	2.55	1.86	1.48	1.36	1.35
四通	—	—	0.21	0.21	0.07	0.02	0.03	0.03	0.03
弯头	11.65	5.12	4.65	4.65	2.98	2.91	2.24	1.83	1.46
等径直通	1.07	1.09	1.02	1.02	1.28	1.15	1.26	1.24	1.16
异径直通	—	0.5	1.14	1.14	0.64	0.39	0.25	0.17	0.15
合计	13.41	11.16	10.75	10.75	7.52	6.33	5.26	4.63	4.15

9. 给水室内薄壁不锈钢管(螺纹连接)管件

计量单位:个/10m

材料名称	公称直径(mm)								
	15	20	25	32	40	50	65	80	100
三通	0.69	4.45	3.73	3.02	2.55	1.86	1.48	1.36	1.35
四通	—	—	0.21	0.11	0.07	0.02	0.03	0.03	0.03
弯头	11.65	5.12	4.65	4.34	2.98	2.91	2.24	1.83	1.46
等径直通	1.07	1.09	1.02	1.03	1.28	1.15	1.26	1.24	1.16
异径直通	—	0.50	1.14	0.87	0.64	0.39	0.25	0.17	0.15
对丝	1.08	0.94	0.65	0.46	0.34	0.28	—	—	—
合计	14.49	12.01	11.40	9.83	7.86	6.61	5.26	4.63	4.15

10. 给水室内不锈钢管（对接电弧焊）管件

材料名称	公称直径(mm)											
	15	20	25	32	40	50	65	80	100	125	150	200
三通	0.69	4.45	3.73	3.02	2.55	1.86	1.48	1.36	1.35	0.97	0.76	0.64
四通	—	—	0.21	0.11	0.07	0.02	0.03	0.03	0.03	0.03	0.03	0.03
弯头	11.65	5.12	4.65	4.34	2.98	2.91	2.24	1.83	1.46	1.18	0.96	0.88
异径直通	—	0.50	1.14	0.87	0.64	0.39	0.25	0.17	0.15	0.15	0.15	0.13
合计	12.34	10.07	9.73	8.34	6.24	5.18	4	3.39	2.99	2.33	1.90	1.68

11. 给水室内铜管(卡压、钎焊)管件

材料名称	公称外径(mm)								
	18	22	28	35	42	54	76	89	108
三通	0.69	4.45	3.73	3.02	2.55	1.86	1.48	1.36	1.35
四通	—	—	0.21	0.11	0.07	0.02	0.03	0.03	0.03
弯头	11.65	5.12	4.65	4.34	2.98	2.91	2.24	1.83	1.46
管箍	1.07	1.09	1.02	1.03	1.28	1.15	1.26	1.24	1.16
异径直通	—	0.50	1.14	0.87	0.64	0.39	0.25	0.17	0.15
合计	13.41	11.16	10.75	9.37	7.52	6.33	5.26	4.63	4.15

12. 给水室内铜管(氧乙炔焊)管件

材料名称	公称外径(mm)								
	18	22	28	35	42	54	76	89	108
三通	0.69	4.45	3.73	3.02	2.55	1.86	1.48	1.36	1.35
四通	—	—	0.21	0.11	0.07	0.02	0.03	0.03	0.03
弯头	11.65	5.12	4.65	4.34	2.98	2.91	2.24	1.83	1.46
异径直通	—	0.50	1.14	0.87	0.64	0.39	0.25	0.17	0.15
合计	12.34	10.07	9.73	8.34	6.24	5.18	4.00	3.39	2.99

13. 室外铸铁给水管(膨胀水泥接口、石棉水泥接口、胶圈接口)管件

材料名称	公称直径(mm)									
	75	100	150	200	250	300	350	400	450	500
三通	0.32	0.32	0.30	0.30	0.30	0.29	0.28	0.28	0.28	0.27
四通	0.44	0.44	0.42	0.40	0.36	0.34	0.32	0.30	0.28	0.28
接轮	0.20	0.20	0.18	0.18	0.16	0.16	0.14	0.14	0.12	0.12
异径管	0.11	0.11	0.11	0.10	0.10	0.09	0.09	0.09	0.09	0.09
合计	1.07	1.07	1.01	0.98	0.92	0.88	0.83	0.81	0.77	0.76

14. 室内铸铁给水管（膨胀水泥接口、胶圈接口、机械接口）管件

计量单位：个/10m

材料名称	公称直径(mm)							
	75	100	150	200	250	300	350	400
三通	0.18	0.52	1.02	1.07	1.08	1.05	1.03	1.03
弯头	2.25	2.14	1.88	1.92	1.88	1.84	1.82	1.82
接轮	0.67	0.86	0.84	0.82	0.79	0.78	0.76	0.72
异径管	—	0.08	0.36	0.29	0.28	0.26	0.24	0.24
合计	3.10	3.60	4.10	4.10	4.03	3.93	3.85	3.81

15. 室内铸铁排水管（石棉水泥接口、水泥接口、机械接口）管件

计量单位：个/10m

材料名称	公称直径(mm)					
	50	75	100	150	200	250
三通	1.09	2.85	4.27	2.36	2.04	0.50
四通	—	0.13	0.24	0.17	0.05	0.02
弯头	5.28	1.52	3.93	1.27	1.71	1.60
异径管	—	0.16	0.30	0.34	0.22	0.18
接轮（套袖）	0.07	0.16	0.13	0.11	0.08	0.05
立检口	0.20	1.96	0.77	0.21	0.09	—
合计	6.64	6.78	9.64	4.46	4.19	2.35

16.室内无承口柔性铸铁排水管（卡箍连接）管件

计量单位：个/10m

材料名称	公称直径(mm)					
	50	75	100	150	200	250
三通	1.09	2.85	4.27	2.36	2.04	0.50
四通	—	0.13	0.24	0.17	0.05	0.02
弯头	5.28	1.52	3.93	1.27	1.71	1.60
异径管	—	0.16	0.30	0.34	0.22	0.18
立检口	0.20	1.96	0.77	0.21	0.09	—
合计	6.57	6.62	9.51	4.35	4.11	2.30

17.室内铸铁雨水管（失眠水泥接口、水泥接口、机械接口）管件

计量单位：个/10m

材料名称	公称直径(mm)					
	75	100	150	200	250	300
三通	—	0.16	0.60	1.38	1.30	1.30
弯头	0.97	0.97	1.33	0.89	0.89	0.89
检查口	0.25	0.25	0.51	0.23	0.23	0.23
异径管	—	0.21	0.21	0.11	0.11	0.11
接轮（套袖）	0.08	0.08	0.08	0.08	0.08	0.08
合计	1.30	1.67	2.73	2.69	2.61	2.61

18.室外塑料给水管（热熔）管件

计量单位：个/10m

材料名称	公称外径（mm）											
	32	40	50	63	75	90	110	125	160	200	250	315
三通	—	0.20	0.20	0.18	0.18	0.16	0.16	0.15	0.14	0.13	0.12	0.12
弯头	1.05	0.85	0.75	0.71	0.71	0.68	0.68	0.59	0.59	0.55	0.55	0.55
直接头	1.73	1.77	1.77	1.80	1.80	1.80	1.80	—	—	—	—	—
异径直接	—	0.09	0.09	0.08	0.08	0.07	0.07	0.07	0.06	0.06	0.05	0.05
转换件	0.05	0.05	0.05	0.04	0.04	0.02	0.02	—	—	—	—	—
合计	2.83	2.96	2.86	2.81	2.81	2.73	2.73	0.81	0.79	0.74	0.72	0.72

19.室外塑料给水管（电熔、粘贴）管件

计量单位：个/10m

材料名称	公称外径（mm）											
	32	40	50	63	75	90	110	125	160	200	250	315
三通	—	0.20	0.20	0.18	0.18	0.16	0.16	0.15	0.14	0.13	0.12	0.12
弯头	1.05	0.85	0.75	0.71	0.71	0.68	0.68	0.59	0.59	0.55	0.55	0.55
直接头	1.73	1.77	1.77	1.80	1.80	1.80	1.80	1.05	0.95	0.97	0.97	0.97
异径直接	—	0.09	0.09	0.08	0.08	0.07	0.07	0.07	0.06	0.06	0.05	0.05
转换件	0.05	0.05	0.05	0.04	0.04	0.02	0.02	—	—	—	—	—
合计	2.83	2.96	2.86	2.81	2.81	2.73	2.73	1.86	1.74	1.71	1.69	1.69

20.室内塑料给水管(热熔)管件

计量单位：个/10m

材料名称	公称外径（mm）										
	20	25	32	40	50	63	75	90	110	125	160
三通	0.69	4.45	3.73	3.02	2.55	2.32	1.96	0.96	1.54	0.67	0.43
四通	—	—	0.01	0.01	0.02	0.02	0.02	0.03	0.03	0.04	0.04
弯头	8.69	2.14	2.87	2.9	2.31	2.37	2.61	1.43	0.6	0.75	0.75
直接头	2.07	3.99	2.72	2.13	1.60	1.07	1.05	1.36	0.76	—	—
异径直接	—	0.30	0.30	0.37	0.57	0.46	0.39	0.17	0.15	0.12	0.12
抱弯	0..49	—	—	—	—	—	—	—	—	—	—
转换件	3.26	1.37	1.18	0.44	0.37	0.35	—	—	—	—	—
合计	15.2	12.25	10.81	8.87	7.42	6.59	6.03	3.95	3.08	1.58	1.34

21.室内直埋塑料给水管(热熔)管件

计量单位：个/10m

材料名称	公称外径（mm）		
	20	25	32
三通	0.34	3.38	2.45
弯头	5.06	3.87	3.61
直接头	2.07	1.32	1.04
异径直接	—	1.36	1.60
抱弯	0.95	0.49	—
转换件	2.47	1.34	1.12
合计	10.89	11.76	9.82

22.手机内塑料给水管（电熔、粘接）管件

计量单位：个/10m

材料名称	公称外径（mm）										
	20	25	32	40	50	63	75	90	110	125	160
三通	0.69	4.45	3.73	3.0	2.55	2.32	1.96	0.96	1.54	0.67	0.43
四通	—	—	0.01	0.01	0.02	0.02	0.02	0.03	0.03	0.04	0.04
弯头	8.69	2.14	2.87	2.90	2.31	2.37	2.61	1.43	0.60	0.75	0.75
直接头	2.07	3.99	2.72	2.13	1.60	1.07	1.05	1.36	0.76	1.10	0.98
异径直接	—	0.30	0.30	0.37	0.57	0.46	0.39	0.17	0.15	0.12	0.12
抱弯	0.49	—	—	—	—	—	—	—	—	—	—
转换件	3.26	1.37	1.18	0.44	0.37	0.35	—	—	—	—	—
合计	15.20	12.25	10.81	8.87	7.42	6.59	6.03	3.95	3.08	2.68	2.32

23.室内塑料排水管（热熔连接）管件

计量单位：个/10m

材料名称	公称外径（mm）					
	50	75	110	160	200	250
三通	1.09	2.85	4.27	2.36	2.04	0.50
四通	—	0.13	0.24	0.17	0.05	0.02
弯头	5.28	1.52	3.93	1.27	1.71	1.60
管箍	0.07	0.16	0.13	—	—	—
异径管	—	0.16	0.30	0.34	0.22	0.18
立检口	0.20	1.96	0.77	0.21	0.09	—
伸缩节	0.26	2.07	1.92	1.49	0.92	—
合计	6.90	8.85	11.56	5.84	5.03	2.30

24.室内塑料排水管（粘贴、螺母密封圈）管件

计量单位：个/10m

材料名称	公称外径（mm）					
	50	75	110	160	200	250
三通	1.09	2.85	4.27	2.36	2.04	0.50
四通	—	0.13	0.24	0.17	0.05	0.02
弯头	5.28	1.52	3.93	1.27	1.71	1.60
管箍	0.07	0.16	0.13	—	—	—
异径管	—	0.16	0.30	0.34	0.22	0.18
立检口	0.20	1.96	0.77	0.21	0.09	—
伸缩节	0.26	2.07	1.92	1.49	0.92	—
合计	6.90	8.85	11.56	5.84	5.03	2.30

25. 室内塑料雨水管（粘接）管件

材料名称	公称外径（mm）				
	75	110	160	200	250
三通	—	0.16	0.60	1.38	1.30
弯头	0.97	0.97	1.33	0.89	0.89
管箍	0.98	0.99	0.83	0.44	0.50
异径管	—	0.21	0.21	0.11	0.10
立检口	0.25	0.25	0.51	0.23	0.23
伸缩节	1.59	1.58	1.37	1.26	1.16
合计	3.79	4.16	4.85	4.31	4.18

26. 室内塑料雨水管（热熔）管件

计量单位：个/10m

材料名称	公称外径（mm）				
	75	110	160	200	250
三通	—	0.16	0.60	1.38	1.30
弯头	0.97	0.97	1.33	0.89	0.89
管箍	0.98	0.99	—	—	—
异径管	—	0.21	0.21	0.11	0.10
立检口	0.25	0.25	0.51	0.23	0.23
伸缩节	1.59	1.58	1.37	1.26	1.16
合计	3.79	4.16	4.02	3.87	3.68

27. 给水室外塑铝稳态管（热熔）管件

计量单位：个/10m

材料名称	公称外径（mm）								
	32	40	50	63	75	90	110	125	160
三通	—	0.20	0.20	0.18	0.18	0.16	0.16	0.15	0.14
弯头	1.05	0.85	0.75	0.71	0.71	0.68	0.68	0.59	0.59
直接头	1.73	1.77	1.77	1.80	1.80	1.80	1.80	—	—
异径直接	—	0.09	0.09	0.08	0.08	0.07	0.07	0.07	0.06
转换件	0.05	0.05	0.05	0.04	0.04	0.02	0.02	—	—
合计	2.83	2.96	2.86	2.81	2.81	2.73	2.73	0.81	0.79

28. 给水室外钢骨架塑料复合管（电熔）管件

计量单位：个/10m

材料名称	公称外径（mm）								
	32	40	50	63	75	90	110	125	160
三通	—	0.20	0.20	0.18	0.18	0.16	0.16	0.15	0.14
弯头	1.05	0.85	0.75	0.71	0.71	0.68	0.68	0.59	0.59
套筒	1.73	1.77	1.77	1.80	1.80	1.80	1.80	1.05	0.95
异径管	—	0.09	0.09	0.08	0.08	0.07	0.07	0.07	0.06
转换件	0.05	0.05	0.05	0.04	0.04	0.02	0.02	—	—
合计	2.83	2.96	2.86	2.81	2.81	2.73	2.73	1.86	1.74

29. 给水室内塑铝稳态管（热熔）管件

计量单位：个/10m

材料名称	公称外径（mm）										
	20	25	32	40	50	63	75	90	110	125	160
三通	0.69	4.45	3.73	3.02	2.55	2.32	1.96	0.96	1.54	0.67	0.43
四通	—	—	0.01	0.01	0.02	0.02	0.02	0.03	0.03	0.04	0.04
弯头	8.69	2.14	2.87	2.90	2.31	2.37	2.61	1.43	0.60	0.75	0.75
直接头	2.07	3.99	2.72	2.13	1.60	1.07	1.05	1.36	0.76	—	—
异径直接	—	0.30	0.30	0.37	0.57	0.46	0.39	0.17	0.15	0.12	0.12
抱弯	0.49	—	—	—	—	—	—	—	—	—	—
转换件	3.26	1.37	1.18	0.44	0.37	0.35	—	—	—	—	—
合计	15.20	12.25	10.81	8.87	7.42	6.59	6.03	3.95	3.08	1.58	1.34

30. 给水室内钢骨架素来哦复合管（电熔）管件

计量单位：个/10m

材料名称	公称外径（mm）										
	20	25	32	40	50	63	75	90	110	125	160
三通	0.69	4.45	3.73	3.02	2.55	2.32	1.96	0.96	1.54	0.67	0.43
四通	—	—	0.01	0.01	0.02	0.02	0.02	0.03	0.03	0.04	0.04
弯头	8.69	2.14	2.87	2.90	2.31	2.37	2.61	1.43	0.60	0.75	0.75
套筒	2.07	3.99	2.72	2.13	1.60	1.07	1.05	1.36	0.76	1.10	0.98
异径管	—	0.30	0.30	0.37	0.57	0.46	0.39	0.17	0.15	0.12	0.12
抱弯	0.49	—	—	—	—	—	—	—	—	—	—
转换件	3.26	1.37	1.18	0.44	0.37	0.35	—	—	—	—	—
合计	15.20	12.25	10.81	8.87	7.42	6.59	6.03	3.95	3.08	2.68	2.32

31. 给水室内钢塑复合管（螺纹连接）管件

计量单位：个/10m

材料名称	公称外径（mm）										
	15	20	25	32	40	50	65	80	100	125	150
三通	0.69	4.45	3.73	3.02	2.55	1.86	1.48	1.36	1.35	0.97	0.93
四通	—	—	0.21	0.11	0.07	0.02	0.03	0.03	0.03	0.04	0.04
弯头	11.65	5.12	4.65	4.34	2.98	2.91	2.24	1.83	1.46	1.18	1.15
管箍	1.07	1.09	1.02	1.03	1.28	1.15	1.26	1.24	1.16	1.12	1.08
异径管	—	0.50	1.14	0.87	0.64	0.39	0.25	0.17	0.15	0.21	0.21
对丝	1.08	0.94	0.65	0.46	0.34	0.28	—	—	—	—	—
合计	14.49	12.10	11.40	9.83	7.86	6.61	5.26	4.63	4.15	3.52	3.41

32. 给水室内钢塑复合管（卡套连接）管件

计量单位：个/10m

材料名称	公称外径（mm）					
	20	25	32	40	50	63
三通	0.69	4.45	3.73	3.02	2.55	2.32
四通	—	—	0.01	0.01	0.02	0.02
弯头	11.95	3.51	4.05	3.34	2.68	2.72
等径直通	2.07	3.99	2.72	2.13	1.60	1.07
异径直通	—	0.30	0.30	0.37	0.57	0.46
合计	14.71	12.25	10.81	8.87	7.42	6.59

（二）采暖管道
1. 采暖室外镀锌钢管（螺纹连接）管件

计量单位：个/10m

材料名称	公称直径（mm）										
	15	20	25	32	40	50	65	80	100	125	150
三通	—	—	0.13	0.08	0.08	0.16	0.19	0.14	0.14	0.13	0.13
弯头	1.28	1.28	1.28	0.78	0.84	0.73	0.73	0.54	0.62	0.61	0.61
管箍	1.51	1.62	1.37	1.09	1.07	0.99	0.91	1.02	0.91	0.90	0.90
异径	—	—	—	0.03	0.06	0.06	0.10	0.05	0.05	0.04	0.04
对丝	—	—	—	0.03	0.03	0.04	0.04	0.03	0.03	0.02	0.02
合计	2.79	2.90	2.78	2.01	2.08	1.98	1.97	1.78	1.75	1.70	1.70

2.采暖室内镀锌钢管（螺纹连接）管件

计量单位：个/10m

材料名称	公称直径（mm）										
	15	20	25	32	40	50	65	80	100	125	150
三通	0.83	1.14	2.25	2.05	2.08	1.96	1.57	1.54	1.07	.05	1.04
四通	—	0.03	0.51	0.73	—	—	—	—	—	—	—
弯头	8.54	5.31	3.68	2.91	2.77	1.87	1.51	1.21	1.19	1.17	1.15
管箍	1.51	2.04	1.84	1.28	0.76	1.07	1.37	1.21	0.95	0.94	0.93
异径管	—	0.43	1.14	1.77	0.46	0.45	0.44	0.41	0.36	0.35	0.32
补芯	—	0.02	0.10	0.10	0.08	0.02					
对丝	1.83	1.72	0.91	0.68	0.32	0.23	0.04				
活接	0.14	1.41	0.62	0.46	0.20	0.08	—	—			
抱弯	—	0.38	1.19	0.92	—	—					
管堵	0.03	0.06	0.07	0.03	—	—					
合计	12.88	12.54	12.31	10.93	6.67	5.68	4.93	4.37	3.57	3.51	3.44

3.采暖室外钢管（焊接）管件

计量单位：个/10m

材料名称	公称直径（mm）						
	32	40	50	65	80	100	125
成品弯头	0.26	0.28	0.37	0.36	0.27	0.31	0.53
成品异径管	0.01	0.02	0.03	0.04	0.03	0.03	0.08
成品管件合计	0.27	0.30	0.40	0.40	0.03	0.03	0.61
煨制弯头	0.27	0.30	0.40	0.40	0.30	0.34	—
挖眼三通	0.52	0.56	0.37	0.36	0.27	0.31	0.16
制作异径管	0.02	0.04	0.03	0.04	0.03	0.03	—
制作管件合计	0.62	0.68	0.56	0.59	0.44	0.48	0.16

材料名称	公称直径（mm）					
	150	200	250	300	350	400
成品弯头	0.52	0.49	0.47	0.43	0.41	0.39
成品异径管	0.08	0.09	0.10	0.08	0.08	0.08
成品管件合计	0.60	0.58	0.57	0.51	0.49	0.47
煨制弯头	—	—	—	—	—	—
挖眼三通	0.16	0.18	0.18	0.22	0.24	0.24
制作异径管	—	—	—	—	—	—
制作管件合计	0.16	0.18	0.18	0.22	0.24	0.24

4. 采暖室内钢管（焊接）管件

材料名称	公称直径（mm）					
	32	40	50	65	80	100
成品弯头	0.26	0.28	0.37	0.36	0.27	0.80
成品异径管	0.23	0.24	0.31	0.27	0.25	0.18
成品管件合计	0.84	0.85	1.30	1.11	1.10	0.98
煨制弯头	1.21	1.22	0.99	0.84	0.85	0.80
挖眼三通	0.08	0.08	0.16	0.19	0.14	1.32
制作异径管	0.45	0.48	0.31	0.27	0.25	0.18
制作管件合计	3.39	3.60	3.32	3.16	2.90	2.30
材料名称	公称直径（mm）					
	125	150	200	250	300	
成品弯头	1.17	1.02	0.86	0.82	0.82	
成品异径管	0.24	0.23	0.23	0.21	0.21	
成品管件合计	1.41	1.25	1.09	1.03	1.03	
煨制弯头	—	—	—	—	—	
挖眼三通	0.96	0.54	0.54	0.52	0.52	
制作异径管	—	—	—	—	—	
制作管件合计	0.96	0.54	0.54	0.52	0.52	

5. 采暖室内塑料管道（热熔、电熔）管件

材料名称	公称外径(mm)								
	20	25	32	40	50	63	75	90	110
三通	0.18	1.26	1.42	1.78	2.37	3.19	2.61	2.14	1.07
弯头	5.06	4.87	4.76	4.63	3.97	2.68	1.47	1.44	1.19
直接头	1.07	0.40	0.38	0.31	0.25	0.40	0.88	0.93	0.95
异径直接	—	0.10	0.12	0.35	0.46	0.57	0.41	0.33	0.36
抱弯	0.42	0.46	—	—	—	—	—	—	—
转换件	1.44	1.26	1.05	—	—	—	—	—	—
合计	8.17	8.35	7.73	7.07	7.05	6.84	5.37	4.84	3.57

6.采暖室内直埋塑料管道（热熔）管件

计量单位：个/10m

材料名称	公称外径(mm)		
	20	25	32
三通	0.26	1.18	0.92
弯头	5.23	5.65	5.86
直接头	1.10	0.40	0.78
异径直接	—	0.12	0.15
抱弯	0.54	0.63	—
转换件	1.99	1.80	1.58
合计	9.12	9.78	9.29

7.室外采暖预制直埋保温管（焊接）管件

计量单位：个/10m

材料名称	公称直径（mm）												
	32	40	50	65	80	100	125	150	200	250	300	350	400
弯头	0.78	0.84	0.74	0.72	0.54	0.62	0.53	0.52	0.49	.47	0.43	0.41	0.39
三通	0.08	0.08	0.16	0.19	0.14	0.14	0.16	0.16	0.18	0.18	0.22	0.24	0.24
异径管	0.03	0.06	0.06	0.08	0.06	0.06	0.08	0.08	0.09	0.10	0.08	0.08	0.08
合计	0.89	0.98	0.96	0.99	0.74	0.82	0.77	0.76	0.76	0.75	.73	0.73	0.71

（三）空调水管道
1.空调冷热水室内镀锌钢管（螺纹连接）管件

计量单位：个/10m

材料名称	公称直径（mm）										
	15	20	25	32	40	50	65	80	100	125	150
三通	0.05	2.00	2.32	2.58	2.58	2.41	2.37	2.35	2.23	1.06	0.75
弯头	5.10	3.53	3.43	2.71	1.98	1.76	1.42	1.29	1.16	1.12	1.07
管箍	2.90	2.69	2.20	1.98	1.02	0.95	0.92	0.87	0.84	0.79	0.75
异径管	—	0.60	0.68	0.70	0.70	0.72	0.58	0.56	0.52	0.24	0.23
对丝	0.05	0.38	0.51	0.62	0.56	0.48	0.36	0.33	0.31	—	—
活接	—	0.16	0.23	0.28	0.25	0.20	—	—	—	—	—
管堵	0.03	0.03	0.22	0.22	0.07	—	—	—	—	—	—
合计	8.13	9.39	9.59	9.09	7.16	6.52	5.65	5.40	5.06	3.21	2.80

2. 空调冷热水室内钢管（焊接）管件

计量单位：个/10m

材料名称	公称直径（mm）						
	32	40	50	65	80	100	125
成品弯头	0.90	0.66	0.88	.71	0.65	0.58	1.12
成品异径管	0.23	0.213	0.36	0.29	0.28	0.26	0.24
成品管件合计	0.13	0.89	1.24	1.00	0.93	0.84	1.36
煨制弯头	1.81	1.32	0.88	0.71	0.64	0.58	—
挖眼三通	2.58	2.58	2.41	2.37	2.35	2.23	1.06
摔制异径管	0.47	0.47	0.36	0.29	0.28	0.26	—
制作管件合计	4.86	4.37	3.65	3.37	3.27	3.07	1.06

3. 空调冷热水室内钢管（焊接）管件

计量单位：个/10m

材料名称	公称直径（mm）						
	150	200	250	300	350	400	/
成品弯头	1.07	0.97	0.95	0.84	0.84	0.73	/
成品异径管	0.23	0.21	0.17	0.16	0.16	0.16	/
成品管件合计	1.30	1.18	1.12	1.00	1.00	0.89	/
煨制弯头	—	—	—	—	—	—	/
挖眼三通	0.75	0.64	0.50	0.34	0.34	0.34	/
摔制异径管	—	—	—	—	—	—	/
制作管件合计	0.75	0.64	0.50	0.34	0.34	0.34	/

4. 空调凝结水室内镀锌钢管（螺纹连接）管件

计量单位：个/10m

材料名称	公称直径（mm）					
	15	20	25	32	40	50
三通	1.20	1.35	2.42	2.58	1.97	1.56
弯头	4.42	3.27	3.15	1.84	1.45	1.16
管箍	0.90	0.95	0.89	0.78	1.02	0.95
异径	—	0.23	0.34	0.33	0.38	0.35
对丝	—	0.02	0.05	0.04	0.04	0.03
活接	—	0.08	0.26	0.23	0.22	0.19
合计	6.52	5.90	7.11	5.80	5.08	4.24

5. 空调冷热水室内镀锌钢管（沟槽连接）管件

计量单位：个/10m

材料名称	公称直径（mm）									
	20	25	32	40	50	65	80	100	125	150
沟槽三通	1.34	1.55	1.72	1.72	1.61	1.58	1.57	1.49	0.71	0.50
机械三通	0.66	0.77	0.86	0.86	0.80	0.79	0.78	0.74	0.35	0.25
弯头	3.53	3.43	2.71	1.98	1.76	1.42	1.29	1.16	1.12	1.07
异径	—	0.68	0.70	0.70	0.72	0.58	0.56	0.52	0.24	0.23
管堵	0.03	0.22	0.22	0.07	—	—	—	—	—	—
合计	5.56	6.65	6.21	5.33	4.89	4.37	4.20	3.91	2.42	2.05

6. 钢管（沟槽连接）管件

计量单位：个/10m

材料名称	公称直径（mm）		
	200	250	300
沟槽三通	0.43	0.33	0.23
机械三通	0.21	0.17	0.11
弯头	0.97	0.95	0.84
异径	0.21	0.17	0.16
合计	1.82	1.62	1.34

7. 空调冷热水室内塑料管道（热熔、电熔）管件

计量单位：个/10m

材料名称	公称外径（mm）								
	20	25	32	40	50	63	75	90	110
三通	0.05	2.00	2.32	2.58	2.58	2.41	2.17	1.75	1.34
弯头	5.13	3.56	3.46	2.73	1.98	1.76	1.43	1.04	0.76
直接头	2.90	2.69	2.20	1.98	1.02	0.95	0.82	0.68	0.57
异径直接	—	0.60	0.68	0.70	0.70	0.72	0.65	0.53	0.51
转换件	1.44	1.26	1.05	0.38	0.35	0.32	—	—	—
合计	9.52	10.11	9.71	8.37	6.63	6.16	5.07	4.00	3.18

8. 空调冷凝水室内塑料管道（热熔、粘接）管件

材料名称	公称外径（mm）					
	20	25	32	40	50	63
三通	1.20	1.35	2.42	2.58	1.97	1.56
弯头	4.42	3.27	3.15	1.84	1.45	1.16
直接头	0.90	0.95	0.89	0.78	1.02	0.95
异径直接	—	0.23	0.34	0.33	0.38	0.35
合计	6.52	5.80	6.80	5.53	4.82	4.02

（四）燃气管道
1. 燃气室外镀锌钢管（螺纹连接）管件

计量单位：个/10m

材料名称	公称直径（mm）			
	25	32	40	50
三通	0.42	0.42	0.45	0.48
弯头	2.47	2.02	1.42	1.07
管箍	1.12	1.12	0.89	0.89
补芯	0.21	0.21	0.15	0.15
活接	1.12	1.12	0.59	0.59
合计	5.34	4.89	3.50	3.18

2. 燃气室内镀锌钢管（螺纹连接）管件

计量单位：个/10m

材料名称	公称直径（mm）								
	15	20	25	32	40	50	65	80	100
三通	0.12	1.44	3.42	3.57	3.48	3.24	3.12	2.26	1.40
四通	—	—	—	0.26	0.26	0.26	0.26	0.18	0.18
弯头	10.50	6.32	2.88	1.80	1.68	2.49	2.07	2.07	2.07
管箍	0.99	0.80	0.30	0.30	0.30	0.30	0.09	0.09	0.09
补芯	—	—	0.45	1.03	1.09	0.81	0.02	0.02	0.02
对丝	1.26	1.80	1.60	0.60	0.59	0.39	0.30	0.30	0.30
活接	—	0.48	1.21	1.21	1.16	0.48	0.10	0.10	0.10
丝堵	0.12	0.22	0.60	0.60	0.42	0.40	0.38	0.38	0.38
合计	12.99	10.06	9.46	9.37	8.98	8.37	6.34	5.40	4.54

3.燃气室外钢管（焊接）管件

计量单位：个/10m

材料名称	公称直径（mm）						
	25	30	40	50	65	80	100
三通	0.42	0.42	0.45	0.48	0.45	0.42	0.40
弯头	2.47	2.02	1.42	1.07	1.02	0.97	0.93
异径管	0.21	0.21	0.15	0.15	0.15	0.14	0.14
合计	3.10	2.65	2.02	1.70	1.62	1.53	1.47
材料名称	公称直径（mm）						
	125	150	200	250	300	350	400
三通	0.38	0.38	0.36	0.35	0.33	0.30	0.30
弯头	0.76	0.76	0.56	0.35	0.35	0.34	0.34
异径管	0.13	0.13	0.12	0.11	0.11	0.10	0.10
合计	1.27	1.27	1.04	0.81	0.79	0.74	0.74

4.燃气室内钢管（焊接）管件

计量单位：个/10m

材料名称	公称直径（mm）											
	25	32	40	50	65	80	100	125	150	200	250	400
三通	2.25	2.09	1.94	1.85	1.83	1.43	0.97	0.82	0.60	0.60	0.50	0.50
弯头	1.64	1.76	2.07	2.39	2.39	1.77	1.24	1.06	0.85	0.85	0.67	0.67
异径管	0.72	0.69	0.65	0.62	0.45	0.36	0.29	0.25	0.21	0.15	0.13	0.13
合计	4.61	4.45	4.66	4.86	4.67	3.56	2.50	2.13	1.66	1.60	1.30	1.30

5.燃气室内不锈钢管（承插氩弧焊）管件

计量单位：个/10m

材料名称	公称直径（mm）						
	25	32	40	50	65	80	100
三通	2.25	2.09	1.94	1.85	1.83	1.43	0.97
四通	—	0.13	0.13	—	—	—	—
弯头	2.26	1.78	1.88	2.39	2.39	1.77	1.24
等径直通	0.30	0.30	0.30	0.30	0.09	0.09	0.09
异径直通	0.36	0.35	0.32	0.62	0.45	0.36	0.29
合计	5.76	5.39	5.34	5.16	4.76	3.65	2.59

6.燃气室内不锈钢管（卡套、卡压连接）管件

计量单位：个/10m

材料名称	公称直径（mm）					
	15	20	25	32	40	50
三通	0.12	1.44	3.42	3.83	3.74	3.50
弯头	10.50	6.32	2.88	1.80	1.68	2.49
直通	0.99	0.80	0.30	0.30	0.30	0.30
堵头	0.12	0.22	0.60	0.60	0.42	0.40
活接	—	0.48	1.21	1.21	1.16	0.48
合计	11.73	9.26	8.41	7.74	7.30	7.17

7.燃气室内铜管（钎焊）管件

计量单位：个/10m

材料名称	公称直径（mm）					
	18	22	28	32	42	54
三通	0.12	1.44	2.84	2.83	2.71	1.85
四通	—	—	—	0.13	0.13	—
弯头	10.50	6.32	2.26	1.78	1.88	2.39
等径直通	0.99	0.80	0.30	0.30	0.30	0.30
异径直通	—	—	0.36	0.35	0.32	0.62
合计	11.61	8.56	5.76	5.39	5.34	5.16

8.燃气室外铸铁管（柔性机械接口）管件

计量单位：个/10m

材料名称	公称直径（mm）				
	100	150	200	300	400
三通	0.40	0.38	0.39	0.33	0.30
弯头	0.93	0.76	0.56	0.35	0.34
接轮	0.20	0.20	0.20	0.20	0.20
异径管	0.14	0.13	0.12	0.11	0.10
合计	1.67	1.47	1.24	0.99	0.94

9. 燃气室外塑料管（热熔）管件

计量单位：个/10m

材料名称	公称外径（mm）									
	50	63	75	90	110	160	200	250	315	400
三通	0.45	0.48	0.45	0.42	0.40	0.38	0.36	0.33	0.33	0.30
弯头	1.42	1.07	1.02	0.97	0.93	0.76	0.56	0.35	0.35	0.34
电熔套筒	0.12	0.12	0.11	0.11	0.10	0.10	0.07	0.05	0.03	0.03
异径管	0.15	0.15	0.15	0.14	0.14	0.13	0.12	0.11	0.11	0.10
堵头	0.14	0.12	0.10	0.08	0.08	0.06	0.06	0.05	0.04	0.03
转换件	1.64	1.36	1.10	1.00	0.80	0.60	0.50	0.50	0.40	0.30
合计	3.92	3.30	2.93	2.72	2.45	2.03	1.67	1.39	1.26	1.10

10. 燃气室外塑料管（电熔）管件

计量单位：个/10m

材料名称	公称外径（mm）						
	32	40	50	63	75	90	110
三通	0.42	0.42	0.45	0.48	0.45	0.42	0.40
弯头	2.47	2.02	1.42	1.07	1.02	0.97	0.93
电熔套筒	1.21	1.05	0.96	0.77	0.71	0.63	0.63
异径管	0.21	0.21	0.15	0.15	0.15	0.14	0.14
堵头	0.03	0.05	0.10	0.12	0.10	0.08	0.08
转换件	1.64	1.64	0.80	0.75	0.64	0.50	0.50
合计	5.98	5.39	3.88	3.34	3.07	2.74	2.68

11. 燃气室内铝塑复合管（卡套连接）管件

计量单位：个/10m

材料名称	公称外径（mm）					
	16	20	25	32	40	50
三通	0.12	1.44	3.42	3.83	3.74	3.50
弯头	10.50	6.32	2.88	1.80	1.68	2.79
等径直通	0.99	0.80	0.30	0.30	0.30	0.30
异径直通	—	—	0.45	1.03	1.09	0.81
合计	11.61	8.56	7.05	696	5.81	7.40

四、室内钢管、铸铁管道支架用量参考表　　　　单位：kg/m

序号	公称直径（mm 以内）	钢管			铸铁管	
		给水、采暖、空调水		燃气	给水、排水	雨水
		保温	不保温			
1	15	0.58	0.34	0.34	—	—
2	20	0.47	0.30	0.30	—	—
3	25	0.50	0.27	0.27	—	—
4	32	0.53	0.24	0.24	—	—
5	40	0.47	0.22	0.22	—	—
6	50	0.60	0.41	0.41	0.47	—
7	5	0.59	0.42	0.42	—	—
8	80	0.62	0.45	0.45	0.65	0.32
9	100	0.785	0.54	0.50	0.81	0.62
10	125	0.75	0.58	0.54	—	—
11	150	0.75	0.58	0.54	—	—
12	200	1.66	0.64	0.59	1.29	0.86
13	250	1.76	1.42	1.30	1.60	1.09
14	300	1.81	1.48	1.35	2.03	1.20
15	350	2.96	2.22	2.03	3.12	—
16	400	3.07	2.36	2.16	3.15	—

五、成品管卡用量参考表

单位：个/10m

序号	公称直径（mm 以内）	给水、采暖、空调水管道									塑料管	
		钢管		铜管		不锈钢管		塑料管及复合管				
		保温管	不保温管	垂直管	水平管	垂直管	水平管	立管	水平管		立管	横管
									冷水管	热水管		
1	15	5.00	4.00	5.56	8.33	6.67	10.00	11.11	16.67	33.33	—	—
2	20	4.00	3.33	4.17	5.56	5.00	6.67	10.00	14.29	28.57	—	—
3	25	4.00	2.86	4.17	5.56	5.00	6.67	9.09	12.50	25.00	—	—
4	32	4.00	2.50	3.33	4.17	4.00	5.00	7.69	11.11	20.00	—	—
5	40	3.33	2.22	3.33	4.17	4.00	5.00	6.25	10.00	16.67	8.33	25.00
6	50	3.00	2.00	3.33	4.17	3.33	4.00	5.56	9.09	14.29	8.33	20.00
7	65	2.50	1.67	2.86	3.33	3.33	4.00	5.00	8.33	12.50	6.67	13.33
8	80	2.50	1.67	2.86	3.33	2.86	3.33	4.55	7.41	—	5.88	11.11
9	100	2.22	1.54	2.86	3.33	2.86	3.33	4.17	6.45	—	5.00	9.09
10	125	1.67	1.43	2.86	3.33	2.86	3.33	—	—	—	5.00	7.69
11	150	1.43	1.25	2.50	2.86	2.50	2.86	—	—	—	5.00	6.25

序号	公称直径（mm以内）	燃气管道							
		钢管		铜管		不锈钢管		铝塑复合管	
		垂直管	水平管	垂直管	水平管	垂直管	水平管	垂直管	水平管
1	15	4.00	4.00	5.56	8.33	5.00	5.56	6.67	8.33
2	20	3.33	3.33	4.17	5.56	5.00	5.00	4.00	5.56
3	25	2.86	2.86	4.17	5.56	4.00	4.00	4.00	5.56
4	32	2.50	2.50	3.33	4.17	4.00	4.00	3.33	5.00
5	40	2.22	2.22	3.33	4.17	3.33	3.33	3.33	4.17
6	65	1.67	1.67	—	—	3.33	3.33	—	—
7	65	1.67	1.67	—	—	3.33	3.33	—	—
8	80	1.54	1.54	—	—	3.33	3.33	—	—
9	100	1.43	1.43	—	—	2.86	2.86	—	—
10	125	1.25	1.25	—	—	—	—	—	—
11	150	1.00	1.00	—	—	—	—	—	—

六、综合机械组成表

1.电焊机（综合）

机械名称	交流弧焊机（容量 kV*A)		直流弧焊机(kW)	
	21	32	20	32
比例（%）	30	30	20	20

2.吊装机械（综合）

机械名称	卷扬机单筒快速	汽车式起重机 提升质量		施工电梯提升质量
	5kN	8t	16t	1t, 提升高度75m
比例（%）	20	20	10	50